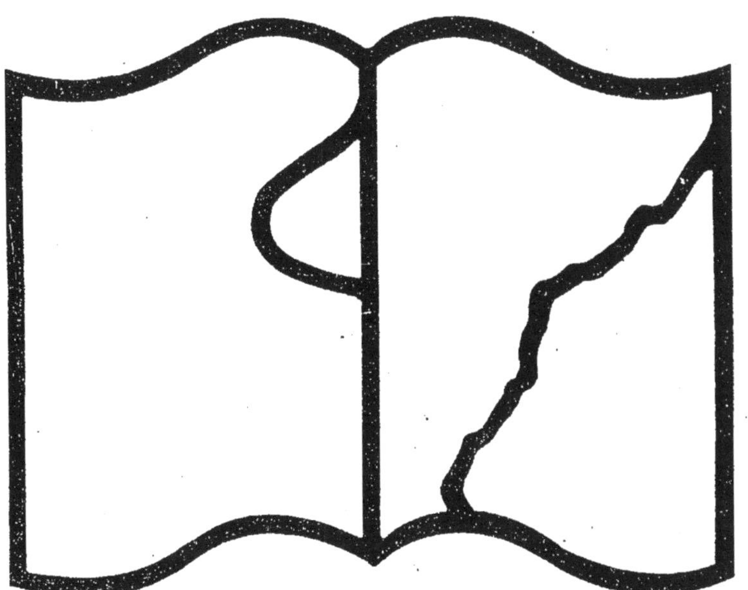

Texte détérioré — reliure défectueuse

NF Z 43-120-11

BIBLIOTHÈQUE DES ÉCOLES NORMALES

Publiée sous la Direction de FÉLIX MARTEL

Inspecteur général de l'Instruction publique.

LEÇONS DE PHYSIQUE

1re Année

PAR

PAUL POIRÉ et A. TANQUEREY

PARIS

LIBRAIRIE CH. DELAGRAVE

15, RUE SOUFFLOT

LEÇONS
DE PHYSIQUE

BIBLIOTHÈQUE DES ÉCOLES NORMALES
Publiée sous la direction de Félix MARTEL
Inspecteur général de l'Instruction publique

LEÇONS

DE

PHYSIQUE

(1ʳᵉ ANNÉE)

OUVRAGE RÉDIGÉ

Conformément aux programmes officiels du 4 Août 1905

PAR

PAUL POIRÉ

ET

A. TANQUEREY

Professeur à l'École normale d'instituteurs de la Loire-inférieure

PARIS

LIBRAIRIE CH. DELAGRAVE

15, RUE SOUFFLOT, 15

LEÇONS DE PHYSIQUE

PESANTEUR

CHAPITRE PREMIER

La matière. — Ses divers états.

1. **Constitution des corps. Molécules. Atomes.** — Nous sommes environnés par une foule de *corps* qui affectent nos sens de différentes façons. Nous voyons la plupart d'entre eux ; s'il en est d'invisibles, leur existence nous est révélée d'une autre manière. Ainsi nous sentons, en agitant vivement la main ouverte, qu'un corps, l'air, fait légèrement obstacle à ce mouvement ; et, si celui-ci a lieu près de la figure, on perçoit nettement une sensation de fraîcheur. De même, lorsqu'on presse sur le levier d'un siphon d'eau de Seltz, on aperçoit des bulles gazeuses qui se dégagent dans le verre et dans le siphon.

La *matière* forme tous les corps ; ceux-ci sont divisibles en un nombre plus ou moins grand de parties. La nature offre de nombreux exemples de cette divisibilité de la matière, qu'elle pousse quelquefois très loin. On a peine à se figurer la ténuité des particules qui se détachent à chaque instant de certaines substances odorantes. Un grain de musc, abandonné dans un appartement où l'air se renouvelle constamment, répand ses particules odorantes de toutes parts, et, au bout de plusieurs mois, la diminution de poids qu'il a subie est à peine sensible.

Quelques milligrammes de cette substance colorante si riche, que les teinturiers emploient sous le nom de *fuchsine*, suffisent à colorer en rouge plusieurs litres d'eau.

Les feuilles d'or, dont se servent les doreurs, sont tellement minces, qu'il faudrait en superposer vingt mille pour atteindre l'épaisseur d'un millimètre.

On peut fabriquer un fil de platine dont le diamètre soit inférieur à $\frac{1}{1200}$ de millimètre ; il faudrait plus de 144 morceaux de ce fil juxtaposés pour constituer un faisceau qui ait la grosseur d'un fil de soie de cocon.

Bien que la divisibilité de la matière puisse être poussée très loin, les lois de la chimie ne permettent pas d'admettre qu'elle aille à l'infini, et nous appellerons *molécule la plus petite quantité de matière pouvant exister à l'état libre.*

Nous avons deux moyens de diviser les corps. Le premier est purement mécanique : c'est celui que nous appliquons, lorsque nous réduisons un morceau de craie en poussière fine ; le second ressort de la chimie. Lorsque nous faisons passer un courant électrique à travers l'eau, ce liquide se *divise* en hydrogène et en oxygène. Il est naturel d'admettre que, puisque les molécules d'eau se *décomposent*, elles sont formées de particules plus petites qu'elles-mêmes. A ces particules, qui sont indécomposables, on a donné le nom d'*atomes*. Les corps qui, comme l'eau, ont leurs molécules formées d'atomes différents sont dits *corps composés*.

Il existe des corps qui, comme l'hydrogène, l'oxygène, le soufre, le fer, etc., n'ont jamais pu être séparés en éléments différents ; ce sont les *corps simples*. On admet qu'ils sont formés de molécules dans lesquelles entrent un ou plusieurs atomes tous identiques, tandis que dans la molécule des corps composés les atomes sont différents.

2. **Pores intermoléculaires.** — L'expérience nous

apprend que le volume des corps est variable. Nous pouvons le diminuer par la compression ou par le refroidissement, l'augmenter par une élévation de température. Ce fait ne peut se concilier avec l'idée de la continuité de la matière ; on ne saurait l'expliquer qu'en admettant que les molécules des corps sont séparées par des intervalles vides, qu'elles sont situées les unes par rapport aux autres à des distances variables ; ces distances peuvent diminuer sous l'influence de la compression ou du refroidissement, augmenter par suite d'une élévation de température. Ces intervalles vides sont appelés *pores intermoléculaires*. Ils ne sont pas accessibles à l'observation.

Il ne faut pas confondre les pores intermoléculaires avec ces lacunes qu'on observe soit à l'œil nu, soit au microscope dans les substances appelées *substances poreuses*. Les vides qu'on remarque dans une éponge, dans un morceau de liège ne sont pas des pores intermoléculaires.

3. **Etats des corps.** — La matière qui forme tous les corps peut affecter des états différents qu'on désigne sous le nom d'états *solide, liquide* et *gazeux*. L'eau à l'état de glace est un corps solide ; elle coule dans nos fleuves à l'état liquide et se trouve dans l'atmosphère à l'état de gaz ou de vapeur. Ces différents états de la matière se distinguent par des propriétés caractéristiques : mais il faut bien remarquer que la plupart des corps peuvent prendre successivement les trois états.

4. **État solide.** — Dans les solides, les molécules sont unies de telle sorte qu'on ne peut les séparer sans effort. La force qui les maintient unies entre elles, qui s'oppose à leur séparation et, par suite, leur permet de conserver un volume invariable s'appelle *cohésion*.

La cohésion des corps est un effet des attractions qui s'exercent entre leurs molécules. Dans les solides cette force est souvent considérable. On peut s'en rendre compte par la grandeur de l'effort qu'il faut faire pour en séparer les parties. Ainsi, lorsqu'on suspend par une de ses extrémités un fil de fer d'un millimètre carré de section et

qu'on attache des poids à l'autre extrémité, on constate
que, pour qu'il se rompe, il faut que les poids suspendus
atteignent une valeur de 62 kilogrammes. On peut conclure de là qu'au moment de la rupture 62 kilogrammes mesurent la résultante des actions attractives, qui s'exercent
entre deux tranches prismatiques de fer ayant un millimètre carré de base et une hauteur égale à la distance à
laquelle deviennent insensibles les actions dont il s'agit.

Cette distance est excessivement petite. Il suffit, pour s'en
convaincre, de remarquer que constamment on place l'une
contre l'autre deux surfaces solides de grandeur quelconque sans observer entre elles aucun effet d'attraction sensible. Par exemple, plaçons une plaque de verre sur une
table de marbre, et nous n'observerons aucune attraction
entre ces deux corps. Cependant ils sont tous les deux
assez polis pour que le contact soit intime. Quoi qu'il en
soit, ce degré de poli n'est pas suffisant encore, et les
petites rugosités, que présentent les deux corps, maintiennent encore une partie des molécules de leurs surfaces à
des distances assez grandes pour que l'attraction ne s'exerce
pas d'une manière sensible.

5. **Etat liquide.** — Dans les liquides, la cohésion est
beaucoup plus faible que dans les solides. Assez forte encore
dans les liquides visqueux, comme l'huile, le goudron, etc.,
elle devient très faible dans ceux qui ont une plus grande
fluidité, tels que l'eau, l'alcool, etc. Cependant, dans ces
liquides eux-mêmes, elle n'est pas nulle. En effet, lorsqu'on plonge une baguette de verre dans l'eau et qu'on
l'en retire ensuite, on constate qu'une goutte d'eau reste
suspendue à l'extrémité de la baguette. L'attraction du
solide pour le liquide ne fait ici que maintenir l'adhérence
entre la baguette et la partie supérieure de la goutte ; mais
c'est la cohésion des molécules liquides qui les maintient
unies entre elles.

La faiblesse de la cohésion dans les liquides a pour conséquence la mobilité de leurs molécules ; on les sépare
l'une de l'autre avec d'autant plus de facilité que le liquide

est moins visqueux. Abandonnées à elles-mêmes, les molécules des liquides glissent facilement l'une sur l'autre ; c'est ce qui fait que ces corps n'ont pas de forme propre et qu'ils prennent celle du vase qui les renferme, sauf à leur partie supérieure. Quand on fait passer successivement une même masse liquide dans des vases de formes différentes, elle se moule en quelque sorte sur eux en conservant toujours le même volume.

6. **Etat gazeux.** — Les corps gazeux se rapprochent des liquides en ce que leur forme est essentiellement variable, que leurs molécules sont très mobiles les unes par rapport aux autres ; ils s'en distinguent par ce fait que leurs molécules *paraissent* être dans un état de répulsion permanente qui tend à les séparer l'une de l'autre ([1]). Dans les liquides il n'en est pas ainsi, de sorte qu'un liquide, tout en prenant la forme du vase qui le renferme, n'en occupe pas nécessairement la totalité.

Quand on verse un demi-litre d'eau dans un vase vide dont la capacité est un litre, le vase n'est rempli qu'à moitié ; tandis que, si l'on y fait passer un demi-litre d'air, ce gaz remplira le vase tout entier. Il y a plus : non seulement il le remplira entièrement, mais il tendra

Fig. 1. — Force élastique des gaz.

sans cesse à augmenter de volume, et cette tendance se traduira par une force exercée sur les parois du vase, force qu'on désigne en physique sous le nom de *pression* ou de *force élastique* des gaz. Pour la mettre en évidence, prenons

(1) On n'admet plus aujourd'hui que les molécules de gaz se repoussent l'une l'autre : on a substitué à cette hypothèse une autre hypothèse qui est mieux en accord avec l'état actuel de la science ; on admet que les molécules des gaz sont dans un état permanent de vibration, et l'on montre que le choc de ces molécules contre les parois des vases rend compte de la force élastique des gaz et de leurs différentes propriétés.

une vessie fermée par un robinet (fig. 1) et contenant une petite quantité d'air ou de gaz quelconque. Mettons-la sous une cloche à robinet *r* placée sur un plateau communiquant, par le tube qui le supporte, avec une machine, que nous étudierons sous le nom de *machine pneumatique* et qu'actuellement nous regarderons comme capable d'extraire l'air qui se trouve dans la cloche et qui environne la vessie. Faisons fonctionner la machine : la vessie, qui était aplatie, dont les parois se touchaient presque, se gonfle. Laissons rentrer l'air extérieur en ouvrant le robinet *r*, et la vessie reprend son volume primitif.

On peut encore remarquer que, si une fuite de gaz d'éclairage se produit dans un appartement, l'odeur se perçoit bientôt dans les pièces voisines, attestant que le gaz est expansible.

7. Propriétés générales de la matière. — L'étude de la constitution des corps nous a montré qu'ils étaient divisibles et poreux. A ces deux propriétés générales de la matière, qu'on désigne sous les noms de *divisibilité* et de *porosité*, il convient d'en ajouter d'autres. Ce sont : *l'étendue*, *l'impénétrabilité*, la *compressibilité*, *l'élasticité* et *l'inertie*.

8. Étendue. — Chaque corps occupe une portion déterminée de l'espace qui représente son *volume*; à cette propriété de la matière, on donne le nom d'*étendue*.

9. Impénétrabilité. — Deux corps ne peuvent occuper en même temps la même portion de l'espace ou, comme on dit encore, ne peuvent *coexister* en un même lieu déterminé; cette propriété se nomme *l'impénétrabilité*.

Certains faits d'observation paraissent en contradiction avec le principe d'impénétrabilité ; mais un examen attentif montre que la contradiction n'est qu'apparente. Si l'on met un morceau de sucre dans de l'eau et qu'on agite, le sucre disparaît bientôt et semble occuper le même espace que le liquide ; il n'en est rien cependant : les molécules du sucre ont pris place entre les molécules de l'eau, se sont disséminées dans les pores intermoléculaires et deux molécules, l'une de sucre et l'autre d'eau, occupent des portions différentes de l'espace. De même, un clou, qu'on enfonce dans une planche, écarte les fibres du bois et chacun des corps occupe, à lui seul, une portion déterminée de l'espace.

10. **Compressibilité.** — Lorsqu'on exerce une pression sur un corps ou qu'on en abaisse la température, il diminue de volume : les corps sont donc *compressibles*. Cette propriété résulte de la constitution de la matière : les molécules, par elles-mêmes, sont incompressibles, mais sous certaines influences, comme la compression, elles se rapprochent les unes des autres et les pores intermoléculaires diminuent.

Les solides sont, selon leur nature, plus ou moins compressibles ; les liquides le sont très peu ; les gaz, au contraire, se compriment avec la plus grande facilité. On le montre par l'expérience suivante :

Soit (fig. 2) un tube en verre très épais, mastiqué dans une douille en cuivre qui le ferme à sa partie inférieure. Introduisons dans ce cylindre, par l'extrémité supérieure, un piston qui s'adapte parfaitement à

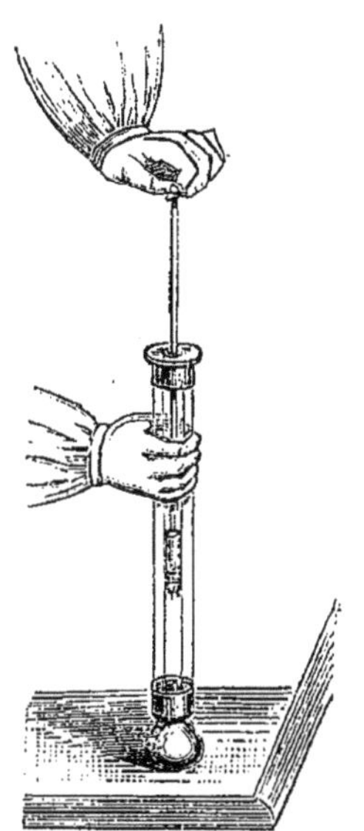

Fig. 2. — Briquet à air.

l'ouverture. Nous enfermons ainsi un volume d'air égal au volume intérieur du tube. En appuyant sur la tige du piston, nous parviendrons à le faire descendre jusqu'à ce qu'il aille presque toucher la base inférieure du tube, le volume de l'air se trouvant presque réduit à zéro. Si l'expérience a été faite brusquement, la chaleur dégagée par cette compression suffira pour enflammer un morceau d'amadou placé à la partie inférieure du piston, et c'est de là que l'appareil tire son nom de *briquet à air*.

11. **Élasticité.** — L'*élasticité* est la propriété qu'ont les corps de reprendre leur forme et leur volume primitifs quand la cause de la déformation ou de la compression a cessé d'agir.

Le degré d'élasticité varie beaucoup dans les solides : ainsi le caoutchouc, l'acier sont très élastiques ; le cuivre, le plomb, l'étain le sont peu.

Les liquides sont peu élastiques ; mais il faut bien remarquer que les variations de volume qu'ils peuvent subir sont très faibles.

Les gaz sont essentiellement élastiques : ainsi, dans l'expérience du briquet à air (10), quand on a enfoncé le piston, si on l'abandonne à lui-même, on le voit remonter aussitôt, poussé par la force élastique de l'air emprisonné dans le tube de cristal.

12. **Inertie.** — La matière est *inerte*, c'est-à-dire qu'un corps en repos ne peut se mettre en mouvement que si une cause étrangère agit sur lui, et inversement, tout corps en mouvement ne s'arrête pas sans l'intervention d'une cause extérieure à lui.

Nous nous étendrons davantage sur cette propriété et ses conséquences en deuxième année.

13. **La matière est pesante.** — Si l'on pose dans la main un corps solide quelconque, il faut, pour le soutenir, exercer un certain effort, ce qu'on traduit, dans le langage usuel, en disant que le corps est *pesant* ou qu'il a un certain *poids*. Nous ajouterons seulement pour l'instant que cet effet est dû à une cause qu'on appelle *pesanteur*.

Les liquides aussi sont pesants ; pour le constater, il suffit de verser dans un verre une certaine quantité d'eau, ou mieux de mercure ; l'effort que développe la main pour soutenir le verre devient sensiblement plus considérable que lorsque celui-ci était vide.

Les gaz eux-mêmes sont pesants. Nous le démontrerons plus loin (90).

Tous les corps sont donc pesants ; s'il y a des exceptions apparentes, tel est le cas de la fumée ou d'un ballon d'enfant, cela tient à des causes que nous étudierons plus loin (Chapitre VIII).

Mais tout le monde sait que le poids des corps varie de l'un à l'autre : deux boules de même diamètre, l'une de bois, l'autre de plomb, pèsent très inégalement comme on le constate à la main, ou mieux avec une balance. En d'autres termes, des volumes égaux de deux corps ont des poids différents ; le plomb est plus lourd que le bois, l'eau est plus lourde que l'huile.

14. **Phénomènes physiques et phénomènes chimiques.** — Les changements d'état, les modifications de propriétés que subissent les corps, s'appellent *phénomènes*.

Les phénomènes peuvent être *physiques* ou *chimiques*. Ils sont physiques, quand ils n'altèrent pas la nature intime des corps ; ils sont chimiques, quand ils modifient profondément et d'une manière durable la nature des corps.

Un morceau de fer qu'on chauffe s'allonge et se dilate dans tous les sens ; mais, si on le laisse refroidir, il revient peu à peu à ses dimensions primitives. Ici, le phénomène consiste en un changement de dimensions ; la nature du corps n'a pas été changée : c'est un phénomène physique. Nous en dirons autant de la modification que subit dans son état un morceau de plomb soumis à l'action de la chaleur : il fond, devient liquide ; mais, si on l'abandonne à lui-même, il se refroidit et reprend l'état solide sans qu'aucune de ses propriétés soit changée.

Si, au contraire, nous abandonnons à l'air humide un morceau de fer, sa surface, d'abord brillante et polie, se ternit et se recouvre bientôt d'une couche jaunâtre *d'oxyde de fer*, produite par l'union intime du fer et de l'oxygène contenu dans l'air ; le corps qui résulte de ce phénomène n'est plus du fer : il a des propriétés entièrement différentes de celles de ce métal. Il en serait de même du plomb qu'on maintiendrait fondu à l'air ; il finirait par se transformer tout entier en *oxyde de plomb*, corps jaune tout différent du métal qui lui a donné naissance. Dans ces deux exemples, nous retrouvons les caractères d'un phénomène *chimique*.

15. But et méthode des sciences physiques. — Les sciences physiques, qui comprennent la *physique* et la *chimie*, ont pour objet l'étude des phénomènes dont nous venons de définir la nature : la première s'occupe des phénomènes physiques, la seconde étudie les phénomènes chimiques. Ces sciences ne comportent pas seulement l'*observation* des faits qui se passent sous nos yeux, mais aussi l'étude des circonstances variées dans lesquelles ils se produisent, des causes qui leur donnent lieu, des règles ou *lois* auxquelles ils sont assujettis. Dans la recherche de ces lois, l'observation pure et simple du phénomène naturel ne suffit plus; il faut que le physicien ou le chimiste ait recours à l'*expérimentation*, c'est-à-dire à un ensemble de procédés très variables par lesquels il détermine la production du phénomène dans des conditions plus simples que celles sous lesquelles il se présente naturellement. Le plus souvent, en effet, les phénomènes naturels se produisent sous l'influence de causes multiples, qu'il est nécessaire d'isoler pour reconnaître la part qui revient à chacune d'elles, pour trouver l'explication vraie du fait observé, pour déterminer la loi à laquelle il obéit. Souvent aussi on est obligé, dans les sciences physiques, de recourir aux ressources du *raisonnement* pour féconder l'observation et l'expérimentation. Les lois fondamentales étant trouvées, on en déduit par le raisonnement des conséquences qu'on cherche à vérifier par l'expérience. Enfin les physiciens et les chimistes sont parfois contraints de faire des *hypothèses* théoriques, qui leur permettent d'expliquer et de relier entre eux les différents phénomènes observés; ces hypothèses doivent, pour être admises, pouvoir expliquer les faits connus qui se rattachent à une même cause.

16. Expériences simples. — On exécutera soigneusement toutes les expériences indiquées au cours de cette leçon, ou des expériences analogues.

Pour montrer la porosité de la matière, rappeler que le papier buvard laisse pénétrer l'encre dans ses pores, que le papier à filtrer laisse passer le liquide à travers sa substance, que l'eau monte dans le sucre, etc.

Pour montrer le peu de compressibilité des liquides, remplir une bouteille de verre avec de l'eau, puis enfoncer vigoureusement le bouchon : la bouteille vole en éclats.

A défaut de briquet à air pour montrer la compressibilité et l'élasticité des gaz, employer un pistolet d'enfant qui sert à lancer un bouchon par compression d'air; il suffit de boucher, avec le doigt, l'extrémité du pistolet quand le piston est tiré et d'enfoncer ensuite celui-ci. On peut encore se servir d'une pompe à bicyclette dont on ferme l'extrémité avec le doigt ou du cylindre en sureau (canonnière) dont se servent les enfants.

Faire constater l'élasticité des solides sur une baguette de bois, un ressort, un fil de caoutchouc, une corde tendue, etc.

Rappeler quelques effets de l'inertie : mouvement du corps à l'arrêt d'un train, précautions à prendre pour descendre d'une voiture en marche, moyen employé pour emmancher un outil, effet produit par la hache pour fendre le bois, battage des tapis pour en enlever les poussières, etc.

Phénomènes physiques : fondre du plomb dans une cuiller en fer; faire bouillir de l'eau et condenser la vapeur sur un corps froid; frotter un bâton de verre ou un porte-plume en ébonite avec un chiffon de laine; attirer des corps métalliques à l'aide d'un aimant, etc.

Frotter une allumette; le frottement dégage de la chaleur (phénomène physique) qui suffit à enflammer l'allumette; la combustion du phosphore, du soufre et du bois donne naissance à des produits divers (phénomène chimique).

Faire un mélange intime de limaille de fer et de fleur de soufre; ce mélange offre l'exemple d'un phénomène physique; il suffit en effet de projeter une partie du mélange dans l'eau pour séparer le soufre et le fer. Si l'on chauffe une partie de ce mélange dans un ballon, on obtient un composé différent du fer et du soufre par son aspect et ses propriétés; c'est là un exemple de phénomène chimique.

CHAPITRE II

Premières notions sur les forces et la pesanteur. Centre de gravité.

17. Définitions. — Quand un lourd convoi de wagons s'ébranle sur une voie ferrée, nous savons qu'une cause produit cet effet : c'est *l'effort* développé par la vapeur contre les faces du piston. De même, les meules qui servent à réduire le blé en farine sont mues sous l'action de causes diverses : tantôt c'est aussi la vapeur, tantôt c'est le poids de l'eau qui tombe sur une roue à palettes ; tantôt enfin, c'est l'effort exercé par le vent contre un appareil disposé à cet effet.

Un corps suspendu par un fil tombe vers la terre, lorsqu'on l'abandonne à lui-même, et son mouvement cesse seulement lorsqu'il rencontre un obstacle s'opposant à sa chute ; on dit, dans ce cas, que c'est la *pesanteur* qui détermine le mouvement du corps.

Aux causes variées qui, comme les précédentes, produisent des mouvements, on donne le nom de *forces*.

Les forces ne produisent pas toujours un mouvement ; ainsi un homme poussant un lourd wagon qui ne s'ébranle pas, un ressort comprimé entre deux planchettes, la vapeur d'une locomotive à l'arrêt, un corps lourd posé sur une table, etc., n'en développent pas moins un certain effort, bien qu'il n'y ait aucun mouvement apparent.

Nous appellerons donc *force* toute cause modifiant ou

tendant à modifier l'état de repos ou de mouvement d'un corps.

Considérons le cas très simple d'un corps à déplacer par traction sur une corde : il est évident qu'on n'obtiendra ce résultat qu'en fixant la corde au corps lui-même ou, tout au moins, à un autre qui soit intimement lié au précédent ; il faudra développer ensuite un effort suffisant pour vaincre le poids du corps et les résistances dues au glissement. Ces conditions étant remplies, le corps se mettra en mouvement ; mais la direction qu'il suivra ne sera pas nécessairement celle de la force qui lui est appliquée ; tel est le cas d'un bateau halé par un cheval. Dans une force, il y a donc trois choses à considérer : 1° le *point d'application*, qui est le point sur lequel elle agit ; 2° *sa direction*, c'est-à-dire la ligne suivant laquelle la force tend à entraîner le point d'application : 3° son *intensité*. On mesure cette intensité en comparant l'effet de la force à celle d'une force prise pour unité. La force choisie pour unité est ordinairement le *kilogramme*.

18. **Dynamomètres.** — La comparaison des forces se fait à l'aide d'instruments, appelés *dynamomètres*, fondés sur les déformations que les forces font subir à certains corps.

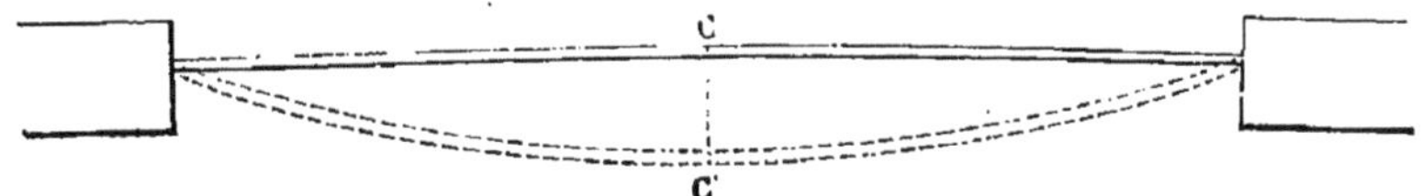

Fig. 3. — Dynamomètre.

Si l'on a une lame prismatique d'acier (fig. 3) dont les extrémités soient fixes, et qu'on applique en son milieu C une force perpendiculaire à ses faces supérieure et inférieure, elle s'infléchira et prendra une forme curviligne. Plus la force sera considérable, plus la flèche CC' sera grande. Si la force qu'on étudie donne lieu à une flèche égale à celle que produit un poids de 2 kilogrammes, on dit que la force est de 2 kilogrammes.

Les dynamomètres les plus usités sont à deux lames. L'un des meilleurs est celui qui a été imaginé par Poncelet. Il se compose essentiellement de deux lames d'acier égales et parallèles (fig. 4) dont les extrémités sont unies par des boulons à deux petites brides latérales, de manière à former un rectangle articulé autour des boulons. La lame supérieure porte un anneau qu'on attache à un point fixe, et la lame inférieure un crochet auquel on applique la force à mesurer. Si l'on attache au crochet successivement des poids de 1, 2, 3, 4... kilogrammes, les lames s'infléchiront et l'on mesurera les flèches correspondant à

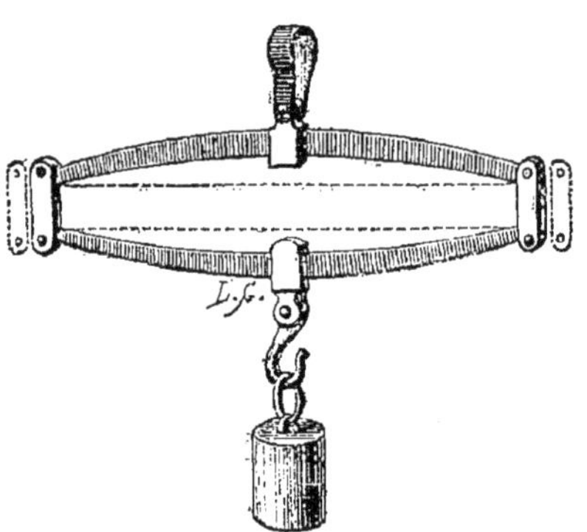

Fig. 4. — Dynamomètre Poncelet.

chacun des poids. On comprend que, si aux poids on substitue la force à mesurer, la valeur de la flèche qu'elle produira donnera la mesure de la force en kilogrammes.

19. **Peson.** — Les figures 5 et 6 représentent un dynamomètre employé surtout pour effectuer des pesées et que, pour cette raison, on nomme *peson*. Il se compose d'une lame d'acier flexible recourbée en son milieu. De chacune de ses extrémités part un arc métallique qui va trouver une ouverture pratiquée près de l'autre extrémité. L'un des arcs se termine par un crochet, l'autre par un anneau.

Lorsque l'appareil n'est soumis à aucune force, la lame

flexible est dans la position que représente la figure 6, mais lorsque, tenant l'anneau à la main, on suspend des poids au crochet, cette lame s'infléchit comme l'indique la figure 5.

Pour graduer l'instrument, on y suspend successivement des poids de 1, 2, 3, kilogrammes ; des divisions gravées sur les arcs indiquent les différents points d'arrêt des lames pour les poids correspondants. Si un corps suspendu au peson fait fléchir les lames jusqu'à la division 4, c'est que le poids du corps est de 4 kilogrammes. De même une traction exercée sur l'instrument, qui ferait fléchir les lames jusqu'à la division 6, représenterait une force de 6 kilogrammes.

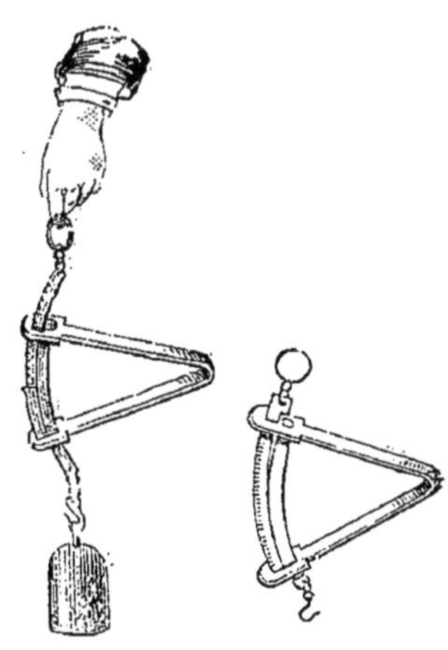

Fig. 5 et 6. — Peson.

Pour fixer les idées, nous ajouterons que l'effort moyen développé par un cheval marchant au pas et attelé à une voiture est de 70 kilogrammes ; par un bœuf, de 65 kilogrammes ; par un âne, de 14 kilogrammes. Une locomotive puissante exerce une traction de 6 000 kilogrammes.

20. **Pesanteur.** — Nous avons dit déjà (17) que la force qui sollicite les corps à tomber vers la terre se nomme pesanteur. Cette force est exercée par la terre elle-même sur tous les corps que nous connaissons, et nous la considérerons comme concentrée au centre de la terre. Ainsi nous supposerons toujours que ce centre résume en lui toutes les forces attractives exercées sur les corps par les différentes parties du globe ; que c'est lui qui, par son attraction, détermine leur chute.

21. **La pesanteur agit sur toutes les molécules des corps.** — Il est important de nous rendre compte du mode d'action de la pesanteur. Agit-elle en un point

unique des corps ou sur toutes les molécules à la fois ?
Telle est la première question à résoudre.

Les forces n'agissent ordinairement que sur un point
des corps auxquels elles sont appliquées : si nous voulons
traîner un fardeau sur le sol, nous appliquons en un de
ses points la force qui est destinée à le faire mouvoir.
Lorsque nous poussons une bille sur un tapis de billard,
nous la frappons seulement en un point. La pesanteur, au
contraire, exerce son action sur toutes les molécules du
corps. En effet, prenons un morceau de sucre et aban-
donnons-le à lui-même, il tombe vers le centre de la terre.
Ramassons-le ensuite pour le mettre dans un mortier et
le réduire en poudre très fine par l'action du pilon, puis
abandonnons ces grains de poudre à eux-mêmes : ils tomberont tous vers le centre de la terre, et cependant, si la
pesanteur n'avait agi qu'en un seul point du morceau de
sucre, le grain qui, après la pulvérisation, aurait représenté ou contenu ce point, se serait mis seul en mouvement, les autres restant en repos.

Il est d'ailleurs facile de se rendre compte que la pulvérisation, qu'on a fait subir au morceau de sucre, n'a pas
changé ses propriétés au point de vue de la pesanteur. Si,
par exemple, on réunit les grains de poudre et qu'on les
pèse, on trouvera que leur ensemble pèse ce que pesait le
morceau de sucre.

La pesanteur étant une force, il y a lieu d'en déterminer :
1º la direction ; 2º le point d'application ; 3º l'intensité :
cette dernière partie sera examinée plus loin.

**22. Direction de la pesanteur. Verticale. Hori-
zontale.** — Pour déterminer la direction de la pesanteur,
on se sert d'un fil suspendu à un point fixé par une de ses
extrémités, portant à l'autre un corps pesant, comme un
morceau de plomb (fig. 7) et libre de prendre la direction
que lui imprime la pesanteur. Ce fil est connu sous le nom
de *fil à plomb*. Il est évident que, lorsqu'il est en équilibre,
tendu par le corps pesant situé à son extrémité, l'effet de
la pesanteur sur le corps est détruit, quoique son action

subsiste, par la résistance du fil qui soutient le corps et
l'empêche de tomber; mais, pour qu'il en soit ainsi, il
faut nécessairement que la pesanteur agisse suivant le prolongement du fil.

La direction du fil à plomb en repos est désignée sous
le nom de *verticale*. Elle est perpendiculaire à la direction
des eaux tranquilles ou, en général, des liquides en repos.
On sait par expérience que, lorsqu'on présente devant une

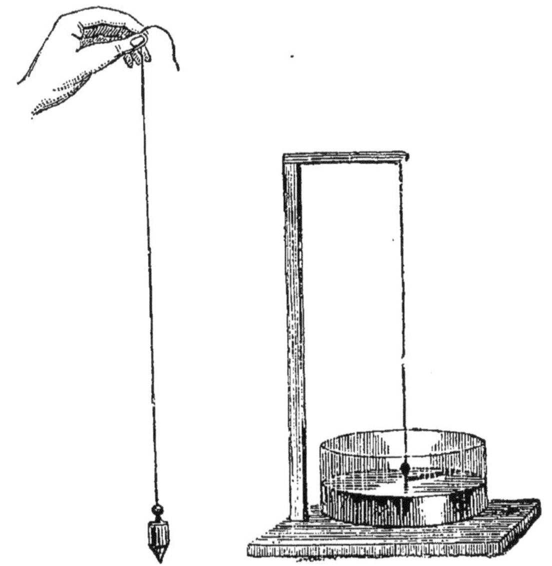

Fig. 7 et 8. — Fil à plomb.

glace un crayon, en lui donnant une direction perpendiculaire à la glace, l'image fournie par le miroir est dans
le prolongement du crayon lui-même, tandis que, si l'on
incline ce dernier, son image est inclinée aussi. Prenons
pour miroir un bain de mercure (fig. 8); lorsqu'il sera
bien en repos, suspendons au-dessus de lui un fil à plomb
dont le corps pesant se termine en pointe, de manière que
cette pointe affleure la surface du liquide, et nous constaterons que l'image du fil à plomb fournie par le bain de
mercure est dans le prolongement du fil lui-même, ce qui

nous prouve que la verticale est perpendiculaire à la surface des liquides en repos.

On donne le nom de plan *horizontal* à la surface plane formée par un liquide en repos, et d'*horizontale* à toute ligne située dans ce plan ou parallèle à ce plan.

L'action de la pesanteur étant concentrée au centre de la terre, toutes les verticales vont se couper à ce point : et cependant, vu la distance très considérable à laquelle a lieu cette intersection, on considère comme parallèles les verticales de lieux peu éloignés l'un de l'autre. C'est ainsi que, dans une église, les directions des fils ou des chaînes, qui suspendent les lustres à la voûte peuvent être considérées comme parallèles. Si la distance devient considérable, il n'en est plus de même : les verticales de Paris et de Dunkerque font entre elles un angle

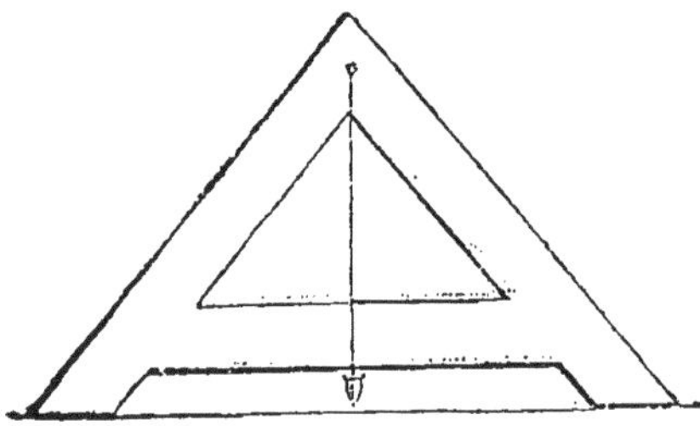

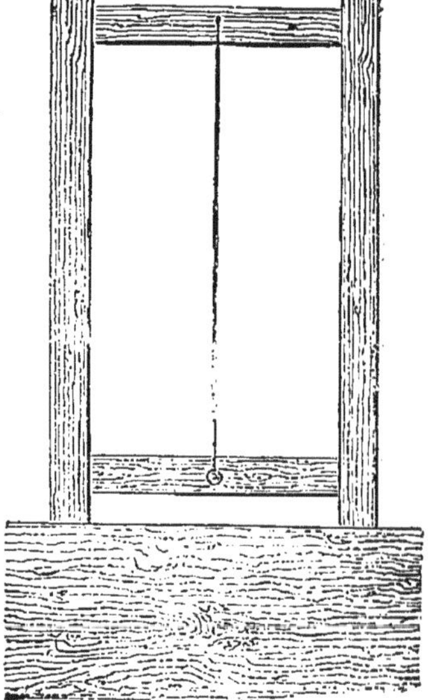

Fig. 9 et 10. — Niveaux.

de 2°11′56″, celles de Dunkerque et de Barcelone, 9°40′.

23. Niveau. — Le niveau, dont se servent si souvent les menuisiers, les maçons, etc., pour dresser des surfaces, est fondé sur l'emploi du fil à plomb, qui, en un même lieu, prend toujours la même direction. Il se compose d'un triangle (fig. 9) ou d'un quadrilatère (fig. 10) fait avec des traverses en bois et muni de prolongements dont les bases sont exactement dans le même plan. Ce sont ces bases qui doivent reposer sur le corps dont on veut assurer l'horizontalité, les tablettes d'une bibliothèque, par exemple. Un fil à plomb suspendu au sommet du triangle tombe verticalement, et, lorsque le niveau repose sur un plan parfaitement horizontal, le fil doit couvrir un trait tracé verticalement sur la traverse horizontale. Pour établir l'horizontalité d'une tablette, on pose le niveau sur elle, successivement dans deux directions perpendiculaires, et dans ces deux positions on fait varier la tablette jusqu'à ce que le fil à plomb recouvre le trait.

24. Poids. Centre de gravité. — Nous avons vu que la pesanteur agit sur toutes les molécules d'un corps. Un corps pesant peut donc être considéré comme soumis à une série de forces dirigées suivant des verticales, et, par suite, parallèles ; la mécanique démontre qu'un certain nombre de forces parallèles peuvent être remplacées par une force unique, qui produit à elle seule le même effet que toutes les forces réunies, et qui, pour cette raison, est appelée leur *résultante*. La résultante des actions de la pesanteur sur un corps est appelée le *poids* du corps et le point, où cette résultante s'applique, est désigné sous le nom de *centre de gravité* du corps.

La considération du centre de gravité est très utile dans un grand nombre de cas, parce qu'on peut le plus souvent regarder la masse des corps comme concentrée en ce point, et, au lieu de raisonner sur les molécules pesantes des corps, on en fait abstraction pour ne raisonner que sur la molécule pesante les résumant toutes et située à son centre de gravité. C'est ainsi, par exemple, que, si l'on considère un disque circulaire en cuivre, son centre de gravité étant situé au centre géométrique du disque, il suffira de fixer ce point pour que le disque soit *en équilibre*. Attachons, par exemple, au centre du disque l'une des extrémités d'un fil que nous tiendrons par l'autre extrémité ; le disque sera en équilibre dans *toutes les positions*, car le fil se dirigera suivant la verticale et, le poids du disque agissant dans la direction du fil, son effet sera détruit par la résistance de ce fil. Pour qu'un corps soit en équilibre, lorsque son centre de gravité est soutenu, il faut que le centre de gravité du corps lui soit invariablement lié. Il est des cas où il n'en est pas ainsi. Ainsi, le centre de gravité d'un anneau circulaire est au centre de la circonférence de cet anneau. Si le centre de gravité n'est pas invariablement lié à l'anneau, comme il l'est dans une roue par les rayons, on aura beau soutenir ce centre, l'anneau ne sera pas soutenu.

25. **Position du centre de gravité.** — Quand un corps homogène a une forme géométrique, la mécanique apprend à déterminer son centre de gravité. Ainsi le centre de gravité est placé :

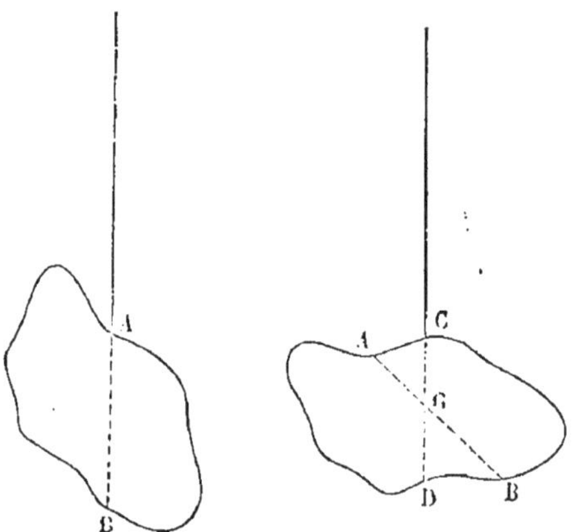

Fig. 11. — Détermination expérimentale du centre de gravité.

Pour une sphère, en son centre ;

Pour un prisme et un cylindre, au milieu de la droite qui joint les centres des deux bases ;

Pour une pyramide et un cône, sur la ligne qui joint le sommet au milieu de la base et au quart de cette ligne, à partir de la base.

Le centre de gravité des figures planes (polygones, ellipse) qui ont un *centre de figure* est ce centre lui-même.

On peut déterminer expérimentalement le centre de gravité d'un corps quelconque. Pour cela, on suspend le corps par un point A (fig. 11). Dès que l'équilibre est établi, il est clair que le centre de gravité doit se trouver sur le prolongement AB du fil de suspension, car c'est à cette condition seulement que le poids du corps se trouve détruit par la résistance du fil. Si on le suspend par un point C, le centre de gravité devra aussi se trouver sur le prolongement CD du fil et, par suite, si l'on connaît à peu près la direction des deux lignes AB et CD, on aura une idée de la position du centre de gravité G, qui est à leur intersection.

26. **Equilibre d'un corps mobile autour d'un axe horizontal.** — Lorsqu'un corps est soutenu par un point ou par un axe situé sur la verticale passant par son centre de gravité, l'équilibre peut être *indifférent, stable* ou *instable*. Expliquons la signification de ces différents termes.

Considérons une sphère solide : son centre de gravité est à son centre géométrique. Supposons que nous fassions passer un axe fixe suivant un diamètre : le centre de gravité sera situé sur lui; le poids du corps sera détruit par la résistance de l'axe, quelle que soit la position de la sphère. Si nous la faisons tourner autour de cet axe, elle restera en équilibre dans toutes les positions que nous lui donnerons ; c'est *le cas d'un équilibre indifférent.* On peut réaliser cette expérience en prenant une pomme bien ronde, en faisant passer par son centre une aiguille à tricoter et en fixant l'aiguille. Il est évident que, l'aiguille étant fixe, on pourra faire tourner la pomme sur elle-même, et que dans chaque position elle sera en équilibre.

Il en serait autrement si l'axe ne passait pas par le centre. Ainsi, supposons un corps solide M (fig. 12), dont le centre de gravité G n'est pas situé sur l'axe AA' qui le soutient. Ce solide ne restera en repos que si la verticale GV du centre de gravité rencontre AA', auquel cas la résistance de l'axe détruira l'effet du poids du solide.

Mais cette condition peut être réalisée de deux manières : dans le premier cas, le centre de gravité G (fig. 13) sera situé au-dessous de l'axe A ; alors l'équilibre sera *stable*, c'est-à-dire que, si l'on éloigne le corps de sa position d'équilibre, il tendra à y revenir. Dans la figure 13, le corps étant amené à la position représentée par les lignes ponctuées, le poids P agit au centre de gravité qui est transporté en G', et tend à ramener le corps à sa position primitive, comme l'indique la petite flèche courbe.

Dans le second cas, le centre de gravité G (fig. 14) est au-dessus de l'axe A ; alors l'équilibre est *instable*, c'est-à-

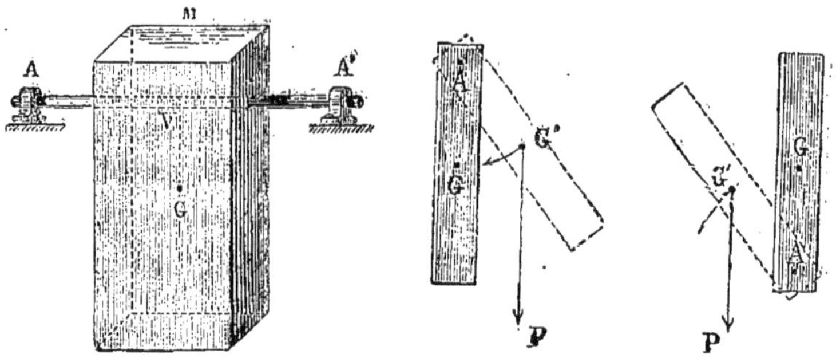

Fig. 12. — Équilibre.   Fig. 13. — Équilibre   Fig. 14. — Équilibre
                                 stable.   instable.

dire que, si l'on éloigne tant soit peu le corps de sa position d'équilibre, il s'en écarte lui-même davantage sans pouvoir y revenir. Dans la figure 14, on voit que le corps est entraîné dans le sens indiqué par la flèche courbe.

27. Équilibre d'un corps pesant reposant sur un plan horizontal. — Quand un corps pesant repose sur un plan horizontal, les points de contact forment un polygone qu'on appelle le *polygone de sustentation* du corps. Lorsqu'une boîte carrée est placée sur une table, son polygone de sustentation est le carré qui forme le fond de cette boîte : une chaise reposant sur ses quatre pieds a pour polygone de sustentation un quadrilatère. Un cylindre circulaire oblique s'appuyant sur une table a pour polygone son cercle de base. Soit G son centre de gravité (fig. 15). Le poids de ce cylindre peut être considéré comme une force verticale agissant au point G. Si la verticale du point G tombe dans l'intérieur de la base, il y aura équilibre, car l'effet du poids sera détruit par la résistance de cette base. Si au contraire (fig. 16) la verticale du point G tombe en dehors, le poids aura tout son effet, entraînera le point G, et, par suite, le corps tout entier qui se couchera sur la table.

La stabilité est d'autant plus grande que le polygone de sustentation offre plus de surface et que, dans les petits déplacements que le corps peut subir, la verticale du centre

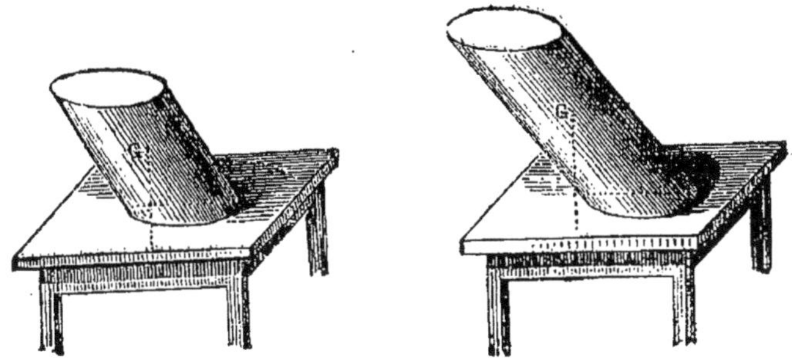

Fig 15 et 16. — Équilibre des corps reposant sur un plan horizontal.

de gravité a moins de chances de tomber en dehors de ce polygone. C'est ainsi que, lorsqu'on charge une voiture, on doit, autant que possible, ne pas porter la charge trop haut, car, à mesure qu'elle s'élève, le centre de gravité du système s'élève aussi. Pour que la voiture ne verse pas, il faut que la verticale passant par son centre de gravité G (fig. 17 et 18) rencontre le sol entre les points par lesquels les roues le touchent.

28. — Tout le monde connaît ces jouets formés d'un cylindre de moelle de sureau, sur l'une des bases duquel on a collé la moitié d'une balle de plomb (fig. 19). Si on les couche sur une table, ils se redressent immédiatement pour se placer verticalement ; car, le centre

de gravité du système étant dans la balle de plomb,
qui à elle seule est plus lourde que tout le cylindre en
sureau, la verticale de ce centre, lorsque le corps est
couché sur le côté, tombe en dehors des points d'appui ;

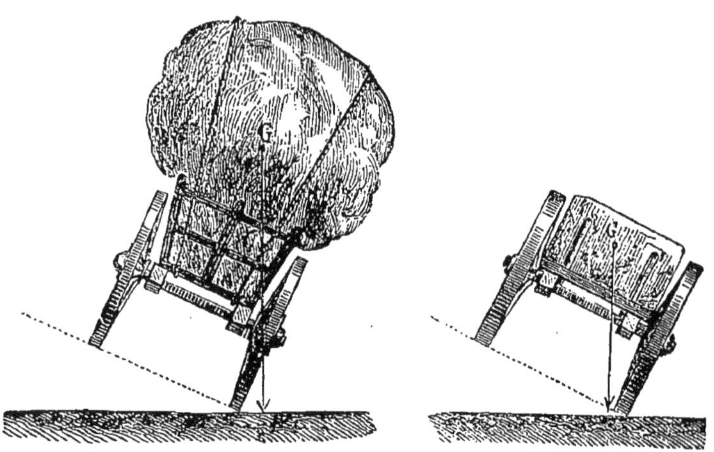

Fig. 17 et 18. — Équilibre des corps reposant sur un plan horizontal.

le poids peut alors produire tout son effet, entraîner le
centre de gravité, et par suite redresser le cylindre.

Si l'on place le cylindre verticalement, la balle de plomb

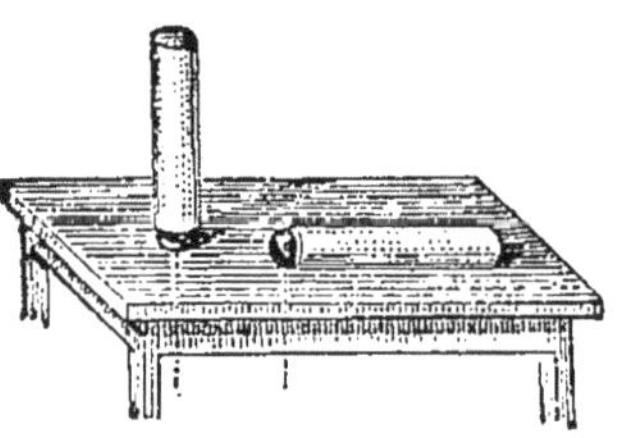

Fig. 19. — Cas d'équilibre
stable.

en haut, l'équilibre sera instable ; au moindre dérange-
ment, la petite masse métallique entraînera le tout ; le
cylindre se couchera sur le côté
et se redressera immédiatement sur la balle de plomb.

Les bouteilles inversables sont
des jouets du même genre.

On peut résumer par la règle suivante les différents cas
d'équilibre que nous venons d'étudier : *l'équilibre d'un corps
est d'autant plus stable que son centre de gravité est placé
plus bas.*

29. **Expériences simples**. — Construire un fil à plomb en coulant du plomb fondu dans une petite cavité conique creusée dans un bloc de plâtre, y fixer un anneau en fil de fer en introduisant les deux extrémités du fil dans le plomb non encore solidifié.

Apprendre aux élèves à se servir d'un fil à plomb dont on fait un usage constant dans l'étude du dessin.

Établir l'horizontalité de divers objets en se servant du niveau de maçon ou d'un niveau à bulle d'air.

Déterminer expérimentalement le centre de gravité de plusieurs corps : triangle et figures géométriques quelconques en carton ; les traverser ensuite par une aiguille passant par ce centre ou en dehors et constater les diverses conditions d'équilibre.

Une règle à dessin permet de réaliser les expériences des figures 13 et 14.

Expliquer la position du corps quand on porte un objet lourd, soit sur le dos, soit à la main.

Rappeler l'expérience du bâton maintenu verticalement sur le bout du doigt.

CHAPITRE III

Comparaison des poids par la balance.

3o. — Le poids des corps n'étant autre qu'une force due à la pesanteur, on pourrait comparer les poids des corps à l'aide d'un dynamomètre ou d'un peson : mais on emploie plus commodément des instruments qui portent le nom général de *balances*. Avec ces instruments on compare le poids des corps au poids de masses métalliques déterminées dont l'ensemble constitue les *mesures de poids*, ayant pour unité le *kilogramme* (kg).

3i. **Principe des instruments qui servent à peser les corps.** — Pour expliquer le principe des divers instruments qui servent à peser les corps, nous emploierons le petit appareil suivant qu'il est facile de construire.

Nous prendrons d'abord un support (fig. 20) formé d'une tige T à section circulaire ou carrée fixée perpendiculairement à la surface d'une planchette P ; enfin une pointe sans tête *l* constitue le support proprement dit et une planchette V, parallèle à la tige, est destinée à recevoir la graduation.

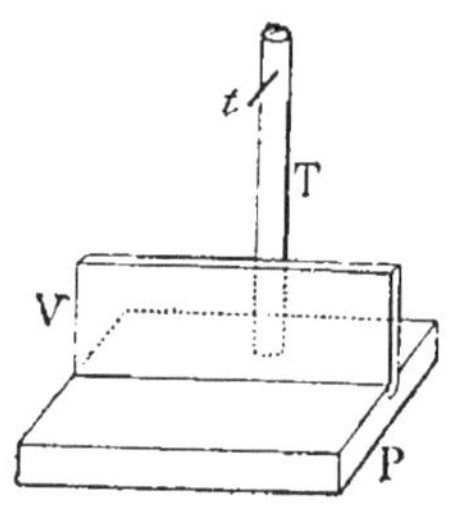

Fig. 20. — Support.

L'appareil proprement dit se compose d'une planchette ABD (fig. 21), à laquelle nous donnerons la forme et les dimensions qu'indique cette figure, afin de pouvoir déterminer facilement son centre de gravité G ; le trou O permet à la planchette d'osciller lorsqu'on la place sur la tige t du support. L est une tige mince en fil de fer, fixée sur la direction OG et servant à amplifier les oscillations de l'appareil ; son extrémité se déplace sur l'arc de cercle MN de rayon Oa. Enfin à l'extrémité D on peut fixer un petit plateau F formé d'un disque de carton soutenu par trois fils réunis en d et se prolongeant par une boucle ; un plateau identique F′ est fixé en A.

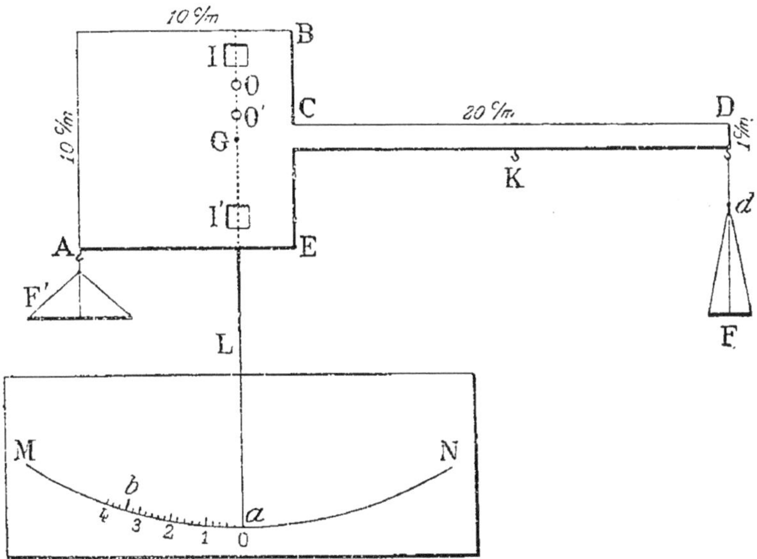

Fig. 21. — Principe du pèse-lettres et de la balance.

1° L'appareil étant en équilibre sur son support, on marque o au point occupé par l'extrémité a de la tige, sur l'arc de cercle. Plaçons maintenant dans le plateau F un poids de 1 gramme, l'appareil s'incline et l'aiguille tourne de droite à gauche ; une nouvelle position d'équilibre s'établit, car, le centre de gravité étant déplacé vers la gauche, le poids de l'appareil tend à le ramener à sa position primitive ; marquons 1 au point où s'arrête l'aiguille.

Si l'on enlève le poids marqué et qu'on le remplace par un corps de poids identique, il est évident que l'appareil reprendra la position précédente.

Si l'on place successivement en F des poids de 2 gr. 3 gr. 4 gr. etc., l'aiguille prendra une position différente dans chaque cas et nous marquerons 2, 3, 4.., aux points correspondants ; on divisera ensuite en parties égales les intervalles obtenus. Notre appareil se trouve donc étalonné et permettra de peser les corps : tel est le principe du *pèse-lettres*.

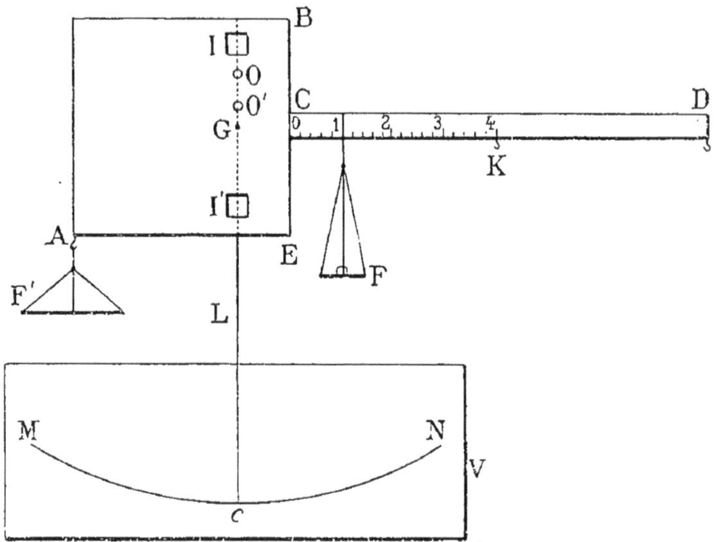

Fig. 22. — Principe de la romaine.

2° L'appareil étant étalonné ou non, plaçons en F un corps quelconque et supposons que l'extrémité de l'aiguille vienne en *b*, lorsque l'équilibre est établi. Mettons alors sur le plateau F' de la grenaille de zinc ou du sable, jusqu'à ce que l'aiguille revienne au zéro de la graduation. Enlevons enfin le corps à peser : tout l'appareil s'incline vers la gauche ; ajoutons en F des poids marqués pour que l'aiguille revienne au o ; à ce moment, la somme des poids marqués est évidemment égale au poids du corps : tel est le principe de la *balance ordinaire.*

3° Le plateau F′ étant suspendu en A (fig. 22), faisons glisser F jusqu'auprès de la partie élargie BE en le surchargeant d'une petite masse de plomb ; soit c le point occupé par l'extrémité de l'aiguille, lorsque l'équilibre est établi. Mettons en F′ un poids de 1 gramme : l'appareil tourne de gauche à droite et, pour le ramener à sa position primitive, il suffit de faire glisser F sur la tige CD ; au point occupé par la boucle, marquons 1. Il est évident que, si l'on remplace le poids marqué par un corps de même poids, il suffira de placer F à la division 1 pour que l'aiguille revienne en c. Si l'on charge successivement F′ des poids de 2 gr. 3 gr. 4 gr., etc., on déterminera les nouvelles positions que doit occuper le second plateau pour que l'appareil reprenne, dans chaque cas, sa position primitive.

L'appareil ainsi étalonné nous permettra de déterminer le poids des corps placés en F′ ; tel est le principe de la *romaine.*

32. Pèse-lettres. — Le pèse-lettres (fig. 23) indique le poids des objets légers par l'inclinaison plus ou moins grande que prend l'aiguille OB.

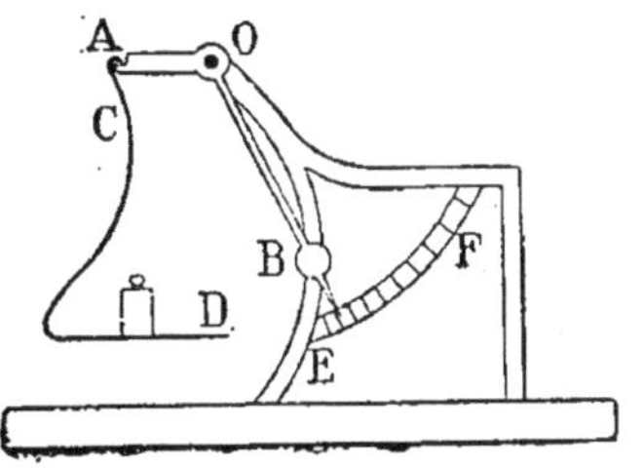

Fig. 23. — Pèse lettres.

33. Balance. — La balance ordinaire se compose essentiellement d'une barre rigide ou *fléau* FF′ (fig. 24), traversée perpendiculairement vers son milieu par un prisme d'acier appelé *couteau.* L'arête inférieure de ce couteau repose sur deux petits plans d'agate ou d'acier trempé, dont l'un est en avant du fléau, l'autre en arrière, mais tous deux à la même hauteur. Ces plans sont portés par la colonne qui soutient tout l'appareil ; l'arête du couteau sert d'axe de suspension, et c'est autour d'elle que le fléau peut osciller. Aux extrémités F et F′ sont suspendus des plateaux (fig. 25) destinés à porter : l'un le corps à peser, puis des poids marqués ; l'autre, un corps quelconque, appelé *tare*, destiné à maintenir l'aiguille au zéro de la graduation dans les deux opérations. Ces plateaux doivent être doués d'une grande mobilité autour de leur point de suspension ; aussi les chaînes ou tiges qui les soutiennent se terminent-elles par des crochets, qui reposent aussi sur des couteaux à arêtes vives.

Pour faire une *pesée*, on met le corps dans l'un des plateaux, la tare dans l'autre, en augmentant ou en diminuant celle-ci pour que l'aiguille reste au zéro ; on remplace ensuite le corps par des poids marqués jusqu'à ce que l'aiguille revienne au zéro ; la somme de ces poids représente le poids du corps.

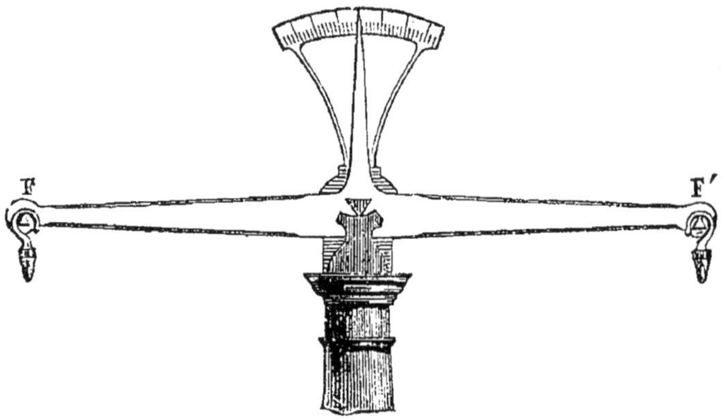

Fig. 24. — Balance.

La condition essentielle que doit remplir une balance, c'est d'être *sensible*, c'est-à-dire d'abandonner rapidement sa position d'équilibre sous l'influence d'une faible surcharge ajoutée dans l'un ou l'autre plateau. L'appareil simple de la figure 21 nous permet de trouver les *conditions de sensibilité* d'une balance.

1° Nous savons déjà que le déplacement de l'aiguille est d'autant plus grand que le corps placé en F est plus lourd ; l'expérience montre même que *ce déplacement est proportionnel à la surcharge*, car les intervalles 0–1, 1–2, 2–3, 3–4, etc., sont sensiblement égaux.

2° Si le plateau F est suspendu au milieu K de CD, une surcharge de 2 grammes déplace l'aiguille en-deçà du point 2 de la graduation : *la sensibilité est donc d'autant plus grande que le fléau est plus long*. .

3° Le plateau F étant ramené en D, plaçons dans le trou I' un petit parallélipipède en fer, dont le poids a pour effet d'abaisser le centre de gravité de tout l'appareil, on constate que pour une surcharge de 2 grammes, l'aiguille reste en-deçà du point 2.

Fig. 25. — Balance.

On peut encore fixer l'appareil en passant le trou O' sur la tige du support ; dans ce cas, pour une surcharge de 2 grammes, l'aiguille vient au-delà du point 2.

Ces deux expériences montrent que *la sensibilité d'une balance est d'autant plus grande que le centre de gravité est plus rapproché de l'axe de suspension*.

4° L'appareil étant dans sa position d'équilibre primitive, l'aiguille est au zéro. Dans les trous I et I', glissons deux petits parallélipipèdes en fer identiques ; le centre de gravité de tout le système n'a pas varié, mais l'appareil est devenu plus lourd. On constate que, pour une surcharge de 2 grammes, l'aiguille reste en-deçà du point 2. Donc *la sensibilité est d'autant plus grande que le fléau est plus léger.*

Toutes ces conditions sont réunies autant que possible dans les balances dites *de précision*, telles que celles qu'emploient les pharmaciens et que représente la figure 26.

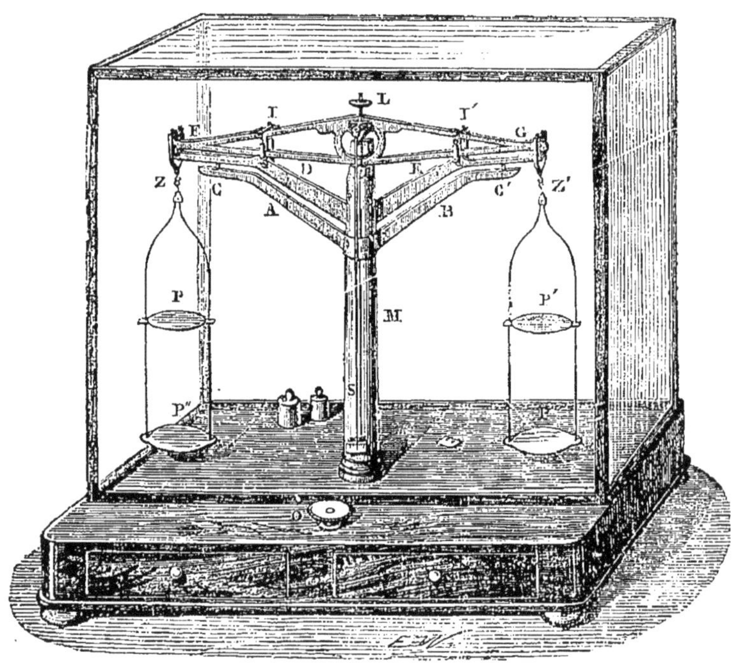

Fig. 26. — Balance de précision.

34. Pesées ordinaires. — Dans la pratique, on n'opère pas en général comme nous l'avons indiqué (¹) ; on met le corps dans l'un des plateaux de la balance et

_____

(¹) La méthode indiquée au n° 33 est souvent appelée méthode de *double pesée.*

l'on ajoute, dans l'autre plateau, des poids marqués jusqu'à ce que l'aiguille revienne au zéro.

Cette méthode n'est exacte que si la balance satisfait à la condition suivante : des poids égaux étant placés dans les plateaux, l'aiguille vient au zéro lorsque l'équilibre est établi. Si cette condition est satisfaite, on dit que la balance est *juste*. On démontre facilement, à l'aide de l'appareil simple de la figure 33, qu'une balance est juste lorsque *les deux bras du fléau sont égaux* ; on appelle bras du fléau les distances de l'arête du couteau central aux arêtes des couteaux qui servent à suspendre les plateaux.

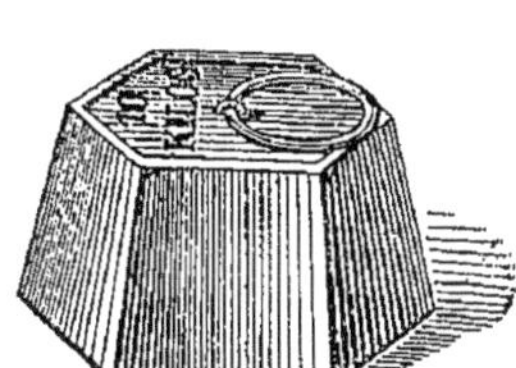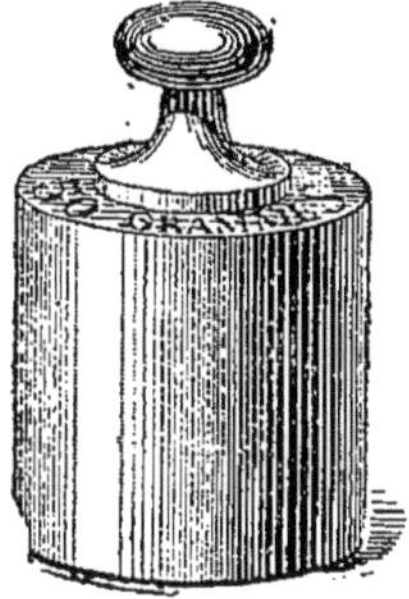

Fig. 27. — Poids marqués.

Il résulte de là que, si l'on veut vérifier la justesse d'une balance en équilibre sous une charge donnée, il suffit de fixer chaque plateau à l'extrémité opposée du fléau ; si la balance est juste, l'aiguille s'arrête au zéro quand le nouvel équilibre est établi.

La figure 27 représente les différentes formes qu'on donne aux poids qui servent à peser.

35. **Balance Roberval.** — On doit à Roberval une balance dont l'emploi s'est considérablement étendu dans le commerce. L'avantage qu'elle présente sur la balance ordinaire consiste en ce que ses plateaux ne sont pas suspendus par des chaines souvent gênantes dans la pratique, et, par suite, reçoivent plus facilement les corps à peser, flacons, poudres, etc.

Elle est représentée par la figure 28.

Le fléau AB (fig. 29) peut osciller autour du point C. A ses extrémités A et B sont suspendues des tiges AD et BE, supportant les plateaux P et P′ et s'articulant en D

Fig. 28. — Balance de Roberval.

et E avec une barre DE logée dans le pied de l'instrument et mobile sur un axe placé en son milieu. Lorsque le fléau

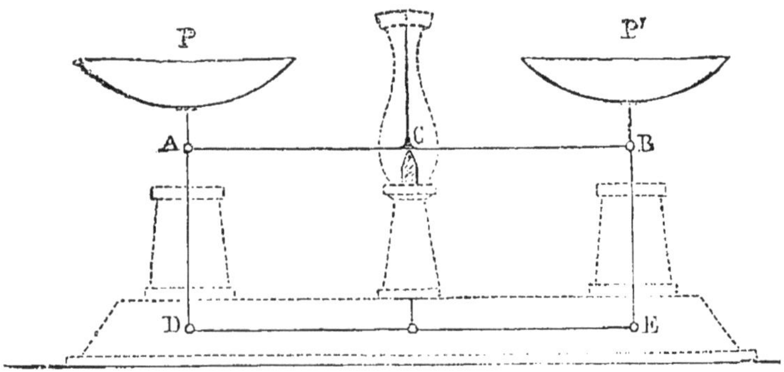

Fig. 29. — Balance de Roberval.

AB s'incline, DE s'incline aussi ; mais, grâce aux articulations D et E, le parallélogramme ABDE se déforme, tandis que les tiges AD et BE, restant verticales, maintiennent les plateaux horizontaux.

36. Balance romaine. — La balance romaine est un levier à bras inégaux, dont le point fixe est en O (fig. 3o). A l'extrémité A du bras le plus court est un plateau P, destiné à recevoir les corps à peser. Un poids p peut glisser le long du second bras, sur lequel une graduation est tracée. En plaçant le poids p à des dis-

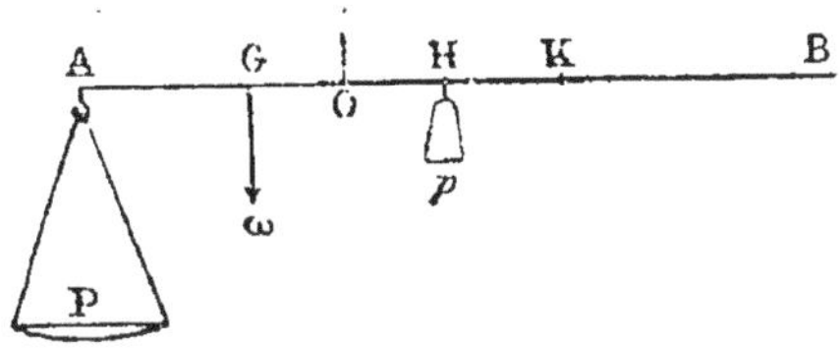

Fig. 3o. — Balance romaine.

tances différentes de O, on pourra faire équilibre aux corps de poids différents mis dans le plateau. Il suffira de lire le numéro de la graduation où l'on a dû placer le poids p.

La balance romaine n'exige qu'un seul poids pour les différentes pesées, parce qu'on peut faire varier à volonté la longueur du bras de levier à l'extrémité duquel il agit.

37. Bascule. — Cette balance est très employée dans les maisons de commerce, dans les usines. Elle sert à peser des fardeaux lourds en n'employant que des poids dix fois

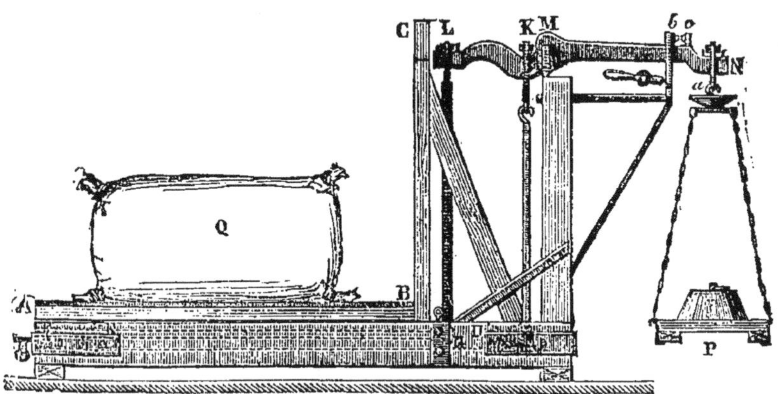

Fig. 3i. — Bascule.

plus petits, ce qui est un avantage évident pour la rapidité de l'opération. Elle est représentée par la figure 31 ; la figure 3a en fera saisir plus facilement le mécanisme.

Le plateau AB est destiné à recevoir les corps qu'on veut peser. Il se relève suivant BC; contre BC est fixée une pièce inclinée CD. Le plateau n'a que deux points d'appui : l'un en E (fig. 32) sur une barre capable d'osciller autour du point F et s'appuyant sur l'extrémité inférieure de la tringle GL ; l'autre en D, par l'intermédiaire de la pièce inclinée qui vient s'appuyer sur une tringle HK. Les deux tringles HK et GL sont accrochées aux points L et K à une barre LN mobile autour du point M. De plus, la longueur de LM est égale à cinq fois la longueur de KM, et FG est cinq fois plus long que FE. D'autre part, la barre LN porte à son extrémité un pla-

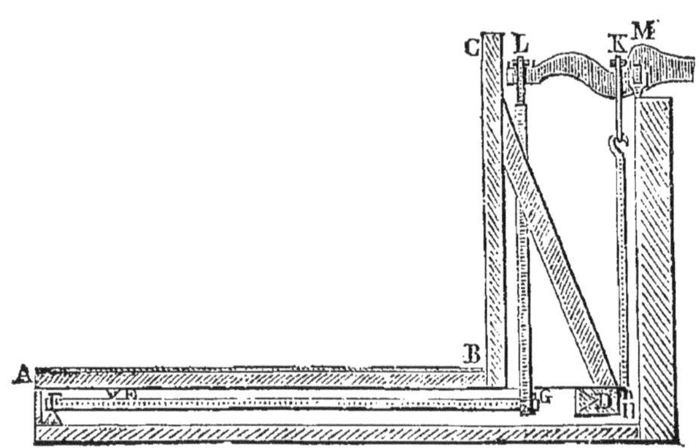

Fig. 32. — Bascule. Coupe longitudinale.

teau P destiné à recevoir des poids marqués, et le point M est placé de telle sorte que MN soit égal à dix fois KM.

Ceci posé, il est évident que la charge Q du plateau AB se trouve répartie entre le point E et le point D. Le point D transmet intégralement en K la portion de charge qu'il supporte. Quant au point G, il ne reçoit que le cinquième de la charge supportée en E ; car, FE étant le cinquième de FG, il suffirait, pour faire équilibre aux poids appliqués en E, d'appliquer en G des poids cinq fois plus faibles (39, 1re expérience). Donc la charge totale arrive sur le bras du levier LM divisée en deux parties ;

en K, la première partie arrive intégralement ; en L, la seconde partie arrive réduite au cinquième ; mais, comme cette seconde partie agit à une distance LM du point de suspension cinq fois plus considérable que KM, elle a cinq fois plus d'effet que si elle agissait en K, et, par suite, tout se passe comme si la charge totale agissait au point K. Le bras du fléau NM étant dix fois plus long que le bras KM, il faudra employer dans la manœuvre de cette balance des poids dix fois plus petits que ceux qui représentent le poids du fardeau à peser. Il faudra donc, après la pesée, multiplier par 10 le total des poids marqués mis dans le plateau P.

On reconnaît l'horizontalité du fléau à l'aide de deux appendices saillants b et c (fig. 31) dont l'un b est fixe, et dont l'autre c, mobile avec le fléau, doit se placer en regard du premier.

Avant de faire une pesée, on doit toujours s'assurer si la balance est horizontale quand il n'y a rien dans le plateau AB. Lorsqu'il n'en est pas ainsi, on établit au préalable l'horizontalité en mettant des poids dans une coupe a située au-dessus du plateau P.

On a construit pour les gares de chemin de fer, pour les usines, pour les octrois des villes, des balances fondées sur le même principe et dans lesquelles le rapport de la charge à la somme des poids employés est bien plus considérable. Ces balances pèsent généralement au centième ; d'autre part, au lieu de se servir de poids disposés dans un plateau, on fait glisser un curseur le long d'un bras de levier. Cette disposition est d'ailleurs souvent appliquée aux bascules ordinaires pesant au $\frac{1}{10}$.

38. Ordre de grandeur de certains poids. — Nous verrons plus tard que le poids d'un corps n'est un nombre déterminé que dans des conditions invariables de latitude et d'altitude ; il varie aussi avec la présence ou l'absence d'un milieu gazeux.

Quoi qu'il en soit, voici, à titre d'indication, les poids

moyens de quelques corps. Le décimètre cube des gaz, pris dans des conditions déterminées de température et de pression, pèse au plus quelques grammes; le liquide le plus lourd est le mercure, qui pèse $13^{kg},6$ par décimètre cube; un des solides les plus lourds est le platine qui pèse $21^{kg},4$ par décimètre cube. Voici maintenant le poids moyen de quelques véhicules : un fiacre pèse de 300 à 500 kilogrammes; les tramways à traction animale pèsent de 3 000 à 6 500 kilogrammes; les tramways électriques avec accumulateurs pèsent environ 10 tonnes; les locomotives pèsent de 40 à 60 tonnes, les cuirassés, environ 15 000 tonnes, et certains grands transatlantiques jusqu'à 20 000 tonnes. La tour Eiffel pèse 8 000 tonnes.

39. Expériences simples. — Prendre une règle carrée de faible section AB (fig. 33); diviser sa longueur en 12 parties égales et, en chaque point, fixer un petit crochet. Au milieu, percer un trou O dans lequel passe un tube de verre. Cet appareil pourra osciller autour

Fig. 33.

d'une pointe passant dans le tube de verre et servira à démontrer le principe de la balance telle qu'on s'en sert ordinairement, ainsi que le principe du levier qu'explique le fonctionnement de la bascule.

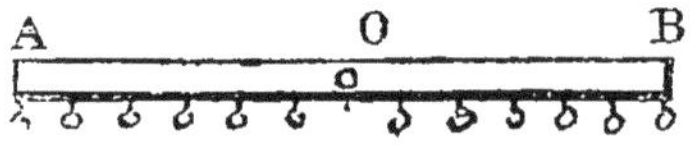

Faire effectuer des pesées avec divers genres de balances; indiquer la marche méthodique à suivre dans les essais successifs des divers poids.

CHAPITRE IV

—

Poids spécifique des solides et des liquides.

40. Définition du poids spécifique. — Nous avons dit (13) que les différents corps, pris sous le même volume, ne pèsent pas le même poids ; que le plomb, à égalité de volume, pèse plus lourd que le liège ; que l'huile, à égalité de volume, est plus légère que l'eau.

On appelle *poids spécifique absolu d'un corps le nombre qui exprime le poids de l'unité de volume à la température zéro* ; on fixe les conditions de température dans lesquelles doit être déterminé le poids spécifique, parce que, les corps se dilatant sous l'influence de la chaleur, le poids de l'unité de volume varie avec la température.

D'après la définition que nous avons donnée du poids spécifique absolu, ce nombre varie d'un pays à l'autre, puisque d'un pays à l'autre les unités de poids et de volume peuvent varier. Il y aurait là un inconvénient sérieux ; aussi est-on convenu de substituer à la notion du poids spécifique absolu celle du *poids spécifique relatif*.

Ce poids spécifique relatif, pour les solides et pour les liquides, est fixé, dans tous les pays, par rapport à un même corps, l'eau à 4°. On appelle *poids spécifique relatif d'un corps, ou densité relative, le rapport qui existe entre le poids d'un certain volume de ce corps à zéro et le poids du même volume d'eau à 4°*. Dans ces conditions, le nombre, qui exprime le poids spécifique, est indépendant du choix des unités de poids, car, si dans un pays l'unité de poids est deux fois plus grande que dans un autre pays, le nombre qui exprime le poids d'un certain volume du corps considéré sera, dans le second pays, deux fois plus grand que dans le premier : mais le nombre qui exprime le poids du même volume d'eau sera aussi deux fois plus grand, et le poids spécifique relatif, qui est leur rapport, sera le même.

41. — En France et dans tous les pays qui ont adopté notre système métrique, l'unité de poids est le poids de l'unité de volume d'eau.

Ainsi 1 kilogramme est le poids de 1 décimètre cube d'eau, 1 gramme, le poids de 1 centimètre cube ; par suite, 3 décimètres cubes d'eau à 4° pèsent 3 kilogrammes et n décimètres cubes pèsent n kilogrammes. Le nombre qui exprime le poids d'une certaine masse d'eau à 4° est donc aussi le nombre qui en exprime le volume. Aussi peut-on dire que le poids spécifique ou la densité d'un corps est le *quotient du nombre qui en exprime le poids par le nombre qui en exprime le volume.*

Il résulte aussi de ce qui précède que le poids spécifique d'un corps solide ou liquide représente encore le poids de l'unité de volume de ce corps : ainsi la densité du cuivre étant 8, le poids de 1 décimètre cube de cuivre est 8 kilogrammes ; la densité de l'alcool étant 0,79, 1 litre d'alcool pèse $0^{kg},79$.

Par suite 5 litres d'alcool pèseraient $0^{kg},79 \times 5$ et, d'une façon générale, en représentant par P le poids d'un corps, par V son volume et par D son poids spécifique, on a :

$$P = D \times V.$$

42. REMARQUE. — De la formule précédente on tire :

$$D = \frac{P}{V}$$

ce qui montre qu'on peut obtenir la densité d'un corps en

divisant le nombre qui exprime son poids par celui qui exprime son volume ; c'est ce qu'on fait quand le corps a une
forme géométrique permettant de calculer facilement le
volume, tel est le cas d'un cube, d'une pyramide, d'une
sphère, etc.

De la même formule, on tire encore :

$$V = \frac{P}{D}.$$

Pour avoir le volume d'un corps dont on connaît le poids
et la densité, on divise le premier nombre par le second.

APPLICATIONS. — 1° *Trouver le poids d'une barre de fer
cylindrique de 16 millimètres de diamètre et de 2ᵐ50 de longueur ; la densité du fer est 7,8.*

Si l'on exprime le rayon et la longueur de la barre en
décimètres, son volume est :

$$V = 3,1416 \times 0,08^2 \times 25 = 0^{dm^3},502656$$

Or le décimètre cube de fer pèse $7^{kg},8$; d'où :

$$P = 7^{kg},8 \times 0,506256 = 3^{kg},920.$$

2° *La densité du zinc étant 7 et celle du cuivre 8,8, trouver
les volumes de zinc et de cuivre qui entrent dans un alliage
de ces deux métaux pesant 50 grammes et de densité 8.*

Volume de l'alliage :

$$\frac{50}{8} = 6^{cm^3},25$$

Poids d'un égal volume de zinc :

$$7^g \times 6,25 = 43^g,75,$$

soit une différence de $50^g - 43^g,75 = 6^g,25$ avec le poids
de l'alliage.

Or, quand on remplace 1 centimètre cube de zinc par
1 centimètre cube de cuivre, le poids de l'alliage augmente
de $8^g,8 - 7^g = 1^g,8$, Il faut donc faire ce remplacement

autant de fois que 1,8 est contenu dans 6,25, soit

$$6,25 : 1,8 = 3,47.$$

Il y a donc dans l'alliage $3^{cm^3},47$ de cuivre et

$$6^{cm^3},25 - 3^{cm^3},47 = 2^{cm^3},78 \text{ de zinc.}$$

43. Détermination du poids spécifique d'un corps. — 1° Pour déterminer le poids spécifique d'un corps, il suffit évidemment, s'il est supposé homogène, d'en connaître le poids et le volume. La balance permet de déterminer le poids. Quant au volume, s'il s'agit d'un liquide, on le versera dans une éprouvette graduée ; s'il s'agit d'un solide, on mesurera un volume déterminé d'un liquide qui soit sans action sur le solide, puis on y introduira le corps de façon qu'il soit complètement immergé : l'augmentation apparente du volume du liquide indiquera le volume du corps.

Il suffira ensuite de diviser le premier nombre obtenu par le second (41), à condition qu'ils soient exprimés tous deux en unités *correspondantes* de poids et de volume.

2° D'après la définition que nous avons donnée du poids spécifique relatif d'un corps, il est évident que, pour le déterminer, il suffit de chercher successivement le poids d'un certain volume du corps, le poids du même volume d'eau, puis de diviser le premier nombre par le second (40).

Nous exposerons la méthode suivie dans cette détermination par les physiciens, sans tenir compte des conditions de température dont il faut se préoccuper, quand on veut opérer avec une grande précision.

Solides. — On place le corps dont on veut déterminer le poids spécifique, un morceau d'aluminium, par exemple, dans un des plateaux d'une balance, à côté d'un flacon plein d'eau (fig. 34) et fermé par un bouchon à l'émeri. Ce bouchon est terminé par un tube capillaire C et l'on a empli le flacon de manière que le liquide monte jusqu'au sommet du tube. L'équilibre étant établi par de la tare mise dans l'autre plateau, on enlève le corps et on le remplace par des poids gradués, de manière à rétablir l'équilibre. Soient $2^g,631$ ces poids ; ils représentent évidemment le poids du corps, obtenu par une double pesée (33).

On enlève ensuite les poids et le flacon, dans lequel on introduit le corps, qui en fait sortir un volume d'eau justement égal au sien. On essuie bien le flacon et on le remet sur la balance : l'équilibre est rompu, puisqu'un volume d'eau égal à celui du corps est sorti du flacon. Pour rétablir l'horizontalité du fléau, il faut ajouter du côté du flacon des poids gradués qui représentent le poids d'un volume d'eau égal au volume du corps solide. Soient $1^g,052$ ces poids. Le poids spécifique est : $\dfrac{2,631}{1,052} = 2,5$.

Fig. 34 et 35. — Méthode du flacon.

Liquides. — On se sert ordinairement, pour les liquides, de petits flacons qui se composent d'un réservoir sphérique ou cylindrique A (fig. 35) surmonté d'un tube capillaire et d'une autre partie plus large qui sert d'entonnoir. On détermine par double pesée le poids du flacon ; puis on détermine par la même méthode le poids du flacon plein du liquide sur lequel on veut opérer, l'acide sulfurique par exemple. La différence des deux pesées donne le poids d'acide sulfurique qui remplit le flacon. Soit 18 grammes cette différence. On le vide, on le remplit d'eau et l'on détermine le poids de cette eau : soit 10 grammes ce poids. Il est évident qu'en divisant 18 par 10, on aura le poids spécifique 1,8 de l'acide sulfurique, puisque ces poids représentent les poids de volumes égaux d'acide sulfurique et d'eau. Pour être sûr d'opérer dans les deux phases de l'expérience sur le même volume de liquide, on ne remplit le flacon que jusqu'à un trait xx' tracé sur le col.

44. Corps solubles dans l'eau. — Lorsqu'il s'agit d'un corps soluble dans l'eau, on applique encore la méthode précédente, mais en se servant d'un liquide dans lequel le corps ne peut se dissoudre.

Soit à trouver la densité du sucre ; on la déterminera par rapport à l'alcool, à l'essence de térébenthine ou à l'huile d'olive. Représentons par P le poids du sucre, par P' celui de l'alcool déplacé, la densité D' du sucre par rapport à l'alcool est $D' = \dfrac{P}{P'}$.

Or si D'' est la densité de l'alcool par rapport à l'eau, on a $D'' = \dfrac{P'}{P''}$, en appelant P'' le poids d'eau correspondant au volume d'alcool déplacé ou encore au volume du sucre. En multipliant ces deux égalités membre à membre, on a :

$$D' \times D'' = \frac{P}{P'} \times \frac{P'}{P''} = \frac{P}{P''}.$$

Or les poids P et P'' ne sont autres que ceux de deux volumes égaux de sucre et d'eau ; leur rapport représente donc, par définition, la densité du sucre par rapport à l'eau ; d'où cette règle : *pour obtenir la densité d'un corps soluble dans l'eau, on cherche cette densité par rapport à un liquide dans lequel il est insoluble, puis on multiplie le nombre trouvé par la densité de ce liquide.*

45. Volume d'un récipient. Graduation d'une éprouvette. — Pour mesurer le volume d'un récipient, il suffit de lui faire équilibre avec de la tare sur un des plateaux d'une balance, puis de le remplir d'eau pure et de chercher le total des poids marqués qu'il faut employer pour rétablir l'équilibre ; si ce poids est 250 grammes, le volume cherché est 250 centimètres cubes. On procéderait de même pour mesurer le volume du récipient jusqu'en un point déterminé.

Si l'on veut graduer une éprouvette, on la met sur un des plateaux d'une balance ; on place à côté des poids marqués, soit 100 grammes ; puis on établit l'équilibre avec de la tare placée dans l'autre plateau. On retire 5 grammes et l'on ramène l'aiguille au zéro en ajoutant de l'eau dans l'éprouvette ; le volume qu'elle occupe est de 5 centimètres cubes. On marque le niveau du liquide et l'on continue la graduation en procédant de la même façon.

*Poids spécifiques de quelques corps solides
à la température de zéro.*

Platine fondu .	21,45	Marbre	2,84
Or fondu . .	19,26	Cristal de roche . .	2,65
Argent fondu .	10,47	Aluminium fondu . .	2,56
Cuivre en fil .	8,87	Glace (eau congelée) .	0,92
Laiton . . . 7,30 à	8,65	Chêne.	0,89
Acier forgé .	7,84	Hêtre	0,74
Fer en barre .	7,8	Frêne.	0,77
Étain . . .	7,29	Orme.	0,65
Zinc. . . .	7,15	Sapin.	0,58
Diamant . .	3,52	Peuplier.	0,45
Cristal . . .	3,33	Liège (écorce) . . .	0,24

Poids spécifiques de quelques corps liquides à zéro.

Mercure	13,60	Eau distillée . . .	0,9998
Acide sulfurique con-		Essence de térében-	
centré	1,85	thine	0,86
Sulfure de carbone .	1.27	Esprit de bois . .	0,80
Lait de vache . .	1,032	Alcool absolu . .	0,79
Eau de mer . . .	1,026	Pétrole distillé . .	0,79

46. Expériences simples. — Déterminer les poids spécifiques d'un solide insoluble dans l'eau d'un liquide et d'un morceau de sucre, en se servant d'un flacon quelconque, puis des flacons à densités.

On peut remplacer ceux-ci par un petit flacon ordinaire qu'on
ferme hermétiquement avec un bouchon traversé par un tube de
8 à 10 centimètres ouvert à ses deux extrémités. A chaque
pesée, au moyen de papier buvard, on pourra amener le liquide
à un niveau constant qu'on aura marqué sur le tube, de façon
à avoir toujours le même volume de liquide.

ÉQUILIBRE
DES LIQUIDES ET DES GAZ

CHAPITRE V

Pressions dans les liquides. — Transmission des pressions.

47. Propriétés des liquides. — L'expérience montre que les liquides sont très *mobiles* : quelques gouttes de mercure, versées dans une assiette, roulent à la surface sous la forme de globules sphériques ; il en serait de même de l'eau tombant sur une surface un peu grasse qu'elle ne mouille pas. En quantités assez considérables, les liquides se moulent sur la surface des vases qui les renferment et prennent une position d'équilibre dont ils s'écartent très facilement, si l'on agite le récipient ; dans tous les cas, l'équilibre étant établi, il est facile de constater que la surface de séparation du liquide et de l'air, autrement dit, sa *surface libre* est *plane*.

Rappelons encore que, si la *forme* du liquide est extrêmement *variable*, il n'en est pas de même de son *volume* qui reste *constant* ; si une cause, comme une compression énergique, tend à diminuer ce volume, dès qu'elle est supprimée, le liquide, en vertu de son *élasticité parfaite*, reprend immédiatement son volume primitif. Enfin, nous avons déjà fait constater que les liquides sont *pesants*.

Des propriétés précédentes, déduites de l'expérience, découlent un certain nombre de principes qui font l'objet de l'*hydrostatique*, ou étude des conditions d'équilibre des liquides.

48. **Existence des pressions dans les liquides.** — Soit un liquide renfermé dans un récipient de forme quelconque ; si l'on pratique une ouverture en un point de la paroi, le liquide s'écoule, avec plus ou moins de force, suivant la distance de l'ouverture au-dessous de la surface libre.

Les liquides exercent donc des *pressions* sur les parois des vases qui les renferment ; mais le raisonnement indique que les différentes couches de liquide exercent aussi des pressions les unes sur les autres, exactement comme dans une pile de pièces de monnaie : dans cette pile, chaque pièce supporte le poids de toutes celles qui sont au-dessus d'elle.

Quelle est la valeur des pressions qui s'exercent tant dans l'intérieur du liquide que sur les parois du récipient? Comment varient ces pressions suivant le point considéré? C'est ce que nous allons rechercher.

49. **Pression supportée par une couche horizontale d'un liquide en équilibre** [1]. — Si l'on considère une tranche horizontale dans l'intérieur d'un liquide en équilibre, elle supporte, de bas en haut et de haut en bas, des pressions verticales égales au poids de la colonne liquide cylindrique superposée à cette tranche. De plus, cette pression est la même en tous les points d'un même plan horizontal. L'expérience suivante permet de mettre ce fait en évidence.

On applique contre les bords rodés d'un large tube un obturateur ou disque *mn* (fig. 36), puis on plonge l'ap-

---

[1] Dans tout ce qui suit, on ne tient pas compte de la *pression atmosphérique* (chapitre VIII, qui s'exerce à la surface du liquide.

pareil dans l'eau en soutenant l'obturateur à l'aide d'un fil. Dès que l'appareil est immergé, on constate qu'on peut lâcher le fil, abandonner l'obturateur à lui-même sans qu'il tombe. Il est donc maintenu contre les bords du tube par une pression de bas en haut. Pour avoir la valeur de cette pression, il suffit de verser de l'eau dans le tube ; lorsque le liquide a atteint à l'intérieur le même niveau qu'à l'extérieur, la lame de verre tombe. Mais cela ne doit arriver que lorsque la pression de bas en haut est détruite par une pression égale de haut en bas. Or, ici, la pression exercée de haut en bas sur la face inférieure est égale au poids d'une colonne li-quide ayant pour base le fond du vase et pour hauteur sa distance verticale au niveau : c'est donc là la valeur de la pression qui s'exerce de bas en haut sur l'obturateur, et par suite sur la couche de liquide avec laquelle il est en contact.

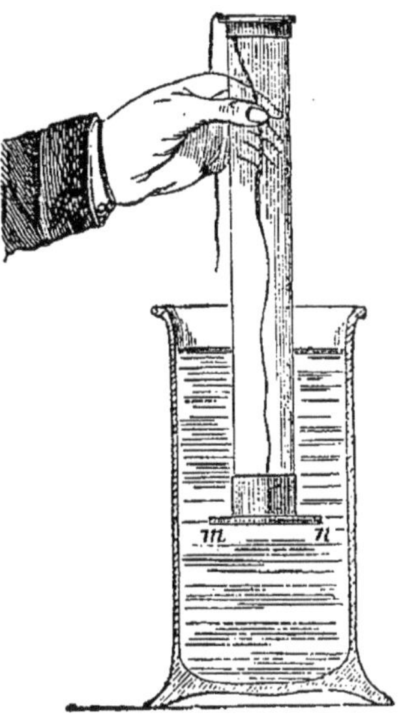

Fig. 36.— Pression sur une couche horizontale.

Qu'on se serve d'un tube dont l'ouverture est plus étroite : on conçoit que les faits précé-dents seront encore vérifiés et l'on peut dire que, *quelle que soit la petitesse de l'élément con-sidéré, dans une couche liquide horizontale, cet élément supporte de haut en bas une pression égale au poids d'une colonne liquide ayant pour base la surface de cet élément et pour hauteur sa distance verticale à la surface libre ; et cet élément réagit en exerçant une pression égale, mais de sens inverse, puisqu'il reste en équilibre.*

En répétant l'expérience en différents points d'un même *plan horizontal*, on vérifierait que *la pression est la même en tous ces points.*

5o. Pression exercée dans un liquide sur une surface quelconque. — Si l'on répète l'expérience précédente en employant un tube coudé à angle droit (fig. 37), on constate que l'obturateur *mn* reste encore maintenu contre les bords du tube, ce qui démontre l'existence d'une pression s'exerçant dans le sens horizontal. On montrerait encore, en versant de l'eau dans le tube coudé, que cette pression est égale au poids d'une colonne de liquide ayant pour base la surface de l'obturateur et, pour hauteur, la distance de celui-ci à la surface libre.

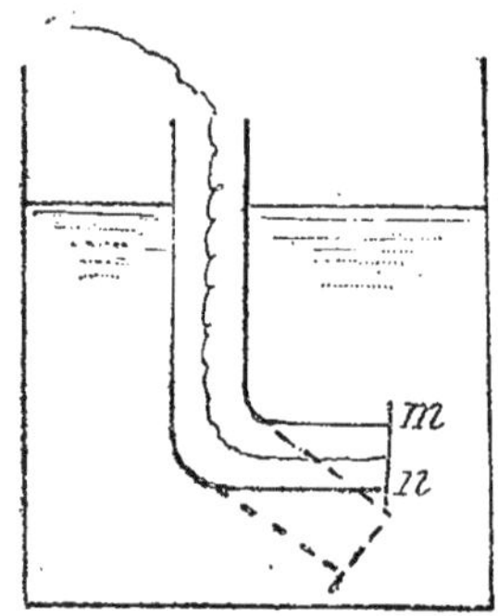

Fig. 37. — Pressions dans les liquides.

En employant des tubes coudés suivant des angles divers, on arriverait au même résultat.

Par suite, tout autour d'un élément quelconque de liquide, s'exercent des pressions égales, ce qu'on exprime encore en disant que : *dans un liquide en équilibre, toutes les pressions qui s'exercent autour d'un point sont égales.*

5i. Pression sur le fond horizontal d'un vase. — *La pression exercée par un liquide pesant sur le fond horizontal du vase qui le contient est égale, quelle que soit la forme du vase, au poids d'une colonne liquide cylindrique ayant pour base le fond du vase et pour hauteur sa distance verticale au niveau.*

Cette proposition peut être démontrée expérimentalement à l'aide de divers appareils ; mais elle résulte immédiatement de ce que nous avons exposé plus haut (49). La tranche liquide qui touche le fond transmet à celui-ci la pression qu'elle supporte ; or cette pression est égale au poids de la colonne liquide ayant pour base la tranche considérée et, pour hauteur, sa distance à la surface libre, ce qui revient à l'énoncé précédent.

Dans l'expression de la valeur de la pression supportée

par le fond du vase entrent seulement la surface du fond et sa distance à la surface du liquide ; par suite, cette valeur est indépendante de la forme du vase : elle reste la même, que les parois latérales se rapprochent ou s'écartent. Il en résulte cette conséquence que la pression supportée par le fond d'un vase peut être bien supérieure au poids du liquide.

On peut montrer le fait précédent à l'aide du tube de la figure 36, ou simplement avec un verre de lampe, cylindrique ou non, fixé verticalement sur un support et fermé par un obturateur qu'on attache au-dessous du plateau d'une balance ; on maintient l'obturateur et l'on remplit l'appareil d'eau, puis on équilibre l'obturateur en mettant un *léger* excès de tare dans l'autre plateau. On ferme ensuite le tube à sa partie supérieure avec un bouchon traversé d'un tube de verre de 60 centimètres de longueur et de 1 centimètre carré de section, par exemple ; en prenant quelques précautions, il est facile de disposer le fil qui retient l'obturateur à l'intérieur du petit tube ; nous supposerons, en outre, que la surface de base du verre de lampe soit de 20 centimètres carrés. On maintient encore l'obturateur avec la main, puis on verse de l'eau dans le tube jusqu'à une hauteur de 50 centimètres. Le volume de cette eau est de 50 centimètres cubes et son poids est de 50 grammes. Or, on constate que, pour empêcher l'obturateur de se détacher, il faut placer à côté de la tare un poids de 1 kilogramme, soit 20 fois 50 grammes.

Ce fait, qui paraît paradoxal, est identique au suivant : supposons un homme sur le plateau d'une bascule ; quand l'équilibre est établi, s'il pousse fortement contre un mur voisin, le plateau s'abaisse et il faut ajouter une surcharge variable pour rétablir l'équilibre, bien que le poids de l'expérimentateur n'ait évidemment pas varié.

52. Pression sur les parois latérales d'un vase. — Chaque élément de la surface latérale d'un vase supporte une pression qui varie avec la distance de cet élément à la surface libre ; par suite, la pression totale exercée sur l'ensemble des parois est la somme de ces pressions élémentaires ; dans la plupart des cas, on ne peut donner de cette somme une expression simple. Mais on comprend facilement que sur une surface déterminée de la porte d'une écluse, de la paroi d'un réservoir, d'un panneau de submersible, cette pression croît proportionnellement à la distance de cette surface au niveau du liquide ambiant. Ainsi, à une profondeur de 30 mètres, chaque décimètre carré de la surface latérale d'un réservoir supporte une pression de 300 kilogrammes, quelle que soit d'ailleurs l'étendue de la surface libre : aussi, pour résister aux pressions, les murs des réservoirs ont une épaisseur qui va croissant de la surface libre à la base.

De l'existence des pressions latérales découlent encore un certain nombre de conséquences dont la plus importante est l'écoulement des liquides par les orifices des parois. Considérons en effet un élément de la paroi : tout autour de lui s'exercent des pressions égales provenant du liquide ; ces pressions sont contrebalancées par la réaction de la paroi. Vient-on à supprimer celle-ci : l'équilibre est rompu et le liquide s'écoule, poussé par une force égale à l'effort qu'il développait contre la paroi.

D'autres expériences s'expliquent encore par l'existence des pressions latérales ; nous citerons : le chariot à réaction et le tourniquet hydraulique.

53. Chariot à réaction. — Soit un vase rectangulaire A (fig. 38) en cuivre, très mince, porté sur des roulettes mobiles et présentant sur sa face postérieure une ouverture o que nous supposerons d'abord fermée par un bouchon. Considérons les tranches liquides, qui sont au niveau de l'ouverture : elles transmettent dans tous les sens les pressions venant des parties supérieures du liquide. Parmi ces pressions, il en est que nous devons spécialement considérer ; ce sont celles qui sont exercées sur la base du bouchon, et celles qui, égales et directement opposées aux premières, s'exercent sur la surface correspondante de la paroi antérieure a' du chariot. Lorsque l'ouverture *o* est fermée, ces pressions se détruisent, parce qu'elles tendent à pousser *également* le chariot en sens contraires, et l'appareil reste immobile. Mais, dès qu'on enlève le bouchon, le liquide jaillit suivant *oo'*, et le chariot

se met en mouvement de la gauche à la droite de la figure. En effet, dès que l'ouverture *o* a été débouchée, la pression, qui s'exerçait sur la face postérieure *a*, ne peut plus avoir d'autre effet

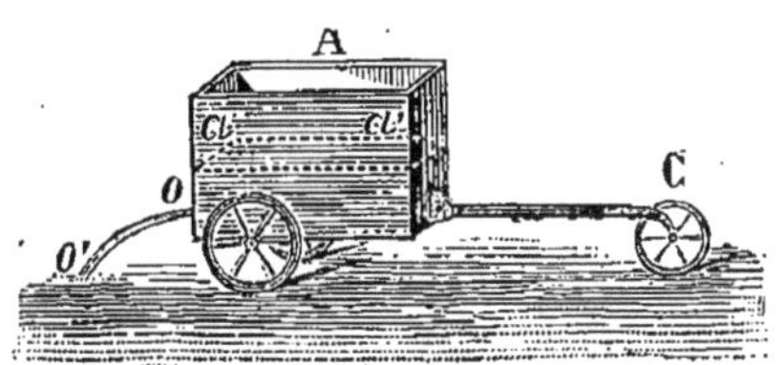

Fig. 38. — Chariot à réaction.

que de faire jaillir le liquide, elle n'existe plus pour le vase; mais l'autre, continuant à s'exercer sur la paroi antérieure, met l'appareil en mouvement.

54. Tourniquet hydraulique. — Le tourniquet hydraulique se compose d'un réservoir de verre AB (fig. 39), entièrement rempli d'eau et qui peut tourner autour d'un axe vertical. A sa partie inférieure, il communique avec un tube de cuivre *tt'* deux fois recourbé, comme l'indique la figure. Les ouvertures *t* et *t'* étant bouchées, l'appareil reste immobile; dès qu'on les débouche, il se met en mouvement dans le sens contraire à celui suivant lequel jaillit le liquide. En appliquant aux portions du tube opposée aux ouvertures le

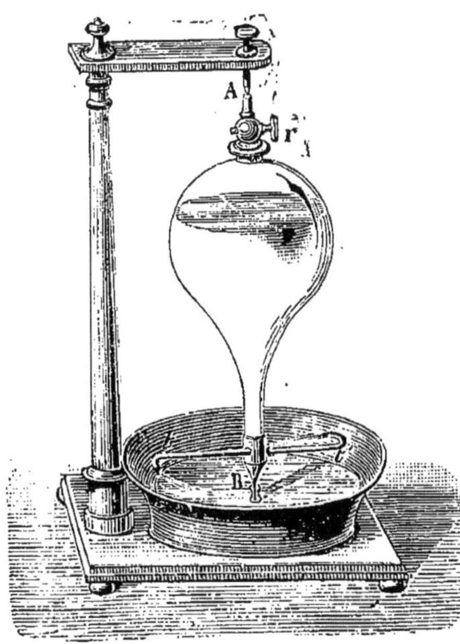

Fig. 39. — Tourniquet hydraulique.

raisonnement appliqué tout à l'heure aux parois du chariot à réaction, on expliquera de la même manière le mouvement du tourniquet hydraulique.

On voit en *r* un robinet qui, lorsqu'il est ouvert, met l'intérieur du vase en communication avec l'atmosphère. S'il n'y avait pas communication, le liquide ne s'écoulerait pas en *t* et *t'*. Aussi, dans la pratique, les ouvertures *t* et *t'* ne sont-elles pas bouchées. Au moment où l'on veut faire l'expérience, on ouvre le robinet *r*, le liquide s'écoule et l'appareil se met en mouvement.

55. Turbines. — Les turbines sont des moteurs hydrauliques très employés dans l'industrie et qui reposent sur l'existence des pressions latérales ; elles se composent principalement d'une roue horizontale à aubes sur laquelle agit l'eau d'une chute ; la pression exercée par l'eau met la roue en mouvement et un système variable d'engrenages communique ce mouvement aux machines à actionner.

56. Principe de Pascal ou de l'égale transmission des pressions dans tous les sens. — *Si sur une portion plane de la surface d'un liquide on exerce une pression, cette pression se transmet dans tous les sens et également.*

On peut prouver que la pression se transmet dans tous les sens à l'aide d'une sphère creuse (fig. 40), percée de plusieurs trous et qui porte un ajutage cylindrique dans lequel peut glisser un piston. Si l'on remplit l'appareil d'eau et qu'on exerce une pression sur le piston, on verra le liquide jaillir par toutes les ouvertures et dans une direction perpendiculaire à la paroi, ce qui prouve que la pression exercée s'est transmise *dans tous les sens* et *perpendiculairement* à chaque élément de paroi.

Nous avons dit que cette pression se transmet *également*. Voici ce que cela signifie. Si sur un centimètre carré de la surface du liquide on exerce une pression d'un kilogramme, sur chaque centimètre se transmettra une pression d'un kilogramme ; par conséquent, sur une surface de deux centimètres, la pression transmise sera de deux kilogrammes ;

sur une surface de trois centimètres, elle sera de trois kilogrammes, et ainsi de suite. En d'autres termes, la pression transmise est égale à la pression exercée multipliée par le rapport de la surface, qui reçoit la pression, à la surface sur laquelle elle a été exercée.

Quand on ne tient pas compte des frottements, on peut vérifier grossièrement cette proposition de la manière suivante.

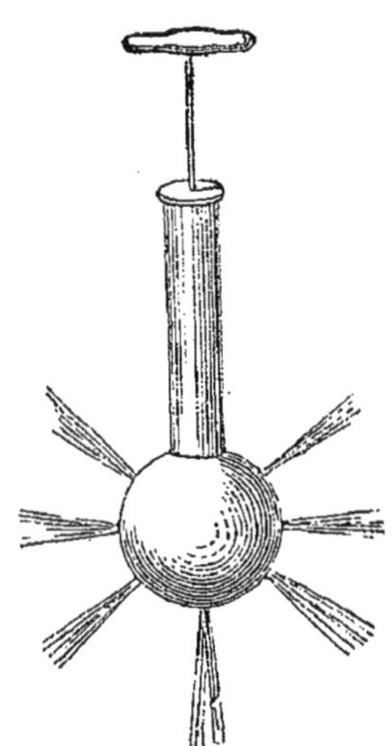

Fig. 40. — Les liquides transmettent les pressions dans tous les sens.

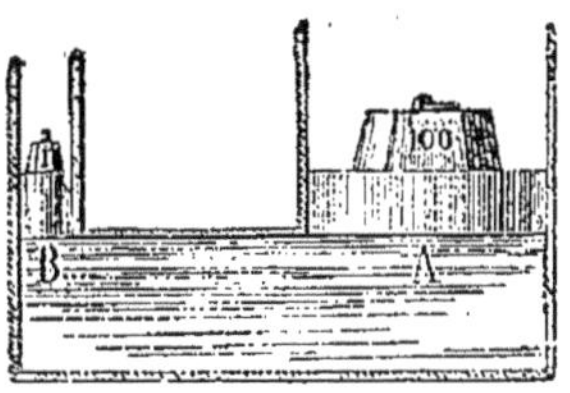

Fig. 41. — Principe de Pascal.

Soient deux cylindres A et B (fig. 41) communiquant par leur partie inférieure et de sections inégales : la section de B sera supposée 100 fois plus grande que celle de A. Emplissons d'eau l'appareil et plaçons un piston dans chaque cylindre à la surface du liquide. Si l'on place sur le petit piston un poids de 1 kilogramme, il faudra, pour maintenir le grand en équilibre et l'empêcher de monter sous l'influence de la pression qui lui est transmise, placer sur lui un poids de 100 kilogrammes.

57. Presse hydraulique. — La presse hydraulique, imaginée par Pascal, est fondée sur le principe que nous venons d'exposer. Elle permet, à l'aide d'une force relativement faible, d'exercer des pressions considérables.

Concevons deux corps de pompe AB et CD (fig. 42), de

sections très inégales, 1 et 100, par exemple, réunies par
un conduit BC. Supposons qu'ils reçoivent chacun un piston et que l'appareil soit complètement rempli d'eau. Exer-
çons, à l'aide du levier LI, une pression de 10 kilogrammes
sur le petit piston : il est évident que, sur chaque portion
de surface du grand piston égale à celle du petit, se transmettra une pression de 10 kilogrammes et, comme le grand
piston a une surface égale à cent fois celle du petit, on
pourra soulever 10 fois 100 kilogrammes ou 1 000 kilogrammes placés sur le grand, ce qui revient à dire qu'il
est soumis de bas en haut à une pression de 1 000 kilogrammes.

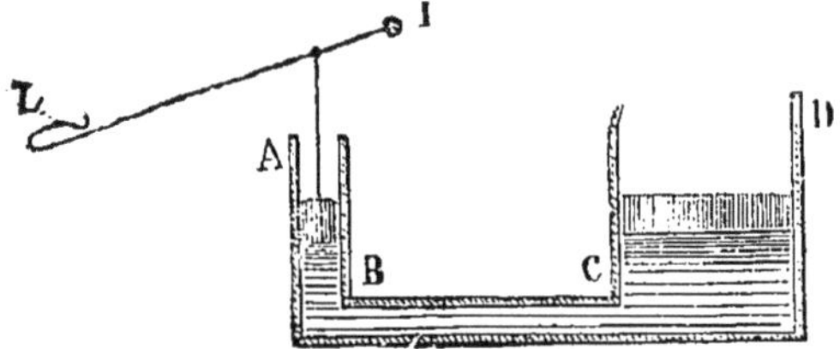

Fig. 42. — Presse hydraulique.

Cet appareil, réduit à un tel état de simplicité, présen-
terait de graves inconvénients dans la pratique : comme
le cylindre CB a une section 100 fois plus grande que le
cylindre AB, lorsque le petit piston s'abaissera d'une certaine quantité, soit 30 centimètres, le grand piston s'élèvera seulement du centième, ou 3 millimètres, et son
mouvement ascendant s'arrêtera là, car, lorsqu'on soulè-
vera le petit piston, l'eau qui avait pénétré dans le cylindre DC reviendra remplir le cylindre AB. De plus,
sous l'influence de fortes pressions, il se produira des fuites
entre la paroi des pistons et celle des cylindres.

Voici la disposition adoptée pour remédier à ces inconvénients.

Un corps de pompe L très solide (fig. 43) est relié par
un conduit G à un corps de pompe beaucoup plus petit A :
un tube part de la base inférieure de A et plonge, par une

pomme d'arrosoir O, au milieu d'un réservoir d'eau M. Le
piston de A peut être mis en mouvement par un levier BB' ;
dès qu'il fonctionne, le liquide de M est aspiré dans le
corps de pompe A, puis refoulé par le tube G dans le corps
de pompe L. Dans ce dernier descend un piston K portant

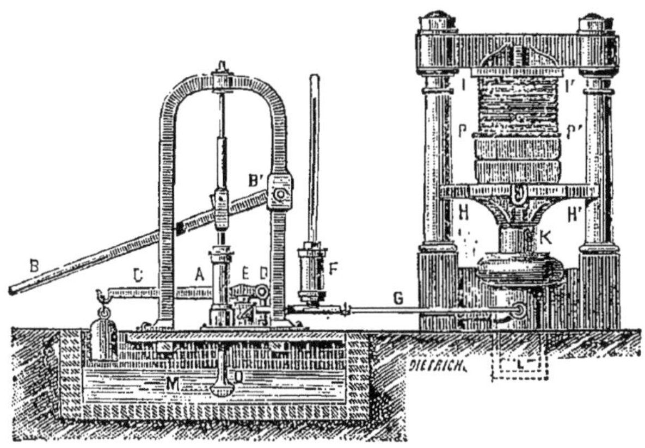

Fig. 43. — Presse hydraulique.

une tablette IIII' capable de glisser verticalement entre les
colonnes P, P', qui la maintiennent latéralement. Elle est
destinée à recevoir les objets à presser. Une seconde plate-
forme II' est fixée sur le haut des colonnes.

Lorsque l'appareil a été rempli d'eau par le jeu de la
pompe A, si l'on exerce une pres·
sion à l'aide du levier BB' sur le
piston de A, elle se transmet sur
le piston K, multipliée qu'elle est
par le rapport des surfaces. La plate-
forme IIII' s'élève et presse les objets interposés entre elle
et II', qui est fixe.

Fig. 44. — Cuir embouti.

Pour éviter les fuites, on remplace le grand piston par
un cylindre métallique K, et à la partie supérieure du
grand corps de pompe se trouve une rigole annulaire, dans
laquelle on place un cuir *embouti*, gouttière circulaire en
cuir BAC (fig. 44) dont l'ouverture est tournée vers le

bas. Cette gouttière appuie par un de ses bords contre la rigole annulaire, par l'autre contre le cylindre K : par suite, plus la pression sera forte, plus le cuir embouti sera appuyé fortement contre eux et empêchera les fuites de se produire.

En F, on voit un appareil, appelé *manomètre*, destiné à mesurer la pression exercée; en D, une soupape de sûreté, en E, un robinet de décharge.

58. Applications de la presse hydraulique. — La presse hydraulique rend chaque jour de grands services à l'industrie. Elle sert à presser les étoffes, à extraire l'huile des graines oléagineuses, à comprimer la pulpe de betterave pour en faire sortir le jus destiné à la fabrication du sucre.

On l'emploie aussi pour essayer les chaudières à vapeur et s'assurer qu'elles ont été construites dans des conditions suffisantes de solidité et de résistance. Pour cela, on les emplit d'eau ; et, après avoir fermé toutes les ouvertures moins une, on met cette dernière en communication avec la presse hydraulique ; on exerce alors une pression intérieure supérieure à celle que la chaudière doit supporter dans la pratique et, si elle résiste à cet essai, on la livre à l'industrie.

C'est encore sur le principe de la presse hydraulique que sont construits les *monte-charges* qu'on rencontre dans les ateliers et les magasins, et les *ascenseurs hydrauliques* installés dans un grand nombre de maisons d'habitation : la figure. 45 permet de comprendre facilement le fonctionnement de ces appareils.

Les *vérins hydrauliques*, qui servent soit à soulever, soit à supporter des poids considérables, ne sont autres que des presses hydrauliques ; ainsi les pieds de la Tour Eiffel reposent sur 16 vérins ; son poids total étant de 8 000 tonnes, chacun d'eux supporte un poids de 500 tonnes et il est facile d'équilibrer cette pression par une autre aussi réduite qu'on le veut.

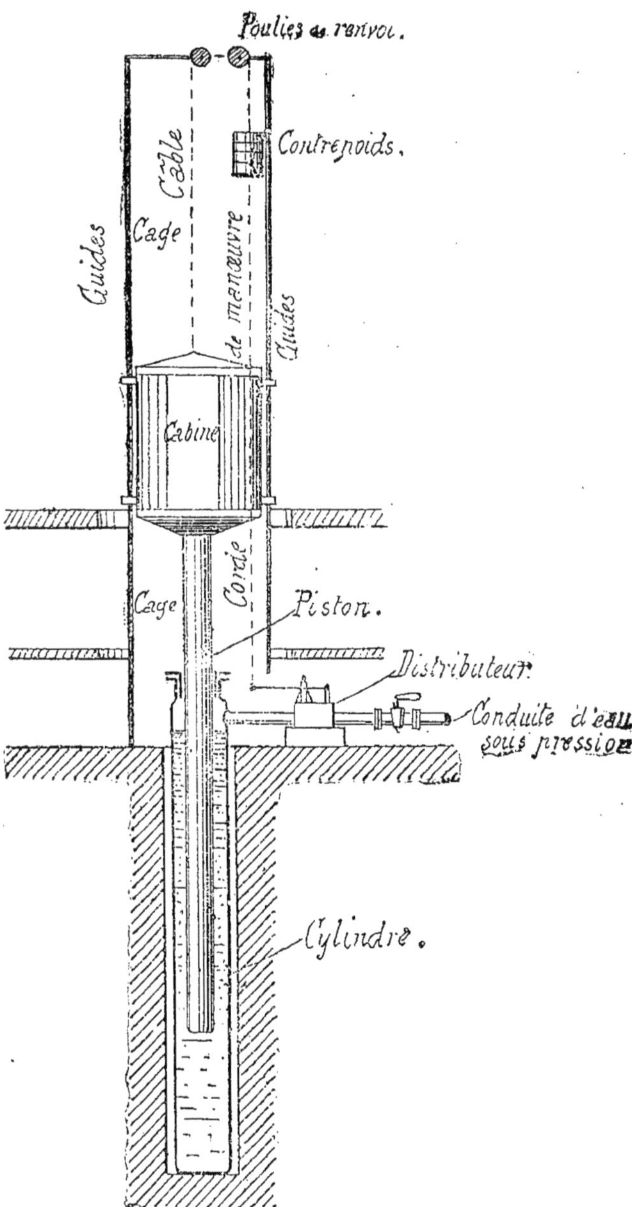

Fig. 45. — Ascenseur hydraulique.

59. Expériences simples. — Exécuter toutes les expériences indiquées dans cette leçon.

On peut remplacer l'appareil de la figure 36 par un verre à gaz, un verre de lampe ou un simple tube de verre dont on a dressé la base, si besoin est, en le frottant contre la partie plane d'une meule à aiguiser ; l'obturateur sera constitué par un morceau de carton ou de carte de visite, portant en son milieu une petite masse de plomb destinée à le rendre plus lourd que l'eau.

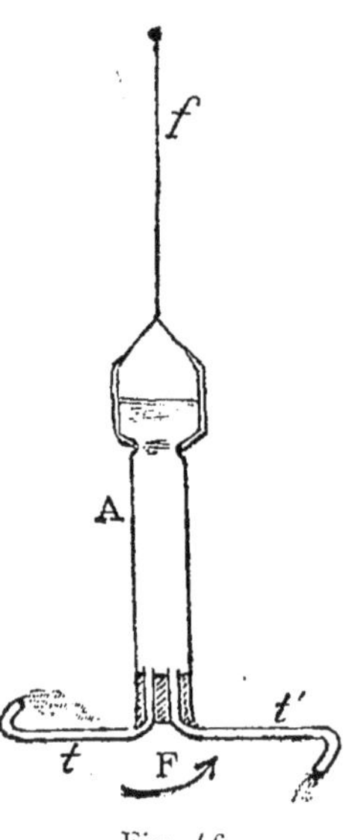

Fig. 46

Pour montrer l'existence des pressions latérales, on se servira de tubes coudés sous divers angles, ou simplement de deux bouts de verre raccordés par un tube de caoutchouc ; on emploiera aussi l'obturateur précédent.

Le chariot à réaction pourra être remplacé par une boîte de conserves percée d'un trou sur une face latérale ; on la placera sur un bouchon flottant à la surface de l'eau, puis on y versera de l'eau en tenant le trou fermé avec le doigt ; quand on retire celui-ci, l'appareil se déplace en sens inverse de l'écoulement. On peut aussi suspendre la boîte à l'aide de quelques fils ; quand on ouvre l'ouverture, elle quitte sa position d'équilibre.

On peut construire un tourniquet hydraulique comme il suit : fermer un verre de lampe A (fig. 46) par un bouchon percé de deux trous que traversent des tubes de verre *t*, *t'*, disposés comme l'indique la figure. L'appareil étant suspendu par un fil *f*, tourne dans le sens de la flèche F quand on le remplit d'eau.

Faire remarquer que l'eau qui actionne la roue d'un moulin agit en exerçant des pressions latérales qui dépendent à la fois de la quantité d'eau et de la hauteur de chute.

Pour montrer que l'intensité des pressions sur une surface dépend de la hauteur de la colonne liquide, non de son volume, fermer un bocal de large ouverture et rempli d'eau, par un bouchon traversé d'un tube de verre de 1 mètre de longueur ; verser de l'eau par la partie supérieure du tube ; le bouchon est soulevé à un certain moment par suite de la pression qui s'exerce sur lui de bas en haut.

Cette leçon pourra donner lieu à quelques applications numériques : évaluation de la pression supportée par le bouchon, dans l'expérience précédente ; pression supportée par une porte d'écluse ; par un volet d'une cloison étanche d'un sous-marin immergé à une certaine profondeur, etc.

Ficeler l'ouverture d'une vessie sur un tube de verre évasé dans la partie qui entre dans la vessie ; remplir d'eau l'appareil ainsi préparé. Réunir le tube par un raccord en caoutchouc à un tube de 1 mètre de longueur, coucher la vessie sur le plancher et maintenir le second tube verticalement. Appuyer une planchette sur le sol et sur la vessie et la charger de poids dont la valeur va en croissant. Une petite quantité d'eau monte dans le tube vertical ; mais il y a toujours une grande disproportion entre le poids de cette eau et le poids des masses placées sur la planchette, ce qui démontre le principe de la transmission des pressions.

CHAPITRE VI

—

Surface libre des liquides. — Vases communicants.

60. **Surface libre des liquides en équilibre.** — *Quand un liquide pesant ne remplit pas un vase et qu'il n'est pas soumis à d'autre force que la pesanteur, sa surface libre est horizontale.*

Nous avons vérifié expérimentalement (22) qu'il en est ainsi. C'est là d'ailleurs une conséquence de l'égalité des pressions dans une même couche horizontale : supposons un plan horizontal au-dessous de la surface libre ; sur chaque unité de la surface de ce plan, comme base, on peut imaginer des colonnes verticales de liquide dont le poids représente la pression exercée sur l'unité de surface de cette couche. Or les poids de toutes ces colonnes devant être égaux et leurs bases étant aussi égales, il doit en être de même de leurs hauteurs. Par suite, tous les points de la surface libre sont équidistants d'un plan horizontal.

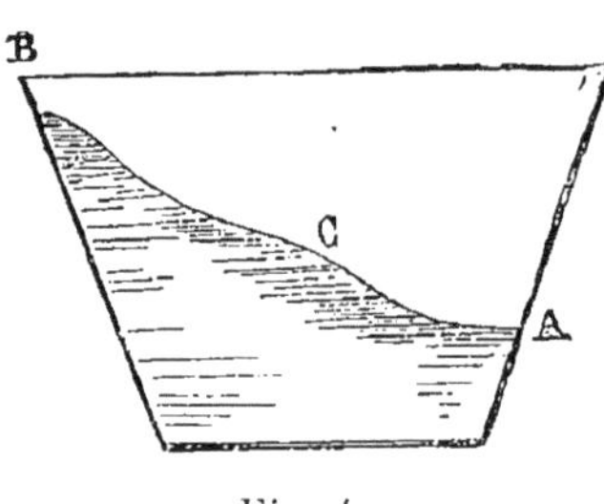

Fig. 47.

Il est encore facile de se rendre compte, par le raisonnement suivant, qu'il doit en être ainsi. Supposons que la surface en équilibre puisse prendre une forme inclinée telle que ACB (fig. 47). Les molécules liquides qui sont pesantes et mobiles pourront être considérées comme autant de billes placées sur une surface inclinée : elles rouleront de B vers A, c'est-à-dire qu'il n'y aura pas équilibre.

61. Conditions d'équilibre des liquides superposés. — Lorsqu'on mélange dans un vase plusieurs liquides *non miscibles* de densités différentes : 1° ils se superposent par ordre de densité, les plus denses allant au fond du vase ; 2° la surface de séparation des liquides est horizontale.

Cette double proposition est aussi une conséquence de l'égalité des pressions en tous les points d'une même couche horizontale ; mais on peut la démontrer expérimentalement en se servant de la fiole des quatre éléments.

Fig. 48. — Fiole des quatre éléments.

On met dans un flacon (fig. 48) du mercure, de l'eau, et de l'huile : on agite alors le mélange, et, au bout d'un certain temps, on constate que les liquides se sont séparés et se sont superposés par ordre de densité comme nous venons de les énumérer, le mercure se trouvant au fond du vase, l'air à la partie supérieure. Les surfaces de séparation des quatre fluides sont horizontales.

62. Applications du principe précédent. — A l'embouchure des fleuves d'un grand débit, l'eau douce, ayant une densité plus faible que l'eau salée, s'étend à la surface de la mer à une distance assez considérable.

Certaines personnes mettent une couche d'eau et une couche d'huile dans le godet des veilleuses qui les éclairent pendant la nuit. L'huile reste à la surface en vertu de sa densité plus faible et alimente la mèche.

On peut faire brûler l'alcool à la surface de l'eau. Qu'on prenne un verre presque entièrement rempli d'eau (fig. 49), qu'on verse à la surface de l'eau une couche d'alcool, elle y restera, parce que sa densité est plus faible que celle de l'eau, et l'on pourra faire brûler le liquide inflammable.

Lorsqu'on verse un sirop dans l'eau, il faut, pour avoir un liquide homogène, agiter le mélange; sans quoi, le sirop va au fond du vase et y reste. Il en est de même lorsqu'on sucre un liquide : eau, café, etc. Les morceaux de sucre gagnent la partie inférieure du vase, s'y dissolvent, et, le liquide acquérant en ces points une densité plus grande, le mélange ne s'effectue pas; si l'on ne prend pas soin d'agiter, la partie supérieure ne présente qu'une saveur à peine sucrée.

Fig. 49. — Combustion de l'alcool à la surface de l'eau

Le moyen le plus rapide de faire dissoudre, à froid, un sel dans un liquide est de suspendre ce sel, renfermé dans un linge, à la partie supérieure du liquide. Les parties du liquide qui se sont chargées de sel descendent au fond du vase, par suite d'une augmentation de densité, et le sel se trouve toujours ainsi en contact avec un liquide pur, très apte à le dissoudre.

C'est par un procédé analogue que les ménagères dessalent rapidement la morue. Il suffit de la suspendre dans un vase plein d'eau à la partie supérieure du liquide.

C'est encore parce que la crème a une densité moindre que le lait qu'elle monte à sa surface.

VASES COMMUNICANTS. — APPLICATIONS

63. Vases communicants. — 1° *Lorsque deux vases communicants contiennent un même liquide, celui-ci s'élève à la même hauteur dans les deux vases et, par suite, les deux surfaces libres sont dans un même plan horizontal.*

Considérons, en effet, un plan horizontal dans la partie

qui réunit les deux vases : deux éléments égaux de ce plan, l'un dans le premier vase, l'autre dans le second, doivent supporter la même pression (49). Pour cela, il faut évidemment que les surfaces libres, dans les deux vases, soient à la même distance du plan commun.

On peut démontrer expérimentalement ce principe à l'aide de l'appareil simple représenté par la figure 50. On peut remplacer l'un des vases par un tube de forme quelconque : le résultat sera toujours conforme à la règle précédente.

2° *Lorsqu'on verse dans deux vases communicants deux liquides de poids spécifiques différents, les hauteurs des surfaces libres des liquides au-dessus de la surface de séparation sont en raison inverse des poids spécifiques.*

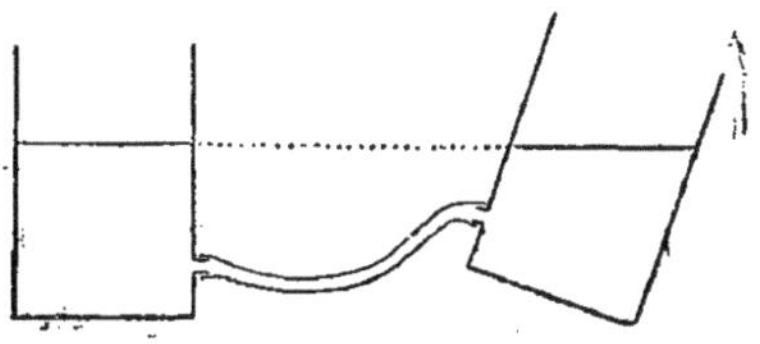

Fig. 50. — Vases communicants.

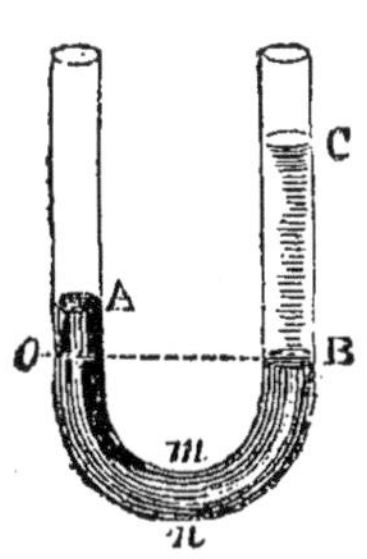

Fig. 51. — Vases communicants.

— Soit (fig. 51) un tube recourbé dans lequel on verse deux liquides de poids spécifiques différents. Celui dont le poids spécifique est le plus grand va au fond et, si l'on mesure les hauteurs OA et BC de ces deux liquides au-dessus de la surface de séparation B, on constate que ces hauteurs sont en raison inverse des poids spécifiques des deux liquides.

Le principe de l'équilibre des liquides dans les vases communicants est susceptible de nombreuses applications. Nous citerons les plus importantes.

64. **Jets d'eau.** — Reprenons l'appareil représenté par la figure 50 et remplaçons un des vases par un tube effilé très court, en ayant soin de le raccorder au récipient par un long tube de caoutchouc. Si la pointe effilée est au-dessous du niveau du liquide, celui-ci s'échappe par l'extrémité et le jet est d'autant plus haut qu'on établit une plus grande différence de niveau.

Lorsqu'on veut établir un jet d'eau dans un jardin ou sur une place publique, on fait arriver dans le fond d'un bassin un tuyau, qui communique avec un réservoir élevé plein d'eau, et l'expérience que nous venons de décrire se reproduit en grand.

65. **Services d'eau.** — Les grandes villes sont le plus souvent alimentées d'eau par des systèmes reposant sur le même principe.

L'eau, prise à sa source, est lancée par des machines hydrauliques dans des réservoirs très élevés. Du fond de ces réservoirs partent des tuyaux de conduite, qui circulent sous le sol et rayonnent dans tous les quartiers. Sur les tuyaux, qui parcourent chaque rue, sont greffés d'autres tuyaux qui vont aboutir dans les fontaines publiques ou privées (fig. 52). L'eau, tendant à atteindre le niveau du réservoir, s'élève dans le tuyau B de la fontaine et jaillit en A.

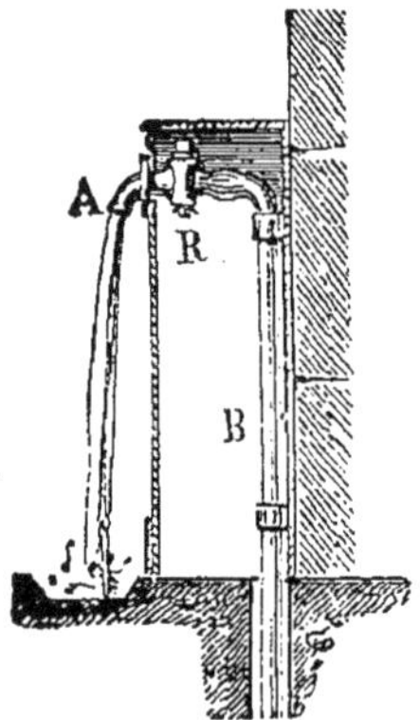

Fig. 52. — Fontaine.

Dans les établissements de bains, les robinets qui desservent chaque baignoire sont souvent alimentés de la même manière. Ils sont fixés à des tuyaux, qui communiquent avec des réservoirs situés à un niveau supérieur, où l'eau a été envoyée à l'aide de pompes.

66. **Puits artésiens.** — On nomme *puits artésiens* des trous de sonde pratiqués verticalement dans le sol et desquels l'eau jaillit à une hauteur plus ou moins considérable. Le principe de l'équilibre des liquides dans les vases communicants permet d'expliquer ce phénomène.

Remarquons que l'écorce du globe se trouve composée de couches différentes, superposées dans un certain ordre et rarement horizontales. Elles se relèvent et s'appuient sur le flanc des montagnes, où elles viennent apparaître. Parmi elles, les unes sont perméables à l'eau, les autres ne le sont pas. Supposons qu'une couche perméable C (fig. 53) se trouve comprise entre deux couches d'argile imperméable A et B. Si la couche C se trouve mise en communication, par des fissures du sol, avec une masse d'eau située sur un lieu élevé, cette eau s'infiltrera, formera une nappe souterraine, et si, en un point a plus bas que la masse d'eau qui alimente la nappe, on perce un trou de sonde qui aille rejoindre celle-ci, l'eau jaillira en a en vertu du principe de l'équilibre des liquides dans les vases communicants.

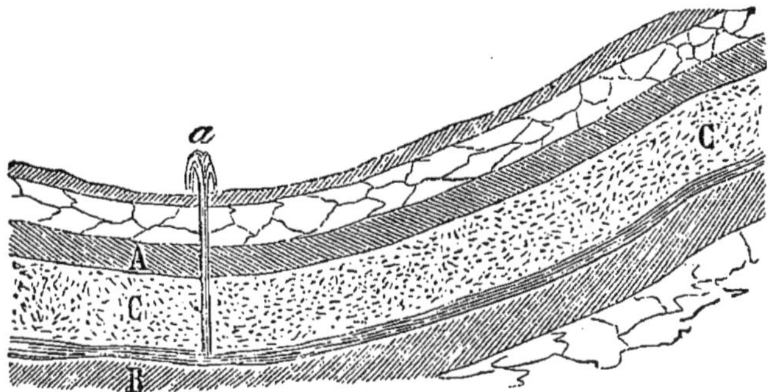

Fig. 53. — Puits artésien.

Les puits artésiens sont parfois très profonds, et les eaux qu'ils fournissent ont alors une température élevée, qui est la même en été qu'en hiver. Le puits de Grenelle, à Paris, a 547 mètres de profondeur, et l'eau qui en jaillit a constamment une température de 28°. Le puits de Passy a une profondeur de 586 mètres et fournit aussi de l'eau à 28°.

67. **Sources et rivières.** — Ce qui précède nous permet d'expliquer l'origine des sources et des rivières. Supposons qu'un plateau élevé soit en communication, par des couches perméables, avec une couche imperméable. L'eau des pluies qui tomberont sur le plateau s'infiltrera à travers les couches perméables jusqu'à ce qu'elle arrive à la couche imperméable ; elle glissera sur elle ; si celle-ci finit par déboucher à l'air libre, il en résultera une source ou une rivière, suivant l'abondance de la nappe liquide.

Les sources jaillissantes ne sont autres que des puits artésiens naturels.

68. Niveau d'eau. — Le niveau d'eau, dont on fait un usage fréquent dans les opérations du nivellement, est

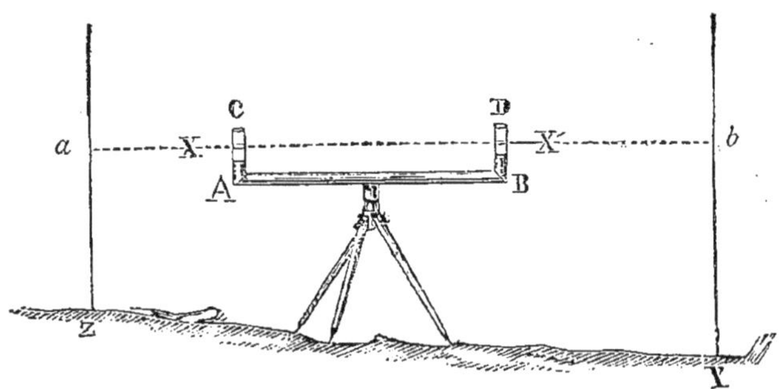

Fig. 54. — Niveau d'eau.

une application du principe des vases communicants. Il se compose ordinairement (fig. 54) d'un tube de fer-blanc AB recourbé, à angle droit, à ses deux extrémités, dans lesquelles sont fixées de petites fioles en verre C et D, sans

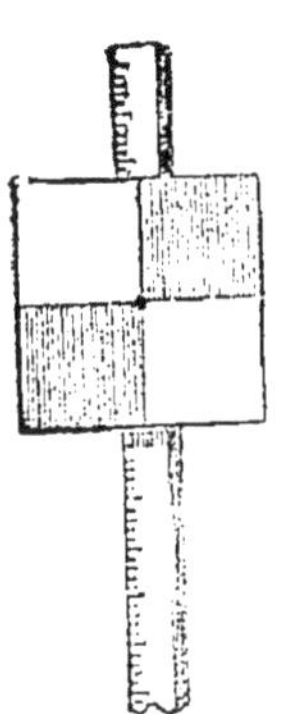

Fig. 55. — Mire.

fond. On place ce tube sur un trépied dont les branches peuvent s'écarter à volonté et permettent d'installer facilement l'appareil.

Supposons qu'on ait à déterminer la différence de niveau de deux points Z et Y. L'opérateur, après avoir établi le niveau en un point d'où il puisse apercevoir des règles verticales divisées placées en Z et Y, verse dans l'appareil, de l'eau qui s'élève dans les deux fioles jusqu'à un même plan horizontal XX', et c'est à ce plan qu'il va rapporter ses observations. Il met d'abord l'œil à une certaine distance de l'appareil et, s'alignant sur XX', fait signe à l'aide, qui tient la règle divisée en Y, d'élever ou d'abaisser une plaque mobile, qui glisse le long de cette règle (fig. 55). Lorsqu'un trait tracé sur cette plaque est arrivé dans le plan XX′, l'opérateur fait un signe d'arrêt, et l'aide lit sur la règle la distance bY, qui marque l'élévation du plan XX′ au-dessus de Y. Plaçant ensuite l'œil du côté de X′ et s'alignant sur XX′, il répète la même opération pour une règle placée en Z. Soit aZ la longueur lue : elle représente l'élévation de XX′ au-dessus de Z ; la différence entre bY et aZ est évidemment la différence de niveau des deux points Y et Z.

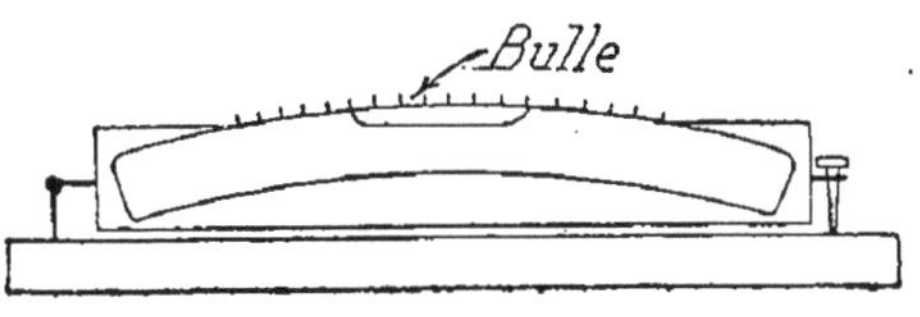

Fig 56. — Niveau à bulle d'air.

Le niveau à bulle d'air (fig. 56) repose aussi sur le principe de l'horizontalité de la surface libre d'un liquide.

69. Écluses. — Lorsqu'on veut effectuer des transports par eau et que le pays n'a pas de rivières navigables,

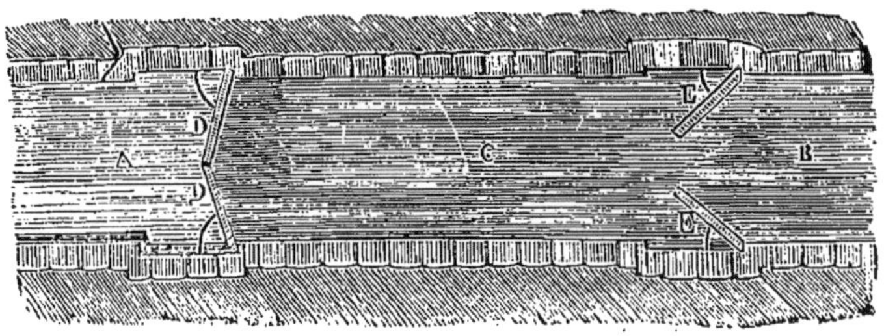
Fig. 57. — Écluse.

on creuse ordinairement des canaux. Ces canaux ont en général une pente faible, de manière que l'eau s'y écoule avec une vitesse à peu près égale à celle qu'on observe dans les rivières. Pour qu'il puisse en être ainsi dans un pays accidenté, on divise le canal en plusieurs parties qui sont à la suite l'une de l'autre et dans lesquels l'eau est à des niveaux différents. Ces parties sont réunies par des

écluses, qui servent à faire passer les bateaux d'un niveau
à l'autre.

Soient A et B (fig. 57) les parties du canal situées à des
niveaux différents ; soit A la partie supérieure, appelée
bief supérieur; soit B, le *bief inférieur*. On les sépare l'un
de l'autre par un bout de canal C, appelé *écluse*, dont les
parois sont en maçonnerie et qui est séparé de A et de B
par des portes D et E,

Pour faire passer un bateau du bief inférieur B dans le
bief supérieur A, on ferme les portes D et l'on ouvre les

Fig. 58. — Écluse.

portes E. Le niveau s'établit alors à la même hauteur en
B et en C ; le bateau est amené en C ; lorsqu'il est dans
l'écluse, on ferme E et l'on ouvre D ; le niveau s'élève alors
en C, devient le même qu'en A, et le bateau peut continuer
sa route.

Au lieu d'ouvrir la porte D, on commence, pour établir
l'égalité du niveau entre A et C, par soulever une vanne
qui se manœuvre à l'aide d'une manivelle et d'une crémaillère verticale (fig. 58) Ce n'est que lorsque l'égalité
de niveau est établie qu'on ouvre la porte. On évite ainsi

la pression énorme qu'il faudrait vaincre pour ouvrir cette porte, lorsque le niveau est plus élevé en A qu'en C.

Le lecteur comprendra facilement la manœuvre à exécuter pour faire, au contraire, passer un bateau du bief supérieur A dans le bief inférieur B.

70. Ascensions et dépressions capillaires. — La condition de l'équilibre des liquides dans les vases communicants souffre une exception, quand l'un des vases a un diamètre intérieur fort petit, diamètre qu'on a comparé à l'épaisseur d'un cheveu. Cette comparaison a fait donner à ces tubes de petit diamètre le nom de *tubes capillaires*.

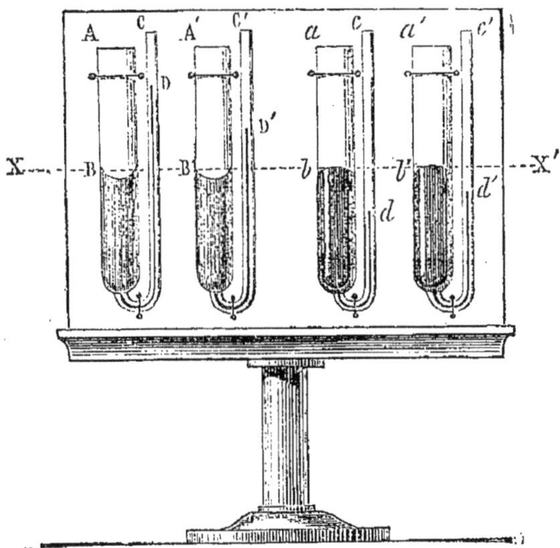

Fig. 59. — Ascensions et dépressions capillaires.

Si l'on verse un liquide dans un tube à deux branches dont l'une est fort étroite, ce liquide ne se met plus au même niveau dans les deux branches. S'il s'agit de liquides mouillant le vase, comme l'eau, l'alcool, l'éther, le liquide s'élève dans le tube étroit à un niveau plus élevé que dans le tube large : c'est ce qu'on voit (fig. 59) dans les tubes ABDC, A'B'D'C'. De plus, la surface terminale du liquide, au lieu d'être horizontale, est *concave* : on dit alors que la surface forme un ménisque concave. S'il s'agit d'un liquide ne mouillant pas le tube, comme le mercure, le liquide est déprimé dans le tube étroit : il est à un niveau inférieur au niveau du liquide dans le tube large, et le ménisque est convexe. C'est ce qu'on voit dans les tubes *abdc*, *a'b'd'c'*.

Il en est de même, lorsqu'on plonge un tube capillaire dans un liquide ; si le liquide mouille le tube, le niveau intérieur est supérieur au niveau extérieur; s'il ne le mouille pas, c'est l'inverse qui se produit.

Ces faits ne sont pas en contradiction avec les conditions d'équilibre d'un liquide dans des vases communicants : ils s'expliquent par l'existence d'une force, appelée *tension superficielle*, qu'il est facile de mettre en évidence.

71. **Expériences montrant l'existence de la tension superficielle.** — Faisons une espèce de compas avec une lame de bois ou de zinc AB (fig. 60), sur laquelle

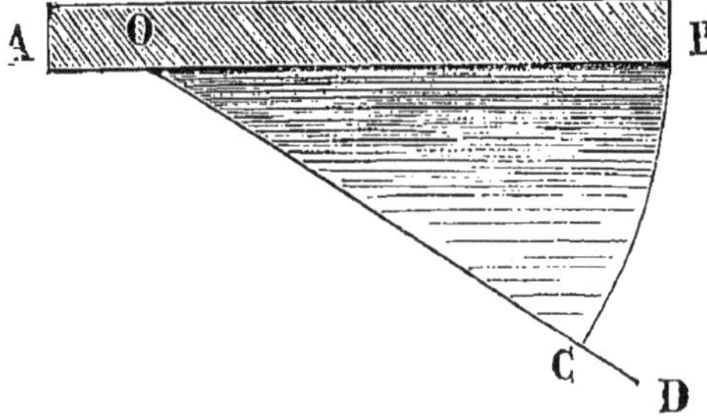

Fig. 60. — Tension superficielle.

peut tourner un fil métallique OD capable de se déplacer le long d'un second fil métallique BC plié en arc de cercle. Plaçons OD sur AB et, dans l'intervalle qu'ils laissent entre eux, mettons avec un pinceau une couche de liquide glycérique (mélange de glycérine, d'eau et de solution alcoolique de savon), puis éloignons OD de manière à ouvrir le compas. Le liquide va s'étendre en lame fine entre les deux branches. Abandonnons OD : la tension de la membrane ramène OD sur la branche AB.

Voici une seconde expérience démontrant le même fait : soufflons une bulle de savon à l'extrémité d'un tube et cessons de souffler : nous verrons la bulle se dégonfler et chasser l'air qu'elle contient par l'extrémité opposée du tube, ce qu'on peut vérifier en présentant cette extrémité à la flamme d'une bougie : la flamme s'incline sous l'influence du courant d'air.

72. Applications des phénomènes capillaires. — C'est à l'existence de la tension superficielle que sont dus les mouvements imprimés aux corps légers flottant à la surface d'un liquide.

Si l'on pose deux boules de liège ou deux bouchons à la surface de l'eau, le liquide mouille le liège, s'élève contre les bouchons (1, fig. 61), mais plus dans l'intervalle des boules qu'à l'extérieur, et elles se portent l'une vers l'autre.

Si l'on recouvre les deux boules de noir de fumée ou d'un corps gras,

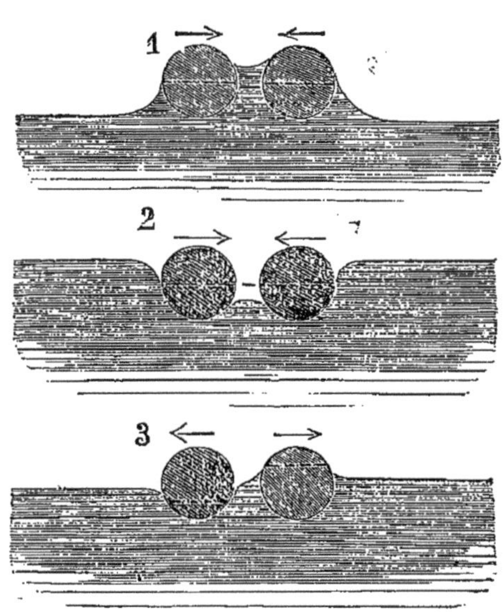

Fig. 61. — Mouvements produits par la capillarité.

elles ne seront pas mouillées par l'eau qui se déprimera plus (2, fig. 61) dans leur intervalle qu'à l'extérieur et elles se porteront encore l'une vers l'autre.

Mais, si l'une des boules seulement est mouillée (3, fig. 61), elles se fuiront.

C'est par capillarité que les liquides combustibles mon-

tent dans la mèche des lampes et l'acide stéarique fondu
dans la mèche d'une bougie.

La pénétration des corps poreux (sucre, craie) par les
liquides, ainsi que l'ascension de la sève dans les végétaux,
sont aussi des phénomènes capillaires. On peut en dire
autant de l'ascension, à travers le sol, de l'eau provenant
des couches profondes. Ce phénomène a une grande importance en agriculture, car, dans les périodes de sécheresse,
l'eau remonte à la surface d'autant mieux que l'évaporation
est plus rapide.

73. **Expériences simples**. — Nous avons indiqué (fig. 9)
une expérience permettant de vérifier l'horizontalité de la surface libre d'un liquide en repos ; répéter la même expérience en
se servant d'une équerre dont l'un des bords coïncidera avec le
fil à plomb.

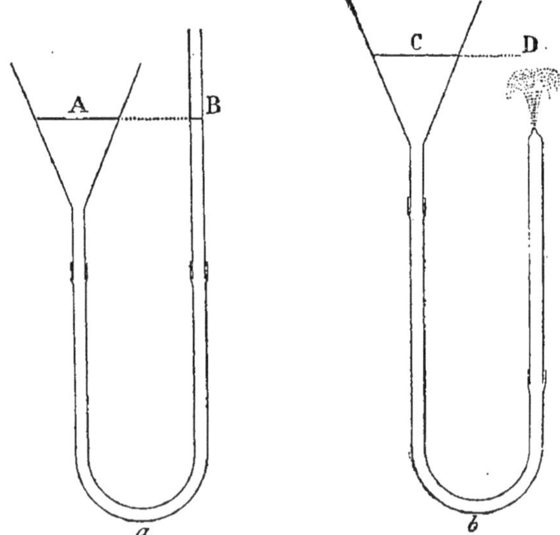

Fig. 62. — Appareil simple pour la démonstration du principe des vases
communicants et l'explication du fonctionnement d'un jet d'eau.

Pour réussir l'expérience de la figure 49, verser l'alcool le
long de la paroi du verre, à l'aide d'un tube ou d'une baguette
de verre.

Pour montrer le principe des vases communicants, prendre un tube de caoutchouc, à l'une des extrémités duquel on adapte un entonnoir et à l'autre un tube de verre (*a*, fig. 62).

Si l'on verse de l'eau dans l'appareil, on constate que les niveaux A et B sont sur un même plan horizontal ; il en serait de même si l'on inclinait le tube de verre.

En remplaçant celui-ci par un tube effilé plus court (*b*, fig. 62) et en tenant l'extrémité effilée au-dessous du niveau C, on obtient un jet d'eau.

En remplaçant le tube B (*a*, fig. 62) par un tube capillaire, on remarque que le niveau de l'eau y est plus élevé qu'en A.

On peut facilement faire flotter sur l'eau une aiguille légèrement graissée ; pour cela, placer d'abord à la surface du liquide un peu de papier de soie ou une feuille de papier à cigarette sur laquelle on dépose l'aiguille ; le papier ne tarde pas à tomber au fond et l'aiguille reste à la surface.

On peut montrer la transmission des pressions à l'aide de deux liquides superposés et de densités différentes par une expérience analogue à celle de la figure 162, *b*. Prendre un flacon rempli d'eau ; le fermer à l'aide d'un bouchon à deux trous dont l'un est traversé par un tube effilé court plongeant à la partie supérieure du liquide ; le second trou est traversé par un tube plongeant jusqu'au fond du flacon et raccordé à sa partie supérieure avec un entonnoir dans lequel on verse du mercure. On obtient un jet d'eau qui peut s'élever à une hauteur de plusieurs mètres.

—

CHAPITRE VII

Principe d'Archimède. — Aréomètres usuels à poids constant.

74. Principe d'Archimède. Démonstration théorique. — *Tout corps plongé dans un liquide subit une poussée verticale, dirigée de bas en haut et égale au poids du liquide déplacé.*

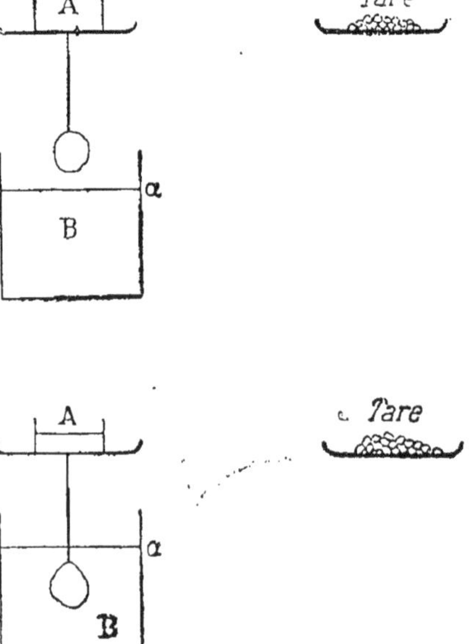

Fig. 63. — Démonstration du principe d'Archimède.

Ce principe dont la découverte est due à Archimède [1], est une conséquence des pressions qui s'exercent à l'intérieur d'un liquide. En effet, soit un cube de côté c, plongé dans un liquide de densité d, et soit h la distance de sa face supérieure à la surface libre. Ses quatre faces latérales supportent des pressions qui s'annulent deux à deux. Quant à la face supé-

[1] Archimède, né à Syracuse, vers l'an 287 avant J.-C., mort en 212.

rieure, elle supporte une pression dont la valeur est $c^2 hd$; la pression sur la face inférieure est $c^2(h + c)d$. La différence entre ces deux produits est $c^3 d$, et représente exactement le poids du liquide dont le cube tient la place.

75. Démonstration expérimentale. — L'expérience indiquée par la figure 36 nous a déjà révélé l'existence d'une pression de bas en haut qui, à partir d'un certain niveau, suffit à maintenir l'obturateur appliqué contre le tube de verre.

Pour évaluer cette pression sur un corps totalement immergé, suspendons-le au-dessous du plateau d'une balance (fig. 63) et plaçons sur le même plateau un verre A ; équilibrons le tout à l'aide d'une tare quelconque. Elevons au-dessous du corps un récipient contenant de l'eau, de manière qu'il soit immergé. L'équilibre est rompu en faveur de la tare ; mais on peut le rétablir en plaçant à côté du verre des poids marqués qui mesurent évidemment la poussée exercée par le liquide. La somme de ces poids est égale au poids d'un volume d'eau qui est le même que celui du corps (¹).

On peut se dispenser d'employer des poids gradués ; pour cela, à l'aide d'une pipette, on retire de l'eau du vase B pour le verser en A jusqu'à ce que l'équilibre soit rétabli ; on constate qu'à ce moment le liquide de B a repris son volume primitif. L'eau contenue en A a donc un volume égal à celui du corps ; c'est justement le poids de cette eau qui mesure la poussée.

76. Réciproque du principe d'Archimède. — Il est intéressant d'examiner si, un corps étant placé dans l'un des plateaux d'une balance à côté d'un vase contenant de l'eau et l'équilibre étant établi à l'aide de poids placés dans l'autre plateau, cet équilibre sera rompu par le fait qu'on aura mis le corps dans l'eau. En interprétant à la

---

(¹) On obtient facilement le volume du corps en l'immergeant dans l'eau d'une éprouvette graduée. Le volume cherché est la différence des volumes occupés par le liquide avant et après l'immersion.

lettre l'énoncé du principe d'Archimède, on pourrait croire à la rupture de l'équilibre, puisque la poussée agissant sur le corps détruit l'effet d'une partie de son poids. Cependant l'expérience montre que l'équilibre n'est pas rompu lorsque le corps a été introduit dans le vase. Pour nous rendre compte de cette anomalie apparente, **nous allons faire l'expérience suivante, qui nous prouvera qu'*en même temps que le corps immergé subit une poussée verticale, il réagit sur le liquide avec une force justement égale et contraire.***

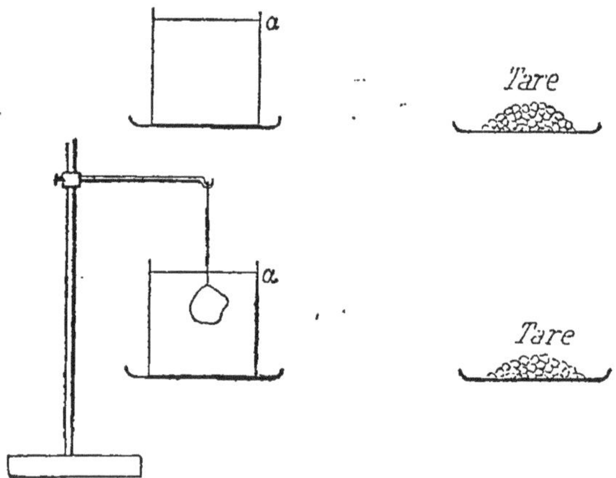

Fig. 64. — Réciproque du principe d'Archimède.

Sur le plateau d'une balance on place un verre contenant un liquide (fig. 64) et on lui fait équilibre avec de la tare. On immerge ensuite un corps dans ce liquide, le fléau s'incline du côté du verre ; donc le solide (qui ne touche pas le fond du verre) exerce une poussée de haut en bas sur le liquide. Pour évaluer cette poussée, il suffit d'enlever du liquide jusqu'à ce que l'équilibre soit rétabli. On constate que ce fait a lieu lorsque le liquide a repris son niveau primitif a. La réaction du solide sur le liquide est donc, comme l'action inverse, égale au poids du liquide déplacé.

77. REMARQUE. — L'expérience précédente donne un

nouveau moyen de déterminer le volume d'un corps qui n'a pas une forme géométrique (note de la page 77).

78. Applications du principe d'Archimède. — Lorsqu'un corps est plongé dans un liquide, il peut arriver de trois choses l'une. Ou bien il se rend au fond du vase ; cela se produit lorsque le poids du corps est supérieur à la poussée ou au poids du liquide déplacé. Ou bien le corps reste en équilibre au sein du liquide : c'est qu'alors son poids est égal à la poussée qu'il subit. Ou bien enfin le corps flotte à la surface du liquide, parce que la poussée est supérieure au poids du corps ; dans ce dernier cas, si l'on a plongé le corps tout entier dans le liquide, on le voit remonter à la surface, sortir en partie et s'arrêter lorsque la

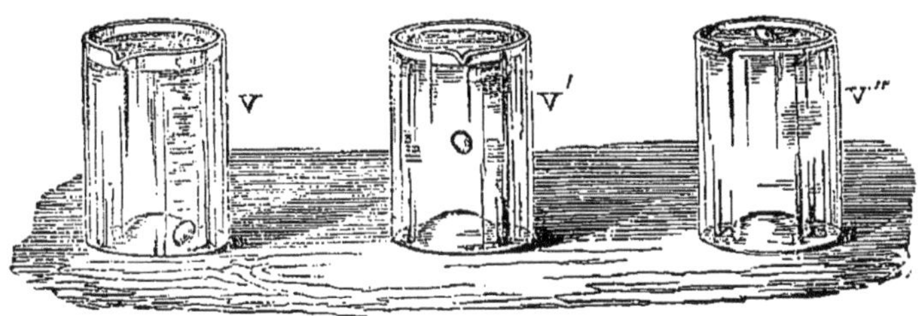

Fig. 65. — Equilibre des corps plongés au sein d'un liquide.

poussée subie par la partie qui reste immergée est égale au poids du corps tout entier. Ces trois cas peuvent se réaliser dans les cours de la manière suivante. On prend trois vases V, V', V'' (fig. 65) : dans le premier V, on met de l'eau ordinaire ; on y plonge un œuf : il va au fond, parce que la poussée subie par l'œuf est inférieure à son poids. Dans le second vase V' on met dans l'eau une dissolution de sel en proportion convenable : l'œuf reste en équilibre au sein du liquide. Enfin, dans le troisième vase V'', on met une dissolution saturée de sel : l'œuf plongé dans le liquide remonte à la surface.

79. Corps flottants. — Etudions plus spécialement le cas où l'œuf est plongé dans le vase V''.

L'œuf se trouve soumis à deux forces opposées : l'une,

qui est son propre poids et qui tend à le faire descendre au fond du vase ; l'autre, qui est la poussée exercée par le liquide de bas en haut, qui tend à le faire monter à la surface. Puisque, à volume égal, l'œuf est plus léger que l'eau saturée de sel, la poussée exercée par le liquide est supérieure au poids du corps : donc l'œuf s'élèvera à la surface du liquide et ne s'arrêtera que lorsque les deux forces opposées seront égales, c'est-à-dire lorsque la poussée exercée par le liquide sur la partie immergée sera égale au poids du corps.

Comme nous savons que la poussée exercée par le liquide est égale au poids du liquide déplacé, nous pouvons dire, d'une façon générale que, *lorsqu'un corps flotte, le poids du liquide déplacé est égal au poids du corps flottant.*

Dans l'expérience précédente, on remarquera que, quelle que soit la position de l'œuf au moment où on l'immerge, il se redresse toujours de manière à laisser sortir sa petite pointe du liquide.

80. — Le corps de l'homme, étant plus dense que l'eau, ne peut flotter au milieu d'elle sans faire de mouvements ; mais, lorsqu'on augmente le volume d'eau déplacé sans changer sensiblement le poids du corps, on peut flotter sans faire de mouvements. C'est ce qui arrive lorsqu'on s'attache sous les bras des vessies pleines d'air ou des morceaux de liège, ou encore lorsqu'on se sert de ces ceintures de natation, qui ne sont autres que des sacs de caoutchouc gonflés d'air.

Les ceintures de sauvetage sont généralement des ceintures ordinaires auxquelles sont fixés plusieurs morceaux de liège. Ces ceintures doivent être attachées le plus haut possible sous les bras. Dans de récents naufrages un grand nombre de personnes ont trouvé la mort pour avoir, ignorant ce détail, attaché leurs ceintures de sauvetage à la place où l'on attache une ceinture ordinaire.

Les cadavres des noyés remontent à la surface de l'eau au bout d'un certain temps, parce que la putréfaction produit des gaz, qui gonflent les tissus et augmentent le volume du corps sans en changer sensiblement le poids.

On explique encore, au moyen du principe d'Archimède, le mécanisme à l'aide duquel les poissons peuvent descendre ou s'élever à volonté dans l'eau. Ces animaux possèdent presque tous une poche remplie d'air, placée dans l'abdomen, sous l'épine dorsale, et appelée *vessie natatoire*. L'animal peut, à volonté, comprimer plus ou moins cette vessie, et, suivant le volume qu'il occupe, le volume de liquide déplacé a un poids supérieur, égal ou inférieur à celui du poisson, ce qui fait que ce dernier monte, reste en équilibre ou descend au milieu du liquide.

81. Navires. Bateaux. — Les navires et les bateaux, dont on se sert pour effectuer des transports par eau, sont des corps flottants que soutient la poussée du liquide. Un navire s'enfonce dans l'eau jusqu'à ce qu'il déplace un poids d'eau égal à son propre poids. Aussi s'enfonce-t-il d'autant plus que son chargement est plus considérables Les deux forces auxquelles un navire est soumis, son poid. et la poussée du liquide, doivent présenter entre elles certaines relations de position qui ont pour but d'en assurer la *stabilité*.

On peut regarder le poids du navire comme concentré en son centre de gravité; la poussée peut aussi être regardée comme concentrée au centre de gravité, ou *centre de poussée*, de la masse liquide déplacée. Il est évident que, si le centre de gravité est au-dessous du centre de poussée, l'équilibre est stable. Cependant cette condition n'est pas nécessaire et, dans les navires, le centre de gravité est toujours au-dessus du centre de poussée; la stabilité est cependant assurée grâce à la forme spéciale donnée aux navires. Soient C et P (fig. 66) les centres de gravité et de poussée d'un navire, AD la ligne de flottaison. Si le navire s'incline, le centre de gravité vient en G′ et le centre de poussée en P′. Il suffit donc, pour assurer la stabilité, que la force verticale agissant en P′ coupe l'axe du navire au delà de G′, point d'application du poids; dans ces conditions, les deux forces agissent simultanément pour redresser le navire.

Le *lest* est destiné à régler à volonté la distance relative des deux centres; le chargement lui-même doit être disposé pour régler cette distance.

On construit aujourd'hui des *bateaux sous-marins* qu'on fait à volonté naviguer à la surface ou au sein de la mer. Ce résultat est obtenu au moyen de compartiments qu'on remplit ou qu'on vide avec des machines à air comprimé.

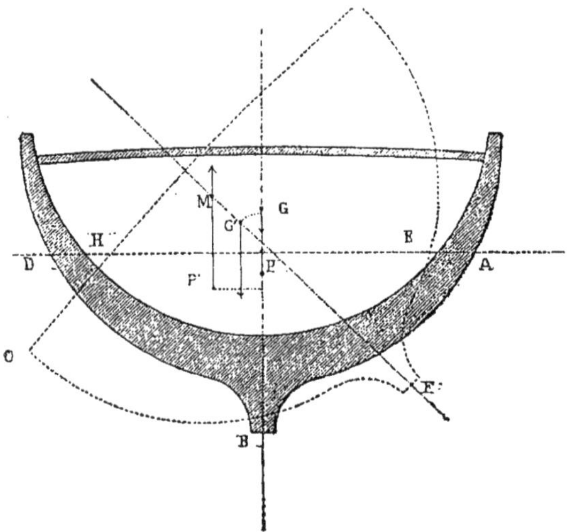

Fig. 66. — Stabilité des navires.

En faisant ainsi varier le poids du bateau, on obtient son immersion ou son élévation à la surface de la mer. Dans ces bâtiments, le centre de poussée occupant, en plongée, une position à peu près fixe, la stabilité n'est assurée que, si le centre de gravité est au-dessous du centre de poussée.

82. Compressibilité des liquides. — Pour étudier les conditions d'équilibre des liquides, nous avons supposé qu'ils étaient incompressibles. Il faut d'ailleurs remarquer qu'ils le sont très peu; ainsi l'expérience montre que, pour qu'un volume donné d'eau (le liquide le plus compressible) diminue de $\frac{1}{1\,000}$ de sa valeur, il faut le soumettre à une pression de 20 kilogrammes par centimètre carré ; pour le mercure, il faudrait une pression 17 fois plus grande. On peut dire aussi que, dans ces conditions, la densité du liquide augmente de $\frac{1}{1\,000}$ de sa valeur.

Un litre d'eau douce puisée dans un lac à 200 mètres de profondeur (pression de 20 kilogrammes par centimètre carré) aurait une densité supérieure de $\frac{1}{1\,000}$ à celle de l'eau ordinaire ; dans l'eau de mer dont la densité est 1,026, il faudrait la puiser à une profondeur égale à 200 : 1,026, soit à 195 mètres environ pour obtenir un liquide de même densité.

ARÉOMÈTRES USUELS. — DENSIMÈTRES

83. Principe de ces instruments. — Plongeons dans de l'eau pure une règle en bois, lestée à l'une de ses extrémités au moyen d'une petite masse de fer ou de plomb, destinée à la faire flotter verticalement, et marquons le point d'affleurement. Si nous ajoutons à l'eau, successivement, plusieurs morceaux de sucre, en ayant soin d'agiter, nous constaterons que la règle s'enfonce d'autant moins que l'eau s'est plus chargée de sucre. C'est donc que, d'après le principe des corps flottants (78), la densité du liquide sucré augmente avec la quantité de sucre dissous ; autrement dit, l'augmentation de densité correspond à une augmentation du degré de concentration du sirop. Il en serait de même pour toute dissolution d'un corps solide dans de l'eau ou de tout mélange avec l'eau d'un liquide plus lourd qu'elle.

Procédons à une deuxième expérience. Après avoir fait flotter la règle dans de l'eau pure, ajoutons à l'eau, à plusieurs reprises, de l'alcool, liquide plus léger que l'eau.

Nous constatons que la règle s'enfonce d'autant plus que la quantité d'alcool est plus grande. La densité du mélange est donc devenue d'autant plus petite que la quantité d'alcool était plus grande, autrement dit, que le degré de concentration de ce spiritueux était plus élevé.

Il résulte de ce qui précède que, dans un liquide plus dense que l'eau, un flotteur s'enfonce d'autant moins que le liquide est plus concentré et que, dans un liquide moins dense que l'eau, un flotteur s'enfonce d'autant plus que le liquide est plus concentré.

Le degré de concentration d'un liquide est souvent plus important à connaître que sa densité. On nomme *aréomètres usuels* ou *à poids constant et à volume variable* des instruments qui, plongés dans un liquide, donnent immédiatement, par une simple lecture, ce degré de concentration. Les plus employés sont ceux de Baumé. On nomme *densimètres* des instruments donnant le poids spécifique des liquides par la seule lecture du point d'affleurement.

84. Aréomètres de Baumé. — Les aréomètres de Baumé se composent d'un tube cylindrique en verre, soudé par sa partie inférieure à un autre cylindre de plus fort calibre ou à un renflement sphérique lesté par une boule contenant de la grenaille de plomb ou du mercure (fig. 67).

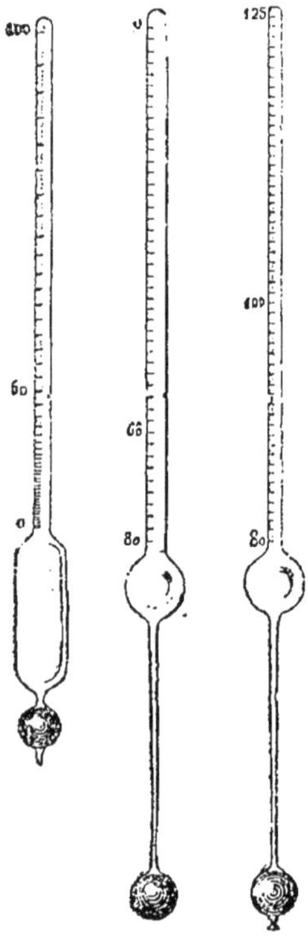

Fig. 67. — Aréomètres usuels ou à poids constant.

Les deux expériences ci-dessus montrent que la graduation de ces instruments doit être différente, suivant qu'ils sont destinés à des liquides plus denses ou moins denses que l'eau.

Pour les liquides plus denses que l'eau (pèse-sirop, pèse-acide, pèse-sel), voici la méthode employée. On leste l'instrument de telle sorte que, dans l'eau pure, il s'enfonce presque jusqu'au haut de la tige ; au point d'affleurement, on marque o. Puis on prépare une dissolution de 85 parties d'eau et de 15 parties de sel marin. On y plonge l'appareil. La densité de cette dissolution étant plus grande que celle de l'eau, l'aréomètre s'y enfonce moins. Au nouveau trait d'affleurement, on marque 15. On divise l'intervalle entre o et 15 en quinze parties égales et l'on prolonge les divisions sur la tige.

Pour les liquides moins denses que l'eau (pèse-esprit, pèse-liqueur), l'appareil est lesté de manière que, dans une dissolution de 10 parties de sel et de 90 parties d'eau, il s'enfonce jusqu'au bas de la tige. On marque o au point d'affleurement. L'aréomètre est ensuite plongé dans l'eau pure ; on marque 10 au nouveau trait d'affleurement. On divise l'intervalle en dix parties égales et l'on opère comme précédemment.

Ces aréomètres, gradués au moyen d'une dissolution de sel marin, ne peuvent donner, pour les autres mélanges, que des degrés de concentration conventionnels. Ainsi l'on sait que l'acide sulfurique concentré doit marquer 66° au pèse-acide Baumé, mais cela ne signifie pas que cet acide renferme 66 % d'acide sulfurique et 34 % d'eau.

85. **Alcoomètre centésimal de Gay-Lussac.** — Pour mesurer le degré de concentration d'un alcool, Gay-Lussac a construit l'alcoomètre centésimal. Nous extrayons de l'instruction qu'il a publiée sur cet instrument les lignes suivantes : « L'alcoomètre centésimal est, quant à la forme, un aréomètre ordinaire. Il est gradué à la température de 15°. Son échelle est divisée en 100 parties ou degrés dont chacun représente $\frac{1}{100}$ d'alcool en volume. La division o

correspond à l'eau pure, et la division 100 à l'alcool absolu. Plongé dans les liquides spiritueux à 15°, il en fait connaître immédiatement la force ou richesse en alcool. Par exemple, si dans une eau-de-vie supposée à la température de 15°, il s'enfonce jusqu'à la division 50, il avertit par cela même qu'elle contient $\frac{50}{100}$ de son volume en alcool pur. »

Pour graduer l'instrument, on le leste, de manière que, plongé dans l'eau pure, il affleure dans la partie inférieure de sa tige. On prépare une série de liquides en mettant dans des vases gradués 5, 10, 15, etc., volumes d'alcool, et complétant, dans chaque vase, le volume 100 avec de l'eau. On plonge l'aréomètre dans chacun de ces liquides, et l'on marque 5 au premier point d'affleurement, 10 au second, 15 au troisième, et ainsi de suite. Chaque intervalle est divisé en 5 parties qui ne sont pas tout à fait égales. Quand on possède un bon alcoomètre gradué comme nous venons de l'indiquer, on construit les autres par comparaison.

Les observations avec l'alcoomètre Gay-Lussac sont supposées faites à la température de 15° : quand on opère à une autre température, on doit corriger les résultats obtenus à l'aide des tables construites par Gay-Lussac.

On ne peut plonger directement l'alcoomètre dans le vin et les liqueurs pour en avoir le degré alcoolique, parce que ces liquides ne sont pas de simples mélanges d'alcool et d'eau ; il est nécessaire de les distiller avant d'en faire l'essai alcoolique.

Aujourd'hui, on emploie aussi, pour le même objet, d'autres appareils fondés sur des principes différents (268).

86, **Densimètres.** — Soit 100 le volume occupé par un poids P d'eau, 80 le volume occupé par le même poids d'un liquide de densité d ; on a :

$$P = 100 \times 1 \qquad \text{et} \qquad P = 80 \times d$$

On tire de là :

$$100 = 80 \times d \qquad \text{et} \qquad d = \frac{100}{80} = 1,25.$$

La densité du liquide est 1,25.

Pour graduer les densimètres qui ressemblent aux aréomètres de Baumé, on les plonge dans l'eau pure; on les leste ensuite de telle façon que la tige s'enfonce jusqu'à sa partie supérieure pour les liquides plus lourds que l'eau et, jusqu'à sa naissance, pour les liquides plus légers que l'eau; au point d'affleurement supérieur ou inférieur, on marque 100.

On plonge ensuite l'instrument dans un liquide de densité connue, soit 1,25; au nouveau point d'affleurement on marque 125 et l'on divise l'intervalle en 25 parties inégales et d'autant plus grandes qu'elles correspondent à des densités plus éloignées de celle de l'eau.

Si l'instrument, plongé dans un liquide, affleure au point 180, on en conclut que la densité du liquide est 1,80.

87. **Expériences simples**. — La figure 68 représente une balance dont l'emploi est commode pour la démonstration du principe d'Archimède : le fléau F est une règle percée d'un trou en son milieu ; les plateaux sont formés de morceaux de carton portant chacun un petit crochet à la face inférieure et suspendus au fléau par trois ficelles.

On peut, avec cette balance, démontrer le

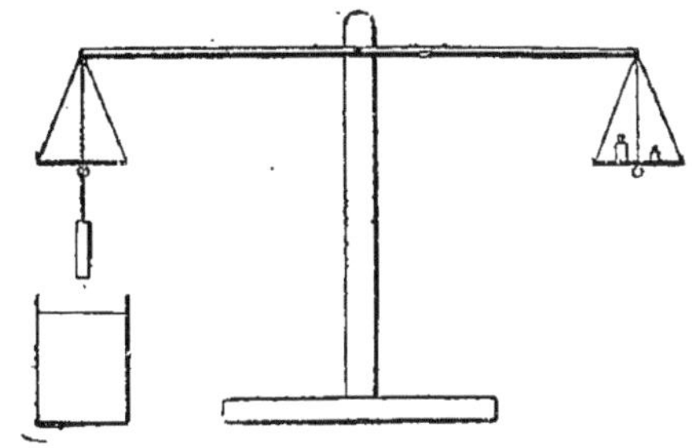

Fig. 68. — Appareil simple pour la démonstration du principe d'Archimède.

principe d'Archimède en se servant d'un parallélipipède en fer à base carrée de 1 centimètre de côté et 5 centimètres de longueur ; on le suspend à l'un des crochets et on lui fait équilibre avec de la tare ; puis on élève au-dessous du corps un verre contenant de l'eau, de manière que le fer soit complètement immergé. L'équilibre est rompu ; il suffit, pour le rétablir, de placer à côté de la tare une pièce de 5 centimes. Tirer les diverses conclusions de l'expérience.

Au moyen de la même balance, déterminer le volume d'une pomme de terre ou de tout autre corps plus lourd que l'eau, mais de forme irrégulière.

Réaliser soigneusement les expériences du n° 78.

Enfoncer un bouchon de liège dans un récipient contenant de l'eau, un prisme en fer dans un vase contenant du mercure ; le bouchon et le prisme reviennent à la surface et émergent en partie ; toutes choses égales, le bouchon émerge plus que le fer.

Recommencer l'expérience précédente en sens inverse.

Faire remarquer que notre corps se soulève avec peu d'effort dans une baignoire.

Faire constater que, si l'on tire de l'eau dans un puits, le seau employé paraît léger tant qu'il est dans l'eau, et de plus en plus lourd à mesure qu'il en sort ; on peut répéter en petit cette expérience à l'aide d'une carafe et d'un baquet rempli d'eau.

Apprendre aux élèves à se servir des aréomètres de Baumé, de l'alcoomètre de Gay-Lussac et, si l'on en possède, des densimètres.

CHAPITRE VIII

—

Pression atmosphérique. — Baromètre. Aérostats.

88. Propriétés générales des gaz. — Les gaz sont *expansibles* et occupent toujours le plus grand volume possible, il n'y a donc pas lieu de parler de leur surface libre. En vertu de la même propriété, les mélanges de gaz n'ont pas de surfaces de séparation ; ils se *diffusent* les uns dans les autres d'autant plus facilement que leurs densités sont plus voisines ; la diffusion est lente dans le cas contraire. Ainsi, lorsqu'on recueille du chlore par déplacement de l'air d'un flacon, si le dégagement est lent, il s'étale en nappe et la séparation des surfaces est nette. A l'inverse des liquides, les gaz sont très *compressibles* (10).

Voici maintenant des propriétés qui rapprochent les gaz des liquides. Les gaz exercent une *pression* sur les parois des vases qui les contiennent (11). Nous avons montré aussi que les gaz sont *pesants* (13), par suite les principes fondamentaux de l'hydrostatique (Chap. v) leur sont applicables : les gaz transmettent les pressions dans tous les sens et également ; un élément de surface, dans un gaz en équilibre, subit des pressions égales et contraires dans tous les sens ; dans un gaz en équilibre, la pression est la même en tous les points d'un même plan horizontal.

89. Transmission des pressions par les gaz. — On peut, par l'expérience suivante, faire voir que les gaz transmettent les pressions dans tous les sens. On se sert d'un appareil qui se compose d'un vase sphérique communiquant avec des tubes recourbés B, C, D (fig, 69) et avec un corps de pompe A muni d'un piston. Versons dans les

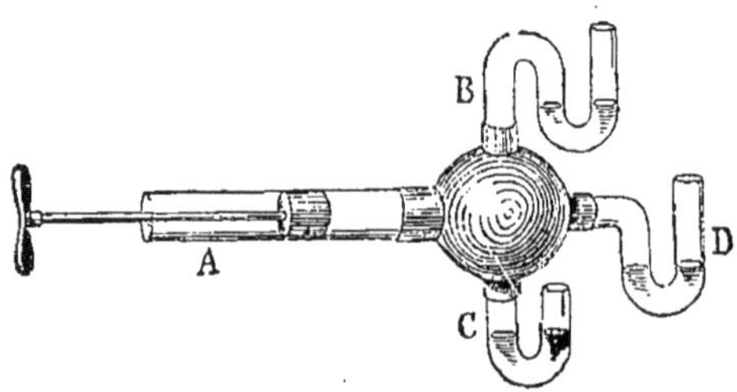

Fig. 69. — Les gaz transmettent les pressions dans tous les sens.

tubes un liquide qui sera au même niveau dans les deux branches et enfonçons le piston en exerçant une pression sur la tige ; cette pression se transmettra dans tous les sens et fera monter le liquide dans l'une des branches des tubes B, C, D, de la même quantité.

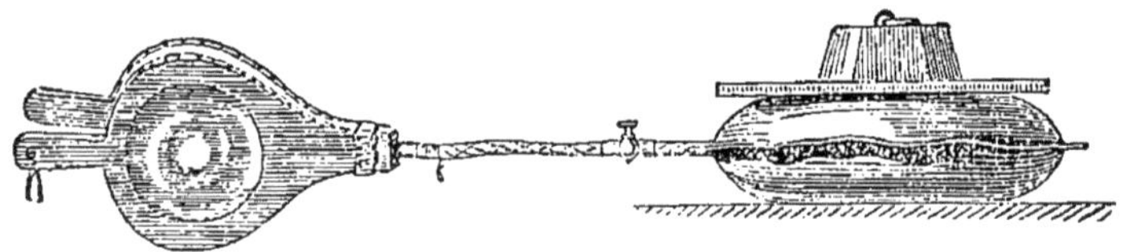

Fig. 70. — Transmission égale des pressions par les gaz.

L'expérience suivante est une application du principe de l'égale transmission des pressions dans tous les sens, principe que nous avons vérifié pour les liquides. Prenons un sac en caoutchouc (fig. 70) que nous réunissons à un soufflet par un tube de caoutchouc ; le sac, ne renfermant d'abord qu'une petite quantité d'air, est affaissé sur lui-même. Injectons-y l'air avec un soufflet et, nous le verrons se gonfler immédiatement en soulevant une planche et un poids placé sur lui. On voit qu'ici une pression relativement faible a été exercée sur une surface égale à la section du tube, et que cette pression, se transmettant sur une surface beaucoup plus grande, s'est trouvé multipliée et a pu soulever le poids.

90. **Les gaz sont pesants.** — L'air et les gaz sont pesants.

A l'aide d'une machine pneumatique (131), on fait le vide dans un ballon muni d'une douille à robinet (fig. 71) : puis, après avoir fermé le robinet, on suspend le ballon au-dessous d'un des plateaux d'une balance. L'équilibre étant établi par des poids mis dans l'autre plateau, on ouvre le robinet ; en même temps qu'on entend le sifflement produit par la rentrée de l'air, on voit le fléau s'incliner du côté du ballon.

La même expérience pourrait être faite avec tout autre gaz qu'on ferait entrer dans le ballon après y avoir préalablement fait le vide.

Des expériences précises ont montré qu'un litre d'air pèse $1^g,293$, à Paris, à la température

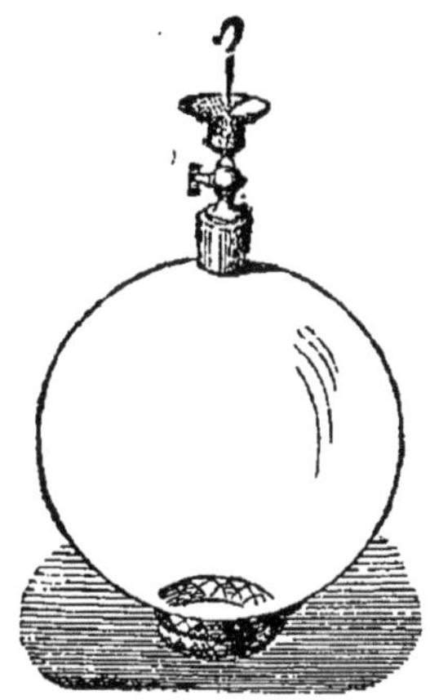

Fig. 71. — L'air est pesant.

de $0°$ et sous la pression de 76 centimètres de mercure indiquée par le baromètre. Nous ajouterons que la densité des gaz et des vapeurs (192 et 246) est déterminée par rapport à celle de l'air prise pour unité.

PRESSION ATMOSPHÉRIQUE

91. — Jusqu'à l'époque de Galilée (¹), on expliquait l'ascension de l'eau dans les tubes, où l'on avait fait le

(¹) Galilée, né à Pise en 1564, et mort en 1642.

vide à l'aide d'une pompe, en disant que la nature avait horreur du vide et faisait monter l'eau pour remplir le vide du tube : des fontainiers de Florence s'étant aperçus que l'eau ne pouvait monter dans les tubes à une hauteur supérieure à $10^m,33$, cette explication dut être abandonnée et ce fut un élève de Galilée, Torricelli ([1]) qui démontra que l'ascension de l'eau était due à la pression que l'atmosphère exerce par son poids sur le liquide dans lequel plonge le tube.

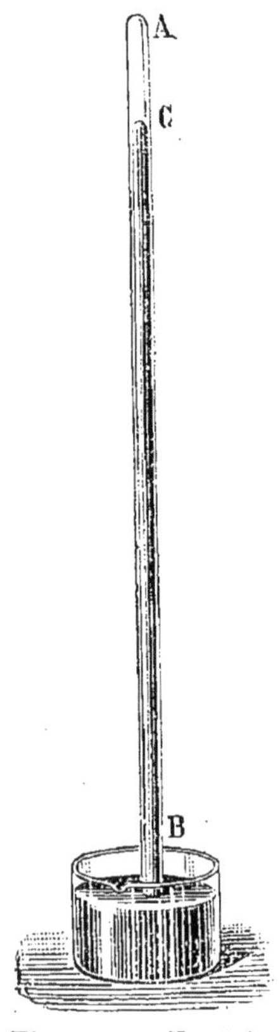

Fig. 72. — Expérience de Torricelli.

92. **Expérience de Torricelli.** Torricelli fit le raisonnement suivant : si la pesanteur de l'air est capable de faire monter l'eau dans les pompes jusqu'à trente deux pieds ou $10^m,33$, un liquide 13,6 fois plus dense que l'eau, comme le mercure, ne devra évidemment monter, sous l'influence de l'air, qu'à une hauteur 13,6 fois plus petite, c'est-à-dire à $0^m,76$ environ. Pour vérifier cette induction, il fit l'expérience suivante. Prenant un tube de $0^m,80$ environ, fermé par un bout, il le remplit de mercure, puis le retourna en posant le doigt sur l'extrémité ouverte, afin d'empêcher le liquide de s'échapper. Il plongea alors cette extrémité dans une cuvette pleine de mercure et, retirant le doigt, il cessa de soutenir la colonne de mercure contenue dans le tube. On vit aussitôt le liquide descendre et se fixer à une hauteur de $0^m,76$ au-dessus du niveau du mercure dans la cuvette, laissant au-dessus de lui un

----

([1]) Torricelli, physicien célèbre, né en 1608 à Faenza, mort en 1647.

espace AC (fig. 72) complètement vide, qu'on appelle *chambre barométrique*.

93. **Expériences de Pascal**. — L'expérience de Torricelli ne fut connue en France que quelques années plus tard. En 1646, Pascal (¹) la répéta en en variant la forme de plusieurs manières. On cite surtout une expérience qu'il fit à Rouen. Ayant pris un tube de verre d'environ 15 mètres, il l'emplit de vin rouge et le retourna sur une cuvette qui en contenait aussi. Il vit la colonne descendre et se soutenir à une hauteur d'environ 10 mètres.

Il fit encore exécuter par Périer, son beau-frère, sur le Puy de Dôme, une expérience qui acheva de prouver que l'ascension des liquides dans les tubes vides n'a d'autre cause que la pesanteur de l'air. Voici en quels termes il s'exprime dans la lettre où il indiquait l'expérience à faire.

« Qu'on fasse l'expérience du vide plusieurs fois en un jour, avec le même vif argent (*mercure*), au bas et au sommet de la haute montagne du Puy, qui est auprès de notre ville de Clermont. Si, comme je le pense, la hauteur du vif argent est moindre en haut qu'en bas, il s'ensuivra que la pesanteur et la pression de l'air sont la cause de cette suspension, puisque bien certainement il y a plus d'air qui pèse sur le pied de la montagne que sur son sommet, tandis qu'on ne saurait dire que la nature abhorre le vide en un lieu plus qu'en l'autre ».

L'expérience fut faite le 19 septembre 1648. Tandis que des observateurs examinaient la colonne de mercure soulevée dans un tube placé au pied de la montagne, Périer gravissait celle-ci en tenant un tube pareil au premier, et constatait qu'à mesure qu'il s'élevait, le mercure s'abaissait dans le tube qu'il portait.

94. **Explication de l'expérience de Torricelli**. — Après avoir constaté que c'est bien la pesanteur de l'air

____

(¹) Pascal (Blaise), célèbre écrivain et savant français, né à Clermont-Ferrand en 1623, mort en 1662.

qui fait monter le mercure dans les tubes vides, cherchons à expliquer cet effet et à interpréter l'expérience de Torricelli. Pour cela, considérons à la surface du mercure de la cuvette deux surfaces planes égales (fig. 73), l'une mn dans l'intérieur du tube et représentant sa section, l'autre $m'n'$ extérieure ; la tranche mn supporte de haut en bas une pression f égale au poids d'une colonne de mercure, ayant pour base mn et pour hauteur la hauteur verticale du liquide dans le tube. Donc, pour que mn soit en équilibre, il faut qu'elle supporte de bas en haut une pression f' justement égale à f. Cette pression n'est autre que celle de l'atmosphère, qui s'exerce sur la surface égale $m'n'$ et se transmet par le mercure d'après le principe de la transmission des pressions.

Quel que soit le diamètre du tube, la hauteur de la colonne mercurielle soulevée sera la même. Supposons en effet mn double de ce que nous l'avons supposé : la pression transmise de bas en haut sera double ; elle viendra de deux surfaces égales à $m'n'$, et, par suite, soutiendra une colonne de même hauteur, mais de section double.

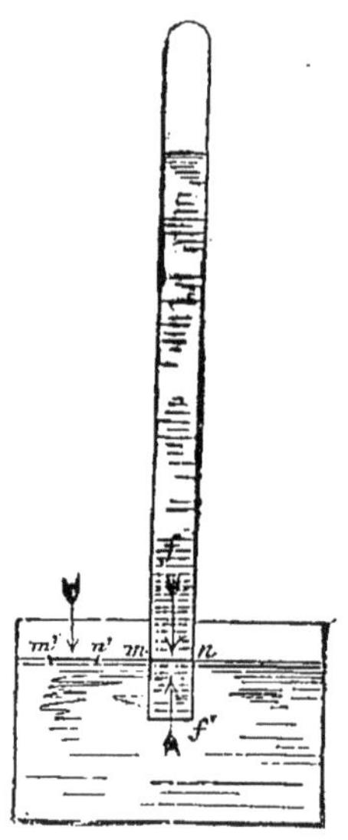

Fig. 73. — Principe du baromètre.

La colonne de mercure peut donc servir de mesure à la pression de l'atmosphère. Les instruments, à l'aide desquels on l'apprécie, sont appelés *baromètres* : nous les décrirons, après avoir signalé un certain nombre d'applications des principes qui précèdent.

95. **Pression de l'atmosphère.** — La pression atmosphérique soulevant ordinairement le mercure dans un tube vide à une hauteur de $0^m,76$, on prend, pour mesurer cette pression, le poids d'une colonne de mercure de $0^m,76$. Il est important de bien comprendre ce qu'on entend par

ces mots. Dire que la pression atmosphérique est de $0^m,76$, c'est dire que sur chaque unité de surface des corps placés dans l'atmosphère, chaque centimètre carré, par exemple, l'atmosphère pèse comme péserait une colonne de mercure verticale, de 76 centimètres de haut, qui serait posée sur ce centimètre carré. Or, on obtient le poids d'une pareille colonne en multipliant son volume par le poids spécifique du mercure, qui est 13,6. Quant au volume de la colonne, la géométrie démontre qu'on l'obtient en multipliant le nombre qui exprime la surface de la base par celui qui exprime la hauteur. Le poids P de la colonne de mercure sera donc, quand la pression est $0^m,76$;

$$P = 1 \times 76 \times 13,6 = 1033^g.$$

Si la pression était de 74 centimètres, la pression exercée par l'atmosphère sur un centimètre carré serait :

$$P' = 1 \times 74 \times 13,6 = 1006^g.$$

On peut dire que la pression atmosphérique est *d'environ* 1 kilogramme par centimètre carré et, par conséquent, de 100 kilogrammes par décimètre carré.

APPLICATION. — *Quelle serait la hauteur du liquide dans un baromètre à eau, quand la pression atmosphérique est de 76 centimètres de mercure ?*

Il est évident que la pression atmosphérique fait équilibre à des colonnes de liquides dont les hauteurs sont inversement proportionnelles aux densités de ces liquides. On peut donc écrire ;

$$\frac{x}{0,76} = \frac{13,6}{1}$$

d'où

$$x = 0,76 \times 13,6 = 10^m,33.$$

96. **Mesure de la pression des gaz.** — Nous avons vu que les gaz exercent sur les corps avec lesquels ils sont en contact une force, appelée *pression* ou *force élastique*. On évalue cette pression en colonne de mercure et l'on dit

qu'un gaz a une *force élastique* ou une *pression* de 76 centimètres ou de 74 centimètres, quand il est capable par sa force élastique de soulever dans un tube vide une colonne de mercure de 76 ou de 74 centimètres de hauteur verticale.

La pression moyenne de l'atmosphère étant de 76 centimètres, on dit que la force élastique est de 1, 2, 3 atmosphères, quand cette force élastique est capable de soulever dans un tube vide une colonne de 1, 2, 3 fois 76 centimètres.

Il résulte de là qu'un gaz, dont la pression est de deux atmosphères, exerce sur un centimètre carré une pression égale à celle qu'exercerait par son poids, sur ce centimètre carré, supposé horizontal, une colonne de mercure haute de 2 fois 76 centimètres. Cette pression serait égale à $1\,033^g \times 2 = 2\,066^g$ ou $2^{kg},066$.

Dans l'industrie, on a abandonné cette dénomination d'*atmosphère* pour exprimer la pression des gaz et des vapeurs. On dit que la pression d'un gaz ou d'une vapeur est de 1, 2, 3 kilogrammes, quand la pression du gaz ou de la vapeur exerce sur 1 centimètre carré un effort égal à celui qu'exercerait un poids de 1, 2, 3 kilogrammes placé sur ce centimètre carré, supposé horizontal. Nous verrons à propos des manomètres que la pression qu'ils indiquent est l'excès de la force élastique du gaz sur la pression de l'atmosphère supposée égale à 1 kilogramme par centimètre carré.

97. Effets de la pression atmosphérique. — Les effets de la pression atmosphérique se démontrent dans les cours par les expériences suivantes.

98. Crève-vessie. — On prend un cylindre de verre A (fig. 74) ouvert à ses deux extrémités. On applique sur la base supérieure une peau de vessie ou une membrane de baudruche, et, après l'avoir mouillée, on la fixe avec une ficelle très serrée sur les bords du cylindre : elle achève de se tendre en séchant. On fixe ensuite l'appareil par sa base inférieure sur la machine pneumatique. Dès que la machine est mise en mouvement, l'air intérieur, se trouvant raréfié, ne fait plus équilibre à la pression de l'atmosphère qui, pesant sur la membrane, la déprime et la crève. L'air rentrant brusquement dans le cylindre vide produit une détonation.

99. Coupe-pommes. — On prend un vase en verre (fig. 75), ouvert aussi par les deux bouts et portant à sa partie supérieure une garniture métallique terminée par un bord aigu qui sert de couteau circulaire. On fixe l'appareil, par sa base inférieure, sur le plateau

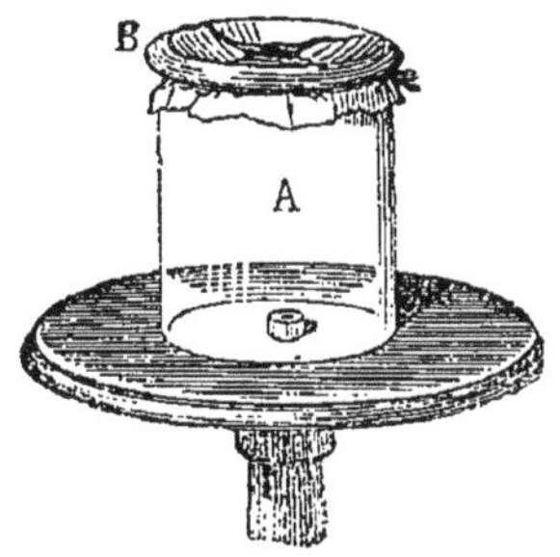

Fig. 74. — Crève-vessie.

de la machine pneumatique et l'on pose une pomme sur la base supérieure. Dès que l'air est raréfié par le jeu de la machine, la pression atmosphérique, appuyant sur la pomme sans être contre-balancée par la force élastique de l'air intérieur, fait pénétrer le couteau à travers la pomme,

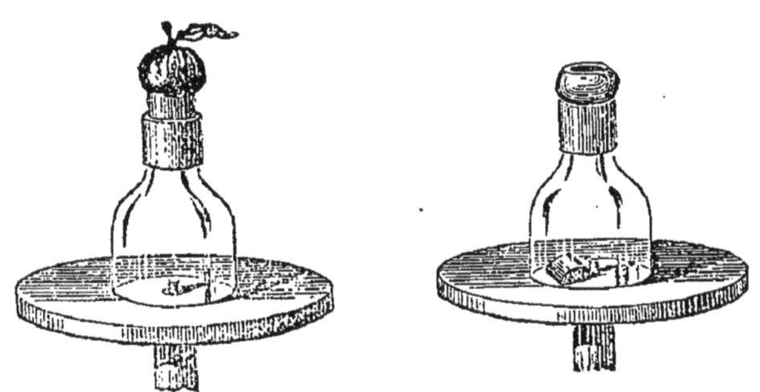

Fig. 75. — Coupe-pommes.

qui se trouve bientôt précipitée avec détonation dans l'intérieur de l'appareil, en laissant autour de la garniture métallique un morceau annulaire découpé par le couteau.

100. — On peut aussi faire l'expérience suivante. On fait durcir un œuf par la cuisson et on en enlève la coquille. Puis on prend une carafe et l'on jette dedans un morceau de papier allumé : quand il est sur le point de s'éteindre, on pose l'œuf sur le goulot de la carafe. On le voit bientôt s'allonger dans l'intérieur de la carafe et s'y précipiter. Cette expérience s'explique facilement. Quand on a posé l'œuf sur la carafe, elle était pleine d'air chaud à la pression atmosphérique : puis, la combustion du papier ayant cessé, l'air s'est refroidi, sa force élastique a diminué et la pression atmosphérique a poussé l'œuf dans la carafe.

101. Récipient à main. — On place sur la machine pneumatique un cylindre de verre ouvert à ses deux extrémités (fig. 76); on met la main à plat sur sa base supérieure, et, dès que la machine pneumatique fonctionne, la pression atmosphérique appuie la main sur l'appareil assez fortement pour qu'on ne puisse la retirer qu'à condition de laisser rentrer l'air dans le récipient. En même temps, la partie charnue de la

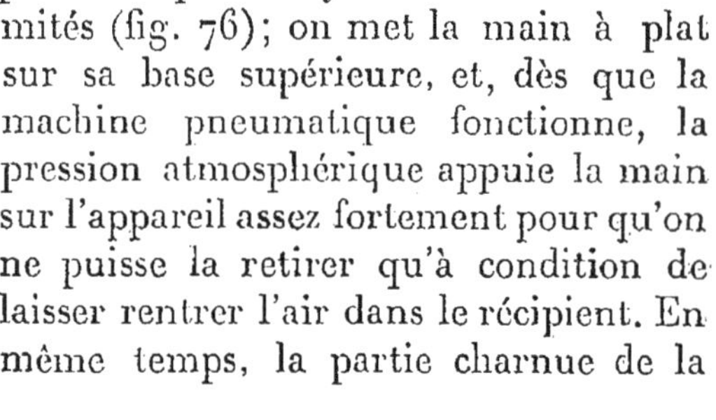

Fig. 76. — Récipient à main.

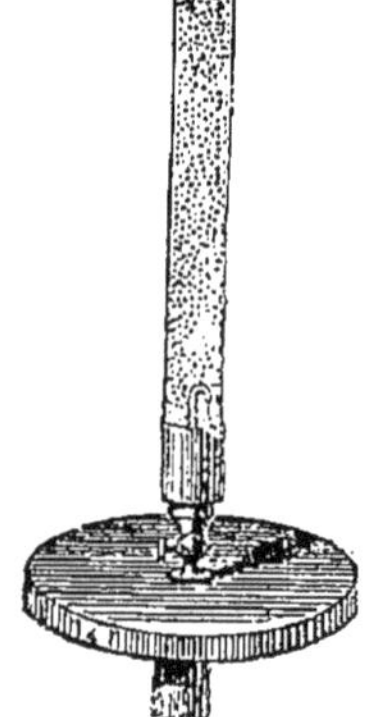

Fig. 77. — Pluie de mercure.

paume de la main entre dans le récipient et le sang se trouve fortement attiré dans cette région. C'est là du reste le mécanisme des ventouses employées en médecine.

102. Pluie de mercure. — On place sur la machine pneumatique un tube T (fig. 77), surmonté d'un godet G

dont le fond est un morceau de peau de chamois. On verse
du mercure dans le godet et l'on fait le vide. Dès que l'air
se raréfie à l'intérieur, la pression de l'atmosphère pousse,
à travers les pores de la peau, le mercure qui tombe dans
le tube sous forme de pluie fine. Cette expérience démontre
en même temps la porosité de la peau.

103. **Hémisphères de Magdebourg.** — On a deux
hémisphères en cuivre A et B à rebords plans C (fig. 78).
On les applique l'un contre l'autre et, à l'aide de la
douille à robinet D que porte l'un d'eux, on visse le sys-

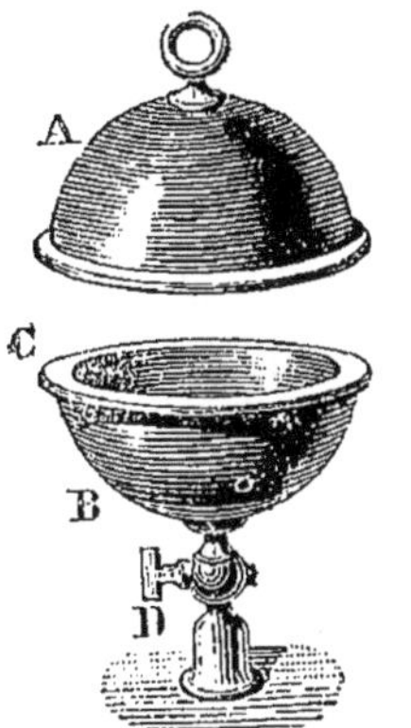
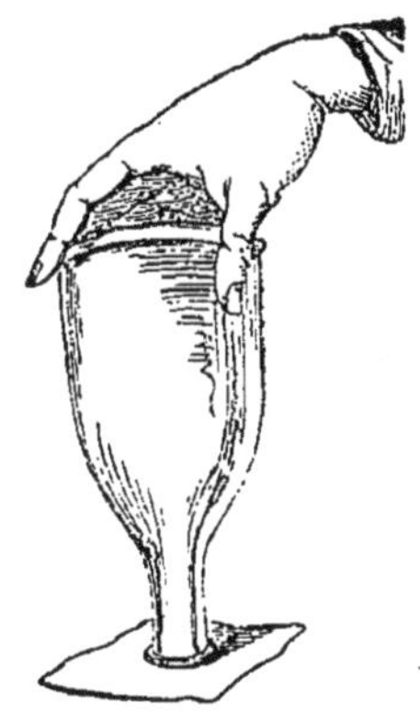

Fig. 78. — Hémisphères de
Magdebourg.

Fig. 79. — Effet de la
pression atmosphérique.

tème sur la machine pneumatique. On fait ensuite le vide
dans la sphère creuse ; la pression atmosphérique appuyant
les deux hémisphères l'un contre l'autre, il devient très
difficile de les séparer. Dès qu'on laisse rentrer l'air à l'intérieur, on peut les séparer facilement.

104. — Une carafe est remplie d'eau à pleins bords ; on
applique avec précaution une feuille de papier sur la surface du liquide, et l'on peut alors retourner la carafe sans
que le liquide s'en échappe, la pression atmosphérique le
maintenant dans le vase (fig. 79). La feuille de papier est
destinée à empêcher l'air de monter à travers l'eau, en
vertu de sa faible densité.

Plongeons un tube de verre dans l'eau par une de ses extrémités et, avec la bouche, aspirons par l'autre extrémité l'air qu'il contient. L'eau monte dans le tube, poussée par la pression de l'atmosphère qui s'exerce sur la surface de l'eau dans laquelle plonge le tube.

BAROMÈTRES

105. — On appelle *baromètres* des instruments destinés à mesurer la pression atmosphérique. On leur a donné diverses formes dont nous allons étudier les plus importantes ; mais tous se rangent en deux catégories : les uns dérivent de l'expérience de Torricelli ; les autres sont fondés sur les déformations que subit une boîte métallique, vide d'air, sous l'action de la pression atmosphérique.

106. **Baromètre à cuvette.** — Le baromètre à cuvette ordinaire est le plus simple de tous ; c'est celui qu'employaient Torricelli et Pascal. Il se compose d'un tube plongeant dans une cuvette remplie de mercure. Mais, si on le construisait comme nous l'avons dit en décrivant les expériences de Torricelli, on n'aurait qu'un instrument fort imparfait ; car l'air, qui est dissous par le mercure ou qui est interposé entre le mercure et la paroi intérieure du tube, monterait à la partie supérieure dans la chambre barométrique, exercerait sa pression sur le mercure, le déprimerait et contre-balancerait en partie la pression de l'air extérieur. La pression mesurée serait donc plus petite que la pression réelle. De plus, le mercure et le tube doivent être parfaitement secs ; sans quoi, l'eau se transformerait en vapeur dans la chambre barométrique et produirait aussi par sa force élastique une dépression du mercure. Pour éviter cette double cause d'erreur, on opère comme nous allons l'indiquer.

On choisit un tube de 80 à 85 centimètres de longueur ; on le ferme à l'une de ses extrémités et l'on soude à l'autre extrémité une boule portant un tube effilé. Après avoir rempli le tube de mercure bien pur, on le couche sur une grille de tôle inclinée (fig. 80) et l'on chauffe successivement toutes les parties du tube en commençant par l'extrémité la plus élevée. La chaleur fait dégager les bulles d'air et de vapeur. La boule sert à empêcher que le mercure, pendant son ébullition, soit projeté au dehors. On retire ensuite des charbons, on laisse refroidir, et, après avoir détaché la boule B, on achève de remplir avec du mercure récemment bouilli ; puis on retourne le tube dans la cuvette, comme le faisait Torricelli.

Lorsque l'opération a été bien faite, si l'on incline un peu rapidement le tube, de manière que le mercure l'emplisse tout à fait, le liquide produit en frappant le verre un bruit sec et métallique.

Le tube et la cuvette sont fixés contre une planchette en bois, sur laquelle est tracée

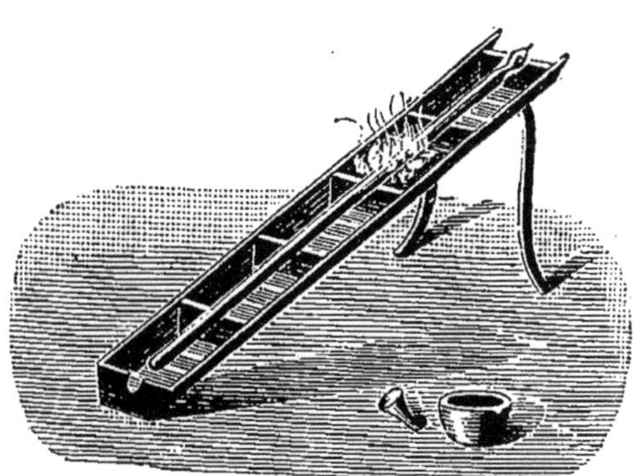

Fig. 80. — Construction du baromètre.

une graduation en centimètres et millimètres dont le zéro correspond au niveau du mercure dans la cuvette.

Mais, quelque soin qu'on ait donné à la construction, le baromètre à cuvette présente deux inconvénients très graves :

1° Cet instrument n'est pas facilement transportable.

2° Le niveau du mercure ne peut varier dans le tube sans varier en sens inverse dans la cuvette : le niveau dans la cuvette cesse alors de correspondre au zéro de la graduation, et les indications de l'instrument ne sont pas exactes. On remédie à cet inconvénient en prenant des cuvettes assez larges pour que les variations de niveau dans le tube ne produisent que des variations insensibles dans la cuvette.

107. Baromètre de Fortin [1]. — Fortin a adopté, dès le commencement du siècle, une disposition, qui a l'avantage de rendre le baromètre transportable et de permettre de ramener, pour chaque observation, le niveau du mercure au zéro de la graduation.

La cuvette de son baromètre est cylindrique ; elle a pour fond une peau de daim, contre la face inférieure de laquelle vient appuyer une vis V (fig. 81). Cette vis permet de relever ou d'abaisser à volonté le fond de la cuvette, de manière que, lorsqu'on veut faire une observation, on puisse toujours amener la surface du mercure en contact avec l'extrémité d'une petite pointe en ivoire *o*; à cette extrémité correspond le zéro de la graduation. La partie supérieure de la cuvette est fermée par un couvercle muni d'une tubulure, à travers laquelle passe le tube barométrique. La tubulure est réunie au tube par une peau de daim serrée contre l'un et l'autre avec de la ficelle. Les pores de la

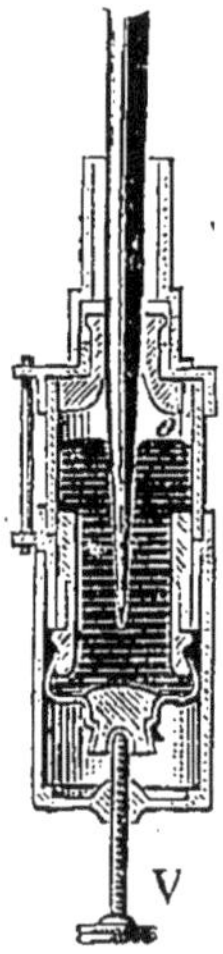

Fig. 81. — Cuvette du baromètre de Fortin.

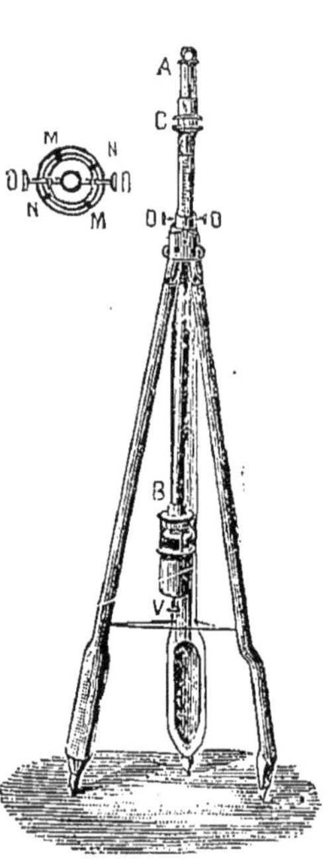

Fig. 82. — Baromètre de Fortin.

(1) Nous croyons utile de décrire le baromètre de Fortin qu'on emploie généralement, dans les écoles normales, pour les observations météorologiques.

peau de daim permettent à l'air d'exercer sa pression sur le mercure de la cuvette, sans que celui-ci puisse d'ailleurs s'échapper. Le tube est effilé par le bas. Dans toute sa longueur, il est entouré d'un étui métallique (fig. 82) percé de deux fentes longitudinales parallèles, à travers lesquelles on peut voir le mercure. La graduation est tracée sur le bord de l'une d'elles. Le baromètre tout entier peut être enfermé dans un trépied dont les branches se rapprochent et forment un étui creux. Une suspension dite à la Cardan, dont on voit le détail sur le côté de la figure, lui permet de prendre de lui-même une position rigoureusement verticale. Quand l'instrument doit être transporté, on soulève la vis V de manière à remplir de mercure la cuvette et le tube. Le baromètre peut alors être renversé, sans que le liquide produise de choc capable de le briser et sans que rien s'en échappe ou s'y introduise.

108. **Représentation graphique d'un phénomène.** — Supposons qu'on observe le baromètre de deux en deux heures et qu'on relève les hauteurs suivantes :

6ʰ soir	. .	750^{mm}	8ʰ matin . .	719^{mm}
8ʰ »	. .	747,5	10ʰ » . .	723
10ʰ »	. .	743,5	Midi	729
Minuit .	. .	739	2ʰ soir . . .	733
2ʰ matin	. .	734	4ʰ » . . .	737
4ʰ »	. .	727,5	6ʰ » . . .	740
6ʰ »	. .	722		

On peut tracer une série d'horizontales équidistantes (fig. 83) qui représenteront les pressions de 10 en 10 millimètres, puis une série de verticales équidistantes qui correspondront aux heures d'observation. Marquons sur les verticales les points A, B, C, D..., correspondant aux pressions observées ; la série des points obtenus représente déjà plus clairement que le tableau précédent la marche du phénomène.

Mais on peut admettre qu'entre chaque observation, le

mouvement du mercure a varié régulièrement dans le baromètre et, pour obtenir une figuration complète du phénomène, il suffit de réunir les points marqués par une courbe continue. Cette courbe donne une idée très nette des valeurs de la pression et permet en outre de déter-

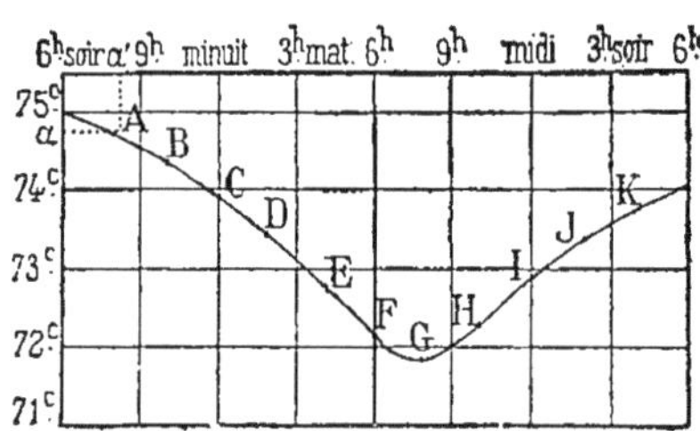

Fig. 83. — Représentation graphique d'un phénomène.

miner, sans erreur sensible, la valeur de cette pression à un instant quelconque.

On peut remplacer les lignes verticales par des arcs de cercle équidistants (fig. 84) ; on obtient, par le même procédé, un graphique analogue au précédent.

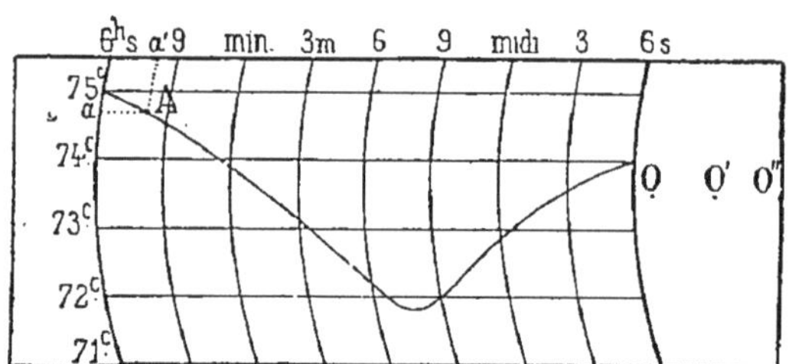

Fig. 84. — Représentation graphique d'un phénomène.

109. Baromètre enregistreur. — Le baromètre enregistreur est un appareil qui trace lui-même le graphique des pressions.

Huit boîtes cannelées B (fig. 85), vides et armées d'un ressort intérieur, sont vissées l'une sur l'autre, de façon que l'élévation ou la dépression de la face externe de la boîte supérieure est la somme des élévations ou des

dépressions de chacune d'elles. La boîte supérieure
transmet son mouvement par des leviers $ll'l''$ à un axe xy,
auquel est fixée une longue aiguille $a'a$ terminée par une
plume ou un tire-ligne. L'extrémité de cette plume
appuie sur une feuille de papier divisée horizontalement
par des lignes qui représentent des millimètres (sur la
figure on n'a tracé que la division en centimètres) et, dans
le sens vertical, par des arcs de cercle qui représentent les
jours et les heures de la semaine. Cette feuille de papier

Fig. 85. — Baromètre enregistreur de MM. Richard.

est fixée sur un cylindre vertical, mû par un appareil
d'horlogerie. Quand on veut mettre l'appareil en observation, on remonte le cylindre comme une pendule et on
le fait tourner sur son axe, de manière à mettre la plume
devant la division qui représente le jour et l'heure. On
serre alors une vis de pression sur la face supérieure. Le
cylindre se met à tourner et la plume trace à la surface
de la feuille de papier une ligne qui donne la pression à
tout instant. Tous les huit jours, on change la feuille de
papier.

110. Usages du baromètre. — Le baromètre ne sert pas seulement au physicien et au chimiste pour mesurer la pression atmosphérique ; on le consulte souvent pour la prévision du temps, comme nous le verrons plus tard.

Le baromètre sert encore à la mesure des hauteurs : l'expérience de Pascal prouve que la colonne mercurielle baisse dans le baromètre lorsqu'on s'élève dans l'atmosphère. Pour une élévation de 10 mètres, la pression diminue, sur chaque centimètre carré de surface, du poids d'une masse d'air ayant 1 centimètre carré de base et 1 000 centimètres de hauteur, autrement dit, au poids de 1 litre d'air soit de $1^g,293$. La pression au niveau du sol étant de 1 033 grammes par centimètre carré, pour une élévation de 10 mètres, la pression diminue de $\frac{1}{800}$ de sa valeur, soit d'environ 1 millimètre de mercure. Si la densité de l'air restait constante, comme c'est sensiblement le cas pour les liquides, il serait facile d'énoncer une règle indiquant la différence des pressions entre deux tranches horizontales d'un milieu gazeux.

Ainsi, dans cette hypothèse, au sommet du Mont-Blanc (4800 mètres environ) la pression ne serait plus que

$$760^{mm} - \frac{760 \times 480}{800} = 760^{mm} - 456^{mm} = 304^{mm},$$

si l'on suppose que cette pression est 760 millimètres au pied de la montagne. Or, l'expérience montre qu'au sommet du Mont-Blanc, la pression moyenne est de 430 millimètres.

Le raisonnement précédent se complique donc du fait de la grande compressibilité de l'air et des gaz en général : on a cependant établi des formules permettant de calculer la hauteur d'une montagne connaissant les hauteurs barométriques et les températures, au pied et au sommet de la montagne.

AÉROSTATS

111. Extension du principe d'Archimède aux gaz.
— Le principe d'Archimède s'applique aux gaz comme
aux liquides : *Un corps plongé dans l'air subit, de la part
de ce fluide, une poussée verticale de bas en haut égale au
poids du volume d'air déplacé.*

Pour démontrer l'existence de cette poussée, nous
pouvons citer l'expérience suivante, dite du *baroscope.*
Mettons en équilibre dans l'air,
aux deux extrémités d'un fléau
de balance, deux masses de cuivre, l'une massive C (fig. 86),
l'autre creuse B et beaucoup
plus grosse que la première.
Transportons l'appareil sous la
cloche de la machine pneumatique et faisons le vide : le fléau
s'incline immédiatement du
côté de la plus grosse boule.
Voici pourquoi : dans l'air, la
grosse masse subissait une poussée plus considérable que la petite, puisque le volume d'air

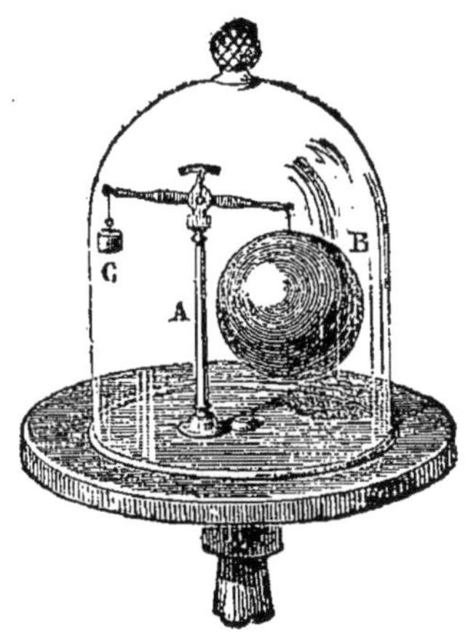

Fig. 86. — Baroscope.

déplacé était plus grand ; par conséquent, s'il y avait équilibre malgré cet excès de poussée, c'est que la grosse
masse avait un excès de poids sur la petite. Dans le vide,
les poussées sont supprimées et l'excès de poids de la
grosse masse fait incliner le fléau du côté où il agit.

112. Aérostats. — L'ascension des aérostats au
milieu de l'air repose sur le principe précédent. Les premières expériences ont été faites le 5 juin 1783 par les
frères Montgolfier, fabricants de papier à Annonay.

Ils gonflèrent, avec de l'air chaud, un globe de toile

doublée de papier à l'intérieur et ayant près de 12 mètres de diamètre. Pour cela, ils allumèrent un fourneau au-dessous d'une ouverture pratiquée à la partie inférieure du ballon ; celui-ci se gonfla et, comme l'air chaud est plus léger que l'air froid, il subit, dès qu'il fut gonflé, une poussée plus grande que son poids. Sous l'influence de cette poussée, il s'éleva dans l'air avec une vitesse considérable, dès qu'il fut abandonné à lui-même.

Pour entretenir la température de l'air intérieur, on avait suspendu au ballon un réchaud rempli de matières en combustion.

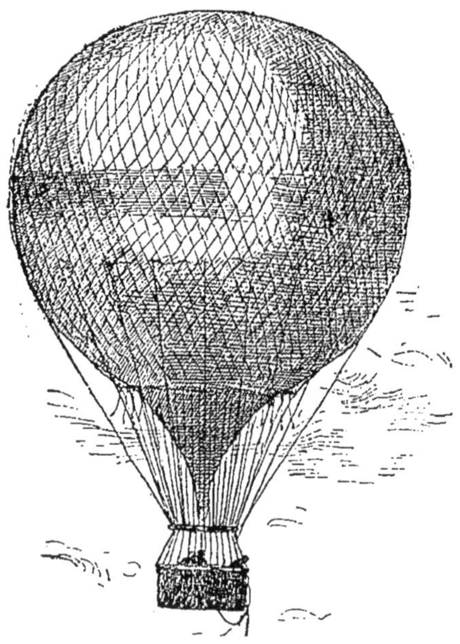

Fig. 87. — Aérostat.

Le 15 octobre 1783, Pilâtre de Rozier et le marquis d'Arlande s'aventurèrent dans les airs, portés par une nacelle suspendue à un aérostat construit par Montgolfier. L'expérience faite dans les jardins de la Muette, au Bois de Boulogne, en présence du dauphin et de sa suite, réussit parfaitement.

Plus tard, Charles, Pilâtre de Rozier, Romain, Blanchard, le duc de Chartres reprirent ces expériences. Pilâtre de Rozier et Romain firent le 16 juin 1785, à Boulogne-sur-Mer, une ascension qui leur coûta la vie.

On emploie aujourd'hui, pour les ascensions aérostatiques, des ballons qu'on emplit de gaz hydrogène ou de gaz d'éclairage. Ces ballons sont faits d'un tissu de soie

ou de percaline enduit d'un vernis à l'huile de lin, afin de
le rendre imperméable, ou d'une étoffe formée par des
couches de toile et de caoutchouc. Les aérostats sont en-
veloppés (fig. 87) d'un filet fait avec des cordes dont les
prolongements soutiennent la nacelle.

Le gaz est introduit par la partie inférieure (fig. 88).
Une soupape, placée en haut du ballon et que l'aéronaute
peut ouvrir à l'aide d'une corde, permet de laisser échap-

Fig. 88. — Gonflement d'un aérostat.

per du gaz. La *force ascensionnelle* d'un aérostat est d'autant plus grande que la différence entre la densité de l'air
et celle du gaz qui le gonfle est plus considérable. Elle est
égale à la différence qui existe entre le poids de l'air déplacé et le poids du ballon lui-même avec ses accessoires.
Elle croît très rapidement avec les dimensions de l'aérostat.
Nous évaluerons la valeur de la force ascensionnelle après
l'étude de la dilatation des gaz (197).

Tout aérostat comporte, comme accessoires, des *ancres*, un *guide-rope* et un *parachute*.

Les aéronautes ont l'habitude d'emporter avec eux des sacs de sable qui leur servent de lest. Dès qu'arrivés à une certaine hauteur, ils veulent s'élever davantage, ils jettent ce lest, et le ballon, diminuant de poids, tandis que la poussée reste la même, se dirige bientôt vers les régions supérieures.

Lorsque l'aéronaute veut opérer sa descente, il ouvre la soupape dont nous avons parlé ; un peu de gaz s'échappe, le ballon diminue de volume et descend. Si la chute est trop rapide, ou si l'aérostat se dirige vers un lieu où l'aéronaute ne pourrait descendre sans danger, il suffit de jeter un peu de lest, et le ballon reprend son mouvement ascensionnel jusqu'à ce qu'il se trouve au-dessus d'un endroit où la descente puisse s'effectuer sans inconvénient.

113. **Ballons-sondes.** — On ne peut s'élever dans l'atmosphère au-delà d'une certaine limite, sous peine de compromettre la vie des aéronautes par des causes d'asphyxie ou de congestion cérébrale. Comme il est cependant d'un grand intérêt pour la météorologie de connaître l'état atmosphérique des régions élevées, on a songé à y lancer des ballons non montés, munis d'appareils enregistreurs ; ce sont les *ballons-sondes* ou *ballons explorateurs*.

Chaque ballon emporte : un thermomètre enregistreur, un barothermographe inscrivant à la fois la pression et la température ; un appareil de prise d'air, récipient dans lequel on a fait le vide et qui s'ouvre automatiquement à une altitude déterminée,

Depuis 1892, de nombreux sondages ont été effectués jusqu'à des hauteurs dépassant 17 000 mètres.

114. **Direction des ballons.** — Le problème de la direction des ballons a depuis longtemps excité les efforts des inventeurs, et ce n'est que dans ces dernières années qu'on est arrivé à résoudre ce problème important, sinon d'une manière complète, au moins d'une manière assez satisfaisante pour faire espérer une solution définitive. Entre autres difficultés de ce problème,

il convient de signaler celles qu'entraînent l'invention d'un
moteur à la fois léger et assez puissant pour imprimer au
ballon une vitesse supérieure à celle des vents qu'il peut rencontrer
et la détermination de la forme à donner à l'aérostat pour le
mettre dans des conditions favorables au point de vue de la résistance à l'action du vent et de l'obéissance à l'action du moteur.

La figure 89 représente l'*aéronat* (mot adopté par le Congrès
d'aérostation de 1889 pour désigner les ballons dirigeables) de
MM. Renard et Krebs qui, les premiers, ont à peu près résolu
pratiquement le problème de la direction des ballons.

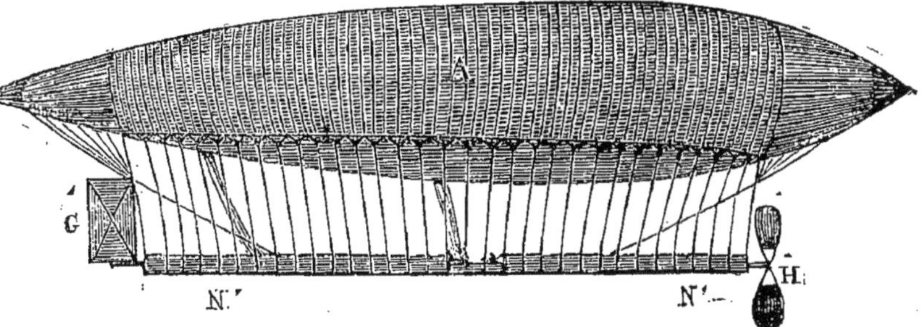

Fig. 89. — Aéronat de MM. Renard et Krebs.

L'année 1902 a enregistré quelques ascensions suivies d'un
dénouement fatal ; ces tentatives malheureuses ne découragent
nullement les aéronautes ; depuis lors, des expériences nombreuses
ont été faites avec des aéronats construits sur de nouveaux plans.

115. **Expériences simples.** — Outre les expériences indiquées au cours de cette leçon, on peut encore exécuter les
suivantes.

Faire bouillir un peu d'eau dans un ballon de grandes dimensions ; puis, quand l'air a été chassé, fermer le ballon avec un
bouchon de caoutchouc ou un bouchon de liège suiffé. Faire
la tare de ce ballon en le portant sur l'un des plateaux d'une
balance sensible, puis ouvrir le ballon : le fléau s'incline de son
côté. Remarquer que, de cette expérience, il faut conclure que
l'air est plus pesant que la vapeur d'eau.

On peut construire un vaporisateur fondé sur l'existence de la
pression atmosphérique : dans un flacon ou un verre quelconque,
mettre de l'eau, y plonger un tube effilé par l'extrémité supérieure. Souffler sur cette extrémité à l'aide d'un second tube

effilé ; l'eau est expulsée en fines gouttelettes. Cet appareil peut servir à *fixer* les dessins au fusain, au conté ou à la mine de plomb ; le liquide sera alors composé de : gomme laque, 10 gr. ; résine de copal, 10 gr. ; alcool, 1 litre. — Cet appareil peut aussi servir à détruire les insectes des plantes par projection de certains liquides.

Parmi les effets dus encore à la pression atmosphérique, rappeler l'adhérence de deux plaques de verre bien unies, d'une feuille de papier avec une toile cirée bien tendue, l'ascension du liquide à l'intérieur d'une paille lorsqu'on veut boire lentement en été, l'emploi de la seringue, etc.

En réalisant l'expérience de Torricelli, faire constater que des bulles d'air restent attachées aux parois du tube, d'où la nécessité de chauffer le mercure pour la construction d'un baromètre.

Mettre les élèves en présence du baromètre qui sert à faire les observations météorologiques et montrer comment on prend exactement la hauteur barométrique. On ne parlera que plus tard des corrections à apporter aux hauteurs observées.

Un ballon d'enfant suffit pour expliquer l'ascension des aérostats ; on remarquera que peu à peu le ballon se dégonfle, il déplace alors un moindre volume d'air et bientôt la poussée qu'il subit est inférieure à son poids et il ne peut plus s'élever.

Rappeler l'expérience de chimie qui consiste à gonfler des bulles de savon avec de l'hydrogène.

Signaler, comme conséquence du principe d'Archimède appliqué aux gaz, la nécessité de faire subir une correction aux pesées faites dans l'air, pour obtenir le poids exact, lorsqu'il s'agit de corps de densités très différentes. On calculera facilement cette correction sur un corps de forme et de densité connues, sachant que la densité du laiton avec lesquels les poids marqués sont fabriqués est 8,40 et qu'ils sont étalonnés dans le vide.

Prendre un verre de lampe et, pour servir de piston, ajuster un bouchon traversé d'une tige métallique. Enfoncer le piston et fermer l'extrémité du verre par un fragment de vessie. Retirer le piston : la vessie s'incurve à l'intérieur du verre, quelle que soit la direction de celui-ci, ce qui démontre que la pression atmosphérique s'exerce dans tous les sens.

Nous conseillons d'ailleurs l'emploi de cet appareil, parfois fermé par un bouchon de caoutchouc, dans toutes les expériences où l'on a besoin d'un vide relatif, par exemple dans le cas de la figure 1.

CHAPITRE IX

—

Loi de Mariotte. — Manomètres. — Dissolution des gaz dans les liquides.

116. — L'expérience du briquet à air, que nous avons décrite (10), nous a montré que les gaz étaient très compressibles. La résistance qu'on éprouve dans cette expérience pour enfoncer le piston montre de plus qu'à mesure que le volume d'un gaz diminue, sa force élastique augmente. La propriété inverse appartient aussi aux gaz, c'est-à-dire que leur force élastique diminue quand on leur offre un plus grand espace à occuper.

Mariotte ([1]) a trouvé la relation qui existe entre la force élastique des gaz et leur volume. Les expériences qu'il exécuta en 1670 le conduisirent à poser la loi suivante.

117. **Loi de Mariotte.** — *Les volumes d'une masse gazeuse sont inversement proportionnels aux pressions qu'elle supporte, pourvu que sa température reste constante.*

Cela signifie que, si l'on prend la masse gazeuse avec un volume donné sous une pression déterminée, son volume deviendra deux, trois, quatre, cinq fois plus petit, quand on la soumettra à une pression deux, trois, quatre, cinq fois plus grande, ou inversement deux, trois, quatre, cinq fois plus grand sous une pression deux, trois, quatre, cinq fois plus petite.

Soient V et V′ les volumes d'une même masse de gaz, à la même température et sous des pressions H et H′ ; on aura :

$$\frac{V}{V'} = \frac{H'}{H},$$

d'où

$$VH = V'H'.$$

___

[1] Mariotte, né en Bourgogne vers 1624, mort en 1685 ; membre de l'Académie des sciences.

Donc le produit du volume d'une masse gazeuse par sa force élastique est constant *à une même température*; c'est sous cette forme qu'il convient de traduire la loi de Mariotte dans les problèmes qu'on peut avoir à résoudre sur ce sujet.

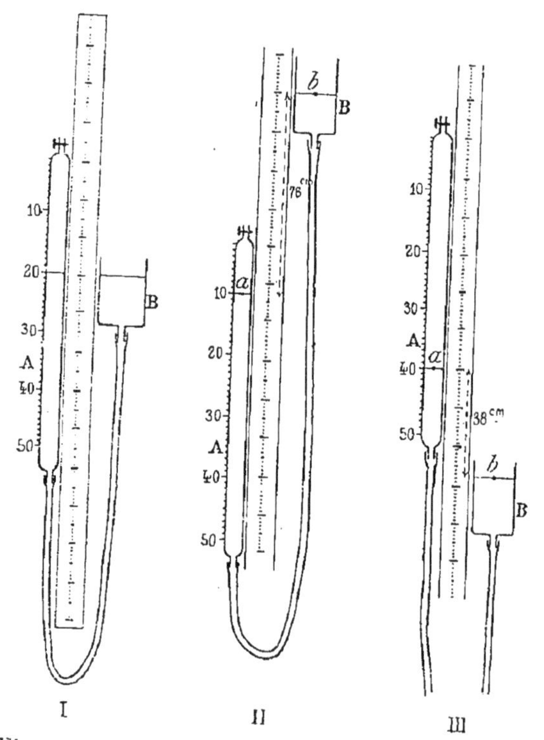

Fig. 90. — Démonstration de la loi de Mariotte.

118. — Voici comment on peut répéter les expériences de Mariotte.

On prend un tube A (fig. 90) divisé en parties d'égale capacité et relié par un long tube de caoutchouc à un récipient B. On verse en B du mercure qui emprisonne une certaine quantité d'air en A ; on peut régler le volume de cet air à l'aide d'un robinet. Le tube A est fixé sur un support; le récipient B peut être élevé ou abaissé à la main, le long d'une règle graduée en millimètres. Supposons que le volume d'air emprisonné soit de 20 centimètres cubes, lorsque le mercure est au même niveau dans les deux parties de l'appareil ; cet air est évidemment à la pression atmosphérique (fig. 90, I),

119. — 1° Élevons le récipient B jusqu'au moment où le mercure de A s'élève jusqu'à la division 10 (fig. 90, II). A ce moment, le volume de l'air est réduit à la moitié de sa valeur primitive. On constate que la différence des niveaux du mercure est de 76 centimètres (nous supposons que la pression atmosphérique est aussi de 76 centimètres au moment de l'expérience). La masse étant en équilibre, une surface de 1 centimètre carré en a supporte la pression du gaz, en b, la pression atmosphérique ; or la différence des pressions en a et b qui se trouvent aussi à deux niveaux différents d'une même masse liquide est égale, par centimètre carré, à une hauteur de 76 centimètres de mercure. La pression en a est donc égale à $76^{cm} \times 2$ de mercure ; donc le volume du gaz étant réduit à moitié, sa pression a doublé.

2° Abaissons le récipient B (fig. 90, III), jusqu'à ce que le volume du gaz soit de 40 centimètres cubes. Un raisonnement identique au précédent montre que sa pression est réduite à 38 centimètres ; l'expérience montre, en effet, que la différence des niveaux du mercure dans les deux branches est égale à 38 centimètres. On peut répéter l'expérience en enfermant dans A un gaz quelconque.

120. **Dans quelles limites la loi de Mariotte est-elle vraie ?** — Les expériences de Mariotte montrent que la loi de Mariotte est vraie, *pour l'air*, quand on opère à des pressions qui ne s'écartent pas beaucoup de la pression atmosphérique, et on l'avait admise comme représentant la loi générale du phénomène pour tous les gaz et à toutes les pressions.

Mais de nombreuses expériences ont montré que, lorsqu'il s'agit de fortes pressions, la loi de Mariotte n'est plus absolument exacte. Le tableau suivant présente les résultats des expériences de Regnault : le volume initial du gaz étant 1, la pression étant 1, le produit du volume v auquel on réduit le gaz par la pression p qu'il acquiert serait $pv = 1$, si la loi de Mariotte était exacte, tandis qu'on est conduit aux nombres du tableau suivant.

Ce tableau prouve que l'air, l'azote et l'anhydride carbonique se compriment plus que ne l'indique la loi de Mariotte, puisque, pour les réduire du volume 1 aux volumes $\frac{1}{2}$, $\frac{1}{4}$, $\frac{1}{8}$, $\frac{1}{12}$, $\frac{1}{16}$, $\frac{1}{20}$, il faut des pressions plus petites que 2, 4, 8, 12, 16, 20 ; l'écart est plus grand pour l'anhydride carbonique que pour l'azote et l'air, qui sont plus éloignés que lui de leur *point de liquéfaction* ; pour chacun d'eux, l'écart croît avec la pression.

Pour l'hydrogène, les résultats sont inverses : le gaz est moins compressible que ne l'indique la loi de Mariotte ; pour le réduire du volume 1 aux volumes $\frac{1}{2}$, $\frac{1}{4}$, $\frac{1}{8}$, $\frac{1}{12}$, $\frac{1}{16}$, $\frac{1}{20}$, il faut des pressions supérieures à 2, 4, 8, 12, 16 et 20.

M. Cailletet a repris l'étude de cette question et, dans certaines expériences, il a opéré jusqu'à des pressions dépassant 700 atmosphères. Pour l'hydrogène, ses expériences sont d'accord avec celles de Regnault : pour l'air, il a trouvé que sa compressibilité va d'abord en augmentant, qu'elle est maximum à 80 atmosphères et qu'elle va ensuite en diminuant ; à 190 atmosphères, l'air aurait, d'après lui, le volume qu'indique la loi de Mariotte. Au delà, sa compressibilité diminuerait et suivrait une loi analogue à celle de l'hydrogène.

Quoi qu'il en soit, les écarts dont nous venons de parler sont assez petits pour que, dans les applications, on puisse regarder la loi de Mariotte comme exacte.

121. **Application.** — *La chambre d'un baromètre à cuvette contient un peu d'air. On fait une observation ; la hauteur du mercure est $h = 750$ millimètres et la longueur de la chambre barométrique est $l = 120$ millimètres ; on soulève alors un peu le tube, et ces deux dimensions deviennent : $h' = 752$ millimètres et $l' = 140$ millimètres. Quelle est la pression atmosphérique H au moment de l'expérience ?*

Soient f et f' les forces élastiques de l'air dans la chambre barométrique dans les deux phases de l'expé-

Volumes	Air		Azote		Anhydride carbonique		Hydrogène	
	p	pv	p	pv	p	pv	p	pv
1	1	1	1	1	1	1	1	1
$\frac{1}{2}$	1,9978	0,9989	1,9986	0,9993	1,9829	0.9914	2,0011	1,0006
$\frac{1}{4}$	3,9874	0,9969	3,9920	0.9980	3,8974	0,9743	4,0069	1,0017
$\frac{1}{8}$	7,9457	0.9932	7,9641	0,9955	7,5194	0,9399	8,0339	1,0042
$\frac{1}{12}$	11,8822	0,9902	11,9191	0,9933	10,8632	0,9053	12,0845	1,0070
$\frac{1}{16}$	15,8045	0,9878	15,8597	0,9912	13,9261	0,8704	16,1616	1,0101
$\frac{1}{20}$	19,7199	0,9860	19,7886	0,9894	16,7054	0,8353	20,2687	1,0134

rience ; supposons f et f' évalués en millimètres de mercure. On a :

$$H = h + f \qquad\qquad (1)$$

et

$$H = h' + f'. \qquad\qquad (2)$$

Or, en supposant le tube bien cylindrique, les volumes de l'air, dans la chambre barométrique, sont proportionnels aux longueurs de celle-ci, et l'on peut écrire, d'après la loi de Mariotte :

$$\frac{f}{f'} = \frac{l'}{l}, \qquad \text{d'où} \qquad f' = f \times \frac{l}{l'}.$$

Portons cette valeur dans l'égalité (2) :

$$H = h' + f \times \frac{l}{l'} \qquad \text{ou} \qquad Hl' = h'l' + fl.$$

Mais de (1), on tire :

$$f = H - h,$$

d'où, en portant dans l'égalité précédente :

$$Hl' = h'l' + Hl - hl.$$
$$H(l' - l) = h'l' - hl,$$

et

$$H = \frac{h'l' - hl}{l' - l}.$$

En remplaçant les lettres par leurs valeurs, on obtient :

$$H = \frac{752 \times 140 - 750 \times 120}{140 - 120}$$
$$= 752 \times 7 - 750 \times 6 = 764^{\text{mm}}.$$

122. — On appelle *manomètres* des appareils destinés à mesurer la pression des fluides, plus particulièrement des gaz et des vapeurs. Ces appareils sont constamment em-

ployés dans les laboratoires et dans l'industrie. Les chaudières à vapeur, les réservoirs à air ou à gaz comprimé doivent toujours être munis de manomètres capables d'indiquer à chaque instant la pression de la vapeur ou du gaz.

Il y a trois sortes de manomètres : 1° les manomètres à air libre ; 2° les manomètres à air comprimé ; 3° les manomètres métalliques.

Nous ferons remarquer que les soupapes de sûreté ne sont autres que des manomètres spéciaux : ils ne sont pas destinés à mesurer la pression d'un gaz, mais lui permettent de s'échapper lorsque cette pression dépasse une valeur déterminée.

123. **Manomètre à air libre.** — Le manomètre à air libre consiste en un tube de verre T (fig. 91), plongeant dans une cuvette à mercure V. Cette cuvette est placée dans une enveloppe métallique C, qui peut être mise en communication par un tube à robinet avec la chaudière à vapeur ou avec l'enceinte renfermant le gaz, dont on veut mesurer la force élastique. Le tube en verre est mastiqué en E dans l'ouverture supérieure de l'enveloppe métallique. La vapeur arrivant par le robinet se répand autour de la cuvette et exerce sa pression sur le niveau du mercure. Celui-ci monte alors dans le tube à une hauteur d'autant plus grande que cette pression est plus considéra-

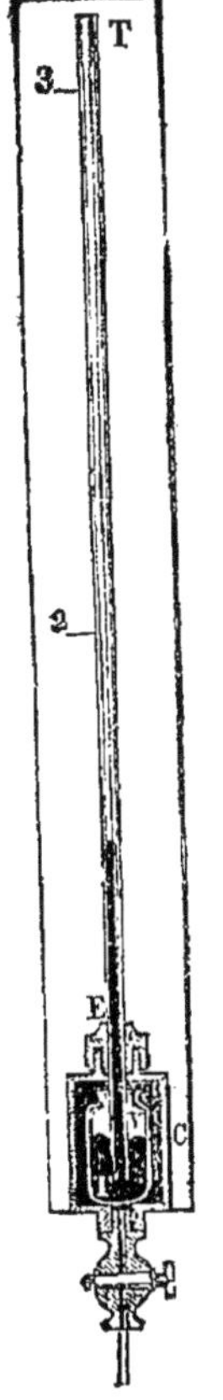

Fig. 91. — Manomètre à air libre.

ble. Si le mercure s'élève à une hauteur de 0^m,76, cela veut dire que la vapeur a une force élastique capable de faire équilibre à la pression de l'atmosphère, qui s'exerce sur le mercure du tube, augmentée de 0^m,76 de mercure soulevé, et, la pression de l'atmosphère étant regardée comme égale en moyenne à 0^m,76 de mercure, on dit que la tension de la vapeur est de deux fois 0,^m76 ou de deux atmosphères. Si le mercure s'élève à deux fois 0^m,76, cela veut dire que la vapeur a une force élastique de trois atmosphères, et ainsi de suite. Une graduation faite sur une planche, contre laquelle est fixé le tube, permet de mesurer la hauteur de la colonne mercurielle soulevée.

Le diamètre de la cuvette étant beaucoup plus grand que celui du tube, on peut ne pas tenir compte de la variation du niveau du mercure dans la cuvette.

Ces manomètres sont peu employés à cause du développement qu'il faut leur donner quand la pression à mesurer devient considérable ([1]).

Toutefois, pour mesurer la pression du gaz d'éclairage, on se sert de manomètres à air libre où l'eau remplace le mercure. Ce sont des tubes recourbés, dont l'une des deux branches communique avec la conduite de gaz, dont l'autre s'ouvre dans l'atmosphère. La différence des niveaux lue sur une graduation mesure en colonne d'eau l'excès de pression du gaz sur la pression atmosphérique.

124. **Manomètre à air comprimé.** — Pour éviter de donner aux manomètres de trop grandes dimensions, ce qui ne serait pas possible du reste sur les machines mobiles, comme les locomotives, on emploie, pour faire équilibre à la pression de la vapeur, non seulement l'ascension d'une colonne de mercure, mais en même temps la force élastique d'une masse d'air renfermée dans un espace limité. Cette force élastique augmente à mesure que le mercure, en montant, réduit le volume du gaz. C'est là le principe des manomètres à air comprimé.

([1]) Le baromètre ordinaire n'est autre qu'un manomètre à air libre, fermé et vide à la partie supérieure, et dans lequel le gaz dont on mesure la pression est l'air atmosphérique.

Concevons (fig. 92) un tube recourbé ABC, fermé en A, contenant à sa partie inférieure du mercure, et au-dessus de ce liquide, en Aa, de l'air sec à la pression atmosphérique. Si le tube est en communication avec un réservoir V renfermant des gaz ou de la vapeur à la pression atmosphérique, le niveau du mercure sera le même dans les deux branches, comme l'indique la figure. Mais, dès que la pression augmentera dans l'espace V, le mercure montera en b par exemple.

Ces instruments peuvent se graduer par comparaison avec un manomètre à air libre, c'est-à-dire qu'on monte sur un même réservoir un manomètre à air libre et le manomètre à graduer. On exerce dans

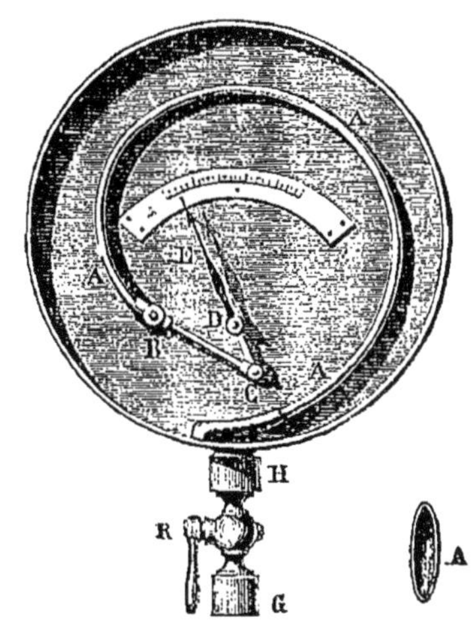

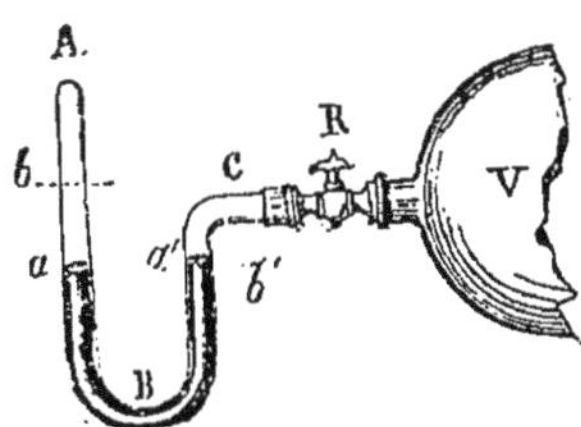

Fig. 92. — Manomètre à air comprimé.

Fig. 93. — Manomètre métallique.

le réservoir des pressions différentes et l'on marque sur le manomètre à air comprimé les indications fournies par le manomètre à air libre pour chacune des pressions exercées.

125. **Manomètres métalliques.** — Dans l'industrie, on fait usage le plus souvent de manomètres différant des précédents. Ce sont les manomètres métalliques.

Ils se composent d'un tube métallique A (fig. 93), contourné en spirale, dont l'extrémité B est fermée et reliée à une aiguille DE par un levier BCD, à bras inégaux.

L'extrémité peut être mise en communication par le robinet R avec la chaudière à vapeur.

Dès que la vapeur exerce sa pression à l'intérieur du tube, il se produit des déformations dans la section du tube qui est figurée à part en A, et ces déformations font elles-mêmes varier la position de B, et par suite celle de l'aiguille sur le cadran. Ces appareils se graduent par comparaison avec un manomètre à air libre.

126. **Remarque.** — Les manomètres destinés aux usages industriels sont ordinairement gradués en kilogrammes, comme nous l'avons dit plus haut (96).

De plus ils indiquent l'excès de la pression du gaz ou de la vapeur sur la pression atmosphérique supposée égale à 1 kilogramme par centimètre carré. Ainsi, quand le gaz exerce une pression de 1 kilogramme, le manomètre marque zéro ; quand le gaz exerce une pression de 2 kilogrammes, le manomètre marque 1, et ainsi de suite.

La pression du gaz d'éclairage dans les gazomètres et les canalisations dépasse seulement la pression atmosphérique de 5 à 6 centimètres d'eau ; la pression dans les pneumatiques de bicyclettes ne dépasse pas 2 atmosphères et atteint 10 atmosphères dans ceux des automobiles. Les locomotives fonctionnent sous une pression de 10 à 15 kilogrammes par centimètre carré, les moteurs à explosion sous une pression de 15 kilogrammes par centimètre carré. L'anhydride carbonique liquide, livré dans le commerce dans de grandes bouteilles en tôle ou dans de petits ovules (*sparklets*) en acier, a une pression d'environ 75 kilogrammes par centimètre carré. Dans les armes à feu, les gaz engendrés atteignent une pression de plusieurs milliers d'atmosphères pour les fusils ordinaires, 10 000 atmosphères pour les canons.

DISSOLUTION DES GAZ DANS LES LIQUIDES

127. — Lorsqu'on a un gaz ou un mélange de plusieurs gaz en présence d'un liquide n'ayant même pas d'action

chimique sur eux, le liquide peut dissoudre une certaine quantité du gaz ou du mélange gazeux. Ainsi l'eau, exposée à l'air, dissout une certaine quantité des gaz qui se trouvent dans l'air, et la présence de ces gaz est même nécessaire : sans eux, elle ne serait pas digérée facilement et produirait des nausées.

Pour prouver que l'eau tient des gaz en dissolution, il suffit de faire l'expérience suivante, qui repose sur ce fait que la solubilité des gaz décroît avec la température. On emplit exactement un ballon en verre (fig. 94) avec de l'eau ayant séjourné à l'air ; on bouche le ballon avec un

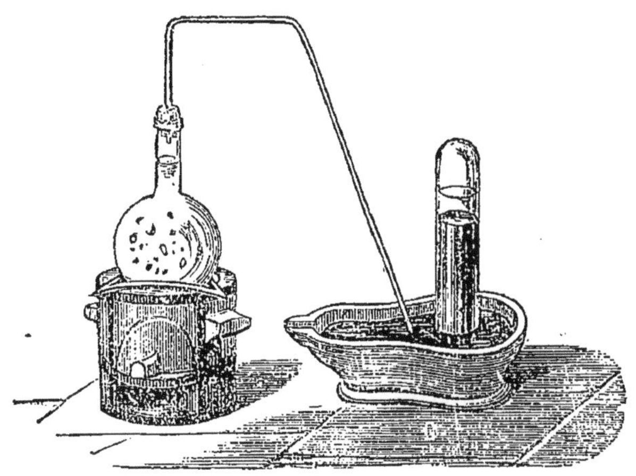

Fig. 94. — Extraction des gaz dissous par l'eau.

bouchon dans lequel passe un tube de dégagement, de manière qu'il ne reste pas une seule bulle d'air, que tout l'appareil, ballon et tube, soit rempli d'eau. On engage le tube sous une éprouvette reposant sur le mercure ; on chauffe l'eau du ballon et, au bout de peu de temps, les gaz se dégagent et se rendent dans l'éprouvette.

Les lois de la dissolution des gaz sont les suivantes :

1° *Les gaz ne se dissolvent pas tous en même proportion dans les liquides, même lorsqu'ils se trouvent dans des conditions identiques*; chaque gaz se dissout dans un liquide déterminé suivant un rapport fixe, qu'on appelle son *coefficient de solubilité* ; dire que le coefficient de solubilité de l'oxygène dans l'eau à 0° est 0,041, c'est indiquer qu'un litre d'eau dissout, dans ces conditions, 0^l,041 d'oxygène, ce volume étant évalué à 0° et sous une pression de 760 millimètres.

2° *Les quantités d'un gaz dissoutes par l'unité de volume d'un liquide à une température donnée sont proportionnelles à la pression que le gaz exerce à la surface du liquide.*

3° *Lorsqu'un mélange de plusieurs gaz est en présence d'un liquide, chacun d'eux se dissout comme s'il était seul.*

La fabrication des eaux gazeuses artificielles repose sur les principes précédents. Pour dissoudre le gaz carbonique dans l'eau, on le comprime, à l'aide d'une pompe de compression, dans un récipient contenant de l'eau ; cette eau chargée de gaz est ensuite transvasée dans des bouteilles ou dans des vases, appelés *siphons*.

128. Causes qui font dégager un gaz dissous dans un liquide. — Quand un gaz est dissous dans un liquide, différentes causes peuvent faire dégager le gaz dissous.

1° *Elévation de température.* — Quand on chauffe de l'eau ordinaire vers 60°, on voit se dégager des bulles gazeuses qui sont constituées par l'air dissous ; à l'ébullition, l'eau perd la totalité des gaz dissous.

2° *Congélation du liquide.* — Quand l'eau se congèle, les gaz dissous se dégagent et forment des bulles qui peuvent rester emprisonnées dans la glace, comme il est facile de le remarquer.

3° *Diminution de pression.* — Cet effet résulte de la seconde loi que nous avons indiquée ; il se produit quand on extrait le liquide d'un siphon d'eau de Seltz ; le volume de la masse de gaz carbonique, accumulée dans la partie supérieure du siphon, augmente ; par suite, la pression du gaz diminue. On voit alors des bulles gazeuses monter à travers le liquide et le dégagement cesse lorsque la pression, qui augmente par ce dégagement, est suffisante pour maintenir dissous ce qui reste de gaz carbonique dans le liquide.

129. Expériences simples — On peut démontrer la loi de Mariotte par le dispositif suivant.

1° *La pression est supérieure à une atmosphère.* — On prend un flacon de 500 centimètres cubes dans lequel on a versé 100 centimètres cubes d'eau ; il reste donc un volume d'air égal à 400 centimètres cubes ; on le ferme avec un bouchon traversé d'un tube droit AB (fig. 95) plongeant jusqu'au fond et d'un tube recourbé à angle droit ; on choisit ces tubes d'un diamètre intérieur très faible. On raccorde le tube coudé par un bout de caoutchouc à

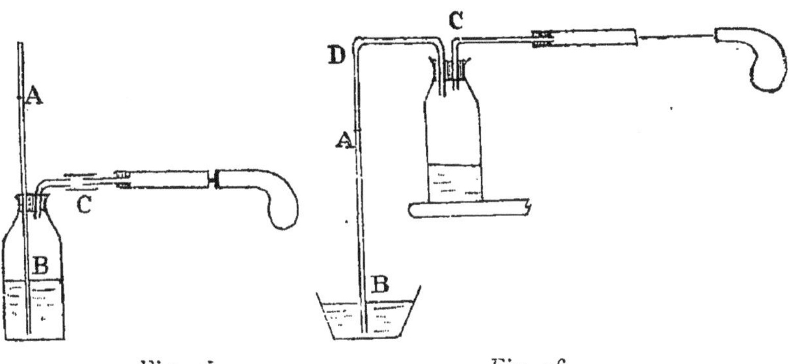

Fig. 95.   Fig. 96.

un tube droit traversant un bouchon qui ferme l'extrémité d'un pistolet d'enfant, préalablement jaugé ; soit 20 centimètres cubes, son volume. Le piston étant d'abord tiré, on l'enfonce et l'eau monte dans le tube droit jusqu'en A. Le volume de l'air ayant été réduit à ses $\frac{400}{420}$ ou $\frac{20}{21}$, sa pression égale les $\frac{21}{20}$ de la pression atmosphérique ; on constate, en effet, que la hauteur de liquide AB est d'environ 50 centimètres, c'est-à-dire $\frac{1}{20}$ de la pression atmosphérique évaluée en colonne d'eau (95, application).

Cet appareil démontre encore évidemment le principe du manomètre à air libre.

2° *La pression est inférieure à une atmosphère.* — Pour cette seconde expérience, le tube droit est remplacé par deux tubes coudés (fig. 96) et raccordés par un bout de caoutchouc ; cette fois, on retirera le piston au lieu de l'enfoncer, et le liquide s'élèvera de B en A. Le raisonnement est identique au précédent.

Pour montrer les effets de la pression exercée par les gaz, employer l'appareil représenté par la figure 97 qui peut servir à obtenir un jet d'eau par compression d'air ; pour cela, il suffit de souffler par le tube t'.

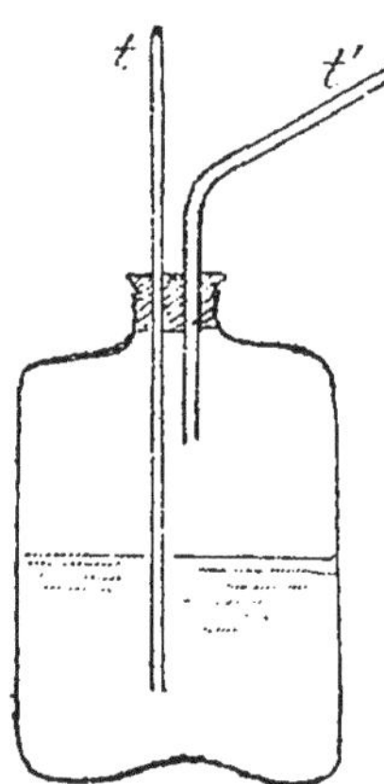

Fig. 97.

Examiner le manomètre d'une machine à vapeur et, s'il est possible, le manomètre branché sur une conduite de gaz.

Effectuer l'expérience indiquée par la figure 94.

Faire fonctionner un siphon d'eau de Seltz ; expliquer les différents faits qui se produisent.

Mesurer la pression dans une conduite de gaz d'éclairage ; pour cela, raccorder un bec, avec un tube de verre en forme d'U, au moyen d'un tube de caoutchouc ; verser de l'eau dans le tube de verre (12 à 15 centimètres) ; marquer les deux niveaux qui sont à peu près identiques. Ouvrir le robinet et mesurer la quantité dont l'eau s'élève dans la branche ouverte ; on trouvera rarement une longueur supérieure à 5 ou 6 centimètres.

—

CHAPITRE X

Machines à raréfier et à comprimer les gaz. — Pompes. — Siphon.

130. — Les physiciens ont souvent besoin soit de raréfier le gaz contenu dans un récipient, soit d'y comprimer, au contraire, une quantité de gaz plus grande que celle qu'il contient. Ils se servent à cet effet de machines spéciales dont nous indiquerons seulement le principe.

MACHINES A RARÉFIER LES GAZ

131. **Machine pneumatique.** — La machine pneumatique est un instrument destiné à enlever l'air ou les gaz renfermés dans un récipient. Elle fut inventée vers 1650, par Otto de Guéricke, bourgmestre de Magdebourg.

Elle a reçu depuis cette époque de nombreux perfectionnements ; mais, pour en faire comprendre plus facilement le jeu, nous la prendrons à peu près telle que la construisit Otto de Guéricke. Soit un corps de pompe C (fig. 98) qui communique avec un récipient R et dans lequel peut se mouvoir le piston P. A la base inférieure du corps de pompe se trouve une soupape S, capable de s'ouvrir de bas en haut : le piston est percé d'une ouverture, fermée par une soupape S' s'ouvrant aussi de bas en haut. Le piston

P étant au bout de sa course et les soupapes S et S' étant fermées, abaissons le piston. L'air du corps de pompe se trouvant comprimé, sa force élastique augmentera et, à un moment donné, elle sera assez grande pour soulever la soupape S'; l'air s'échappera du corps de pompe, et, quand le piston sera arrivé au bas de sa course, si nous supposons qu'il y ait contact intime entre lui et la base inférieure du corps de pompe, tout l'air que celui-ci contenait sera chassé. Soulevons maintenant le piston : il laissera au-dessous de lui le vide dans le corps de pompe, et la soupape S, pressée de bas en haut par la force élastique de l'air du récipient, qui n'est contre-balancée par rien, s'ouvrira : une partie de l'air du récipient se précipitera dans le corps de pompe. Quand le piston sera arrivé en haut de sa course, la soupape S, également pressée de part et d'autre, retombera en vertu de son poids, et la force élasti-

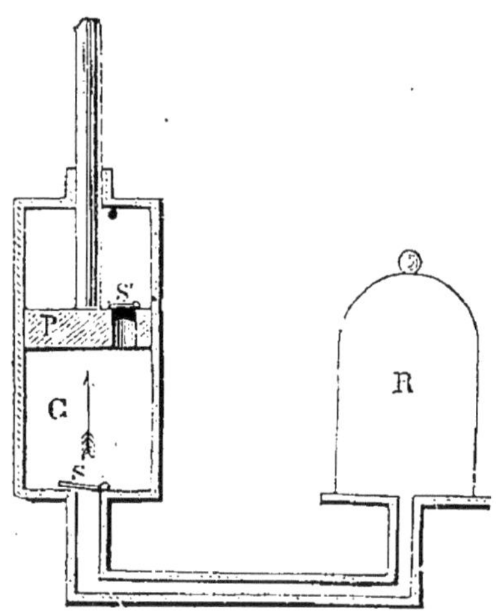

Fig. 98. — Machine pneumatique.

que de l'air sera la même dans tout l'appareil, mais elle sera moindre qu'au début de l'opération. Le piston, étant abaissé de nouveau, comprime l'air qui se trouve au-dessous de lui et, dès que la force élastique de celui-ci est supérieure à la pression atmosphérique, une nouvelle quantité d'air s'échappe de l'appareil. Il en est de même à chaque mouvement de descente du piston : mais on comprend que, la force élastique de l'air du récipient diminuant peu à peu, le volume d'air expulsé va sans cesse en décroissant.

Le vide fait par cet appareil ne pourra jamais être ab-

solu ; en pratique, il existe une *limite de raréfaction*, au-delà
de laquelle le fonctionnement de l'appareil ne produit
plus aucun effet ; cette limite est due à ce qu'on appelle
l'*espace nuisible*, c'est-à-dire à la couche d'air qui se trouve
emprisonnée entre le fond du corps de pompe et le piston
quand celui-ci est au bas de sa course. Soit 1 centimètre
cube le volume de l'air renfermé dans l'espace nuisible,

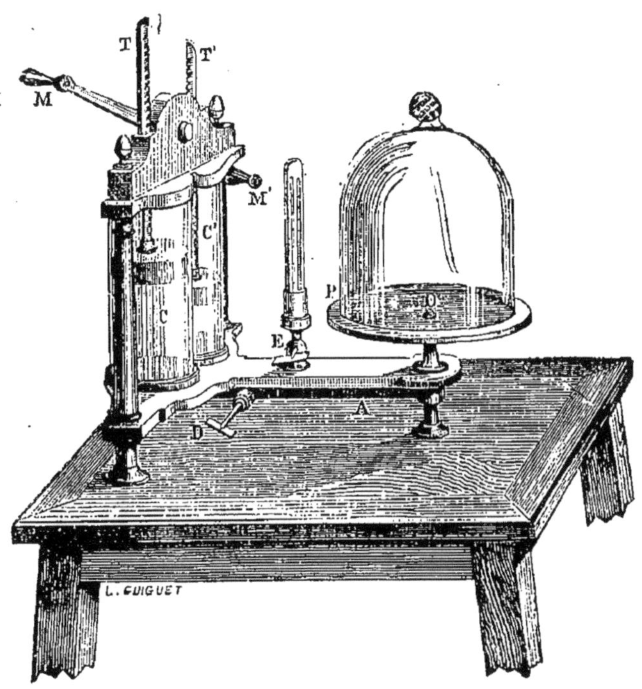

Fig. 99. — Machine pneumatique.

quand le piston est au bas de sa course ; sa pression est
égale à celle de l'atmosphère. Supposons que le volume du
corps de pompe soit 1 litre, lorsque le piston est remonté ;
l'air de l'espace nuisible occupe un volume 1 000 fois plus
grand, sa pression est $\frac{1}{1\,000}$ d'atmosphère; par suite, la soupape S (si nous négligeons son poids) ne s'ouvrira que si la

pression de l'air du récipient est supérieure à $\frac{1}{1\,000}$ d'atmos-phère.

Malgré les soins apportés à la construction de l'appareil, il est impossible de supprimer complètement l'espace nui-sible.

132. — La machine que nous venons de décrire pré-sente plusieurs inconvénients. Elle est à *simple effet*, c'est-à-dire que le vide ne se fait pas d'une façon continue, puis-

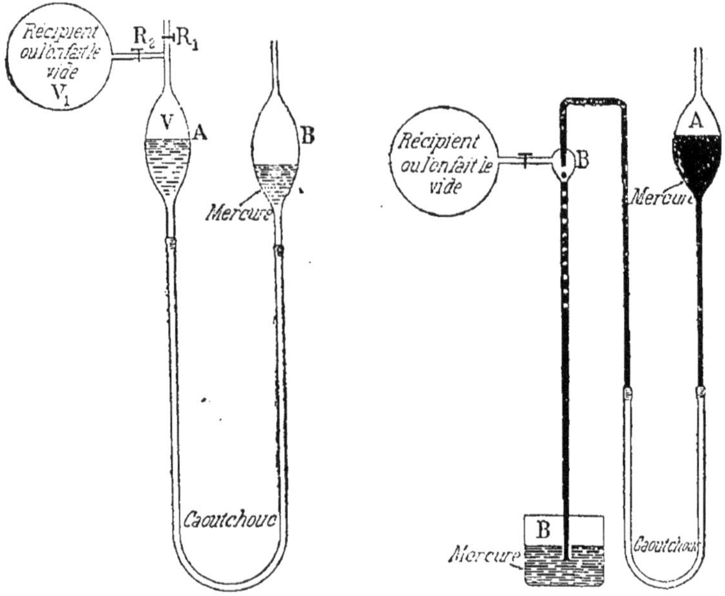

Fig 100. — Pompe pneumatique à mercure.

Fig. 101. — Trompe à mercure.

qu'il ne se produit que dans le mouvement d'ascension du piston. D'autre part, la force élastique de l'air du récipient va toujours en décroissant, et nous avons montré qu'il arrive un moment où elle n'est plus assez grande pour soulever la soupape S. Celle-ci restant fermée, l'appareil cesse de fonctionner. Remarquons aussi que dans une machine à un seul corps de pompe, comme celle que nous venons de décrire, à mesure que l'air se raréfie dans le récipient, il devient de plus en plus difficile de soulever le piston, puisque, l'air intérieur exerçant sur la face inférieure du piston une pression de moins en moins grande, la pression exercée par l'atmosphère sur la face supérieure est de moins en moins contre-balancée, et, à mesure que l'opération avance, on a à vaincre une résistance de plus en plus considérable. La machine à deux corps de pompe est exempte de ces inconvénients ; elle est représentée par la figure 99.

133. **Machine pneumatique à mercure.** — Cette machine se compose de deux récipients A et B (fig. 100) reliés par un long tube de caoutchouc : A est fixe, B est

mobile. A est relié au récipient V_1 ; des robinets R_2 et R_1 mettent A en communication soit avec V_1 soit avec l'atmosphère. Voici comment fonctionne cet appareil.

1° On ferme R_2 ; on ouvre R_1 et l'on élève B ; le niveau du mercure s'élève en A en chassant l'air de V.

2° On ferme R_1 ; on ouvre R_2 et l'on abaisse B ; le niveau du mercure baisse en A et l'air du récipient se répand en V.

On recommence successivement ces deux manœuvres inverses, et l'air du récipient V_1 se raréfie de plus en plus. L'inconvénient de cette machine est la lenteur de son fonctionnement.

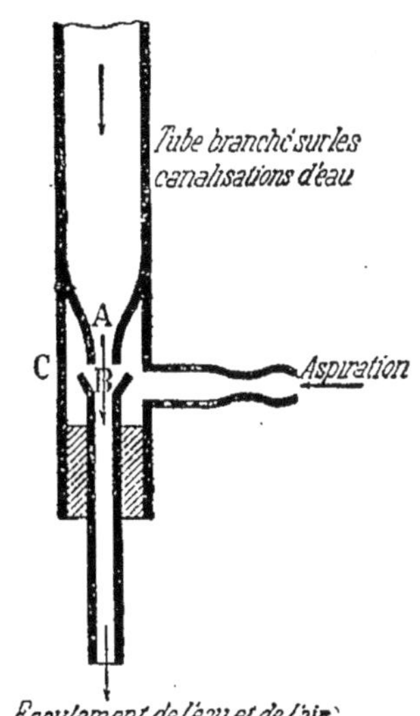

Fig. 102. — Trompe à eau.

134. **Trompe à mercure.** — La trompe à mercure est une sorte de siphon ; le mercure s'écoule goutte à goutte au centre d'une petite ampoule B (fig. 101), où vient aboutir le conduit qui réunit l'appareil au récipient. Quand le robinet est ouvert, le mercure se divise en gouttelettes

qui entraînent entre elles une certaine quantité d'air ; la raréfaction se fait donc progressivement dans le récipient et sans être arrêtée jamais par aucune limite.

135. **Trompe à eau.** — Dans cet appareil, l'eau arrive sous pression par la partie supérieure (fig. 102) et tombe dans un ajutage A, puis dans le second ajutage B. Le mouvement de l'eau produit autour des ajutages une aspiration qui entraîne l'air du récipient avec lequel communique l'appareil.

MACHINE DE COMPRESSION

136. **Machine de compression.** — La machine de compression, réduite à son plus grand état de simplicité,

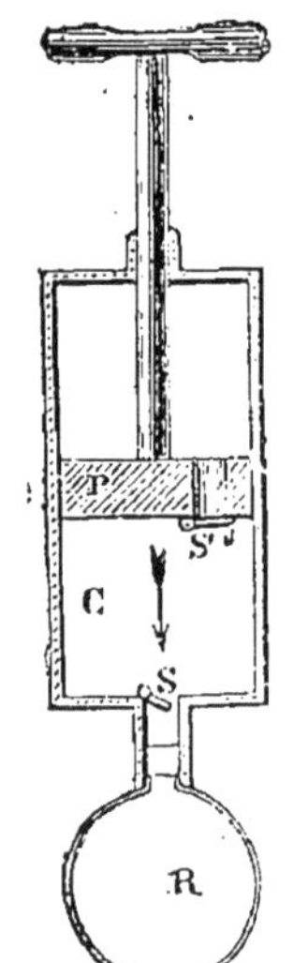

Fig. 103. — Théorie de la machine de compression.

se compose d'un corps de pompe C (fig. 103) mis en communication avec un récipient R. Le piston, qui se meut dans ce corps de pompe, porte une soupape S′ s'ouvrant de haut en bas ; le canal de communication avec le récipient est fermé à son entrée par une soupape S s'ouvrant aussi de haut en bas. On voit que le jeu des soupapes est inverse de celui de la machine pneumatique. Aussi l'effet produit sera-t il inverse également.

Supposons le piston en haut de sa course. Abaissons-le : l'air contenu dans le corps de pompe se comprime, sa force élastique augmente, et, pendant qu'elle maintient fermée la soupape S′, elle fait ouvrir la soupape S. A mesure que le piston descend, l'air est donc refoulé dans le récipient R, où sa force élastique devient supérieure à celle de l'atmosphère. Le piston étant arrivé au bas de sa course, soulevons-le ; le vide se fait en C, la soupape S se referme par l'action de l'air du récipient et, la pression de l'atmosphère faisant ouvrir la soupape S', l'air extérieur rentre dans le corps de pompe. Lorsque le piston est arrivé au haut de sa course, il est entré dans l'appareil un volume d'air égal au volume du corps de pompe. Ce volume d'air est à son tour refoulé dans le récipient à la première descente du piston, et ainsi de suite.

On pourrait remplacer le piston que nous venons de décrire par un piston plein, en ayant soin de pratiquer sur la surface du corps de pompe une ouverture susceptible d'être ouverte ou fermée par une soupape manœuvrant de dehors en dedans.

137. **Soufflets.** — Les soufflets d'appartement, dont nous nous servons pour activer la combustion de nos foyers, se composent de deux tablettes A et B (fig. 104) réunies

Fig. 104. — Soufflet.

par une lame de cuir soutenue par des cerceaux : en D se trouve une soupape s'ouvrant de dehors en dedans. Le réservoir E se prolonge par un tuyau C, appelé *tuyère*. Supposons les deux tablettes à peu près appliquées l'une contre l'autre ; dès qu'on les écarte, la soupape D se soulève et laisse rentrer l'air extérieur ; dès qu'on les rapproche, l'air du réservoir se comprime, referme la soupape D et s'échappe par la tuyère C.

138. **Soufflets à vent continu.** — Le soufflet, que nous venons de décrire, ne donne qu'un jet d'air intermittent. Lorsqu'on veut un jet continu, on se sert du soufflet à double vent employé dans les forges.

Il est formé de trois tablettes A, B, C, (fig. 105), dont

l'une B est fixe ; elles sont réunies par des lames de cuir de manière à former deux compartiments P et Q. En S, se trouve une soupape s'ouvrant de dehors en dedans ; en S', une autre soupape s'ouvrant de P vers Q ; enfin la tuyère T vient aboutir dans le compartiment Q. Si l'on soulève

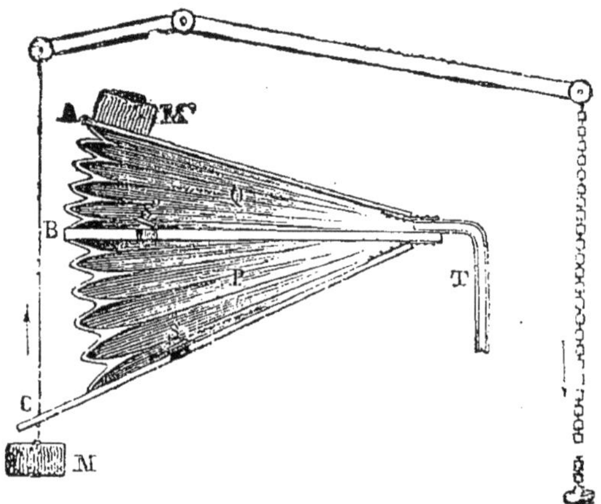

Fig. 105. — Soufflet à vent continu.

la tablette C, l'air comprimé en P fait ouvrir la soupape S' et, passant dans le compartiment Q, soulève la tablette A, en même temps qu'une partie s'écoule par la tuyère. Si on laisse ensuite retomber la tablette C, à laquelle est

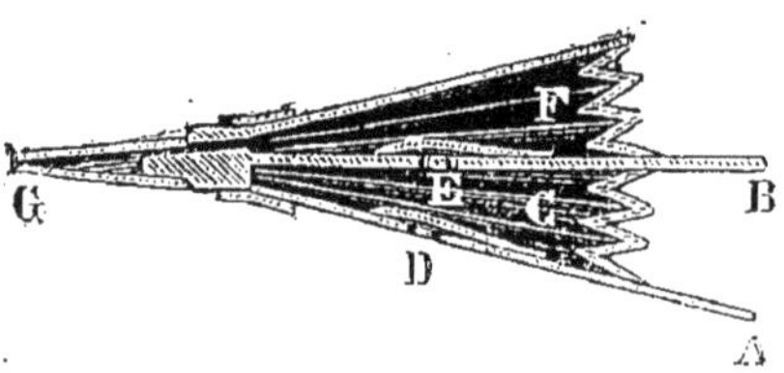

Fig. 106. — Soufflet à vent continu.

suspendu un poids M, la soupape S' se referme et l'air extérieur rentre dans P par la soupape S. Mais, pendant ce temps, l'écoulement du gaz continue par la tuyère T, sous l'action d'un poids M′ qui, placé sur la tablette A, tend toujours à l'abaisser. L'insufflation est alors un peu moins forte.

Dans les petits soufflets d'appartement à vent continu (fig. 106), le poids M′ est remplacé par un ressort, qui tend toujours à rapprocher les tablettes extrêmes.

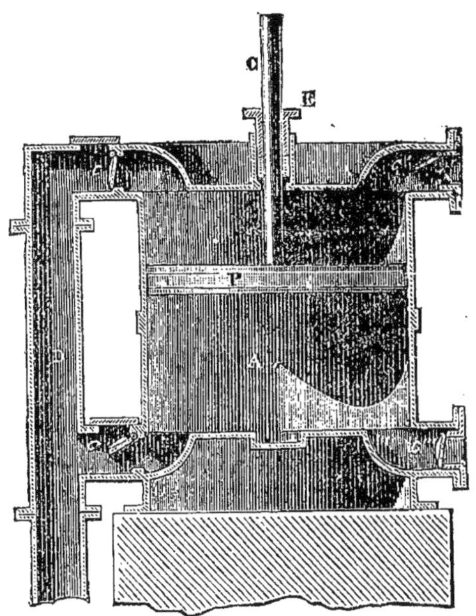

Fig. 107. — Machine soufflante.

139. **Machines soufflantes.** — Les machines soufflantes, qu'on emploie dans les usines et, en particulier dans les établissements métallurgiques, pour lancer de l'air dans les fourneaux et activer la combustion, sont de diverses formes. Tantôt ce sont d'énormes soufflets comme ceux que nous venons de décrire ; tantôt elles se composent essentiellement d'un très large corps de pompe A (fig. 107) dont le piston P est mis en mouvement par une machine à vapeur ou par une roue hydraulique ; c, c', c'', c''' sont

quatre soupapes ; les deux soupapes c', c''' s'ouvrent de dehors en dedans et donnent accès à l'air extérieur. Lorsque le piston descend, les soupapes sont dans la position représentée par la figure : l'air entre par c' et sort par c''. Lorsque le piston monte, la disposition est inverse : l'air entre par c''' et sort par c.

140. **Applications de l'air raréfié et de l'air comprimé.** — Certains produits qu'on veut évaporer ou concentrer, comme le jus sucré de la betterave, s'altéreraient si on les soumettait à une température élevée ; aussi opère-t-on à basse température en raréfiant l'air dans les appareils employés.

A Paris, on utilise, comme force motrice, l'air raréfié tout comme l'air comprimé.

A la manufacture de Sèvres, pour le moulage de certaines pièces, on fait prendre exactement à la pâte l'empreinte du moule soit en faisant le vide au-dessous de la couche de pâte, soit en comprimant l'air au-dessus de cette couche.

L'air raréfié, tout comme l'air comprimé, est employé à actionner les freins des wagons de chemins de fer.

On applique encore le vide à la filtration rapide de certains produits chimiques et l'on entretient un vide relatif dans les machines à vapeur fixes, en condensant, par l'eau froide, la vapeur qui a agi sur le piston.

On fait le vide dans les lampes électriques, dites à incandescence, à l'aide d'appareils à raréfier l'air.

A Paris, on emploie de puissantes machines pour comprimer de l'air, qui est ensuite envoyé dans les différents quartiers de la ville par des canalisations souterraines. La force élastique de cet air est utilisée à bien des usages ; elle fait mouvoir des machines à air comprimé, qui mettent en mouvement les différents outils employés par les petits industriels ; elle actionne des machines destinées à produire la lumière électrique ; elle communique le mouvement aux aiguilles des horloges pneumatiques.

L'air comprimé sert à l'administration des télégraphes

pour refouler dans des canalisations souterraines des boîtes renfermant des télégrammes, Il a été employé à la mise en mouvement des *perforateurs*, dont on s'est servi dans le percement du mont Cenis et du Gothard.

Citons encore l'application de l'air comprimé à la locomotion des tramways. Sous chaque voiture se trouvent des réservoirs dans lesquels on comprime de l'air à haute pression, à l'aide de machines qui fonctionnent dans une usine située en tête de la ligne. Cet air comprimé est envoyé dans un cylindre semblable à celui d'une machine à vapeur et met en mouvement un piston dont la tige communique elle-même son mouvement aux roues de la voiture. On peut faire varier la vitesse en ouvrant plus ou moins le robinet d'admission. A mesure que la voiture use sa provision d'air, la pression baisse dans les réservoirs et, pour entretenir la vitesse voulue, le mécanicien n'a qu'à ouvrir davantage le robinet.

POMPES

141. — Les pompes servent à élever les liquides à une hauteur plus ou moins considérable au-dessus du réservoir où ils sont contenus. Nous les diviserons en trois classes :

1° Pompes aspirantes ; 2° pompes foulantes ; 3° pompes aspirantes et foulantes.

142. **Pompe aspirante**. — Dans la pompe aspirante, le piston A (fig. 108) reçoit un mouvement de va-et-vient dans l'intérieur d'un corps de pompe B, qui communique par un tuyau d'aspiration C avec le réservoir où l'on veut puiser l'eau et qu'on appelle *puisard*. Une soupape D, s'ouvrant de bas en haut, est placée à l'entrée du tuyau d'aspiration. Le piston est percé de deux ouvertures sur

lesquelles s'appliquent deux soupapes s'ouvrant de bas en haut (fig. 109). Un tuyau de déversement E est greffé à la partie supérieure du corps de pompe.

Supposons le piston au bas de sa course : s'il s'élève, le vide se fait au-dessous de lui, et l'air contenu dans le tuyau d'aspiration soulève la soupape D pour se rendre en partie dans le corps de pompe ; mais, par suite de cette augmentation de volume, sa force élastique diminue, et le liquide, qui était au même niveau dans le tuyau C et dans le puisard, s'élève dans le tuyau jusqu'à ce que la colonne soulevée, augmentée de la force élas-

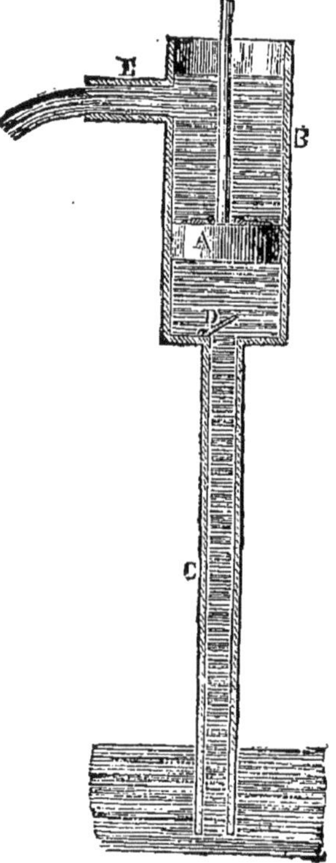

Fig. 108. — Pompe aspirante.

Fig. 109. — Détails du piston.

tique de l'air qui la surmonte, fasse équilibre à l'atmosphère, dont la pression s'exerce sur la surface de l'eau dans le puisard. Pendant cette première ascension du piston, ses soupapes sont restées fermées ; dès qu'il descend, elle s'ouvrent, par suite de la compression de l'air, dont elles laissent échapper un certain volume. Quand le piston, arrivé au bas de sa course, est de nouveau soulevé, les mêmes phénomènes se reproduisent; une nouvelle quantité d'eau s'y élève. On voit que cette pompe va fonctionner comme une véritable machine pneumatique, jusqu'à ce que tout l'air en ait été extrait et remplacé par l'eau qui arrive du puisard. A ce moment, on dit que la pompe est *amorcée*. Si alors on continue à faire fonctionner le piston, chaque fois qu'il descend, l'eau enfermée dans le corps de pompe passe au-dessus de lui en soulevant les soupapes, et, chaque fois qu'il remonte, il élève l'eau qui se trouve sur sa face supérieure, la fait couler par le conduit E, et, en même temps, aspire une nouvelle quantité de liquide du puisard.

Cette explication suppose que la distance, qui sépare la base inférieure du piston du niveau de l'eau dans le puisard doit, pour toutes les positions du piston, être toujours plus petite que $10^m,33$. On se rappelle, en effet, que la pression atmosphérique équivaut ordinairement à une colonne d'eau de $10^m,33$ environ, et c'est elle qui fait monter l'eau dans la pompe. Dans la pratique, cette distance ne doit pas même être aussi grande, à cause des imperfections de construction qui ne permettent pas de faire, avec ces instruments, un vide complet. Elle ne doit pas dépasser 8 mètres environ.

143. **Pompe foulante** — Dans la pompe foulante, un piston plein A (fig. 110) reçoit un mouvement de va-et-vient dans un corps de pompe, qui plonge au milieu de l'eau. Une ouverture pratiquée à la base inférieure du corps de pompe est munie d'une soupape B capable de s'ouvrir de bas en haut; une autre ouverture, pratiquée aussi au bas du corps de pompe sur la paroi latérale, le met en communication avec un tuyau D, dans lequel l'eau doit être élevée; une soupape C, s'ouvrant de dedans en dehors, est établie sur cette ouverture. Lorsque le piston s'élève, le vide se fait au-dessous de lui. La pression atmosphérique, qui s'exerce sur l'eau du puisard, force la soupape B à se soulever et l'eau à suivre le piston en remplissant le corps de pompe. Lorsque le piston, parvenu en haut de sa course,

s'arrête, la soupape B retombe en vertu de son poids. Puis, lorsqu'on fait descendre le piston, la pression qu'il exerce sur l'eau se transmet à la soupape C et l'ouvre : le liquide pénètre dans le tuyau D et s'y élève à une certaine hauteur. Après un nombre suffisant de coups de piston, souvent après un seul, le tuyau D est rempli et l'eau se déverse à sa partie supérieure.

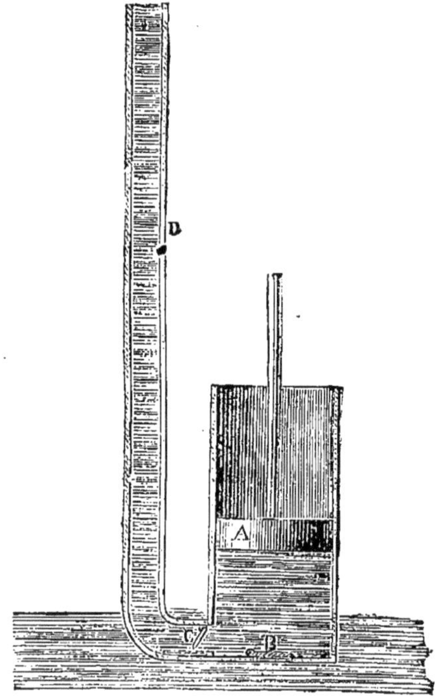

Fig 110. — Pompe foulante.

144. Pompe à incendie. — La pompe à incendie (fig. 111) est une véritable pompe foulante, modifiée de manière à fournir un jet d'eau régulier et continu. Dans la pompe foulante que nous venons de décrire, l'eau cesse de jaillir par le tuyau de déversement chaque fois que le piston s'élève dans le corps de pompe. Dans la pompe à incendie, on accouple deux corps de pompe, comme dans la machine pneumatique : ils plongent dans une bâche où l'on verse de l'eau ; les pistons P et P' se meuvent en même temps, mais en sens contraires. Pendant que le piston P', en montant, aspire l'eau par la soupape d' et cesse d'en envoyer au dehors, le piston P, en descendant, refoule le liquide par la soupape c. De cette manière le jet n'est presque pas interrompu : mais, malgré cette disposition, il ne serait pas encore régulier : il s'arrêterait au moment où le mouvement des pistons changerait de sens. On évite cet inconvénient de la façon suivante : le liquide, avant de se

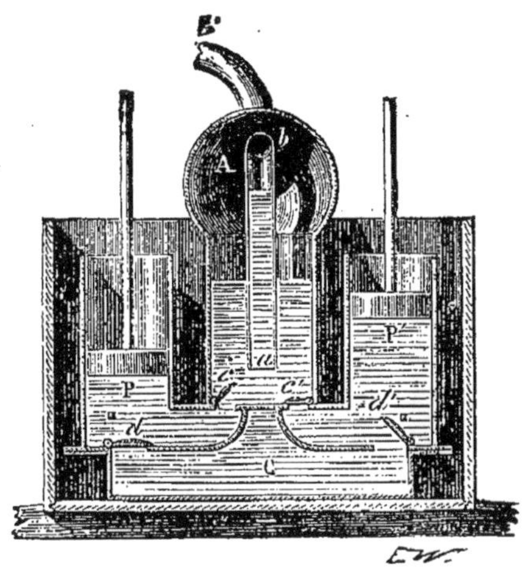

Fig. 111. — Pompe à incendie.

rendre dans le tuyau de refoulement, est envoyé dans un réservoir à air A, qui communique avec les corps de pompe par les soupapes c, c'. L'eau, en arrivant dans ce réservoir, comprime au-dessus d'elle l'air qu'il contient, et la force élastique de celui-ci, réagissant sur le liquide, le pousse dans le tuyau bb', qui descend jusqu'au fond du réservoir. De cette manière, au moment où les pistons, changeant de sens dans leur mouvement, cessent de refouler le liquide, l'air agit et entretient un jet régulier.

145. Pompe aspirante et foulante. — La pompe aspirante et foulante est, comme son nom l'indique, une combinaison des deux pompes que nous avons décrites. Elle se compose : d'un tuyau d'aspiration (fig. 112), à la partie supérieure duquel est une soupape *s* s'ouvrant de bas en haut, d'un corps de pompe ABCD dans lequel se meut un piston plein, et d'un tuyau de refoulement T à

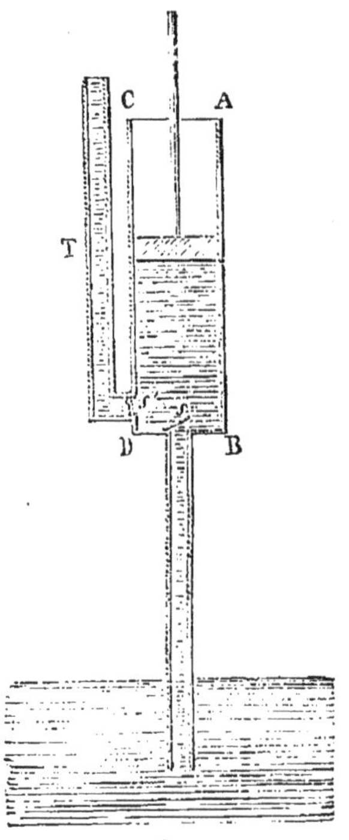

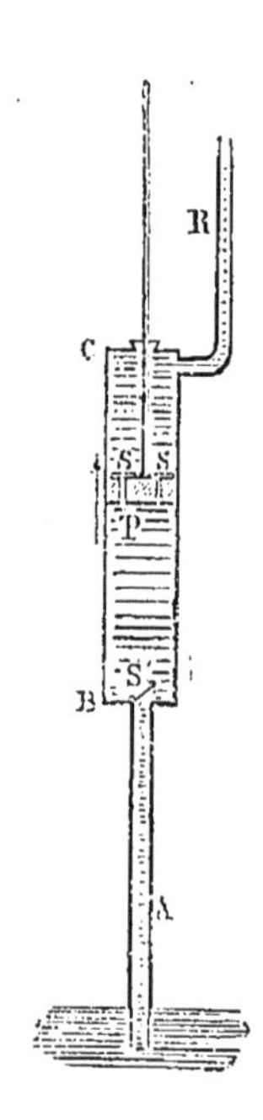

Fig. 112. — Pompe aspirante
et foulante.

Fig. 113. — Pompe
aspirante et élévatoire.

l'entrée duquel se trouve une soupape *s'* s'ouvrant de dedans en dehors. On voit comment fonctionne cette pompe : elle joue alternativement le rôle de pompe aspirante et de pompe foulante.

146. Pompe aspirante et élévatoire. — On donne le nom de pompe *aspirante et élévatoire* à une pompe qui n'est qu'une modification de la précédente. Le corps de pompe est fermé à sa base supérieure (fig. 113) ; il porte dans le haut un tuyau d'élévation R. Le piston est muni d'ouvertures garnies de soupapes s'ouvrant de bas en haut. Il est facile de comprendre que, lorsque le piston s'élève, l'eau du puisard est aspirée, la soupape S' étant ouverte ; qu'en même temps l'eau qui se trouve au-dessus du piston est soulevée par lui, les soupapes S, S étant fermées. D'autre part, lorsque le piston descend, la soupape S' se ferme et, les soupapes S,S s'ouvrant, l'eau aspirée pendant le mouvement précédent du piston passe au-dessus de celui-ci.

SIPHON

147. — **Théorie du siphon.** — Le siphon est un tube recourbé à branches ordinairement inégales, tel que ABCD (fig. 114). Les siphons sont depuis longtemps employés à transvaser les liquides. Pour cela, on remplit d'eau le tube ABCD, on le bouche à chaque extrémité avec le doigt et on le renverse. Puis, après avoir plongé la courte branche AB dans l'eau du vase XX', on débouche les deux ouvertures ; le liquide s'écoule alors en D avec une vitesse d'autant plus grande que la différence de longueur entre les deux branches est plus considérable. On peut aussi plonger la petite branche du siphon vide dans XX' et aspirer en D avec la bouche. La pression atmosphérique, qui s'exerce sur XX', pousse l'eau dans le siphon et le remplit. On retire alors la bouche, et le liquide s'écoule par l'extrémité D.

Pour expliquer le jeu du siphon, supposons-le plein de liquide, c'est-à-dire amorcé. Supposons de plus, pour fixer les idées, que la distance verticale du centre de la tranche liquide E (fig. 115) au niveau XX' soit égale à 25 centimètres et que la distance du centre de E au niveau YY' soit de 75 centimètres, que la pression atmosphérique exprimée en colonne d'eau soit de 10 mètres. Évaluons les pressions que supporte cette tranche de gauche à droite et de droite à gauche ; si l'une est plus forte que l'autre, elle poussera le liquide dans le sens où elle agit. La pression atmosphérique s'exerçant sur le niveau XX′ se transmet dans le tube ; mais, lorsqu'elle arrive en E, son effet est évidemment diminué du poids d'une colonne liquide de hauteur verticale égale à 25 centimètres. Nous pourrons donc regarder la pression, qui s'exerce de gauche à droite,

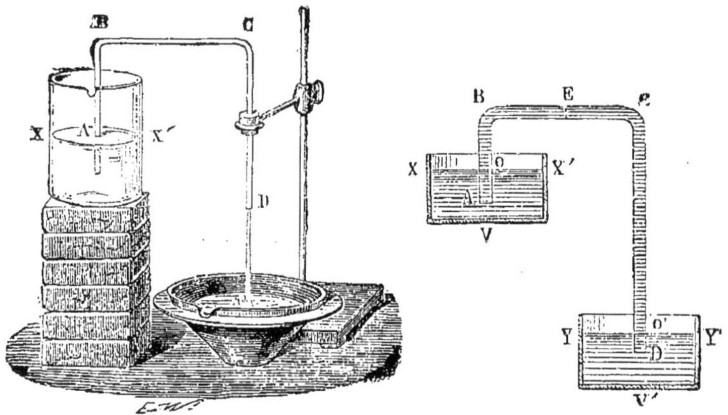

Fig. 114. — Siphon.   Fig. 115. — Théorie du siphon

comme représentée par 10 mètres moins 25 centimètres, c'est-à-dire $9^m,75$. Pour la même raison, la pression, qui s'exerce en E de droite à gauche, peut être représentée par une colonne de 10 mètres moins 75 centimètres, c'est-à-dire $9^m,25$. C'est donc la pression de gauche à droite qui l'emporte ; la tranche E est poussée vers CO′ et, comme on peut répéter le même raisonnement pour chaque tranche du tube BC, le liquide s'écoule par la grande branche.

148. **Amorcement et usages du siphon.** — Quand le liquide qu'on veut transvaser ne peut être introduit dans la bouche sans inconvénient, on amorce le siphon en aspirant par un tube latéral ABC (fig. 116). Ce tube porte

un renflement dans lequel le liquide se répand avec lenteur, et, quand le siphon est plein, on a le temps de retirer la bouche avant que le liquide y soit parvenu.

Nous ferons remarquer que lorsque les siphons ont une section un peu considérable, ils doivent, pour fonctionner, avoir leurs deux orifices immergés, comme le représente la figure 115 ; sans quoi, l'air remonterait dans la grande branche et diviserait la colonne.

Le siphon est souvent employé dans l'industrie pour transvaser les vins, les acides, etc. Quand les siphons sont de grande dimension, on les met en place et l'on fait jouer, pour aspirer l'air et les amorcer, une petite pompe fixée à leur partie supérieure.

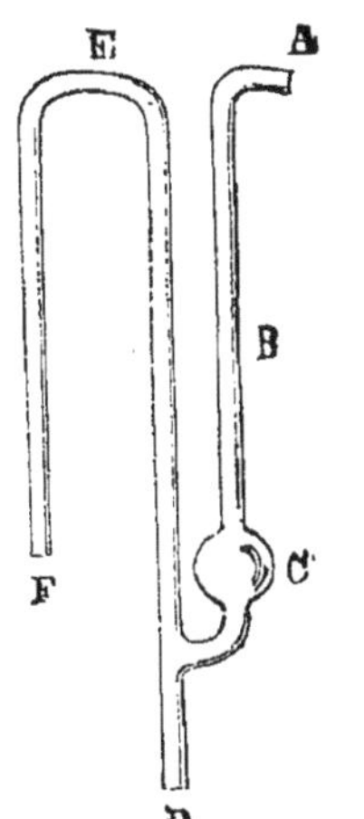
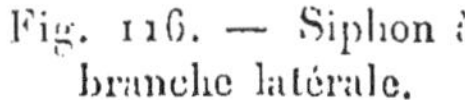

Fig. 116. — Siphon à branche latérale.

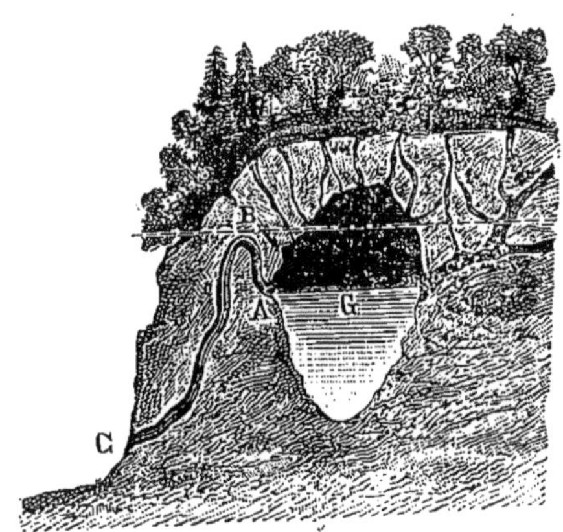

Fig. 117. — Fontaine intermittente naturelle.

140. **Fontaines intermittentes naturelles.** — Les fontaines intermittentes naturelles nous offrent une application de la théorie du siphon. Supposons qu'une cavité souterraine G (fig. 117) soit mise en communication avec l'extérieur par une fissure recourbée ABC. Tant que les pluies, en s'infiltrant, n'auront point accumulé dans la cavité un volume d'eau suffisant pour que le niveau s'élève

au-dessus de la courbure B, l'eau prendra le même niveau dans la branche AB et dans la cavité ; mais, dès que le niveau aura atteint le sommet B, le siphon ABC sera amorcé et l'eau de la cavité s'écoulera jusqu'à ce que l'orifice A soit à découvert. La source cessera alors de couler en C, jusqu'à ce que, la cavité se remplissant de nouveau, le liquide arrive au niveau du point B.

150. **Expériences simples.** — Pour expliquer le principe de la machine pneumatique, on peut adopter le dispositif suivant : on prend un flacon vide F (fig. 118), fermé par un bouchon traversé d'un tube coudé, on le raccorde au pistolet A disposé comme pour l'expérience de Mariotte (fig. 95). Le piston, d'abord enfoncé, est alors retiré ; on pince le raccord de caoutchouc R et l'on enlève le pistolet avec son tube pour enfoncer le

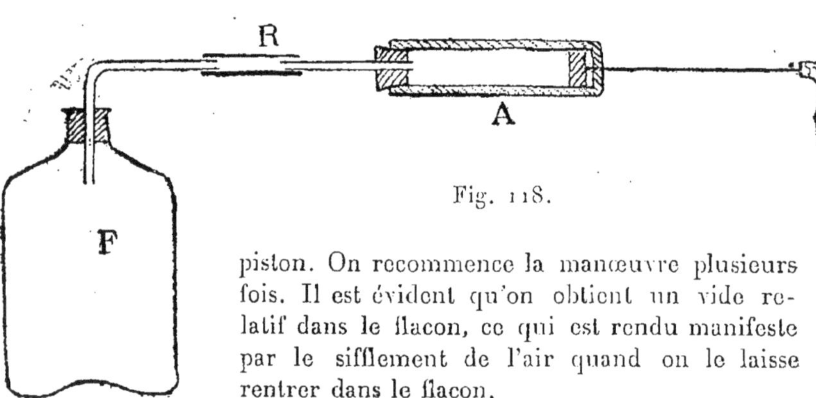

Fig. 118.

piston. On recommence la manœuvre plusieurs fois. Il est évident qu'on obtient un vide relatif dans le flacon, ce qui est rendu manifeste par le sifflement de l'air quand on le laisse rentrer dans le flacon.

On imaginera facilement la manœuvre du même appareil fonctionnant comme pompe de compression. Dans ce cas, on pourra se servir d'une pompe à bicyclette pour comprimer de l'air dans un récipient.

La figure 119 représente une pompe aspirante facile à construire : un verre de lampe bien calibré est fermé par un bouchon de liège B, traversé par un tube C constituant le tuyau d'aspiration. Le piston A est un bouchon entouré de filasse et percé d'un trou. Les soupapes sont formées par des fragments de vessie de porc maintenus par des épingles. On peut ajouter à cet appareil, dont le fonctionnement est facile à comprendre, un tuyau de déversement D.

La figure 120 représente une pompe aspirante et foulante dont la construction est tout aussi simple.

Faire fonctionner un siphon en employant soit un tube de verre recourbé, soit un tube de caoutchouc, soit simplement un bout de ficelle.

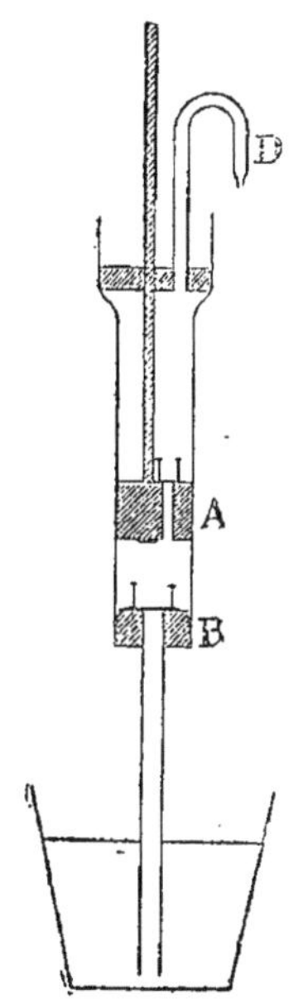

Fig. 119. — Pompe aspirante de démonstration.

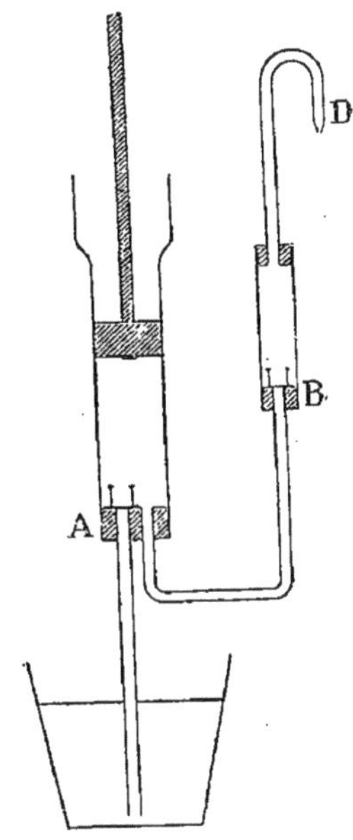

Fig. 120. — Pompe aspirante et foulante de démonstration.

Mettre dans un verre de l'eau et de l'huile et transvaser, avec un siphon, l'eau qui occupe la partie inférieure, sans enlever l'huile.

CHALEUR

CHAPITRE PREMIER

Température. — Thermomètres.

151. Corps chauds. Corps froids. Chaleur. — Les sensations que nous éprouvons en présence des différents corps nous font dire que ces corps sont *chauds* ou *froids* selon les cas. C'est ainsi que nous éprouvons une sensation de chaleur en entrant, l'hiver, dans un appartement chauffé, et une sensation de froid en sortant de cet appartement au milieu de l'air extérieur. La cause de ces sensations est désignée sous le nom de *chaleur*. Mais le sens du toucher ne peut nous fournir sur *l'état calorifique* d'un corps que des indications très vagues, qui ne peuvent d'ailleurs dépasser certaines limites au-delà desquelles nous n'éprouvons plus qu'une sensation douloureuse : ainsi un froid intense et une grande chaleur produisent, tous deux, la sensation d'une brûlure.

152. Effets de la chaleur sur les corps. — La chaleur a deux effets sur les corps : 1° *elle change leur état physique*; 2° *elle les dilate ou les contracte*.

Si l'on tient un morceau de glace dans les mains, il ne

tarde pas à se réduire en eau ; les enfants savent fabriquer des disques en plomb qui leur servent pour certains jeux : on fait fondre sur le feu, dans une cuiller en fer, du plomb qu'on coule ensuite dans une cavité cylindrique ; tout le monde sait que l'eau qui bout sur le feu disparaît peu à peu et se résout en vapeur.

Réciproquement, le refroidissement transforme cette vapeur en eau, comme on peut s'en assurer en plaçant une assiette froide au-dessus du jet de vapeur ; par le froid, l'eau devient de la glace et le plomb fondu passe à l'état solide.

La chaleur produit un autre effet sur les corps : elle augmente ou diminue leur longueur et leur volume : il y a *dilatation*, si le corps s'échauffe ; il y a *contraction*, si le corps se refroidit. Nous le démontrerons par quelques expériences.

153. **Dilatabilité des solides.** — Pour mettre en évidence la dilatation d'un corps solide suivant sa longueur, on se sert ordinairement du *pyromètre à cadran.*

Une tige métallique AB (fig. 121) en fer, par exemple,

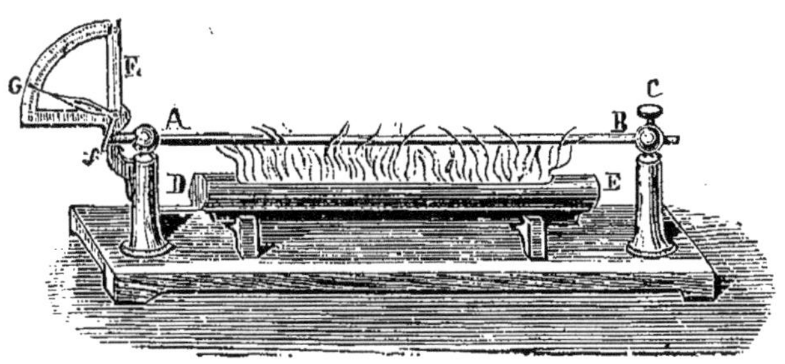

Fig. 121. — Pyromètre à cadran.

est portée par deux petites colonnes, dont elle traverse la partie supérieure. Une lampe à alcool DE est placée au-dessous d'elle, sur la tablette en bois qui soutient l'appareil. L'extrémité postérieure B de la tige est fixée en C par une vis de pression ; l'extrémité antérieure s'appuie en *f* contre la courte branche d'un levier coudé, dont la grande branche est formée par une aiguille capable de se mouvoir sur un cadran divisé F, au centre duquel est l'axe de rotation du levier. On dispose la tige de manière que, lorsqu'elle est à la température ordinaire, son extrémité touche le levier et que l'aiguille se trouve au zéro de la graduation. On allume la lampe, la tige AB s'échauffe, s'allonge, et, comme elle est fixée en C, tout l'effet de la dilatation se porte sur l'extrémité A, qui pousse la branche f et fait monter l'aiguille sur le cadran. Lorsqu'on éteint la lampe, la tige se refroidit, se contracte et revient à ses dimensions primitives, ce qui est mis en évidence par le retour de l'aiguille au zéro de la graduation.

Le même appareil peut aussi servir à montrer que les corps ne se dilatent pas tous également ; car, si l'on recommence l'expérience en se servant d'une tige de cuivre, on constate que l'aiguille, dans sa déviation maximum, s'arrête en un autre point du cadran que lorsqu'elle était poussée par la dilatation de la tige de fer.

154. Anneau de S'Gravesande. — L'anneau de S'Gravesande permet de démontrer l'augmentation de volume des corps, augmentation qui est désignée sous le nom de dilatation *cubique*, l'allongement suivant une dimension étant désigné par le nom de dilatation *linéaire*. Un anneau métallique A (fig. 122) est fixé par une vis de pression sur une tige recourbée. A l'extrémité C de

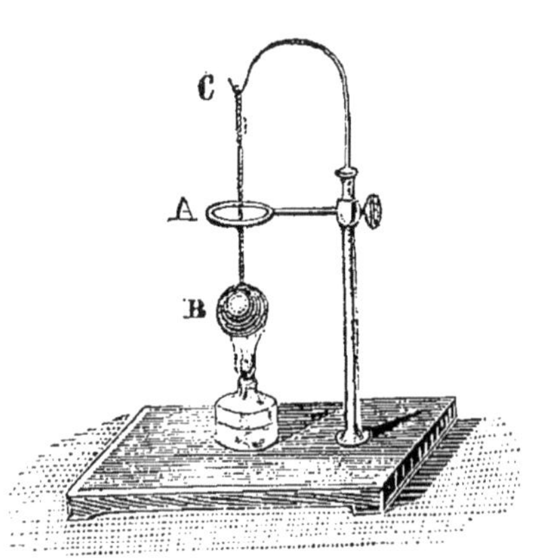

Fig. 122. — Anneau de S'Gravesande.

cette tige se trouve suspendue, à l'aide d'une chaîne, une boule métallique B. Le diamètre de la sphère est tel qu'à froid elle passe exactement à travers l'anneau. Dès qu'on la chauffe, elle se dilate, et il n'est plus possible de la faire passer à travers l'anneau.

155. **Dilatabilité des liquides.** — La dilatabilité des liquides peut facilement se prouver à l'aide d'un ballon en verre (fig. 123) muni d'un col étroit et long BDC ; ce ballon contient un liquide, de l'alcool coloré, par exemple, qui s'élève jusqu'au point D. On plonge le ballon dans l'eau chaude et l'on observe les faits suivants : aussitôt après l'immersion, le niveau du liquide coloré descend au-dessous du point D, ce qui semblerait annoncer une contraction. Il n'en est rien cependant ; l'abaissement du niveau provient de ce que la chaleur de l'eau agit d'abord sur le ballon et le fait dilater avant de produire le même effet sur le liquide, qui, se trouvant alors dans un espace plus grand, doit baisser de niveau. Mais bientôt après la chaleur, arrivant jusqu'à l'alcool, le dilate, et il s'élève dans le tube bien au-delà de son niveau primitif. Si, retirant le ballon de l'eau chaude, on le laisse se refroidir et reprendre la température du commencement de l'expérience, le liquide retombe au niveau D. Nous ferons remarquer que la quantité dont l'alcool

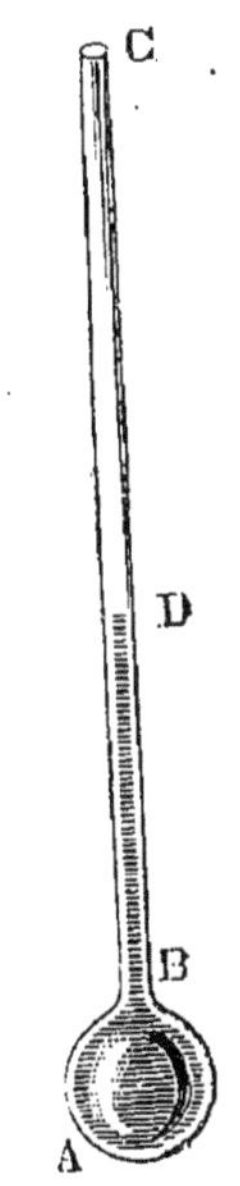

Fig. 123. — Dilatabilité des liquides.

s'est élevé ne représente que sa dilatation *apparente*, puisque le vase s'est dilaté en même temps que lui; pour avoir sa dilatation *réelle*, il faudrait ajouter à la dilatation apparente la dilatation de l'enveloppe.

L'expérience précédente nous prouve, par l'élévation de l'alcool dans le tube, que l'alcool se dilate plus que le verre.

En général, les liquides se dilatent beaucoup plus que les solides, toutes les autres conditions étant égales. Un vase rempli d'eau et bien bouché, fût-il de bronze, crèverait infailliblement par la dilatation de l'eau, si on l'exposait à une forte chaleur.

156. Nature de la chaleur. Température. — La chaleur n'est pas un agent spécial, un fluide matériel ; on admet aujourd'hui qu'elle résulte d'un mouvement vibratoire ; un corps est plus ou moins chaud suivant que ses molécules sont animées de vitesses de vibration plus ou moins grandes. Dans le langage courant, on traduit ce fait en disant que la *température* du corps est plus ou moins élevée.

La température est donc un état particulier des corps ; mais à cet état sont liées diverses propriétés telles que le volume, la résistance électrique, l'élasticité, etc... Si l'on veut apprécier ou *mesurer* les températures, on peut donc déterminer les variations des propriétés qui en dépendent et choisir l'une d'elles pour définir numériquement les températures ; il suffit que cette propriété ne puisse reprendre deux fois la même valeur pour deux échauffements différents, car on aurait alors une même valeur numérique correspondant à deux états distincts.

Dans cette mesure, on s'adresse généralement aux variations de volume des liquides qui sont faciles à déterminer, qui ne dépendent pas de la pression, puisque les liquides sont à peu près incompressibles, et qui satisfont à la condition précédente.

157. Température du thermomètre. Température d'un corps quelconque. — Soit l'appareil représenté par la figure 123 : marquons un point fixe sur sa tige, au niveau de l'alcool, à un instant donné. Tant que ce niveau est invariable, on dit que la température de l'appareil est constante ; si ce niveau s'élève ou s'abaisse par rapport au point de repère, on dit aussi que la température de l'appareil s'élève ou s'abaisse. Cet appareil porte le nom de *thermomètre* : il indique, par les variations de volume du liquide intérieur, ses propres variations de température.

On pourrait graduer l'instrument que nous venons

d'employer : il suffirait de tracer sur sa tige les divisions correspondant par exemple à des variations égales du volume apparent du liquide et de numéroter *arbitrairement* ces divisions ; ces numéros, *par convention*, correspondraient à des températures déterminées. Nous disons arbitrairement, car on ne peut mettre en évidence la relation qui lie les variations de température aux variations de volume de la substance thermométrique ; aussi admet-on la relation suivante qui a le mérite de la simplicité : *à des variations égales de volume correspondent des variations égales de température*. Nous verrons plus loin (160) quelles sont les valeurs numériques adoptées ; mais il résulte de là que, si le niveau du liquide, dans le thermomètre, s'élève jusqu'à la division n, on dira que la température est n.

La mesure des températures des corps qui ne sont pas le thermomètre lui-même repose sur le fait expérimental suivant : lorsque deux corps, que nous désignerons par A et B, sont mis en présence l'un de l'autre, le plus chaud A fonctionne relativement à l'autre comme une source de chaleur : B s'échauffe et se dilate, A se contracte et se refroidit. Au bout d'un certain temps, l'équilibre s'établit entre les deux : on dit alors que les deux corps sont *à la même température* ou que *leurs températures sont égales*. Le corps A était, avant l'échange dont nous venons de parler, à une *température plus élevée* que le corps B.

Supposons que le corps B soit un thermomètre et le corps A, une masse liquide dont nous voulions évaluer la température. Si A est plus chaud que B, B s'échauffera aux dépens de A ; si A est plus froid que B, ce sera le contraire ; mais, dans les deux cas, lorsque l'équilibre sera établi, on dit que *la température de la masse liquide est la même que la température indiquée par le thermomètre*.

Si l'on veut comparer la température d'un corps A avec celle d'un autre corps A′, il suffira de mettre B successivement en contact avec A et A′ et les températures indiquées par B en présence de A et A′ seront respectivement les températures de A et A′ ; ce qui fournit immédiatement la relation d'égalité ou d'inégalité qui existe entre elles.

Avant d'aller plus loin dans l'étude de cette question, avant de définir ce qu'on appelle *degré de température*, nous décrirons le thermomètre généralement employé et ferons connaître sommairement la manière de le construire.

158. **Choix de la substance thermométrique.** — Parmi les liquides, employés comme substances thermométriques, le *mercure* est généralement adopté. Il présente, sur les autres liquides, l'avantage d'être assez bon conducteur de la chaleur et, pour cette raison, de se mettre rapidement en équilibre de température avec le milieu ambiant. De plus on peut l'obtenir chimiquement pur, ce qui rend ses indications comparables entre elles ; il se dilate à peu près régulièrement, au moins dans la limite des températures usuelles. Enfin, comme il ne bout qu'à une température élevée et ne se solidifie qu'à une assez basse température, il peut servir à évaluer des températures dont les limites extrêmes sont très éloignées l'une de l'autre.

Cependant, quand il s'agit de mesurer des températures inférieures à celles de la solidification du mercure, on emploie généralement l'*alcool* qui ne se solidifie qu'à une température extrêmement basse, ou encore le *toluène* qui présente sur l'alcool l'avantage de rester fluide aux plus basses températures, tandis que l'alcool devient sirupeux avant de se solidifier, lorsqu'il est soumis à de très grands froids obtenus artificiellement.

159. **Construction du thermomètre à mercure.** — Le thermomètre à mercure se compose d'un tube capillaire en cristal ou mieux en verre dur (verre à base de chaux), auquel a été soudé un réservoir cylindrique ou sphérique (fig. 124).

Une graduation placée sur le tube lui-même, ou sur une planchette contre laquelle il est fixé, sert à apprécier les dilatations du mercure.

Pour construire un thermomètre à mercure, on commence par choisir un tube capillaire bien calibré, c'est-à-dire ayant le même diamètre intérieur dans toute sa longueur. On y soude un réservoir sphérique ou cylindrique B (fig. 125), puis à l'autre extrémité, un second réservoir A, en forme d'entonnoir, un peu plus grand que le premier et qu'on remplit de mercure pur et distillé. Le mercure ne descend pas immédiatement dans le réservoir B,

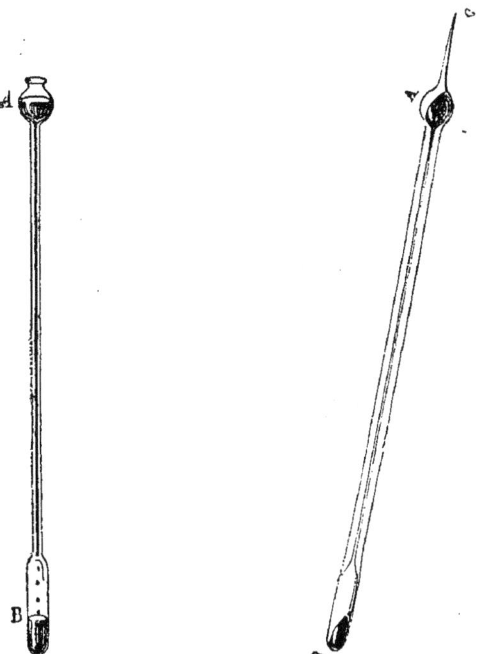

Fig. 124. — Thermomètre
à mercure.

Fig. 125. — Construction
du thermomètre.

parce que, le tube étant capillaire, l'air ne peut s'échapper. On chauffe avec une lampe à alcool le réservoir et la tige : l'air se dilate et s'échappe en partie, bulle à bulle, à travers le mercure de A. On laisse ensuite refroidir et l'air qui s'est échappé est remplacé par du mercure. On recommence deux ou trois fois l'opération pour remplir le thermomètre. Pour chasser les dernières bulles d'air, on place l'instrument sur une grille inclinée ; on fait bouillir le mercure dont la vapeur chasse l'air restant dans le tube, et, les vapeurs mercurielles se condensant par le refroidissement, l'appareil se remplit rapidement de liquide.

On détache ensuite par un trait de lime l'entonnoir A et l'on ferme le tube en en fondant l'extrémité dans le dard du chalumeau.

160. **Définition du degré centigrade.** — Nous allons faire comprendre maintenant comment on choisit les nombres qui définissent les températures, ou comment on établit une *échelle des températures.* On a recours, pour cela, à une convention qui repose sur les deux faits expérimentaux suivants :

1° Un même thermomètre, plongé dans la glace en fusion sous la pression atmosphérique, indique toujours la même température.

2° Un même thermomètre, plongé dans la vapeur d'eau, bouillant sous la pression de 760 millimètres, indique toujours la même température.

On est convenu de prendre : 1° pour point de départ de l'échelle thermométrique, pour *premier point fixe,* la température de la glace fondante ; 2° pour *second point fixe,* la température de la vapeur d'eau, bouillant sous la pression de 760 millimètres.

Quand on a déterminé ces deux points sur un thermomètre à mercure, l'intervalle qu'ils comprennent représente évidemment la dilatation apparente du liquide thermométrique, quand il passe de la température de la glace fondante à celle de la vapeur d'eau bouillante. On *convient* alors de prendre pour température *zéro degré* la température de la glace fondante et pour température *cent degrés* celle de la vapeur d'eau bouillante, et l'on divise l'intervalle compris entre les deux points fixes en cent parties égales : chacune de ces parties correspondra à une élévation de température de *un degré,* d'après la convention indiquée au n° 157, § 2.

Cela revient à dire que le degré centigrade est défini de la manière suivante :

Le degré centigrade est la variation de température nécessaire pour accroître le volume du corps thermométrique de la centième partie de la quantité dont il s'accroît quand, de la glace fondante, il passe dans la vapeur d'eau bouillant sous la pression de 760 millimètres.

Cette définition du degré est indépendante du volume de la masse thermométrique, car, si un thermomètre A a un volume double de celui d'un thermomètre B, la dilatation correspondant à un degré sera deux fois plus grande dans le premier que dans le second ; mais elle sera, dans les deux cas, la centième partie de la dilatation comprise entre les deux points fixes. Aussi le mercure des deux thermomètres, plongés dans un bain dont la température sera 15 degrés, s'arrêtera-t-il au même point : 15 degrés.

161. **Graduation du thermomètre.** — Il nous reste maintenant à dire comment on construit l'échelle placée le long du thermomètre et qui indique de combien de degrés la température du milieu dans lequel plonge l'instrument est au-dessus ou au-dessous de zéro.

Il faut avant tout déterminer les points fixes, c'est-à-dire le niveau auquel s'arrêtera le mercure à la température zéro et à la température de 100 degrés.

Pour la détermination du zéro, on se procure de la glace pilée : lorsqu'elle a commencé à fondre, on la met dans un vase percé de trous (fig. 126) et l'on enfonce au milieu le thermomètre à graduer, de manière que tout le mercure soit couvert par la glace. On soulève de temps en temps l'instrument pour observer le niveau du mercure ; quand ce niveau est devenu stationnaire, on marque sa position sur la tige, soit avec un pinceau, soit en faisant un trait au diamant. Ce sera le zéro de l'échelle.

Pour déterminer le second point fixe, il faut s'entourer de précautions spéciales. Il est, en effet (comme nous le verrons plus loin), plusieurs circonstances qui influent sur la température d'ébullition de l'eau : la nature du vase, dans lequel se fait l'ébullition, la pression qui s'exerce sur la surface du liquide, la pureté plus ou moins grande de ce liquide. Enfin la température croît depuis la surface jusqu'au fond.

Toutes ces causes de variations rendraient incertaine la détermination du second point fixe, si l'on ne pouvait annuler la plupart d'entre elles, en plongeant le thermo-

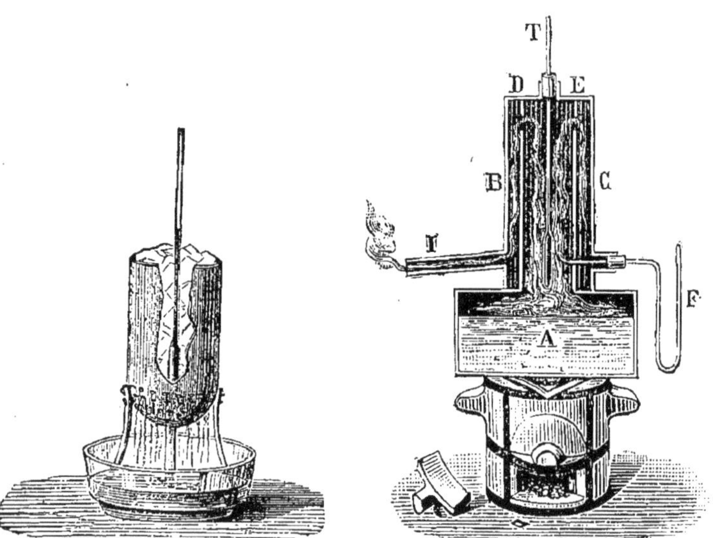

Fig. 126. — Détermination
du point zéro.

Fig. 127. — Détermination
du point 100.

mètre, non dans l'eau bouillante, mais dans la vapeur qui s'en échappe : il n'est plus besoin alors d'employer de l'eau pure, de se préoccuper de la nature du vase, ni de la profondeur du liquide.

On emploie pour cette opération une étuve à vapeur que représente la figure 127. Un vase en fer-blanc A contient de l'eau ; sur sa base supérieure est pratiquée une ouverture qui porte un manchon circulaire, au milieu duquel est suspendu le thermomètre T. Ce manchon communique avec une enveloppe annulaire BCDE, qui présente deux tubulures sur ses parois latérales. L'appareil étant placé sur un fourneau, l'eau entre en ébullition, la vapeur monte dans le manchon central, entoure le thermomètre et s'échappe par la tubulure I, après avoir circulé dans l'enveloppe annulaire. La couche de vapeur, que contient cette enveloppe, a pour effet d'empêcher l'air extérieur de refroidir la vapeur, qui se trouve en contact avec le thermomètre. Dans la seconde tubulure se trouve placé un manomètre à air libre F, qui permet de vérifier si la pression est la même dans l'appareil qu'à l'extérieur. Le mercure se dilate et finit par s'arrêter à un niveau fixe qu'on marque par un nouveau trait, vis-à-vis duquel on inscrit 100. L'intervalle entre les points 0 et 100 est divisé en cent parties égales, et chaque division correspond à un degré. La division est prolongée au-dessus du point 100 et au-dessous du point 0. Cette graduation est appelée *échelle centigrade.*

162. Tous les thermomètres ne sont pas gradués comme il vient d'être dit. Il en est, en effet, qui sont spécialement construits pour des températures toutes supérieures à 0°, par exemple de 25° à 150°; d'autres pour des températures toutes inférieures à 100°, par exemple de 30° à 60°. Les thermomètres médicaux ne donnent même que des indications comprises entre 32° et 45° environ, mais chaque degré est divisé en dixièmes.

On gradue ces thermomètres par comparaison avec un thermomètre déjà gradué, en les mettant ensemble dans deux milieux à des températures différentes. On porte sur la tige du thermomètre à graduer les deux températures indiquées par le thermomètre étalon, et ces deux points fixes servent de base à la graduation.

Pour les températures inférieures à 0°, on joint souvent au chiffre qui indique la température, le signe —. Ainsi — 15° signifie 15° au-dessous de zéro.

163. **Influence de la pression atmosphérique dans la détermination du point 100.** — Nous avons

appelé 100 la température de la vapeur d'eau, *bouillant sous la pression de 760 millimètres*. C'est que la pression influe sur la température d'ébullition de l'eau, le point d'ébullition s'élevant avec la pression et s'abaissant aussi avec elle (256,1°). Si au moment où l'on détermine le point 100 d'un thermomètre, le baromètre indiquait une pression de 760 millimètres, il suffirait de marquer 100 au point où s'arrête le mercure ; mais, comme il est rare que le baromètre marque exactement 760, il y a lieu de faire une correction que nous allons expliquer.

On a remarqué qu'une variation de pression de 27 millimètres détermine une différence de 1° dans la température d'ébullition de l'eau. Ainsi, si la pression était de 787 millimètres ou 760 + 27, on devrait marquer 101° au point où s'arrête le mercure ; si elle était de 733 millimètres ou 760 — 27, on devrait marquer 99°.

Puisqu'une variation de pression de 27 millimètres correspond à une différence de 1°, on admet qu'une variation de pression de 1 millimètre correspond à une différence de température de $\frac{1}{27}$ de degré. Si la pression était de 768 millimètres ou 760 + 8, on devrait donc marquer au point fixe $100° + \frac{8}{27}$; si elle était de 750 millimètres ou 760 — 10, on devrait marque $100° — \frac{10}{27}$ ou $99° + \frac{17}{27}$.

164. Nécessité de la vérification des points fixes — Lorsqu'on plonge dans de la glace fondante un thermomètre construit depuis quelques années, on s'aperçoit généralement que le mercure s'arrête un peu au-dessus du zéro de l'échelle. Le déplacement du zéro varie, selon les instruments, de quelques dixièmes de degré à quelques degrés. Cela tient à ce que, au moment du remplissage, le verre s'était fortement dilaté sous l'influence de la haute température à laquelle il avait été porté et qu'il ne reprend que très lentement son volume primitif ; il s'effectue ainsi dans le verre un travail moléculaire lent qui le contracte en diminuant la capacité du réservoir. Il est donc nécessaire de vérifier, de temps en temps, les thermomètres destinés à des observations précises. Il suffit, pour cela, de placer l'instrument dans la glace fondante et d'évaluer avec soin la différence entre le zéro de l'échelle et l'extrémité de la colonne de mercure. On devra retrancher de chaque observation la valeur de la correction ainsi déterminée.

On est arrivé à atténuer et même à supprimer presque complètement le travail moléculaire lent du verre. Pour cela, on substitue au cristal le verre dur et, avant de graduer l'instrument, on le maintient, un certain temps, à une température un peu élevée, par exemple en le plongeant dans du soufre fondu.

165. **Echelle de Fahrenheit** ([1]). — En Angleterre, dans l'Amérique du Nord et quelques autres pays, on se sert ordinairement de *l'échelle de Fahrenheit*.

Les deux points fixes o et 100 de l'échelle centigrade sont représentés dans l'échelle de Fahrenheit, par les nombres 32 et 212.

Donc 180 degrés Fahrenheit valant 100 degrés centigrades ; un degré Fahrenheit vaut $\frac{100}{180}$ ou $\frac{5}{9}$ de degré centigrade, et inversement un degré centigrade vaut les $\frac{9}{5}$ d'un degré Fahrenheit.

Donc, quand on voudra transformer des degrés centigrades en degrés Fahrenheit, il faudra prendre les $\frac{9}{5}$ de la température indiquée, ce qui donne le nombre des divisions à partir du zéro de l'échelle centigrade ; mais, comme le zéro de Fahrenheit est à 32° au-dessous, il faudra ajouter 32°.

Ainsi, soit à transformer 45 degrés centigrades en degrés Fahrenheit, il faut prendre les $\frac{9}{5}$ de 45, soit 81, et ajouter 32, ce qui donne 113.

([1]) Nous croyons être utile aux élèves en leur faisant connaître l'échelle de Fahrenheit ; il est nécessaire, en effet, qu'ils comprennent en ouvrant un journal, par exemple, ce que représente, à Londres, une température de 80°.

Inversement, pour transformer des degrés de Fahrenheit en degrés centigrades, il faudra retrancher 32 et prendre les $\frac{5}{9}$.

Ainsi, soit à transformer 68 degrés Fahrenheit en degrés centigrades. La différence $68 - 32$ donne 36, et en prenant les $\frac{5}{9}$ de 36, on a $20°$.

166. Thermomètre à alcool. — Le mercure se solidifie à $39°$ au-dessous de zéro et bout à $360°$. Le thermomètre à mercure ne peut donc servir à évaluer que les températures comprises entre ces limites.

Pour évaluer les températures élevées, comme celle des fours, on emploie des *pyromètres* (175), instruments basés sur la dilatation des solides et qui reposent sur le même principe que le pyromètre à cadran (153).

Quant aux températures très basses, on les détermine au moyen du thermomètre à alcool ou du thermomètre à toluène. Comme ce dernier est encore d'un usage restreint, nous ne nous occuperons que du thermomètre à alcool.

La construction du thermomètre à alcool est un peu plus simple que celle du thermomètre à mercure. Il n'est pas nécessaire de souder une ampoule à la partie supérieure de la tige : on chauffe seulement le réservoir pour en dilater l'air, et l'on plonge l'extrémité de la tige dans l'alcool absolu (privé d'eau) et coloré en rouge par de la teinture d'orseille. Par suite du refroidissement, le liquide monte dans le tube ; lorsqu'une certaine quantité y a été introduite, on retourne l'instrument et on le chauffe de manière à faire bouillir l'alcool dont les vapeurs chassent le reste d'air. L'ébullition de ce liquide se faisant environ à $78°$, on n'est pas obligé de chauffer autant que pour le mercure, et il en résulte qu'on peut sans inconvénient plonger de nouveau l'appareil dans l'alcool froid, sans que le verre se brise. Le refroidissement amène la condensation des vapeurs alcooliques, et le tube se remplit tout à fait. On le ferme alors à la lampe.

Le zéro du thermomètre à alcool se détermine de la

même manière que celui du thermomètre à mercure. Quant à l'autre point fixe, on ne peut choisir la température d'ébullition de l'eau pour le déterminer, puisque l'alcool bouillant à une température plus basse donnerait des vapeurs dont la force élastique pourrait briser le thermomètre. On détermine alors un autre degré de l'échelle en plongeant le thermomètre dans un liquide dont la température est donnée par un thermomètre *étalon* à mercure et l'on partage l'intervalle en autant de divisions qu'il y a d'unités dans la température indiquée par le thermomètre à mercure.

Pour les températures ordinaires, les indications du thermomètre à alcool sont beaucoup moins exactes que celles du thermomètre à mercure.

167. **Thermomètres divers.** — Qu'un thermomètre soit placé dans un milieu dont la température varie continuellement, il faudra observer à chaque instant l'instrument pour connaître les variations de température. On a construit des thermomètres, dits *enregistreurs* ou *inscripteurs* qui, grâce à un dispositif spécial, inscrivent eux-mêmes les températures de tous les instants. Il existe d'autres thermomètres destinés à indiquer, les uns, le maximum, les autres, le minimum de température : ces instruments sont appelés *thermomètres à maxima* et *thermomètres à minima*. Tous ces instruments seront étudiés en météorologie. Pour les mesures de précision, on emploie des thermomètres à hydrogène (196), fondés sur les variations de la force élastique d'une masse gazeuse, sous l'influence des variations de température.

168. **Expériences simples.** *Dilatabilité des solides.* — Reproduire les expériences du pyromètre à cadran et de l'anneau de S' Gravesande.

Entourer une pièce de monnaie, dans le sens du diamètre, d'un fil métallique dont on tord les bouts, en serrant de telle sorte que la pièce passe avec un léger frottement dans le calibre formé par le fil enroulé. On chauffe la pièce de monnaie en la tenant quelques instants, au moyen d'une pince, dans la flamme d'une lampe à alcool et l'on constate qu'alors la pièce ne passe plus dans le calibre ; elle s'est donc dilatée.

Fixer un fil de fer par une de ses extrémités et suspendre un poids à l'autre extrémité ; chauffer le fil avec une bougie : il sera facile de noter le déplacement vertical du poids tenseur.

Pour enlever une vis rouillée dans le bois, on touche la tête avec une tige de fer chauffée au rouge : la vis se dilate légèrement, repousse les fibres du bois et il devient possible de l'extraire quand elle s'est refroidie.

Dilatabilité des liquides. — Montrer la dilatabilité des liquides au moyen de l'appareil représenté par la figure 123 ; bien faire remarquer qu'au moment où l'on plonge le ballon dans l'eau chaude, il y a abaissement du niveau D.

Cet appareil peut être remplacé par un ballon ordinaire rempli d'eau qu'on ferme à l'aide d'un bouchon de caoutchouc traversé par un long tube, ouvert aux deux bouts et de faible diamètre intérieur.

Thermomètre. — Montrer un thermomètre à mercure et un thermomètre à alcool ; faire évaluer par quelques élèves la température de l'air de la salle ou celle d'un liquide.

Elever la température de ces deux thermomètres en tenant leurs réservoirs dans la main fermée ; les suspendre ensuite et faire constater que le thermomètre à mercure se met, bien plus vite que le thermomètre à alcool, en équilibre de température avec l'air de l'appartement.

Dans une séance de manipulation, on fera construire et graduer par chaque élève un thermomètre à alcool ; si l'on ne possède pas de tubes tout préparés, on soufflera, au préalable, un réservoir à l'extrémité d'un tube de verre de diamètre intérieur convenable.

—

CHAPITRE II

Dilatation des solides et des liquides.

169. **Coefficients de dilatation linéaire.** — Lorsqu'on chauffe des barres faites avec des substances différentes, des barres de zinc, de fer et d'argent, par exemple, on observe que, pour une élévation de température d'un même nombre de degrés, l'allongement n'est pas le même pour toutes. Il était important pour la science et pour l'industrie d'évaluer la dilatabilité des différents corps. Aussi les physiciens, par une série d'observations dans l'étude desquelles nous n'entrerons pas, ont-ils déterminé des nombres, qui font connaître la dilatabilité des corps. Ces nombres sont appelés *coefficients de dilatation*. Ils peuvent être définis comme il suit.

On appelle *coefficient de dilatation linéaire d'un corps le nombre qui exprime l'allongement de l'unité de longueur de ce corps pour une élévation de température d'un degré.*

Ainsi, quand on dit que le coefficient de dilatation linéaire du fer est 0.000012, cela signifie qu'une barre de fer de 1 mètre se dilaterait, pour une élévation de température de 1 degré, de $0^m,000012$. On admet que pour 10 degrés elle se dilaterait 10 fois plus, c'est-à-dire de $0^m,000012 \times 10 = 0^m,00012$; pour 150 degrés, 150 fois plus ou $0^m,000012 \times 150 = 0^m,0018$.

Pour qu'on puisse se rendre compte de la dilatabilité de quelques corps solides, nous donnons dans le tableau ci-dessous la dilatation que subit, pour une élévation de température de 1 degré, un mètre des substances solides dont les noms suivent :

Platine (fondu).	0^m,0000 0916
Or (fondu)	— 1451
Argent (fondu).	— 1936
Cuivre rouge	— 1698
Cuivre jaune	— 1879
Fer doux.	— 1228
Acier fondu et trempé . . .	— 1362
Fonte de fer grise	— 1075
Plomb fondu	— 2948
Diamant.	— 0132
Verre ordinaire	— 0920
Cristal en tube.	— 0700

170. Coefficients de dilatation superficielle et de dilatation cubique. — Considérons une barre métallique en forme de parallélipipède et supposons qu'on en élève la température. Cette barre se dilatera dans tous les sens : elle augmentera non seulement de longueur, mais encore de largeur et d'épaisseur. Il en résulte qu'en même temps que sa longueur s'accroît, la surface de chacune de ses faces augmente, ainsi que son volume.

La dilatation en surface est la *dilatation superficielle*, et le *coefficient de dilatation superficielle* est le nombre qui exprime l'augmentation de l'unité de surface pour une élévation de température de 1 degré.

L'augmentation de volume est la *dilatation cubique* et l'on appelle *coefficient de dilatation cubique* le nombre qui exprime l'augmentation de l'unité de volume pour une élévation de température de 1 degré.

On peut, par le calcul, déterminer ces coefficients de dilatation quand on connaît le coefficient de dilatation linéaire. Nous allons, en effet, démontrer que *le coefficient de dilatation superficielle est double du coefficient de dilatation linéaire et que le coefficient de dilatation cubique est triple du coefficient de dilatation linéaire.*

Considérons un cube de 1 mètre de côté à 0 degré ; la surface de chacune des faces est 1 mètre carré et le volume du cube, 1 mètre cube. Supposons que la température du cube s'élève de 1 degré et appelons l le coefficient de dilatation linéaire. L'arête, qui a 1 mètre s'allongeant de l pour 1 degré, devient $1 + l$ et la surface de chacune des faces devient $(1 + l)^2 = 1 + 2\,l + l^2$. La surface a donc augmenté de $2\,l + l^2$, quantité qui représente l'augmentation de l'unité de surface pour 1 degré, c'est-à-dire le coefficient de dilatation superficielle. Or on voit par le tableau précédent que les coefficients de dilatation linéaire sont des nombres très petits, à peine supérieurs à 0,00001. De tels nombres, élevés au carré, donnent des quantités si petites qu'elles sont plus faibles que les erreurs possibles d'expérience. Aussi peut-on considérer le coefficient de dilatation superficielle comme égal à $2\,l$, c'est-à dire au double du coefficient de dilatation linéaire.

Le cube que nous avons considéré, étant porté à un degré, a pour volume $(1 + l)^3 = 1 + 3\,l^2 + 3\,l + l^3$. L'augmentation de volume est donc $3\,l + 3\,l^2 + l^3$, et cette quantité est le coefficient de dilatation cubique, puisque le cube représentait l'unité de volume et que l'élévation de température est d'un degré. Mais, pour les raisons données ci-dessus, on peut considérer comme négligeables les quantités $3\,l^2$ et l^3. Le coefficient de dilatation cubique est donc $3\,l$, c'est-à-dire le triple du coefficient de dilatation linéaire.

171. **Calculs relatifs aux dilatations.** — On peut, à l'aide des coefficients de dilatation, résoudre un certain nombre de questions qui se présentent fréquemment. La solution des problèmes posés à ce sujet est analogue à celle des problèmes d'intérêts simples. Nous allons, par quelques exemples, montrer cette analogie.

On a placé, à intérêts simples, une somme de 300 francs à 4 %, pendant 5 ans. On demande quelle est, au bout de ce temps, la valeur acquise par le capital.

Puisque l'intérêt de 100 fr. pendant 1 an est 4 fr., l'intérêt de 1 fr. est $\dfrac{4}{100}$ ou $0^{fr},04$.

Si 1 fr. rapporte $0^{fr},04$ en 1 an, 300 francs rapportent $0^{fr},04 \times 300$ et en 5 ans,

$$0^{fr},04 \times 300 \times 5.$$

La valeur acquise par le capital primitif est donc

$$300 + (0,04 \times 300 \times 5)$$
$$= 300 (1 + 0,04 \times 5)$$
$$= 360 \text{ fr.}$$

On a placé, à intérêts simples, un certain capital à 4 %, pendant 3 ans et l'on a retiré, capital et intérêts réunis, une somme de 672 francs. On demande quel était le montant du placement.

Un franc rapporte en un an $0^{fr},04$ et en 3 ans, $0^{fr},04 \times 3$.

Un franc devient donc, au bout de 3 ans, $1^{fr} + (0,04 \times 3)$. Par suite autant de fois cette somme est contenue dans 672 francs, autant de fois 1 franc ont été placés, soit

$$1^{fr} \times \frac{672}{1 + (0,04 \times 3)} = 600^{fr}.$$

Une barre de fer a une longueur de 3 mètres à 0°. On demande quelle en serait la longueur à 200°, le coefficient de dilatation linéaire du fer étant 0,000012.

Puisque 1 mètre s'allonge de $0^{m},000012$ pour une élévation de température de 1°, 3 mètres s'allongent de $0^{m},000012 \times 3$ et pour une élévation de température de 200°, l'allongement devient

$$0^{m},000012 \times 3 \times 200.$$

La longueur de la barre à 200° est donc

$$3^{m} + (0,000012 \times 3 \times 200)$$
$$= 3^{m} (1 + 0,000012 \times 200)$$
$$= 3^{m},0072.$$

Une barre de fer portée à une température de 300°, a une longueur de $4^{m},0144$. On demande quelle serait la longueur de cette barre à 0° ; coefficient de dilatation linéaire du fer, 0,000012.

Un mètre de la barre à 0° devient à 300°,

$$1^{m} + (0,000012 \times 300).$$

Donc autant de fois cette longueur sera contenue dans $4^{m},0144$, autant de fois la barre contient de mètres à 0°, soit

$$1^{m} \times \frac{4,0144}{1 + (0,000012 \times 300)} = 4^{m}.$$

On a placé un capital à intérêts simples pendant 3 ans à 4 $^0/_0$ et l'on a retiré, y compris les intérêts, une somme de 560 fr. On demande quelle somme on aurait retirée si le placement avait été fait pendant 5 ans aux mêmes conditions.

Cherchons d'abord quel est le capital placé.

1 franc devient au bout de 3 ans

$$1 + (0,04 \times 3).$$

D'après le raisonnement du problème précédent, le capital placé était de

$$1^{fr} \times \frac{560}{1 + (0,04 \times 3)}$$

ou

$$\frac{560}{1 + (0,04 \times 3)}.$$

Et d'après le raisonnement du premier problème, ce capital devient, au bout de 5 ans :

$$\frac{560}{1 + (0,04 \times 3)} \times (1 + 0,04 \times 5)$$

ou

$$560 \times \frac{1 + (0,04 \times 5)}{1 + (0,04 \times 3)} = 600^{fr}.$$

Une barre de fer portée à 100° a une longueur de 8^m,0096. On demande quelle serait la longueur de cette barre à la température de 400°, le coefficient de dilatation linéaire du fer étant 0,000012.

Cherchons d'abord quelle serait la longueur de la barr à 0°.

1 mètre à 0° devient, à 100°,

$$1^m + (0,000012 \times 100).$$

La longueur de la barre à 0° serait donc (problème précédent)

$$\frac{8,0096}{1 + (0,000012 \times 100)}.$$

Et d'après le raisonnement du premier problème, la longueur de la barre à 400° est :

$$\frac{8,0096}{1 + (0,000012 \times 100)} \times 1 + (0,000012 \times 400)$$

ou

$$8,0096 \times \frac{1 + (000012 \times 400)}{1 + (000012 \times 100)}$$
$$= 8^m,0384.$$

Dans les problèmes que nous venons de résoudre les dilatations n'ont été considérées qu'au point de vue linéaire. On aurait pu résoudre de la même façon des questions ayant trait à la dilatation superficielle ou à la dilatation cubique. Nous allons en donner deux exemples concernant la dilatation cubique.

Un morceau de fer a un volume de 4 décimètres cubes à o degré. Quel serait son volume à 150 degrés, le coefficient de dilatation linéaire du fer étant 0.000012 ?

Il résulte du n° 170 que le coefficient de dilatation cubique du fer est égal à $0,000012 \times 3 = 0,000036$.

En passant de o degré à 1 degré, 1 décimètre cube de fer se dilate de $o^{dm3},000036$; s'il passe de o degré à 150 degrés, la dilatation est de $o^{dm3},000036 \times 150$.

1 décimètre cube augmentant de $o^{dm3},000036 \times 150$, 4 décimètres cubes augmentent de $o^{dm3},000036 \times 150 \times 4$.

Le volume du morceau de fer à 150 degrés est donc

$$4^{dm3} + o^{dm3},000036 \times 150 \times 4$$
$$= 4(1 + 0,000036 \times 150) = 4^{dm3},0216.$$

Un morceau de fer a un volume de $6^{dm3},40$ à 40 degrés; chercher quel en serait le volume à o degré, sachant que le coefficient de dilatation linéaire du fer est 0,000012.

Le coefficient de dilatation cubique du fer est égal à $0,000012 \times 3 = 0,000036$.

1 décimètre cube de fer à o degré devient, à 1 degré, $1^{dm3} + o^{dm3},000036$; à 40 degrés, il devient : $1^{dm3} + o^{dm3},000036 \times 40$.

Le morceau de fer aurait donc pour volume à o degré

$$\frac{6,40}{1 + (0,000036 \times 40)} = 6^{dm3},390.$$

172. **Formules relatives aux dilatations des solides.** — On applique ordinairement au calcul des dilatations quelques formules qu'il est nécessaire de connaître et qu'on établit par un raisonnement identique à celui que nous avons employé pour résoudre les problèmes précédents. Il suffit de représenter les quantités par des lettres, au lieu de les évaluer en nombres déterminés.

I. — *Étant donné la longueur L_0 d'un corps à $o°$ et son coefficient de dilatation linéaire l, trouver sa longueur L_t à $t°$.*

Dire que le coefficient de dilatation linéaire du corps est *l*, c'est dire que, pour une élévation de température de $1°$, l'unité de longueur s'allongera de l ; une longueur L_0 s'allongera L_0 fois plus, soit de $L_0 l$. Pour $t°$, l'allongement sera t fois plus grand, c'est-à-dire de $L_0 lt$. La longueur du corps à t sera donc :

$$L_t = L_0 + L_0 lt,$$

d'où

$$L_t = L_0 (1 + lt).$$

$1 + lt$ est ce qu'on appelle le *binôme de dilatation linéaire*.

On démontrerait de la même manière :

$1°$ que la surface S_t d'un corps à $t°$ est égale à sa surface S_0 à $0°$ multipliée par le binôme de dilatation superficielle.

$2°$ que le volume V_t d'un corps à $t°$ est égal à son volume V_0 à $0°$ multiplié par le binôme de dilatation cubique.

En résumé, si nous appelons l le coefficient de dilatation linéaire, s le coefficient de dilatation superficielle et u le coefficient de dilatation cubique, nous aurons les formules suivantes :

$$(1) \quad \begin{cases} L_t = L_0 (1 + lt) \\ S_t = S_0 (1 + st) \\ V_t = V_0 (1 + ut) \end{cases}$$

La connaissance de ces formules permet de résoudre rapidement toutes les questions relatives aux dilatations sans appliquer à chacune un raisonnement spécial, comme nous l'avons fait dans les problèmes précédents.

Prenons quelques exemples.

Une barre métallique a un volume V_t à $t°$; quel en serait le volume à $0°$, u étant le coefficient de dilatation cubique ?

Dans la formule $V_t = V_0 (1 + ut)$, V_0 est l'inconnue ; en divisant les deux membres de l'égalité par $(1 + ut)$, nous obtenons :

$$V_0 = \frac{V_t}{1 + ut}.$$

La longueur d'une barre métallique étant L_0 à $0°$ et L_t à une température inconnue $t°$, chercher cette température connaissant le coefficient l de dilatation linéaire du métal.

Dans la formule $L_t = L_0 (1 + lt)$, l'inconnue est t. Il vient successivement :

$$L_t = L_0 + L_0 lt$$
$$L_t - L_0 = L_0 lt,$$

d'où

$$t = \frac{L_t - L_0}{L_0 l}.$$

II. — *Étant donné la longueur L_t d'un corps à $t°$ et son coefficient de dilatation linéaire l, trouver sa longueur $L_{t'}$ à $t'°$.*

Soit L_0 la longueur inconnue de ce corps à zéro. Nous aurons, d'après une des formules précédentes :

$$L_{t'} = L_0 (1 + lt')$$
$$L_t = L_0 (1 + lt),$$

d'où

$$\frac{L_{t'}}{L_t} = \frac{L_0 (1 + lt')}{L_0 (1 + lt)} = \frac{1 + lt'}{1 + lt},$$

On tire de là :

$$(1) \qquad \frac{L_{t'}}{1 + lt'} = \frac{L_t}{1 + lt}.$$

ce qui montre que les longueurs d'une même barre, à des températures différentes, sont proportionnelles aux binômes de dilatation linéaire.

La proportion (1) permet d'écrire :

$$L_{t'} = L_t \frac{1 + lt'}{1 + lt}.$$

Pour les surfaces et les volumes, en résolvant les mêmes questions on serait conduit au groupe de formules suivantes :

$$(II) \quad \begin{cases} L_{t'} = L_t \dfrac{1 + lt'}{1 + lt} \\[2mm] S_{t'} = S_t \dfrac{1 + st'}{1 + st} \\[2mm] V_{t'} = V_t \dfrac{1 + ut'}{1 + ut} \end{cases}$$

173. Variation de la densité avec la température. — Si l'on élève la température d'un corps, son volume augmente, mais son poids reste constant ; par suite, sa densité diminue.

Proposons-nous de chercher ce que devient *la densité* D_t *d'un corps à* $t°$, *son volume étant* V_0 *à* $0°$ *et sa densité* D_0.

Le poids du corps restant constant, on peut écrire :

$$P = D_0 \times V_0$$
$$P = D_t \times V_t,$$

d'où

$$(1) \qquad D_0 \times V_0 = D_t \times V_t.$$

Mais nous savons (**172**, II) que $V_t = V_0 \,(1 + ut)$.

En remplaçant V_t par cette valeur dans l'égalité (**1**), nous aurons :

$$D_0 \times V_0 = D_t \times V_0 \,(1 + ut),$$

d'où

$$D_t = \frac{\times V_0}{V_0 \,(1 + ut)} = \frac{D_0}{1 + ut} \,;$$

ce qui montre que *la densité d'un corps à* $t°$ *est égale au quotient de la densité de ce corps à* $0°$ *par le binôme de dilatation cubique.*

174. Applications de la dilatation des solides. — La dilatation des corps solides a de nombreuses applications. Nous citerons les principales.

Les tuyaux de poêle éprouvent des variations de longueur

par les changements de température. Si les tuyaux étaient fixés à leurs extrémités, la force avec laquelle ils se dilatent ou se contractent amènerait des ruptures ou des déformations. Pour éviter cet inconvénient, on les emboîte les uns dans les autres, en laissant le jeu nécessaire pour permettre les dilatations.

Les barreaux des fenêtres grillées ne doivent être scellés qu'à l'une de leurs extrémités pour éviter les déformations que la dilatation produirait. Il en est de même des plaques de zinc qui servent à faire les toitures : on ne les cloue que par un côté.

Pour garnir les roues des voitures des cercles en fer qui en maintiennent unies toutes les pièces, on fait un cercle d'un diamètre un peu plus petit que celui de la roue en bois; on le chauffe, et, lorsque la chaleur l'a suffisamment dilaté, on en entoure la roue de bois. Le cercle de fer, en se refroidissant, se contracte et serre la roue avec force.

Les grandes constructions métalliques, telles que les ponts en fer, les fermes des grands bâtiments, ont des points d'appuis disposés de telle façon que la dilatation peut s'effectuer librement.

Quand on pose les rails d'un chemin de fer, on ménage entre chaque rail et le suivant un petit intervalle destiné à laisser au métal la facilité de se dilater sous l'influence des variations de température.

Il arrive souvent qu'un bouchon tient trop fortement dans le goulot d'un flacon pour qu'on puisse déboucher celui-ci. On chauffe alors le goulot en le tournant dans la flamme d'une lampe à alcool, ou, plus simplement, en le faisant glisser rapidement le long d'une ficelle enroulée une fois autour de lui : il se dilate avant le bouchon et le flacon peut être facilement débouché.

Le *rivetage* des plaques de tôle servant à la construction de toutes les machines, chaudières, portes d'écluses, etc., se fait à chaud ; par le refroidissement, il se produit un serrage énergique qui assure une étanchéité parfaite.

Dans le *frettage* des bouches à feu qui consiste à entourer celles-ci d'anneaux en acier ou *frettes*, destinés à les consolider, on procède en portant ces anneaux à une haute température ; lorsqu'ils sont en place, on dirige un jet d'eau froide sur le joint, puis sur toute la frette.

Les *pyromètres* et les *pendules compensateurs* sont encore des applications des dilatations des solides.

175. **Pyromètres.** — Quand on veut apprécier des températures très élevées, celles des fours à porcelaine, par exemple, il n'est pas possible d'employer les thermomètres à mercure et à alcool ; on se sert alors d'instruments, appelés *pyromètres* : les pyromètres les plus connus sont ceux de Brongniart et de Wedgwood.

176. **Pyromètre de Brongniart.** — Le pyromètre de Brongniart ressemble beaucoup au pyromètre à cadran. Son usage repose sur la dilatation d'une barre d'argent A

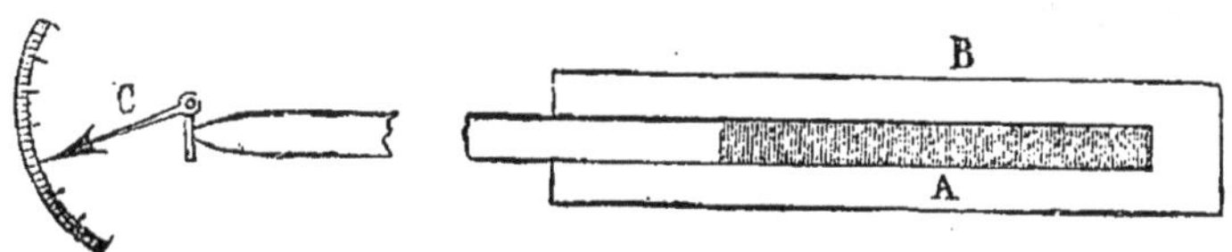

Fig. 128. — Pyromètre de Brongniart.

(fig. 128) enfermée dans le four B, dont on veut apprécier la température, un four à porcelaine, par exemple. L'une de ses extrémités sort du four et s'appuie contre un levier coudé, dont l'une des branches est une aiguille capable de se déplacer le long d'un cadran divisé.

177. **Pyromètre de Wedgwood.** — L'usage du pyromètre de Wedgwood repose sur la contraction qu'éprouve l'argile lorsqu'on la chauffe à une température élevée. Deux règles métalliques A, A' (fig. 129), faisant entre elles un petit angle, sont disposées sur une tablette également métallique. Ces règles peuvent recevoir de petits cylindres d'argile, qui pénètreront d'autant plus dans l'angle des deux règles qu'ils se seront contractés

davantage. Les petits cylindres d'argile sont placés dans
le four, et lorsqu'ils en ont pris la température, on les
laisse refroidir et on les fait glisser dans la coulisse qui
sépare les règles A, A'. La quantité dont ils s'enfoncent
permet d'apprécier la température.

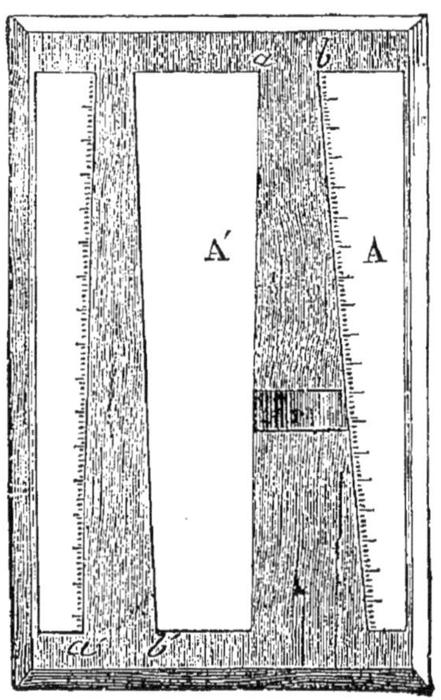

Fig. 129. — Pyromètre de Wedgwood.

178. Pendules compensateurs. — On peut aisément constater que les oscillations d'un pendule sont
d'autant plus lentes que le pendule est plus long; comme
ce sont les oscillations d'un pendule qui déterminent la
marche des horloges, il est nécessaire que ces pendules
conservent constamment la même longueur.

Pour cela, on leur donne une disposition spéciale et on
les appelle *pendules compensateurs*, ou *pendules compensés*.

Nous ne décrirons que le dispositif suivant. La lentille L et la tige F' qui la soutient (fig. 130) sont reliées
au couteau de suspension par des châssis formés de barres
de fer F, F', F″ et de cuivre C, C'. Lorsque la tempéra-

ture s'élève, la longueur des tiges AE, A'E' croît et tend
à augmenter celle du pendule ; mais en même temps,
celle des tiges BC, B'C' croît aussi, et, comme elles sont
fixées par leur partie inférieure, elles ne peuvent se dilater
que de bas en haut, et par conséquent tendent à relever la
tige F'. On voit que la dilatation des barres de fer tend à

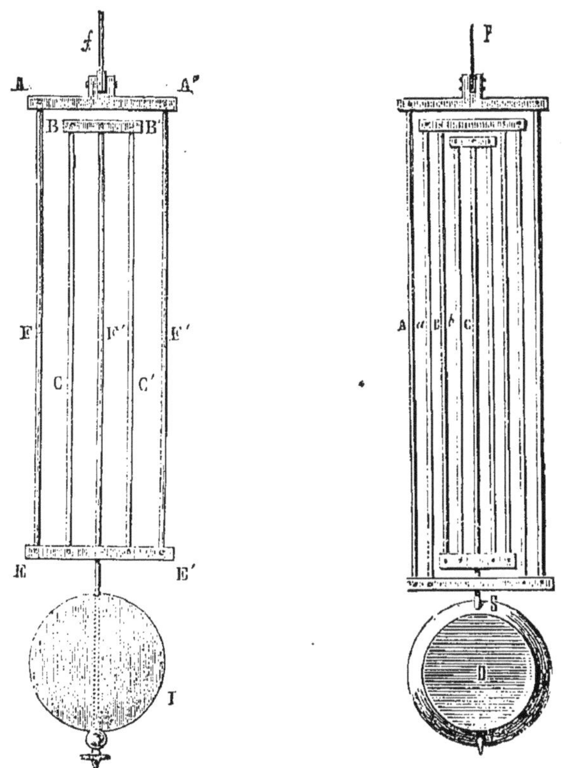

Fig. 130 et 131. — Pendules compensateurs de J. Leroy.

augmenter la distance entre le centre de la lentille L et le
couteau de suspension, tandis que la dilatation des
barres de cuivre tend à diminuer cette distance. On comprend donc que, connaissant les coefficients de dilatation
du fer et du cuivre, on puisse arriver à disposer le pendule de manière que sa longueur soit invariable.

Le calcul montre qu'un seul châssis ne saurait être suffisant pour cette compensation.

La figure 131 représente la disposition employée.

179. Correction à effectuer dans la mesure des longueurs. — Lorsqu'on se sert, pour mesurer une longueur, d'une règle divisée en millimètres, par exemple, on suppose implicitement que chaque division a un millimètre de longueur : or, si la règle a été graduée à zéro, c'est à zéro seulement que les divisions ont un millimètre. Si l'on opère à la température t et que le coefficient de dilatation de la substance dont est faite la règle soit l, chaque division, au lieu d'avoir une longueur 1, a une longueur $1 + lt$. Il y a donc une correction à faire.

Supposons qu'en mesurant la longueur à t^o, nous ayons trouvé qu'elle était égale à L divisions de la règle graduée. Chaque division valant $(1 + lt)$ millimètres, L divisions vaudront $L (1 + lt)$. Donc, la valeur réelle de la longueur à mesurer sera $L' = L (1 + lt)$.

Il faut donc *multiplier la longueur observée par le binôme de dilatation de la règle.*

Application. — *On s'est servi, pour mesurer une barre de fer, d'une règle de cuivre, divisée en millimètres à zéro ; on a trouvé qu'à 25 degrés, cette longueur était de* $3^m,425$. *On demande la vraie longueur x de la barre de fer à 25 degrés. Le coefficient de dilatation du cuivre est* 0,000018.

La longueur de la barre de fer à 25 degrés sera :

$$x = 3,425 \, (1 + 0,000018 \times 25) = 3^m,4265.$$

DILATATION DES LIQUIDES

180. Coefficients de dilatation apparente et coefficients de dilatation absolue des liquides. — Nous avons vu (155) qu'il y avait lieu de considérer, dans les liquides, la *dilatation apparente* et la *dilatation réelle* ou *absolue.*

Lorsque la température d'un liquide s'élève, la température de l'enveloppe qui le renferme s'élève aussi. Par suite, la dilatation qu'on observe, ou *dilatation apparente*, n'est pas la dilatation exacte, ou *dilatation absolue*, puisque le vase qui renferme le liquide a augmenté de capacité. C'est ainsi que dans le thermomètre à mercure, si le réservoir ne se dilatait pas en même temps que le mercure, celui-ci s'avancerait davantage dans la tige de l'instrument.

On comprend que la dilatation absolue doit être plus grande que la dilatation apparente et qu'*elle est égale à la somme des deux dilatations du liquide et de son enveloppe.*

On appelle *coefficient de dilatation absolue* d'un liquide l'augmentation *réelle* de l'unité de volume pour une élévation de température de 1 degré, et *coefficient de dilatation apparente*, l'augmentation qu'on observe dans les mêmes conditions. Soient m et d ces deux coefficients, u le coefficient de dilatation cubique de l'enveloppe, il résulte du paragraphe précédent que

$$m = d + u.$$

On a déterminé le coefficient de dilatation absolue du mercure et on l'a trouvé égal à $\frac{1}{5\,550}$ ou 0,00018. Le coefficient de dilatation apparente du mercure dans le verre ordinaire est égal à $\frac{1}{6\,480}$ ou 0,000154.

Ces nombres ne sont exacts qu'entre 0 degré et 100 degrés ; au-delà de ces températures, ils varient légèrement.

Voici les coefficients de dilatation absolue de deux liquides usuels :

Alcool   0,0012
Éther   0,0021

On remarquera que ces derniers nombres sont à peu près 100 fois plus grands que ceux qui correspondent aux solides.

181. Application aux liquides des formules de dilatation. — Tout ce que nous avons dit à propos de la dilatation cubique des solides s'applique aux liquides.

Si nous appelons V_t le volume d'une masse liquide à $t°$, V_o son volume à o degré et m son coefficient de dilatation absolue, nous avons :

$$V_t = V_o (1 + mt),$$

d'où l'on pourrait déduire la valeur de chacune de ces grandeurs, connaissant les trois autres.

Si nous appelons D_t la densité d'un liquide à $t°$ et D_o sa densité à o degré, nous avons aussi, comme pour les solides :

$$D_t = \frac{D_o}{1 + mt}.$$

182. Applications de la dilatation des liquides. — Les courants que l'on constate (fig. 171) dans un liquide chauffé à la partie inférieure sont dus à la dilatation du liquide sous l'influence de la chaleur. La couche liquide la plus voisine de la source de chaleur s'échauffe, en effet, par contact avec la paroi du vase et, devenant plus légère, s'élève. Elle est remplacée par des couches plus froides et plus denses, ce qui produit des courants au sein de la masse.

183. Maximum de densité de l'eau. — En général, lorsqu'un liquide se refroidit, son volume diminue d'une manière continue : l'eau et quelques dissolutions salines font exception à cette loi, en ce sens qu'arrivées à une certaine température, si elles continuent à se refroidir, elles se dilatent. Voici comment on peut le démontrer.

Si l'on refroidit simultanément un thermomètre à mercure et un thermomètre fait avec de l'eau, on constate d'abord que le liquide baisse à la fois dans les deux instruments ; mais, lorsque la température est voisine de 4 degrés, le niveau de l'eau s'arrête et remonte ensuite, tandis que celui du mercure continue à s'abaisser avec la température. Il y a donc aux environs de 4 degrés une température pour laquelle le volume d'un poids donné d'eau est le plus petit possible, et où, par conséquent, la densité du liquide est la plus grande possible.

Dans les cours, pour mettre en évidence le maximum de densité de l'eau, on se sert de l'appareil suivant, qui est dû à Hope. Il consiste en une éprouvette AB renfermant de l'eau (fig. 132), dans l'intérieur de laquelle pénètrent deux thermomètres t et t'. Un manchon de cuivre C enveloppe la région moyenne de l'éprouvette et peut recevoir de la glace. L'eau de l'éprouvette se refroidit par l'influence de la glace, et les deux thermomètres indiquent un abaissement de température ; le thermomètre t' baisse beaucoup plus vite que le ther-momètre t, parce que les cou-ches d'eau, en se refroidissant, acquièrent une densité plus grande et gagnent le fond de l'éprouvette Les deux thermo-mètres atteignent d'abord la température de 4 degrés, puis le thermomètre inférieur y reste stationnaire, tandis que le thermomètre supérieur con-tinue à baisser. En effet, dès que la température de 4 de-grés est atteinte pour toute l'éprouvette, les couches d'eau, qui sont au contact de la glace,

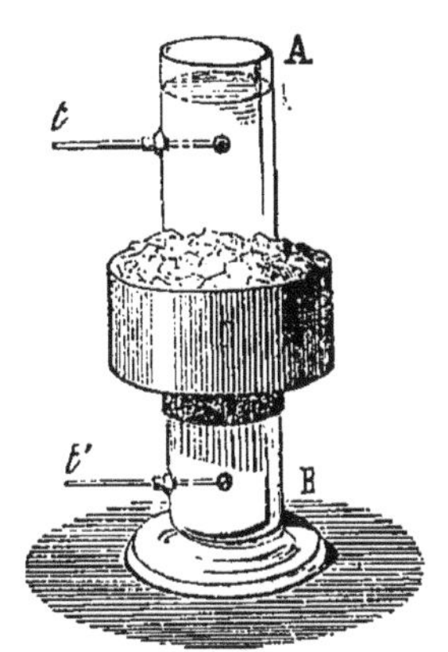

Fig. 132. — Maximum de densité de l'eau.

se refroidissent, deviennent plus légères, montent à la partie supérieure et sont remplacées par de nouvelles couches descendues en vertu de leur poids. Ces couches se refroidissent, et ainsi de suite. Quant aux couches infé-rieures, elles restent, en vertu de leur plus grande densité, au fond du vase, et sont, par suite, protégées contre le refroidissement.

C'est en raison de cette propriété de présenter un maximum de densité à une certaine température qu'on est tenu d'indiquer, dans la définition des liquides et des solides, dans quelles conditions doit être considérée l'eau, prise comme terme de comparaison.

C'est aussi en raison de ce que le maximum de densité de l'eau est à 4 degrés que les couches liquides qui occupent le fond des lacs profonds sont, en été comme en hiver, à une température voisine de 4 degrés. Il n'en est pas de même dans les rivières où, par suite du courant, les masses liquides sont constamment mélangées et ont une température uniforme qui varie de l'hiver à l'été.

Dans l'Océan, la température de l'eau est très variable : elle dépend des courants dont les uns amènent des eaux chaudes venant des régions équatoriales, les autres, des eaux froides venant des régions polaires. Même dans les régions tropicales, les eaux du fond de l'Océan sont quelquefois à une température voisine de o degré, parce qu'elles proviennent de courants polaires qui ont gagné le fond de la mer, tandis que le courant d'eau chaude, plus légère, reste à la surface.

184. **Correction à effectuer dans la mesure de la hauteur barométrique.** — La pression atmosphérique est toujours égale au poids de la colonne de mercure dans le baromètre. Mais, si ce poids ne change pas, il n'en est pas de même du volume, qui s'accroît quand la température augmente et diminue quand elle s'abaisse. La variation du volume a pour effet une variation dans la hauteur de la colonne mercurielle. Ainsi considérons deux baromètres placés dans une même maison, à la même altitude, mais dans deux salles à des températures différentes. Les indications de ces deux instruments différeront et cependant la pression atmosphérique a une valeur unique au moment de l'expérience.

Il y a donc lieu de tenir compte de la température pour évaluer la hauteur barométrique. On est convenu de ramener à o degré les observations barométriques, ce qui signifie qu'étant donnée une hauteur barométrique à une certaine température, il faut chercher quelle serait cette hauteur à o degré.

Cette détermination peut être faite par le calcul ; mais, en pratique, on a recours à des tables dressées à l'avance qui permettent de trouver immédiatement la correction.

Si la température est supérieure à o degré, la correction est soustractive ; si elle est inférieure à o degré, la correction est additive, car, dans ce dernier cas, la hauteur observée est plus faible que si la température était o degré.

185. **Expériences simples.** — A défaut de l'appareil de Hope (fig. 132), on peut opérer de la manière suivante quand la température de l'air est à o° ou au-dessous : on remplit d'eau un flacon qu'on ferme avec un bouchon à deux trous, traversé par deux thermomètres. Le réservoir d'un de ces thermomètres plonge jusqu'au fond du flacon et l'autre est à la partie supérieure du liquide. On élève la température de l'eau à 15° ou 20° et l'on porte le ballon au-dehors. Si l'on observe de temps en temps la température indiquée par les thermomètres, on voit se produire les mêmes phénomènes que dans l'appareil de Hope, c'est-à-dire que le thermomètre inférieur baisse plus rapidement que le thermomètre supérieur ; mais, arrivé à 4°, le thermomètre inférieur reste quelque temps stationnaire, tandis que l'autre continue à descendre.

—

CHAPITRE III

Dilatation des gaz.

186. Dilatibilité des gaz. — Comme les liquides et es solides, les gaz se dilatent et se contractent sous l'action de la chaleur ; mais ici deux cas sont à considérer.

1° *Le gaz se dilate sous pression constante.* — Prenons un tube de verre fermé par un bout, et plongeons l'autre extrémité dans un liquide coloré, du vin par exemple. A l'aide d'une lampe à alcool, chauffons l'extrémité fermée du tube. L'air qu'il contient se dilate et nous le voyons s'échapper en barbotant dans le vin. Laissons refroidir le tube : l'air restant se contracte et le vin monte dans le tube au-dessus de son niveau dans le verre.

Prenons encore (fig. 133) un ballon A, auquel on a soudé un tube deux fois recourbé BCDE et terminé en E par un entonnoir. Versons en E un peu de liquide coloré ; il tombe dans le tube jusqu'à ce que l'air, qui se trouve au-dessous de lui, ait acquis par la compression une force élastique capable de faire équilibre à son poids et à la pression atmosphérique. Supposons qu'il s'arrête en D : dès qu'on approchera le ballon A du feu, ou qu'on lui communiquera la chaleur de la main en le touchant, la dilatation de l'air qu'il renferme sera telle qu'on verra le petit index monter dans le tube : dès qu'on laissera refroidir l'appareil, l'index redescendra. Cette expérience nous prouve que l'air se dilate sous l'action de la chaleur et se contracte par le refroidissement.

2° *Le gaz se dilate sous volume constant.* — Si le volume du gaz reste invariable, c'est l'effort qu'il développe contre les parois du récipient, autrement dit sa *force élastique*, qui s'accroît ; on peut le constater par l'expérience suivante.

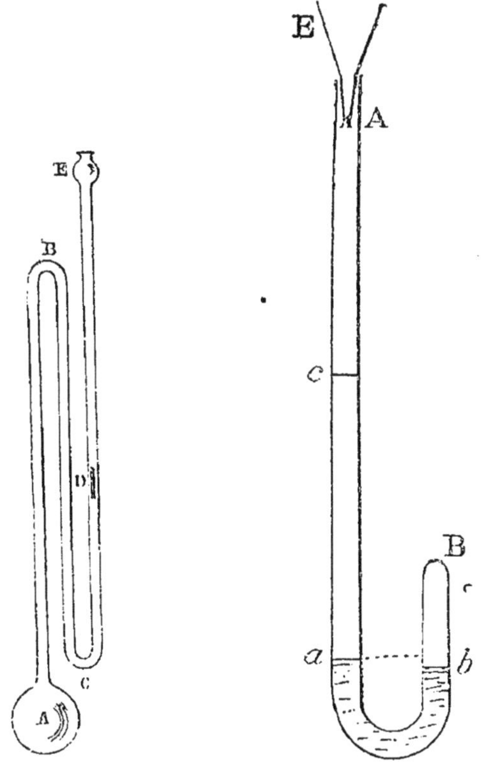

Fig. 133. — Dilatabilité des gaz.

Fig. 134.

Prenons un tube recourbé AB (fig. 134), ouvert en A, fermé en B et d'assez grand diamètre intérieur ; à l'aide de l'entonnoir E, versons un peu d'eau colorée qui prendra les niveaux *a* et *b* ; marquons ces niveaux d'un trait de lime ou à l'aide d'un bout de papier. De l'air est emprisonné, à la température ordinaire, dans l'espace Bb ; chauffons cet air avec une bougie placée près des parois du tube : le niveau du liquide s'abaisse dans la petite branche et s'élève dans la grande. Pour rétablir le niveau b, on verse peu à peu de l'eau dans la branche ouverte ; le liquide s'élève alors en b et c. Dans ces conditions, le volume du gaz n'a pas varié, mais sa force élastique a augmenté, puisqu'il devient capable de faire équilibre à la pression atmosphérique augmentée du poids de la colonne de liquide ac.

187. — Pour l'étude des questions théoriques auxquelles donne lieu la dilatation des gaz, il y a lieu de considérer trois cas :

1° le gaz se dilate sous pression constante ;

2° le gaz se dilate sous volume constant ;

3° le gaz se dilate sous pression et volume variables.

Nous allons étudier chacun de ces trois cas en prenant d'abord des exemples numériques, d'où nous tirerons des formules générales. Mais auparavant il est nécessaire de définir ce qu'on entend par *coefficients de dilatation des gaz*.

188. **Coefficients de dilatation des gaz.** — On appelle coefficient de dilatation d'un gaz *la quantité dont augmente l'unité de volume pour une élévation de température de 1°, la pression restant constante.*

Comme les liquides, les gaz qu'on étudie sont renfermés dans des enveloppes dont la température varie en même temps que la leur ; mais la dilatation des gaz est assez grande par rapport à celle de l'enveloppe pour qu'on puisse négliger celle-ci.

Il résulte d'expériences précises que les coefficients moyens de dilatation des principaux gaz, entre 0° et 100°, sont :

Air	0,003667 ou sensiblement $\dfrac{1}{273}$
Hydrogène	0,003661
Azote	0,003667
Gaz carbonique . .	0,003711
Oxyde de carbone .	0,003669

On remarquera que les coefficients de dilatation des gaz ne diffèrent que très peu les uns des autres ; ils se rapprochent tous du nombre 0,0036 qu'on peut considérer, dans les calculs ordinaires, comme étant le coefficient approximatif de tous les gaz.

189. **Dilatation d'un gaz sous pression constante.** — *Une masse gazeuse renfermée dans une enveloppe considérée comme parfaitement extensible a un volume de 4 litres à 0°. On demande quel serait le volume de cette masse gazeuse à 20°.*

Un litre de gaz augmente de $0^l,0036$ par degré ; pour 20°, le volume s'accroît de $0^l0036 \times 20$ et 4 litres augmentent de $0^l,0039 \times 20 \times 4$.

La masse gazeuse occupe donc à 20° un volume de

$$4^l + 0^l,0036 \times 20 \times 4 = 4 (1 + 0,0036 \times 20) = 4^l,288.$$

En appelant V_t le volume d'une masse gazeuse à t^0 et V_0 le volume de cette masse à 0°, a le coefficient de dilatation, nous avons, d'après le raisonnement précédent :

$$V_t = V_0 + V_0\, at = V_0 (1 + at),$$

formule identique à celle que nous avons établie pour les solides et les liquides.

La même masse gazeuse portée à t'^0 occuperait un volume $V_{t'}$ donné par la formule :

$$V_{t'} = V_0 (1 + at') ;$$

or

$$V_t = V_0 (1 + at) ;$$

d'où, en divisant ces deux égalités membre à membre :

$$\frac{V_{t'}}{V_t} = \frac{V_0 (1 + at')}{V_0 (1 + at)} = \frac{1 + at'}{1 + at},$$

ou

$$\frac{V_{t'}}{1 + at'} = \frac{V_t}{1 + at}.$$

D'où l'on conclut que *les volumes occupés par une même masse de gaz à des températures différentes, mais sous pression constante, sont proportionnels aux binômes de dilatation.* (1re loi de Gay-Lussac).

190. Variation de la force élastique d'un gaz dont le volume reste constant. — *Une masse gazeuse renfermée dans une enveloppe supposée inextensible a un volume de 5 litres à 0° et une force élastique de 760 millimètres. On demande ce que deviendra la force élastique de ce gaz, si l'on en élève la température à 30°.*

Supposons pour un instant que le gaz puisse se dilater librement; son volume deviendrait (189) :

$$5^l \, (1 + 0,0036 \times 30).$$

Le problème est donc ramené à celui-ci : quelle sera la force élastique d'un volume gazeux égal à $5^l(1 + 0,0036 \times 30)$, sous la pression de 760 millimètres, si l'on ramène le volume à 5 litres ?

La loi de Mariotte nous indique que la nouvelle force élastique sera :

$$H_{30} = 760 \times \frac{5\,(1 + 0,0036 \times 30)}{5} = 760\,(1 + 0,0036 \times 30)$$

$$H_{30} = 842 \text{ millimètres.}$$

Appelons H_0 la force élastique du gaz à 0°, H_t la force élastique cherchée, et désignons chacune des autres quantités par les mêmes lettres que précédemment : nous obtenons :

$$(1) \qquad\qquad H_t = H_0\,(1 + at).$$

$(1 + at)$ est appelé, dans ce cas, *binôme d'élasticité.*

La même masse gazeuse étant portée à la température t', si nous appelons $H_{t'}$ la nouvelle force élastique, nous aurons de même :

$$(2) \qquad\qquad H_{t'} = H_0\,(1 + at');$$

d'où, en divisant membre à membre les égalités (1) et (2) :

$$\frac{H_{t'}}{H_t} = \frac{H_o\,(1 + at')}{H_o\,(1 + at)} = \frac{1 + at'}{1 + at},$$

ou

$$\frac{H_{t'}}{1 + at'} = \frac{H_t}{1 + at}.$$

Cette proportion indique que *les forces élastiques d'une même masse gazeuse portée à des températures différentes, sous volume constant, sont proportionnelles aux binômes d'élasticité* (2ᵉ loi de Gay-Lussac).

191. Dilatation d'un gaz sous volume et pression variables. — *Une masse gazeuse est renfermée dans une enveloppe extensible et occupe un volume de 8 litres à 0° sous une pression de 760 millimètres. On demande quel serait le volume de cette masse de gaz à la température de 10° et sous la pression de 900 millimètres.*

Il y a lieu de tenir compte ici, non seulement de la variation de température, mais encore de la variation de pression.

Commençons par cette dernière, en supposant que la température reste la même. Une masse de gaz occupe un volume de 8 litres sous la pression de 760 millimètres ; nous avons à chercher quel volume elle occuperait sous la pression de 900 millimètres.

La loi de Mariotte indique que ce volume serait :

$$8 \times \frac{760}{900}.$$

Nous savons (189) que, si la température passe de 0° à 10°, ce volume devient :

$$8 \times \frac{760}{900}\,(1 + 0{,}0036 \times 10) = 7^{\mathrm{l}}.$$

Si nous remplaçons les valeurs ci-dessus par les lettres

que nous avons déjà employées, nous obtenons

$$(1) \qquad V_t = V_0 \times \frac{H_o}{H_t} (1 + at).$$

La même masse gazeuse portée à la température t' et à la pression $H_{t'}$ acquerrait un volume :

$$(2) \qquad V_{t'} = V_0 \times \frac{H_o}{H_{t'}} (1 + at')$$

Divisons les égalités (1) et (2) membre à membre :

$$\frac{V_{t'}}{V_t} = \frac{V_0 \times \dfrac{H_o}{H_{t'}} (1 + at')}{V_0 \times \dfrac{H_o}{H_t} (1 + at)},$$

ou

$$\frac{V_{t'}}{V_t} = \frac{H_t (1 + at')}{H_{t'} (1 + at)}$$

ou encore :

$$\frac{V_{t'} \times H_{t'}}{1 + at'} = \frac{V_t \times H_t}{1 + at}.$$

Cette égalité est quelquefois appelée *équation des gaz parfaits*, c'est-à-dire des gaz qui obéissent rigoureusement à la loi de Mariotte et à une dilatation régulière pour toute pression et pour toute température.

Elle montre que *le produit du volume d'une masse gazeuse par la pression qu'elle supporte, divisé par le binôme de dilatation, est un nombre constant.*

DENSITÉ DES GAZ

192. **Définition de la densité d'un gaz.** — On appelle *poids spécifique absolu* d'un gaz le poids d'un litre de ce gaz à 0° sous la pression de 760 millimètres.

Comme pour les solides et les liquides (40), on a substitué à la notion du poids spécifique absolu celle du *poids spécifique relatif*, pris par rapport à l'air.

On appelle *poids spécifique relatif*, ou *densité relative* d'un gaz, le rapport des poids de volumes égaux de ce gaz et d'air, ces volumes étant soumis aux mêmes conditions de température et de pression ([1]). Ainsi défini, le poids spécifique ou la densité est un nombre constant.

D'autre part, comme les gaz n'obéissent pas rigoureusement à la loi de Mariotte et que leurs coefficients de dilatation varient légèrement avec la température, il était nécessaire de préciser les conditions de température et de pression que doivent remplir l'air et les gaz dans la détermination des densités. Par convention, ces conditions, dites *normales*, sont la température 0° et la pression barométrique de 760 millimètres.

Nous appelons donc *densité d'un gaz par rapport à l'air*, ou simplement *densité d'un gaz*, le rapport du poids d'un litre de ce gaz à 0° et sous la pression de 760 millimètres au poids d'un litre d'air pris dans les mêmes conditions.

La densité de l'oxygène étant 1,1052, cela signifie qu'un litre d'oxygène à 0° et sous la pression de 760 millimètres pèse 1,1052 fois plus qu'un litre d'air.

Des expériences précises ont montré qu'un litre d'air, dans les conditions normales, pèse $1^g,293$; un litre d'oxygène pèse donc dans les mêmes conditions :

$$1^g,293 \times 1,1052 = 1^g,429.$$

On voit que, pour trouver le poids du litre d'un gaz dont on connaît la densité, il suffit de multiplier $1^g,293$ par cette densité.

193. **Détermination du poids d'une masse gazeuse.** — Soit à déterminer le poids d'une masse gazeuse dont on

______

([1]) En chimie, il est plus facile, pour retenir les densités des gaz, de les fixer par rapport à l'hydrogène.

connaît le volume, la température et la pression. Le produit de $1^g,293$, poids du litre d'air, par la densité du gaz, nous donne le poids d'un litre de ce gaz à $0°$ et sous la pression de 760 millimètres. Il nous suffit donc de chercher quel serait le volume de la masse gazeuse à $0°$ et sous la pression de 760 millimètres et de multiplier le poids du litre de ce gaz par le volume obtenu exprimé en litres. C'est ce que montre l'exemple numérique suivant :

Chercher quel est le poids de 20 litres d'hydrogène à la température de 30° et sous la pression de 730 millimètres, sachant que la densité de l'hydrogène est 0,0695.

Si la pression était 760 millimètres, le volume d'hydrogène à 30° serait :

$$20^l \times \frac{730}{760}.$$

Cherchons le volume de cette masse d'hydrogène à la température $0°$; nous allons, pour cela, répéter un raisonnement déjà fait précédemment (189).

Un litre d'hydrogène à $0°$ devient à $30°$:

$$1^l (1 + 0,0036 \times 30).$$

Le volume de la masse gazeuse à $0°$ et sous la pression de 760 millimètres est donc :

$$20 \times \frac{730}{760} : 1 (1 + 0,0036 \times 30),$$

ou

$$\frac{20 \times 730}{760 (1 + 0,0036 \times 30)}.$$

Le poids d'un litre d'hydrogène étant :

$$1^g,293 \times 0,0695,$$

le poids cherché est :

$$1^g,293 \times 0,0695 \times \frac{20 \times 730}{760 (1 + 0,0036 \times 30)} = 1^g,56.$$

194. Formule générale. — Si nous appelons P le poids d'une masse de gaz de volume V à $t°$, H sa force élastique, a le coefficient de dilatation, d la densité de ce gaz, nous obtenons, d'après le raisonnement précédent :

$$P = 1^g, 293 \times d \times \frac{H}{760} \times \frac{V}{1 + at},$$

formule générale qui donne en grammes le poids d'une masse gazeuse dont on connaît la pression et la température, à condition d'en exprimer le volume en litres. On trouvera une application directe de cette formule dans le problème suivant :

Un aérostat supposé sphérique a 10 mètres de diamètre ; il est rempli d'hydrogène sec. La pression étant 740 millimètres, la température 20°, on demande le poids du fer qui a servi à gonfler l'aérostat. Densité de l'hydrogène, 0,0695 ; poids atomique du fer, 56 ; de l'hydrogène, 1.

On a :

$$V = \frac{1}{6} \pi D^3 = \frac{1}{6} \times 3,1416 \times 10^3 = 523\,600 \text{ l.}$$

Ce nombre représente le volume du gaz à 20° et sous la pression de 740 millimètres.

Appliquons la formule générale, il vient :

$$P = 1^g,293 \times 0,0695 \times \frac{740}{760} \times \frac{523\,600}{1 + 0,0036 \times 20} = 45\,365 \text{ g}.$$

La réaction qui produit l'hydrogène étant la suivante :

$$3\,Fe + 4\,H^2O = Fe^3O^4 + 4\,H^2,$$

on voit que 56×3 ou 168 grammes de fer donnent 8 grammes d'hydrogène ; d'où :

$$P' = 168 \times \frac{P}{8} = 168 \times \frac{45\,365}{8} = 952^{kg},665.$$

195. **Applications de la dilatation des gaz** ([1]).
— Les gaz s'échauffent, comme les liquides, par des mouvements qui se produisent dans leur masse, lorsqu'ils sont soumis à une élévation de température par contact avec une paroi chauffée. La couche gazeuse chauffée se dilate et, devenant plus légère, s'élève ; elle est remplacée par des couches plus froides qui s'élèvent à leur tour. Une des causes du vent réside dans l'échauffement de la couche d'air en contact avec le sol.

Le tirage des cheminées a aussi pour cause la dilatation de l'air en contact avec le combustible ; cet air, devenant plus léger, s'élève dans la cheminée ; il est continuellement remplacé par de l'air venant de l'appartement.

196. **Thermomètre à hydrogène.** — Si, dans les conditions ordinaires, un thermomètre à liquide est d'une précision suffisante, il ne saurait en être de même quand il s'agit d'observations qui demandent une rigoureuse exactitude, les variations dans la dilatation de l'enveloppe étant une cause d'erreur.

Le mercure se dilate seulement 7 fois plus que le verre ; aussi n'est-il pas surprenant que la nature de l'enveloppe influe sur les indications du thermomètre. L'expérience montre que, si l'on compare deux thermomètres à mercure construits, l'un en verre ordinaire, l'autre en cristal, les indications sont sensiblement les mêmes entre 0° et 100° ; mais qu'à une température élevée, vers 200° par exemple, elles peuvent différer de 2 à 3 degrés. Il en est de même pour les températures très basses.

Seul un thermomètre à gaz peut être considéré comme précis à toutes les températures, la dilatation du gaz étant, en effet, considérablement plus grande que celle de l'enveloppe.

Le gaz employé est ordinairement l'*hydrogène* qui pré-

([1]) Nous reviendrons plus loin sur la cause des vents (352), ainsi que sur le tirage des cheminées (292), qui sont des applications directes de la dilatation des gaz.

sente, sur les autres gaz, l'avantage d'être bon conducteur de la chaleur. Le *thermomètre à hydrogène* est le véritable thermomètre étalon pour toute température.

L'appareil représenté par la figure 134 nous permet d'expliquer le principe de cet instrument, fondé sur les variations de force élastique que subit un volume constant d'hydrogène.

Supposons qu'un certain volume d'hydrogène soit emprisonné dans la branche B et séparé de l'atmosphère par une colonne de mercure. Entourons la partie du tube, occupée par l'hydrogène, par de la glace fondante et notons le niveau b du mercure lorsque ce niveau ne varie plus. Enlevons la glace et portons la branche B dans un milieu dont la température à déterminer soit supérieure à 0°. L'hydrogène se dilate et refoule le mercure dans la branche A. On verse du mercure par l'entonnoir E, de façon à maintenir constant en b le niveau du mercure. On comprend que plus la température sera élevée, plus on devra verser de mercure pour atteindre le niveau indiqué. Le tube recourbé AB fonctionne ainsi comme un véritable manomètre qui permet d'évaluer : 1° la force élastique de l'hydrogène, lorsque la température est 0° ; 2° sa force élastique à la température cherchée.

Par le calcul, on détermine la différence de température qui correspond à la différence des forces élastiques du gaz.

Le thermomètre à hydrogène est d'une construction assez compliquée ; de plus la manipulation en est longue et délicate ; aussi n'est-il guère employé que pour les recherches scientifiques ; dans la pratique, le thermomètre étalon est le thermomètre à mercure, en verre dur, comparé préalablement avec le thermomètre à hydrogène.

197. Force ascensionnelle d'un aérostat. — La force ascensionnelle est égale, en vertu du principe d'Archimède appliqué au gaz, à la différence qui existe entre le poids de l'air déplacé et le poids total de l'aérostat, y compris celui du gaz qui le gonfle.

Proposons-nous de calculer cette force ascensionnelle pour un aérostat de volume V exprimé en mètres cubes, gonflé avec un gaz de densité d, la pression atmosphérique étant H et la température t. Nous ferons abstraction de l'air déplacé par les aéronautes, la nacelle et tous les accessoires et nous appellerons P le poids de tout ce qui entre dans le ballon en plus du gaz..

D'après la formule générale (194), le poids du gaz intérieur est, en kilogrammes, le mètre cube d'air pesant $1^{kg},293$

$$1^{kg},293 \times d \times \frac{H}{760} \times \frac{V}{1 + at}$$

auquel il convient d'ajouter le poids P.

Le poids total du ballon est donc

$$P + 1^{kg},293 \times d \times \frac{H}{760} \times \frac{V}{1 + at}.$$

Le poids de l'air déplacé est

$$1^{kg},293 \times \frac{H}{760} \times \frac{V}{1 + at}.$$

La force ascensionnelle est donc

$$1^{kg},293 \times \frac{H}{760} \times \frac{V}{1+at} - \left(P + 1^{kg},293 \times d \times \frac{H}{760} \times \frac{V}{1+at}\right),$$

ou

$$1^{kg},293 \times \frac{H}{760} \times \frac{V}{1 + at} \times (1 - d) - P.$$

Il est facile de voir que cette force croît quand V augmente et que d diminue.

Par un temps calme, la force ascensionnelle qu'il faut donner au départ est de quelques kilogrammes seulement; on la mesure avec un dynamomètre. De plus, le ballon ne doit jamais être entièrement gonflé au départ, car, en arrivant dans des couches de plus en plus élevées, il subit une pression qui va en diminuant constamment, ce qui produit une dilatation du gaz intérieur : un gonflement complet au départ pourrait amener des déchirures de l'enveloppe pendant l'ascension..

Tant que l'aérostat n'est pas complètement gonflé tout en s'élevant dans l'atmosphère, sa force ascensionnelle reste constante, car, si d'un côté le volume du ballon augmente, l'air déplacé a un poids spécifique moindre. La loi de Mariotte nous indique d'ailleurs que le produit VH du volume d'air déplacé par sa force élastique reste constant.

Lorsque le ballon est complètement gonflé, l'ascension se continuant, une certaine quantité de gaz s'échappe peu à peu par la partie inférieure du ballon maintenue ouverte à dessein et la force ascensionnelle diminue de plus en plus, car V reste constant et H diminue. Il arrive un moment où la force ascensionnelle est nulle et le ballon est alors en équilibre dans l'atmosphère.

Si l'aéronaute veut monter plus haut, il jette du lest pour diminuer le poids total; s'il veut descendre, il ouvre, au moyen d'une corde, une soupape placée à la partie supérieure du ballon : une partie du gaz s'échappe et est remplacée par de l'air, qui est plus lourd.

Ajoutons que l'aéronaute emporte avec lui une boussole pour juger de la direction qu'il suit et un baromètre dont les indications lui permettent d'évaluer, à chaque instant, la hauteur à laquelle il se trouve.

198. Expériences simples. — Montrer la dilatabilité du gaz au moins par les deux expériences simples indiquées au n° 186.

Mettre un peu d'eau dans un ballon; fermer celui-ci avec un bouchon traversé d'un tube plongeant dans l'eau du ballon et effilé à l'autre extrémité. Si l'on plonge le ballon dans de l'eau chaude, on obtient un jet d'eau, par suite de la variation de force élastique éprouvée par l'air du ballon.

Suspendre par un fil une feuille de papier au dessus d'un poêle : la partie inférieure se relève, entraînée par le courant ascendant d'air chaud. Dans les mêmes conditions, une spirale de papier, reposant sur un support vertical, se met à tourner.

CHAPITRE IV

—

Calorimétrie. — Chaleurs spécifiques.

199. Calorimétrie. — On appelle *calorimétrie* la partie de la physique qui s'occupe de la mesure des *quantités de chaleur*. Les mots « quantités de chaleur » ont été introduits dans la science, lorsqu'on croyait que les phénomènes calorifiques étaient dus à un fluide subtil, que les corps se cédaient l'un à l'autre pour produire différents phénomènes, parmi lesquels nous citerons les dilatations.

Aujourd'hui on attribue une autre cause aux phénomènes calorifiques (156) ; on ne les regarde plus comme produits par la cession ou le gain de quantités plus ou moins grandes du fluide appelé autrefois *calorique*. Cependant on a conservé l'usage de l'ancienne expression *quantité de chaleur*, qui ne présente aucun inconvénient, attendu qu'il ne s'agit que de la comparaison de certains phénomènes entre eux.

On conçoit facilement que, si l'on brûle 1, 2, 3... kilogrammes de charbon, les quantités de chaleur produites, quelle que soit la nature de celle-ci, sont proportionnelles aux nombres 1, 2, 3... La notion de quantités de chaleur égales entre elles, de quantités de chaleur multiples les unes des autres, s'acquiert donc aisément et l'on comprend qu'en choisissant l'une de ces quantités pour *unité*, il soit possible de mesurer les autres.

200. Unité de mesure des quantités de chaleur ou calorie. — L'unité de mesure des quantités de chaleur est la *calorie*.

On appelle *calorie la quantité de chaleur nécessaire pour élever la température d'un gramme d'eau liquide de 0° à 1°.* La calorie ainsi définie est la *petite calorie* ou *calorie-gramme-degré*.

On emploie souvent aussi la *grande calorie*, qui est la *quantité de chaleur nécessaire pour élever la température d'un kilogramme d'eau liquide de 0° à 1°.*

201. Conditions qui font varier la quantité de chaleur absorbée ou perdue par un corps. — Les conditions qui font varier la quantité de chaleur absorbée ou perdue par un corps sont : 1° le poids du corps ; 2° la variation de sa température ; 3° sa nature.

1° *Poids du corps.* — Si nous considérons deux corps de même nature, à la même température, mais de poids différents, on admet que, pour élever d'un même nombre de degrés la température de ces deux corps, il faudra leur fournir des quantités de chaleur proportionnelles à leurs poids.

De cette convention, il résulte que la grande calorie vaut 1000 petites calories.

De même, si la température des deux corps précédents s'abaissait d'un même nombre de degrés, ils perdraient des quantités de chaleur également proportionnelles à leurs poids.

2° *Variation de la température.* — Pour élever la tempéture d'un gramme d'eau de 0° à 1°, il faut, par définition, 1 calorie ; si on l'élève de 0° à 10°, on admet qu'il faut lui fournir 10 calories. Les quantités de chaleur absorbées par 1 gramme d'eau sont donc proportionnelles à la différence des températures finale et initiale. Il en serait de même pour un corps quelconque.

Inversement, en se refroidissant de 10° à 5° par exemple, 1 gramme d'eau pourra céder une quantité de chaleur égale à 5 calories.

Si, au lieu de porter la température d'un gramme d'eau

de 0° à 10°, on la portait de 15° à 25°, il faudrait encore lui fournir 10 calories, c'est-à-dire 10 fois plus de chaleur que si l'on élevait la température seulement de 1 degré.

En variant ce genre d'essais à des températures différentes, mais toutefois entre certaines limites, on a reconnu que, pour élever la température d'un corps de $t°$, il fallait toujours lui fournir la même quantité de chaleur, quelle que fût la température initiale. Pour l'eau, par exemple, tant qu'on ne dépasse pas 60°, il faut toujours fournir à l'unité de poids de ce liquide la même quantité de chaleur pour élever sa température de 10°, que la variation se fasse de 0° à 10°, de 15° à 25°, de 35° à 45°, etc.

La *calorie* peut donc être définie aussi *la quantité de chaleur nécessaire pour élever la température d'un gramme d'eau de $t°$ à $(t + 1)°$.*

3° *Nature du corps.* — Prenons un morceau de cuivre et un morceau de soufre de même poids ; plongeons-les assez longtemps dans de l'eau bouillante pour qu'ils prennent la température de cette eau. Plongeons ensuite chacun de ces corps dans un vase contenant un même poids d'eau : nous constaterons, au bout de quelques instants, que la température de l'eau n'est pas la même dans les deux vases. Le cuivre et le soufre n'avaient donc pas absorbé la même quantité de chaleur.

Cependant ces deux corps avaient le même poids et étaient à la même température : la différence que nous constatons provient donc de leur nature même.

Lorsqu'on mélange 1 kilogramme d'un corps, d'eau par exemple, à 50° avec 1 kilogramme d'eau à zéro, on obtient 2 kilogrammes d'eau à 25°. Si l'on fait cette expérience avec 1 kilogramme de substances différentes, on n'arrive pas au même résultat. Par exemple, 1 kilogramme de fer à 50°, plongé dans 1 kilogramme d'eau à zéro, donne une température commune de 5° environ : donc, la quantité de chaleur, qu'a gagnée le kilogramme d'eau au contact du kilogramme de fer, a élevé la température de ce liquide de 5°, tandis que la perte de cette quantité de chaleur faite par le fer a abaissé de 45° la température de ce métal. Il en résulte que, si l'on appliquait cette quantité de chaleur, d'une part, à 1 kilogramme d'eau à zéro, d'autre part, à un kilogramme de fer à zéro, la température du premier s'élèverait de 5° et celle du second de 45°. On voit donc que la même quantité de chaleur produit, sur des poids égaux de différents corps, des variations inégales de température, et que, par conséquent, pour élever de 1 degré la température de poids égaux de corps différents, il faudra leur donner des quantités de chaleur inégales.

Une autre expérience peut être faite à ce sujet. On fait chauffer à la *même température*, par une immersion prolongée dans un liquide déterminé, la glycérine par exemple, des boules de *même poids*, mais de *matières différentes* (argent, plomb, zinc, étain, cuivre). Puis on les place à la surface d'un disque de cire : on voit la cire se fondre inégalement au contact de chaque boule, et, tandis que l'une d'elles a fondu toute l'épaisseur du disque et l'a traversée, l'autre n'en a fondu que la moitié ou le tiers. Aussi celle-ci met-elle plus de temps à traverser le disque. Cette expérience prouve que ces boules de *même* poids, quoique étant à la *même* température, possèdent des quantités de chaleur *inégales*.

202. **Chaleur spécifique.** — Les corps ne se comportent donc pas tous de la même manière vis-à-vis de la chaleur ; pour les définir et les caractériser à ce point de vue, on a introduit dans la science l'idée de chaleur spécifique.

On appelle *chaleur spécifique d'un corps la quantité de chaleur, exprimée en calories, qu'il faut donner à l'unité de poids de ce corps pour élever sa température de 0° à 1°.* On admet, qu'au moins entre certaines limites, cette quantité de chaleur est la même pour élever la température de l'unité de poids de chaque corps de $t°$ à $(t + 1)°$.

Si l'on applique cette définition à l'eau, on voit, en se rappelant la définition de la calorie, que cette quantité de chaleur est exprimée par 1, ce qui revient à dire que la chaleur spécifique de l'eau est prise pour unité.

Nous allons maintenant évaluer numériquement une quantité de chaleur absorbée ou perdue par un corps et généraliser les résultats obtenus en un théorème sur lequel repose la solution des différents problèmes qui peuvent être proposés dans cet ordre d'idées.

Quelle est la quantité de chaleur nécessaire pour élever de 20° *à* 80° *la température d'une masse de cuivre de* 5 *kilogrammes ? Chaleur spécifique du cuivre :* 0,09.

Puisque la chaleur spécifique du cuivre est 0,09, 1 gramme de cuivre absorbe $0^{cal},09$ lorsque la température s'élève de 1° et, dans les mêmes conditions, 5 kilogrammes ou 5000 grammes absorbent $0^c,09 \times 5000$.

Si la température s'élève de (80-20) ou 60°, la quantité de chaleur nécessaire sera :

$$0^c,09 \times 5000 \times 60 = 27000 \text{ petites calories}$$

203. Théorème. — Le raisonnement précédent nous conduit, en généralisant, à formuler le théorème suivant : *Quand un corps de poids* P *et de chaleur spécifique* c *subit, sans changer d'état, une variation* t *de température, il gagne ou perd, selon que sa température s'élève ou s'abaisse, une quantité de chaleur représentée par le produit des trois facteurs* P, c, t.

204. Détermination de la chaleur spécifique des corps solides et liquides par la méthode des mélanges. — La détermination de la chaleur spécifique des corps peut se faire par diverses méthodes. Nous n'en expliquerons qu'une, dite *méthode des mélanges*, qui repose sur les principes que nous venons de développer.

On prend un poids connu P du corps sur lequel on veut opérer, on le chauffe à une température connue T et on le plonge dans un vase ordinairement en cuivre, appelé *calorimètre* et contenant un poids connu P' d'eau à une température connue t; le corps se refroidit et cède une portion de sa chaleur à l'eau qui s'échauffe : le mélange prend une température finale t', qu'on mesure à l'aide d'un thermomètre. On a alors tous les éléments néces-saires pour déterminer la chaleur spécifique x du corps. En effet, d'après le théorème précédent, la quantité de chaleur perdue par le corps est égale à un nombre de calories re-présenté par le produit de trois facteurs : le poids P du corps, sa chaleur spécifique x et sa variation de tempéra-ture T — t' ; elle est donc égale à Px (T — t'). La chaleur gagnée par l'eau s'obtient de même ; elle est égale à P' (t' — t). Mais la chaleur gagnée par l'eau est égale à celle qu'a perdue le corps sur lequel on expérimente. On a donc :

$$Px\,(T — t') = P'\,(t' — t),$$

d'où

$$x = \frac{P'\,(t' — t)}{P\,(T — t')}.$$

205. **Remarque.** — Dans la détermination qui précède, nous n'avons pas, pour plus de simplicité dans l'exposi-tion, tenu compte de la quantité de chaleur absorbée par la matière même du calorimètre et ses accessoires.

Le produit Pc du poids P d'un corps par sa chaleur spécifique c est ce qu'on appelle le *poids du corps réduit en eau* : il représente évidemment le poids d'eau qui, sous l'influence d'une quantité déterminée de chaleur, subirait la même variation de température que subit le poids P sous l'influence de cette quantité de chaleur. Dans la méthode précédente, on doit donc tenir compte des poids du calorimètre, du thermomètre et de l'agitateur réduits en eau.

206. **Disposition pratique des expériences.** — Dans l'application de la méthode des mélanges, il y aurait encore lieu de tenir compte des échanges calorifiques qui se produisent entre le calorimètre et le milieu ambiant ; comme il serait très difficile d'évaluer ces échanges, on les réduit au minimum de manière à pouvoir les négliger. Pour cela, le calorimètre V (fig. 135) est en métal poli, afin

de diminuer le rayonnement ; il repose sur des bouchons de liège B, B, taillés en pointe, pour diminuer la perte de chaleur par conductibilité ; enfin il est entouré d'une enveloppe A à double paroi, remplie d'eau et garnie de feutre à l'extérieur. On règle d'ailleurs le poids de l'eau du calorimètre, de manière que la température de l'appareil ne s'élève, dans chaque expérience, que de 3 ou 4 degrés.

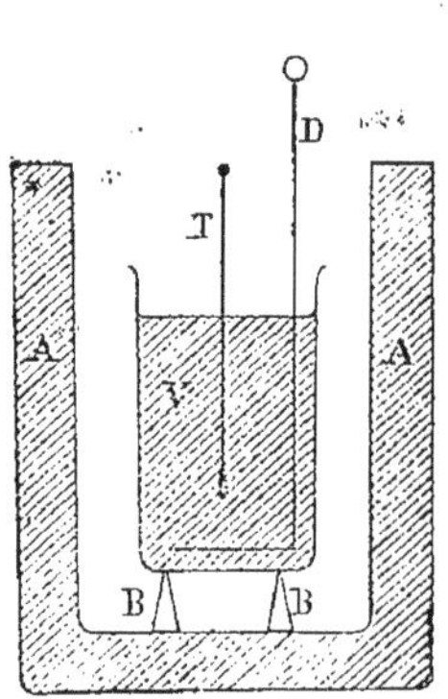

Fig. 135. — Méthode des mélanges.

207. Applications numériques de la méthode des mélanges. — 1° *On mélange 2 kilogrammes d'eau liquide à* 0° *avec* 3 *kilogrammes d'un autre liquide à* 100° : *la température finale est* 4°,5. *On demande la chaleur spécifique du liquide.*

Soit x cette chaleur spécifique ; la température du liquide s'est abaissée de 100° à 4°,5 ou de

$$100° - 4°,5 = 95°,5.$$

En appliquant le théorème du n° 203, nous voyons que le liquide a perdu un nombre de calories représenté par le produit

$$x \times 3\,000 \times 95,5.$$

Pour la même raison, comme la température de l'eau s'est élevée de 4°,5, l'eau a gagné :

$$1^c \times 2\,000 \times 4,5.$$

On a donc :

Chaleur perdue par le liquide = chaleur gagnée par l'eau

$$x \times 3\,000 \times 95,5 = 1^c \times 2\,000 \times 4,5,$$

ou

$$286\,500\,x = 9\,000^c ;$$

d'où

$$x = \frac{9\,000}{286\,500} = 0,031.$$

$2°$ *Un calorimètre en cuivre pèse 100 grammes et contient 500 grammes d'eau à 10° ; on plonge dans cette eau 400 grammes de plomb à 120° : la température finale est 13°. On demande la chaleur spécifique du plomb, sachant que celle du cuivre est 0,09.*

La température du plomb s'est abaissée de 120° — 13° ou de 107°. Si sa chaleur spécifique est x, il a perdu un nombre de calories égal à

$$x \times 400 \times 107.$$

Cette quantité de chaleur a été cédée au cuivre du calorimètre, ainsi qu'à l'eau qu'il renferme.

La température du cuivre et celle de l'eau ont varié de 3°; le cuivre a donc gagné $0,09 \times 100 \times 3$ et l'eau

$$1^c \times 500 \times 3.$$

Nous pouvons donc écrire :

$$\text{Chaleur perdue par le plomb} = \frac{\text{Chaleur gagnée par}}{\text{le calorimètre} + \text{l'eau}}$$

$$x \times 400 \times 107 = 0,09 \times 100 \times 3 + 1 \times 500 \times 3$$
$$42\,800\,x = 27^c + 1\,500^c$$
$$42\,800\,x = 1\,527^c ;$$

d'où

$$x = \frac{1\,527}{42\,800} = 0,035.$$

208. Résultats généraux sur les chaleurs spécifiques. — Les recherches sur les chaleurs spécifiques ont montré : 1° qu'au delà de 100° la chaleur spécifique d'un corps croît en général avec la température : cette chaleur spécifique est 1.013 pour l'eau à 100°; 2° que la chaleur spécifique d'un corps à l'état liquide est en général plus grande que la chaleur spécifique de ce même corps à l'état solide : la chaleur spécifique de l'eau est 1, celle de la glace est 0,474.

Noms des corps	Chaleurs spécifiques	Noms des corps	Chaleurs spécifiques
Or.	0,03244	Mercure solide .	0,03192
Platine . . .	0,03230	Mercure liquide.	0,03332
Argent . . .	0,05701	Soufre . . .	0,17640
Cuivre . . .	0,09515	Verre	0,19768
Etain	0,05623	Alcool. . . .	0,54754
Plomb. . . .	0,03140	Eau { solide . .	0,474
Fer	0,11236	Eau { vapeur .	0,4773
Zinc	0,09350		

209. **Importance de la valeur exceptionnelle de la chaleur spécifique de l'eau.** — On voit par les nombres précédents que la chaleur spécifique de l'eau, qui est 1, est beaucoup plus grande que celle des autres corps. Cette circonstance joue un rôle important dans l'équilibre des phénomènes naturels. La chaleur spécifique de l'eau étant considérable par rapport à celle des autres corps, il est évident qu'il faudra. pour élever ou abaisser d'un degré l'unité de poids d'eau, lui donner ou lui enlever une quantité de chaleur plus grande que celle qu'il faudra donner ou enlever aux autres corps. Aussi l'eau, qui se trouve en quantité si considérable à la surface du sol, est-elle un véritable régulateur thermique : pendant l'été, elle emmagasine la chaleur que lui envoie le soleil et la dépense lentement pendant l'hiver, sans que cet emmagasinement et cette dépense produisent chez elle de grandes variations de température.

C'est aussi en raison de la grande chaleur spécifique de l'eau qu'on utilise ce corps pour le chauffage, au moyen de bouillottes employées, l'hiver, dans les wagons de chemin de fer : sous un volume d'eau relativement faible, on emmagasine ainsi une grande quantité de chaleur. La même raison explique le mode de chauffage par circulation d'eau chaude.

210. **Loi de Dulong et Petit.** — *Le produit de la chaleur spécifique d'un corps par son poids atomique est un nombre constant et voisin de 6,4*

Nous allons vérifier cette loi par quelques exemples :

Corps	Poids atomiques	Chaleurs spécifiques	Produits
Or	196	0,03244	6,66
Argent	108	0,05701	6,16
Cuivre	63,6	0,09515	6,03
Mercure	200	0,03332	6,66

Les résultats obtenus suffisent pour montrer que la loi de Dulong et Petit n'est qu'approchée ; ce fait est dû à ce que les nombres indiqués pour les chaleurs spécifiques sont variables avec la température ; ceux que nous indiquons représentent en général la chaleur spécifique moyenne entre 0° et 100°.

Quoique approchée, la loi précédente a pu servir à déterminer les poids atomiques de quelques corps, comme nous l'indiquons en chimie.

211. **Chaleur de combinaison et de combustion.** — Nous savons que toute combinaison chimique est accompagnée de phénomènes calorifiques, soit qu'il y ait dégagement de chaleur (combinaisons exothermiques), soit qu'il y ait absorption de chaleur (combinaisons endothermiques). On a évalué expérimentalement les quantités de chaleur dégagées ou absorbées dans les combinaisons et on les fait souvent figurer dans les équations chimiques qui résument les réactions. Le nombre qui représente la

quantité de chaleur correspond toujours au poids moléculaire du composé; quand il y a dégagement de chaleur,
ce nombre est accompagné du signe $+$; quand il y a
absorption de chaleur, il est accompagné du signe $-$

La combinaison de l'hydrogène et de l'oxygène s'exprime ainsi :

$$H^2 \ + \ O \ = \ H^2O \ + \ 69\,000^{cal},$$
Hydrogène   Oxygène   Eau liquide

ce qui signifie que 2 grammes d'hydrogène, en se combi-
nant avec 16 grammes d'oxygène pour former 18 grammes d'eau liquide, dégagent 69 000 petites calories.

Il était surtout intéressant de connaître les quantités de
chaleur dégagées par la combustion des combustibles ordinaires, autrement dit la chaleur produite par leur combinaison avec l'oxygène.

Nous donnons ci-dessous les chaleurs de combustion de
1 gramme des principaux combustibles; les nombres sont
exprimés en petites calories.

Gaz d'éclairage	10 000
Alcool	6 850
Huile de pétrole (automobiles)	10 800
Essence de térébenthine	10 800
Carbone (produisant CO^2)	7 200
Hydrogène (produisant de la vapeur d'eau).	29 100
Hydrogène (produisant de l'eau liquide) .	34 500
Bois	3 600
Charbon de bois .	7 000
Coke	6 000
secs.	
Anthracite . . .	7 300
Tourbe	4 000
Houille à gaz . .	7 500

212. Expériences simples. — Verser 100 grammes
d'eau dans un récipient; en prendre la température. Chauffer à
60° une quantité d'eau égale, puis la mélanger à la première en
remuant intimement la masse totale. Déterminer la température

finale. Cette masse de 200 grammes d'eau peut être mélangée ensuite à 200 grammes d'eau à la température ordinaire.

Faire fondre 100 grammes de soufre et, quand la masse est bien fluide, la verser dans 100 grammes d'eau dont on a déterminé la température t. Sachant que le soufre fond à $114°$ environ, on remarquera que la température finale est très différente de la valeur $\dfrac{114 + t}{2}$.

Mettre sur un poêle, au-dessus d'une source de chaleur quelconque, deux petits récipients identiques contenant le même poids, l'un de plomb ou d'étain, l'autre d'eau. Le plomb fond bien avant que l'eau entre en ébullition ; cependant le plomb fond à $325°$, l'étain à $233°$ et l'eau bout à $100°$. Tirer la conclusion.

Expliquer de la façon suivante le principe de la détermination de la chaleur spécifique d'un corps par la méthode des mélanges : Prendre un poids déterminé de laiton, par exemple 100 grammes, et le plonger quelques instants dans de l'eau bouillante. D'autre part, peser un verre et y mettre un poids déterminé d'eau, soit 200 grammes ; prendre la température de l'eau qui est aussi celle du verre. Plonger ensuite le morceau de laiton dans l'eau du verre ; agiter et prendre la température finale.

On évaluera d'une part la chaleur absorbée par l'eau et par le verre dont la chaleur spécifique est $0,2$; d'autre part la chaleur cédée par le laiton : ces deux quantités sont égales et l'on en déduira, par le calcul, la chaleur spécifique du laiton. Le résultat diffère généralement de moins de $\dfrac{1}{10}$ du nombre qui représente exactement le résultat cherché.

CHAPITRE V

—

Fusion et solidification

213. **Changements d'état.** — Sous l'influence d'une élévation de température, un corps solide peut devenir liquide ; le liquide peut lui-même se transformer en un fluide aériforme, appelé *vapeur*. Réciproquement, sous l'influence d'un refroidissement, une vapeur peut devenir liquide et un liquide peut se solidifier. Ces différents phénomènes sont désignés sous le nom de *changements d'état*.

214. **Fusion.** — Lorsqu'on chauffe un corps solide, de l'étain par exemple, il commence par se dilater jusqu'à ce que, arrivé à une certaine température, il passe de l'état solide à l'état liquide. Ce changement d'état est désigné sous le nom de *fusion*.

215. **Lois de la fusion.** — La fusion d'un corps est soumise aux deux lois suivantes, si le corps ne passe pas d'abord par l'état pâteux :

1° *Sous la même pression, un corps fond toujours à la même température* ;

2° *La température demeure constante pendant toute la durée de la fusion.*

On peut vérifier ces lois en mettant un thermomètre en contact avec la substance qu'on étudie.

Un corps conservant la même température pendant toute la durée de la fusion, quelle que soit l'intensité calorifique du foyer, il faut admettre que la chaleur gagnée par le corps est tout entière absorbée par lui pour sa fusion, sans qu'elle soit employée à élever sa température ; comme cette chaleur n'a pas d'influence sur le thermomètre plongé au milieu de la masse, on la désigne sous le nom de *chaleur latente de fusion*, ou simplement *chaleur de fusion*.

Les corps fondent à des températures très inégales, et chaque substance a son point de fusion, qui constitue une de ses propriétés caractéristiques.

Tableau du point de fusion de diverses substances

Mercure. . . .	— 39°	Étain	233
Eau de mer. . .	— 2,5	Plomb	325
Glace.	o	Zinc.	433
Beurre	+ 3o	Bronze	8oo
Suif	33	Argent	954
Phosphore . . .	44,2	Or	1 o45
Cire blanche . .	68,7	Cuivre	1 o54
Acide stéarique .	7o	Fonte blanche. . .	1 13o
Soufre	113,6	Platine	1 775

216. Certaines substances ont été considérées pendant longtemps comme infusibles, tel était le platine ; mais cela tenait à l'imperfection des moyens calorifiques employés. On a pu fondre, en effet, des masses considérables de platine en employant des fours, en chaux vive, chauffés par la flamme du gaz d'éclairage qu'activait un courant d'oxygène.

L'invention du four électrique qui donne, sous l'influence de l'arc voltaïque, une température de 3 5oo°, permet de fondre quelques-unes des substances qu'on avait regardées comme infusibles, telles que la chaux et la silice. Il est probable que, le jour où l'on pourra disposer d'une température encore plus élevée, tous les corps pourront être fondus.

Il est toutefois des substances qu'on ne peut parvenir

à fondre : ce sont celles qui se décomposent avant que leur température de fusion soit atteinte. C'est ainsi que la craie, ou carbonate de calcium, qu'on peut regarder comme composée d'un corps solide, la chaux, et d'un gaz, l'anhydride carbonique, se décompose dans le four du chaufournier avant qu'on soit arrivé à la fondre.

Le physicien anglais Halls [1] est pourtant arrivé à fondre la craie en empêchant le gaz carbonique de se dégager. Il emplissait avec de la craie en poudre un tube de fer très épais, puis le scellait solidement. Il le soumettait ensuite à une température élevée et retrouvait, après le refroidissement, une substance solide semblable au marbre.

La plupart des corps appartenant aux règnes animal et végétal sont infusibles, parce qu'ils se décomposent par la chaleur en leurs éléments, le carbone, l'hydrogène, l'oxygène et l'azote.

217. **Chaleur de fusion.** — Nous avons vu que, pendant qu'un corps fondait, sa température restait constante, quelle que fût l'intensité calorifique du foyer qui déterminait la fusion. De là, l'idée que la chaleur, qui est donnée à un corps pendant qu'il fond, est rendue *latente*. Nous verrons plus tard comment on interprète aujourd'hui cette idée au point de vue de la théorie mécanique de la chaleur; pour le moment, nous nous bornerons à définir la chaleur latente de fusion et à indiquer comment on la détermine.

On appelle *chaleur de fusion* d'un corps la quantité de chaleur, exprimée en calories, qu'il faut donner à l'unité de poids de ce corps, *pris à sa température de fusion*, pour le fondre *sans élever sa température*. Dire, par exemple, que la chaleur latente de fusion de la glace, qui fond à zéro, est 80, c'est dire qu'un gramme de glace pris à zéro, absorbe pour fondre, en restant à zéro, 80 calories.

Voici comment on peut déterminer la chaleur latente

____

(1) Halls, né en 1667, dans le comté de Kent, mort en 1761.

d'un corps qui fond à une température basse. On le fait fondre dans un poids d'eau connu et l'on détermine la température finale du mélange. Soit P le poids du corps, la glace par exemple, à zéro. On la plonge dans un poids P' d'eau à $t°$ (nous supposons que dans ce poids P' figure le poids du calorimètre réduit en eau). La glace fond et la température de l'eau, qui était t, s'abaisse et devient t', parce que cette eau a cédé à la glace la chaleur qui était nécessaire pour la fondre et pour élever de zéro à $t'°$ la température de l'eau qui en résulte.

Soit x la chaleur de fusion de la glace ; un poids P de glace a absorbé, pour fondre, $P \times x$ calories ; pour s'élever de zéro à $t'°$, l'eau provenant de cette fusion en a absorbé $P \times t'$. Cette quantité de chaleur $P \times x + P \times t'$ a été cédée [par l'eau du calorimètre et par le calorimètre qui, s'abaissant de $t°$ à $t'°$, ont perdu $P'(t - t')$. On a donc :

$$P \times x + P \times t' = P'(t - t');$$

d'où l'on tire :

$$x = \frac{P'(t - t') - Pt'}{P}.$$

Si le corps, dont on veut déterminer la chaleur de fusion, ne fondait qu'à une température élevée, comme le plomb, par exemple, qui fond à 3a5°, on ne pourrait appliquer cette méthode, puisque l'eau serait incapable de le faire fondre. On opèrerait alors d'une manière inverse ; on ferait fondre le corps tout d'abord, puis on le plongerait fondu dans l'eau ; il s'y solidifierait en abandonnant sa chaleur latente et la température de l'eau s'élèverait : un calcul analogue au précédent déterminerait la chaleur latente de fusion.

218. **Applications numériques.** — *1° On plonge 40 grammes de glace à zéro dans un calorimètre renfermant 500 grammes d'eau à 18° : le calorimètre pèse 50 grammes, sa chaleur spécifique est 0.09. La glace fond*

et la température devient 10°,8. *On demande la chaleur de fusion de la glace.*

Soit x cette chaleur. La chaleur perdue par le calorimètre est $0^c,09 \times (18 - 10,8)$. La chaleur perdue par l'eau est $1^c \times 500 (18 - 10,8)$.

La chaleur absorbée par la glace pour fondre est égale à $x \times 40$ et la chaleur absorbée par l'eau résultant de la fusion, pour passer de 0° à 10°,8, est égale à $1^c \times 40 \times 10,8$.

Or la chaleur prise au calorimètre et à l'eau qu'il renferme a servi à fondre la glace et à porter l'eau qui en résulte à la température de 10°,8.

Nous pouvons donc écrire :

$$\underbrace{0^c,09 \times 50 (18 - 10,8)}_{\text{par le calorimètre}} + \underbrace{1^c \times 500 (18 - 10,8)}_{\text{par l'eau}}$$

$$\text{Chaleur perdue}$$

$$= \underbrace{x \times 40}_{\text{fusion de la glace}} + \underbrace{1 \times 40 \times 10,8}_{\substack{\text{chaleur absorbée par l'eau} \\ \text{résultant de la fusion}}}$$

$$\text{Chaleur gagnée}$$

$$32^c,4 + 3600^c = 40x + 432^c$$
$$3632^c,4 - 432^c = 40x$$
$$x = \frac{3632,4 - 432}{40} = 80^c.$$

2° *Dans un calorimètre en cuivre pesant* 50 *grammes et renfermant* 500 *grammes d'eau à* 15°, *on verse* 60 *grammes de soufre fondu dont la température est de* 130°. *La température devient* 18°,8. *On demande de déterminer la chaleur latente de fusion du soufre, sachant que sa chaleur spécifique à l'état liquide est* 0,234, *à l'état solide* 0,202, *que celle du cuivre est* 0,09 *et que la température de solidification du soufre est* 114°.

Soit x la chaleur de fusion. Le soufre plongé dans l'eau

du calorimètre passe d'abord de 130° à 114°; sa température s'abaisse donc de 130° — 114° = 16°. La quantité de chaleur qu'il perd ainsi est égale à $0^c,234 \times 60 \times 16$.

En se solidifiant, il abandonne $x^c \times 60$; puis la température du soufre solide s'abaisse de 114° à 18°,8, c'est-à-dire de 95°,2; il perd donc $0^c,202 \times 60 \times 95,2$.

Toute cette chaleur a été cédée à l'eau et au calorimètre qui ont gagné, en s'élevant de 15° à 18°8, la première $1^c \times 500 \times 3,8$; le second, $0^c,09 \times 50 \times 3,8$.

On a donc :

$$\text{Chaleur abandonnée par le soufre}$$

$$\underset{\substack{\text{pour passer de }130° \\ \text{à }114°}}{0^c,234 \times 60 \times 16} + \underset{\substack{\text{pour se} \\ \text{solidifier}}}{x \times 60} + \underset{\substack{\text{pour passer de }114° \\ \text{à }18°,8}}{0^c,202 \times 60 \times 95,2}$$

$$224^c,64 \quad + \quad 60x \quad + \quad 1153^c,824$$

$$= \quad \text{Chaleur gagnée}$$

$$\underset{\text{par l'eau}}{1^c \times 500 \times 3,8} + \underset{\text{par le calorimètre}}{0^c,09 \times 50 \times 3,8}$$

$$= \quad 1900^c \quad + \quad 17^c,1$$

$$60x = 1900^c + 17^c,1 - (224^c,64 + 1153^c,824)$$
$$60x = 1917^c,1 - 1378^c,464 = 538^c,636$$
$$x = \frac{538^c,636}{60} = 9^c.$$

219. Solidification. — Si les solides fondent lorsqu'on les chauffe, inversement les liquides se solidifient quand on les refroidit. Cette solidification a lieu à des températures variables avec les différents corps.

220. Lois de la solidification. — La solidification est soumise aux lois suivantes, si le corps ne passe pas d'abord par l'état pâteux :

1° Un liquide se solidifie toujours à la même température, qui est précisément celle de la fusion du solide en lequel il se transforme.

2° Cette température une fois atteinte, le liquide se soli-difie peu à peu, sa température demeurant invariable pendant toute la durée de la solidification.

La lenteur de la solidification résulte de ce que la chaleur latente, absorbée au moment de la fusion, se dégage au moment où le corps se solidifie. Par suite, quand une portion du liquide est solidifiée, il faut que la chaleur, qu'elle a cédée au liquide qui l'entoure, ait été absorbée par les corps environnants, avant que le reste de la masse puisse se solidifier.

On a utilisé cette propriété pour construire des bouillottes avec l'acétate de sodium. Ce sel se dissout en absorbant une grande quantité de chaleur, qu'il restitue en repassant à l'état solide. Il peut ainsi produire quatre fois plus de chaleur qu'une bouillotte à eau.

221. Surfusion. — La température normale de solidification coïncide avec celle de la fusion. Toutefois un corps peut conserver l'état liquide jusqu'à une température très inférieure à celle de la solidification.

En refroidissant, à l'aide d'un mélange réfrigérant, un vase contenant de l'eau, on peut, si on la maintient à l'abri de toute agitation, la refroidir jusqu'à 20° au-dessous de zéro sans qu'elle se solidifie. Mais, si l'on vient à l'agiter, ou à laisser tomber au milieu d'elle une parcelle de glace, elle se solidifie immédiatement et sa température remonte à zéro.

Lorsqu'un liquide atteint une température inférieure à son point normal de solidification, sans se solidifier, on dit qu'il est en *surfusion.*

L'eau n'est pas le seul corps qui puisse rester en surfusion : le phosphore, le soufre, peuvent rester en surfusion. Le soufre, qui fond à 114° et doit, lorsqu'il est liquide, se solidifier à cette température, peut rester liquide jusqu'à la température ordinaire, lorsqu'on le refroidit lentement et sans agitation, au milieu d'une dissolution de chlorure de zinc suffisamment concentrée pour avoir la même densité que le soufre. Le phosphore, qui fond à 44°, peut aussi, lorsqu'on le refroidit sous l'eau, être amené à la température ordinaire, sans qu'il se solidifie, pourvu qu'on ait ajouté à l'eau quelques gouttes d'acide azotique. Dans ces conditions, le soufre liquide et le phosphore liquide sont dans un état d'équilibre instable ; aussi, pour faire cesser la surfusion, suffit-il de laisser tomber au milieu du soufre une parcelle de soufre, au milieu du phosphore une parcelle de phosphore. En-core faut-il que le corps so-lide soit de même nature que le corps liquéfié : ainsi une parcelle de la variété de phos-phore appelée *phosphore rouge* ne ferait pas solidifier le phosphore ordinaire en sur-fusion.

Pour le phosphore, voici comment on peut opérer : on prend deux matras d'es-sayeur M et M′ (fig. 136), dans lesquels on met du phos-phore et de l'eau additionnée de quelques gouttes d'acide azotique ; on suspend ces matras avec un thermomètre *t* dans un grand ballon plein d'eau B. Il suffit, pour cela, de les faire passer à frotte-

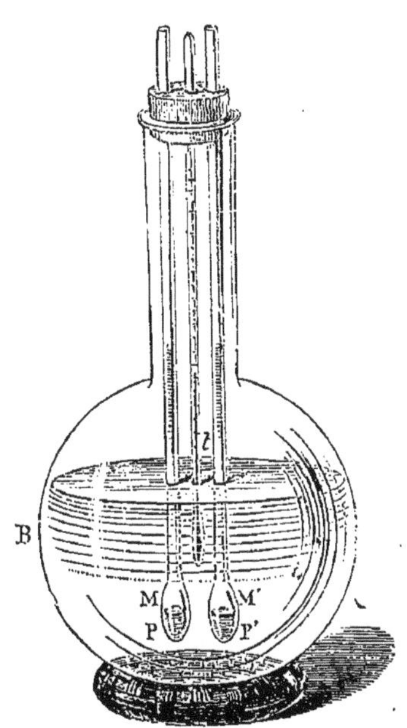

Fig. 136. — Surfusion du phosphore.

ment dans le bouchon du ballon. On met ensuite le tout sur un fourneau et l'on chauffe : l'eau du ballon, s'élevant bientôt à la température de 44°, fait fondre le phosphore. On éteint le feu et on laisse refroidir. Le phosphore reste en surfusion. Si l'on vient à descendre dans le phosphore du matras M un fil de fer, qu'on aura préalablement chauffé au rouge pour le débarrasser des traces de phos-phore qu'il peut contenir, on pourra l'agiter dans le phosphore liquide sans en déterminer la solidification.

Mais, si, avant de descendre le fil de fer dans le phosphore, on l'a touché avec un bâton de phosphore, la solidification a lieu instantanément au contact de la parcelle infiniment petite que le phosphore a laissée à la surface du fil de fer. Si l'on jette dans le matras M' un grain de phosphore rouge, on constate que, lorsqu'il arrive au contact du phosphore blanc fondu, il n'en détermine pas la solidification.

222. Changements de volume pendant la fusion et la solidification. — La plupart des corps augmentent de volume lorsqu'ils fondent et, réciproquement, leur so-

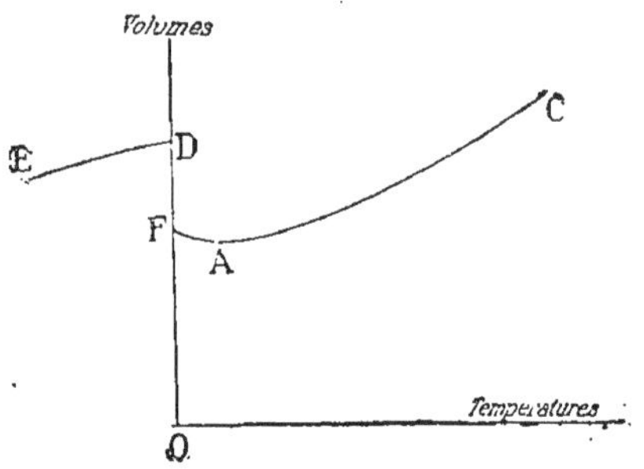

Fig. 137. — Variations de volume de l'eau.

lidification est accompagnée d'une contraction. L'eau fait cependant exception ; elle augmente de volume lorsqu'elle se solidifie. La glace est, par suite, moins dense que l'eau ;

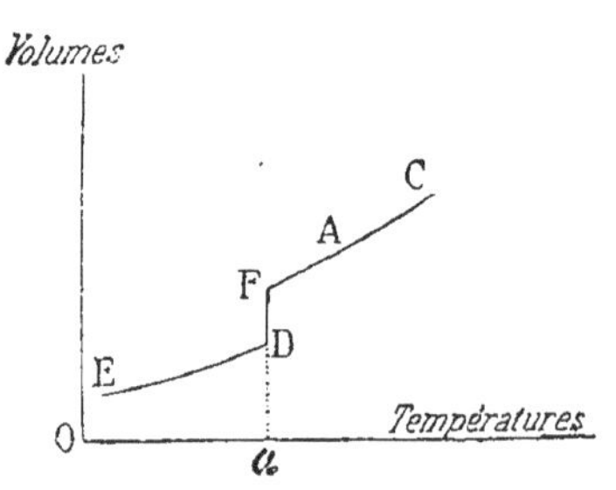

Fig. 138. — Variations de volume, dans le cas général, pour un corps ne passant pas par l'état pâteux.

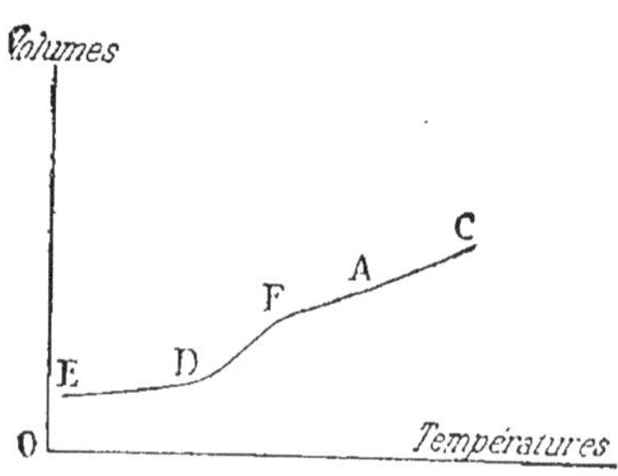

Fig. 138 bis. — Variations de volume d'un corps passant par l'état pâteux.

c'est ce qui explique pourquoi, pendant l'hiver, les glaçons flottent à la surface des rivières. On dit alors qu'elles *charrient*.

La figure 137 représente les variations de volume de l'eau à l'état solide et à l'état liquide : la partie ED du graphique montre que le volume de la glace croît régulièrement de — n^o à o^o ; en fondant à o^c, la glace diminue brusquement de volume (partie DF) : le volume de l'eau liquide diminue encore de o^o à 4° (partie EA) ; à 4°, l'eau présente un minimum de volume et, par suite, un maximum de densité ; au-delà de 4°, le volume de l'eau croît constamment avec la température (partie AC).

La figure 138 représente les variations de volume, dans le cas général, des corps dont le volume augmente par la fusion et qui ne passent pas par l'état pâteux. La figure 138 *bis* représente les mêmes variations dans ce dernier cas : il n'y a plus de point fixe de fusion et la partie DF du graphique n'est plus parallèle à l'axe des volumes.

La dilatation de l'eau, au moment de la congélation, se fait avec une force considérable. Huyghens observa qu'un canon de fer qu'il avait complètement rempli d'eau, qu'il avait ensuite fermé et plongé dans un mélange réfrigérant, se brisait avec bruit au moment de la congélation du liquide intérieur.

Cette expérience explique la rupture, pendant les gelées, des vases remplis d'eau. Les pierres, dites *gélives*, se fendent, parce que l'eau qu'elles contiennent augmente de volume au moment de sa solidification. C'est de là que vient l'expression : *Il gèle à pierre fendre*. On conçoit de même les ravages produits par des gelées tardives dans les végétaux qu'elles frappent au moment où la sève commence à circuler.

La fonte augmente aussi de volume en se solidifiant, ce qui la rend éminemment propre au moulage.

223. **Influence de la pression sur la température de fusion.** — Pour les corps qui diminuent de volume en fondant, une augmentation de pression facilite la fu-

sion ; au contraire, pour les corps qui augmentent de volume en fondant, une augmentation de pression retarde la fusion. Cela revient à dire que, dans le premier cas, la température de fusion sera abaissée, et qu'elle sera élevée dans le second. C'est, en effet, ce que montre l'expérience.

La glace, qui diminue de volume en fondant et qui fond à 0° sous la pression ordinaire, fond à — 0°,15 sous une pression de 20 atmosphères.

La benzine, qui augmente de volume en fondant et dont le point de fusion est 4°,5 sous la pression atmosphérique, ne fond qu'à 14° environ sous une pression de 300 atmosphères.

L'influence de la pression sur la fusion de la glace donne lieu à un phénomène intéressant, le phénomène du *regel*.

224. **Regel de la glace.** — Si l'on exerce une pression sur de la glace, il en fond une certaine quantité ; mais,

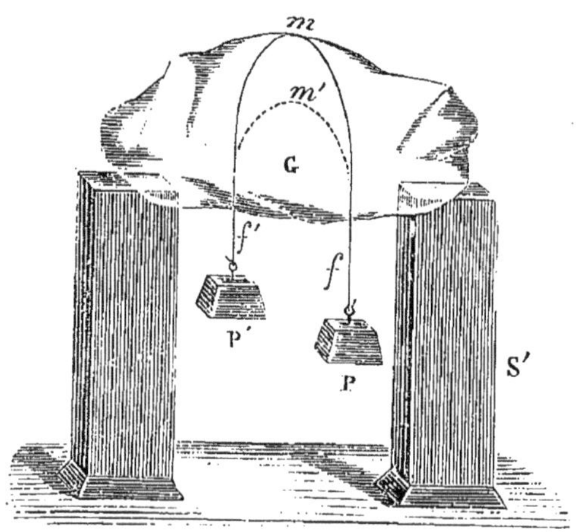

Fig 139. — Fusion de la glace par la pression.

comme la fusion se fait à une température inférieure à 0°, l'eau qui en résulte est elle-même à une température inférieure à 0° et se solidifie de nouveau, aussitôt que la pression cesse.

C'est ainsi qu'en pressant fortement deux morceaux de

glace l'un contre l'autre, on ne tarde pas à les souder. L'eau résultant de la fusion pénètre, en effet, dans les interstices des deux surfaces en contact et, n'étant plus soumise à cette pression, s'y solidifie.

On peut encore montrer le phénomène du regel par diverses expériences. On prend un morceau de glace qu'on fait reposer par ses extrémités sur deux supports S et S′ (fig. 139) ; on place au-dessus un fil métallique *fmf′* aux extrémités duquel sont attachés des poids P et P′. La pression que le fil exerce sur la glace la fait fondre et le fil la traverse peu à peu. Quand il a traversé le morceau tout entier, les deux tronçons ne font encore qu'un seul morceau, parce qu'ils se sont ressoudés par la solidification de l'eau provenant de la fusion.

Les mêmes phénomènes expliquent la facilité avec laquelle on casse la glace en appuyant sur elle avec une forte épingle. Sous l'influence de la pression, la glace fond aux points où elle est pressée par la pointe qui pénètre dans la masse solide.

On peut encore reproduire l'expérience suivante due à Tyndall ([1]). On prend deux pièces de bois creusées chacune d'une cavité et on les superpose en mettant en regard ces cavités, après avoir eu soin de placer entre elles une couche épaisse de glace en frag-

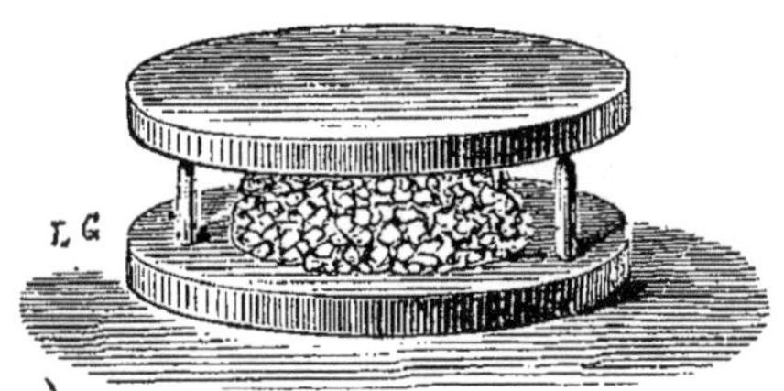

Fig. 140. — Fusion de la glace par la pression.

ments (fig. 140). On les soumet à une forte pression : la glace se brise, ses fragments remplissent la cavité ; sous l'influence de la pression, une partie de cette glace se liquéfie, et l'eau provenant de cette fusion se répartit entre les fragments. Au moment où l'on fait cesser la pression,

(1) John Tyndall, célèbre physicien anglais, professeur à l'Institution royale de Londres, mort en 1893.

cette eau se solidifie de nouveau, soude entre eux tous les fragments, et l'on retire de l'appareil un bloc de glace qui a la forme des deux cavités superposées et qui paraît s'y être moulé.

225. Formation et marche des glaciers. — Le phénomène du regel explique la formation et la marche des glaciers.

Les glaciers sont de véritables rivières d'eau congelée, qui glissent le long des vallées. Nous étudierons rapidement les circonstances qui donnent lieu à leur formation et à leur déplacement. A différentes hauteurs, variables avec les pays et avec les saisons, la neige tombée sur le sol persiste pendant l'été. Dans une région déterminée, la limite des *neiges perpétuelles* est assez nettement marquée et correspond à une altitude définie.

Quand on marche de l'équateur vers les pôles, cette limite tend en général à s'abaisser ; les nombres suivants mettent ce fait en évidence.

Equateur (Quito)	4810^{m}
Mexique	4500
Caucase	3872
Alpes et Pyrénées	3700
Altaï	2144
Kamtschatka	1600
Oural	1460
Norwège	1366
Islande	936
Suède septentrionale	720

La neige, qui tombe à ces altitudes élevées, est balayée par les vents et promenée par eux jusqu'à ce qu'elle rencontre un de ces cirques qu'on trouve dans le voisinage des hautes cimes. Soumise à l'influence du soleil, la couche superficielle entre en fusion ; l'eau, qui en provient, s'infiltre dans la neige, et s'y congèle de nouveau. L'amas de neige est alors transformé en *névé*, dénomination qui a cours dans les Alpes pour désigner une masse de neige mé-

langée de grains très déliés de glace. De nouvelles couches
de neige tombant à la surface, le névé prend une cohésion
plus grande encore. Tyndall indique aussi comme cause
de la formation des glaciers le glissement de la neige le
long des flancs de la montagne. Les parties supérieures
exercent sur les masses inférieures une pression considérable, qui fait fondre une partie de la neige : l'eau provenant de cette fusion s'infiltre et se regèle, comme celle
qui s'est produite sous l'influence de l'action solaire.

Les glaciers progressent dans leur lit; nous n'insisterons
pas sur les preuves nom-
breuses qu'on donne
de ce mouvement (fig.
141); cependant il nous
faut dire comment il se
produit et comment ces
masses solides peuvent
passer à travers les
étranglements des val-
lées et se modeler sur

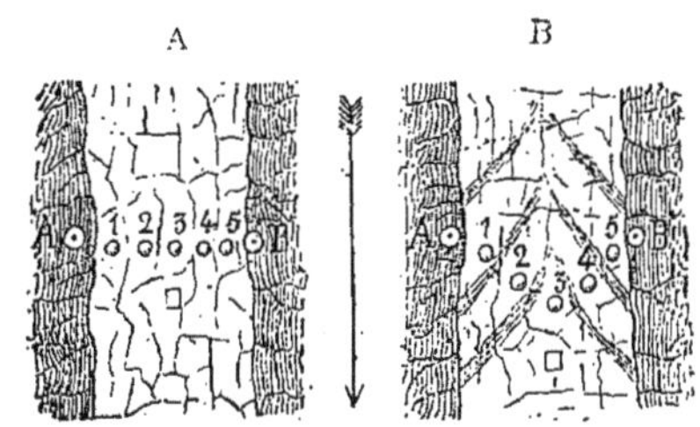

Fig. 141. — Mouvement des glaciers.

leurs sinuosités. Le mouvement a lieu par l'action de la
pesanteur ; le glacier glisse sur le fond incliné de la vallée.
Lorsque la masse solide se présente devant un étranglement, elle subit dans toute la masse des pressions exercées
par le poids des parties supérieures. Sous l'influence de
ces pressions la glace se fond, le liquide franchit le défilé,
puis se regèle.

226. **Dissolution.** — Le passage d'un corps solide à
l'état liquide peut encore s'effectuer par *dissolution* du
solide dans un liquide approprié. La dissolution est un
véritable phénomène de fusion. Le changement d'état du
corps se fait ici sous l'influence d'une action spéciale que
le liquide exerce sur le solide. C'est sous l'influence de
cette action que le sucre se dissout dans l'eau, que le
phosphore se dissout dans le sulfure de carbone, etc.

Il y a ici encore absorption de chaleur, et, si le phénomène se produit souvent sans qu'il y ait intervention appa-

rente de calorique, il n'en est pas moins vrai de dire que la fusion du corps nécessite l'absorption d'une certaine quantité de chaleur, empruntée au liquide lui-même. Pour s'en convaincre, il suffit de remarquer que beaucoup de substances, en se dissolvant dans l'eau, produisent un abaissement de température ; tel est, par exemple, l'azotate d'ammonium. Si l'on mélange parties égales de ce sel et d'eau à 10° au-dessus de zéro, la dissolution fait baisser la température jusqu'à 15° au-dessous de zéro.

Dans certains cas, le phénomène physique de la dissolution est accompagné d'un phénomène chimique, qui consiste dans la combinaison du solide avec le liquide. Cette combinaison se produit, comme la plupart des combinaisons chimiques, avec dégagement de chaleur. C'est ce qui explique que la dissolution d'un corps n'est pas toujours accompagnée d'un abaissement de température.

Tantôt la température ne varie pas sensiblement pendant la dissolution du corps ; c'est qu'alors la chaleur dégagée par la combinaison compense l'effet inverse produit par la dissolution. Tantôt, au contraire, il y a élévation de température, parce que la chaleur dégagée pendant la combinaison est plus considérable que la chaleur absorbée par le changement d'état. L'exemple suivant peut servir à mettre en évidence les effets inverses de cette double influence.

Mélangeons quatre parties d'acide sulfurique et une partie de glace. L'affinité, ou tendance à la combinaison, que l'acide sulfurique a pour l'eau, détermine la fusion de la glace et, par suite, une absorption de chaleur latente ; mais l'abaissement de température, qui en résulterait, est bientôt compensé par la chaleur que dégage aussi la combinaison de l'eau avec l'acide sulfurique, et la température s'élève finalement jusqu'à près de 100°.

Mélangeons, au contraire, quatre parties de glace et une partie d'acide sulfurique : le thermomètre plongé dans la masse descendra jusqu'à 20° au-dessous de zéro. C'est qu'en effet le dégagement de chaleur diminuant avec la quantité d'acide employé, il y a moins de chaleur produite ici que dans le cas précédent, puisqu'on a employé quatre fois moins d'acide, tandis que le poids de glace employé étant quatre fois plus grand, il y a quatre fois plus de chaleur absorbée.

227. Sursaturation. — La quantité de matière solide, que peut dissoudre un liquide, dépend de la nature du solide, de celle du liquide et de la température à laquelle se fait la dissolution. En général, cette quantité croît avec la température.

Quand un liquide, l'eau par exemple, a dissous, à une température déterminée, tout ce qu'il peut dissoudre d'un corps solide, on dit qu'il est *saturé*. Si la température s'abaisse, le liquide ne peut plus conserver tout ce qu'il avait dissous et une partie du corps dissous se solidifie.

Il peut arriver qu'un liquide, en se refroidissant, ne laisse pas déposer le corps qu'il tient en dissolution. On dit alors qu'il est *sursaturé*.

On peut montrer par l'expérience suivante le phénomène de la sursaturation. Dans trois ballons on fait, à chaud, une dissolution saturée de sulfate de sodium. On abandonne ensuite les trois dissolutions au refroidissement, mais en ayant soin de fermer les cols de deux des ballons avec un cornet de papier formant capuchon.

Quand, quelques heures après, on examine les ballons, on constate que celui qui n'était pas fermé présente de beaux cristaux de sulfate de sodium, tandis que, dans les deux autres, aucune cristallisation ne s'est produite ; le liquide, dans ces deux derniers, est sursaturé.

Si l'on enlève le cornet d'un des ballons et qu'on y laisse tomber un cristal, quelque petit qu'il soit, de sulfate de sodium ou d'un corps ayant la même forme cristalline, le phénomène de sursaturation cesse aussitôt ; on voit, en quelques secondes, des aiguilles cristallines, partant du cristal qu'on a laissé tomber, s'étendre de toutes parts et envahir la dissolution.

On peut faire cesser la sursaturation dans le dernier

ballon en enlevant le cornet de papier et en laissant le ballon ouvert à l'air. Au bout d'un temps plus ou moins long, on voit, au sein de la masse liquide, se former des aiguilles qui partent d'un point de la surface et s'étendent dans tous les sens. On explique ce phénomène en admettant que l'atmosphère renferme des corpuscules de toutes sortes et de toutes formes ; il suffit qu'un de ces corpuscules, formé de sulfate de sodium ou d'un autre corps qui en ait exactement la forme cristalline, tombe dans le liquide pour que la sursaturation cesse aussitôt.

Il est à remarquer qu'au moment où le sulfate de sodium cristallise, la température s'élève, ce qu'on peut constater en prenant le ballon à la main. Ce fait est dû à ce que la chaleur, que le sel avait absorbée au moment de sa dissolution et qui s'était transformée en travail moléculaire, reparaît au moment de la cristallisation.

228. **Cristallisation des corps.** — Quand un corps passe de l'état liquide ou gazeux à l'état solide, le phénomène ne s'effectue pas toujours dans les mêmes condition.

Si le passage d'un état à l'autre est brusque et rapide, le solide n'affecte pas de forme régulière : il est dit *amorphe* ; mais, si le changement d'état est lent, les molécules du corps se groupent suivant des lois déterminées et forment des solides convexes de forme géométrique régulière terminés par des faces planes. On désigne ces solides sous le nom de *cristaux*. Ce passage de l'état liquide ou gazeux à l'état solide est appelé *cristallisation*.

Les cristaux présentent toujours des angles saillants, et si quelquefois on rencontre dans une masse cristallisée des angles rentrants, cela tient à l'accolement et au groupement des cristaux entre eux.

Pour faire cristalliser un corps, il faut l'obtenir soit à l'état liquide, soit à l'état gazeux, et le placer dans des conditions telles qu'il puisse reprendre *lentement* l'état solide. Trois procédés peuvent être employés, la fusion, la volatilisation ou sublimation et la dissolution.

229. Cristallisation par fusion. — Cette méthode s'applique à des corps qui fondent à une température peu élevée, tels que le soufre, le bismuth, etc.

Prenons le soufre pour exemple, et fondons-en une certaine quantité dans un creuset en terre ; laissons refroidir lentement le liquide : il se solidifiera, et, le refroidissement atteignant d'abord les parties extérieures, celles qui touchent les parois du creuset, il se formera contre celles-ci des aiguilles prismatiques. Avant que le liquide soit entièrement solidifié, perçons la couche superficielle de deux ouvertures avec une tige de fer chauffée, et renversons le vase ; l'une des ouvertures servira à l'écoulement du liquide intérieur, l'autre à la rentrée de l'air, et les aiguilles cristallines seront mises à nu.

Le bismuth, l'antimoine et beaucoup de métaux s'obtiennent à l'état cristallisé par un moyen identique.

230. Cristallisation par volatilisation ou sublimation. — La méthode par sublimation s'applique aux corps qui, comme l'arsenic, passent directement de l'état solide à l'état gazeux. A cet effet, on introduit, dans une cornue une quantité d'arsenic telle qu'elle en occupe seulement la partie inférieure qu'on chauffe. L'arsenic se volatilise, et, sa vapeur arrivant dans les parties supérieures de la cornue, dans le dôme et le col, qui sont à une température moins élevée, s'y condense en déposant des cristaux du plus brillant aspect.

231. Cristallisation par dissolution. — Cette méthode est celle qu'on emploie généralement. On la désigne souvent sous le nom de cristallisation par *voie humide*, les deux précédentes constituant la cristallisation par *voie sèche*.

Les corps étant en général plus solubles à chaud qu'à froid, on les dissout à chaud dans une quantité de liquide telle qu'elle ne puisse les conserver entièrement dissous à la température ordinaire. Lorsque la dissolution est complète, on laisse refroidir, et le corps dissous se dépose en cristaux sur les parois du vase : les formes cristallines seront d'autant plus belles que le refroidissement aura été plus lent.

On peut aussi opérer de la manière suivante : on dissout le corps solide dans le liquide jusqu'à ce que ce dernier en soit saturé, puis on abandonne le tout à l'évaporation spontanée dans un vase à large ouverture : le liquide s'évapore lentement et, à mesure que les vapeurs s'échappent, le solide qui le saturait, ne se trouvant plus en présence d'une quantité de liquide suffisante, se dépose en cristaux. Cette seconde manière d'appliquer la méthode par dissolution est beaucoup plus longue, mais elle présente l'avantage de fournir des cristaux plus volumineux et plus nets.

Lorsqu'on veut, dans les laboratoires, préparer des cristaux à l'état isolé et parfaitement réguliers, on applique le procédé suivant.

Supposons, par exemple, qu'on veuille faire cristalliser l'alun. On prépare une dissolution saturée de cette substance à la température ordinaire, et on l'abandonne à l'évaporation spontanée. Il se forme peu à peu de petits cristaux. On en choisit un qui soit régulier et on le place dans un vase à fond plat renfermant une dissolution saturée d'alun bien pur et qu'on abandonne à l'évaporation spontanée. Il se dépose avec une grande lenteur des molécules solides qui recouvrent le cristal primitif, et, si l'on prend soin de retourner celui-ci à intervalles

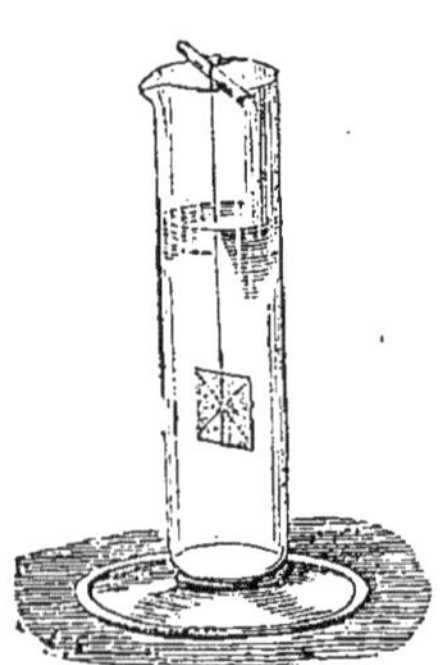

Fig. 142. — Cristallisation des corps.

égaux, de manière qu'il repose pendant le même temps sur chacune de ses faces, le développement se fait régulièrement, aucune face ne se trouvant atrophiée.

Souvent aussi on préfère suspendre le cristal au milieu de la dissolution saturée, au moyen d'un fil qu'on choisit assez fin pour que sa trace se distingue à peine (fig. 142).

232. **Mélanges réfrigérants**. — La production artificielle du froid au moyen des *mélanges réfrigérants* repose sur l'absorption de chaleur qui accompagne la fusion et la dissolution. En mélangeant de la glace et du sel en parties égales, on peut obtenir une température de 17° au-dessous de zéro. Ici, il y a deux causes d'abaissement de température ; la fusion de la glace et le passage du sel de l'état solide à l'état liquide. En même temps, la combinaison du sel avec l'eau tend à élever la température, mais, cette dernière influence étant la plus faible, il y a, en définitive, production de froid. On comprend facilement que, si l'on plonge des corps au milieu de ce mélange, ils se refroidiront, puisque la chaleur nécessaire au changement d'état leur sera empruntée.

Il n'y a pas que la glace et le sel qui jouissent de la propriété de produire du froid par leur action réciproque : cinq parties de sel ammoniac, cinq parties de salpêtre et seize parties d'eau mélangées peuvent abaisser la température de 10° au-dessus de zéro jusqu'à 12° au-dessous ; trois parties de sulfate de sodium et huit parties d'acide chlorhydrique abaissent la température de 10° au-dessus de zéro jusqu'à 17° au-dessous ; deux parties de neige ou de glace pilée et trois parties de chlorure de calcium font descendre la température de 0° à — 27°.

233. **Glacières artificielles.** — L'emploi du mélange d'acide chlorhydrique et de sulfate de sodium a pris une certaine extension, par suite de l'usage des

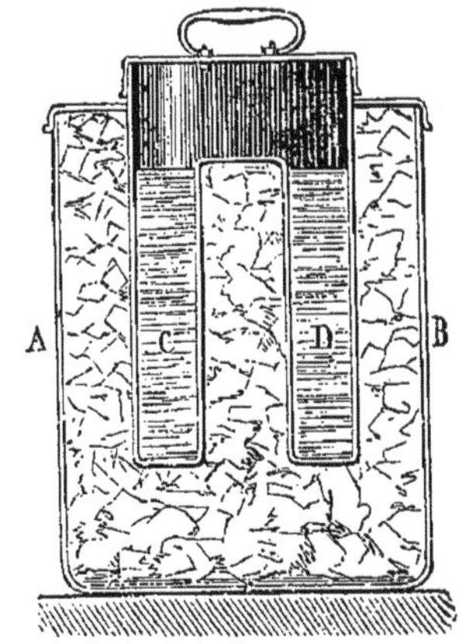

Fig. 143. — Glacière artificielle.

glacières artificielles. Ces appareils sont formés d'un seau en fer-blanc AB (fig. 143), entièrement recouvert de lisières de drap ; on place dans ce seau le mélange réfrigérant. Au milieu de ce dernier, se trouve un vase CD qui renferme le liquide à congeler. Pour augmenter la surface de contact, on lui donne la forme que représente la figure. Cet appareil est employé pour l'usage domestique à la fabrication des glaces et des sorbets.

234. Expériences simples. *Fusion et solidification.* — Rappeler qu'un thermomètre plongé dans la glace fondante reste stationnaire, ce qui montre que la température est constante tant que dure la fusion.

Faire fondre dans un tube à essais quelques morceaux d'acide stéarique qu'on peut tailler dans une bougie ordinaire. Plonger un thermomètre dans l'acide fondu et abandonner le tube au refroidissement ; on constate que, pendant la solidification de l'acide qui se produit vers 70°, la température reste la même. Remarquer que les morceaux non fondus restent au fond de la masse ; c'est le contraire quand la glace fond.

Chaleur de fusion. — Déterminer approximativement la chaleur de fusion de la glace de la manière suivante. Peser un verre et y verser un poids d'eau déterminé dont on prend la température ; peser un morceau de glace et le mettre dans l'eau ; agiter jusqu'à fusion complète et prendre la température finale.

On évaluera ensuite la quantité de chaleur perdue par l'eau et par le verre. Cette quantité est égale à la chaleur qui a servi à fondre la glace et à élever l'eau résultant de la fusion à la température finale. On en déduira par le calcul la chaleur de fusion de la glace ; le résultat s'éloigne peu de 79,25 qui en est la valeur exacte.

Dissolution et cristallisation. — Dans un verre contenant de l'eau dont on a pris la température, jeter une pincée de sulfate de sodium ou mieux d'azotate d'ammonium et faire constater l'abaissement de la température.

Abandonner à l'air, dans une assiette et dans un endroit sec, la dissolution d'un sel tel que sulfate de sodium, sulfate de zinc, etc. Quand toute l'eau est évaporée, on retrouve des cristaux du sel.

Effectuer la cristallisation de l'alun, comme il est expliqué au n° 231 (fig. 142).

Chauffer dans un ballon quelques cristaux d'iode. Le ballon se remplit de vapeurs violettes et l'on constate, sur le col du ballon, la présence de petits cristaux brillants qui se sont déposés par sublimation.

Surfusion. — Montrer le phénomène de la surfusion avec l'acide acétique cristallisable qui se solidifie à 16°,5. Porter à une température de 25° environ de l'acide acétique contenu dans un flacon : il passe à l'état liquide. Boucher le flacon et l'exposer à une température assez basse, soit dans un *mélange réfrigérant*, soit à l'air extérieur si la température est de quelques degrés seulement ; l'acide reste liquide, il est en surfusion. Si l'on débouche le flacon et qu'on agite le liquide, l'acide cristallise instantanément et l'on peut constater à la main l'élévation de température résultant du passage du corps de l'état liquide à l'état solide.

Sursaturation. — Réaliser les expériences indiquées au n° 227. Il suffit, pour faire la dissolution de sulfate de sodium, de chauffer 200 grammes de ce sel avec 100 grammes d'eau.

Phénomène du regel. — Si l'on ne dispose pas de glace au moment de la leçon, faire les expériences suivantes en hiver :

Prendre deux morceaux de glace présentant une surface plane, les appuyer l'un contre l'autre par ces surfaces et serrer fortement ; ils se soudent. On peut se servir d'un étau, mais à condition de ne pas serrer trop fort sous peine de voir les glaçons se briser.

Faire l'expérience représentée par la figure 139.

Il sera bon de profiter de ce qu'on a de la glace pour vérifier le zéro des thermomètres employés aux observations météorologiques. — Faire un mélange réfrigérant de glace et de sel. — Déterminer approximativement la chaleur de fusion.

Mélanges réfrigérants. — Mélanger dans une assiette parties égales de sel de cuisine et de glace concassée ou de neige. Verser un peu d'eau sur une table et poser dessus l'assiette qui renferme le mélange réfrigérant. Moins d'un quart d'heure après, il est impossible d'enlever l'assiette, l'eau qui se trouvait au-dessous s'étant congelée. Il suffit de quelques minutes, si l'on opère dans un vase métallique. On peut aussi plonger un thermomètre dans le mélange et faire constater que la température du mélange réfrigérant est d'environ — 17°.

Répandre du sel marin sur une couche de neige fraîchement tombée : celle-ci disparaît assez rapidement. Si l'expérience s'effectue dans un récipient, observer la température du liquide obtenu.

—

CHAPITRE VI

Etude des vapeurs

235. **Vaporisation**. — Nous avons étudié le passage d'un corps de l'état solide à l'état liquide, et inversement. Les corps peuvent subir un autre changement d'état en passant de l'état liquide à l'état de gaz ou de vapeur : ce phénomène est désigné sous le nom de *vaporisation*. On appelle *vapeurs* les fluides aériformes en lesquels peuvent se transformer les solides et les liquides, lorsqu'ils sont placés dans des conditions convenables ; ainsi de l'eau exposée dans une assiette, au soleil, disparaît promptement ; certains corps solides, comme le camphre, émettent des vapeurs que leur odeur décèle facilement. Ces exemples simples nous permettent de remarquer que la vaporisation est indépendante de la température et de la pression atmosphérique ; ce fait distingue la vaporisation de la fusion : un corps ne peut fondre, dans les conditions ordinaires que si sa température est supérieure à celle du milieu ambiant, et nous savons aussi que la fusion peut être retardée par une pression suffisante.

La vaporisation peut s'effectuer dans le vide ou dans les gaz ; nous étudierons d'abord la vaporisation dans le vide.

236. **Formation des vapeurs dans le vide.** — Disposons deux baromètres à mercure sur une même cuvette (fig. 144) et, dans un de ces baromètres B, par exemple,

introduisons au moyen d'un pipette recourbée quelques gouttes d'éther. Au moment où le liquide arrive dans la chambre barométrique, il disparaît instantanément et l'on voit le niveau du mercure s'abaisser dans le tube. On ne peut expliquer ce fait qu'en admettant que le liquide s'est transformé en une vapeur qui a, comme les gaz, la propriété d'exercer une *pression*, *force élastique*, ou *tension*, sur les vases qui le renferment. C'est cette pression qui a fait descendre le mercure, et il est évident qu'elle est égale à la différence entre la hauteur des colonnes de mercure dans les deux baromètres. Si l'on introduit de nouveau une petite quantité de liquide, elle disparaît encore et le niveau du mercure subit une nouvelle dépression. Mais, si l'on répète plusieurs fois l'expérience, il arrive un moment où le liquide introduit ne se vaporise plus, ce qui indique que l'espace renferme tout ce qu'il peut contenir de vapeur. On dit alors que l'espace est *saturé*, ou que la *vapeur est saturante*. De plus, à partir de ce moment, le niveau du

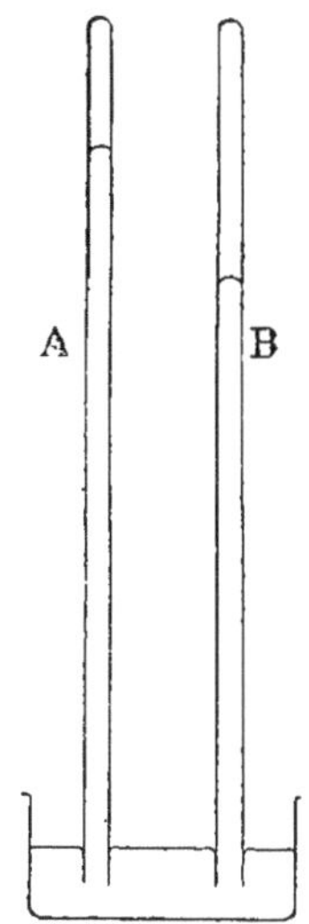

Fig. 144. — Formation des vapeurs dans le vide.

mercure ne s'abaisse plus : la vapeur a alors atteint son *maximum de tension*. Il faut donc entendre par *maximum de tension* d'une vapeur la tension qu'a cette vapeur lorsqu'elle est saturante.

Il résulte de ce qui précède : 1° qu'une vapeur se forme instantanément dans le vide : 2° que cette vapeur exerce une pression comme les gaz ; 3° que cette pression, la température restant constante, ne saurait dépasser une certaine limite qui est atteinte lorsque l'espace est saturé.

237. Les vapeurs suivent-elles la loi de Mariotte? — Puisque les vapeurs sont douées, comme les gaz, d'une force élastique, il est nécessaire de rechercher si elles suivent la loi de Mariotte. Il faut, pour cela, distinguer deux cas :

1° *Les vapeurs sont en contact avec un excès de liquide.*

2° *Les vapeurs ne sont pas en contact avec un excès du liquide qui leur a donné naissance.*

Reprenons l'appareil qui nous a servi à démontrer la loi de Mariotte. Après avoir ouvert le robinet r (fig. 145), élevons d'abord le récipient B de manière à remplir complètement le tube A de mercure ; l'air s'échappe. Versons un peu d'éther au-dessus du robinet ; si l'on abaisse B très légèrement, l'éther pénètre en A ; fermons alors le robinet r. Si l'on abaisse le récipient B, le niveau du mercure descend dans A, l'éther se vaporise, car la couche liquide diminue graduellement. En arrêtant le mouvement de B, on trouve que la différence des niveaux du mercure est n millimètres.

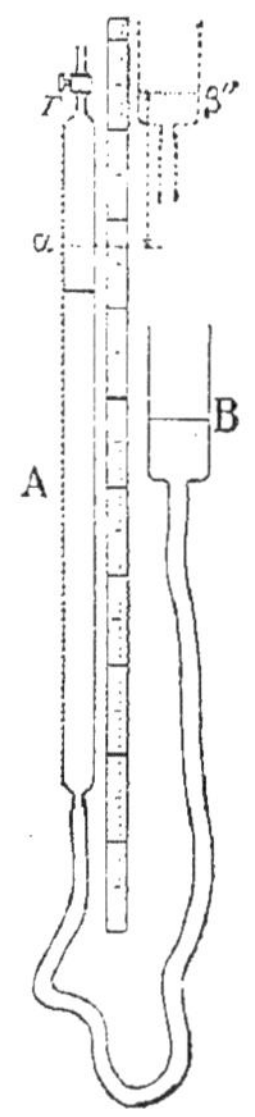

Fig. 145. — Force élastique des vapeurs.

Abaissons encore le récipient et mesurons encore la différence des deux niveaux ; elle est toujours n millimètres et reste constante, tant que le liquide n'est pas totalement vaporisé.

D'autres liquides remplaçant l'éther conduiraient à la même conclusion.

Abaissons encore le récipient B jusqu'au moment où tout le liquide a disparu ; à ce moment, on peut déterminer comment sa vapeur se comporte au point de vue de la compressibilité : l'expérience démontre que la force élastique de la vapeur suit la loi de Mariotte ([1]).

---

[1] Les vapeurs sont cependant un peu plus compressibles que ne l'indique cette loi, comme cela se produit aussi pour les gaz voisins de leur point de liquéfaction.

238. **Vapeurs saturantes.** — Si, en même temps qu'on observe la colonne mercurielle du tube A, au moment où l'on fait varier le volume réservé à la vapeur, on examine attentivement la petite couche d'éther qui surmonte le mercure, on s'aperçoit que sa hauteur varie : elle diminue lorsqu'on abaisse le récipient B ; elle augmente lorsqu'on l'élève. On conçoit alors l'invariabilité de la force élastique ; elle tient à ce que la vapeur n'est pas en quantité constante, mais en quantité proportionnelle au volume qu'elle occupe. Si tout l'éther ne s'est pas vaporisé dès le début de l'expérience, c'est que l'espace, qui était réservé à la vapeur, contenait tout ce qu'il *pouvait en contenir* ; il était *saturé*. Dès qu'on abaisse le récipient B, cet espace augmentant, une nouvelle quantité de liquide peut se vaporiser ; dès qu'on l'élève, cet espace diminuant, une partie de la vapeur revient à l'état liquide.

Il ne faut pas oublier que la saturation et le maximum de tension sont deux propriétés inséparables ; une vapeur saturante est au maximum de tension ([1]), puisque, dès qu'on la comprime, elle revient en partie à l'état liquide sans changer de force élastique ; une vapeur au maximum de tension est saturante, puisque, dès qu'on cherche à augmenter sa force élastique par la compression, elle reprend l'état liquide.

Il résulte de tout ce qui précède qu'une vapeur peut être à deux états : à l'état de vapeur *non saturante*, et alors elle suit la loi de Mariotte ; à l'état de vapeur *saturante*, et alors elle ne suit pas la loi de Mariotte.

239. **Influence de la nature du liquide sur le maximum de tension.** — La nature du liquide a une grande influence sur la valeur du maximum de tension de la vapeur à une température donnée. Plusieurs tubes ba-

---

[1] Des expériences récentes ont cependant montré qu'en l'absence de tout gaz étranger et des corpuscules de poussières, une vapeur peut conserver une pression supérieure à celle qui correspond au maximum de tension, dans les conditions de l'expérience. Ce fait serait identique à ceux de la surfusion et de la sursaturation.

rométriques, A, B, C, D (fig. 146), sont disposés les uns à côté des autres dans une même cuvette. A est un baromètre ordinaire ; dans B, on a fait passer de l'eau ; dans C, de l'alcool ; dans D, de l'éther, et l'on voit aussitôt le mercure s'y abaisser de quantités inégales au-dessous de son niveau primitif, ce qui prouve que les tensions de ces différentes vapeurs sont différentes aussi.

240. Influence de la température sur le maximum de tension. — Dans les expériences précédentes, nous avons supposé que la température reste invariable. Si la température à laquelle on soumet le liquide et sa vapeur s'élève, on constate que la tension de la vapeur saturante s'élève aussi, mais beaucoup plus rapidement que la température.

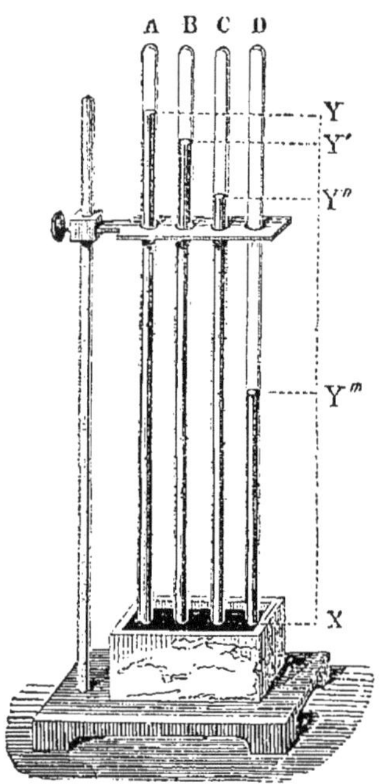

Fig. 146. — Influence de la nature du liquide sur la valeur de la tension maximum.

Dans les machines à vapeur, on mesure la tension de la vapeur (qui est toujours saturante) à l'aide de manomètres métalliques ; l'aiguille indicatrice indique cette tension à chaque instant. Les soupapes de sûreté elles-mêmes constituent un appareil de mesure des tensions de la vapeur ; elles sont équilibrées pour ne s'ouvrir que sous une pression déterminée ; lorsqu'elles s'ouvrent, la vapeur a acquis cette pression.

241. La glace émet des vapeurs. — Gay-Lussac[1]

____

[1] Gay-Lussac, physicien et chimiste, né en 1778 à Saint-Léonard (Haute-Vienne), mort en 1850, professeur de physique à la Faculté des sciences de Paris.

a montré que la glace émet des vapeurs de tension appréciable. Il a employé pour cette démonstration une méthode qui repose sur le principe suivant, dû à Watt et
appelé *principe de la paroi froide.*

*Lorsqu'on a un liquide dans un espace dont les différentes
parties ne sont pas à la même température, la vapeur prend,
dans tout l'espace, une force élas-
tique dont la valeur correspond à
la température la plus basse.*

L'appareil, dont se servait
Gay-Lussac, se compose d'un baromètre AC (fig. 147) recourbé
à sa partie supérieure. Son extrémité I est entourée d'un mélange réfrigérant V : l'eau introduite passe, en se vaporisant,
dans la partie refroidie où elle
se congèle. Lorsqu'il n'y a plus
de liquide au-dessus du mercure, la force élastique dans le
tube est celle qui correspond à
la température la plus basse,
d'après le principe de Watt. On
constate alors que le niveau a
du tube A est au-dessous du niveau b d'un baromètre B installé pour servir de témoin. Il
est évident que la différence verticale des niveaux a et b mesure
la force élastique de la vapeur
pour la température du mélange
réfrigérant, température que

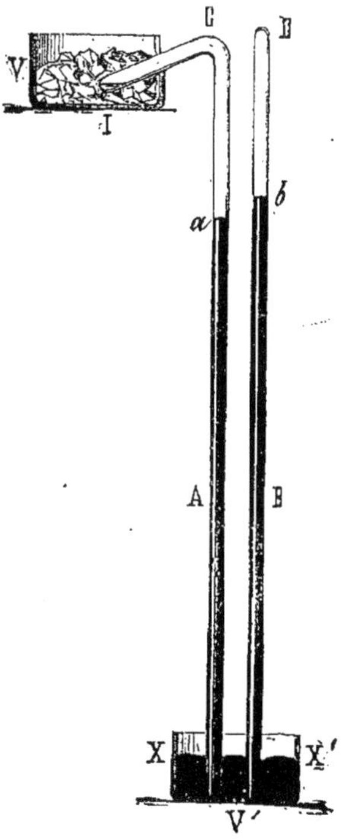

Fig. 147. — Appareil de Gay-
Lussac pour la mesure des
tensions de la vapeur d'eau
aux températures inférieures
à 0°.

donne un thermomètre plongé dans ce mélange.

Gay-Lussac a ainsi constaté que la force élastique de la
vapeur d'eau est $4^{mm},60$ à 0° et $2^{mm},09$ à — 10°.

**242. Tensions maxima de la vapeur d'eau à di-
verses températures.** — Par suite de l'emploi de la

vapeur d'eau comme force motrice, il était très important de connaître exactement sa tension maximum aux diverses températures ; aussi plusieurs physiciens se sont-ils occupés de cette question. Nous n'étudierons pas les moyens qu'ils ont employés pour arriver à cette détermination ; nous transcrirons seulement quelques-uns des résultats de leurs recherches.

Le tableau suivant est extrait des *tables de Regnault* qui s'appliquent à toutes les températures comprises entre — 30° et 230°. En regard des températures, les tensions sont exprimées en millimètres de mercure.

Températures	Tensions de la vapeur d'eau en millimètres de mercure	Températures	Tensions de la vapeur d'eau en millimètres de mercure
— 20°	$0^{mm},93$	70°	$233^{mm},00$
— 10	2, 09	80	354, 64
0	4, 60	90	525, 45
10	9, 16	100	760, 00
20	17, 39	120	1 491, 28
30	31, 55	140	2 717, 60
40	54, 91	160	4 651, 60
50	91, 98	180	7 546, 40
60	148, 79	200	11 689, 00

Nous pouvons remarquer que les forces élastiques ne sont pas proportionnelles aux températures : ainsi la tension à 200° n'est pas le double de la tension à 100° ; elle est égale à plus de 15 fois celle-ci.

On ne saurait, en conséquence, déterminer par une règle de trois une tension correspondant à une température donnée. On a cependant proposé pour cette détermination diverses formules plus ou moins compliquées qui ne donnent que des résultats approximatifs.

La plus simple est la suivante, employée quelquefois

dans les calculs industriels, $F = T^4$; F représente la tension maximum de la vapeur d'eau en kilogrammes par centimètre carré et T la température en centaines de degrés.

243. Applications. — Dans les machines à vapeur, on peut connaître la température de la vapeur par l'inspection du manomètre. Supposons, en effet, que le manomètre indique une pression de 8 kilogrammes. Il suffira de chercher, dans les tables de Regnault, la température correspondant à cette pression ; elle est d'environ 170°.

A défaut de tables, nous pouvons appliquer la formule approchée $F = T^4$, d'où l'on tire : $T = \sqrt[4]{F}$.

F étant égal à 8, il suffit d'en extraire la racine carrée, puis d'extraire la racine carrée du nombre obtenu. Nous obtenons ainsi 1,68 qui, représentant le résultat en centaines de degrés, donne une température de 168°, très voisine de celle qui est fournie par les tables de Regnault.

Nous avons vu (163) que la détermination exacte du point 100 d'un thermomètre à mercure nécessitait une correction lorsque le baromètre ne marquait pas exactement 760 millimètres, et nous avons évalué cette correction en partant de ce fait qu'une variation de pression de 27 millimètres entraînait une variation de température de 1°. On peut, au moyen des tables des tensions, trouver immédiatement, sans calcul, la température à inscrire sur le thermomètre. Supposons que le baromètre marque 730 millimètres : il suffira de chercher quelle est la température correspondant à une tension de 730 millimètres, ce sera la température cherchée. Mais il est nécessaire, pour cela, d'avoir des tables qui donnent des températures évaluées en dixièmes de degré.

244. Hypsomètre. — L'*hypsomètre* est un instrument qui peut remplacer le baromètre pour la mesure de la pression atmosphérique et par conséquent pour la mesure des différences d'altitude.

Il se compose essentiellement d'une éprouvette contenant de l'eau au-dessus de laquelle est suspendu un ther-momètre. On porte l'eau à l'ébullition et l'on note avec soin la température indiquée par le thermomètre. Supposons que nous fassions cette expérience en un lieu élevé et que le thermomètre marque 90°. Si nous cherchons dans les tables la tension maximum de la vapeur d'eau à 90°, nous voyons qu'elle est égale à 525 millimètres. Or nous verrons bientôt (256) que, lorsqu'un liquide bout, la force élastique de sa vapeur est égale à la pression que supporte le liquide. La pression atmosphérique, au point choisi, est donc 525 millimètres.

L'hypsomètre présente, sur le baromètre, l'avantage d'être moins encombrant.

245. Vaporisation dans une atmosphère limitée d'air ou de gaz quelconque. — Lorsqu'on fait tomber goutte à goutte un liquide volatil dans un espace limité rempli de gaz, on voit ce liquide disparaître peu à peu sous forme de vapeur. Donc, un liquide se vaporise dans un gaz comme dans le vide et cela se comprend, puisque les pores du gaz constituent autant de petites chambres barométriques dans lesquelles la vapeur se précipite; mais il faut remarquer que la vaporisation n'est plus instantanée, comme lorsque le liquide est en présence seulement de sa propre vapeur.

Les diverses conditions de l'expérience peuvent être réalisées à l'aide de l'appareil représenté par la figure 145. On ouvre le robinet r, puis on élève ou l'on abaisse le récipient B, de manière que le mercure prenne en A le niveau a. La partie supérieure du tube contient donc de l'air à la pression atmosphérique. On verse un excès d'éther au-dessus du robinet et l'on en fait pénétrer une partie en A par le moyen déjà indiqué (237); à ce moment, on ferme le robinet. L'éther se vaporise *peu à peu*, le niveau du mercure s'abaisse en A pour s'élever en B. Lorsque les deux niveaux ne varient plus, on élève B pour ramener le niveau du mercure en a; il est évident qu'alors la distance ab'' des deux niveaux mesure la pression acquise par la vapeur. Or, on constate que sa force élastique est la même que si l'on eût opéré, à la même température et sur le même liquide, dans un espace privé d'air.

La tension du mélange est égale à la pression atmosphérique augmentée de la colonne de mercure ab'', c'est-à-dire qu'elle est la somme de la tension propre au gaz introduit et de la tension propre à la vapeur produite.

De là nous déduisons les deux lois suivantes :

1° *La vapeur prend la même tension dans un espace plein de gaz que dans un espace vide et, par suite, se produit en égale quantité dans les deux cas ;*

2° *La tension d'un mélange de gaz et de vapeur est égale à la somme des forces élastiques du gaz et de la vapeur considérés chacun comme occupant le volume total du mélange.*

246. **Densité des vapeurs.** — La *densité* d'une vapeur est le rapport du poids d'un certain volume de cette vapeur dans les conditions normales de température et de pression au poids d'un même volume d'air supposé dans les mêmes conditions.

L'expérience montre que la densité d'une vapeur varie selon qu'elle est plus ou moins éloignée de son point de saturation, diminuant progressivement à mesure qu'elle s'éloigne de ce point. Ainsi la densité de la vapeur de soufre est 6,65 vers 500°; elle n'est plus que 2,23 à 1 000°.

Il existe pour chaque vapeur une *densité théorique* qu'on peut déterminer par des considérations chimiques [1]. A mesure que les vapeurs s'éloignent de leur point de saturation, leurs densités se rapprochent de plus en plus de cette densité théorique. La densité théorique de la vapeur de soufre est 2,22, nombre très rapproché de 2,23 qui est la densité de cette vapeur à 1 000 degrés.

Le tableau suivant donne la densité théorique de

[1] Voir nos *Leçons de chimie* (P. 46).

quelques vapeurs :

Eau	0,625	ou $\frac{5}{8}$
Alcool absolu	1,60	
Soufre	2,22	
Mercure	6,98	

247. Détermination du poids d'une vapeur sous un volume déterminé. — On calcule le poids d'une vapeur comme celui d'un gaz en cherchant ce que le volume donné deviendrait sous la pression de 760 millimètres et à la température 0°. La formule que nous avons déterminée pour les gaz est donc applicable aux vapeurs et, si nous appelons P le poids inconnu d'une masse de vapeur dont le volume est V et la tension F, nous avons :

$$P = 1^g,293 \times d \times \frac{F}{760} \times \frac{V}{1 + at}.$$

248. Poids d'une masse d'air humide. — *Chercher quel est le poids d'un mètre cube d'air humide sous la pression de 756 millimètres à la température de 20°, sachant que la tension de la vapeur d'eau que renferme cet air est 16 millimètres, que le coefficient de dilatation de l'air et de la vapeur d'eau est 0,0036 et que la densité de celle-ci est $\frac{5}{8}$.*

D'après la loi sur le mélange des gaz et des vapeurs, la pression de 756 millimètres est égale à la somme des tensions de l'air sec et de la vapeur ; comme la tension de la vapeur d'eau est 16 millimètres, celle de l'air sec est 756 — 16 ou 740 millimètres ;

Le problème est donc ramené aux deux suivants :

1° Trouver le poids P′ d'un mètre cube d'air sec à 20° et sous une pression de 740 millimètres ;

2° Trouver le poids P″ d'un mètre cube de vapeur d'eau à la température de 20°, sa tension étant de 16 millimètres.

Le poids P du mètre cube d'air humide sera évidemment égal à la somme des poids P′ et P″.

Le poids de l'air sec est (194)

$$P' = 1^g,293 \times \frac{H - F}{760} \times \frac{V}{1 + at}.$$

Le poids de la vapeur d'eau est (247)

$$P'' = 1^g,293 \times d \times \frac{F}{760} \times \frac{V}{1 + a}.$$

Le poids total est donc

$$P = P' + P'' = 1^g,293 \times \frac{H - F}{760} \times \frac{V}{1 + at}$$
$$+ 1^g,293 \times d \times \frac{F}{760} \times \frac{V}{1 + at}$$

ou

$$P = 1^g,293 \times \frac{V}{1 + at} \times \left(\frac{H - F}{760} + \frac{F \times d}{760} \right)$$
$$P = 1^g,293 \times \frac{V}{1 + at} \times \frac{H - F + Fd}{760}.$$

Or $d = \frac{5}{8}$, donc $Fd = \frac{5}{8}F$ et la formule devient

$$P = 1^g,293 \times \frac{V}{1 + at} \times \frac{H - \frac{3}{8}F}{760}.$$

Telle est la formule qu'on emploie généralement.

Si nous remplaçons les lettres par leurs valeurs, en exprimant le volume V en litres, le poids total est

$$P = 1^g,293 \times \frac{1000}{1 + 0,0036 \times 20} \times \frac{756 - \frac{3}{8} \times 16}{760} = 1190^g.$$

249. **Expériences simples.** — Pour réaliser l'expérience représentée par la figure 144, on prendra deux tubes dont les

sections seront, de préférence, inégales, pour bien montrer que la tension d'une vapeur saturante est indépendante du volume qu'elle occupe.

Même remarque pour l'expérience de la figure 146.

Le baromètre coudé de Gay-Lussac (fig. 147) peut être réalisé à l'aide d'un tube court fermé à l'une de ses extrémités, relié par un tube de caoutchouc à un autre tube droit (90 centimètres) ouvert aux deux bouts. L'appareil forme d'abord un tube droit qu'on remplit de mercure avec précaution ; on le retourne sur la cuve à mercure, la partie supérieure se vide et le petit tube peut être alors recourbé et plongé dans la glace.

Pour montrer l'influence de la température sur le maximum de tension, envelopper le tube barométrique A (fig. 144) d'un tube de diamètre intérieur aussi grand que possible et verser de l'eau tiède dans cette espèce de manchon.

A l'aide de l'appareil représenté par la figure 145, lorsque la vapeur saturante est en présence d'un excès de liquide, si l'on abaisse brusquement le récipient B, on peut voir des bulles de vapeur se former au sein du liquide.

CHAPITRE VII

Evaporation. — Ebullition. — Chaleur de vaporisation.

250. **Evaporation.** — Lorsqu'un liquide volatil est abandonné à l'air libre, il se transforme peu à peu en vapeur qui se répand au milieu de l'air. C'est ainsi que, si nous mettons une couche d'eau dans une assiette et que nous l'abandonnions à l'air libre, nous la verrons peu à peu diminuer, puis disparaître complètement. On dit qu'il y a eu *évaporation*. L'évaporation n'est qu'un cas particulier de la vaporisation, celui où les vapeurs se forment dans une *atmosphère illimitée*.

L'évaporation a pour caractères particuliers :

1° *Que la vapeur se forme à la surface du liquide* ;

2° *Qu'elle se produit sans agitation intérieure de la masse.*

Nous étudierons seulement le cas de l'évaporation de l'eau dans l'atmosphère.

251. **Des causes qui influent sur la rapidité de l'évaporation.** — 1° *Quantité de vapeur d'eau contenue dans l'air.* — Il est évident que l'évaporation sera d'autant plus rapide que la quantité de vapeur d'eau contenue dans l'atmosphère sera plus petite, puisque la limite de saturation sera plus éloignée. C'est pour cette raison que le linge étendu à l'air sèche bien plus vite par les vents d'est, qui sont secs, que par les vents du sud ou du sud-ouest qui sont chargés de vapeur d'eau.

2° *Étendue de la surface libre du liquide.* — La rapidité de l'évaporation augmente aussi avec la surface de contact du liquide et de l'air ambiant, puisque le nombre des points, sur lesquels la vapeur se produit, augmente lui-même avec cette surface.

Ainsi, dans les laboratoires, quand on veut faire évaporer un liquide, on le met dans un vase à très large ouverture nommé *cristallisoir*.

L'eau de mer, dans les marais salants, est exposée à l'évaporation sous une faible épaisseur, mais sur une grande surface.

L'eau des sources salées ne renferme pas une quantité de sel suffisante pour être évaporée immédiatement par la chaleur; aussi la concentre-t-on en la projetant, au moyen de pompes, sur des tas de fagots nommés *bâtiments de graduation*. Elle tombe goutte à goutte, de branche en branche, en offrant une surface considérable à l'évaporation.

3° *Agitation de l'air.* — Dans un air parfaitement calme, l'évaporation est lente, car la couche d'air, en contact avec le liquide, est bientôt saturée. Si, au contraire, l'atmosphère est agitée, cette agitation amène, à chaque instant, au-dessus du liquide de nouvelles couches capables de recevoir de nouvelles vapeurs. On sait que la pluie, qui mouille le sol, est bientôt évaporée si, après sa chute il survient un vent un peu fort; que le linge mouillé se sèche rapidement, lorsqu'il est frappé par le vent. Cette dessiccation est d'autant plus prompte que le vent est plus sec.

Quand, en été, la peau est mouillée par la sueur, il faut éviter de rester dans un courant d'air, attendu que l'évaporation de ce liquide, se faisant avec plus de rapidité, déterminerait un refroidissement pouvant avoir des suites funestes.

4° *Température du liquide et du milieu environnant.* — Plus la température du liquide est élevée, plus il se vaporise facilement, puisque la tension maximum de la

vapeur augmente avec la température. La température
du milieu environnant doit aussi accélérer l'évaporation,
puisque l'élévation de cette température recule, comme
nous l'avons vu, la limite de saturation de l'espace.

On utilise cette influence de la température sur l'évaporation pour obtenir un séchage rapide des tissus ou de
substances diverses. Dans des appartements, nommés *séchoirs*, percés de nombreux orifices à la partie supérieure,
on fait arriver, par la partie inférieure, un courant d'air
chaud. Les tissus sont suspendus sur des traverses en bois
ou, s'il s'agit de matières pulvérulentes, elles sont disposées sur des claies placées horizontalement. L'air chaud
s'élève en se chargeant de vapeur d'eau et s'échappe par
les orifices. Les substances à dessécher se trouvent ainsi
continuellement en contact avec de l'air non saturé et,
par conséquent, apte à se charger de vapeur d'eau.

ÉBULLITION

252. **Description du phénomène.** — Lorsqu'on
échauffe progressivement un liquide par sa partie inférieure, à un moment donné, on voit se former, sur les
parois du récipient, des bulles gazeuses. A mesure que le
liquide s'échauffe, le nombre et le volume de ces bulles
s'accroît; bientôt quelques-unes d'entre elles s'élèvent et
montent jusqu'à la surface du liquide. Si l'on recueille ces
bulles, on constate qu'elles sont formées par de l'air;
celui-ci se trouve, en effet, à deux états dans le liquide : il
est interposé entre celui-ci et le récipient, ou bien il est
à l'état dissous.

Quand la température du liquide devient assez élevée,
les bulles formées au fond du récipient s'élèvent en diminuant progressivement de volume, parce qu'elles rencontrent des couches liquides plus froides qu'elles-mêmes

et disparaissent avant d'avoir atteint la surface. Enfin, ces bulles s'élèvent en augmentant de volume, viennent crever à la surface ; il se produit une agitation plus ou moins violente au sein de la masse liquide ; on dit qu'elle est en *ébullition* et le thermomètre, qui jusque-là avait indiqué une température croissante, indique maintenant une température constante, tant que dure le phénomène.

Les bulles qui se forment à ce moment sont constituées presque uniquement par de la vapeur d'eau, ainsi qu'on peut s'en assurer en les condensant sur un corps froid. L'ébullition est donc un mode particulier de la vaporisation.

253. **Nécessité de la présence d'un gaz au sein du liquide.** — Pour qu'un liquide entre facilement en ébullition, il faut la présence de l'air dans la masse ou sur les parois du vase qui le renferme.

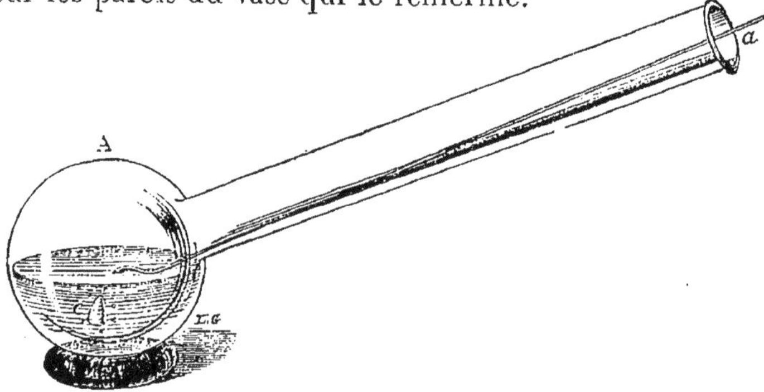

Fig. 148. — Rôle de l'air dans l'ébullition.

On peut facilement montrer, par l'expérience suivante, le rôle de l'air dans l'ébullition. Dans un ballon de verre on fait bouillir de l'eau pendant une vingtaine de minutes, puis on enlève le feu. L'ébullition cesse aussitôt ; mais, si l'on projette dans l'eau de la limaille de fer, elle reprend avec violence, grâce à l'air entraîné par les grains de limaille.

On peut démontrer le même fait de la façon suivante :

On fait bouillir de l'eau pendant longtemps dans un

ballon de verre A (fig. 148) sur un fourneau à gaz : on éteint le gaz et l'eau cesse de bouillir. Quand l'ébullition est interrompue, on descend dans le liquide une petite cloche pleine d'air c, faite à l'extrémité d'un tube en verre qu'on a étranglé à la lampe. Immédiatement, au contact de l'air apporté dans le liquide, l'ébullition recommence et continue pendant longtemps.

L'expérience suivante montre encore le rôle que joue l'air dans l'ébullition d'un liquide. On descend, dans un ballon B (fig. 149) renfermant de l'eau, un tube A contenant du sulfure de carbone et un thermomètre t. On chauffe le ballon et le sulfure de carbone bout. Quand on a chassé par l'ébullition l'air qu'il contient, on verse au-dessus de lui une couche d'eau, qui le sépare de l'air extérieur. On constate alors qu'on peut le porter à une température bien supérieure à sa température d'ébullition, sans que l'ébullition recommence. On dit alors que le sulfure de carbone est surchauffé. Si on laisse tomber dans le tube A une petite cloche en verre c, pleine d'air, l'ébullition recommence et la cloche soulevée par la vapeur monte dans la couche

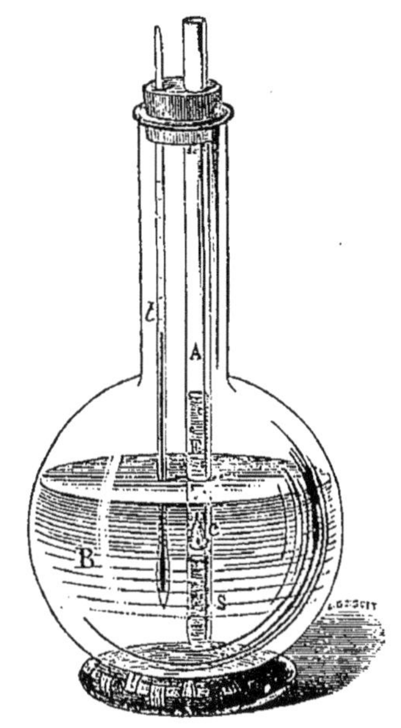

Fig. 149. — Expérience de M. Gernez sur le sulfure de carbone surchauffé.

d'eau, puis redescend, et ainsi de suite. A chaque contact de la cloche et du sulfure de carbone, l'ébullition se produit. Pour qu'on puisse surchauffer le sulfure de carbone, il faut que le tube A ait été préparé avec soin par des nettoyages répétés à l'acide sulfurique et à l'alcool.

254. Lois de l'ébullition. — Le phénomène de l'ébullition est soumis aux deux lois suivantes :

1° *Un même liquide, placé dans des conditions extérieures identiques, commence toujours à bouillir à la même température ;*

2° *Pendant toute la durée de l'ébullition, la température du liquide reste constante, quelle que soit l'intensité du foyer.*

Ces deux lois se vérifient facilement par l'expérience. Elles sont analogues à celles de la fusion et, quant à la seconde, nous l'expliquerons par un raisonnement semblable à celui qu'on peut faire pour la fusion : pendant l'ébullition, la chaleur se transforme en un travail moléculaire qui modifie l'état du corps. A cette chaleur, ainsi transformée en travail, et qui n'est pas rendue sensible par le thermomètre, on donne le nom de *chaleur latente de vaporisation* ou simplement *chaleur de vaporisation.*

255. Point d'ébullition. — Chaque liquide a son point d'ébullition, qui constitue une propriété caractéristique de chacun d'eux. Le tableau suivant indique les points d'ébullition de quelques liquides sous la pression de 760 millimètres :

Ether ordinaire	35°
Sulfure de carbone	46, 2
Alcool méthylique (esprit de bois)	66, 3
Alcool éthylique (esprit de vin)	78, 3
Benzine	80, 4
Eau	100
Eau de mer	103, 7
Acide sulfurique	326
Mercure	357

256. Circonstances qui influent sur la température d'ébullition d'un liquide. — Dans l'énoncé de la première loi, nous avons spécifié que le liquide devait rester dans des conditions extérieures identiques; c'est qu'en effet la variation de ces conditions entraîne aussi la variation de la température d'ébullition, comme nous allons le faire voir.

1° *Influence de la pression extérieure sur la température d'ébullition d'un liquide.* — Pour qu'une bulle de vapeur puisse se former dans un liquide, il faut que sa tension soit égale à la pression qu'elle supporte ; il faut donc qu'au point où elle se forme, la température soit capable de lui donner cette tension. On comprend que, toutes choses égales d'ailleurs, la température d'ébullition du liquide doit dépendre de la pression qui s'exerce sur lui, qu'une élévation de pression retardera l'ébullition et qu'une diminution de pression l'avancera. Les expériences suivantes mettent ces faits en évidence.

Sous une pression de 760 millimètres, l'eau ne bout, dans un vase en métal, qu'à la température de 100° ; c'est d'ailleurs la condition que nous avons spécifiée dans la détermination du second point fixe de l'échelle centigrade (160). Cependant, il est facile de vérifier que, sous le récipient de la machine pneumatique, l'eau peut entrer en ébullition à des températures d'autant plus basses que le vide y est fait d'une manière plus complète.

L'expérience suivante conduit au même résultat.

Dans un ballon B à long col (fig. 150), on fait bouillir de l'eau pendant dix minutes environ ; lorsque, par cette ébullition, la vapeur d'eau, en s'élevant, a chassé l'air du flacon, on bouche le vase, et on le retourne en plongeant l'extrémité du col dans un second vase plein d'eau V, afin d'empêcher toute rentrée d'air. L'ébullition cesse, dès que le liquide a été soustrait à l'action de la chaleur ; mais, si l'on verse de l'eau froide sur le ballon, la vapeur, qui seule exerce sa pression sur le liquide, se condense en partie, et l'ébullition recommence.

Au bout d'une heure, on peut souvent encore faire bouillir le liquide par de nouvelles affusions d'eau froide.

Inversement, lorsqu'on augmente la pression, on retarde l'ébullition ; on peut même l'empêcher de se produire, si l'on opère dans un vase fermé. C'est ce qui arrive dans la marmite de Papin ([1]) (fig. 151). A est un vase de bronze contenant de l'eau. Il est fermé par un couvercle solidement fixé par la vis V sur l'ouverture de la marmite ; une soupape de sûreté S est fermée par une tige D, à l'extrémité de laquelle se trouve suspendu un poids P : ce poids est réglé de façon que le levier se soulève. et, par suite, soulève la soupape, pour laisser échapper la vapeur lorsqu'elle a atteint une pression trop considérable.

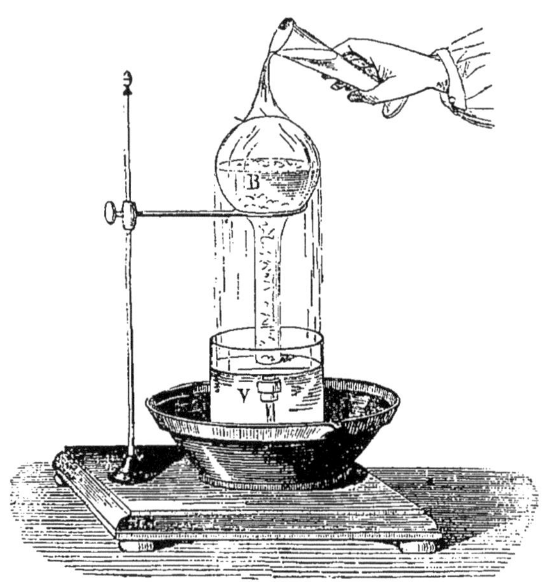

Fig. 150. — Influence de la pression sur la température d'ébullition.

Si l'on chauffe cet appareil, appelé *marmite de Papin*, la vapeur qui se produit au début exerce sa pression sur le liquide et empêche de nouvelles bulles de se produire. La température s'élève progressivement sans que le liquide puisse bouillir, et, dès qu'on ouvre la soupape, la vapeur

([1]) Papin (Denis), célèbre physicien, né à Blois en 1650, mourut en 1710.

sort avec violence et l'eau entre immédiatement en ébullition.

L'expérience suivante montre que la vapeur d'un liquide
en ébullition a une tension égale à la pression que supporte le liquide. Dans un ballon A (fig. 152), on met le
liquide sur lequel on veut opérer, et l'on adapte au moyen
d'un bouchon un tube recourbé B, qui plonge dans l'atmosphère du ballon ; la branche B est ouverte, et la branche
C fermée contient du mercure et, au-dessus, une petite cou-

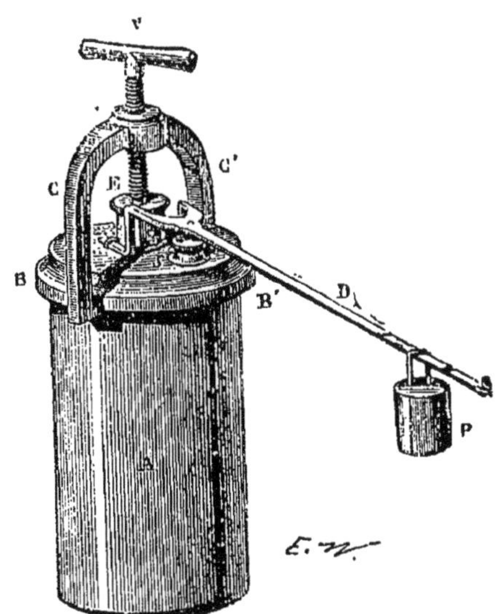

Fig. 151. — Marmite de Papin.

che du liquide du ballon. On chauffe, et, quand l'ébullition
est en pleine activité, la vapeur enveloppe le tube : on voit
alors le liquide du tube se transformer en vapeur, qui a
une pression égale à celle sous laquelle se produit l'ébullition, car le mercure s'élève au même niveau dans les
deux branches.

2° *Influence de la profondeur du liquide.* — Puisque la
vapeur, pour se former, doit avoir une tension égale à la
pression qui s'exerce sur elle, il est évident que, cette

pression augmentant avec la profondeur du liquide, la température d'ébullition devra aussi augmenter.

3° *Influence de la pureté du liquide.* — Lorsqu'un liquide tient en dissolution des substances étrangères, son point d'ébullition change. Ainsi l'eau de mer ne bout qu'à 103°,7.

4° *Influence de la nature du vase.* — La nature du vase a aussi une influence sur le point d'ébullition du liquide.

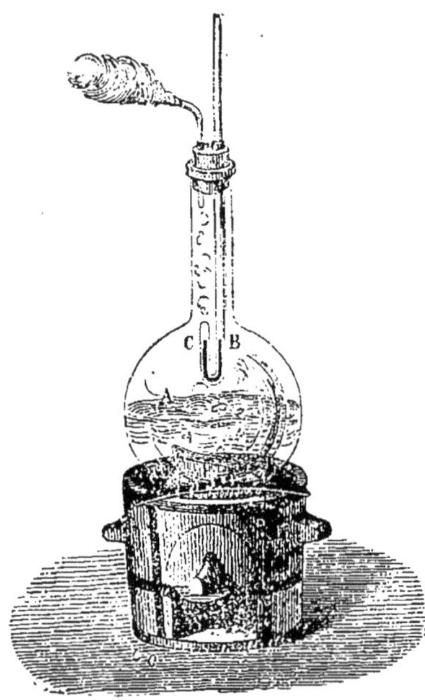

Fig 152. — La vapeur émise par un liquide en ébullition a une tension égale à celle qui s'exerce sur lui.

Ainsi l'eau qui, sous une pression de 760 millimètres, bout à 100° dans un vase de métal, ne bout qu'à 101° dans un vase de verre. C'est que la bulle de vapeur, pour se former au contact de la paroi, doit non seulement triompher de la pression qu'elle supporte, mais aussi de la force d'adhérence qui s'exerce entre elle et cette paroi. Or cette force varie suivant la nature du vase.

Ajoutons qu'un même liquide peut ne pas mouiller également des vases de natures différentes : moins il les mouillera facilement, plus il restera d'air entre lui et la paroi, et plus l'ébullition se produira aisément. L'expérience suivante met en évidence l'influence de la nature de la paroi. On fait bouillir de l'eau dans un vase de verre ; on l'éloigne un peu du feu, l'ébullition cesse ; mais, si l'on projette dans l'intérieur du vase des parcelles de cuivre, l'ébullition recommence au contact de ces parcelles, qui forment paroi pour le liquide en contact avec elles et qui ont apporté avec elles une certaine quantité d'air.

5° *Influence de la viscosité du liquide.* — La viscosité plus ou moins grande du liquide exerce aussi une influence sur l'ébullition. La vapeur ne peut, en effet, se former sans écarter les molécules ; or, plus le liquide a de viscosité, plus la résistance qu'elle doit vaincre est considérable : par suite, pour qu'elle en triomphe, il faut que la température s'élève. Mais, dès que la viscosité est vaincue, la vapeur se dégage brusquement : de là des mouvements saccadés, des soubresauts. C'est ce qui arrive avec l'acide sulfurique, le mercure, les huiles.

257. **Applications de l'ébullition.** — Ces applications sont très nombreuses : par l'ébullition, on purifie ou l'on sépare les liquides dont les points de vaporisation sont différents (Voir Distillation) ; elle est appliquée à la concentration du jus dans l'industrie du sucre ; elle sert à la production de la force motrice dans toutes les machines à vapeur ; c'est par elle qu'on obtient la cuisson des aliments ; enfin c'est à elle qu'on a recours pour la fabrication des conserves alimentaires par le procédé Appert.

258. **Caléfaction des liquides. État sphéroïdal.** — Lorsqu'on laisse tomber une goutte d'eau sur une plaque de métal chauffée au rouge, elle prend la forme sphérique en restant à l'état liquide et, si la plaque métallique est bien horizontale, on peut l'y maintenir assez longtemps sans qu'il y ait ébullition. Si l'on étudie le phénomène avec attention, on s'aperçoit que la gouttelette ne touche pas la plaque et qu'elle en est séparée par une petite couche de vapeur, qui la maintient à une certaine distance : l'évaporation se fait alors lentement dans les conditions ordinaires. Si l'on n'entretient pas la plaque à la température rouge, la gouttelette retombe bientôt et entre en ébullition. Les phénomènes de ce genre sont désignés sous le nom de *caléfaction* des liquides. L'eau, dans l'expérience précédente, est dite à l'*état sphéroïdal.*

Les autres liquides sont susceptibles aussi de prendre l'état sphéroïdal : si on liquéfie l'anhydride sulfureux à une température inférieure à 10° au-dessous de zéro, et qu'on verse quelques gouttes de ce liquide dans une capsule de platine chauffée au rouge, elles y prennent l'état sphéroïdal et restent liquides ; comme elles ne peuvent d'ailleurs conserver l'état liquide qu'à condition de n'avoir pas une température supérieure à 10° au-dessous de zéro, il arrive que, si l'on verse un peu d'eau sur elles, cette eau se congèle instantanément et l'on obtient de la glace dans un vase chauffé au rouge.

259. **Chaleur de vaporisation.** — Nous avons appelé *chaleur latente de vaporisation* la chaleur qui se transforme en un travail moléculaire capable de réduire les liquides en vapeurs.

Cette chaleur se mesure en calories comme la chaleur de fusion et *l'on appelle chaleur de vaporisation d'un liquide à $t°$ la quantité de chaleur nécessaire pour faire passer 1 gramme de ce liquide à l'état de vapeur saturante à la même température $t°$.* Il résulte de là qu'il existe une chaleur de vaporisation spéciale pour chaque température. Nous ne nous occuperons que de la chaleur de vaporisation de l'eau.

Des expériences précises ont montré que la chaleur de vaporisation de l'eau, à 100°, est égale à 537 calories, ce qui signifie que, lorsqu'un gramme d'eau à 100° se réduit en vapeur, il absorbe 537 calories qui se transforment en travail moléculaire.

Réciproquement, quand 1 gramme de vapeur d'eau à 100° repasse à l'état liquide, sans changer de température, le travail moléculaire redevient chaleur et la quantité de chaleur produite est exactement égale à 537 calories. Dans les machines à vapeur à *condenseur*, on utilise cette chaleur à l'échauffement préalable de l'eau de la chaudière ; on l'utilise aussi dans le mode de chauffage à la vapeur.

Voici le principe de la recherche des chaleurs de vaporisation : on conduit la vapeur à étudier dans un serpentin plongé dans un calorimètre où elle se condense ; on établit ensuite l'égalité entre la chaleur gagnée par la masse du calorimètre et de son contenu, d'une part et, d'autre part, la quantité de chaleur cédée par la vapeur en se liquéfiant et par le liquide qui en résulte en se refroidissant jusqu'à la température finale.

La formule empirique suivante, qui ne s'applique qu'à l'eau et dans laquelle T représente la température évaluée en degrés, donne la chaleur de vaporisation à toute température :

$$Q = 606,5 - 0,695 \, T$$

d'où l'on voit qu'à 100°, on obtient

$$Q' = 606,5 - 69,5 = 537^{cal}.$$

La mesure de la chaleur de vaporisation peut donner lieu à des applications numériques dont nous allons donner deux exemples.

260. **Applications numériques.** — 1° *On fait arriver dans une masse d'eau à 10°, pesant 4 kilogrammes, la vapeur à 100° résultant de la vaporisation de 100 grammes d'eau. On demande à quelle température sera porté le mélange d'eau et de vapeur liquéfiée.*

Les 100 grammes de vapeur, en se liquéfiant, abandonnent $537^c \times 100 = 53\,700^{cal}$.

Les 100 grammes d'eau à 100° qui résultent de cette liquéfaction abandonnent, en se refroidissant jusqu'à la température finale $x°$: $1^c \times 100 \times (100 - x)$.

La chaleur ainsi fournie sert à élever de 10° à $x°$ la température des 4 kilogrammes d'eau.

On peut donc écrire :

<table>
<tr><td align="center">Chaleur perdue</td><td align="center">=</td><td align="center">Chaleur gagnée</td></tr>
</table>

par la vapeur en se refroidissant + par l'eau produite	par les 4 kilogrammes d'eau

$$537^c \times 100 + 1^c \times 100(100 - x) = 1^c \times 4\,000 \times (x - 10)$$

ou

$$537 + 100 - x = 40\,(x - 10) = 40x - 400$$
$$537 + 100 + 400 = 40x + x$$
$$1\,037 = 41x$$
$$x = \frac{1\,037}{41} = 25°,3.$$

2° *On brûle* $1^{kg},5$ *de houille, sous une masse d'eau de 2 kilo-grammes à 20°. En admettant que le $\frac{1}{50}$ seulement de la chaleur soit utilisée, on demande quels phénomènes calorifiques se produiront dans l'eau, la chaleur de combustion de la houille étant de 8000 calories.*

La chaleur dégagée par la combustion de la houille est égale à

$$8\,000 \times 1\,500 = 12\,000\,000 \text{ calories}$$

Le $\frac{1}{50}$ seulement de cette chaleur est utilisé, soit

$$\frac{12\,000\,000}{50} = 240\,000^{\text{cal}}.$$

Cette quantité de chaleur servira : 1° à porter la température de l'eau à 100° ; 2° à vaporiser une certaine quantité d'eau.

Pour porter les 2 kilogrammes d'eau à 100°, la quantité de chaleur employée est

$$1^c \times 2\,000 \times (100 - 20) = 160\,000^c$$

Lorsque l'eau sera portée à 100°, il ne restera plus de disponible, pour la vaporisation, que

$$240\,000 - 160\,000 = 80\,000^c.$$

Puisque 537 calories sont nécessaires pour vaporiser 1 gramme d'eau, la quantité d'eau vaporisée sera donc

$$\frac{80\,000}{537} = 149^g.$$

L'eau sera donc portée à l'ébullition et il s'en vaporisera 149 grammes.

261. Chaleur totale de vaporisation. — On emploie souvent l'expression de *chaleur totale de vaporisation.*

La chaleur totale de vaporisation de l'eau à $t°$ est la quantité de chaleur nécessaire pour transformer 1 gramme d'eau à 0°, en vapeur saturante à $t°$. On comprend qu'à 100° cette quantité est égale à $100 + 537$ ou 637 calories.

262. Liquéfaction des vapeurs. — Les vapeurs reprennent plus ou moins facilement l'état liquide. Pendant l'hiver, la vapeur qui se trouve dans nos appartements chauffés reprend l'état liquide au contact des vitres refroidies par l'air extérieur. C'est pour la même raison que la vapeur d'eau, qui sort continuellement de nos poumons par l'acte de la respiration, se transforme en petites gouttelettes, sous l'apparence d'un brouillard lorsque, pendant l'hiver, elle arrive au milieu de l'air froid.

Ce changement d'état, qu'on appelle *condensation* ou *liquéfaction*, est accompagné d'un dégagement de chaleur, car la vapeur abandonne celle que le liquide avait absorbée pour se vaporiser.

La liquéfaction des vapeurs peut être obtenue par trois procédés que nous ferons comprendre par un exemple :

1° Supposons, dans une enceinte à 40°, de la vapeur d'eau dont la pression est $17^{mm},4$; si l'on abaisse la température de cette enceinte, la vapeur, dont la force élastique est supposée constante, devient saturante à 20° (tableau, n° 242). Pour une température plus basse, elle ne peut conserver que la tension correspondant à cette température ; par suite, une partie de la vapeur se condensera ; c'est ainsi que la pluie est toujours produite par un refroidissement de l'atmosphère. Tel est le mode de *liquéfaction par refroidissement*.

2° Soit, dans la même enceinte dont la température sera supposée constante et égale à 40°, de la vapeur d'eau dont la tension est $17^{mm},4$. Si on la comprime, comme elle suit approximativement la loi de Mariotte, sa force élastique augmente. La vapeur devient saturante à 40°, lorsque sa tension est 55 millimètres environ ; pour une compression plus énergique, elle se liquéfie en partie. Tel est le mode de *liquéfaction par compression*.

3° Enfin on peut employer un procédé tenant à la fois des deux précédents : soit de la vapeur d'eau supposée dans les mêmes conditions que précédemment. Refroidissons l'enceinte à 30° ; il suffira alors de comprimer la vapeur jusqu'à ce qu'elle acquière une tension de $31^{mm},6$ pour qu'elle devienne saturante. Tel est le mode de *liquéfaction par compression et refroidissement.*

263. **Liquéfaction des gaz.** — Les gaz présentant des analogies frappantes avec les vapeurs, il était naturel de supposer qu'en les soumettant aux procédés qui permettent de liquéfier les vapeurs, on les ramènerait aussi à l'état liquide. Ainsi, dans les cours de chimie, on liquéfie facilement l'anhydride sulfureux en le faisant arriver dans un tube en U entouré d'un mélange réfrigérant ; mais le liquide doit être conservé dans un tube fermé, car, aux températures ordinaires, sa tension de vapeur est bien supérieure à la pression atmosphérique ; par suite, en tube ouvert, il se vaporiserait totalement.

Tous les gaz peuvent être liquéfiés par un refroidissement plus ou moins énergique : pour l'oxygène, il faut atteindre — 113°, pour l'hydrogène, — 220°. Pour les gaz se liquéfiant à des températures très basses, il est préférable de faire intervenir en même temps la compression.

La compression seule, aux températures ordinaires, suffit souvent pour liquéfier un gaz ; ainsi l'anhydride carbonique se liquéfie à 20° sous une pression de 60 atmosphères, à 30° sous une pression de 72 atmosphères.

Mais on constate que, si l'on opère à la température ordinaire, pour certains gaz, la liquéfaction est impossible, si grande que soit la compression. Ce fait s'explique par l'existence de ce qu'on appelle la *température critique.*

264. **Température critique. Pression critique.** — Pour liquéfier l'anhydride carbonique par simple compression à 31°,9 il suffit de soumettre le gaz à une pression de 77 atmosphères. Si la température atteint et dépasse 32°, la liquéfaction de ce gaz devient impossible par le procédé de la compression. On en conclut que l'anhydride carbonique ne peut exister à l'état liquide au-dessus de

31°,9 ; cette température limite est appelée *température critique*, et la pression nécessaire pour amener la liquéfaction à cette température se nomme aussi *pression critique*.

Les gaz qui, comme l'oxygène, l'hydrogène, l'azote, etc., ont résisté si longtemps aux efforts tentés pour les liquéfier conservaient l'état gazeux, parce qu'on ne les avait pas refroidis d'abord au-dessous de leur température critique.

Le tableau suivant indique cette température pour quelques gaz usuels :

Anhydride sulfureux	$+$ 156°	Formène . . .	$-$	82°
Chlore	141°	Oxyde azotique .		93°,5
Gaz ammoniac .	131°	Oxygène . . .		113°
Acide sulfhydrique	100°	Oxyde de carbone . . .		139°,5
Acétylène . . .	37°	Azote		145°
Anhydride carbonique . . .	31°,9	Hydrogène . .		220°

Nous expliquerons en troisième année les moyens employés pour refroidir suffisamment les gaz difficiles à liquéfier.

265. Froid produit par la vaporisation. — Quelles que soient les conditions dans lesquelles se fait la vaporisation d'un liquide, le passage de l'état liquide à l'état de vapeur est toujours le résultat d'une transformation de chaleur en travail.

Quand le corps est chauffé par un foyer, la chaleur nécessaire à cette transformation est prise au foyer ; mais, quand il n'y a pas de foyer, la vaporisation se fait aux dépens du corps lui-même ou des corps environnants.

On peut donc dire que toute vaporisation, qui se fait sans le secours d'une source de chaleur, est une cause de froid.

Tout le monde sait que l'été, après la pluie, *le temps est souvent rafraîchi*. Cela tient à l'évaporation de l'eau, qui se produit sur de larges surfaces.

Qu'on entoure le réservoir d'un thermomètre d'un peu d'ouate, qu'on y verse de l'éther, le liquide, s'évaporant rapidement à l'air, empruntera au thermomètre une certaine quantité de chaleur, et le refroidissement sera rendu évident par l'abaissement du mercure.

L'emploi des *alcarazas*, dont on se sert pour maintenir l'eau fraiche dans les pays chauds, est fondé sur ce principe. Les alcarazas sont des vases en terre poreuse ; l'eau, dont on les emplit, suinte, à travers les pores, vient s'évaporer à leur surface, et emprunte pour cela au liquide intérieur une certaine quantité de chaleur ; par suite, celui-ci se refroidit.

L'expérience suivante peut mettre en évidence la quantité de chaleur absorbée par l'eau pour se vaporiser. On place sous le récipient de la machine pneumatique une large capsule A (fig. 153), à demi pleine d'acide sulfurique. Un autre vase beaucoup plus petit, mince et rempli d'eau, est posé à l'aide de trois pieds sur les bords de la capsule. On fait le vide, l'eau s'évapore avec rapidité : l'acide sulfurique, en vertu de son affinité pour l'eau, absorbe les vapeurs à mesure qu'elles se produisent et maintient le vide. L'eau se congèle bientôt, par suite du refroidissement que son évaporation lui a fait éprouver.

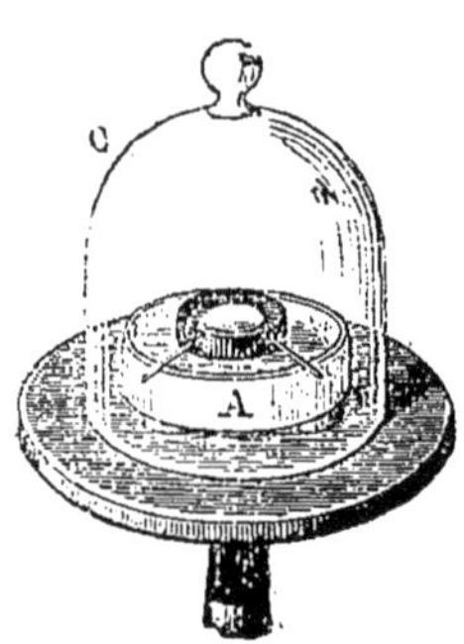

Fig. 153. — Expérience de Leslie.

266. **Fabrication artificielle de la glace.** — M. Edmond Carré, en partant de l'expérience précédente, a construit un appareil qui permet de congeler l'eau et d'obtenir une masse de glace considérable. Nous ne décrirons cet appareil qu'en troisième année, en même temps que divers autres appareils utilisant le froid produit par la vaporisation de certains gaz liquéfiés.

267. **Distillation.** — On appelle *distillation* l'opération par laquelle on sépare les substances volatiles des substan-

ces qui ne le sont pas ou qui le sont moins que les premières. Ainsi l'eau des fleuves, des rivières n'est pas pure :
elle renferme des sels en dissolution ; pour l'en séparer,
on la distille. L'appareil dont on se sert est appelé *alambic*.
Une chaudière en cuivre C (fig. 154), appelée *cucurbite*,
contient l'eau à distiller ; elle est échauffée par la flamme
du foyer F. Le liquide entrant en ébullition, sa vapeur
monte dans le *chapiteau* A, passe par le tube T, qui la
conduit dans un tuyau SS, en spirale, appelé *serpentin*,

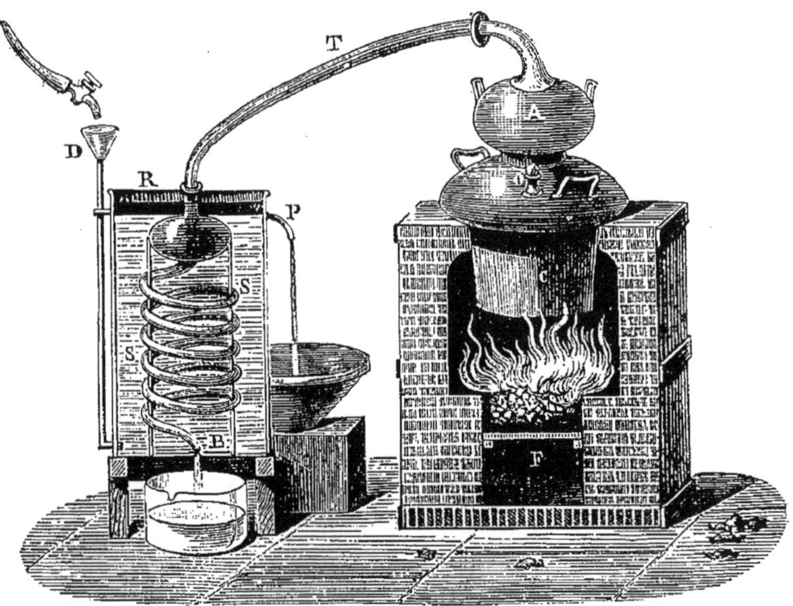

Fig. 154. — Alambic.

et plongeant dans un vase R plein d'eau froide. Refroidie par cette eau, la vapeur se condense, et le liquide provenant de cette condensation coule par l'extrémité B.
Les substances solides que l'eau tenait en dissolution,
n'étant pas volatiles, sont restées dans la cucurbite.

Mais la vapeur abandonnant, en se condensant, une
grande quantité de chaleur latente, échaufferait bien vite

l'eau du réfrigérant R, si l'on n'avait soin de faire arriver au fond de celui-ci un courant d'eau froide par le tube D. L'eau échauffée s'élève en vertu de sa plus faible densité et s'écoule par le trop plein P.

La distillation a de nombreuses applications, parmi lesquelles nous citerons la purification des liquides et, en particulier, de l'eau, la fabrication et la rectification des alcools et le traitement auquel on soumet les goudrons et les pétroles.

268. **Ebullioscopes.** — Quand une liqueur alcoolique ne contient que de l'eau et de l'alcool, on peut, pour déterminer la quantité d'alcool pour 100 volumes qu'elle renferme, se servir de l'alcoomètre de Gay-Lussac (85).

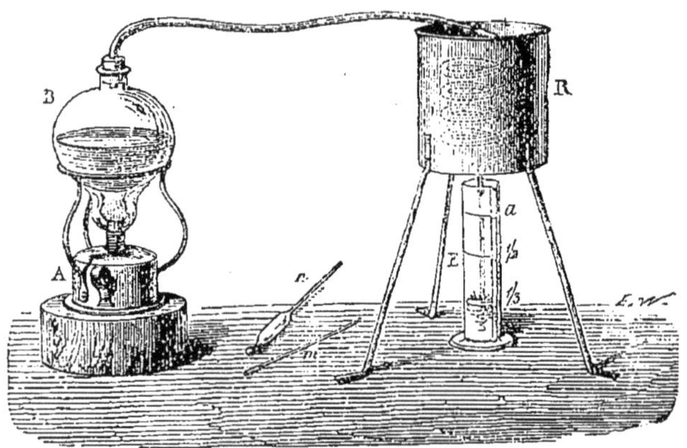

Fig. 155. — Alambic Salleron.

La méthode précédente n'est applicable qu'aux mélanges d'eau et d'alcool. Mais elle ne peut être appliquée directement aux vins et aux liqueurs contenant en dissolution des substances qui en font varier la densité avec leur nature et leur proportion. Dans ce cas, on a recours à des appareils divers, parmi lesquels nous décrirons l'alambic Salleron et l'ébullioscope Brossard-Vidal et Malligand.

1° *Essai des liquides alcooliques par l'alambic Salleron.* —
L'appareil Salleron se compose d'une petite chaudière B
(fig. 155), d'un réfrigérant R, d'une lampe à alcool A,
d'une éprouvette graduée E, d'un thermomètre *m* et d'un
alcoomètre *n*. On emplit l'éprouvette jusqu'au trait *a* avec

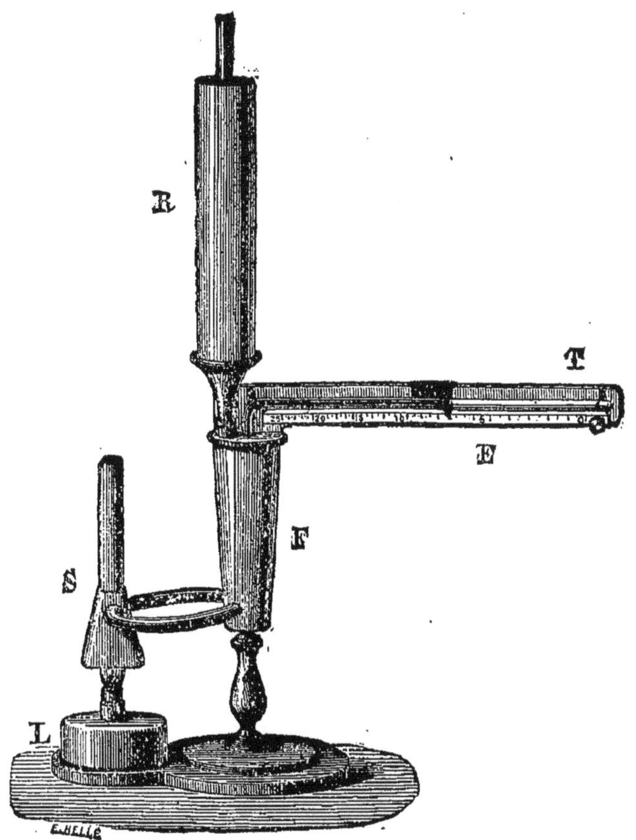

Fig. 156. — Ebullioscope Vidal Malligand.

le liquide à essayer ; on transvase dans la chaudière ; on
rince l'éprouvette avec un peu d'eau qu'on verse aussi
dans la chaudière. On distille : la vapeur alcoolique passe
d'abord, se condense et le liquide tombe dans l'éprouvette.

Quand son volume est égal au tiers du volume employé, on est sûr que tout l'alcool a passé, On ajoute de l'eau jusqu'à ce qu'on ait dans l'éprouvette le volume primitif de liquide. On essaie à l'alcoomètre, et le degré trouvé représente la richesse alcoolique de la liqueur.

2° *Essai des liquides alcooliques par l'ébullioscope Malligand.* — L'usage de l'ébullioscope est fondé sur ce fait que la température d'ébullition d'un liquide alcoolique est d'autant moins élevée que la proportion d'alcool est moins considérable. Le liquide à essayer est placé dans une petite chaudière F (fig. 156), chauffée par la lampe L, au moyen du thermosiphon S; au dessus de la chaudière se trouve un réfrigérant R, qui ramène dans la chaudière les vapeurs condensées et, par suite, maintient constante la composition du liquide à essayer. Un thermomètre à tige recourbée T plonge dans la vapeur par son réservoir et une partie de sa tige. Il porte une échelle E graduée empiriquement, qui donne les richesses alcooliques correspondant aux températures. Cette échelle est mobile parallèlement à la tige; il est nécessaire, avant tout essai, de *faire le zéro*, c'est-à-dire de déterminer la place du zéro, qui correspond à l'extrémité de la colonne mercurielle, lorsqu'on fait l'essai de l'eau pure. Cette expérience préliminaire est destinée à corriger, au moins approximativement, l'influence de la pression extérieure sur la température d'ébullition.

269. **Expériences simples.** *Ebullition.* — Chauffer de l'eau dans un ballon bien propre et faire constater les divers phénomènes qui précèdent l'ébullition : ascension de bulles d'air, formation de bulles de vapeur qui disparaissent avant d'atteindre la surface, chant du liquide.

Faire bouillir cette eau pendant une demi-heure ; enlever le feu et jeter dans le liquide de la limaille de fer ; l'ébullition qui avait cessé reprend et se continue pendant un certain temps.

Réaliser l'expérience représentée par la figure 150 pour montrer l'influence de la pression sur la température d'ébullition.

Faire une dissolution de sulfate de sodium ou de sel marin ;

la porter à l'ébullition et y plonger un thermomètre ; on constate que la température est supérieure à 100°. Si l'on tient le réservoir un peu au-dessus du liquide, on voit que la température est 100° (application à la détermination du point 100 des thermomètres).

Chaleur de vaporisation. — Faire bouillir de l'eau dans un ballon et faire arriver la vapeur produite dans un verre contenant de l'eau ; on constatera que la température de celle-ci s'élève très rapidement.

On pourra s'appuyer sur cette expérience pour expliquer le principe de la détermination de la chaleur de vaporisation de l'eau. Il suffirait, en effet, de peser exactement le verre et l'eau qu'il renferme, d'en prendre la température avant et après l'ex-

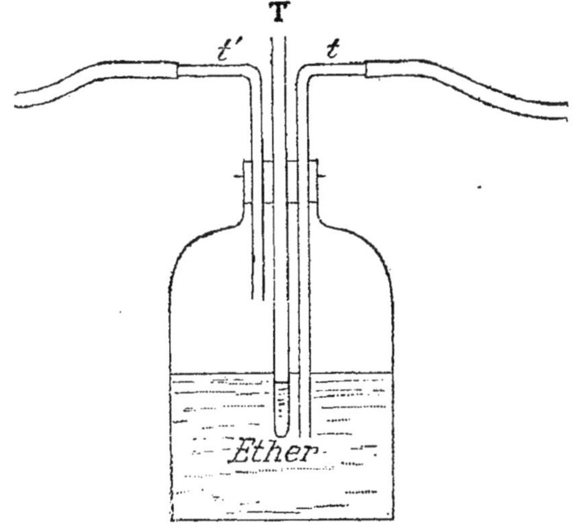

Fig. 157.

périence et d'évaluer la chaleur gagnée par le verre et par l'eau. Connaissant d'autre part, par deux pesées du ballon, l'une faite avant l'expérience et l'autre après, la quantité d'eau disparue à l'état de vapeur, on en déduira facilement la quantité de chaleur nécessaire pour vaporiser un gramme d'eau.

Froid produit par l'évaporation. — Montrer le froid produit par l'évaporation en entourant d'ouate le réservoir d'un thermomètre et en versant dessus quelques gouttes d'éther ; ou, simplement, laisser tomber un peu d'éther sur la main.

On peut encore faire l'expérience suivante. Dans un flacon (fig. 157) fermé par un bouchon à 3 trous, on met de l'éther. Le tube t plonge au sein du liquide et communique avec une machine soufflante, ou avec un simple soufflet ; au tube t', qui sert de tube à dégagement, est adapté un tube de caoutchouc qui se rend au-dehors de la classe ; le tube T contient de l'eau. En faisant fonctionner la machine soufflante, l'air barbote dans l'éther et en active l'évaporation : la vapeur d'éther est conduite au-dehors par le tube t'. Au bout de 5 à 10 minutes, l'eau de T est congelée.

En été, disposer sur une table deux flacons plein d'eau ; recouvrir l'un d'eux d'un linge qu'on tient humide. Prendre la température de l'eau des deux flacons : on constatera que celle du flacon recouvert d'un linge est inférieure à celle de l'autre.

Faire l'expérience de la figure 153.

Distillation. — Pour montrer le principe de la distillation, faire bouillir de l'eau dans une cornue dont le col s'engage dans un ballon ; ce ballon plonge dans l'eau et l'on verse à sa surface de l'eau froide. La cornue peut être remplacée par un ballon que ferme un bouchon traversé d'un tube qui s'engage dans le second ballon.

Faire l'essai alcoolique d'un vin.

—

CHAPITRE VIII

Chaudières industrielles.
Principe des machines à vapeur

270. **Chaudières à vapeur.** — Les chaudières à vapeur sont des récipients métalliques où, sous l'influence de la chaleur, on transforme en vapeur l'eau qu'elles contiennent. Cette vapeur est utilisée soit comme force motrice, soit pour différentes opérations industrielles : chauffage des appartements, des bains de teinture, des appareils autoclaves employés par l'industrie des corps gras, par celle des alcools de grains et de pomme de terre, des appareils de sucrerie, de distillerie, des cuves de brasserie, etc.

Les chaudières doivent avoir une résistance suffisante pour ne pas céder à la pression que la vapeur exerce sur leurs parois intérieures et qui peut aller jusqu'à 20 kilogrammes par centimètre carré. La théorie et l'expérience ont montré que la forme cylindrique était celle qui offrait le plus de garanties ; aussi est-ce celle qui est généralement adoptée, et les chaudières à vapeur ont la forme de cylindres dont les bases sont formées par des parties courbes obtenues par emboutissage.

La partie cylindrique est formée de lames de tôle de fer, ou mieux, d'acier doux. Ces lames sont préalablement courbées par des machines à cintrer, puis assemblées entre elles à l'aide de rivets posés à chaud. Les fonds de la chaudière sont aussi assemblés par rivetage avec le cylindre. Les tôles employées sont préalablement soumises à des essais ayant pour but de déterminer si elles ont les qualités nécessaires de structure et de résisance.

Lorsque la chaudière est construite, elle ne peut être mise en service sans autorisation de l'Administration des mines, qui la soumet à une pression hydraulique intérieure double de celle qu'elle devra supporter dans la pratique. Si cet essai est satisfaisant, l'administration applique sur la chaudière un timbre qui indique la pression, en kilogrammes par centimètre carré, qu'on ne devra pas dépasser dans l'emploi de la chaudière.

L'usage d'une chaudière à vapeur y amène souvent des altérations qui peuvent avoir pour conséquence les accidents les plus terribles. Parmi les causes de ces altérations, il faut d'abord citer les incrustations ou dépôts solides adhérents formés de sels de calcium (carbonate et sulfate) qui, par suite de la vaporisation, se déposent sur la paroi interne de la chaudière et la recouvrent d'un revêtement dur et peu conducteur. Cette mauvaise conductibilité est déjà un inconvénient, puisqu'elle s'oppose à une utilisation complète de la chaleur du foyer; mais elle a une conséquence plus grave : les parties de la chaudière, laissées à sec par défaut d'alimentation, rougissent sous l'influence des gaz chauds et, lorsque l'alimentation fera arriver l'eau froide à leur contact, il en résultera des contractions brusques qui auront pour effet d'ébranler les rivets, de nuire à la résistance et à l'étanchéité de la chaudière, de la rendre incapable de résister aux pressions qu'elle avait antérieurement supportées sans accident.

Pour ces raisons, les chaudières doivent être nettoyées régulièrement et débarrassées de ces incrustations qui sont souvent assez dures pour exiger l'emploi du burin.

Il est d'autres causes d'accidents que celle qui provient des incrustations. Ces causes sont multiples : la paroi des chaudières peut subir, principalement sous l'action de l'eau, des corrosions qui en diminuent la résistance. Il peut se produire dans le métal des fissures dangereuses tant au point de vue de l'étanchéité que de la solidité de la chaudière. Ce qui précède prouve qu'une chaudière doit être l'objet d'une surveillance attentive et de visites faites avec soin.

271. Combustibles employés pour le chauffage des chaudières. — Le combustible employé dans les machines à vapeur est le plus souvent la houille et le coke qu'on étend sur une grille à barreaux en fonte ou en fer, plus ou moins épais, plus ou moins espacés. La conduite du feu est un des facteurs les plus importants de la production de la vapeur au point de vue économique : le feu doit être dirigé de manière qu'une chaudière donnée utilise, dans la plus large proportion possible, la puissance calorifique du combustible.

On emploie aussi des combustibles liquides, comme le pétrole ; mais ils exigent des foyers spéciaux et ne sont guère employés en France.

272. Classification des chaudières à vapeur. — Les chaudières à vapeur actuellement en usage peuvent être réparties en quatre groupes distincts :

1° Les chaudières *sans faisceau tubulaire*, avec ou sans bouilleurs ; la surface de chauffe est représentée par la surface de la chaudière elle-même et de ses bouilleurs, si elle en a ;

2° Les chaudières à *faisceau ignitubulaire*, qui comportent un faisceau de tubes plongés dans l'eau et parcourus intérieurement par les gaz chauds du foyer ;

3° Les chaudières à *faisceau aquitubulaire*, qui comportent un faisceau de tubes remplis d'eau, autour desquels circulent les gaz chauds ;

4° Les chaudières à *vaporisation instantanée*.

Nous dirons quelques mots de chacun de ces groupes de chaudières à vapeur.

273. Chaudière à bouilleurs. — La chaudière A (fig. 158 et 159 représentant, la première, une coupe longitudinale, la seconde, une coupe transversale) com-

munique par des tubulures avec deux cylindres B, B,
nommés *bouilleurs*, situés au-dessous d'elle et ayant à peu
près la même longueur qu'elle, mais un diamètre plus
petit. Le fourneau est construit de manière que la flamme
soit forcée de venir successivement lécher les différentes
parties de la surface de chauffe. Pour cela, une cloison
horizontale D, en maçonnerie, établie à la hauteur des
bouilleurs, sépare le fourneau en deux étages : l'étage
supérieur est lui-même divisé par deux cloisons verticales

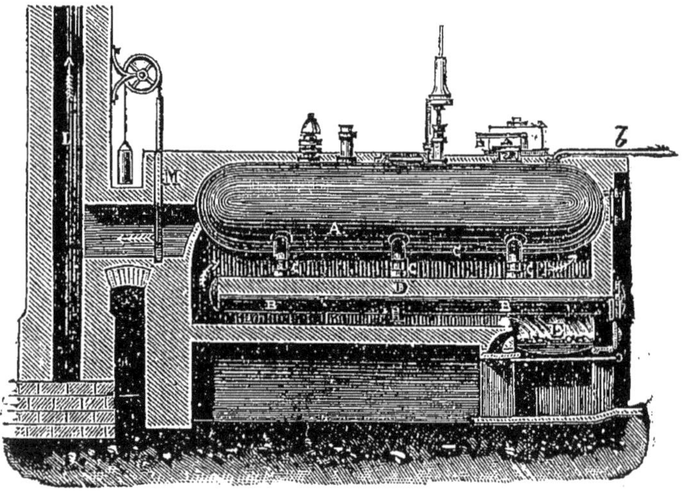

Fig. 158. — Chaudière à vapeur.

en trois parties H, G, H; les parties H, H, sont appelées
les *carneaux*. La flamme, en sortant du foyer E, se rend
dans le conduit F, où elle échauffe les bouilleurs, passe
ensuite dans l'étage supérieur, où elle traverse le conduit G
en léchant la partie inférieure de la chaudière, puis le
carneaux H, H, en suivant les parties latérales de la chaudière. En sortant des carneaux, les produits de la combustion passent dans la cheminée L. Le tirage est réglé
par un registre M.

274. **Chaudière de locomotive.** — Quand on a

voulu avoir des machines à vapeur mobiles, il a fallu construire des chaudières dans lesquelles, sous des dimensions plus restreintes que pour les chaudières à bouilleurs, on pût produire, en un temps donné, de grandes quantités de vapeur. Les chaudières à faisceau ignitubulaire, inventées par le français Marc Séguin et perfectionnées par Stephenson, satisfont à ces conditions.

La figure 160 représente une locomotive à grande vitesse de la compagnie des Chemins de fer P.-L.-M. Le foyer F, ou *boîte à feu*, est une sorte de caisse métallique montée dans une seconde caisse remplie d'eau. La paroi postérieure du foyer est percée de trous correspondant aux tubes dont l'ensemble doit toujours être recouvert d'eau. Les tubes s'ouvrent dans la *boîte à fumée* B, d'où les gaz s'échappent par la cheminée.

Dans cette machine, il y a 164 tubes constituant une surface de chauffe de $116^{m2},84$; si l'on y ajoute la surface de chauffe directe du foyer qui est de 9 mètres carrés,

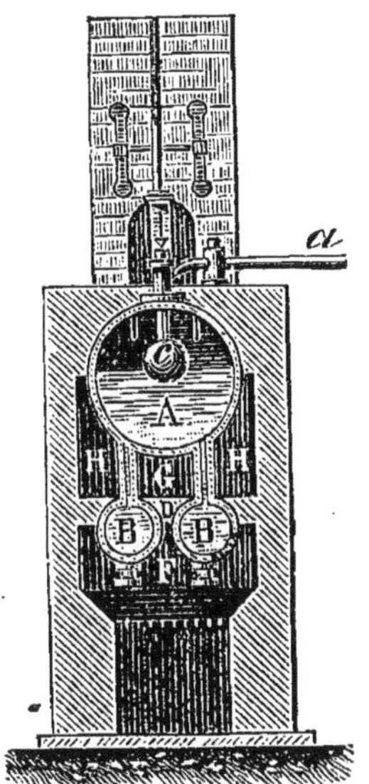

Fig. 159. — Chaudière à vapeur.

on a pour surface de chauffe totale $125^{m2},84$. On comprend qu'avec une surface de chauffe aussi grande, la production de vapeur doit être très active; toutefois un second facteur intervient dans cette production : c'est la quantité de chaleur fournie en un temps donné par les gaz du foyer, quantité qui dépend elle-même de l'activité de la combustion, c'est-à-dire du tirage de la cheminée. Or, cette cheminée ne pouvant avoir qu'une hauteur assez faible, le tirage serait insuffisant si on ne l'augmentait pas à l'aide d'un artifice (dû à Stephenson) qui consiste à conduire par un tube, dans la cheminée,

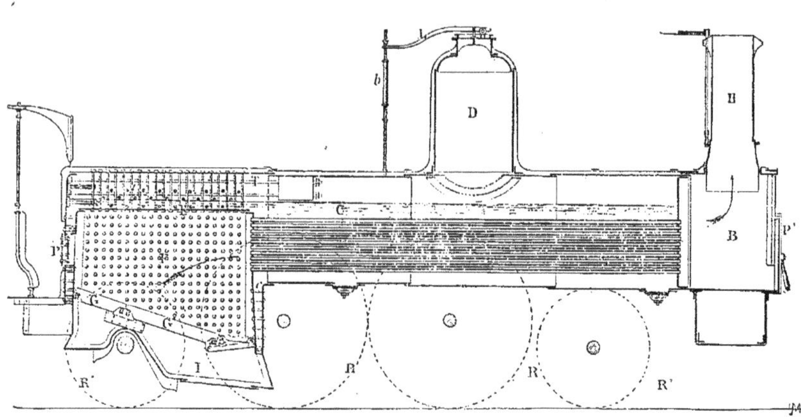

Fig. 160. — Chaudière de locomotive.

la vapeur qui s'échappe des cylindres moteurs. Cette vapeur active le tirage, augmente la quantité d'air qui entre dans le foyer ; par suite, la combustion devient plus active et la quantité de chaleur produite en un temps donné se trouve augmentée.

275. **Chaudières semi-tubulaires et à bouilleurs.** — On désigne sous ce nom des chaudières aujourd'hui très usitées et qui sont des chaudières ordinaires à bouilleurs dont le corps cylindrique renferme un faisceau ignitubulaire. Les bouilleurs sont placés au-dessus de la grille du foyer. Les gaz chauds suivent les bouilleurs d'avant en arrière, reviennent par deux carneaux latéraux où ils lèchent les parois du corps cylindrique. Arrivés à l'avant, ils s'engagent dans le faisceau ignitubulaire qu'ils parcourent d'avant en arrière et de là gagnent la cheminée.

276. **Chaudières aquitubulaires.** — La nécessité d'avoir des chaudières à haute pression, a pour conséquence l'augmentation des efforts que la vapeur exerce sur la paroi extérieure des chaudières ; ces efforts augmentent avec les dimensions des pièces. On a donc cherché à réduire ces dimensions ; de là l'invention des chaudières à faisceau aquitubulaire : chaudières Belleville et ses dérivées, très employées dans la marine.

277. **Chaudières à vaporisation instantanée.** — Ces chaudières, dites *type Serpollet*, sont des appareils qui ne contiennent qu'une masse d'eau très limitée se vaporisant instantanément, à mesure qu'elle arrive du réservoir d'alimentation.

La chaudière Serpollet se compose d'une série de tubes dont les parois ont 12 millimètres d'épaisseur. La section du tube a la forme d'un U

Fig. 161. — Tube Serpollet.

(fig. 161) ; ses parois sont séparées par un intervalle de 1 millimètre environ. Ces tubes sont montés les uns à côté des autres, par rangées horizontales superposées, et sont reliés entre eux par des coudes ; ils forment une espèce de serpentin disposé au-dessus du foyer. L'une des extrémités du serpentin communique avec le réservoir d'eau, l'autre avec le moteur. Ce serpentin se trouve porté par les gaz de la combustion à une température qui va en décroissant depuis la rangée inférieure jusqu'à la rangée supérieure où elle atteint encore 300°. Ce serpentin, vu la grande épaisseur de ses parois, constitue un important réservoir de chaleur.

Le liquide, pénétrant dans les tubes sous une très faible épaisseur, se vaporise instantanément. La vapeur produite se rend au moteur et l'actionne.

278. Considérations générales sur les générateurs de vapeur. — La production de vapeur varie, suivant le générateur, entre 12 et 25 kilogrammes par mètre carré de surface de chauffe et par heure. Avec le tirage forcé (locomotives, chaudières marines), cette production peut atteindre 50 kilogrammes. On admet qu'en moyenne, pour vaporiser 7 à 8 kilogrammes d'eau, il faut 1 kilogramme de charbon.

La table suivante indique les températures correspondant à des pressions *effectives* de 1 à 20 kilogrammes (la pression effective est la pression absolue diminuée de la pression atmosphérique; c'est la pression indiquée par le manomètre).

Pressions	Températures	Pressions	Températures	Pressions	Températures	Pressions	Températures
1	120	6	164	11	187	16	203
2	133	7	170	12	191	17	206
3	143	8	175	13	194	18	209
4	151	9	179	14	197	19	211
5	158	10	183	15	200	20	214

Nous ferons encore remarquer que dans les moteurs à vapeur, le générateur de vapeur et le moteur proprement dit peuvent être indépendants ; dans l'industrie, la vapeur se rend dans un récipient, d'où on la dirige, par des canalisations, jusqu'au moteur qui l'utilise.

279. **Appareil d'alimentation.** — Pour alimenter la chaudière, on peut employer différents systèmes parmi lesquels sont les *pompes alimentaires* qui peuvent être mues par la machine elle-même, ou encore l'*injecteur Giffard* appliqué dans les locomotives. Nous décrirons seulement ce dernier.

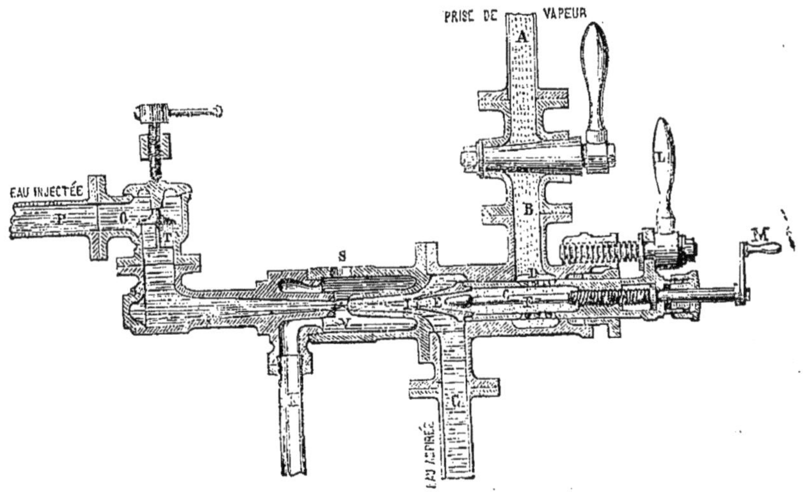

Fig. 162. — Injecteur Giffard.

L'appareil Giffard se compose (fig. 162) d'un tube en bronze horizontal, sur lequel sont branchés un tuyau AB pour l'arrivée de la vapeur de la chaudière, un tuyau C pour l'aspiration de l'eau et un tuyau K servant de trop-plein. La partie F du tube en bronze se termine par une tuyère conique E dans laquelle peut s'engager plus ou moins l'extrémité conique d'une tige filetée c qu'on manœuvre à l'aide de la manivelle M. A la tuyère E fait suite un ajutage convergent 1 en regard duquel se trouve un ajutage divergent V qui mène à la chaudière dont elle est séparée par la soupape T.

Voici maintenant comment fonctionne l'appareil. Si l'on ouvre le robinet du tube AB, la vapeur se précipite dans l'espace F et s'échappe par la tuyère qu'on ouvre progressivement en manœuvrant M. Elle s'échappe d'abord par l'ouverture S, mais, en même temps, aspire l'eau par le tube C qu'on a ouvert au même moment que AB. Elle se condense dans cette eau qui s'écoule d'abord par le trop-plein K. Mais peu à peu la vapeur entraîne l'eau dans l'ajutage V et l'on voit alors une baguette cylindrique d'eau passer d'un ajutage à l'autre. Ce courant d'eau soulève la soupape T et se rend par OP dans la chaudière.

Cette eau s'est déjà échauffée par suite de la condensation d'une partie de la vapeur qui sert à l'entraîner.

Ajoutons encore que, pour éviter la formation de dépôts provenant des impuretés de l'eau, on a imaginé divers systèmes d'épuration des eaux d'alimentation, sur lesquels nous n'insisterons pas.

280. Indicateur de pression. — Le liquide étant chauffé en vase clos, la vapeur s'accumule dans la chaudière, et nous savons (252, 1°) que le point d'ébullition s'élève en même temps que la force élastique de la vapeur augmente. Cette force élastique est indiquée constamment par un manomètre métallique placé en face du chauffeur : elle ne doit pas dépasser une limite déterminée par chaque machine. Cette limite est inscrite sur le *timbre* apposé par le Service des Mines et est exprimée en kilogrammes par centimètre carré.

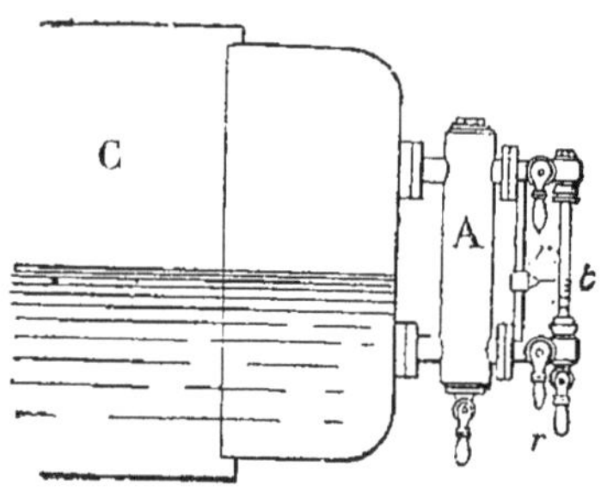

Fig. 163. — Indicateur de niveau.

281. Indicateur de niveau. — L'indicateur de niveau se compose d'un tube A (fig. 163) monté sur deux tubulures de la chaudière ; l'une donne accès à l'eau, l'autre à la vapeur. Ce tube communique par deux robinets r et r' avec un tube t où l'eau prend le même niveau que dans la chaudière.

Toute machine doit obligatoirement porter l'indicateur de niveau précédent et en plus un second indicateur, qui peut être une *soupape de sûreté* ou un *flotteur*.

282. **Soupape de sûreté.** — Pour permettre à la vapeur de sortir, quand elle acquiert un excès de pression dans la chaudière, des soupapes de sûreté sont installées sur celle-ci : la figure 164 en représente la disposition. Sur la tête D de la soupape A s'appuie un levier CB mobile autour de C, et à l'extrémité B duquel se trouve un

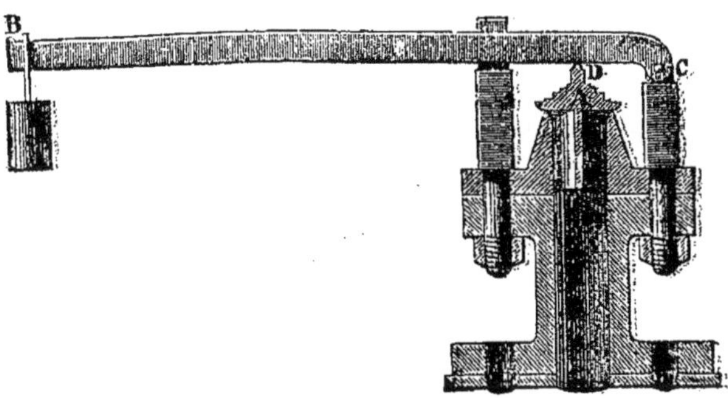

Fig. 164. — Soupape de sûreté.

poids P, dont la valeur et la distance au point C sont réglées de manière que la soupape se soulève, lorsque la vapeur a atteint la pression qu'elle ne doit pas dépasser relativement à la résistance de la chaudière.

283. **Flotteur. Sifflet d'alarme.** — On doit éviter de laisser le niveau de l'eau baisser par trop dans la chaudière. Parmi les systèmes employés pour avertir le chauffeur, nous citerons le suivant. Une boule A (fig. 165), servant de flotteur et reliée par une tige à un point de rotation B, flotte à la surface de l'eau. Elle est équilibrée

par un contrepoids C. Ce flotteur suit l'eau dans ses variations de niveau. La tige du flotteur, tant que le niveau est suffisamment élevé, pousse un bouchon conique a contre un conduit b qui correspond avec l'extérieur. Dès que le niveau baisse trop, le bouchon a s'abaisse, la vapeur sort, et, en s'échappant par l'ouverture annulaire cc, rencontre la tranche du timbre d et produit un sifflement aigu qui avertit le chauffeur.

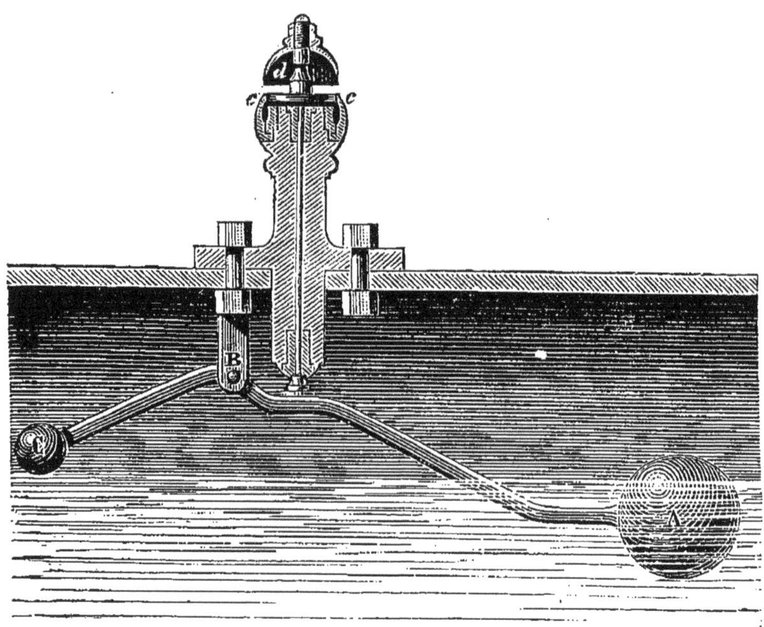

Fig. 165. — Flotteur. Sifflet d'alarme.

284. Robinets de jauge. — Dans les chaudières des locomobiles et celles des locomotives, dont les trépidations pourraient agir sur les flotteurs, on emploie comme indicateurs de niveau des robinets, appelés *robinets de jauge,* greffés sur le devant de la chaudière et à portée du chauffeur. Le robinet n° 1 est greffé sur la chambre à vapeur, le robinet n° 2 au niveau normal de l'eau, le robinet n° 3 dans la région inférieure qui doit toujours contenir de l'eau.

On conçoit donc qu'en ouvrant l'un ou l'autre de ces robinets le chauffeur est averti du niveau qu'atteint l'eau dans la chaudière.

285. Principe des machines à vapeur (¹). — Les *machines à vapeur* sont des appareils dans lesquels on utilise la force élastique d'une vapeur, qui est le plus souvent la vapeur d'eau, pour produire un travail mécanique à l'aide d'organes que la machine est chargée de mettre en mouvement.

Une machine à vapeur comprend nécessairement trois parties distinctes : un *générateur*, ou appareil pour produire la vapeur ; un appareil, le *moteur*, où celle-ci agit sur un piston et produit le travail ; enfin des *organes de transmission* du mouvement du piston.

Nous avons fait connaître, dans les pages précédentes les générateurs de vapeur employés. Dans ces appareils, le point d'ébullition du liquide s'élève, parce que la vapeur que ce liquide émet s'accumule au-dessus de lui (255, 1°) ; nous savons d'autre part (242) que la force élastique de cette vapeur croît, à mesure que la température s'élève.

Supposons que la vapeur fournie par un générateur rencontre une paroi mobile ; il est évident que, si sa force élastique est supérieure à la résistance nécessaire au déplacement de cette paroi, celle-ci se mettra en mouvement. Si l'on rompt la communication entre le générateur et la face de la paroi sur laquelle la vapeur vient d'agir, on peut diriger celle-ci sur la seconde face et communiquer à la paroi un mouvement inverse du précédent. On comprend aisément que, par une disposition spéciale, on peut faire agir *successivement* et *rapidement* la vapeur d'un côté

(¹) Ce fut le Français *Denis-Papin* (1647-1710) qui, le premier, vers la fin du xvii⁰ siècle, utilisa la force élastique de la vapeur d'eau pour faire mouvoir un piston dans un cylindre ; mais la machine à vapeur ne devint réellement pratique, qu'après les perfectionnements qu'y apportèrent un siècle plus tard, l'Écossais *James Watt* (1736-1819).

et de l'autre de la paroi mobile et lui communiquer un mouvement de va-et-vient.

Tel est le principe sur lequel repose le fonctionnement des machines à vapeur.

286. — La paroi dont nous avons parlé est constituée par les deux faces d'un *piston* qui se meut dans un *cylindre* métallique. Le mouvement de va-et-vient du piston est transformé en un mouvement circulaire continu à l'aide des organes de transmission.

Nous n'avons pas indiqué jusqu'ici ce que devenait la vapeur qui vient d'actionner le piston sur l'une de ses faces. Le travail produit a amené son refroidissement : nous montrerons, en effet, qu'il y a une relation bien déterminée entre ces deux faits. Néanmoins, cette vapeur conserve encore une certaine force élastique ; il est donc nécessaire de l'expulser, si l'on veut que la vapeur nouvelle, arrivant sur la seconde face du piston, produise tout son effet utile. Deux moyens sont employés à cet effet : 1° la vapeur ayant cessé d'agir est rejetée dans l'atmosphère ; 2° elle est conduite dans un espace (*condenseur*) où arrive constamment de l'eau froide.

Dans le premier cas la force élastique effective de la vapeur agissante est égale à sa force élastique absolue diminuée d'une atmosphère. Dans le second cas, en vertu du principe de Watt ou de la paroi froide (241), la vapeur qui se rend au condenseur conserve seulement une force élastique égale à celle de la vapeur émise par l'eau à la température de l'espace refroidi, par exemple, $17^{mm},4$, si la température du condenseur est de 20° ; dans ce second cas, la force élastique absolue est diminuée seulement de $17^{mm},4$. Cet exemple suffit à montrer l'utilité du condenseur, principalement pour les machines fonctionnant à basse pression.

Pour réaliser une économie de vapeur et, par suite, de combustible, nous ajouterons qu'on ne fait agir la vapeur sur le piston que pendant une fraction de la durée de sa course : la vapeur continue néanmoins de travailler en se

dilatant, ou se détendant ; de là le nom de *détente* donné
à ce perfectionnement.

287. **Expériences simples**. — Faire bouillir de l'eau
dans une petite marmite en fonte de laboratoire dont le couvercle ferme hermétiquement ; quand le liquide bout, le couvercle
est soulevé par intervalles pour livrer passage à la vapeur.

Répéter la même expérience avec un ballon ordinaire, qu'on
fermera à l'aide d'un bouchon légèrement graissé ; celui-ci sera
projeté quand la force élastique de la vapeur sera suffisante.
Avoir soin de ne pas trop enfoncer le bouchon.

Faire comprendre le principe des machines à vapeur devant
une machine même, sans insister sur les détails de construction.

—

CHAPITRE XIX

Principaux modes de chauffage
et de ventilation.

288. Nécessité de la ventilation. — Dans un appartement habité par un certain nombre de personnes, l'air s'altère et, au bout d'un certain temps, ne peut plus servir à la respiration, par suite de la disparition d'une certaine quantité d'oxygène absorbée dans l'acte respiratoire et de la production de gaz carbonique et de matières organiques, appelées *miasmes*.

L'air devient insalubre, si la proportion du gaz carbonique qu'il renferme atteint $\frac{2}{1\,000}$. Or un adulte rejette environ 60 grammes de vapeur d'eau et 30 grammes de gaz carbonique par heure ; il peut donc vicier, dans le même temps, 8 mètres cubes d'air. Par suite, il faut, dans un lieu habité, introduire par heure et par personne 8 mètres cubes d'air destinés à remplacer le même volume d'air expulsé. Quand l'appartement est éclairé par des lampes, bougies ou becs de gaz, la combustion des corps produisant l'éclairage donne lieu à un dégagement considérable de gaz carbonique et, par suite, le renouvellement de l'air doit encore être plus actif. Le nombre de mètres cubes d'air à introduire en plus varie suivant la nature et le nombre des sources de lumière.

Il est donc important, au point de vue de l'hygiène, de

renouveler continuellement l'air des appartements pour enlever l'air vicié et ramener au dedans l'air pur du dehors : tel est le rôle de la *ventilation*.

289. Modes de ventilation. — Les modes de ventilation peuvent se répartir en trois groupes :

1° *Ventilation naturelle.* — Elle est produite par les interstices des portes et des fenêtres, par la porosité des matériaux de construction, par l'usage des vasistas, des impostes, des vitres perforées, des ouvertures diverses pratiquées dans les planchers, les plafonds, les toits de nos maisons. Sur les navires et les wagons des trains rapides, la ventilation se fait à l'aide des *manches à vent*, sortes d'entonnoir tournés vers l'avant et dans lesquels l'air extérieur s'engouffre.

2° *Ventilation thermique.* — Elle se produit par l'échauffement soit de l'air introduit, soit surtout de l'air expulsé ; l'étude des différents modes de chauffage nous en offrira des exemples.

En échauffant l'air qui doit être expulsé, on détermine un *appel* ou courant d'air de l'extérieur vers l'intérieur : c'est le rôle des lustres et des lampes dans les salles de spectacle, des cheminées d'appel où brûle un bec de gaz dans les cafés, les salles de réunion, les hôpitaux, etc., du feu qu'on entretient dans les mines où le grisou n'est pas à craindre.

3° *Ventilation mécanique.* — Toutes les fois qu'on a besoin d'une ventilation énergique et économique (aération des mines, des locaux où s'exercent certaines industries insalubres), on a recours à la ventilation mécanique qui s'effectue à l'aide d'appareils que nous ne décrirons pas, mais dont on aura une idée suffisante en les comparant au ventilateur d'un tarare.

290. Des divers appareils de chauffage. — Les divers appareils de chauffage employés se divisent en cinq espèces principales :

1° Les cheminées ordinaires ;

2° Les poêles ;

3° Les appareils à circulation d'eau ;

4° Les appareils à vapeur ;

5° Les calorifères à air chaud.

Les quatre premiers groupes d'appareils de chauffage assurent la ventilation en échauffant l'air intérieur des appartements et en déterminant par suite un appel d'air extérieur. Les calorifères à air chaud produisent la ventilation en fournissant eux-mêmes un air nouveau et chaud.

291. **Cheminées.** — Dans ce mode de chauffage, le plus ancien et le plus répandu, le combustible brûle dans un foyer découvert, au contact de l'air. Un long conduit, appelé *cheminée*, est en communication avec le foyer et s'élève au-dessus de lui. Quand l'air de la cheminée et celui de l'appartement sont à une même température, une couche d'air, considérée à la partie inférieure du foyer, supporte des pressions égales de bas en haut et de haut en bas et, par suite, reste immobile. Dès qu'on allume du feu dans le foyer, l'air de la cheminée s'échauffe, se dilate, devient moins dense et s'élève dans la cheminée. Il en résulte un vide partiel que l'air de l'appartement vient combler en entrant dans la cheminée, où il active la combustion et où il s'élève lui-même, tandis qu'il est remplacé dans l'appartement par de nouvelles couches venues du dehors. Ce mouvement de l'air est désigné sous le nom de *tirage*.

Dans ce mode de chauffage, on n'utilise que la chaleur rayonnée par le combustible, et, comme l'air est diathermane (564), il ne s'échauffera sensiblement que lorsque les murs et les objets situés dans l'appartement auront absorbé une certaine quantité de chaleur qu'ils rendront ensuite, par contact, à l'atmosphère. De plus, une grande quantité de chaleur est perdue par le tirage de la cheminée. Aussi, pour ce double motif, ce mode de chauffage est-il peu économique ; mais l'usage des cheminées est plus favorable à la santé que celui des autres appareils, par suite d'une excellente ventilation.

Le tirage des cheminées peut être mis en évidence par

l'expérience suivante. Ouvrons la porte de communication entre deux appartements contigus, l'un chauffé par une cheminée, l'autre froid. Plaçons une bougie allumée devant la cheminée : sa flamme s'inclinera vers le foyer et prouvera par sa direction qu'il y a courant d'air de l'appartement vers la cheminée. Une seconde bougie placée en haut de l'ouverture de communication des deux chambres indiquera un courant d'air allant dans les couches supérieures vers la chambre non chauffée.

292. Conditions d'un bon tirage. — Pour que le tirage d'une cheminée se fasse de manière à pouvoir entretenir la combustion, ventiler l'appartement et donner un libre écoulement à la fumée et autres produits de la combustion, elle doit satisfaire aux conditions suivantes :

1° Il faut que la cheminée ait une hauteur suffisante, 5 mètres au moins. Comme l'air chaud s'élève dans la cheminée en vertu de la pression qu'exerce sur lui l'air plus froid de l'appartement, il est évident que la force ascensionnelle de l'air chaud, qui est la cause du tirage, est égale à la différence entre le poids de l'air chaud de la cheminée et le poids d'un égal volume d'air froid ; cette différence est d'autant plus grande, toutes choses égales d'ailleurs, que la colonne d'air chaud est plus longue, c'est-à-dire que la cheminée est plus haute. Dans les usines, où l'on a besoin d'un fort tirage, on construit des cheminées, dites *cheminées à vapeur*, qui s'élèvent d'autant plus haut que le tirage doit être plus actif.

2° Il faut qu'une cheminée n'ait pas une trop grande largeur, pas plus de 3 à 4 décimètres carrés de section. Lorsque sa section est trop grande, il peut s'établir par le haut un courant descendant d'air froid, qui ralentit la vitesse du courant ascendant, et peut, en le faisant refluer dans l'appartement, y occasionner de la fumée.

3° L'ouverture de la cheminée dans l'appartement ne doit pas avoir une trop grande étendue, et surtout pas trop de hauteur au-dessus du foyer, car alors une grande partie de l'air qui entre dans la cheminée, passant au dessus du combustible à une certaine distance, ne peut s'y échauffer, et, par suite, le tirage se trouve diminué. Il faudrait, autant que possible, que tout l'air froid appelé par le tirage traversât le combustible avant de se rendre dans le canal d'ascension. C'est pour cela qu'on emploie des cheminées dont l'orifice inférieur est rétréci par trois cloisons obliques convergeant vers le foyer (fig. 166). Ces parois obliques ont de plus l'avantage de réfléchir vers l'appartement une partie de la chaleur, qui, sans elles, n'y arriverait pas.

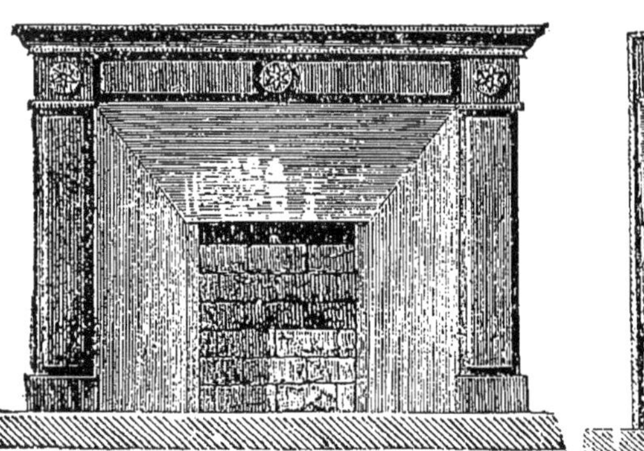 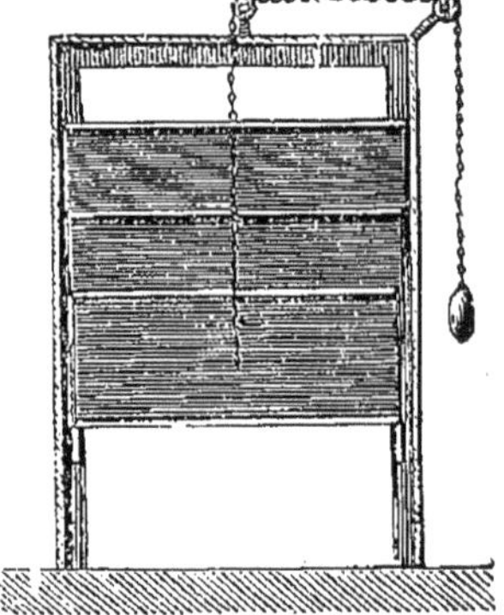

Fig. 166. — Cheminée   Fig. 167. — Rideau de
                                        cheminée.

On ajoute aussi, toujours pour augmenter le tirage, un rideau mobile en tôle qui permet de rétrécir à volonté l'orifice de la cheminée (fig. 167).

4° Il faut que la ventilation soit suffisante dans l'appartement, c'est-à-dire que celui-ci ne soit pas trop bien clos pour empêcher la rentrée de l'air extérieur.

5° Enfin il est bon de surmonter la cheminée d'un chapeau cylindrique percé de trous nombreux dont les bavures, dirigées vers l'extérieur, empêchent le vent, quelle que soit sa direction, de s'engouffrer dans la cheminée et de refouler la fumée jusque dans l'intérieur de l'appartement.

293. **Poêles**. — Les poêles, dont la construction est extrêmement variée, offrent des défauts et des qualités inverses de ceux que présentent les cheminées. Ils chauffent bien, sont économiques, mais ventilent mal.

Les poêles chauffent, non seulement par la chaleur qu'ils rayonnent, mais aussi par celle qu'ils cèdent par contact aux couches d'air qui les enveloppent et se renouvellent autour d'eux. Le tirage auquel ils donnent lieu n'est pas assez actif pour que la ventilation se fasse d'une manière convenable et pour qu'une partie des produits de la combustion ne reste pas dans l'appartement.

De plus, quand leurs parois rougissent, elles laissent passer du dedans au dehors de l'oxyde de carbone, gaz vénéneux produit par la combustion du charbon.

294. **Poêles-calorifères**. — Les poêles-calorifères, dont la nature est très variée, reviennent pour la plupart à un foyer central entouré d'une enveloppe dans laquelle l'air extérieur se trouve appelé et s'échauffe, pour se répandre ensuite dans l'appartement. L'air fourni par ces appareils est souvent trop chaud, et, comme la combustion n'exige qu'une quantité d'air relativement faible, la ventilation ne s'effectue pas dans les meilleures conditions.

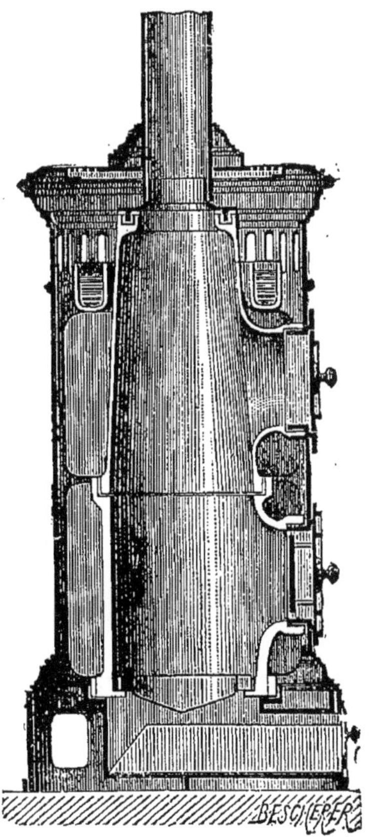

Fig. 168. — Poêle à lames.

La figure 168 représente un modèle de poêle qui satisfait convenablement aux conditions hygiéniques que doit remplir un poêle scolaire. Il est à double enveloppe, ce qui évite les brûlures par contact et la diffusion, dans l'atmosphère de la salle, de l'oxyde de carbone ayant traversé la fonte rougie. Ce modèle est pourvu d'un réservoir d'eau qui forme couronne à la partie supérieure. La cloche et le foyer sont munis d'ailettes qui augmentent la surface de rayonnement. Il présente deux portes de chargement permettant de donner, dès le matin, le combustible nécessaire pour la journée. Une coulisse, placée à la partie antérieure du cendrier, permet de régler l'accès de l'air et par suite le tirage.

295. **Calorifères à circulation d'eau chaude.** — Ce mode de chauffage repose sur le principe suivant. Soit une chaudière A (fig. 169), pleine d'eau froide, portant à sa partie supérieure un conduit BCDE qui, après s'être élevé au-dessus d'elle, redescend et vient la joindre à sa partie inférieure E. Ce conduit est plein d'eau. Si l'on chauffe la chaudière A, l'eau, devenant moins dense, s'élève dans le conduit; l'eau froide de DE descend et s'échauffe dans la chaudière. Il en résulte une circulation continue, pendant laquelle l'eau chaude de l'appareil cède de la chaleur aux parois du conduit; de là un refroidissement de l'eau, et, par suite, une augmentation de sa densité, dont l'effet est de la faire retourner dans la chaudière A, où elle s'échauffe de nouveau.

Dans la pratique, on installe dans les caves de l'édifice une chaudière, en forme de cloche à foyer intérieur. La figure 170 montre la flamme du combustible et le trajet que suivent les gaz provenant de la combustion. Ces gaz, après avoir léché les parois de la cloche renfermant l'eau, qui est représentée par des hachures horizontales, s'échappent au dehors par des conduits latéraux. L'eau échauffée dans la chaudière devient plus légère et s'élève par un tuyau BC jusque dans un réservoir D, placé à la partie supérieure de l'édifice. De ce réservoir partent des tubes *ef*, *hi*, en nombre égal à celui des appartements à chauffer. Chacun de ces tubes se rend dans un *poêle d'eau*, récipient clos, en fonte, disposé au milieu de l'appartement. L'eau chaude du réservoir D descend dans les poêles E, E' qu'elle échauffe ; après s'être refroidie et être devenue plus dense, elle redescend dans la chaudière par les tubes *m*, *n*, *o* et *t*.

Une soupape de sûreté S, placée en haut du réservoir, prévient les inconvénients résultant de l'accumulation de la vapeur d'eau.

Les poêles à eau sont ordinairement traversés de part en

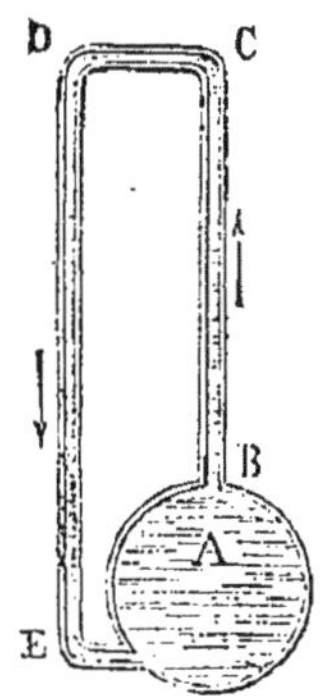

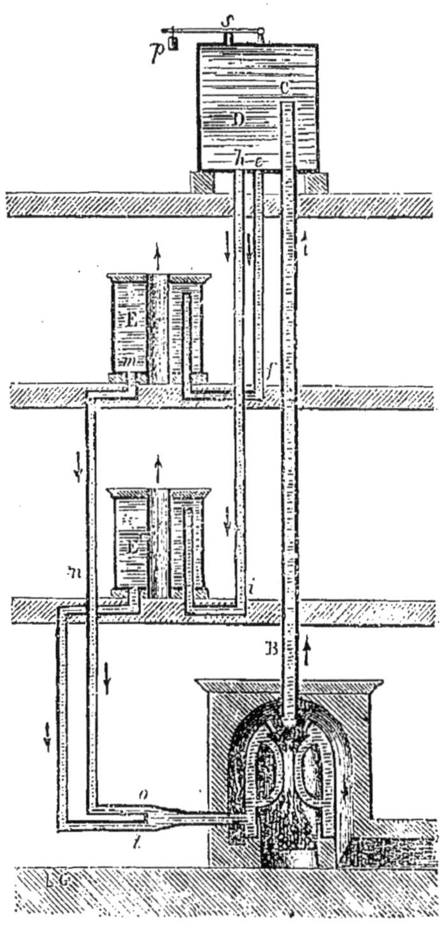

Fig. 169.

Fig. 170. — Calorifère à circulation d'eau chaude.

part par des tuyaux vides, entourés d'eau et dans lesquels passe et s'échauffe l'air des salles ou même l'air extérieur, qui peut y affluer par des ouvertures spéciales.

Cette disposition, en même temps qu'elle augmente la surface de chauffage des poêles, permet l'introduction de l'air pur.

296. **Chauffage à la vapeur.** — De la vapeur d'eau, produite dans une chaudière spéciale ou fournie par une machine à vapeur, dans laquelle elle a servi de moteur, se répand dans des tuyaux où elle se condense, en abandonnant à l'enceinte voisine la chaleur latente qu'elle possède. L'eau provenant de la condensation est ramenée à la chaudière par des tuyaux métalliques. La rapidité avec laquelle la vapeur peut se mouvoir sous de très faibles différences de pression, la quantité considérable de chaleur latente abandonnée, les faibles dimensions qu'il suffit de donner aux tuyaux, sont des avantages réels.

On reproche cependant à ce mode de chauffage plusieurs inconvénients, qui en ont beaucoup restreint les applications.

Les fuites de vapeur sont difficiles à éviter. De plus, il faut remarquer que, dès que le feu et, par suite, la pression dans la chaudière diminuent d'une manière notable, il en résulte immédiatement un refroidissement, qui est bien plus long à se produire dans les appareils à eau chaude. Mais il est un inconvénient plus grave encore. Lorsque le chauffeur, après un ralentissement du feu ou après son extinction, le ranime et rétablit la pression dans la chaudière, la vapeur se précipite dans les conduits, dès que la communication est ouverte, y rencontre l'eau de condensation, qui les remplit en certains endroits, et y détermine des chocs très dangereux. Si l'on ajoute à ces inconvénients celui de réparations fréquentes, de dépense considérable de combustible, on concevra que ce mode de chauffage ne doit être employé que dans des cas restreints, lorsque, par exemple, la vapeur est produite principalement pour un autre usage.

297. **Calorifères à air chaud.** — Le foyer de ces appareils de chauffage est placé soit dans les caves, soit

dans les salles inférieures à celles qui doivent être chauffées. Tantôt l'air extérieur traverse des tuyaux métalliques portés à une haute température, s'y échauffe et se
répand de là dans les appartements ; tantôt il ne s'échauffe
qu'au contact de tuyaux parcourus, à l'intérieur et en
sens inverse, par l'air ayant déjà servi à la combustion.

Ces appareils présentent l'avantage d'une installation
facile. Mais ce chauffage n'est pas exempt d'inconvénients
au point de vue de la salubrité, à cause : 1° de la température élevée de l'air, qui, lorsque l'alimentation n'est
pas régulière, passe souvent de 30° à 40° jusqu'à 60°, 80°
et même 100° près des bouches ; 2° du passage de l'air
sur des surfaces métalliques fortement chauffées, en présence desquelles la décomposition des matières organiques
peut donner lieu à une odeur désagréable.

On remédie en partie à ces inconvénients en joignant à
ce mode de chauffage l'usage des cheminées ordinaires, ou
même de simples cheminées d'évacuation.

298. — Les calorifères à air chaud, à eau chaude ou à
vapeur nécessitent des frais d'installation élevés ; aussi ne
les emploie-t-on généralement que dans les immeubles
importants ou dans les édifices publics.

299. **Expériences simples.** — Faire remarquer que,
si l'on entre dans une salle où des élèves ont séjourné quelque
temps, toutes les ouvertures étant closes, il se dégage une odeur
fétide provenant de l'altération de l'air confiné ; d'où la nécessité
du renouvellement de cet air.

Rappeler que, dans la préparation de certains gaz insalubres,
on allume un bec de gaz sous la hotte du laboratoire.

Réaliser l'expérience indiquée au n° 291.

On insistera sur divers détails pratiques, tels que la nécessité
de maintenir un vase rempli d'eau sur un poêle en activité, les
précautions à prendre dans l'usage de la clé des poêles, les inconvénients des réchauds au charbon de bois, la présence d'un
thermomètre dans les salles chauffées.

—

CHAPITRE X

Notions sur la conductibilité calorifique.

3oo. Transmission de la chaleur. — La chaleur peut se transmettre d'un point à un autre de trois manières différentes :

1° Par *déplacement* de la matière échauffée, déplacement qui produit des courants faciles à constater ; c'est la *transmission par convection*.

Dans une cheminée, le tirage est produit par l'échauffement d'une masse gazeuse qui s'élève en devenant plus légère, pour être remplacée par des masses d'air plus froides venues de l'extérieur. Un objet léger placé au-dessus du verre d'une lampe allumée démontre, par son agitation, l'existence d'un courant d'air chaud.

Les liquides eux-mêmes s'échauffent par convection. Quand on chauffe un liquide par sa partie inférieure, il s'établit, dans ce liquide, des courants qu'on peut mettre en évidence par l'expérience suivante. Un vase de verre (fig. 171)

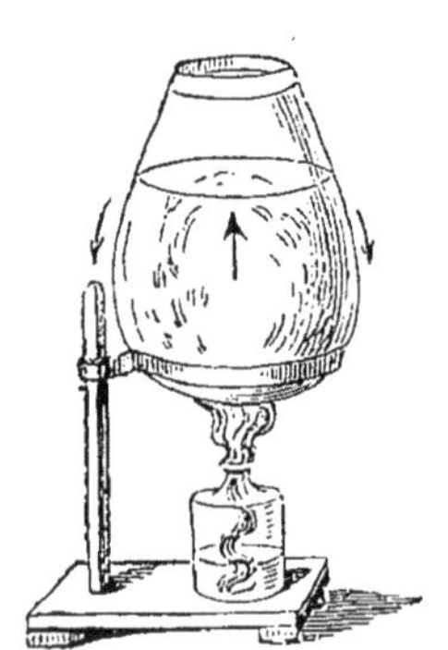

Fig. 171. — Échauffement des liquides par convection.

contient de l'eau, dans laquelle on a mis de la sciure de bois en suspension. On la chauffe sur une petite portion de sa paroi inférieure, et l'on voit des parcelles de sciure, entraînées par les courants, monter et descendre, comme l'indiquent les flèches de la figure.

2° La chaleur peut se transmettre *lentement et de proche en proche*, en échauffant les molécules matérielles interposées entre les deux points : on dit alors qu'elle se propage par *conductibilité* ; c'est le cas d'une barre de fer dont l'une des extrémités est tenue à la main et l'autre plongée dans un brasier ardent.

3° La chaleur peut enfin se transmettre *rapidement et à distance* en franchissant directement l'intervalle qui sépare les deux points ; on dit dans ce dernier cas qu'elle se propage par *rayonnement*. C'est ainsi que nous arrivent la chaleur solaire et celle d'un poêle en activité.

Nous ajouterons seulement quelques mots sur le mode de transmission par conductibilité.

301. Corps bons et corps mauvais conducteurs. — Lorsque tenant une cuiller d'argent par une de ses extrémités, on plonge l'autre dans l'eau bouillante, la cuiller s'échauffe bientôt assez pour qu'il devienne impossible de la tenir plus longtemps. C'est que la chaleur de l'eau bouillante s'est transmise à la partie plongée et, se propageant ensuite de molécule à molécule, est arrivée jusqu'à l'autre extrémité. La propriété qu'ont les corps, à un degré plus ou moins élevé, de transmettre la chaleur de molécule à molécule à travers leur masse, est désignée sous le nom de *conductibilité*. L'argent est dit un corps *bon conducteur*. Si l'on refait l'expérience précédente avec une cuiller de bois, elle ne s'échauffe pas : on dit que le bois est *mauvais conducteur*.

302. Conductibilité des solides. — Les solides ne possèdent pas tous au même degré le pouvoir de conduire la chaleur.

Appareil d'Ingenhousz. — L'appareil d'Ingenhousz [1]

____

[1] Ingenhousz, médecin et physicien, né à Bréda (Hollande) en 1730, mort en 1799.

peut servir à comparer les conductibilités des corps solides. Sur l'une des faces d'une caisse rectangulaire en laiton (fig. 172) sont implantées des tiges de même longueur et de même diamètre faites avec les substances à comparer entre elles. On plonge tous les cylindres dans un bain de cire fondue et on les retire promptement. Quand la cire est solidifiée à la surface des tiges, on verse dans la caisse de l'eau bouillante : la chaleur pénètre dans les cylindres et fait fondre la cire qui les recouvre. On juge de la conductibilité plus ou moins grande des tiges par la distance à laquelle la fusion de la cire s'étend dans le même temps sur chaque tige.

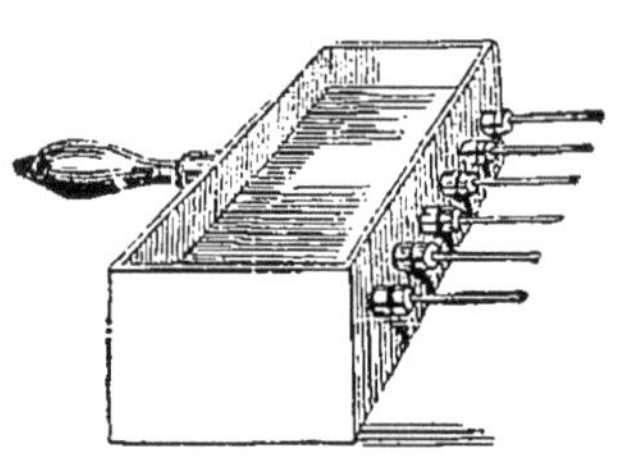

Fig. 172. — Appareil d'Ingenhousz.

Des expériences précises ont montré que, si l'on attribue à l'argent, qui est le solide le meilleur conducteur, le coefficient conventionnel 100, chacun des corps compris dans le tableau ci-dessous aura pour coefficient de conductibilité le nombre porté en regard.

Argent	100	Étain	14,4
Cuivre	73,6	Fer	11,9
Or	53,2	Acier	11,6
Laiton	23,6	Plomb	8,5
Zinc	19	Platine	8,4

Parmi les corps solides, ce sont les métaux qui sont les meilleurs conducteurs de la chaleur. Les corps non métalliques sont tous mauvais conducteurs : tels sont le marbre, la porcelaine, le verre, le charbon, le bois. etc.

303. **Conductibilité des liquides.** — Pour apprécier la conductibilité des liquides, il faut se mettre à l'abri des courants de convection. On peut le faire en chauffant les liquides par leur partie supérieure, par exemple en rem-

plissant d'eau une éprouvette qu'on tient inclinée et dont on chauffe la partie supérieure avec une lampe à alcool. On constate, au moyen d'un thermomètre dont le réservoir est plongé au fond de l'éprouvette, que les liquides sont fort mauvais conducteurs de la chaleur.

Il y a lieu cependant de faire exception pour le mercure, qui est un métal, et dont la conductibilité, supérieure à celle des autres liquides, est comparable à celle des métaux solides.

304. Conductibilité des corps gazeux. — Les gaz, excepté l'hydrogène qu'on peut considérer comme un métal gazeux, sont encore plus mauvais conducteurs que les liquides. Leur échauffement se fait surtout par des courants de convection qui mettent continuellement en contact avec la source de chaleur des couches gazeuses non encore échauffées. C'est ainsi que la couche d'air atmosphérique qui touche le sol s'échauffe et s'élève ; elle est remplacée par de nouvelles couches qui s'échauffent et s'élèvent à leur tour.

APPLICATIONS

305. — Les principes que nous venons d'exposer donnent lieu à de nombreuses applications pratiques, que nous allons étudier en les classant sous les titres suivants : *vêtements, habitations, applications industrielles, applications diverses.*

306. Vêtements. — Le rôle calorifique du vêtement doit être de soustraire autant que possible notre corps aux variations de température.

Les vêtements de laine, dont nous nous couvrons pendant l'hiver, empêchent par leur mauvaise conductibilité la chaleur du corps de se répandre au dehors. La laine est, par elle-même, mauvaise conductrice ; cependant son défaut de conductibilité tient surtout à la couche d'air qu'elle emprisonne entre les brins qui la composent et qu'une foule de petits obstacles empêchent de se mouvoir.

En été, nous portons des vêtements de lin et de chanvre ; ces étoffes sont plus fraîches à la peau que les vêtements de laine ou de coton, parce qu'étant meilleures conductrices, elles permettent à la chaleur de notre corps de se répandre à l'extérieur.

Les édredons, dont nous recouvrons nos lits pendant l'hiver, conservent la chaleur par suite de la mauvaise conductibilité du duvet et de l'air interposé entre les brins.

Il en est de même des fourrures qu'on porte comme vêtements, surtout dans les régions froides. Pour produire tout leur effet, ces fourrures doivent être utilisées comme doublures, c'est-à-dire être adaptées à l'intérieur du vêtement. Elles emprisonnent ainsi une couche d'air qui présente une barrière à peu près infranchissable à la chaleur du corps.

307. **Habitations.** — Les matériaux qui entrent dans la construction de nos habitations doivent, autant que possible, empêcher, en été, la chaleur du dehors de pénétrer à l'intérieur et, en hiver, conserver à l'intérieur la chaleur produite par nos foyers. Les meilleurs matériaux, au point de vue calorifique, sont donc ceux qui sont les plus mauvais conducteurs de la chaleur.

La brique et la pierre remplissent bien ce rôle, particulièrement la brique, employée presque exclusivement dans les pays du Nord. Quant au fer, très utilisé dans les constructions modernes, on en fait une sorte d'ossature métallique dont les vides sont remplis par des murs en briques ; pour augmenter la mauvaise conductibilité de ces murs, on les tapisse quelquefois à l'intérieur de garnitures de liège, appelées *briques de liège*.

Dans les pays froids, des fenêtres simples ne seraient pas un obstacle suffisant au passage de la chaleur ; aussi les maisons d'habitation sont-elles ordinairement pourvues de fenêtres doubles, qui conservent la chaleur par suite de la mauvaise conductibilité de la couche d'air emprisonnée entre les deux parois. En France, on n'utilise guère les doubles fenêtres que dans les serres chaudes.

308. Applications industrielles. — Dans les machines à vapeur, on a tout intérêt à ne laisser perdre que le moins de chaleur possible, car à toute perte de chaleur correspond une dépense supplémentaire de combustible. C'est pour cette raison qu'on entoure quelquefois de bois les cylindres des machines à vapeur.

Les locomotives de certaines compagnies de chemins de fer ont leurs chaudières et leurs cylindres entourés d'une enveloppe de laiton placée à une petite distance de la paroi qui est en tôle épaisse ; l'air contenu dans l'espace intermédiaire empêche la chaleur de se perdre au dehors par rayonnement.

Les dépôts solides ou incrustations qui se produisent dans les machines des chaudières à vapeur, par suite de la vaporisation de l'eau, empêchent la chaleur du foyer de pénétrer jusqu'à l'eau de la chaudière, ce qui nécessite une plus grande dépense de combustible ; aussi doit-on, de temps en temps, enlever ces incrustations.

Les manches des outils qui doivent aller au feu sont ordinairement en bois, corps mauvais conducteur. La canne du verrier est formée d'un tube de fer recouvert de bois ; etc.

309. Applications diverses. — Si, pendant les froids de l'hiver on applique la main sur un morceau de fer, puis sur un morceau de bois, le fer paraît plus froid que le bois ; en réalité, ils sont à la même température : seulement, comme le fer est meilleur conducteur que le bois, il enlève plus rapidement que celui-ci la chaleur de la main et paraît plus froid. Si l'on répète la même expérience en été, le fer et le bois ayant été exposés au soleil, c'est le fer qui paraît le plus chaud, car il cède plus rapidement que le bois une partie de sa chaleur à la main.

Enveloppons une balle métallique dans une feuille de papier, en appliquant cette feuille sur le métal aussi exactement que possible, et plaçons le tout dans la flamme d'une lampe à alcool. Nous constaterons qu'aux endroits où le papier appuie sur la balle, il ne brûle pas, la chaleur de la flamme étant absorbée par le métal; seuls, les points du papier qui ne sont pas en contact immédiat avec le métal présentent des traces de carbonisation.

Quand on coude ou qu'on effile un tube de verre, on peut le tenir à quelques centimètres de la partie chauffée sans ressentir d'élévation de température. Le verre est, en effet, mauvais conducteur de la chaleur.

C'est par la mauvaise conductibilité du verre qu'on en explique la rupture sous l'influence d'une élévation brusque de température, par exemple lorsqu'on verse un liquide très chaud dans un verre épais. Les parties en contact avec le liquide s'échauffent et se dilatent, avant que la chaleur se soit propagée dans toute la masse; il en résulte un travail moléculaire considérable et inégal, auquel le verre ne peut souvent résister. Les chances de rupture sont beaucoup diminuées, si le verre a peu d'épaisseur; c'est pour cette raison qu'on donne à la partie des ballons et des cornues de verre destinée à être échauffée, une épaisseur qui ne dépasse guère celle d'une feuille de papier fort.

La neige est mauvaise conductrice de la chaleur; aussi empêche-t-elle un trop grand refroidissement du sol. On a d'ailleurs remarqué que les végétaux enfouis sous une couche de neige subissaient rarement les atteintes du froid, même le plus rigoureux.

La glace agit comme la neige. Plus légère que l'eau, elle reste à la surface et empêche ainsi le refroidissement rapide de la couche liquide. On sait que s'il faut peu de temps pour qu'une mince couche de glace se forme à la surface d'une eau tranquille, l'épaisseur de cette couche n'augmente que très lentement et qu'il faut des froids intenses et prolongés pour que les rivières et les lacs se trouvent recouverts d'une couche de glace de 20 à 30 centimètres d'épaisseur.

Si l'on veut conserver un liquide assez longtemps

chaud, il suffit d'envelopper le vase qui le renferme dans une couverture de laine ou de le recouvrir d'une couche épaisse d'ouate.

On empêche la glace de fondre, ou tout au moins on en retarde longtemps la fusion, en l'enveloppant également de laine ou d'ouate.

Cette dernière expérience montre bien que, contrairement à ce qu'on dit ordinairement, la laine n'est pas chaude par elle-même; elle est simplement mauvaise

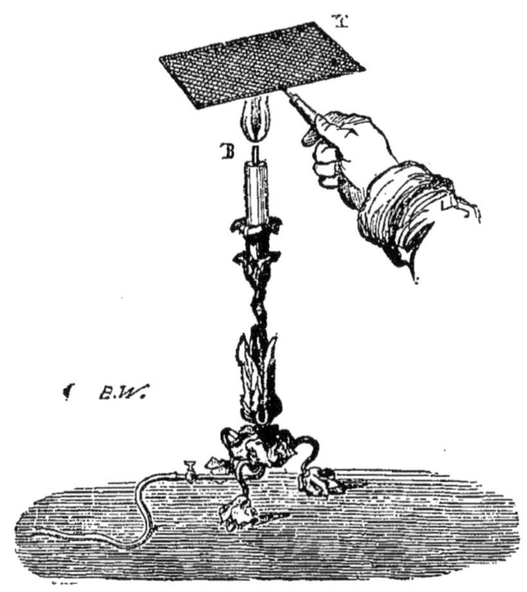

Fig. 173. — Action d'une toile métallique sur une flamme.

conductrice de la chaleur. Quand elle enveloppe un corps chaud, elle empêche la chaleur de se répandre au dehors ; quand elle enveloppe de la glace, elle empêche la chaleur extérieure de pénétrer jusqu'à la glace.

On conserve, même en été, de grandes quantités de glace dans des *glacières*. Ce sont de vastes cavités creusées dans le sol et entourées d'un mur en briques; celui-ci est recouvert intérieurement d'une double paroi en bois

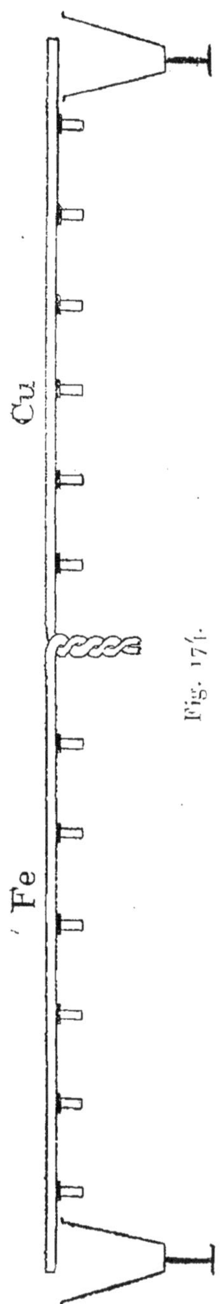

renfermant du charbon en poudre ; la toiture est formée d'une couche de gazon et de paille, et la glacière est fermée par une double porte. La glace, ainsi entourée de toutes parts de substances mauvaises conductrices, ne peut subir l'action de la chaleur extérieure.

310. — Lorsqu'on place une toile métallique sur une flamme, celle d'un bec de gaz (fig. 173) ou d'une bougie, la flamme est coupée par la toile métallique. C'est là une application de la conductibilité des fils métalliques qui composent la toile.

Une flamme n'est autre qu'une vapeur ou un gaz porté à une température suffisamment élevée pour devenir lumineux, si l'on enlève de la chaleur à ce gaz en le mettant en contact avec une toile métallique, il cesse d'être lumineux et la flamme est coupée par la toile.

C'est sur cette propriété qu'est fondé, dans les mines, l'usage des lampes de Davy, qui sont étudiées en chimie. Chaque fois qu'on voudra empêcher une flamme de se propager, il suffira d'interposer une ou plusieurs toiles métalliques entre elles et la région qu'on veut l'empêcher d'atteindre. Il faut d'ailleurs remarquer que, si le contact de la flamme et de la toile métallique durait assez long-temps pour que la toile pût devenir incandescente, la flamme se continuerait au-delà.

3ii. **Expériences simples.** — Faire constater qu'on tient facilement une allumette enflammée et qu'on ne peut tenir une tige de fer courte dont l'une des extrémités a été portée au rouge.

Plonger dans de l'eau bouillante deux cuillers, l'une de fer, l'autre d'argent : la seconde s'échauffe beaucoup plus vite que la première.

On peut remplacer l'appareil d'Ingenhousz par le suivant (fig. 174) qu'il est facile de construire : prendre un fil de fer et un fil de cuivre de même diamètre et de 5o centimètres de longueur environ ; les réunir l'un à l'autre en tordant leurs extrémités sur une longueur de 4 à 5 centimètres et recourber chacun des fils, de façon que la torsade soit perpendiculaire à leur direction. Fixer ensuite avec de la cire, à des distances égales, un même nombre de sous sur les deux fils et faire reposer l'appareil sur deux verres.

Chauffer la torsade avec une lampe à alcool : on voit les sous se détacher du cuivre beaucoup plus vite que du fer ; on en conclut que le cuivre est meilleur conducteur que le fer.

Pour montrer la mauvaise conductibilité des liquides, verser avec précaution de l'alcool à la surface de l'eau contenue dans un verre ; enflammer l'alcool ; comparer les températures de l'eau avant et après l'expérience.

Chauffer de l'eau dans un vase assez profond ; y projeter un peu de sciure de bois et constater les courants qui se produisent au sein du liquide.

Exécuter l'expérience de la balle métallique recouverte de papier de soie (3o9).

Faire bouillir de l'eau dans une boîte à plumes ; l'expérience est encore plus frappante, si l'on se sert d'une petite boîte en papier ordinaire construite par l'un des nombreux procédés de pliage du papier.

Envelopper dans une couverture de laine un vase plein d'eau bouillante et constater que, plusieurs heures après, l'eau est encore chaude.

Renouveler, en hiver, la même expérience avec de la glace ou de la neige : on pourra la conserver ainsi plusieurs jours, même dans un appartement où la température est assez élevée.

Montrer l'effet d'une toile métallique sur une flamme (fig. 173).

MÉTÉOROLOGIE

CHAPITRE PREMIER

Phénomènes dus à l'humidité atmosphérique.

312. **Météorologie.** — La *météorologie* est la partie de la physique qui s'occupe de l'étude d'un certain nombre de phénomènes, qui s'accomplissent à la surface de la terre ou dans l'atmosphère : variations de température, de pression, d'état hygrométrique, pluie, brouillards, vents, etc., phénomènes magnétiques, électriques et lumineux. Nous avons déjà étudié un certain nombre de ces phénomènes : nous allons compléter cette étude, en remettant toutefois à plus tard les notions que nous avons à donner sur ceux qui dépendent de la lumière, du magnétisme et de l'électricité.

HYGROMÉTRIE

313. **Humidité atmosphérique.** — L'atmosphère renferme toujours de la vapeur aqueuse. Il suffit, pour s'en convaincre, d'abandonner à l'air, dans un vase dé-

couvert, de l'acide sulfurique, de la potasse caustique, ou toute autre substance avide d'eau ; au bout de peu de temps, l'augmentation de poids subie par ces corps prouve qu'ils ont absorbé une certaine quantité d'eau. On sait aussi qu'un vase plein de glace exposé à l'air se recouvre d'une couche de rosée, qui n'est autre que de la vapeur condensée. Cette condensation a lieu parce que les couches d'air, qui enveloppent le vase, se refroidissent et arrivent bientôt à une température pour laquelle elles sont saturées de vapeur. A partir de cette limite, le refroidissement continuant, la vapeur se condense.

La vapeur d'eau atmosphérique a pour source principale l'évaporation spontanée des masses d'eau, qui se trouvent à la surface de la terre. Une nappe d'eau, dans des conditions ordinaires de température, laisse évaporer en vingt-quatre heures un litre d'eau environ par mètre carré de surface ; chaque kilomètre carré de la mer fournit donc environ, par vingt-quatre heures, 1 000 000 de litres d'eau, ce qui correspond à peu près, pour toute la surface des mers, à 40 000 000 de fois 1 000 000 de litres d'eau. Si l'on ajoute à cela la vapeur fournie par les nappes d'eau douce, fleuves, lacs, etc., on se rendra compte de l'énorme quantité de vapeur que reçoit constamment l'atmosphère, et l'on remarquera que l'équilibre ne peut subsister qu'à la condition que l'atmosphère rende à la terre l'eau qu'elle en reçoit ; c'est ce qu'elle fait, comme nous le verrons, par la pluie, la neige, la grêle, la rosée, etc.

La quantité de vapeur d'eau, qui se trouve dans l'atmosphère, est très variable ; et, comme elle a une influence considérable sur un grand nombre de phénomènes, il était intéressant de rechercher des moyens propres à la déterminer. L'*hygrométrie* est la partie de la physique qui traite de cette détermination, et les *hygromètres* sont les appareils à l'aide desquels on l'exécute.

On appelle *état hygrométrique de l'air le rapport $\frac{p}{P}$ qui existe entre le poids p de la vapeur d'eau contenue dans un*

certain volume d'air et le poids P *de la vapeur que contiendrait ce même volume, s'il était saturé à la même température.*
Or, dans l'air considéré, la vapeur de poids p a une tension
f, et, s'il était saturé, elle aurait une tension F donnée par
les tables de tensions maximum. Mais les poids d'un même
volume de vapeur aux tensions f et F sont proportionnels
à ces tensions (247) ; on a donc :

$$\frac{p}{P} = \frac{f}{F}.$$

Aussi définit-on encore l'état hygrométrique de l'air :
le rapport qui existe entre la force élastique f *de la vapeur
d'eau, que contient cet air à la température considérée, et la
force élastique* F *de la vapeur d'eau qu'il contiendrait à la
même température, s'il était saturé.*

Il y a quatre méthodes pour déterminer l'état hygrométrique : 1° l'hygromètre chimique ; 2° l'hygromètre à
cheveu, ou de Saussure ; 3° les hygromètres à condensation : 4° le psychromètre.

314. **Hygromètre chimique.** — Un vase en zinc A
(fig. 175), appelé *aspirateur*, et muni de robinets RR′ est
rempli d'eau ; il communique par le tube S′ avec une
série de tubes en U, remplis de ponce sulfurique et pesés
à l'avance : le dernier de ces tubes porte un tube en
caoutchouc S, qui va déboucher à une certaine distance de
l'appareil, dans l'air dont on veut déterminer l'état hygro-
nométrique.

Par le robinet R′ on fait écouler l'eau de l'aspirateur ;
le vide laissé par l'eau est rempli par l'air extérieur, qui,
pour gagner l'aspirateur, doit passer dans les tubes à
ponce, où il abandonne sa vapeur d'eau. Les tubes subissent donc une augmentation de poids p, qui représente
le poids de vapeur contenue dans la masse d'air qu'on
a fait passer dans l'appareil. Par le calcul, on détermine
la force élastique f correspondant à ce poids p. Comme,
d'autre part, on connaît la température extérieure, il suffit,

pour obtenir la tension maximum F de la vapeur d'eau à cette température, de consulter les tables de tensions dont nous avons donné un extrait (242). L'état hygrométrique est le rapport $\frac{f}{F}$.

Cette méthode est très exacte, mais elle a l'inconvénient d'exiger un temps assez long, pendant lequel l'état hygrométrique peut varier.

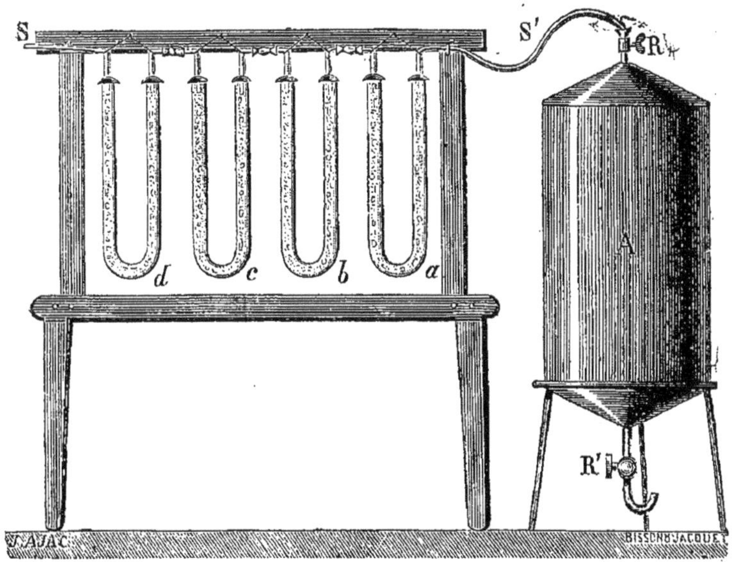

Fig. 175. — Hygromètre chimique.

315. **Hygromètre de Saussure**. — La plupart des corps plongés dans l'air humide absorbent une quantité de vapeur, qui varie avec leur affinité pour l'eau et avec l'état hygrométrique de l'air. Ils rendent à l'air une partie de cette eau, lorsque l'état hygrométrique diminue ; il arrive souvent en même temps que leurs dimensions changent : le cheveu est une des substances les plus sensibles à l'influence de la vapeur d'eau ; il s'allonge dès qu'il se trouve dans l'air humide, et se contracte lorsque l'air se dessèche.

On profite de cette propriété dans la construction de l'hygromètre de Saussure (fig· 176 et 177) que nous ne décrirons pas. Nous dirons seulement que les indications de l'instrument ne sont pas proportionnelles aux états hygrométriques.

Sur le même principe, sont construits divers petits instruments, appelés *hygroscopes*, qui servent à prévoir, avec

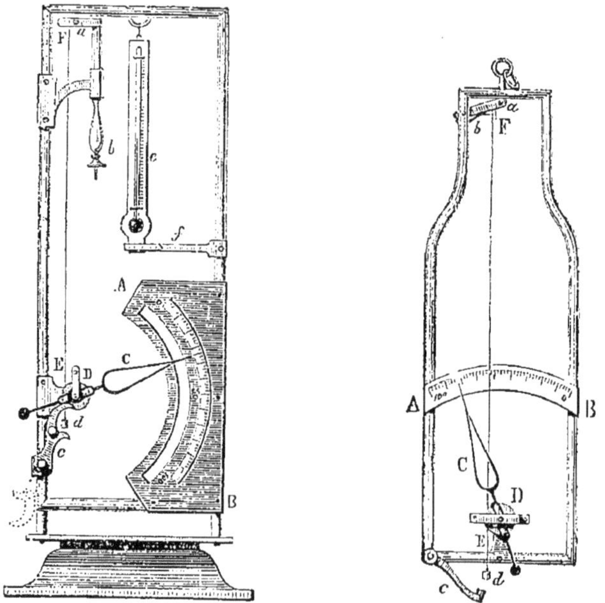

Fig. 176 et 177. — Hygromètres de Saussure.

plus ou moins d'exactitude, la pluie ou le beau temps ; tantôt ils représentent un moine, dont le capuchon se relève si la pluie doit tomber ; tantôt c'est un personnage qui, suivant l'état atmosphérique, rentre dans sa guérite ou en sort, etc... Notons encore que, sur ce principe, on a construit des hygromètres enregistreurs.

316. Hygromètres de condensation. — Les hygromètres de condensation, comme l'hygromètre de Daniell et celui de Regnault, sont des instruments qui permettent de déterminer l'état hygrométrique avec une grande précision. Voici le principe sur lequel ils reposent.

Supposons qu'on place dans l'air, dont on veut déterminer l'état hygrométrique et dont la température est T, un corps poli plus froid que l'air et de température t : au contact de ce corps, l'air va se refroidir, *sans que la tension de vapeur qu'il contient change*. Mais on sait qu'à une température basse l'air ne peut contenir une quantité de vapeur égale à celle qu'il peut renfermer à une température plus élevée. Par conséquent, la température de l'air s'abaissant, il arrivera un moment où il sera saturé et, à partir de ce moment, il suffira d'un très faible abaissement de température pour faire condenser une petite quantité de vapeur sur le corps froid ; cette condensation s'apercevra immédiatement, parce que le corps froid cessera d'être brillant, aussitôt qu'il sera recouvert de cette mince couche de rosée. Si l'on note la température t du corps froid au moment du dépôt de rosée, il suffira de chercher dans la table des tensions maxima la valeur de la tension de la vapeur à la température t ; cette valeur sera celle qu'a la tension de la vapeur dans le milieu ambiant, dont la température est T, et, en divisant cette valeur par la tension maximum à la température T, on aura l'état hygrométrique. On a d'ailleurs des tables où ce calcul est tout fait.

Parmi les hygromètres à condensation, nous décrirons seulement ceux de Regnault et de M. Alluard.

317. Hygromètre de Regnault. — Deux tubes de verre B et B' (fig. 178) sont portés par un pied EF, qui est un tube creux communiquant par un caoutchouc G avec un aspirateur. Ces deux tubes portent des dés A et A' d'argent parfaitement poli. Le bouchon du tube B' laisse passer un thermomètre C' et un tube D qui plongent dans l'éther. Le bouchon de B laisse passer un thermomètre C, qui donne la température ambiante.

Pour faire fonctionner l'appareil, on fait écouler l'eau de l'aspirateur ; un vide partiel se produit alors dans le tube B', qui communique seul avec l'aspirateur ; l'air extérieur entrant par le tube D barbote au milieu de l'éther et le vaporise. Le dé A′ se refroidit et se couvre tout entier d'un dépôt de rosée, qui est rendu plus sensible par l'opposition d'éclat que présente le dé A. L'opérateur se met à distance, pour ne pas expirer de vapeur d'eau dans le voisinage de l'hygromètre, et observe, à l'aide d'une lunette, le dépôt de rosée et la température des thermomètres C′ et C.

318. Hygromètre de M. Alluard. — M. Alluard a récemment modifié l'appareil de Regnault : 1° la partie sur laquelle le dépôt de rosée doit être observé est une lame plane, bien polie, en argent ou en laiton doré (fig. 179) ; 2° cette lame plane est encadrée dans une lame d'argent ou de laiton, dorée et polie elle-même, qui ne la touche pas et qui, n'étant pas refroidie, conserve toujours son éclat. Il résulte de cette disposition que le dépôt de rosée s'observe avec la plus grande facilité. L'éther qu'on verse par l'entonnoir *e* est renfermé dans le vase A. L'aspiration se fait par le tube D qui communique avec l'aspirateur ; l'air rentre par le robinet de droite R′.

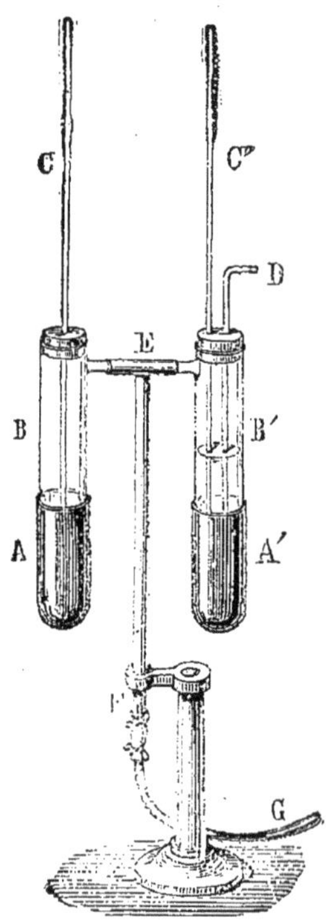

Fig. 178. — Hygromètre de Regnault.

Des thermomètres *t* et *t′* mesurent les températures.

319. Psychromètre. — Le *psychromètre* se compose de deux thermomètres à mercure dont l'un est dit *sec* et l'autre *mouillé*.

Les deux thermomètres sont des instruments ordinaires, mais le thermomètre mouillé doit être trempé dans l'eau au moment de l'expérience. On peut obtenir ce résultat,

soit en enveloppant son réservoir d'une étoffe légère et en
le faisant plonger dans un verre d'eau, lors des observa-

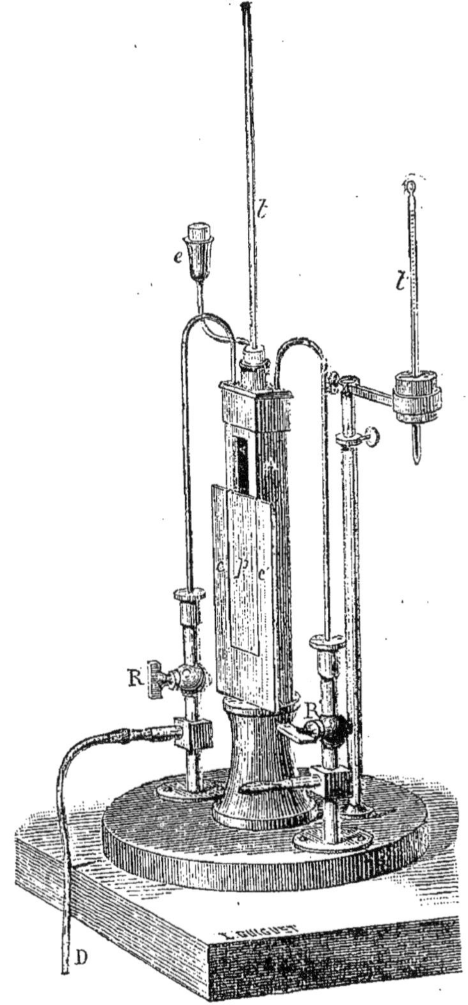

Fig. 179. — Hygromètre de M. Alluard.

tions, soit en donnant à l'appareil la disposition de la
figure 180.

Le thermomètre T' est dans les conditions ordinaires ;

l'autre T a son réservoir entouré de coton, constamment mouillé par un écoulement d'eau venant du réservoir A. Cette eau s'évapore, et la quantité de vapeur, qui se produit en un temps donné, est d'autant plus grande que l'air est plus sec. D'ailleurs, nous avons vu (265) que l'évaporation produit du froid : le thermomètre T devra donc baisser par suite de l'évaporation dont son réservoir est le siège, et cet abaissement de température sera d'autant plus grand que l'air sera plus sec. A un moment donné, l'équilibre s'établit ; le thermomètre T cesse de baisser. On observe à ce moment la température t qu'il indique et la température t' du thermomètre sec T'.

Au moyen d'une formule empirique, on peut déterminer la tension de la vapeur d'eau dans l'air au moment de l'expérience et, par suite, l'état hygrométrique. Mais dans la pratique, on sert de tables, dites *tables psychrométriques*, qui permettent de déterminer par une simple lecture l'état hygrométrique, connaissant la température indiquée par le thermomètre mouillé et la différence entre cette température et celle qu'indique l'autre instrument.

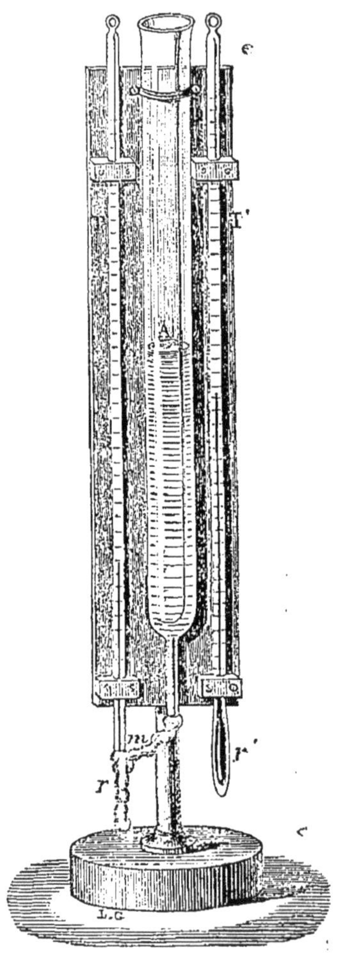

Fig. 180. — Psychromètre.

L'observation du thermomètre mouillé est assez délicate ; il faut surveiller attentivement l'instrument pour saisir le moment précis où le mercure cesse de descendre. Quand la température extérieure est inférieure à o°, au moment où l'on mouille le réservoir, le mercure monte d'abord, puisque l'eau dont on se sert est à une température supérieure à celle du milieu ambiant ; mais cette eau se congèle bientôt autour du réservoir et l'indication du thermomètre mouillé tombe au-dessous de celle du thermomètre sec, la glace elle-même émettant des vapeurs. Dans ces conditions, l'observation peut durer une dizaine de minutes.

MÉTÉORES AQUEUX

320. — La présence de la vapeur d'eau dans l'atmosphère donne lieu à un certain nombre de phénomènes connus sous le nom de *météores aqueux*.

321. **Brouillards.** — Les brouillards sont des amas de vapeur d'eau condensée, dans le voisinage du sol, en gouttelettes excessivement fines, qui rendent l'atmosphère plus ou moins opaque. La cause qui les produit est, en général, le refroidissement d'une masse d'air voisine de son point de liquéfaction.

On a beaucoup discuté sur la cause de la suspension des brouillards ; l'hypothèse la plus simple consiste à supposer que les gouttelettes d'eau condensée restent en suspension dans l'air comme les corpuscules solides qui y flottent en si grand nombre, quoique leur poids spécifique soit supérieur à celui de l'air. Cette suspension est due à l'action combinée de la poussée de l'air et de la résistance qu'il présente à leur chute. On peut réaliser la suspension d'un brouillard en laissant échapper de l'air humide comprimé ou en faisant le vide dans un récipient. La raréfaction de l'air produit un abaissement de température, qui détermine la condensation de la vapeur.

Les brouillards se forment surtout dans le voisinage des mers, rivières, lacs, étangs, parce que les eaux, moins vite refroidies que l'atmosphère, donnent des vapeurs qui, arrivant au milieu de l'air, y subissent un abaissement de température suffisant pour les rendre saturantes. Le brouillard disparaît ordinairement après le lever du soleil, parce que ses rayons élèvent la température de l'air et augmentent sa capacité pour la vapeur d'eau.

322. Nuages. — Les nuages ne sont autre chose que des brouillards parvenus dans les régions supérieures de l'atmosphère. Cette assimilation est de tous points justifiée par les observations qu'on peut faire dans les pays montagneux. Lorsqu'on s'élève sur le flanc des montagnes, il arrive qu'à certains moments on se trouve enveloppé de brouillards. Si l'on continue à monter, on peut atteindre des couches d'air parfaitement transparentes ; et, si l'on jette alors les yeux au dessous de soi, on aperçoit les brouillards, qu'on vient de traverser, courir sous forme de nuages le long des flancs de la montagne.

La suspension des nuages s'explique comme celle des brouillards ; d'ailleurs l'observation permet de constater que, s'ils paraissent suspendus au milieu de l'atmosphère, ils n'en sont pas moins animés d'un mouvement descendant. C'est ce qu'on remarque sur une montagne, si l'on se trouve à la hauteur même des nuages qui flottent au-dessus d'une plaine.

Si, dans sa course descendante, le nuage rencontre une couche d'air plus chaude que celle au milieu de laquelle il a pris naissance, l'eau en partie condensée qu'il renferme repasse à l'état de vapeur invisible, et il se dissipe à sa partie inférieure, tandis qu'il se reforme à sa partie supérieure. Si l'on remarque d'ailleurs qu'il peut aussi rencontrer des couches d'air animées d'un mouvement ascendant, on comprendra facilement pourquoi les nuages nous paraissent souvent suspendus à une hauteur cons-

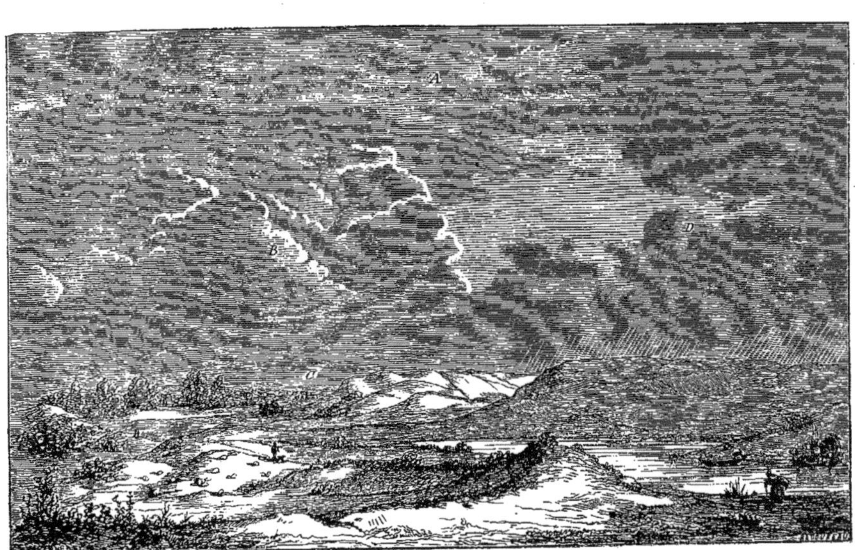

Fig. 181. — Nuages.

tante. C'est pour cette raison qu'à midi, heure à laquelle le courant d'air ascendant est plus fort, les nuages sont plus élevés que dans la matinée. Vers le soir, au contraire, quand ce courant devient plus faible, ils s'abaissent et disparaissent souvent en arrivant dans les régions chaudes de l'atmosphère.

La hauteur des nuages est très variable ; la région moyenne est comprise entre 500 et 1 500 mètres ; mais il en est, qui se trouvent quelquefois à une hauteur de plus de 7 000 mètres.

On appelle *cumulus* les gros et magnifiques nuages blancs à contours arrondis, qui s'entassent sur l'horizon pendant les chaleurs de l'été. Leur apparition présage l'orage. On les voit en B (fig. 181).

On nomme *cirrus* des nuages ayant l'aspect tantôt de légers flocons, tantôt de filaments déliés qui donnent au ciel l'aspect *pommelé*. On les voit en A. Dans nos contrées, ils apparaissent quand le vent du midi commence à souffler, après une période de beau temps. L'apparition des cirrus précède le plus souvent un changement de temps. En été, ils annoncent la pluie ; en hiver, la gelée ou le dégel. Les cirrus sont les nuages les plus élevés : on ne les rencontre guère au-dessous de 5 000 mètres ; ils sont formés de petites aiguilles de glace.

Les *stratus*, qu'on a représentés en C, sont des nuages dispersés en bandes horizontales, qui se forment au coucher du soleil et disparaissent à son lever. Les stratus rouges du soir annoncent en général le beau temps.

Enfin on appelle *nimbus* des nuages qui, comme en D, sont tellement confondus ensemble qu'il est impossible de les distinguer l'un de l'autre. Ils se résolvent ordinairement en pluie.

323. **Pluie.** — Quand la température d'un nuage s'abaisse, la condensation de la vapeur s'y produit et les gouttelettes se transforment en véritables gouttes d'eau qui tombent vers la terre et constituent la pluie. Lorsque dans leur chute ces gouttes d'eau rencontrent des couches

parfaitement sèches, elles se vaporisent à leur surface, et la vaporisation peut être assez complète pour que la pluie n'arrive pas jusqu'au sol ou n'y arrive qu'à l'état de pluie fine. Si, au contraire, les couches inférieures de l'atmosphère sont à peu près saturées, les gouttes d'eau qui les traversent, se trouvant plus froides qu'elles, condensent à leur surface une portion de la vapeur, et les gouttes de pluie grossissent à mesure qu'elles approchent du sol.

324. **Serein.** — En été, dans la vallée, il tombe quelquefois, après le coucher du soleil, sans qu'il y ait de nuages au ciel, une petite pluie extrêmement fine, qu'on appelle *serein*. Cette pluie résulte du refroidissement, que la disparition du soleil provoque dans l'air de la vallée, et de la condensation partielle de la vapeur d'eau atmosphérique.

325. **Neige.** — La neige provient de la solidification de la vapeur d'eau dans les régions élevées de l'atmosphère ; chaque flocon est formé par la réunion de petits cristaux,

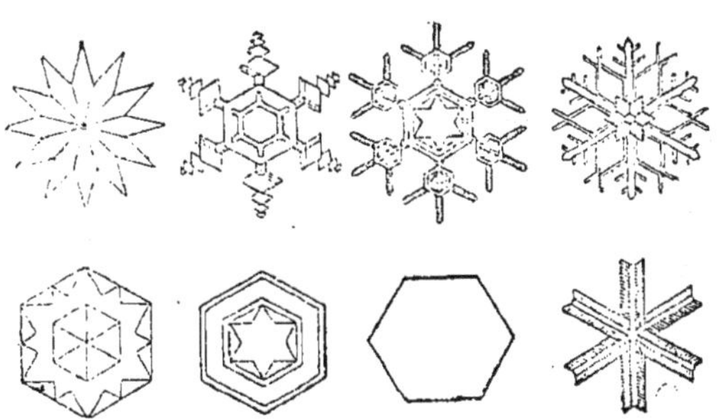

Fig. 182. — Cristaux de neige.

dont la figure 182 représente les formes variées. La neige n'arrive pas toujours jusqu'à nous ; si elle rencontre dans sa chute des couches d'air moins froides que celles où elle a pris naissance, elle peut se liquéfier et nous arriver à l'état de pluie. Dans ce cas, il neige sur les montagnes élevées et il pleut dans la plaine. Mais, dans l'hiver, les régions inférieures de l'atmosphère peuvent être assez froides pour que la neige les traverse sans se liquéfier, et arrive à l'état solide à la surface du sol, où elle forme une couche qui, par sa mauvaise conductibilité, protège les végétaux de gelées funestes.

326. **Grêle.** — La grêle est, comme la neige, formée par de l'eau solidifiée, mais les grêlons sont constitués par un noyau entouré d'enveloppes de glace très compacte, très dure et sans apparence cristalline. La grêle paraît prendre naissance quand les aiguilles de glace des cirrus tombent dans un cumulus, où elles trouvent des gouttelettes en surfusion à une température inférieure à zéro. Ces gouttelettes se congèlent brusquement au contact des aiguilles de glace et en augmentent le volume. On suppose que les grêlons restent en suspension dans l'air parce qu'ils sont soutenus par l'attraction qu'exercent sur eux les nuages électrisés au-dessous desquels ils se trouvent. Quand ces nuages disparaissent, la grêle tombe.

327. **Grésil.** — Quand les cristaux de glace des cirrus rencontrent dans les cumulus des gouttelettes en surfusion sans que les nuages soient électrisés d'une façon notable, il tombe des aiguilles de glace irrégulières et petites : elles constituent le *grésil*.

328. **Givre.** — Le givre est formé par des cristallisations de glace offrant l'apparence de feuilles de fougère, qui sont souvent suspendues en hiver aux branches des arbres et produisent l'effet le plus pittoresque. Le givre est produit, ou bien par la congélation d'un brouillard épais, qui se trouve au contact d'un corps refroidi au-dessous de zéro, ou bien par la solidification d'un brouillard en surfusion, solidification déterminée par le contact d'un corps solide.

329. **Verglas.** — Le verglas s'explique par la congélation de la pluie. Ou bien cette pluie, arrivant sur le sol maintenu au-dessous de zéro par des gelées prolongées, s'y congèle par suite du refroidissement qu'elle subit à son contact ; ou bien la pluie, traversant des couches d'air très froides, se refroidit au-dessous de zéro et se trouve en

surfusion jusqu'au moment où le choc contre le sol ou contre tout autre corps solide, la fait congeler.

330. Rosée. — On donne le nom de *rosée* à des gouttelettes d'eau qu'on trouve sur la plupart des corps exposés à l'air libre, *à la suite des nuits calmes et sereines.*

Un grand nombre d'hypothèses ont été faites pour en expliquer la formation. Les expériences du docteur Wells [1] confirmées plus tard par celles de Melloni, sont venues fixer l'opinion des physiciens sur cette question.

Wells, rapprochant le phénomène de la rosée du dépôt de vapeur condensée, qui se forme à la surface des objets refroidis au milieu d'une atmosphère humide, les carreaux de vitre, par exemple, démontra que la rosée ne se produisait sur un corps que lorsque celui-ci se refroidissait assez par *rayonnement* pour abaisser la température de l'air ambiant et l'amener à l'état de saturation ; qu'à partir de cet instant, si l'air continuait à se refroidir, la vapeur d'eau qu'il contenait se condensait en partie à l'état de rosée.

Pour démontrer ce fait, Wells fit un grand nombre d'expériences, parmi lesquelles nous indiquerons seulement la suivante. Pour montrer que les corps placés à la surface du sol se refroidissent par rayonnement beaucoup plus que l'atmosphère, il plaça des thermomètres sur l'herbe courte, et d'autres à un mètre au-dessus du sol ; ces derniers marquèrent une température supérieure de 4°, 5° et même 8° à celle qu'indiquaient les autres.

331. Circonstances qui influent sur le dépôt de rosée. — La théorie précédente permet d'expliquer toutes les circonstances qui influent sur le dépôt de rosée.

1° *Nature des corps.* — Nous verrons (571) que tous les corps, à égalité de température, n'ont pas le même *pouvoir émissif,* c'est-à-dire ne rayonnent pas une égale quantité de chaleur ; par suite, ils ne se refroidissent pas tous

---

[1] Wells, médecin et physicien, né à Charlestown en 1753, mort à Londres en 1817.

également, et la rosée doit se déposer inégalement sur eux ; c'est pour ce motif que les métaux, qui ont un faible pouvoir émissif, surtout lorsqu'ils sont polis, ne se recouvrent guère de rosée : que l'herbe, le bois, les tuiles, dont le pouvoir émissif est plus considérable, produisent une condensation plus abondante de la vapeur d'eau.

2° *Influence de l'exposition des corps.* — Quand un corps est abrité, qu'une partie du ciel lui est cachée, le dépôt de rosée à sa surface est faible ; car, s'il rayonne dans tous les sens, la chaleur qu'il envoie vers l'abri lui est renvoyée par celui-ci, et son refroidissement est moindre que s'il n'était pas abrité. Les murs, les édifices abritent les objets placés auprès d'eux ; aussi la rosée est-elle bien moins abondante dans les villes qu'en rase campagne.

3° *Influence de l'état du ciel.* — Quand le temps est couvert, les nuages jouent aussi le rôle d'abri par rapport aux corps situés sur le sol, et le dépôt de rosée est plus faible.

4° *Influence du vent.* — Si l'air est parfaitement calme, la même couche demeure toujours en contact avec le sol, et dépose seule la vapeur qu'elle contient : il en résulte que la rosée sera peu abondante. Si, au contraire, l'air est très agité, il en sera de même, parce que cette agitation facilite l'évaporation de la couche d'eau à mesure qu'elle prend naissance. Une faible agitation de l'air présente donc les conditions les plus favorables au dépôt de la rosée.

5° *Influence de la saison.* — Il est évident que la quantité de rosée déposée sera d'autant plus grande que la différence entre la température du jour et celle de la nuit sera plus considérable ; elle est plus abondante à l'automne et au printemps qu'en hiver et en été.

332. Givre ou gelée blanche. — L'origine de la gelée blanche est la même que celle de la rosée. La gelée blanche se produit, lorsque la température des corps, à la surface desquels s'est formée la rosée, est assez basse pour que celle-ci se congèle,

Les gelées tardives produites par le rayonnement pendant les nuits de printemps ont de funestes effets sur les végétaux ; un préjugé populaire attribue ces désastres à l'influence de la lune, et on l'appelle *lune rousse*, parce que les bourgeons et les feuilles roussissent lorsqu'elle brille, tandis que, si elle reste masquée par les nuages, on ne remarque aucune désorganisation dans les végétaux. Est-il besoin d'ajouter que la lune n'a aucune influence en pareil cas ? Si les plantes ne souffrent pas lorsqu'elle est cachée, cela tient uniquement à ce que les nuages diminuent les effets du rayonnement et, par suite, le refroidissement des végétaux.

333. Expériences simples. — Rappeler les faits qui démontrent la présence de la vapeur d'eau dans l'air.

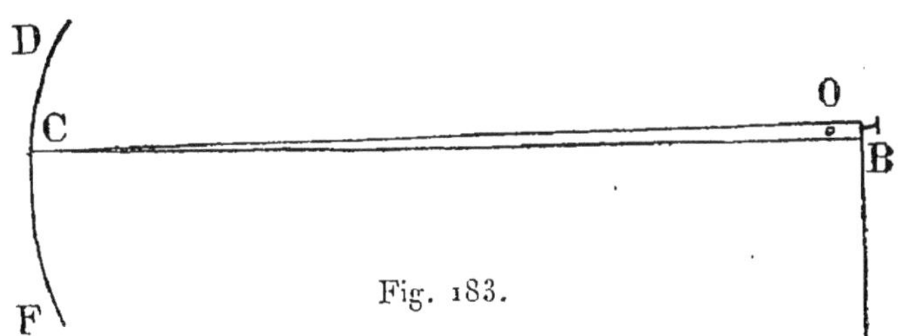

Fig. 183.

L'humidité agit sur certains corps : les portes et les fenêtres ferment mal en hiver ; une corde mouillée se raccourcit ; on colle une feuille de papier à dessin en la mouillant d'abord ; pour extraire les pierres meulières, on y enfonce des coins de bois qu'on arrose de temps en temps, etc.

Montrer les hygromètres que possède l'école et s'en servir pour déterminer l'état hygrométrique.

On pourra construire un hygromètre, ou plutôt un hygroscope, très simple, de la façon suivante :

Découper dans une feuille de papier à dessin une bande de papier AB (fig. 183) de 1 centimètre de largeur et de 30 à 40 centimètre de longueur ; on fixe en A, autour d'une pointe, la bande de papier qui est attachée en B, par une forte épingle, à une mince baguette de bois, de 50 centimètres de longueur, pouvant osciller autour d'une pointe O. La bande AB s'allongeant ou se raccourcissant, suivant l'état hygrométrique, il en résulte des déplacements considérablement amplifiés de la pointe C. Cet instrument pourra être gradué, par comparaison, sur l'arc DF que parcourt l'extrémité C. On peut diminuer le poids de la baguette en la remplaçant en partie par une longue paille.

Faire déterminer par les élèves, l'état hygrométrique au moyen du psychromètre, lorsque la température est supérieure à 0° et lorsqu'elle est inférieure à 0°.

Les diverses constatations auxquelles donne lieu l'observation des météores aqueux et, en général, de tous les phénomènes météorologiques, devront être faites non seulement au moment de la leçon, mais encore à tout moment et dans toutes les circonstances favorables : promenades, excursions, travaux horticoles, etc.

—

Observations météorologiques. Température. Pression atmosphérique, vent, pluie. Prévision du temps à courte échéance.

TEMPÉRATURE

334. Thermomètres employés pour l'observation des températures. — Les thermomètres qu'on emploie pour l'observation des températures sont : le thermomètre à mercure que nous avons déjà étudié, les thermomètres à *maxima* et à *minima* et le thermomètre *enregistreur*.

335. Thermomètres à maxima et à minima de Rutherford. — Il est important d'avoir un thermomètre, qui puisse indiquer le minimum et le maximum de la température en un lieu donné et dans un intervalle de temps connu, sans que l'observateur soit obligé de rester auprès de l'instrument et d'en suivre les indications pendant tout ce temps.

Rutherford a construit des thermomètres qui atteignent ce but.

Le thermomètre à maxima est un thermomètre à mercure ordinaire AB (fig. 184), gradué comme les autres, mais horizontal et contenant à l'intérieur de sa tige un index C, formé par un petit cylindre en fer. Quand la température s'élève, le petit index est poussé par le mercure. Quand elle s'abaisse, le mercure se contracte, et, comme il ne mouille pas le fer, il se retire sans entraîner le petit index qu'il abandonne à l'endroit où il a été poussé au moment du maximum.

Fig. 184. — Thermomètre à maxima de Rutherford.

Le thermomètre à minima est un thermomètre à alcool AB (fig. 185) contenant un petit index en émail C. Si la température croît, l'alcool glisse autour de l'index sans le déplacer ; si elle s'abaisse, l'alcool se contracte, et, dès que le sommet de la colonne atteint l'index, il l'entraîne avec lui pour le mener au point où correspond la température la plus basse et l'y laisser, lorsque le liquide se dilatera sous l'influence d'une nouvelle élévation de température.

Fig. 185. — Thermomètre à minima de Rutherford.

336. **Thermomètre à maxima de Negretti.** — Le thermomètre à maxima de Negretti est plus employé aujourd'hui que celui de Rutherford. Il ne diffère du thermomètre à mercure ordinaire qu'en ce que la tige présente, à l'endroit où elle est soudée au réservoir, un étranglement coudé (fig. 186). Comme ce thermomètre est disposé horizontalement quand la température s'élève,, le mercure, en se dilatant, passe aisément du réservoir

dans le tube ; mais, quand la température s'abaisse, le mercure ne peut rentrer dans le réservoir ; la température maximum est donc indiquée par la position de l'extrémité de la colonne mercurielle.

Pour permettre à l'instrument de servir à une nouvelle expérience, on le redresse et on le secoue légèrement pour faire rentrer le mercure dans le réservoir.

Pour les observations météorologiques, on installe généralement sur un même cadre, servant de support. le thermomètre à minima de Rutherford et le thermomètre à maxima de Negretti. On les dispose horizontalement et en sens inverse l'un de l'autre ; il en résulte qu'en redressant la planchette de manière que le réservoir du thermomètre à maxima soit en bas, pour y faire rentrer le mercure, comme il vient d'être expliqué, l'index du thermomètre à maxima vient en même temps se placer à l'extrémité de la colonne d'alcool.

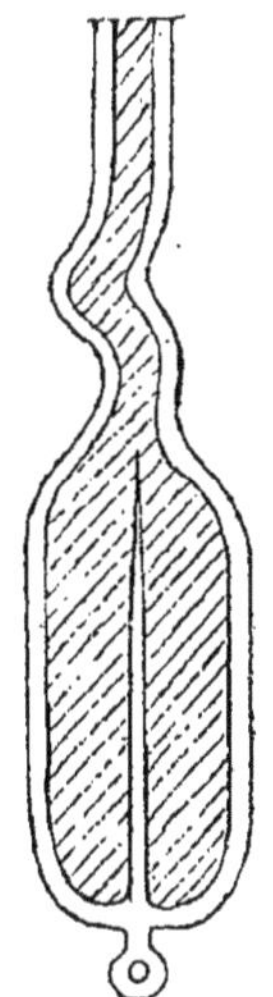

Fig. 186.

337. Thermométrographe de Six et Bellani. —

Le thermométrographe de Six et Bellani a sur les thermomètres précédents l'avantage d'indiquer à la fois le maximum et le minimum de la température. Il se compose d'un réservoir C (fig. 187) plein d'alcool. A ce réservoir est soudé un tube recourbé terminé lui-même par une ampoule A. La partie inférieure de l'instrument contient du mercure, qui est représenté en noir sur la figure : la partie supérieure des deux branches renferme de l'alcool qui est en contact avec le mercure. L'ampoule A renferme au-dessus de l'alcool une petite couche d'air : au-dessous du mercure dans chaque branche se trouve un petit index en émail, traversé d'une petite tige de fer.

Avant la mise en expérience, les index sont amenés par un aimant en contact avec le mercure. Lorsque la température baisse, l'alcool du réservoir se contracte, le mercure le suit et pousse l'index de gauche vers le réservoir ; lorsqu'elle s'élève, l'alcool se dilate, et, tandis que l'index de gauche reste où il a été amené, celui de droite est poussé vers A, de telle sorte que la graduation faite par comparaison avec un thermomètre à mercure indique le maximum sur la branche AB et le minimum sur la branche CB.

338. Thermomètre enregistreur de Richard. — Cet instrument se compose d'un tube légèrement courbé, à section elliptique, et rempli d'alcool, visible sur la droite de la figure 188. Ce tube est fixé à l'une de ses extrémités ; l'autre est reliée par une série de leviers à un stylet portant une plume chargée d'encre.

Quand la température s'élève, l'alcool, en se dilatant, diminue la courbure du tube, et le déplacement se communique, en s'amplifiant, au stylet dont la pointe s'élève ; l'inverse se produit quand la température s'abaisse. Un cylindre mû par un mouvement d'horlogerie, et sur lequel est appliquée une feuille de papier quadrillé, tourne d'un mouvement régulier, à raison d'un tour par semaine ; on comprend alors que l'inscription des températures se fait automatiquement. Les lignes horizontales de la feuille correspondent aux températures exprimées en degrés ; les lignes verticales indiquent les jours et les heures auxquels se rapportent ces températures.

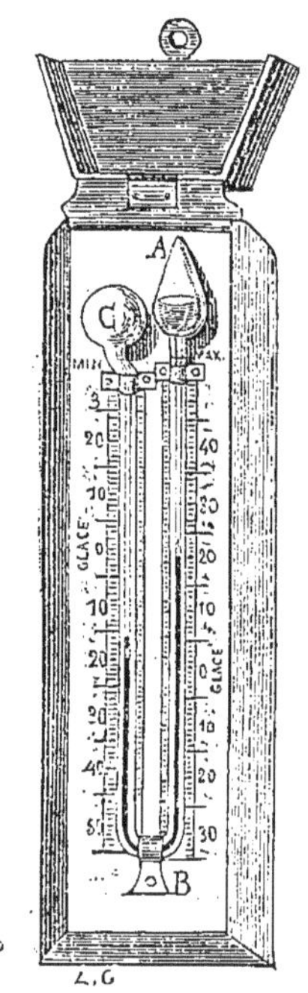

Fig. 187. — Thermomé-trographe de Six et Bellani.

339. Installation des thermomètres. — La température de l'air est un des éléments qui servent à caractériser le climat d'un pays et l'on peut dire qu'elle est le
plus important. Aussi doit-on apporter le plus grand soin
à la détermination de cet élément. Quoiqu'on soit arrivé
à faire des thermomètres d'une grande précision, il est
assez difficile de déterminer exactement la température de
l'air à un moment donné. Plusieurs causes contribuent à
cette difficulté : 1° la faible chaleur spécifique des gaz fait
que, pour une quantité donnée de chaleur, la température
du thermomètre variera moins que celle de l'air ; 2° les

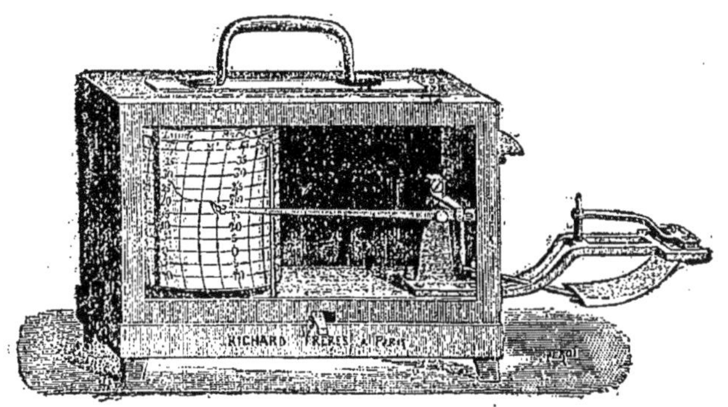

Fig 188. — Thermomètre enregistreur Richard.

rayons lumineux qui traversent l'air ne l'échauffent pas
autant qu'ils échauffent les corps opaques qui sont au
milieu de lui, parce que l'air est d'une grande transparence pour les rayons de chaleur lumineux : nous expri-
merons ce fait en disant que l'air a une grande diathermanéité ; 3° le thermomètre subit l'influence de la chaleur
que lui envoient les corps environnants. Il faut donc que
le thermomètre ne soit pas exposé directement à la
lumière du soleil, qu'il soit au nord, qu'il ne soit pas
trop près de corps pouvant s'échauffer et lui envoyer de
la chaleur, comme les murs par exemple.

En France et particulièrement à l'Observatoire de

Montsouris, les thermomètres sont placés (fig. 189) sous un toit à double paroi, d'un mètre carré d'étendue environ et légèrement incliné au-dessous de l'horizon du côté du sud. Deux plaques de tôles un peu écartées et des arbustes verts, disposés tout autour à l'exception du côté nord, servent à abriter les instruments et le sol lui-même des rayons du soleil. Dans un certain nombre d'observatoires étrangers, où l'on craint la violence des vents, on préfère entourer le thermomètre d'une cage ouverte par le bas et dont les parois latérales sont constituées par des lames de bois disposées en forme de persiennes.

340. **Variations de la température. Température moyenne du jour.** — La température d'un lieu donné subit pendant une journée des variations régulières qu'on désigne sous le nom de *variations diurnes*. Ces variations sont dues aux changements de distance du soleil à l'horizon. Les physiciens ont démontré que la quantité de chaleur, apportée sur une surface déterminée par un faisceau calorifique, dépendait de l'obliquité des rayons par rapport à cette surface ([1]). Plus le faisceau est oblique, plus la quantité de chaleur fournie est faible. Or, le soleil monte au-dessus de l'horizon depuis son lever jusqu'à midi ; à partir de ce moment, il redescend vers l'horizon. Jusqu'à midi, la quantité de chaleur fournie à une surface donnée en un temps donné va donc en croissant : à partir de midi, elle va en diminuant. Cependant le maximum de température n'a lieu que vers deux heures : cela tient à ce que la quantité de chaleur que la terre reçoit de midi à deux heures est supérieure à celle qu'elle rayonne. L'élévation de température doit donc continuer : ce n'est qu'après deux heures que la chaleur reçue est inférieure à la chaleur rayonnée : aussi n'est-ce qu'à partir de cette

---

([1]) En moyenne, le soleil verse chaque jour, à l'équateur, 700 petites calories par centimètre carré. Cette quantité diminue évidemment avec la latitude.

Fig. 189. — Abri des thermomètres de Montsouris.

heure que la température décroît. On expliquerait d'une manière analogue que le minimum de température n'a lieu qu'un peu après le lever du soleil. En effet, au moment du lever du soleil, la chaleur fournie par cet astre à la terre est moindre que celle que la terre rayonne. Il faut donc que la température continue à baisser jusqu'au moment où la quantité de chaleur fournie par le soleil, en un temps donné, est supérieure à celle que rayonne la terre pendant le même temps.

Pour avoir une idée générale de la marche de la température pendant vingt-quatre heures, il faut se débarrasser de l'influence des saisons et des variations accidentelles dues à diverses causes, comme le degré de pureté de l'atmosphère, la présence des nuages, la direction des vents, la pluie, etc. A cet effet, on prend pour chaque heure du jour la moyenne des températures observées à cette heure pendant un certain nombre d'années.

On a trouvé que le *minimum* moyen est à Paris de $7°,13$ et qu'il a lieu à quatre heures du matin : que le *maximum* moyen est de $14°,47$ et qu'il a lieu à deux heures de l'aprèsmidi. On voit donc que l'air s'échauffe pendant dix heures, de quatre heures du matin à deux heures de l'aprèsmidi, qu'il se refroidit au contraire pendant quatorze heures.

En prenant la moyenne des températures de toutes les heures, on trouve pour la moyenne de Paris $10°67$; et, en prenant la moyenne entre le maximum moyen et le minimum moyen, on trouve $10°,80$ qui diffère peu du nombre précédent. Enfin à $8^h,20$ du matin et à $8^h,20$ du soir, sa température moyenne est $10°,67$. c'est-à-dire la température moyenne de l'année, $10°,67$, ce qui semblerait indiquer qu'on pourrait, à la rigueur, pour obtenir cette moyenne se contenter d'observer une fois chaque jour, à $8^h,20$ du matin ou du soir. Mais ce serait une mauvaise méthode, parce qu'à cette heure les variations de la température sont très rapides et, si l'on observait un peu trop tôt ou un peu trop tard, on commettrait des erreurs notables. Pour avoir la température moyenne d'un jour, on peut prendre la moyenne des indications des thermomètres à maxima et à minima. Mais il est préférable d'observer le thermomètre à 4 heures et à 6 heures du matin, à 4 heures et à 6 heures du soir et de faire la moyenne des observations. Dans les écoles normales, on fait ordinairement trois observations par jour : à 6 heures du matin, à 1 heure et à 9 heures du soir.

L'amplitude de la variation diurne de la température est différente suivant les circonstances atmosphériques, les saisons et le pays. Quand le ciel est chargé de nuages, la variation diurne est plus faible, parce que ces nuages jouent par rapport à la terre le rôle d'écrans, qui arrêtent pendant le jour une partie des rayons solaires, et qui, pendant la nuit, protègent la terre contre le refroidissement. L'amplitude de la variation diurne change aussi avec les saisons. A Paris, par exemple, la différence entre les maxima et les minima diurnes est inférieure en moyenne à 10° ; cette différence s'abaisse à 5° en décembre, et monte, au contraire, à près de 14° en juillet. En effet, pendant l'été, le soleil est plus élevé au-dessus de l'horizon, et ses rayons sont moins obliques : il reste longtemps au-dessus de l'horizon. Pour cette double raison l'échauffement est considérable : le refroidissement pendant la nuit est au contraire favorisé par la sérénité des nuits.

La position du lieu considéré exerce aussi une grande influence sur la variation diurne : elle est plus faible sur le bord de la mer que dans l'intérieur des continents, parce que l'eau, vu sa grande chaleur spécifique et la propriété qu'elle a d'émettre et d'absorber peu de chaleur, est également difficile à échauffer et à refroidir : la mer sert donc de modérateur autour d'elle, au point de vue des variations de température.

Enfin la latitude n'a pas une influence moindre sur la variation diurne : plus la latitude est élevée, plus la différence, à une époque donnée, est grande entre la durée du jour et celle de la nuit ; plus, par conséquent, la variation diurne est considérable.

341. **Températures moyennes mensuelles et annuelles.** — Si l'on divise par le nombre de jours d'un mois la somme des températures moyennes de ce mois, on a la *température moyenne mensuelle*. — En divisant par 12 la somme des moyennes mensuelles, on a la *température moyenne annuelle*. Enfin, on désigne sous le nom de *température moyenne d'un lieu* la moyenne des moyennes annuelles pendant un grand nombre d'années.

En comparant les différentes moyennes mensuelles, on voit qu'elles varient, et ces variations constituent les saisons météorologiques. La variation, en un lieu donné, de la moyenne mensuelle est due à l'inégalité des jours et des nuits : quand les jours sont plus longs, la terre s'échauffe davantage, parce qu'elle reçoit pendant un temps plus long les rayons du soleil. Or, la durée maximum du jour a lieu au 21 juin, et la durée minimum au 21 décembre. Cependant on a observé que le minimum de température n'avait lieu que dans les premiers jours de janvier, et le maximum dans les premiers jours de juillet.

Cela s'explique par des raisons analogues à celles que nous avons exposées pour le maximum et le minimum d'un même jour. Après le 21 juin, la terre continue a s'échauffer, parce qu'elle rayonne moins de chaleur qu'elle n'en reçoit, et de même, après le 21 décembre, elle en rayonne plus que le soleil ne lui en envoie. Aussi, en météorologie, considère-t-on le mois le plus chaud, c'est-à-dire le mois de juillet, comme le milieu de l'été, qui comprendra juin, juillet, août ; le mois le plus froid, c'est-à-dire janvier, comme le milieu de l'hiver, qui comprendra décembre, janvier et février ; mars, avril et mai formeront le printemps ; septembre, octobre et novembre formeront l'automne.

Sous le climat de Paris, les températures moyennes

mensuelles sont sensiblement les suivantes :

Janvier	1°,8	Juillet	18°,1
Février	3, 2	Août.	17, 6
Mars.	5, 9	Septembre	14, 4
Avril	9, 4	Octobre	10, 2
Mai	12, 9	Novembre	5, 7
Juin	16, 2	Décembre	3, 1

342. Température moyenne d'un lieu. — Nous avons dit que la température moyenne d'un lieu était la moyenne des températures annuelles pendant un grand nombre d'années.

Cette température moyenne varie d'un lieu à l'autre sous l'influence de diverses causes. Les principales sont :

1° *La latitude.* — A mesure qu'on s'éloigne de l'équateur sur un même méridien, la température moyenne s'abaisse. Cela tient à ce que, sur ce même méridien, à mesure qu'on s'éloigne de l'équateur, l'inclinaison des rayons solaires sur l'horizon, à midi, va en diminuant.

2° *L'altitude du lieu.* — Quand, en un même lieu, on s'élève progressivement au-dessus du sol, on observe que la température s'abaisse. Ce fait est constaté facilement dans les ascensions aérostatiques. Il est facile de s'en rendre compte : 1° la chaleur du soleil est d'autant moins absorbée par l'air qu'il est plus sec : or l'air est plus sec aux altitudes élevées qu'aux altitudes basses ; 2° quand l'air s'échauffe, au contact du sol échauffé lui-même par le soleil, il devient moins dense et s'élève dans l'atmosphère. Mais, en s'élevant, il diminue de force élastique : il doit donc se refroidir, car on démontre qu'en raréfiant un gaz, on le refroidit.

3° *La direction moyenne des vents.* — Quand les vents, en un lieu donné, soufflent ordinairement des contrées septentrionales, la température est plus basse que si les vents y soufflaient des régions méridionales.

4° *Le voisinage des côtes.* — Dans le voisinage des côtes,

la température moyenne est, en général, plus élevée que dans l'intérieur des terres.

En chaque lieu, les précipitations atmosphériques : pluie, neige, rosée, etc., jouent le rôle de régulateur de la température. L'évaporation est surtout active dans les régions chaudes ; or cette évaporation exige une certaine quantité de chaleur qui est empruntée au milieu extérieur. Inversement, quand, par suite d'un refroidissement, la vapeur d'eau se condense sous la forme de pluie ou de rosée, elle abandonne une grande quantité de chaleur qui atténue ce refroidissement ; il en est de même de l'eau liquide passant à l'état de neige ou de glace. La vapeur d'eau de l'atmosphère constitue donc une réserve de chaleur, qui agit en sens inverse des variations de température et tend à les modérer.

343. **Lignes isothermes.** — Les lignes *isothermes* sont des lignes qu'on obtient en réunissant, par un trait continu à la surface du globe, les points qui ont la même température moyenne. Ces lignes sont assez irrégulières dans leur marche, par suite des circonstances multiples qui influent sur la température moyenne : on constate cependant qu'elles sont inclinées par rapport aux parallèles géographiques et qu'elles s'approchent de l'équateur en Asie et en Amérique, ce qui indique que ces deux parties du monde sont plus froides que l'Europe.

On a aussi tracé des lignes qui réunissent les points ayant la même température moyenne pour l'été : ce sont les lignes *isothères*, et des lignes qui réunissent les points de même température moyenne pour l'hiver : ce sont les lignes *isochimènes*.

En examinant les lignes isothermes, on peut constater l'influence des circonstances locales. Nous avons dit, par exemple, que le voisinage des mers élevait la température moyenne ; c'est pour cela qu'une ligne *isotherme*, celle de zéro, s'élève vers le pôle en traversant les mers, parce qu'il faut une latitude plus élevée pour produire la température zéro sur la mer que pour la produire sur le continent. Ajoutons que, la température variant avec l'altitude, on a dû tenir compte de l'altitude dans la construction des lignes isothermes, afin que ces lignes indiquassent mieux l'influence de la latitude et des autres causes.

344. Températures à différentes profondeurs dans le sol. — Les variations de la température de l'air ne se transmettent dans le sol qu'à une profondeur assez faible : à 1 mètre de profondeur, la variation diurne est inférieure à $0°,01$. La variation d'une saison à l'autre est faible aussi : mais il se présente ici un phénomène assez curieux. Vu la mauvaise conductibilité du sol, les variations de la température de l'air atmosphérique mettent un temps considérable pour se transmettre dans le sol, si bien qu'à une certaine profondeur, à 10 mètres pour Paris, le maximum a lieu en hiver et le minimum en été.

Il y a, à une certaine profondeur, une couche où les variations de la température de l'air ne se font plus sentir. La température y est constante. Cette couche s'appelle la couche *invariable*. Il y a dans les caves de l'Observatoire de Paris ($27^m,60$ de profondeur) un thermomètre, très sensible, qui y a été installé en 1783 : ce thermomètre n'a pas varié depuis cette époque et marque $11°,82$, température un peu plus élevée que la température moyenne de Paris.

A partir de cette couche invariable, la température va en croissant à mesure qu'on s'enfonce dans le sol. A Paris, la température moyenne est de $11°,25$ à 1 mètre sous le sol ; elle de $12°,44$ à 36 mètres, ce qui représente un accroissement de $1°$ pour $29^m,4$. La loi de cet accroissement varie avec le pays et la nature du sol ; mais on peut admettre une élévation de température de $1°$ pour 30 mètres. Cette élévation s'explique par l'hypothèse du feu central. Les géologues admettent que le centre de la terre est à une température excessivement élevée, température à laquelle toutes les roches, même les plus réfractaires, sont à l'état liquide.

345. Température des sources et des rivières. — La température des sources est excessivement variable. La température des unes n'est que de 10 à 12°, tandis que celle des sources thermales peut aller au-dessus de 40°. En Islande, dans la Nouvelle-Zélande et en Californie, l'eau sort même de la terre à la température de l'ébullition. Ces températures élevées s'expliquent par l'accroissement de température qu'on observe en s'enfonçant dans le sol, et elles nous indiquent que les sources thermales partent de couches situées à une grande profondeur.

Quant à la température des rivières, elle est, en général, plus élevée que celle de l'air pendant l'hiver, et plus basse pendant l'été. De plus, elle ne subit pas de variations aussi grandes que celles de l'air : ceci s'explique par le mouvement de l'eau et par la grande chaleur spécifique de ce liquide.

Dans les étangs et dans les lacs profonds, la température des couches profondes est constante et égale à 4° : cette invariabilité s'explique par le phénomène du maximum de densité de l'eau, que nous avons étudié.

346. Température de la mer. — Nous avons déjà dit qu'à la surface la température de la mer varie moins que celle de l'air. Elle s'élève moins, parce que : 1° les rayons solaires pénétrant à de grandes profondeurs, la chaleur qu'ils apportent se répartit entre des masses plus considérables que sur le sol, dans lequel ils ne pénètrent guère ; 2° la chaleur spécifique de l'eau est considérable ; 3° les couches superficielles sont constamment agitées, et mélangées par conséquent à celles qui sont au-dessous. Pour les mêmes raisons, le refroidissement est plus lent. À ces causes s'ajoute ce fait que les parties refroidies, devenant plus denses, descendent et sont remplacées par des couches plus chaudes. En pleine mer, les variations diurnes ne dépassent pas 1° à 2° dans la zone torride et 2° à 3° dans les zones tempérées. Le *minimum* a lieu vers le lever du soleil, comme sur les continents, mais le *maximum* a lieu vers midi, au lieu de deux heures. En général, la température de la mer s'abaisse, quand on s'éloigne de l'équateur. Entre les tropiques, elle ne dépasse pas 30°, d'après de Humboldt, et ne descend guère au-dessous de 20 à 25°, et elle est sensiblement constante jusqu'au 27ᵉ degré de latitude. Dans les mers polaires, cette température est rarement supérieure à zéro, même pendant l'été. Vers le 50ᵉ degré, la mer gèle un peu sur les côtes, mais ce n'est guère que vers le 58ᵉ degré de latitude qu'on trouve des glaces fixes.

La température de la mer varie avec la profondeur ; on la mesure à l'aide de thermomètres spéciaux qui conservent, lorsqu'on les ramène à la surface, l'indication de la température de la couche la plus profonde qu'ils ont atteinte.

Dans les mers en communication directe avec les mers polaires, la température de l'eau est d'environ 4° à 1 000 mètres de profondeur. Dans les mers fermées, il en est autrement ; ainsi, dans la Méditerranée, la température de la surface varie avec les saisons : mais, à partir de 200 mètres et jusqu'au fond, la température est constante et égale à 13°.

La température des mers ne dépend pas seulement de l'action solaire, mais aussi des courants marins, des hauts-fonds et du voisinage de certaines côtes.

347. Climats. Climats marins, modérés, continentaux. — Nous avons dit que, suivant les circonstances locales, la variation de la température atteignait des valeurs différentes d'une saison à l'autre ; que dans le voisinage des mers, cette variation est moins grande que dans l'intérieur des terres.

C'est en partant de ce fait qu'on a été conduit à admettre trois espèces de climats :

1° Les *climats marins* ou *réguliers*, qui sont ceux des régions où la température ne subit d'une saison à l'autre que des écarts faibles ;

2° Les *climats continentaux* ou *excessifs*, qui sont ceux où, comme dans le centre des continents, la température subit des écarts considérables ;

3° Les *climats modérés*, qui tiennent le milieu entre les climats marins et les climats continentaux.

Le tableau suivant permet de préciser cette idée : on y voit les températures moyennes de janvier et de juillet dans différents pays.

Climat marin ou régulier

	Janvier	Juillet		Janvier	Juillet
Iles Feroë . . .	3°,1	10°,7	San-Francisco . .	9°,6	13°,8
— du Cap-Vert . .	23, 6	26, 5	Batavia	25, 4	26, 0
Cayenne . . .	26, 1	25, 8	Iles Fidji . . .	26, 4	25, 3

Climat modéré

	Janvier	Juillet		Janvier	Juillet
Paris	1°,8	18°,1	Terre-Neuve . .	-4°,8	13°,4
Rome	6, 9	25, 9	Yokohama . .	4, 4	23, 5
Le Caire . . .	11, 6	28, 6	Buenos-Ayres .	24, 2	9, 8

Climat continental ou excessif

	Janvier	Juillet		Janvier	Juillet
Madrid	4°,5	25°,2	Pékin	- 4°,6	26°,1
Vienne	-1, 7	20, 6	Moscou . . .	-11, 7	19, 7
New-York . . .	-2, 2	23, 9	Iakoutsk . . .	-43, 0	16, 7

Pour l'hémisphère austral, c'est en janvier qu'a lieu la température la plus élevée et en juillet la température la plus basse. Le contraire a lieu dans l'hémisphère boréal.

348. Influence des conditions climatologiques sur la faune, la flore et les cultures d'un pays. — Il existe une relation intime entre les conditions climatologiques d'un pays, d'une part, la *faune* (ensemble des animaux qu'on y trouve) et la *flore* (ensemble des végétaux qui s'y développent), d'autre part.

L'influence des conditions climatologiques se fait sentir davantage sur la flore que sur la faune, parce que les animaux ont une faculté de migration qui s'exerce parfois dans des limites fort étendues : la plupart d'entre eux peuvent, par le choix de leurs refuges, se garantir momentanément contre des circonstances défavorables. Au contraire, la plante vit attachée au sol et subit, sans pouvoir s'y soustraire, toutes les conditions physiques, dans lesquelles son existence est astreinte à se dérouler.

De toutes les circonstances qui peuvent influer sur la flore, la plus importante est la température. « La végétation de chaque espèce, dit M. Ch. Martins, correspond à une section déterminée de l'échelle thermométrique. Le mélèze, le bouleau nain supportent des froids de 40°, tandis que beaucoup de palmiers, d'orchidées tropicales et de fougères arborescentes succombent, lorsque le thermomètre marque encore 10° au-dessus de zéro. Il est des plantes, qui vivent couchées sur le sable des déserts de l'Afrique, dont la température atteint souvent 60° et même 80°, tandis que les plantes alpines ou boréales se flétrissent, si le thermomètre se maintient pendant quelques jours à 10° au-dessus de zéro ».

Les radiations calorifiques n'interviennent pas seules : il faut aussi tenir compte de l'influence de la lumière solaire. C'est pour cela que dans les régions polaires, la présence constante du soleil au-dessus de l'horizon supplée à la chaleur de l'été.

Les brouillards contrarient beaucoup la végétation, tant par le refroidissement qu'ils amènent que par l'affaiblissement qu'ils font subir aux radiations lumineuses.

On a divisé le globe en zônes de végétation.

Désignation des zones	Limites des zones	
	en latitude	en altitude
1° *Zone équatoriale*. Palmiers. Bananiers.	o à 15	0^m
2° — *Tropicale*. Fougères arborescentes. Figuiers	15 à 23	600
3° — *Subtropicale*. Myrtes. Lauriers.	23 à 34	1 200
4° — *Tempérée chaude*. Arbres verts dicotylédonés	34 à 45	1 900
5° — *Température froide*. Arbres dicotylédonés à feuilles caduques. Grandes prairies . .	45 à 58	2 500
6° — *Subarctique*. Tourbières. Forêts de sapins. Bouleaux . . .	58 à 66	3 000
7° — *Arctique*. Rhododendrons. Premières forêts	66 à 78	3 700
8° — *Polaire*. Plantes alpestres . .	Au delà de 78	4 300

On comprend facilement que les relations, qui existent entre les conditions climatologiques et la flore d'un pays, doivent exister entre celle-ci et l'agriculture.

L'étude des animaux terrestres nous conduirait à des résultats analogues à ceux que nous fournit l'examen du monde végétal. Les zoologistes ont coutume de distinguer à la surface du globe des provinces *malacologiques*, délimies par la condition que, dans chacune d'elles, la moitié au moins des espèces appartient en propre à la province. On est ainsi arrivé à reconnaître l'existence de vingt-sept provinces distinctes. Celle qui comprend la France embrasse aussi la Grande-Bretagne, la Scandinavie, la Russie et l'Allemagne. On lui a donné le nom de province *germanique*. Toutes les péninsules méditerranéennes et le littoral africain forment par leur réunion la province *lusitanienne*.

PRESSION ATMOSPHÉRIQUE

349. Instruments qui servent à mesurer la pression atmosphérique. — On mesure généralement la pression atmosphérique au moyen du baromètre de Fortin que nous avons étudié (107) ; on se sert aussi du baromètre enregistreur de Richard (109).

Rappelons que la hauteur barométrique lue sur le baromètre Fortin doit subir quelques corrections :

1° Une correction fixe spéciale à chaque instrument et inscrite sur la cuvette. Cette correction de capillarité doit être ajoutée à chaque observation.

2° Une correction de température donnée par des tables dressées spécialement à cet effet ; cette correction, destinée à ramener la hauteur barométrique à 0°, doit être retranchée du nombre résultant de l'observation, si la température est supérieure à 0° ; elle doit y être ajoutée si celle-ci est inférieure à 0°.

3° Une correction d'altitude qu'on peut évaluer à 1 millimètre de mercure par 10 mètres d'élévation au-dessus du niveau de la mer, lorsqu'il s'agit de faibles altitudes.

4° Une correction due à la latitude qui fait varier l'intensité de la pesanteur ; aussi convient-on de ramener toutes les observations barométriques à la latitude de 45°, afin de rendre comparables entre eux les nombres fournis par chaque station.

Pour les observations faites dans les écoles normales, on ne tient compte que des deux premières corrections, en ayant soin cependant d'indiquer l'altitude de la cuvette du baromètre.

350. — **Variations diurnes et annuelles.** — La pression atmosphérique éprouve des variations qui sont intimement liées à la direction des vents. Parmi ces variations, certaines sont *régulières et périodiques* ; c'est ainsi que, dans les régions tropicales, chaque jour la hauteur barométrique atteint son maximum vers dix heures du matin et dix heures du soir, son minimum vers quatre heures du matin et vers quatre heures du soir. Dans nos climats, pendant l'été et par un temps calme, on observe les mêmes variations ; mais le plus souvent, dans nos régions, ces variations régulières sont plus ou moins masquées par des variations *accidentelles*.

On ne connaît pas encore l'explication complète de ces variations diurnes : mais la cause principale est la variation diurne de la température, car la variation barométrique est d'autant plus accusée que la variation thermométrique est plus grande.

Indépendamment de ces variations diurnes, la hauteur barométrique moyenne varie avec la saison. Si l'on prend la moyenne des mois de janvier, février, mars, etc., pendant plusieurs années consécutives, on trouve que cette moyenne diminue généralement de l'hiver à l'été et augmente ensuite jusqu'à l'hiver.

351. **Lignes isobares.** — La pression barométrique dépend de l'altitude à laquelle elle est observée, et les physiciens peuvent, à l'aide d'une formule donnée par Laplace, ramener la hauteur barométrique, observée à une altitude h, à ce que serait cette hauteur, si elle était observée au niveau de la mer, c'est-à-dire à une altitude zéro. Cela posé, supposons qu'on relève à un moment donné la pression barométrique en un certain nombre de points du globe, qu'on la ramène à l'altitude zéro, et qu'on relie sur une carte géographique les points ayant la

même pression, on obtiendra ainsi des courbes d'égale
pression, qu'on appelle *lignes isobares*. La figure 190 représente les lignes isobares du 7 janvier 1906.

La construction des lignes isobares est faite chaque jour

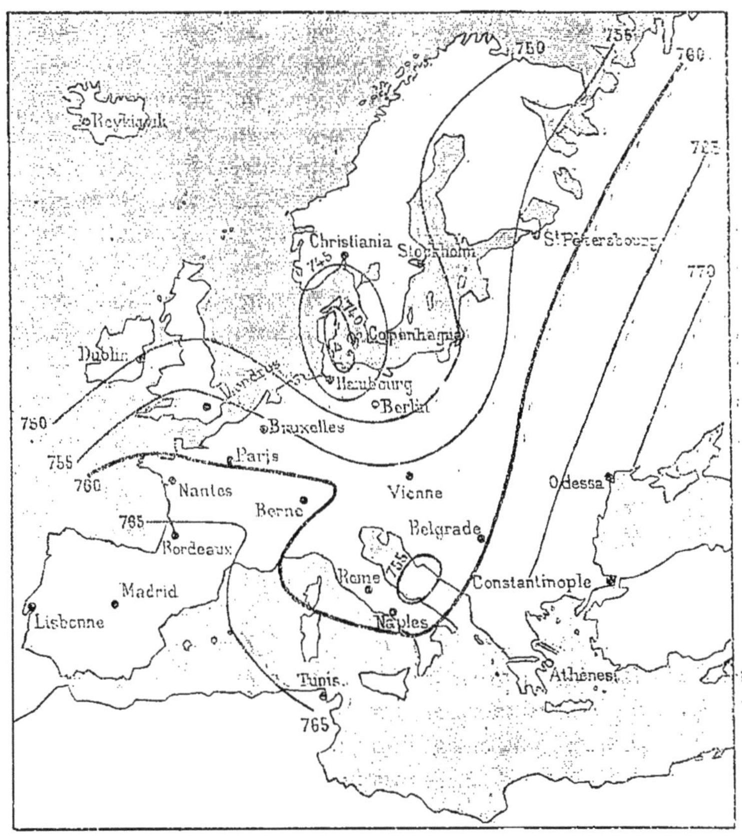

Fig. 190. — Lignes isobares du 7 janvier 1906.

à Paris au bureau central météorologique, qui est relié
télégraphiquement à un certain nombre de stations météorologiques situées à la surface du globe. Ces courbes
sont parfois fermées et s'enveloppent l'une l'autre.

Si, au lieu de relever les points qui ont, à un moment

donné, la même pression, on relie ceux qui ont eu la même pression moyenne pendant un mois, on a les lignes *isobares mensuelles*. L'observation des lignes isobares mensuelles montre que la pression est plus grande sur les régions froides et plus faible sur les régions chaudes. Ce résultat est facile à expliquer, puisque la densité de l'air diminue, quand la température s'élève. C'est ainsi que près de l'équateur, il y a une zone, où la pression est toujours plus faible qu'à des latitudes plus élevées. On a aussi constaté que, sur le plateau central de l'Asie, au mois de janvier, la pression s'élève jusqu'à 778 millimètres, tandis qu'en juillet elle descend au-dessous de 750 millimètres.

L'observation des lignes isobares mensuelles montre que, pendant l'été, il existe sur l'Océan un maximum de pression dans le voisinage des Açores, tandis que, sur les continents, la pression est beaucoup plus basse, en Amérique, en Afrique et en Espagne.

VENTS

352. Des vents. — Il y a une relation intime entre les variations de la pression atmosphérique d'un point à l'autre du globe et la direction des vents.

Pour qu'une masse gazeuse soit en équilibre, il faut que tous les points d'un même plan horizontal supportent la même pression; cette condition est rarement réalisée dans l'atmosphère et les inégalités de pression qui s'y produisent sont la cause des vents.

Le soleil ayant son maximum d'action à l'équateur, il y a aussi en cette région un maximum d'échauffement; par suite, l'air plus léger s'élève et détermine un appel d'air venant des régions plus froides. Il y a donc à l'équateur un courant ascendant d'air chaud et, partout ailleurs, des courants horizontaux d'air froid se dirigeant des pôles à l'équateur. Telle serait la distribution des courants atmosphériques, si certaines causes ne venaient détruire cette régularité. Au nombre de ces causes, nous citerons l'existence des continents, la formation des nuages et la valeur de l'état hygrométrique.

Sous l'action du soleil, les continents s'échauffent beaucoup plus que les mers ; par suite, le maximum d'échauffement que nous avons supposé à l'équateur se produit plutôt là où dominent les continents. On conçoit en outre qu'il peut y avoir, non pas un seul, mais plusieurs centres d'échauffement, ou plusieurs *centres de basse pression*.

La présence des nuages qui interceptent les rayons solaires peut déterminer au contraire la formation de *centres de haute pression* par rapport aux régions voisines.

Les courants atmosphériques peuvent encore provenir de la différence d'état hygrométrique entre l'air de deux régions voisines : l'air humide étant plus léger que l'air sec, il y a appel d'air de la région plus sèche vers la région plus humide.

Ces diverses causes s'opposent donc à la régularité d'un courant équatorial unique, tel que nous l'avons supposé d'abord et, s'il existe des vents qu'on peut qualifier de réguliers, il faut dire que, d'une façon normale, l'atmosphère n'est jamais en équilibre, que des courants y naissent continuellement en produisant des vents dont la direction est variable.

D'ailleurs, par suite du mouvement de rotation de la terre, auquel participe l'atmosphère tout entière, l'air, au lieu de converger directement vers un centre de basse pression, suit des courbes complexes, des espèces de spirales, qui dans notre hémisphère tournent de l'est à l'ouest en passant par le sud, mouvement inverse de celui des aiguilles d'une montre. Dans l'hémisphère sud, le mouvement vers le centre de basse pression aura lieu dans le sens des aiguilles d'une montre.

Pour déterminer la direction des vents, on se sert de *girouettes* ; leur vitesse se mesure à l'aide d'*anémomètres*, sortes de moulinets à ailettes que le vent fait tourner ; on déduit la vitesse du nombre de tours faits, en un temps donné, par l'anémomètre. Notons qu'à la vitesse de 5 à 6 mètres par seconde, le vent est faible ; une vitesse de 20 mètres correspond à un vent fort ; de 25 à 30 mètres, le vent souffle en tempête : au-delà de 50 mètres, c'est un ouragan. Dans les observatoires et les journaux scientifiques ou autres, publiant un bulletin météorologique, la force du vent est généralement indiquée par un coefficient numérique variant de 0, vitesse nulle, à 6 (1, vent faible ; 2, modéré ; 3, assez fort ; 4, fort : 5, très fort : 6, tempête, vent violent). Quelques publications emploient aussi une notation variant de 0 à 9.

On distingue les vents *réguliers*, comme les *alizés*, les *moussons*, les *brises* et les *vents irréguliers*.

353. Vents alizés. — Les vents *alizés* sont des vents qui suivent une direction à peu près constante dans les parages qui avoisinent les tropiques. Dans les régions voisines de l'équateur règne une température très élevée qui détermine l'ascension des couches inférieures de l'atmosphère ; de là résulte une sorte d'appel de l'air qui vient des régions plus froides ; ce vent, au lieu d'avoir la direction nord-sud qu'il prendrait si la terre était immobile, prend, pour les régions de l'hémisphère boréal, une direction nord-est. Il en résulte des vents constants de nord-est sur les côtes du Maroc et au Cap Vert ; des vents d'est sous le tropique du Cancer, entre l'Afrique et l'Amérique ; dans la mer des Antilles, des vents de sud-est. Dans l'Atlantique Sud, les alizés soufflent du sud-est, sur les côtes orientales de l'Afrique méridionale ; de l'est, sous le tropique du Capricorne, et du nord-est, sur les côtes du Brésil.

Pour la même raison, des courants supérieurs d'air échauffé doivent se diriger de l'équateur vers les pôles ; on leur donne le nom de *contre-alizés* et ces vents, pour nos régions, ont la direction sud-ouest. Ils sont très importants à considérer, car, ayant traversé presque entièrement l'Océan Atlantique et rencontré sur leur trajet le courant du Gulf-Stream, ils nous arrivent tièdes et chargés de vapeur d'eau; c'est à eux que nous devons le climat tempéré, dépourvu de variations extrêmes, mais un peu humide, dont nous jouissons.

354. Vents périodiques. Brises. — Sur les côtes, lorsque le temps est calme, on ne sent aucun mouvement dans l'air jusqu'à huit ou neuf heures du matin; mais alors il s'élève peu à peu une brise venant de la mer : c'est la *brise de mer*. En effet, la terre s'échauffant plus vite que les eaux de la mer sous l'influence du soleil levant, l'air qui se trouve au-dessus d'elle s'échauffe aussi plus vite que celui qui est en contact avec la mer, et le courant aérien inférieur doit s'établir de la mer vers la terre. Le soir, le phénomène inverse a lieu, parce que le refroidissement de la terre est plus rapide que celui des eaux de la mer : alors souffle la *brise de terre*.

355. Moussons. — On appelle *moussons* des vents périodiques, qui règnent pendant six mois dans un sens et pendant les six autres mois en sens contraire. On les observe dans la mer des Indes, le golfe du Bengale, la mer de Chine, le golfe du Mexique. Dans notre hémisphère, la mousson du printemps commence au mois d'avril, c'est-à-dire à l'époque où la température moyenne de la terre ferme devient plus élevée que celle de la mer : aussi la mousson du printemps est-elle un vent de mer. Au mois d'octobre, commence la mousson d'automne, qui souffle de la terre, tant que la température du sol décroît plus vite que celle de la mer. Dans l'hémisphère austral, où les saisons sont inverses des nôtres, les moussons sont aussi inverses.

356. Vents irréguliers. — On appelle vents *irréguliers* des vents dûs à des variations irrégulières de la température et de la pression.

357. Bourrasques. Leur marche. Rotation du vent. — Nous avons vu (350) que la pression atmosphérique subissait des variations irrégulières; ces variations peuvent atteindre 40 millimètres. Si, au moment d'une dépression barométrique, on porte sur une carte les hauteurs du baromètre réduites à l'altitude zéro, et qu'on mène les lignes isobares, on constate le plus souvent que ces isobares affectent la forme de courbes fermées, s'enveloppant les unes les autres. Au centre, se trouvent les points où la pression est la plus basse : elle va en croissant à mesure qu'on s'éloigne du centre. Un ensemble de courbes isobares recouvre souvent une étendue considérable : son diamètre est rarement inférieur à 1 000 kilomètres, et atteint souvent une valeur deux et trois fois plus grande.

Si l'on considérait la masse d'air enveloppée par un régime de courbes isobares, et qu'on regardât la densité de cette masse d'air comme sensiblement constante, on pourrait supposer qu'en chaque point de la surface du sol est superposée une couche d'air d'une hauteur proportionnelle à la pression en ce point ; au centre du système de lignes isobares, la colonne d'air serait la plus petite ; à la périphérie, elle serait la plus grande. La masse d'air enveloppée par un système de lignes serait alors comparable à un immense entonnoir : cette masse constitue ce qu'on appelle une *bourrasque*. On a constaté que, dans notre hémisphère, ces *bourrasques* étaient animées d'un mouvement de gyration sur elles-mêmes, que ce mouvement avait lieu dans le sens inverse de celui des aiguilles d'une montre. Ce mouvement est la cause, pour les points que touche la bourrasque, d'un vent plus ou moins violent. Ce vent tourne dans le sens de gyration de la bourrasque : c'est ce phénomène qu'on désigne sous le nom de *rotation du vent*.

Cette rotation s'explique aisément. Soit C (fig. 191) le centre de dépression et M une molécule d'air appartenant à une couche isobare ; de M, la molécule tend à se précipiter vers C, suivant la flèche *f* ; mais le point M est en outre animé d'un mouvement de rotation suivant les flèches F et F' ; par suite de ces deux mouvements, la molécule se dirige suivant f' et l'on voit que le vent produit semble tourner autour du centre de dépression.

La constance du sens de la rotation du vent autour d'un centre de dépression conduit à la loi suivante qui établit une relation entre la direction du vent et la position du centre de dépression. Pour l'hémisphère nord, elle s'énonce ainsi : *Tournez le dos au vent, étendez le bras gauche : il sera sensiblement dans la direction du centre de dépression.* Cette loi est très importante : elle permet aux

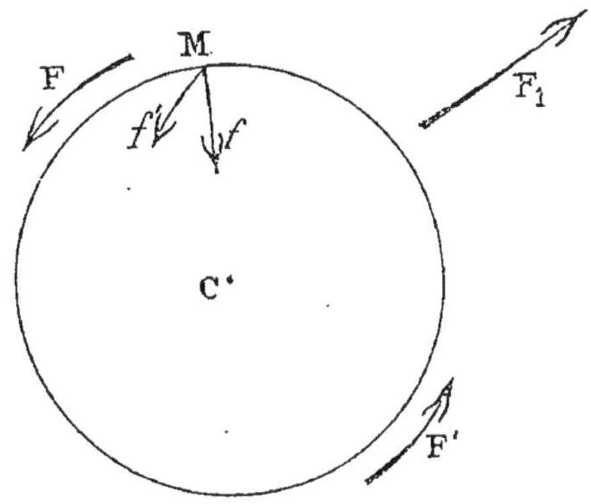

Fig. 191.

marins isolés au milieu de l'Océan de déterminer avec une grande approximation la direction dans laquelle se trouvent les centres de dépression, points où les vents sont particulièrement dangereux. Ils peuvent alors manœuvrer de manière à s'en éloigner.

Les bourrasques ont un mouvement de translation plus ou moins rapide. Il ne faut pas confondre la vitesse de ce mouvement de translation avec la vitesse de rotation de la bourrasque : aux Antilles, par exemple, les bourrasques ont en général une course assez lente ; cependant elles sont souvent accompagnées de vents extrêmement violents, tandis que des vents faibles sont souvent observés dans des bourrasques qui se transportent avec une grande vitesse. La direction de translation d'une bourrasque est la ligne que suit son centre à la surface du sol.

358. Cyclones, tornades et trombes. — Dans les régions tropicales, aux Antilles, dans la mer des Indes, au Japon, à la Nouvelle-Calédonie, on observe des dépressions barométriques très grandes, mais très limitées en surface. Le phénomène se trouve circonscrit dans une courbe dont le diamètre ne dépasse pas cinq ou six cents kilomètres. Au centre, le baromètre peut descendre au-dessous de 700 millimètres et rester à 750 à la périphérie. Aux Antilles et aux Indes, elles sont désignées sous le nom de *cyclones*, dans la mer de Chine sous le nom de *typhons*.

Dans un cyclone de l'hémisphère nord, le vent tourne, comme dans les bourrasques, en sens inverse des aiguilles d'une montre ; dans l'hémisphère sud, c'est le contraire. Dans un cyclone, la violence du vent est extrême ; il déracine les arbres, renverse les maisons, etc. Le passage d'un cyclone est ordinairement accompagné de pluies torrentielles.

Au Sénégal, il se produit des tempêtes violentes qu'on désigne sous le nom de *tornades*. Elles présentent tous les caractères des cyclones, mais leur étendue est moins considérable.

On appelle *trombe* un phénomène, qu'on observe souvent en mer et quelquefois sur terre et qui consiste en ce qu'à un moment donné un nuage très foncé et très bas s'allonge par la partie inférieure, et forme une espèce de cône, dont la base est en haut et la pointe se rapproche de la terre. Dans ce cône, il se produit un mouvement de rotation rapide, qui paraît être dans le même sens que celui des bourrasques et des cyclones, et en même temps une espèce d'aspiration de bas en haut ; ce mouvement d'aspiration, quand il a lieu sur mer, soulève l'eau en un autre cône dont la pointe est en haut et va rejoindre celle de la trombe.

La trombe est accompagnée d'un vent très violent qui

renverse tout sur son passage et soulève les débris qu'il a faits. Une trombe, en passant sur un étang, peut le vider complètement : elle peut soulever les eaux des petites rivières et en interrompre momentanément le cours. Sur terre, les trombes sont plus dangereuses que sur mer.

PLUIE

359. Mesure de la pluie tombée. — On appelle quantité de pluie qui tombe en un lieu la hauteur de la couche d'eau qui resterait sur le sol, supposé horizontal, s'il n'y avait ni évaporation, ni absorption par le sol. Elle se mesure en millimètres ou en centimètres.

La quantité d'eau, qui tombe en un lieu donné pendant un temps déterminé, se mesure à l'aide d'appareils appelés *udomètres*, ou encore *pluviomè- tres*. C'est ainsi qu'on a reconnu que, si l'eau ne s'infiltrait pas dans le sol, la pluie pourrait constituer au bout d'un an une couche épaisse, à Paris de 60 cent., à Bordeaux de 89 cent., à Rouen de 99 cent., à Toulouse de 64 cent., à Nantes de 135 centimètres.

Un pluviomètre est simplement un vase en fer-blanc ouvert à sa partie supérieure (fig. 192). Pour éviter que l'eau tombée dans le vase s'évapore, depuis l'instant où elle arrive jusqu'à

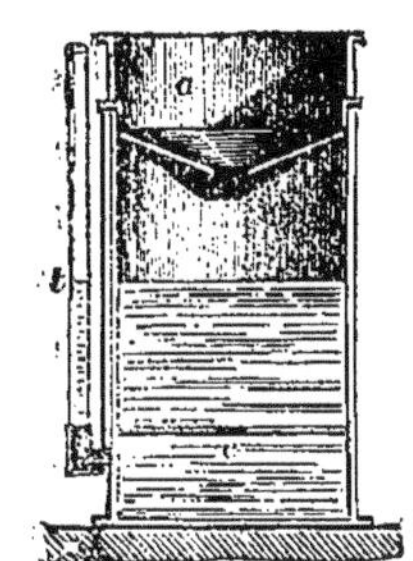

Fig. 192. — Pluvio- mètre.

celui où l'on observera l'épaisseur de la couche qu'elle y forme, l'appareil porte un entonnoir qui reçoit la pluie, la laisse pénétrer dans le vase par un trou étroit, et l'empêche une fois entrée, de se dissiper en vapeur. Les pluviomètres doivent être installés à 1^m,50 du sol dans un endroit bien découvert.

360. Répartition des pluies. — La détermination des quantités de pluie, qui tombent annuellement et pendant les différentes saisons, est un des points les plus importants de la climatologie, puisque ces quantités d'eau peuvent avoir une grande influence sur la température moyenne d'une région donnée. Nous avons vu comment on faisait cette détermination à l'aide des pluviomètres. La quantité d'eau qui tombe annuellement en un lieu donné varie avec les années, avec le pays, avec l'altitude.

La quantité de pluie est d'autant plus grande que l'altitude est plus élevée : l'accroissement, toutes choses égales d'ailleurs, est environ d'un centième pour 40 mètres d'élévation.

On remarque en Europe que les régions situées au sud et au sud-ouest des montagnes sont en général pluvieuses Cela s'explique facilement. Ces vents arrivent devant les montagnes, chargés de vapeur d'eau qu'ils ont prise sur la mer. Les montagnes s'opposent à la continuation de leur marche : les couches d'air qu'ils apportent sont donc obligées de s'élever. Arrivées à de plus hautes altitudes, elles se refroidissent, et leur vapeur se condense sous forme de pluie. Bergen, placé au pied des Alpes Scandinaves, est le point de l'Europe où il pleut le plus.

Les pays voisins de la mer sont, pour la même raison, des régions pluvieuses : le relief des côtes force à s'élever les vents humides qui viennent de la mer. De là un refroidissement qui produit la pluie. Ces vents donnent d'abord beaucoup de pluie : puis la quantité va en diminuant pour croître de nouveau, lorsqu'ils rencontrent des régions montagneuses. Ainsi en marchant du sud-ouest au nord-est, les quantités annuelles de pluie sont : La Rochelle, 656^{mm},3 ; Tours, 565,5 ; Paris, 568,5 ; Auxerre, 627,2 ; Laon, 669,1 ; Metz, 719,6 ; Manheim, 571,8 ; Berlin 522,7.

Les côtes de la Méditerranée sont dans une situation exceptionnelle : les vents du sud-ouest, avant d'y parvenir, ont déposé leur eau à la rencontre des montagnes d'Espagne, des Pyrénées, des Alpes. Ils sont d'ailleurs détournés par les vents chauds et secs venant d'Afrique. C'est pour cela qu'en général le vent du sud ne donne que peu de pluie sur les côtes de la Méditerranée. Il est bien entendu qu'il n'y a pas là de règle générale et que des circonstances locales peuvent exercer une influence considérable.

Pour des causes que nous n'examinerons pas, certaines régions sont soumises à des pluies périodiques. Il y a le long de l'équateur une zone, où il pleut d'une manière presque continue. Au-dessus de cette zone s'en trouve une autre, où il y a six mois de pluies et six mois de temps sec. Ces saisons de pluie et de temps sec alternent d'un côté à l'autre de l'équateur.

Pour donner une idée de la répartition des pluies à la surface du globe, nous indiquons, dans le tableau suivant, les hauteurs moyennes de pluie recueillies par an dans quelques régions caractéristiques.

Paris	568^{mm},5	La Havane . . .	1 934^{mm}
Brest	904	Bintengorg (Java) .	3 751
Madrid . . .	650	Calcutta	1 724
St-Pétersbourg .	419	Mahalabuleshwar .	6 450

Cette dernière station est dans les Indes à 1 300 mètres d'altitude, sur le versant occidental des Ghattes.

PRÉVISION DU TEMPS A COURTE ÉCHÉANCE

361. **Importance de la prévision du temps.** — Pour l'agriculture, pour la navigation et même dans les circonstances ordinaires de la vie, il serait très important de connaître à l'avance les phénomènes atmosphériques qui doivent survenir : malheureusement, ces phénomènes dépendent de tant de conditions variables et sont soumis à des perturbations si imprévues qu'il est très difficile d'arriver à une solution satisfaisante du problème.

Sans entrer dans de longs détails à ce sujet, nous dirons que déterminer la probabilité du temps pour une région, revient à prévoir la direction du vent qui se produira sur cette région : car, dans nos climats, par exemple, les vents du sud-ouest, venant de l'Océan, amèneront des couches d'air chaud et humide, qui, par leur refroidissement, pourront produire la pluie ; les vents du nord-est apporteront des masses d'air froid, qui auront parcouru de vastes continents, seront sèches, et pourront nous donner le beau temps.

362. Pronostics utilisés pour la prévision. — Les indications de la girouette pour la direction du vent, du baromètre à cadran ou du baromètre métallique ne peuvent donner qu'une idée assez vague du temps probable ; il faut noter pourtant que des vents de l'est ou du nord-est, coïncidant avec une élévation progressive de la hauteur barométrique, sont l'indice d'une atmosphère peu chargée d'humidité et, par suite, de beau temps ; au contraire, des vents du sud ou du sud-ouest soufflant, en même temps que la colonne mercurielle descend régulièrement, annoncent un temps couvert ou pluvieux à bref délai. Une dépression brusque du mercure est l'indice certain d'une perturbation prochaine, particulièrement d'une tempête.

Des pronostics, sujets à erreurs, sont aussi tirés de l'influence ressentie par plusieurs animaux ou même par certains végétaux, par suite de l'état atmosphérique. Quant aux prédictions des almanachs, il est inutile de s'y arrêter.

363. Organisation du service météorologique international. — On comprend que les phénomènes météorologiques s'étendant en général à des régions très vastes, c'est en résumant et en coordonnant les observations faites en de nombreux points qu'on peut tirer des inductions intéressantes. C'est à l'astronome français Leverrier qu'on doit les bases scientifiques de la prévision du temps ; il proposa, en 1854, la création d'un réseau télégraphique international, afin, disait-il, « de signaler un ouragan dès qu'il apparaîtra dans un coin de l'Europe, de le suivre dans sa marche au moyen du télégraphe et d'informer en temps utile les côtes et les contrées qu'il pourra visiter. »

Depuis un certain nombre d'années, les différentes nations ont installé chez elles des *bureaux météorologiques*, qui échangent chaque jour des dépêches télégraphiques, donnant la pression atmosphérique, la direction, la force du vent, la température, etc., qui règnent au bureau expéditeur. Chaque bureau, en construisant chaque jour le régime des lignes isobares, peut alors se rendre compte de l'état atmosphérique général, de l'existence des bourrasques. En comparant les cartes des jours successifs, il peut aussi se rendre compte du déplacement des bourrasques, de leur vitesse, et prévoir jusqu'à un certain point où ces bourrasques passeront. De ces indications, le météorologiste peut déduire des probabilités sur le temps qui règnera en tel ou tel point du globe.

Chaque station importante adresse le résultat des observations journalières à une station centrale, qui établit une carte météorologique pour la journée ; cette carte est envoyée aux principaux observatoires. En France, le Bureau central météorologique est chargé de ce service et, sur l'ensemble des communications qu'il reçoit chaque matin, il établit les prévisions pour le lendemain. Des dépêches *maritimes*, adressées aux ports et aux sémaphores, indiquent la direction et la force probable du vent, ainsi que l'état de la mer sur les côtes de France et d'Algérie. En outre la France a été divisée en huit régions naturelles, pour chacune desquelles on établit des dépêches *agricoles* relatant les variations de la température, l'état du ciel et la pluie. En 1904, les prévisions du Bureau central se sont réalisées 91 fois sur 100.

En France et dans les colonies en 1904, 170 stations transmettaient trois fois par jour, le résumé de leurs observations au Bureau central météorologique et 37 envoyaient seulement des résumés mensuels.

Chaque soir, un bulletin spécial est établi, résumant l'état général du temps en Europe et sur l'Atlantique du Nord ainsi que les remarques intéressantes spéciales à certaines régions. Chaque année, les observations de tous les postes sont centralisées, résumées, coordonnées en tableaux et en cartes qui constituent des documents très importants pour l'étude des phénomènes de la météorologie.

364. Expériences simples. — Les élèves seront exercés au maniement et à l'observation des divers instruments utilisés en météorologie. Un roulement devra être établi parmi les élèves, tant pour les observations proprement dites que pour la transcription des résultats sur les tableaux spéciaux.

365. Observation importante. — *On pourra compléter cette leçon par l'examen des cartes publiées par le Bulletin mensuel du Bureau central météorologique : cartes des principales dépressions, diagrammes résumant les observations de diverses stations relativement à la hauteur barométrique, aux températures maxima et minima, à la direction et à la force du vent, à l'état hygrométrique et à la quantité de pluie tombée, enfin à l'état du ciel. Comparer, s'il est possible, les résultats observés à ceux de la station locale.*

Se procurer, s'il est possible, des télégrammes expédiés par le Bureau central météorologique, et en faire saisir la signification et l'intérêt.

ACOUSTIQUE

CHAPITRE PREMIER

Production, propagation et réflexion du son.

PRODUCTION ET PROPAGATION DU SON

366. Acoustique. — On appelle *Acoustique* la partie de la physique qui s'occupe de l'étude des sons, de leur cause, de leur propagation et des conditions dans lesquelles ils se produisent.

367. Vibrations des corps sonores. — Quand un corps rend un son, ses molécules exécutent, de part et d'autre de leur position d'équilibre, de petits mouvements de va-et-vient qu'on désigne sous le nom de *vibrations*. Les expériences suivantes vont nous en démontrer l'existence.

368. Vibrations des corps solides. — Lorsqu'on serre une verge métallique AB (fig. 193), par une de ses extrémités B, entre les mâchoires d'un étau E, et qu'on l'écarte de sa position d'équilibre AB, on la voit exécuter des mouvements de va-et-vient de part et d'autre de AB. Lorsque la verge est assez courte, ses vibrations sont accompagnées d'un son, qui cesse dès qu'elle revient au repos.

Quand une cloche résonne, si l'on approche une pointe fine de sa paroi, on entend très distinctement une série de chocs, qui attestent l'existence du mouvement vibratoire. On peut donner à l'expérience une autre forme, en suspendant au sommet et à l'intérieur d'une cloche A (fig. 194) un fil qui soutient une balle de liège B : faisons rendre un son à la cloche, en la frappant avec une clef, par exemple ; la balle est d'abord repoussée par la paroi, puis retombe sur elle pour être lancée de nouveau. Cette oscillation de la balle dure tant que la cloche résonne. Si l'on arrête le mouvement vibratoire de la cloche, en la touchant

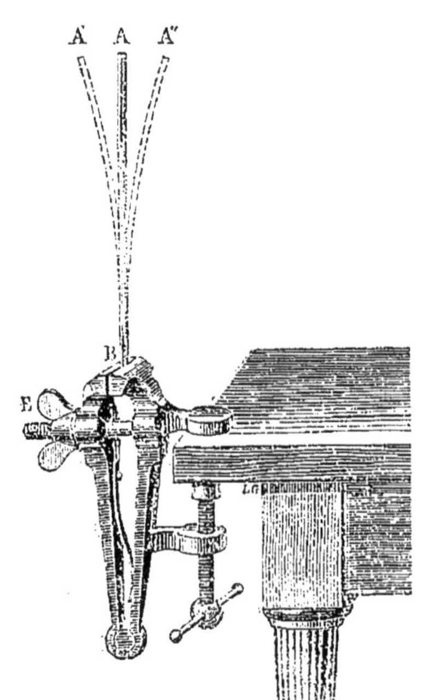
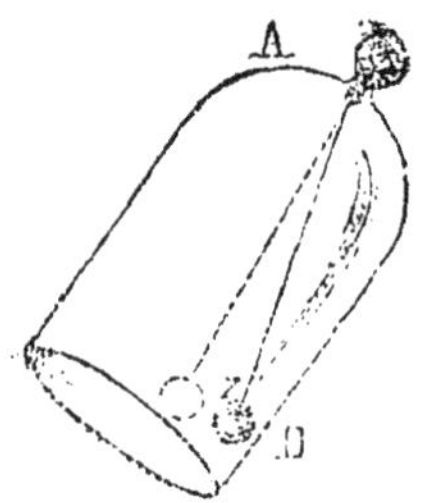

Fig. 193 et 194. — Vibrations des corps solides.

avec la main, le son cesse aussitôt et la balle revient au repos.

Passons une tige de bois entre les deux branches d'un diapason, c'est-à-dire d'une lame d'acier recourbée, comme on le voit en BC (fig. 195) ; si cette tige a un diamètre plus grand que l'intervalle qui sépare la partie supérieure des deux branches, elles vont s'écarter de leur position d'équilibre et, lorsque la tige aura passé entre elles, elles exécuteront de part et d'autre de cette position des vibrations qui produiront un son. Approchons alors de l'une des branches du diapason, pendant qu'il *parle*, une bille d'ivoire D suspendue à un fil AD. Dès que la bille touche le diapason, elle est lancée par lui jusqu'en E, et revient le toucher pour être lancée de nouveau.

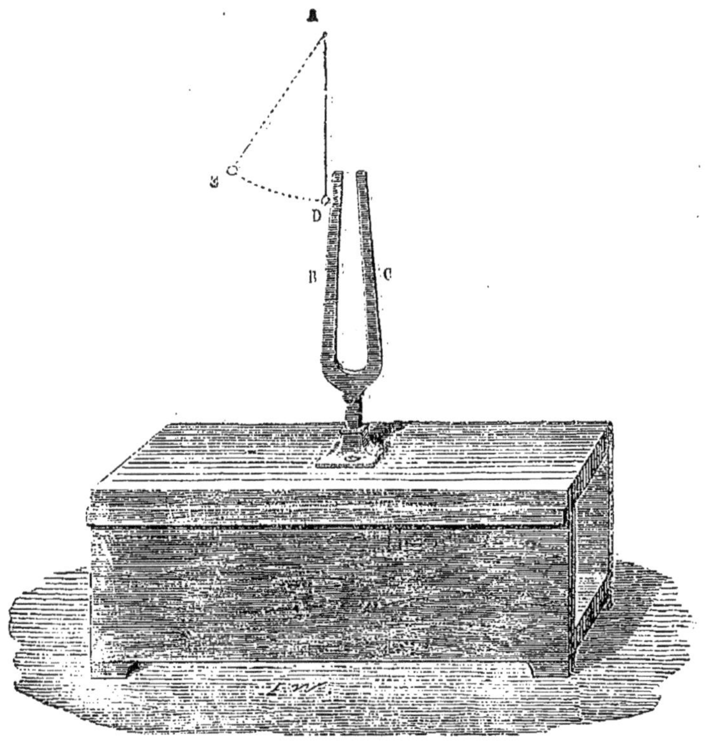

Fig. 195. — Vibrations des corps.

369. Vibrations des corps gazeux. — Dans les instruments à vent, c'est la colonne gazeuse qu'ils renferment qui est le corps sonore, et ce sont les vibrations de cette masse gazeuse qui produisent le son. Pour le démontrer, on prend un tuyau appelé en physique *tuyau sonore* : ce tuyau est en verre ; on le monte sur une souf-

fleric et on lance un courant d'air dans ce tuyau. Un son
se produit et si, pendant que le tuyau *parle*, on descend à
son intérieur, en la soutenant par un fil, une membrane
tendue (fig. 196) sur un anneau en bois, à la surface de
laquelle on a déposé du sable, on voit, à travers la paroi
de verre, le sable sautiller sur la membrane. On explique
ce fait en admettant que la colonne d'air est en vibration,
que son mouvement vibratoire se transmet à la membrane

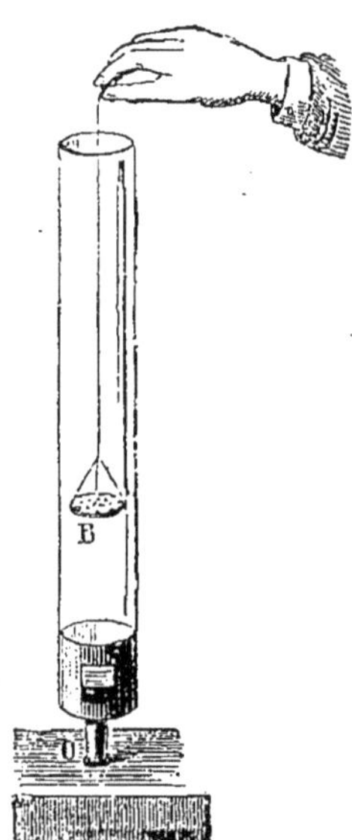

Fig. 196. — Vibrations
des corps gazeux.

et que les grains de sable se trouvent repoussés par cette membrane,
comme tout à l'heure la balle de
liège l'était par la paroi de la cloche
en vibration.

On pourrait à la rigueur se demander si le mouvement du sable
ne pourrait pas être attribué au choc
du courant d'air qui traverse le
tuyau. On se convaincra que cette
explication serait erronée, en promenant la membrane dans la longueur
du tuyau : on constatera alors qu'en
certaines régions, que les physiciens
appellent des *nœuds*, le sable reste
immobile, parce que dans ces régions l'air n'est pas en vibration.

Le mouvement vibratoire de l'air
se transmet au loin. Ainsi, l'on entend à une distance plus ou moins
grande les sons d'un instrument de cuivre: lorsqu'on
parle assez fort devant un piano (surtout si l'on a éloigné
les étouffoirs), certaines cordes entrent en vibration ; de
même, si l'on parle devant un tambour sur la peau duquel repose un pendule léger, celui-ci prend un mouvement oscillatoire qui lui est communiqué par la membrane tendue; l'expression *crier à faire trembler les vitres*
n'est pas une expression simplement figurée : elle correspond à un fait matériel facile à constater. Dans tous les

cas que nous signalons, le mouvement vibratoire ne peut être propagé que par l'air.

370. **Vibrations des corps liquides.** — On est parvenu à faire parler des tuyaux sonores plongés dans un liquide, en y injectant un courant de ce même liquide, dont les vibrations produisaient le son rendu par le tuyau.

371. **Le son ne se propage pas dans le vide.** — Les mouvements vibratoires, que nous venons d'étudier, ont besoin, pour produire une impression sur l'organe de l'ouïe, de se transmettre jusqu'à lui par une suite non interrompue de milieux pondérables. Dans le cas contraire, les vibrations des corps ne produisent pas de son. On le démontre par l'expérience suivante.

On dispose sur le plateau de la machine pneumatique une sonnerie à timbre, mue par un mouvement d'horlogerie et reposant sur un coussinet en ouate ; on la couvre avec la cloche de la machine, puis on fait le vide. A mesure que la raréfaction de l'air augmente, le son s'affaiblit, quoiqu'on voie toujours le marteau frapper le timbre ; quand la pression n'est plus que de quelques millimètres, le son est tout à fait éteint, mais il renaît dès qu'on laisse rentrer l'air sous la cloche. Le coussinet en ouate a pour but d'amortir les vibrations de la sonnerie, qui se transmettraient au dehors par la platine de la machine.

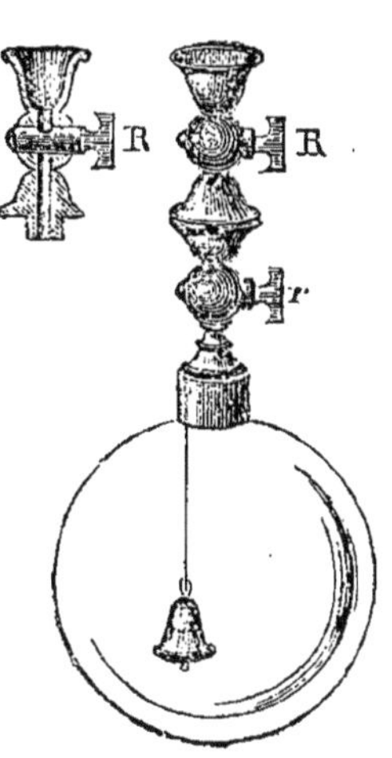

Fig. 197. — Le son ne se propage pas dans le vide.

On peut aussi se servir, pour vérifier le même principe, d'un ballon à robinet (fig. 197), dans lequel se trouve suspendue une clochette. On visse ce ballon sur la machine pneumatique et l'on y fait le vide. On ferme le robinet *r* et, après avoir dévissé le ballon, on agite la clochette.

Aucun son ne parvient à l'oreille, quoiqu'on voie la boule de la clochette frapper la paroi de celle-ci. On laisse rentrer un peu d'air en ouvrant le robinet, puis on le referme : le son de la clochette parvient alors à l'oreille.

Cet appareil permet aussi de démontrer que le son se transmet à travers les vapeurs. Il suffit, pour cela, de visser sur la tubulure du ballon un robinet R, dit *robinet à cuiller* ; c'est un robinet ordinaire percé d'une cavité hémisphérique.

L'entonnoir étant rempli du liquide qu'on veut vaporiser, on tourne la cavité hémisphérique vers le haut. Elle se remplit de liquide, puis on tourne le robinet de 180°, ce qui permet de laisser tomber dans le ballon le liquide qui remplit la cavité. On recommence plusieurs fois l'expérience et l'on constate qu'à mesure que le liquide, en se vaporisant, remplit le ballon d'un milieu élastique, le son de la clochette se transmet de mieux en mieux au dehors.

372. Propagation du son à travers les solides. — L'expérience suivante prouve la transmission du son par l'intermédiaire des corps solides. Si l'on place l'oreille à l'extrémité d'une longue poutre et qu'une personne gratte avec l'ongle l'autre extrémité, on peut entendre distinctement le son produit. Ce son est cependant assez faible et n'est perçu que si l'oreille est placée près de la partie grattée.

On sait que les décharges lointaines d'artillerie sont parfaitement entendues au loin, si l'on place l'oreille contre le sol, même dans les cas où le son n'arrive pas à celui qui écoute en se tenant debout.

Le mineur, en creusant sa galerie, entend les coups du mineur qui vient à sa rencontre, et juge ainsi de sa direction.

373. Propagation du son à travers les liquides. — Les liquides transmettent aussi le son : lorsque deux plongeurs sont au milieu de l'eau, l'un d'eux perçoit parfaitement le bruit de deux cailloux choqués par l'autre.

Pour prouver avec quelle facilité se fait cette transmission du son à travers les liquides, on place un vase V (fig. 198) plein de mercure sur une caisse sonore B, qui peut renforcer le son d'un diapason A. On fait vibrer le diapason et on lui fait toucher la surface du mercure. Aussitôt la caisse sonore, ébranlée comme elle l'eût été si l'on avait posé directement le diapason sur elle, renforce le son produit par ce dernier.

374. **Propagation d'un ébranlement à la surface d'une masse liquide.** — Le son se propage à travers les milieux pondérables (solides, liquides ou gazeux) par

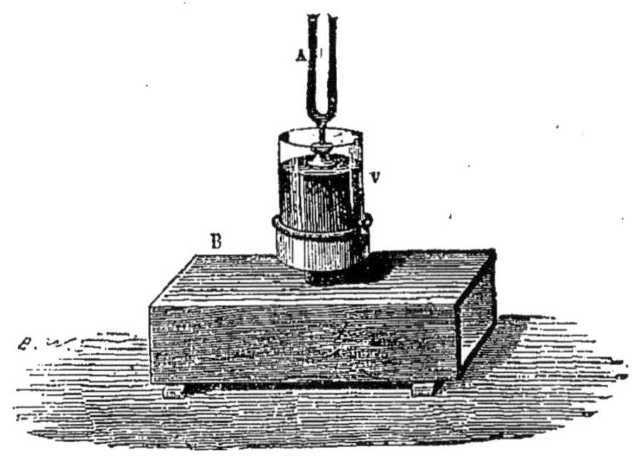

Fig. 198.

la mise en vibration des couches interposées entre le point de départ et le point d'arrivée du son. Il y a une très grande analogie entre ce mode de propagation et celui de la propagation d'un ébranlement à la surface d'une masse liquide. Étudions d'abord ce dernier phénomène.

Lançons une pierre au milieu d'une nappe d'eau tranquille, un étang, par exemple. Dès que la pierre s'est enfoncée dans le liquide, nous voyons des lignes circulaires, appelées *ondes*, ayant pour centre le point touché par la pierre, se produire à la surface de l'eau. Elles sont formées par des espèces de bourrelets circulaires, qui semblent courir les uns après les autres ; chaque bourrelet est séparé du suivant par un sillon circulaire. Si, à un moment donné, un bourrelet s'est formé en un point déterminé, pendant l'instant qui suit, ce bourrelet est remplacé par un sillon auquel succède bientôt un bourrelet, et ainsi de suite, de telle sorte que ces bourrelets et ces sillons semblent courir les uns après les autres. Ce phénomène est facile à expliquer. La pierre a déprimé le liquide, qui ensuite est revenu à sa position d'équilibre et l'a même dépassée : puis le liquide s'est déprimé de nouveau, et ainsi de suite ; cet ébranlement, cette vibration du liquide se sont propagés et chaque point du liquide est lui-même en vibration, la surface se soulevant et se déprimant alternativement. Pour se rendre compte de l'exactitude de cette explication, il suffit de jeter à la surface de l'eau un corps léger, un brin de paille par exemple. On le verra successivement s'élever et s'abaisser en suivant le mouvement du liquide, mais il restera toujours au même point : ce qui prouve que les ondes liquides, qui constituent de véritables vagues, ne se déplacent pas. L'apparence de déplacement que nous constatons provient de ce qu'en un point déterminé se succèdent, à des intervalles très rapprochés, des soulèvements et des abaissements, des bourrelets et des sillons circulaires.

375. **Mode de propagation du son.** — La propagation du son à travers les milieux pondérables se fait, d'une manière tout à fait analogue, sous l'influence du corps sonore qui est en vibration. Pour nous en rendre compte, supposons ce corps sonore réduit à une sphère éprouvant périodiquement des dilatations et des contractions ; ce qui revient à dire que sa surface serait en vibration. Quand le corps sphérique se dilate, il repousse l'air autour de lui et le comprime. Pendant une dilatation, la compression se propage jusqu'à une certaine distance, et le volume d'air, compris entre la surface du corps et la surface sphérique décrite avec un rayon égal à cette distance, prend une force élastique supérieure à la pression atmosphé-

rique. Il réagit alors sur l'air environnant, et la compression se propage de proche en proche. C'est ce qu'on appelle une demi-onde *condensée*. Quand le corps sphérique se contracte, c'est l'inverse qui se produit : pendant le temps qu'il met à se contracter, l'air le suit, se dilate et sa force élastique diminue. La dilatation se propage comme tout à l'heure se propageait la compression. On a alors une demi-onde *dilatée*. Nous voyons donc que, par suite de ces compressions et de ces dilatations successives, une couche sphérique d'air va se trouver animée de vitesses tantôt dirigées du centre vers la surface, tantôt de la surface vers le centre : ce qui revient à dire que l'air lui-même est en vibration.

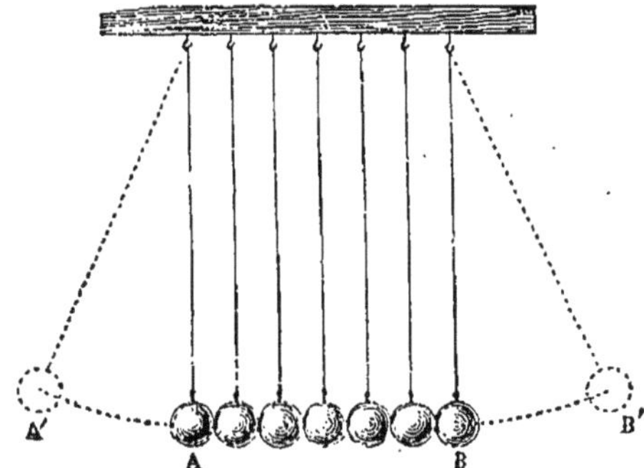

Fig. 199.

L'expérience suivante permet de se rendre compte du mode de propagation du son.

Sept boules d'ivoire (fig. 199) sont suspendues à une traverse en bois par des fils de même longueur et se touchent entre elles. Si l'on éloigne l'une d'elles A de la verticale et qu'on l'abandonne à elle-même, lorsqu'elle sera arrivée en A', elle viendra frapper la seconde, et l'on verra la dernière boule B lancée en B', les autres restant en repos. Voici ce qui a eu lieu : la seconde bille s'est comprimée par le choc de A, puis, revenant à son volume primitif, a réagi sur la suivante qui, après s'être aussi comprimée, a exercé sa réaction sur la quatrième, et ainsi de suite jusqu'à B, qui, poussée par le retour de l'avant-dernière boule à ses dimensions premières, s'est avancée jusqu'en B'.

Le phénomène des *battements* confirme le mode de propagation du son par ondulations. Il est évident que si, en un point et au même instant, arrivent une demi-onde condensée et une demi-onde dilatée provenant de deux sources différentes, le point restera en repos et aucun des sons n'y sera entendu. Au contraire, si les deux ondes sont de même sens, elles se renforcent l'une l'autre. Les ondes sonores provenant de sources diverses peuvent donc être en concordance ou en discordance plus ou moins complète ; il en résulte des affaiblissements ou des renforcements par rapport à chacun des sons considéré isolément ; c'est ce qui constitue le phénomène des battements.

Supposons deux violons accordés ; en faisant vibrer leurs quatrièmes cordes, on a une impression unique : si l'on modifie légèrement la tension de l'une d'elles, les battements apparaissent. On distingue aussi des battements en frappant simultanément deux notes graves d'un piano, telle que $do_0\text{-}ré_0$, $do_0\text{-}mi_0$, $do_0\text{-}sol_0$. Les cloches en offrent aussi de fréquents exemples, parce que leurs diverses parties ne vibrent pas simultanément.

376. **Lois générales de la propagation du son dans l'air.** 1° *La propagation du son n'est pas instantanée.* — Lorsque nous voyons un bûcheron abattre du bois à une distance un peu considérable, nous reconnaissons immédiatement que le bruit de chaque coup de hache met un temps sensible pour arriver à notre oreille ; de même encore, lorsque nous observons de loin l'explosion d'une pièce de canon, nous apercevons la lumière avant d'entendre le bruit.

De même encore, il s'écoule toujours un intervalle de temps plus ou moins long entre l'instant où nous voyons l'éclair et celui où nous entendons le bruit du tonnerre, intervalle qui peut servir à calculer la distance à laquelle se trouvent les nuages orageux. Plus il est grand, plus ces nuages sont éloignés.

2° *Tous les sons se propagent également vite.* — Quand on entend à quelque distance les sons d'une musique militaire, on constate facilement que, quelle que soit la distance, l'harmonie n'est pas troublée : les sons graves des basses ou des contrebasses arrivent à l'oreille de l'observateur en même temps que les sons aigus de la flûte ou du cornet à pistons.

Il en est de même des diverses parties vocales d'un chœur.

3° *Le mouvement de propagation du son est uniforme.* — Les premières expériences faites pour mesurer la vitesse du son dans l'air furent exécutées en 1738 aux environs de Paris entre Montmartre et Montlhéry, par quelques membres de l'Académie des sciences. Elles établirent que le mouvement de propagation est uniforme, c'est-à-dire qu'en temps égaux le son parcourt des espaces égaux.

Pour démontrer ce premier fait, il suffit de placer à des *distances égales* différents observateurs munis de chronomètres. A l'une des extrémités de la série on tire un coup de canon : le son produit par la détonation de la poudre se propage, et chaque observateur note l'instant auquel lui arrive l'impression sonore. On constate alors que le son met le même temps pour parcourir la distance qui sépare chaque observateur du suivant.

Il résulte de là que la vitesse du son dans l'air doit être définie par la distance que le son parcourt dans ce milieu pendant l'unité de temps.

377. Mesure de la vitesse de propagation du son dans l'air. — La détermination de cette vitesse repose sur la remarque suivante : lorsqu'à une petite distance nous voyons se produire un phénomène lumineux, celui qui accompagne la détonation d'une arme à feu, par exemple, nous pouvons, vu la vitesse considérable de la lumière (300 000 kilomètres par seconde), regarder l'instant de la perception de ce phénomène par notre œil comme coïncidant avec celui où il a été produit. Si le phénomène lumineux est accompagné d'un son, nous devons considérer l'intervalle, qui sépare l'instant de la sensation lumineuse de celui où le son arrive à l'oreille, comme sensiblement égal à celui que le son a mis pour arriver jusqu'à nous : si nous connaissons d'ailleurs la distance exprimée en mètres, qui nous sépare du lieu où a été produit le son, en divisant cette distance par le temps observé exprimé en secondes, nous aurons l'espace parcouru en une seconde et, par suite, la vitesse du son.

C'est sur ce principe que s'appuyèrent plusieurs savants dans les expériences qu'ils firent en 1822 pour déterminer la vitesse du son dans l'air. Ces observateurs se divisèrent en deux groupes, dont l'un se plaça sur les hauteurs de Villejuif, l'autre à côté de la tour de Montlhéry, stations distantes de 18 613 mètres. A une heure fixée d'avance, le feu était mis à une pièce de canon sur les hauteurs de Villejuif : les observateurs de Montlhéry notaient, à l'aide de chronomètres, l'instant où ils apercevaient l'inflammation de la poudre, puis notaient l'instant où le son parvenait à leur oreille. Au bout de cinq minutes, un coup de canon était tiré à Montlhéry, et les observateurs de Villejuif faisaient à leur tour les mêmes déterminations. La moyenne des temps observés fut de $54^s,6$ à $16°$, température de l'expérience. La vitesse de propagation étant uniforme, il est évident que le son parcourait $18613^m : 54,6$ ou $340^m,9$ à la température de $16°$. En général on prend le nombre 331 mètres pour la vitesse du son à $0°$.

378. **Influence de la température et du vent.** — La température influe sur la vitesse de propagation du son ; quand elle s'abaisse, la vitesse diminue de 62 centimètres environ par degré centigrade.

L'influence du vent, que les expérimentateurs avaient voulu éviter par l'alternance de leurs observations, est d'augmenter la vitesse des sons, qui suivent la même route que lui, et de diminuer la vitesse de ceux qui marchent en sens inverse. Mais la rapidité de la transmission du son étant très grande par rapport à celle des vents les plus violents, l'influence des vents sur la vitesse du son peut être regardée comme négligeable dans la plupart des cas.

379. Application. — *Le bruit du tonnerre étant entendu 8 secondes après l'apparition de l'éclair, déterminer la distance du nuage orageux, sachant que la température est de 22°.*

Vitesse du son à 22° :

$$331^{m} + 0,62 \times 22 = 344^{m} \text{ environ.}$$

Distance du nuage :

$$344 \times 8 = 2\,752^{m}.$$

380. **Vitesse du son dans les différents gaz.** — On démontre que la vitesse du son, dans les différents gaz, est inversement proportionnelle à la racine carrée de leurs densités ; c'est-à-dire que, si deux gaz ont des densités représentées par 1 et 4, les vitesses du son, dans ces deux gaz, seront représentées par 1 et $\frac{1}{2}$.

Nous indiquons dans le tableau suivant, la vitesse du son à 0°, dans quelques gaz.

	Densités	Vitesses
Hydrogène	0,0695	1 269^{m},5
Oxygène	1,1052	317, 2
Azote	0,967	363
Gaz carbonique	1,5287	261, 6

381. **Vitesse du son dans les liquides.** — Colladon et Sturm ont déterminé la vitesse du son dans l'eau, en opérant sur le lac de Genève avec l'appareil représenté par la figure 200. Une cloche était suspendue dans l'eau

à l'extrémité d'un bateau et pouvait recevoir le choc d'un marteau *m* ; un cornet acoustique BA était suspendu à l'extrémité d'un autre bateau situé à une certaine distance. Au moment où le marteau *m* venait frapper la cloche, une mèche *l* reliée au marteau mettait le feu au tas de poudre *p*. L'observateur situé sur le second bateau pouvait donc

Fig. 200.

observer le temps qui s'écoulait entre le moment, où il percevait l'impression lumineuse produite par l'inflammation de la poudre, et celui où le son lui arrivait à l'oreille. Le temps observé fut de 9ˢ,4, et, comme la distance parcourue était de 14 487 mètres, la vitesse *v* est :

$$v = \frac{13\,487}{9,4} = 1\,435^{\mathrm{m}}.$$

L'eau et les liquides en général transmettent les sons plus rapidement que les gaz, l'hydrogène mis à part.

382. Vitesse du son dans les solides. — Biot dé-termina la vitesse du son dans les solides en se servant à cet effet de tuyaux de conduite en fonte, qui venaient d'être établis pour amener les eaux d'Arcueil à Paris; leur longueur était de $951^m,25$. Un timbre avait été fixé à leur extrémité, et Biot observa le temps qui s'écoulait entre la perception de deux sons distincts transmis le premier par le métal, le second par la colonne d'air, qui remplissait le tuyau. Cet intervalle fut de $2^s,5$. Or, la vitesse du son dans l'air à la température de l'expérience étant de 340,88, le son devait mettre à parcourir la colonne d'air du tuyau un temps t donné par la relation :

$$951^m25 = 340,88\ t,$$

d'où

$$t = 2,79.$$

Or, si le son arrive par la fonte $2^s,5$ avant d'arriver par l'air, c'est que, pour parcourir les $951^m,25$ de fonte, il lui a fallu $2^s,79 — 2^s,5 = 0^s,29$. Donc la vitesse du son dans la fonte est :

$$v = \frac{951^m.26}{0,25} = 3\,280^m.$$

Les solides transmettent les sons avec une grande faci-lité; le *téléphone à ficelle*, bien connu des enfants, est une application de cette propriété.

RÉFLEXION DU SON

383. Réflexion du son. Echo. — Nous avons vu que le mode de propagation du son a la plus grande analogie avec le phénomène qui se produit, lorsqu'au milieu d'une nappe d'eau tranquille on laisse tomber un corps solide une pierre, par exemple. Autour du point où la pierre a touché l'eau, un cercle se forme, puis un second, puis un troisième, et ainsi de suite ; tous ces cercles s'élargissent et semblent courir à la file l'un de l'autre, quoiqu'il n'y ait, en réalité, que propagation d'un mouvement vibratoire. Or, lorsque ces ondes excitées à la surface du liquide rencontrent les bords du bassin, elles se réfléchissent, et on les voit revenir sur elles-mêmes ou se propager dans une direction inclinée sur celle qu'elles avaient suivie pour aller toucher l'obstacle. La propagation du son, qui se fait par ondes sonores semblables aux ondes liquides dont nous venons de parler, donne lieu à des phénomènes tout à fait analogues, produisant ce qu'on désigne sous le nom d'*écho*.

On appelle *écho* la répétition d'un son réfléchi par un obstacle, qui est assez éloigné pour que le son réfléchi ne se confonde pas avec le son entendu directement.

L'expérience montre que l'oreille ne peut distinguer deux sons séparés par un intervalle de temps moindre que $\frac{1}{10}$ de seconde. Or en $\frac{1}{10}$ de seconde le son parcourt 34 mètres. Donc, si l'observateur est placé à moins de 17 mètres, la distance, que le son aura à parcourir pour aller frapper l'obstacle et revenir à l'oreille, sera moindre que 34 mètres : le temps employé sera moindre que $\frac{1}{10}$ de seconde et il en résultera que le son direct et le son réfléchi se succèderont dans un intervalle de temps trop court pour que cet observateur puisse les distinguer : il n'entendra qu'une *résonance*. Si, au contraire, la distance est supérieure à 17 mètres, il pourra y avoir *écho*. Quand on parle dans un appartement non tapissé, il y a résonance, parce que le son se réfléchit sur les murs, obstacles situés à une distance moindre que 17 mètres. Les tentures empêchent les résonances et rendent un appartement *sourd*, parce que la réflexion du son ne peut se faire à leur surface.

On dit qu'un écho est *monosyllabique*, quand on ne peut prononcer qu'une syllabe avant que le son réfléchi de cette syllabe revienne à l'oreille. Il est *polysyllabique*, quand on peut prononcer plusieurs syllabes avant que le son de la première revienne à l'oreille. Cela dépend évidemment de la distance où l'on se trouve de l'obstacle réfléchissant.

Il y a des échos *multiples* qui répètent plusieurs fois le même son, par suite de l'existence de plusieurs obstacles, qui se renvoient mutuellement les ondes sonores. A mesure que le nombre des réflexions augmente, le son diminue d'intensité et finit par s'éteindre.

Fig. 201.

La réflexion du son est soumise aux mêmes lois que la réflexion de la lumière et de la chaleur qui seront étudiées plus tard (433 et 567).

Nous citerons comme application de la réflexion du son

le phénomène observé dans certaines salles auxquelles on a donné la forme ellipsoïdale. Quelques paroles prononcées à voix basse, en un point situé à l'intérieur de l'ellipsoïde et appelé *foyer*, s'entendent distinctement à l'autre foyer, quoiqu'on ne puisse les entendre en aucun autre point même plus rapproché de celui où le son a été produit. Il y a, au Louvre et au Conservatoire des arts et métiers, des salles qui jouissent de cette propriété curieuse.

On peut citer encore une expérience analogue à celle qui sera décrite à propos de la réflexion de la chaleur. Deux miroirs courbes étant disposés comme l'indique la figure 201, on place une montre au-devant de l'un deux, en un point appelé *foyer* ; si l'on met l'oreille au foyer de l'autre, on perçoit très distinctement le tic-tac de la montre qu'on ne peut entendre en un point intermédiaire.

L'usage des porte-voix et des cornets acoustiques est aussi fondé sur la réflexion du son. Ils envoient dans l'oreille des ondes qui se sont réfléchies sur les parois du porte-voix et qui sans lui auraient passé à côté de l'oreille.

384. Expériences simples. — Montrer que les corps sonores entrent en vibration par les expériences des n°s 368 et 369. On peut simplement se servir d'un violon ; placer sur l'une des cordes un petit morceau de papier plié en deux, frotter la corde avec l'archet, le papier se met à sautiller. Il suffit d'ailleurs, pour constater les vibrations, de regarder la quatrième corde du violon, peu tendue et frottée énergiquement ; on observera très facilement son mouvement de va-et-vient.

On peut encore tendre une corde blanchie entre deux clous plantés dans le tableau noir ; les vibrations sont ainsi rendues visibles pour toute une classe.

Pour montrer que dans le mouvement vibratoire d'un liquide, il n'y a pas déplacement de celui-ci, laisser tomber une pierre dans un baquet d'eau ; l'eau ne se déplace pas ; pour s'en convaincre, il suffit de répandre à la surface du liquide un peu de sciure de bois.

Pour montrer que le son ne se propage pas dans le vide, si l'on ne dispose pas d'une sonnerie, un réveil-matin pourra suffire ;

on le règlera pour qu'il sonne quelques instants après qu'on aura fait le vide.

Placer une montre à la distance de 60 à 80 centimètres devant soi et constater qu'en fermant les deux oreilles avec les mains, on n'entend plus son tic-tac ; si alors un aide place la montre sur l'extrémité de la pelle du foyer ou entre les branches des pincettes, en appuyant l'autre extrémité sur le front de l'observateur, le bruit de la montre redevient très distinct : le son a été transmis par le métal et les os du crâne.

A défaut de l'appareil représenté par la figure 199, on peut disposer à la file plusieurs pièces de même nature et de même diamètre ; en reculant la première et en la lançant d'un coup sec contre les autres, la pièce de l'extrémité opposée se trouve seule projetée à quelque distance.

On peut rendre visibles les ondes vibratoires. Fixer verticalement une paire de pincettes ou un diapason à branches par leur poignée ; attacher un fil de caoutchouc de 1 mètre de longueur et de 3 à 4 millimètres d'épaisseur à l'une des branches d'une part, à un point fixe d'autre part, de façon que le fil ait une longueur à peu près double de celle qu'il aurait sans tension. Tracer à la craie des traits bien apparents et équidistants sur le fil. En faisant vibrer l'instrument, chaque point exécute un mouvement de va-et-vient autour de sa position d'équilibre, mouvement très visible si l'on se sert de pincettes, parce que le mouvement oscillatoire est assez lent. C'est exactement ce qui se passe dans l'air ébranlé par un corps sonore.

Rappeler aussi ce qui se produit lorsqu'on attèle une locomotive devant un train de wagons : la secousse comprime les ressorts du premier wagon qui réagit sur le second ; les ressorts de celui-ci se compriment à leur tour, et ceux du premier reviennent au repos ; le second wagon réagit sur le troisième, et ainsi de suite jusqu'au dernier wagon. Celui-ci serait lancé en arrière s'il n'était attelé. D'autre part, le dernier wagon supposé attelé est lancé légèrement en arrière par la compression de ses ressorts ; il les allonge, tire sur le wagon précédent et ce mouvement en sens inverse se communique jusqu'à la locomotive.

Construire un téléphone à ficelle à l'aide de deux tubes de carton fermés par un fragment de vessie et reliés par une ficelle.

Faire remarquer qu'un simple tube de carton peut servir de cornet acoustique.

Faire constater, pendant une promenade, qu'un bruit, produit à une distance assez grande, met un temps appréciable pour arriver à l'oreille. Pour évaluer approximativement la distance du point où l'on se trouve à l'endroit où le son se produit, on peut compter le temps par les battements du pouls et prendre comme vitesse 300 mètres par battement. On obtiendrait une évaluation plus exacte en se servant d'une montre à secondes et en prenant, comme vitesse du son, 340 mètres par seconde, ce nombre étant la vitesse pour une température moyenne de 15°.

On pourra, dans la campagne, étudier quelques échos souvent très curieux et remarquer que, de monosyllabique, l'écho peut devenir polysyllabique si l'on s'éloigne, dans une direction convenable, de l'endroit qui réfléchit le son.

—

Qualités du son. — Sons musicaux.

QUALITÉS DU SON

385. Qualités des sons. — Les sons se distinguent les uns des autres par trois caractères ou qualités qu'on appelle *intensité, hauteur* et *timbre*.

386. Intensité. — L'intensité du son dépend principalement ;

1º De *l'amplitude des vibrations* du corps sonore. Plus cette amplitude est considérable, plus l'intensité du son est grande.

Quand on écarte de sa position d'équilibre une corde tendue, pour l'y laisser revenir par une série de vibrations, on constate que le son qu'elle rend est d'autant plus intense qu'on l'a écartée davantage, et qu'il s'affaiblit à mesure que l'amplitude des vibrations diminue.

Quand on frappe sur un timbre ou sur une cloche, le son rendu est d'autant plus intense que le choc a été plus fort. C'est qu'un choc plus violent éloigne davantage les molécules du timbre, ou de la cloche, de leur position d'équilibre : les vibrations qu'elles exécutent sont plus amples et le son produit plus intense.

2º De la *densité du milieu* dans lequel le son prend naissance. Lorsque, toutes choses égales d'ailleurs, la densité du milieu diminue, l'intensité du son décroît avec elle. Un coup de fusil tiré sur le sommet d'une haute montagne donne lieu à un bruit moins intense que si, avec la même charge de poudre, il était tiré en plaine. Cela tient à ce que la densité de l'air devient plus faible à mesure qu'on s'élève dans l'atmosphère.

3° De la *distance* à laquelle on se trouve du lieu où a été produit le son. Plus on est éloigné, plus le son perçu est faible.

Des expériences aérostatiques prouvent que l'intensité des sons émis à la surface de la terre se propage sans s'éteindre jusqu'à de grandes hauteurs dans l'atmosphère.

Le sifflet d'une locomotive s'entend à une hauteur de	3 000 mètres
Le bruit d'un train de chemin de fer .	2 500 »
Les cris d'une population	1 600 »
Le chant d'un coq, le son d'une cloche.	1 600 »
La voix humaine	1 000 »

Dans un milieu limité, tel qu'un tuyau, le son garde une intensité constante à de grandes distances ; c'est sur cette propriété qu'est fondé l'emploi des *tubes acoustiques* employés pour communiquer entre les diverses pièces ou les divers étages d'une maison, des *porte-voix* destinés à transmettre la voix à de longues distances, des *cornets acoustiques* utilisés par les personnes dont l'ouïe manque de sensibilité.

387. Hauteur du son, gravité, acuité. — On sait que les sons diffèrent les uns des autres par leur gravité, leur acuité, leur hauteur. Ainsi le son rendu par une sonnette d'appartement est plus aigu, plus élevé que celui de la cloche d'un beffroi ; les différentes notes d'un piano se distinguent par leur hauteur.

On a reconnu que les sons sont d'autant plus aigus que le mouvement vibratoire des corps qui les produisent est plus rapide, en d'autres termes que le nombre de vibrations exécutées en un temps donné est plus grand.

**388. Mesure du nombre de vibrations corres-
pondant à un son donné.** — Les physiciens emploient
plusieurs méthodes pour déterminer le nombre de vibrations correspondant à un son donné ; nous n'en décrirons
qu'une, dite *méthode graphique.*

389. **Méthode graphique.** — Voici le principe de
cette méthode. Soit à déterminer le nombre des vibrations

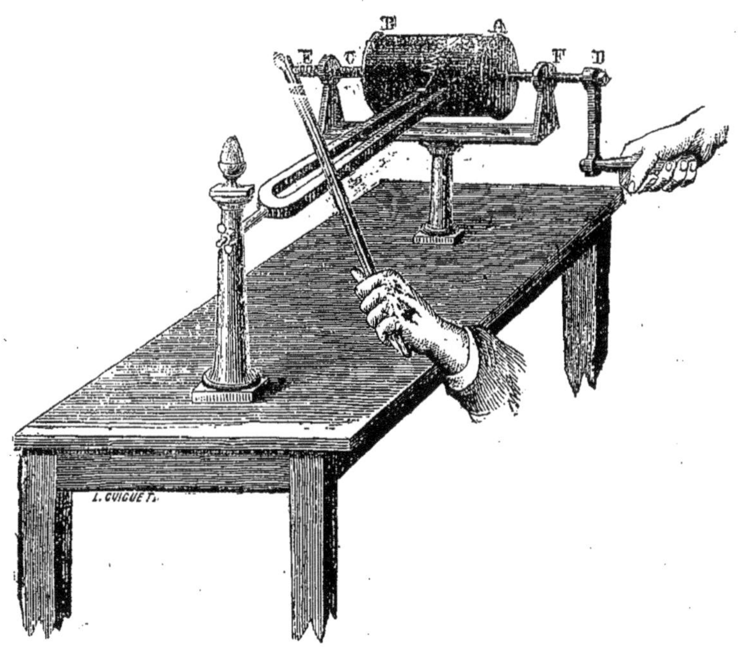

Fig. 202. — Etude graphique des sons.

d'un diapason. On arme une de ses branches d'une pointe
fine, comme le montre la figure 202 et, pendant qu'il
vibre, on fait passer devant elle, au contact et dans une direction perpendiculaire à celle des vibrations, une plaque
de verre P recouverte de noir de fumée ou de collodion.
La pointe trace alors des zigzags sur la plaque. Chacun
d'eux correspond à une vibration complète, puisque chaque
petite ligne correspond elle-même à une demi-vibration ;

en comptant alors à la loupe le nombre de zigzags exécutés dans un temps donné, on connaît le nombre de vibrations faites par le diapason dans le même temps.

Dans les expériences précises, on remplace la plaque de verre P par un cylindre enduit de noir de fumée ; ce cylindre est horizontal, tourne sur lui-même et se déplace latéralement, grâce à une tige filetée qui forme son axe et passe dans un écrou fixe. Le mouvement du cylindre est obtenu soit à l'aide d'une manivelle mue à la main, soit à l'aide d'un mécanisme d'horlogerie.

On comprend que cette méthode s'applique non seulement aux diapasons dont on connaît généralement les nombres de vibrations à l'avance, mais à tout corps vibrant : dans ce cas, on procède par comparaison entre l'inscription fournie par le corps à étudier et celle que fournit un diapason dont le nombre de vibrations est connu.

Les nombres ainsi obtenus sont très divers ; mais l'oreille ne perçoit nettement que les sons dont les nombres de vibrations sont compris entre certaines limites (20 vibrations et 50 000 d'après quelques physiciens) ; ces limites sont variables avec les individus. Quant aux sons employés en musique, ils sont compris entre 40 et 4 000 vibrations doubles ; c'est un peu plus que l'étendue des pianos ordinaires ; l'échelle vocale est bien plus restreinte encore (399).

390. **Phonographe et graphophone.** — Le *phonographe* et le *graphophone* sont des applications spéciales de la méthode graphique.

Le phonographe, inventé en 1878 par M. Edison, a pour but d'enregistrer les vibrations sonores et d'employer le tracé graphique obtenu à la reproduction des sons qui en sont l'origine.

Cet appareil se compose d'un cylindre E en cuivre (fig. 203), porté sur un axe horizontal et fileté à l'une de ses extrémités. La partie filetée passe dans un écrou fixe. Lorsqu'on fait tourner la manivelle, le cylindre prend un mouvement de déplacement suivant son axe ; si le pas du filet de vis est de 1 millimètre, un tour complet de la manivelle M fera déplacer le cylindre horizontalement d'une quantité égale à 1 millimètre. Une spire du même pas, 1 millimètre, est gravée à la surface du cylindre qui est recouverte d'une feuille de papier d'étain. Une membrane tendue se trouve placée devant ce cylindre et porte un stylet, qui appuie sur la feuille d'étain.

Par suite de l'égalité du pas du filet de vis et de la rainure, si le stylet a été placé au-dessus de la rainure, ce stylet restera toujours au-dessus d'elle pendant le mouvement du cylindre.

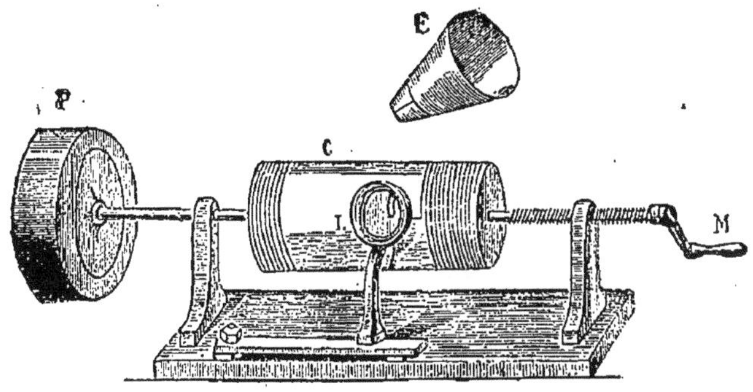

Fig. 203. — Phonographe.

Supposons maintenant qu'on fasse tourner le cylindre et qu'en même temps on parle avec force devant la membrane, elle se mettra à vibrer, et le stylet, appuyant à faux sur la feuille d'étain, y produira des dépressions correspondant au moment où la membrane sera le plus près du cylindre. Ces dépressions seront séparées par des intervalles lisses, correspondant aux instants où le stylet est écarté ; ces dépressions et ces intervalles seront disposés en hélice.

Imaginons maintenant que, après avoir ramené l'appareil à sa position primitive par un mouvement inverse de la manivelle, on approche la membrane de manière que la pointe du stylet appuie sur le fond de la première dépression, et faisons tourner de nouveau le cylindre dans le sens primitif. Lorsque le premier intervalle non déprimé passera devant le stylet, celui-ci sera repoussé ainsi que la membrane; lorsqu'une dépression se présentera, le stylet reviendra en sens inverse, et ainsi de suite. On voit que tous les mouvements de la membrane, lors de l'émission de la parole, seront identiquement reproduits par elle, et elle émettra un son semblable au son primitif. On amplifiera ce son à l'aide d'un cornet acoustique E.

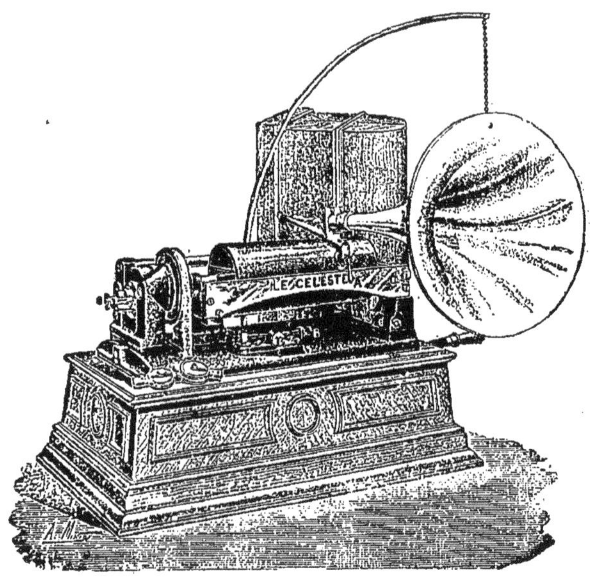

Fig. 204. — Graphophone.

Si l'on produit devant le phonographe un son musical et qu'après avoir enregistré ce son, l'on fasse tourner le cylindre avec une vitesse double de celle qu'il avait au moment de l'enregistrement, un nombre de vibrations double se fera en un temps donné, et le son rendu sera à l'octave supérieure du son primitif.

Cet instrument a reçu plusieurs perfectionnements. Au lieu d'une feuille d'étain, on emploie, pour l'enregistrement des vibrations sonores, un cylindre ou manchon de cire animé d'un mouvement de rotation assez lent, sous l'action d'un moteur électrique ou d'un mouvement d'horlogerie. En outre, le cylindre enregistreur ne se déplace pas suivant son axe; mais la plaque vibrante est mobile et se transporte, d'un mouvement régulier, parallèlement au cylindre. L'inscription se fait à l'aide d'une petite lame élastique en verre ou en mica portant un stylet tranchant généralement constitué par un saphir; l'ensemble de ces deux pièces porte le nom de *diaphragme enregistreur*. Quant au *diaphragme reproducteur*, il est aussi formé d'une lame élastique et d'un stylet; mais celui-ci n'est pas tranchant, afin d'éviter l'altération du tracé. Ajoutons que les deux diaphragmes portent généralement un pavillon en métal ou en verre, destiné soit à condenser les ondes sonores pour l'inscription, soit au contraire à les disperser lors de la reproduction.

C'est à l'instrument ainsi perfectionné qu'on donne le nom de graphophone (fig. 204).

391. **Timbre des sons.** — Les sons se distinguent les uns des autres non seulement par leur intensité et leur hauteur, mais aussi par leur timbre. Tout le monde sait que, si l'on tire successivement le même son d'un violon, d'une flûte, d'un hautbois, d'un piano, les sons rendus par ces divers instruments, quoique étant de même hauteur, seront parfaitement distingués les uns des autres. Ils n'auront pas, comme on dit, le même *timbre*. On a longtemps ignoré les causes de cette différence, et c'est à Helmholtz qu'on doit la véritable explication du phénomène.

Il a montré qu'un son est rarement simple, qu'il est accompagné de sons secondaires qui sont ses *harmoniques*, caractérisés par des nombres de vibrations proportionnels aux nombres 1, 2, 3, 4, 5,.... Une oreille exercée distingue facilement, dans le son d'une cloche, dans une note grave de piano ou d'harmonium, les premiers harmoniques qui accompagnent le son fondamental.

La différence du timbre de plusieurs sons, de même hauteur et de même intensité, provient du plus ou moins

Fig. 205. — Renforcement des sons.

grand nombre d'harmoniques que chacun d'eux renferme. Un son résulte donc, en général, de la synthèse de plusieurs autres, absolument comme un rayon de lumière blanche résulte de l'association de plusieurs rayons colorés.

392. Renforcement des sons. — Plaçons aux deux extrémités d'un appartement deux diapasons identiques, montés chacun sur une caisse sonore, et faisons vibrer l'un d'eux : aussitôt l'autre s'ébranlera et continuera de résonner, même après qu'on aura éteint le son du premier.

Supposons qu'on fasse vibrer l'une des cordes d'un violon au voisinage d'un piano dont on aura éloigné les étouffoirs. On constatera qu'un certain nombre de cordes du piano entreront en vibration : ce sont celles qui sont à l'unisson du son rendu par le violon ou de l'un de ses harmoniques.

Une membrane tendue sur un cadre se mettra en vibration, si l'on produit près d'elle le son que la tension de cette membrane lui permet de rendre.

En général, tout corps capable de produire un son donné vibre, aussitôt que ce son est produit à une certaine distance par un instrument quelconque. Ce fait constitue la *résonance*.

L'expérience permet de constater que les colonnes d'air renfermées dans des cavités sonores doivent avoir des dimensions déterminées pour renforcer tel ou tel son.

Pour le prouver, prenons un gros timbre A (fig. 205), placé à une certaine distance d'un cylindre BC muni d'un piston qu'on peut enfoncer à volonté avec la vis D, de manière à faire varier la longueur de la colonne d'air qu'il renferme. Faisons vibrer le timbre, et nous constaterons que le renforcement du son varie beaucoup avec la position du piston.

393. Analyse des sons. — Helmholtz emploie, pour analyser les sons et mettre en évidence la différence qu'ils présentent au point de vue du timbre, des appareils appelés *résonateurs*. Ce sont des sphères creuses présentant une tubulure A (fig. 206) chargée de recueillir les sons. A l'extrémité du diamètre, sur lequel se trouve le centre de cette tubulure, est un petit appendice creux qu'on introduit dans l'oreille. Ces résonateurs ont des dimensions différentes et cette variété des dimensions produit la variété des sons qu'ils peuvent rendre. Plus elles sont petites, plus le son qu'elles peuvent rendre est élevé. Si l'on produit successivement, devant une série de résonateurs, différents sons simples, on constatera qu'à chaque expérience, il y aura un résonateur qui parlera : ce sera celui qui est à l'unisson du son produit. Les autres resteront muets.

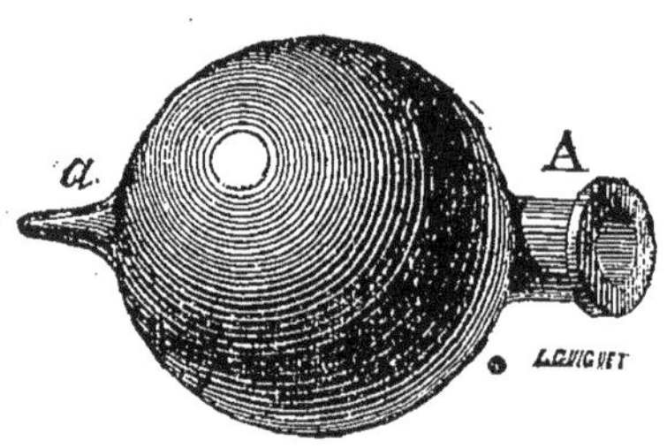

Fig. 206. — Résonateur.

De même, si l'on produit devant ces résonateurs un *son composé*, c'est-à-dire un son comprenant un son fondamental et plusieurs harmoniques, on constatera que ceux des résonateurs, qui sont à l'unisson du son fondamental et de ses harmoniques, se mettront à parler ; les autres resteront silencieux.

Cela posé, la méthode suivie par Helmholtz pour analyser les sons est facile à comprendre.

Faisons rendre à un piano le *la* de la gamme normale ; nous constaterons qu'un certain nombre de résonateurs entrent en vibration. Ce sont ceux qui sont à l'unisson du *la* et des harmoniques produits en même temps que lui. Nous aurons ainsi trouvé la valeur de ces harmoniques. Si nous faisons rendre ensuite à un violon le *la* de la gamme normale, nous observerons que le résonateur donnant le son fondamental *la* entrera en vibration, mais qu'en même temps que lui d'autres résonateurs que ceux de l'expérience précédente se mettront à parler. Il en résulte que le *la* du piano diffère du *la* du violon par la valeur des harmoniques, qui accompagnent, dans chacun de ces instruments, le son fondamental.

394. Résultats relatifs au timbre des divers instruments. — Nous indiquerons les principaux résultats auxquels cette méthode d'analyse des sons a conduit Helmholtz.

1° Les sons musicaux donnés par les divers instruments sont en général des *sons composés*. Ils sont formés d'un *son fondamental* et de plusieurs harmoniques de ce son, compris seulement dans les six ou huit premiers harmoniques.

2° La voix humaine, parlant ou chantant, présente les mêmes différences d'une personne à l'autre. Deux personnes donnant la même note, *sur la même voyelle*, la donnent avec un timbre différent de l'une à l'autre, parce que chacune d'elles, indépendamment du son fondamental, émet des harmoniques différents.

De plus, une même personne, donnant la même note sur des *voyelles différentes*, émet des sons qui diffèrent par les harmoniques accompagnant le son fondamental.

Helmholtz a pu vérifier les résultats obtenus par la méthode précédente, en recomposant les sons par synthèse.

395. Bruits. — Les *bruits* se distinguent des sons musicaux en ce qu'ils sont formés par la superposition de sons élémentaires ne présentant pas entre eux de rapport simple. L'oreille éprouve une sensation trop vague pour qu'elle puisse facilement déterminer la hauteur de ces bruits : les rapports de hauteur ne peuvent s'apprécier que lorsqu'on produit simultanément des bruits ayant entre eux de l'analogie ; tel est le cas pour ce jeu, composé de planchettes qui, en tombant sur un corps dur, produisent distinctement les sons de la gamme.

SONS MUSICAUX

396. Intervalles musicaux. — Lorsque deux sons ont la même hauteur, on dit qu'ils sont à *l'unisson*. Les corps sonores qui les rendent exécutent par seconde le même nombre de vibrations.

En acoustique, on appelle *intervalle de deux sons le rapport des nombres de vibrations qui leur correspondent pendant un temps donné.* Supposons, par exemple, que deux corps exécutent en une seconde, le premier 522 vibrations, le second 783 : le rapport de 783 à 522 est celui de 3 à 2 : on dit alors que l'*intervalle* des deux sons est $\frac{3}{2}$.

Lorsqu'un son correspond à un nombre de vibrations double de celui qui correspond à un autre son, on dit que le premier est à l'*octave aiguë* du second. Supposons, par exemple, qu'une corde de piano effectue 1 044 vibrations par seconde et qu'une autre corde n'en effectue que 522 par seconde : on dit que la première corde est à l'octave aiguë de la seconde. Le nombre 2 caractérise donc l'intervalle désigné sous le nom d'*octave*.

L'intervalle caractérisé par le rapport $\frac{4}{3}$ est appelé *quarte.*

On se sert en musique d'un certain nombre d'intervalles caractérisés par le rapport de nombres simples.

La *tierce majeure* est caractérisée par le rapport	$\frac{5}{4}$
La *tierce mineure* —	$\frac{6}{5}$
La *quarte* —	$\frac{4}{3}$
La *quinte* —	$\frac{3}{2}$

397. Gamme. — On appelle *gamme*, une série de huit sons employés en musique pour produire des effets agréables à l'oreille, le dernier son de cette série étant à l'octave aiguë du premier : les sons ont été désignés par les noms suivants :

$$do \ (ut), \ ré, \ mi, \ fa, \ sol, \ la, \ si, \ do.$$

Les physiciens ont trouvé que les intervalles de chaque son au premier étaient représentés par des rapports simples qui sont les suivants :

$$do \quad ré \quad mi \quad fa \quad sol \quad la \quad si \quad do$$
$$1, \quad \frac{9}{8}, \quad \frac{5}{4}, \quad \frac{4}{3}, \quad \frac{3}{2}, \quad \frac{5}{3}, \quad \frac{15}{8}. \quad 2.$$

Toute série de huit sons présentant ces intervalles sera appelée *gamme majeure*.

Précisons ce que cela signifie au point de vue physique. Soit une gamme dont le premier son correspond à 522 vibrations simples ([1]) par seconde ; les différents sons de cette gamme correspondront aux nombres de vibrations suivants :

$$do. \quad . \quad . \quad . \qquad\qquad 522 \text{ vibrations simples}$$
$$ré. \quad . \quad . \quad . \quad 522 \times \frac{9}{8} = 587 \qquad —$$
$$mi. \quad . \quad . \quad . \quad 522 \times \frac{5}{4} = 652 \qquad —$$
$$fa. \quad . \quad . \quad . \quad 522 \times \frac{4}{3} = 696 \qquad —$$
$$sol \quad . \quad . \quad . \quad 522 \times \frac{3}{2} = 783 \qquad —$$
$$la. \quad . \quad . \quad . \quad 522 \times \frac{5}{3} = 870 \qquad —$$
$$si. \quad . \quad . \quad . \quad 522 \times \frac{15}{8} = 978 \qquad —$$
$$do. \quad . \quad . \quad . \quad 522 \times 2 = 1044 \qquad —$$

Nous verrons que ces nombres correspondent à la gamme dite *normale*.

Les intervalles *do-ré*, *ré-mi*, *fa-sol*, *sol-la*, *la-si* étant plus grands que les intervalles *mi-fa*, *si-do*, sont appelés *tons*, par opposition à ceux-ci qui sont appelés *demi-tons*.

([1]) On appelle *vibration simple* une vibration formée par un seul mouvement du corps sonore, un aller *ou* un retour. La vibration double comprend l'aller *et* le retour.

On définit comme il suit les intervalles qui existent entre chaque son de la gamme et le premier.

L'intervalle de *ré* à *do*	se nomme	*seconde* ;
— *mi* à *do*	—	*tierce* ;
— *fa* à *do*	—	*quarte* ;
— *sol* à *do*	—	*quinte* ;
— *la* à *do*	—	*sixte* ;
— *si* à *do*	—	*septième* ;
— *do* à *do*	—	*octave*.

398. Gamme normale, la normal. — La gamme composée des huit sons présentant entre eux les intervalles que nous avons indiqués porte le nom de *gamme majeure*.

Parmi toutes les gammes qui présentent ce caractère, il en est une qu'on désigne sous le nom de *gamme normale*, c'est celle dont le *la* fait 870 vibrations simples par seconde : le *do* de la même gamme correspond à 522 vibrations et nous avons calculé (397) le nombre de vibrations correspondant à chaque son. Le diapason normal donne le *la* de cette gamme

Il est évident que, si le *la* normal correspond à 870 vibrations (décision d'une commission réunie à Paris en 1859), c'est *par pure convention ;* mais il était nécessaire de fixer légalement la hauteur de l'un des sons de la gamme, afin que les instruments à sons fixes puissent donner des sons identiques quant à la hauteur, quelle que fût leur origine.

399. Notations des diverses gammes majeures — Pour distinguer les gammes majeures successives, on les désigne par un numéro d'ordre ; par convention, le *la* normal est le la_3 ; le *do* inférieur est donc le do_3, le *do* supérieur est le do_4. Les gammes successives employées en musique commencent par les sons :

$$do_{-2},\ do_{-1},\ do_0,\ do_1,\ do_2,\ do_3,\ do_4,\ do_5,\ do_6,\ do_7.$$

Les voix d'hommes chantent en général une octave au-dessous de la voix des femmes et des enfants. L'étendue

de chaque voix est à peine de deux octaves, mais cette
étendue embrasse un intervalle variable dans la suite générale des sons musicaux. Voici ces limites, dans le cas le
plus général, en laissant de côté les voix exceptionnellement graves ou exceptionnellement aiguës :

$$\text{basse, } fa_1\text{-}r\acute{e}_3 ; \qquad \text{contralto, } sol_2\text{-}r\acute{e}_4 ;$$
$$\text{ténor, } r\acute{e}_2\text{-}si_3 ; \qquad \text{soprano, } r\acute{e}_3\text{-}la_4 .$$

Un piano à 7 octaves embrasse les sons compris entre le
la_{-1} et le la_6. Les instruments à cordes doivent donner, à
vide, les sons suivants :

violon . . . . $sol_2, r\acute{e}_3, la_3, mi_4 ;$
alto . . . . $do_2, sol_2, r\acute{e}_3, la_3 ;$
violoncelle . . . . . $do_1, sol_1, r\acute{e}_2, la_2 ;$
contre-basses (4 cordes). $mi_0, la_0, r\acute{e}_1, sol_1 .$

Comme terme de comparaison, nous ajouterons que la
petite flûte s'étend du $r\acute{e}_4$ au la_6, le cornet à pistons, du
sol_2 au do_5, la harpe du fa_0 au fa_6 (il y a des harpes encore
plus étendues). Le son le plus grave de l'orgue est le do_{-1};
il correspond à peu près à 32 vibrations simples par seconde; il est fourni par un tuyau d'environ 10 mètres de
longueur.

400. **Dièzes et bémols.** — Les sons de la gamme
majeure que nous avons étudiée sont :

$$do, \quad r\acute{e}, \quad mi, \quad fa, \quad sol, \quad la, \quad si, \quad do.$$

Si l'on veut reproduire l'air formé par cette série de
sons en commençant par l'un quelconque d'entre eux, on
s'aperçoit qu'il est nécessaire d'introduire de nouveaux
sons ; on s'en rend compte facilement en chantant simultanément les deux séries suivantes, à condition de chanter
le premier degré de chacune d'elles à la même hauteur :

$$do, \quad r\acute{e}, \quad mi, fa, \quad sol, \quad la, \quad si, do.$$
$$sol, \quad la, \quad si, do, \quad r\acute{e}, \quad mi, fa, \quad sol.$$

La concordance est parfaite pour les six premiers sons des deux séries, elle cesse au septième. Mais on peut la rétablir en remplaçant le son *fa* par un autre plus élevé que lui, mais moins élevé que le *sol* ; ce son intermédiaire se nomme le *dièze* du *fa* et s'écrit *fa dièze* ou *fa* ♯. La série de sons : *sol, la, si, do, ré, mi, fa* ♯, *sol* se nomme *gamme majeure de sol*.

Une expérience analogue avec les deux séries simultanées :

do,	*ré,*	*mi, fa,*	*sol,*	*la,*	*si, do,*
fa,	*sol,*	*la,*	*si, do,*	*ré,*	*mi, fa,*

nous conduirait à remplacer le *si* de la seconde série par un son compris entre *la* et *si* et qu'on appelle le *bémol* du *si* (*si bémol* ou *si* ♭). La série de sons : *fa, sol, la, si* ♭, *do ré, mi, fa,* se nomme *gamme majeure du fa.*

Il est facile de comprendre qu'en continuant ce raisonnement, on découvrirait la nécessité du dièze et du bémol de chacun des sons de la gamme majeure de *do*.

Les physiciens ont trouvé que *le nombre des vibrations du dièze d'un son est égal au nombre des vibrations de celui-ci, multiplié par le rapport* $\frac{25}{24}$; *quant au nombre des vibrations du bémol d'un son, on l'obtient en multipliant par* $\frac{24}{25}$ *le nombre des vibrations de celui-ci.*

Il résulte de là que, dans l'intervalle d'une octave, il peut exister vingt-et-un sons différents : les sept sons successifs (le huitième étant en réalité le premier d'une nouvelle octave), leurs sept dièzes et leurs sept bémols.

401. Accords consonants et accords dissonants. — On appelle *accord* le résultat de la production simultanée de plusieurs sons. Lorsque l'impression reçue par l'oreille est agréable, on dit que l'accord est *consonant*; dans le cas contraire, il est *dissonant*. L'accord le plus simple est *l'octave*, formé par deux sons dont les nombres de vibrations sont entre eux comme 1 et 2 ; puis viennent la *quinte*, pour laquelle ces nombres sont entre eux comme 2 et 3, la *tierce majeure* (4 et 5) la *tierce mineure* (5 et 6).

Parmi les accords consonants de trois sons, citons :

1° *l'accord parfait majeur*, produit par trois sons dont les nombres de vibrations sont entre eux comme les nombres 4, 5 et 6 : tels sont les accords : *do-mi-sol*, *fa-la-do*, *ré-fa ♯-la*, etc ; 2° *l'accord parfait mineur* : tels sont les accords : *la-do-mi*, *ré-fa-la*, *sol-si ♭-ré*. etc.

Tous les autres accords sont dissonants ; mais il ne faudrait pas croire pour cela qu'ils sont inusités ; ils sont au contraire fréquemment employés et donnent à l'harmonie une variété et un piquant que la pratique de la musique seule fait bientôt découvrir.

402. Gamme mineure. — On fait aussi usage en musique de gammes autres que celles que nous avons étudiées jusqu'ici ; on les appelle *gammes mineures.*

A chaque gamme majeure correspond une gamme mineure. Ainsi à la gamme majeure de *do* correspond la gamme mineure de *la*, savoir :

la,   si,   do,   ré,   mi,   fa,   sol ♯,   la.

On remarquera que dans la gamme mineure, les intervalles du premier au troisième son et du premier au sixième, qu'il est facile de calculer en se reportant au n° 397, sont plus petits que les intervalles des mêmes sons dans la gamme majeure.

403. Gamme tempérée. — Nous avons dit déjà (399) que, dans l'étendue d'une octave, il existait 21 sons différents : dans les instruments à sons fixes, tels que le piano, les instruments de bois et de cuivre, cette multiplicité des sons constituerait une véritable difficulté au point de vue de la construction et du jeu de l'instrument. Aussi se sert-on pour ces instruments de ce qu'on appelle la *gamme empérée* ; dans cette gamme, l'intervalle d'octave est divisé en douze demi-tons égaux. Il en résulte que l'octave ainsi divisée comprend douze sons différents seulement, soit pour la gamme majeure de do : si $\sharp$ ou do, do $\sharp$ ou ré ♭, ré, ré $\sharp$ ou mi ♭, mi ou fa ♭, mi $\sharp$ ou fa, fa $\sharp$ ou sol ♭, sol, sol $\sharp$ ou la ♭, la, la $\sharp$ ou si ♭, si ou do ♭.

Il faut ajouter que les hauteurs vraies ne sont altérées par ce moyen que de quantités inappréciables même pour des oreilles exercées.

404. Expériences simples. — Frotter d'abord faiblement, puis fortement une corde de violon : le premier son est faible, le second est fort ; donc l'intensité dépend de l'amplitude des vibrations ; remarquer d'ailleurs que le violoniste frotte plus ou moins fort son archet suivant les nuances à observer.

Montrer le principe de la méthode graphique de la façon suivante : fixer, sur une des branches d'un diapason, une aiguille fine liée solidement ; pour l'inscription, se servir d'une plaque de verre ou d'une carte de visite. Pour recouvrir la plaque ou le papier de noir de fumée, il suffit de les passer dans la flamme d'une chandelle de suif ou d'une lampe ordinaire dépourvue de son verre.

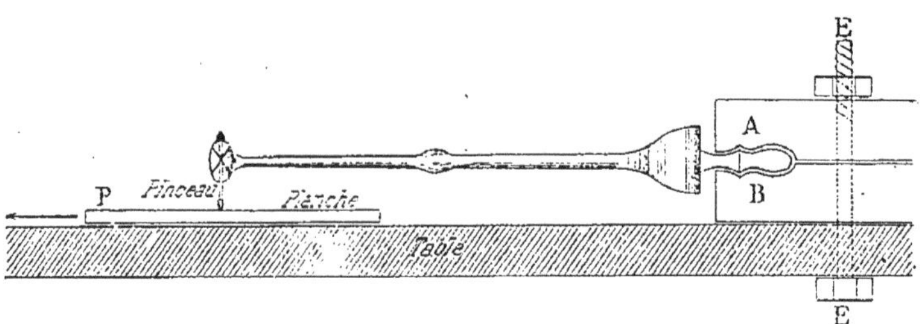

Fig. 207. — Principe de la méthode graphique.

On peut encore employer le dispositif suivant : fixer une paire de pincettes par leur poignée (fig. 207) et par un moyen quelconque. Attacher un petit pinceau trempé dans l'encre, à l'extrémité de l'une des branches. Fixer avec des punaises une feuille de papier blanc sur une planchette P. Faire vibrer les pincettes et tirer P, dans le sens de la flèche, d'un mouvement aussi régulier que possible.

On obtiendra un mouvement plus régulier, en faisant tourner un plateau (fig. 208) devant une tige vibrante portant un petit pinceau.

Pour montrer le renforcement d'un son, au voisinage d'un corps sonore pouvant vibrer à l'unisson, faire vibrer un diapason au-dessus d'une éprouvette à pied dans laquelle on verse doucement de l'eau ; il arrive un moment où le son est très intense, parce que la colonne d'air restant dans l'éprouvette est capable de produire le même son que le diapason ; si l'on ajoute de l'eau, le renforcement diminue. — A ce propos, on fera comprendre le rôle des diverses parties du violon : table supérieure, caisse, âme.

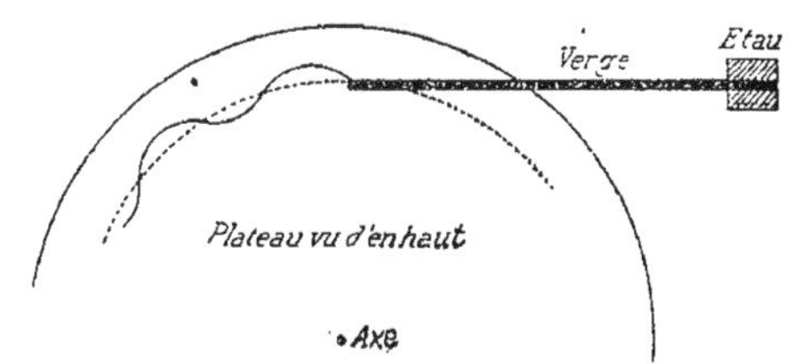

Fig. 208. — Principe de la méthode graphique.

Pour montrer la production des harmoniques, faire entendre énergiquement le *ré* inférieur d'un violoncelle : on constatera que les cordes du *ré* et du *la* entrent spontanément en vibration.

Répéter soigneusement l'expérience du n° 399 pour arriver à la notion du dièze et du bémol.

Faire entendre simultanément, sur un piano ou un harmonium, plusieurs notes formant un accord consonant et faire remarquer que les nombres de vibrations de ces sons sont entre eux dans des rapports simples. Faire entendre quelques accords dissonants ; remarquer que leurs nombres de vibrations forment des rapports plus ou moins complexes. Constater que les accords dissonants appellent après eux un accord consonant qui procure à l'oreille la sensation du repos.

—

Vibrations des cordes. Tuyaux sonores.

405. Production des sons dans les instruments de musique. — Les instruments de musique se divisent en *instruments à cordes* et en *instruments à vent* ([1]), suivant que les sons rendus sont produits par les vibrations de cordes tendues ou par les vibrations de l'air dans des tuyaux.

Pour bien comprendre comment les instruments de musique peuvent donner des sons de hauteur variée, il est nécessaire d'étudier les propriétés acoustiques des cordes et des tuyaux sonores.

VIBRATIONS DES CORDES

406. — On appelle *corde*, en acoustique, un corps filiforme, suffisamment tendu pour être élastique.

Les vibrations des cordes peuvent être *transversales* ou *longitudinales* : elles sont transversales, quand on pince la corde, comme dans la harpe, ou qu'on la frotte avec un archet, comme dans le violon ; elles sont longitudinales,

([1]) Nous laisserons de côté les *instruments à percussion.*

quand on les fait naître en frottant une corde, dans le sens de la longueur, avec les doigts, ou mieux avec un morceau d'étoffe saupoudré de colophane.

Nous n'étudierons que les vibrations transversales, les seules utilisées pour la production des sons musicaux.

407. Lois des vibrations transversales des cordes. — Le nombre des vibrations d'une corde, et, par conséquent, la hauteur du son produit, varie : 1° avec la longueur de la corde ; 2° avec sa tension ; 3° avec son diamètre ; 4° avec la densité de la substance qui la forme.

1° *Loi des longueurs.* — *Le nombre des vibrations d'une corde, la tension étant constante, est en raison inverse de sa longueur.*

On peut démontrer cette loi expérimentalement au moyen du sonomètre (fig. 209).

Le sonomètre se

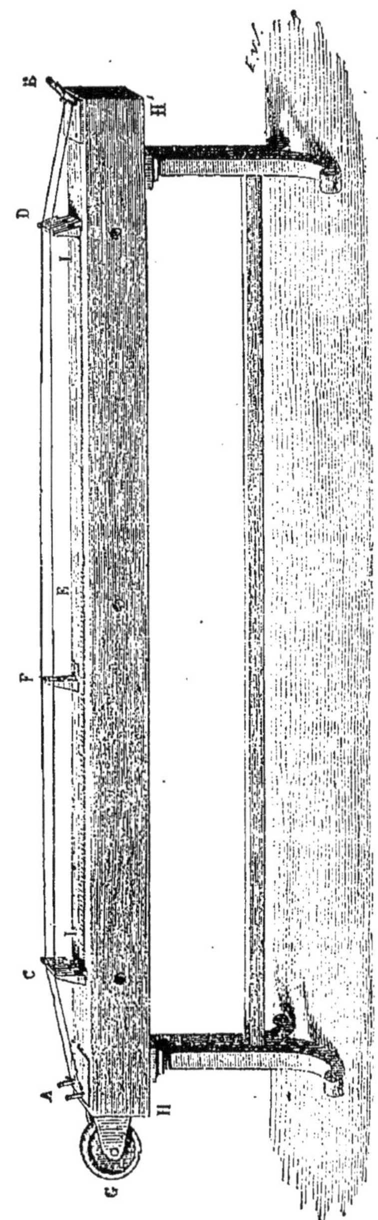

Fig. 209. — Sonomètre.

composé d'une caisse sonore sur laquelle on peut tendre une ou plusieurs cordes ; celles-ci, fixées par des chevilles en B, passent en C sur une poulie et supportent un poids qui assure leur tension. Les cordes passent sur deux chevalets fixes C et D, dont la distance est de 1 mètre ; un chevalet mobile F, qui peut glisser sur une règle graduée en millimètres, permet de faire varier la longueur vibrante d'une des cordes.

Supposons que sur le sonomètre soient tendues, au moyen de poids égaux, deux cordes de même substance et de même diamètre ; enlevons le chevalet mobile et frottons les cordes transversalement avec un archet : elles vibrent à l'unisson ; appelons *do* le son produit. Plaçons maintenant le chevalet mobile sous une des cordes, de façon que la longueur de celle-ci soit réduite aux $\frac{8}{9}$ ou $88^{\text{cm}},8$ et faisons vibrer successivement les deux cordes ; celle dont la longueur n'a pas varié donne toujours le son *do*, et nous constatons que l'autre corde donne le *ré*. Or nous savons que les nombres de vibrations de ces deux sons sont dans le rapport de 1 à $\frac{9}{8}$; ces nombres sont donc inversement proportionnels aux longueurs des cordes.

En faisant glisser F de façon à réduire la longueur de la corde aux $\frac{4}{5}$, aux $\frac{3}{4}$, aux $\frac{2}{3}$, aux $\frac{3}{5}$, aux $\frac{8}{15}$, à la moitié de sa longueur primitive, on entendrait successivement tous les sons de la gamme dont les nombres de vibrations sont les $\frac{5}{4}$, les $\frac{4}{3}$, les $\frac{3}{2}$, les $\frac{5}{3}$, les $\frac{15}{8}$, et le double de celui du son fondamental.

2° *Loi des tensions.* — *Le nombre des vibrations d'une corde est directement proportionnel à la racine carrée du nombre qui mesure le poids tenseur.*

Pour démontrer cette loi, on fixe, sur le sonomètre, deux cordes identiques qu'on tend au moyen de poids qui sont entre eux comme 1 et 4 ; si l'on fait vibrer ces cordes, on constate que celle qui est le plus tendue vibre à l'octave de la seconde; autrement dit, son nombre de vibrations est le double de celui de l'autre corde ; 2 et 1 étant les racines carrées de 4 et 1, les nombres de vibrations sont bien proportionnels aux racines carrées des nombres qui expriment la valeur des poids tenseurs.

3° *Loi des diamètres.* — *Toutes choses égales d'ailleurs, les nombres de vibrations des cordes sont en raison inverse de leur diamètre.*

Fixons sur le sonomètre deux cordes de même substance, de même longueur et également tendues, mais dont les diamètres sont dans le rapport de 3 à 2. Faisons vibrer la corde de plus grand diamètre et appelons *do* le son qu'elle produit; si nous faisons vibrer l'autre corde, nous constatons que le son rendu est la quinte du premier, soit *sol*. Or nous savons que le rapport des nombres de vibrations des deux sons *sol* et *do* est $\frac{3}{2}$. La loi est donc démontrée, puisque la deuxième corde, dont le diamètre est les $\frac{2}{3}$ de celui de la première, rend un son dont le nombre de vibrations égale les $\frac{3}{2}$ de celui de l'autre son.

4° *Loi des densités.* — *Toutes choses égales d'ailleurs, les nombres de vibrations des cordes sont inversement proportionnels à la racine carrée des nombres qui expriment leur densité.*

Si l'on pouvait se procurer deux cordes de substances telles que le rapport de leurs densités fût $\frac{1}{4}$, ces cordes ayant même longueur, même diamètre et étant également tendues, on constaterait que le son, rendu par la corde ayant la plus faible densité, serait l'octave du son rendu par l'autre corde, ce qui démontrerait la loi.

On peut résumer les quatre lois qui précèdent par la formule suivante :

$$n = \frac{1}{2\,rl} \sqrt{\frac{g\mathrm{P}}{\pi d}},$$

dans laquelle *n* représente le nombre des vibrations de la

corde employée, r son rayon, l sa longueur, d sa densité, P la valeur du poids tenseur, g le nombre qui mesure l'intensité de la pesanteur (5,58) et π le rapport de la circonférence au diamètre.

408. Application des lois des vibrations aux instruments à cordes. — Les lois précédentes trouvent leur application dans la construction et le mécanisme des instruments à cordes.

Dans quelques-uns, comme la harpe et le piano, il existe un très grand nombre de cordes correspondant à des sons déterminés. Pour obtenir la diversité des hauteurs, on emploie des cordes de longueurs, de densités et de diamètres différents, et surtout on fait varier leur tension. Le travail de l'accordeur de pianos consiste à régler cette tension ; de même, le violoniste est obligé *d'accorder* son instrument en réglant la tension des cordes. On fait vibrer les cordes d'une harpe en les pinçant avec les doigts, celles d'un piano en les frappant avec de petits marteaux actionnés par les touches sur lesquelles on appuie.

Dans la mandoline, la guitare, le violon et autres instruments analogues, le nombre des cordes est restreint, mais chaque corde peut donner plusieurs sons qu'on obtient en en faisant varier la longueur. Ainsi, dans le violon, tandis que l'archet, manœuvré avec la main droite, fait vibrer une corde, les doigts de la main gauche donnent à cette corde la longueur correspondant au son qui doit être obtenu.

Le *sol* du violon, le *sol* et le *do* de l'alto et du violoncelle, le *la* et le *mi* de la contrebasse (4 cordes) sont des *cordes filées*, c'est-à-dire des cordes de boyau enveloppées d'un fil de laiton argenté ; cette disposition a pour but de rendre les cordes plus massives, ce qui en abaisse le son (4ᵉ loi), tout en permettant de les tendre fortement ; on peut remarquer, en effet, que les sons d'une corde sont d'autant plus purs qu'elle est plus tendue.

Dans le piano, trois cordes en acier correspondent à chaque son ; cependant, pour les sons graves, on emploie seulement deux cordes filées, ou même une seule pour les sons très graves. Les cordes sont frappées au septième ou au neuvième de leur longueur, pour éteindre certains harmoniques discordants, par des marteaux recouverts de feutre, afin d'atténuer l'importance des autres harmoniques.

TUYAUX SONORES

409. **Tuyaux sonores.** — Les colonnes d'air contenues dans les tuyaux peuvent être mises en vibration et forment de véritables corps sonores.

Les tuyaux employés pour produire des sons sont de deux sortes : les *tuyaux à embouchure de flûte* et les *tuyaux à anche*.

410. **Tuyaux à embouchure de flûte.** — La figure 210 représente la coupe d'un tuyau à embouchure de flûte. A est la cavité du tuyau, qui est prismatique ou cylindrique ; P est le *pied*, qui donne entrée au courant d'air lancé par un soufflet. Dans sa partie inférieure, le tuyau est réduit à un canal *i*, qui se termine par une fente laissant sortir le courant et qu'on nomme *lumière*. L'air, en sortant, va frapper un biseau *b* et s'échappe par l'ouverture *ob*, limitée par une partie taillée en biseau. Il résulte du choc de l'air contre le biseau que la tranche en contact avec lui se comprime, augmente de pression, réagit en se dilatant pour se comprimer de nouveau : de là une série de vibrations, qui se communi-

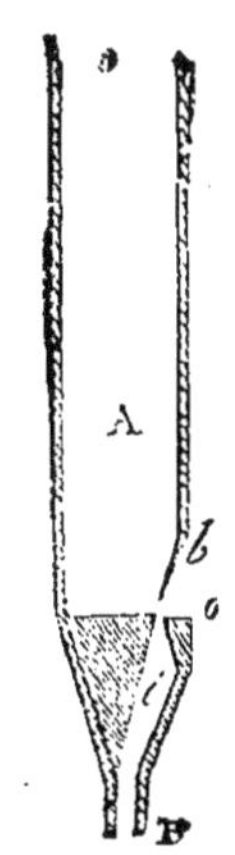

Fig. 210. — Tuyau à embouchure de flûte.

quent à l'air du tuyau et le font résonner.

Nous avons déjà montré (369) que, lorsqu'un tuyau rend un son, le gaz contenu dans le tuyau est en vibration.

Lorsqu'on souffle dans une flûte, dans une bouteille, dans le trou d'une clé, les lèvres forment la lumière; les parois de l'objet forment le biseau. Il est facile de constater que le son monte avec la vitesse du vent insufflé et lorsqu'on rapproche la bouche du biseau.

Dans les sifflets de machines à vapeur, c'est la vapeur qui, en venant frapper sur les bords d'un timbre, produit le son; lorsque le vent souffle dans les arbres et sur les fils télégraphiques, la production du son se fait d'une manière identique.

411. **Tuyaux à anches.** — L'anche se compose d'une lame métallique AB (fig. 211), dont on peut régler la longueur de la partie vibrante à l'aide d'une tige CD, appelée *rasette*. L'air comprimé ne peut s'échapper qu'en soulevant la baguette : celle-ci revient à sa position primitive en vertu de son élasticité, est soulevée de nouveau, et ainsi de suite.

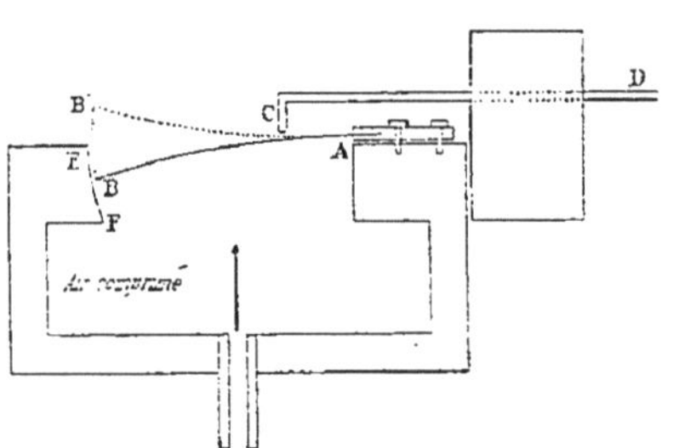

Fig. 211. — Tube libre.

Il en résulte des vibrations produisant un son, dont la hauteur dépend de la longueur de la partie vibrante. Aussi la rasette permet-elle d'accorder facilement le tuyau.

C'est exactement ainsi que fonctionnent les anches des harmoniums. Quelquefois, comme dans la clarinette, les saxophones, etc., l'anche vient battre contre les bords de l'instrument, on la dit *anche battante*.

412. **Lois des harmoniques.** — La hauteur du son rendu par un tuyau sonore dépend à la fois de la rapidité du courant d'air et de la longueur du tuyau. Nous nous occuperons d'abord de l'influence de la rapidité du courant d'air.

Un même tuyau, *ouvert* ou *fermé* à sa partie supérieure,

peut rendre des sons différents, quand on fait varier la vitesse du courant d'air.

Pour le démontrer, on monte sur une soufflerie un tuyau portant à sa partie inférieure un robinet, et l'on peut constater que, si l'on fait varier la vitesse du courant d'air en ouvrant plus ou moins le robinet, et en appuyant plus ou moins sur le soufflet de la soufflerie, le tuyau rend des sons de hauteurs différentes. Le son entendu, quand la vitesse du courant d'air est la plus faible, est le son le plus grave ou *son fondamental*; les sons plus aigus sont les harmoniques du son fondamental.

1° Si le tuyau est *fermé*, l'expérience montre que les différents harmoniques rendus par le tuyau correspondent à des nombres de vibrations, qui sont entre eux comme les nombres impairs :

$$1, 3, 5, 7, 9, 11, \text{etc.}$$

2° Si le tuyau est *ouvert*, la série des harmoniques se compose de sons dont les nombres de vibrations sont entre eux comme la suite naturelle des nombres :

$$1, 2, 3, 4, 5, 6, 7, \text{etc.}\ldots$$

413. Lois des longueurs. — 1° *Les nombres de vibrations correspondant au son fondamental rendu par des tuyaux de même espèce (ouverts ou fermés), mais de longueurs différentes, sont inversement proportionnels à ces longueurs.*

Pour établir cette loi, on prend, par exemple, trois tuyaux ouverts ou trois tuyaux fermés, dont les longueurs soient entre elles comme sont les nombres $1, \frac{4}{5}, \frac{2}{3}$; on les monte sur une soufflerie, et, quand on fait rendre à chacun le son fondamental, on constate que les trois sons constituent *l'accord parfait*. Or, on sait que les trois notes de l'accord parfait correspondent à des nombres de vibrations qui sont entre eux comme les nombres $1, \frac{5}{4}, \frac{3}{2}$.

2° Le son fondamental d'un tuyau fermé est l'octave grave du son fondamental d'un tuyau ouvert de même longueur.

On démontre cette loi en adaptant à une soufflerie un tuyau ouvert donnant, par exemple, la note sol_3 ; si l'on ferme ce tuyau par une paroi solide placée à son extrémité supérieure, il rendra la note sol_2.

Il résulte de là qu'un *tuyau fermé donne le même son fondamental qu'un tuyau ouvert de longueur double.*

Pour le démontrer, on monte sur une soufflerie un tuyau ouvert qui, en son milieu, présente une ouverture à travers laquelle peut glisser une plaquette B (fig. 212). La plaquette étant en dehors, on fait rendre au tuyau le son fondamental, puis on fait glisser la plaquette de manière à fermer le tuyau en son milieu. On a ainsi un tuyau fermé, dont la longueur est la moitié de celle du tuyau ouvert. On constate alors que le son n'a pas changé.

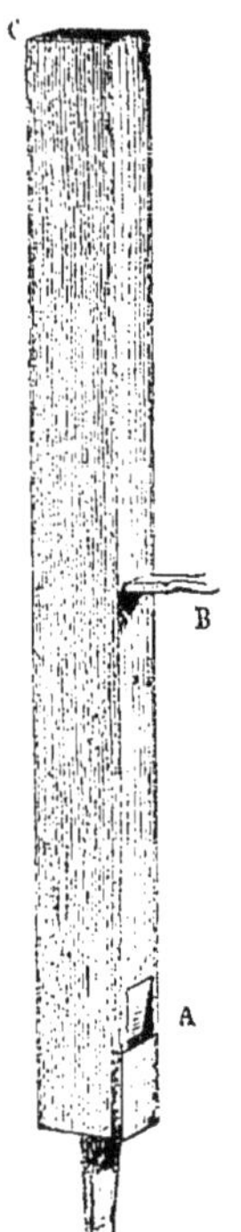

Fig. 212. — Un tuyau fermé donne le même son fondamental qu'un tuyau ouvert de longueur double.

414. Instruments à vent. — Dans les instruments à vent, l'air est tantôt ébranlé par une embouchure de flûte, tantôt par une anche.

415. Instruments à embouchure de flûte. — Parmi ces instruments, nous citerons la *flûte*, la *flûte de Pan*, le *sifflet*, le *fifre*, le *flageolet*, l'*orgue*, (pour certains tuyaux). Dans la flûte, l'air est lancé dans une direction transversale à la longueur de l'instrument. Cette circonstance influe sur la qualité du son. Quand tous les trous de la flûte sont bouchés, on obtient, comme dans les tuyaux ouverts, les harmoniques du son fondamental en faisant varier la vitesse du courant d'air et la distance des lèvres au bord du trou qui sert de biseau. Pour obtenir les sons intermédiaires entre les harmoniques, on ouvre des trous latéraux.

Dans le flageolet, l'embouchure est faite comme celle du tuyau d'orgue (fig. 210).

415 Instruments à anches. — On peut les diviser en instruments à anches proprement dits ou *à bec* et en instruments *à bocal*. Parmi les premiers, nous citerons la *clarinette*, le *hautbois*, le *saxophone*, certains tuyaux d'orgue, l'*harmonium*; tous ces instruments ont des trous qui, ouverts ou fermés par les doigts ou par des clefs, servent, comme dans la flûte, à modifier la hauteur des sons rendus. Dans la clarinette, l'anche est formée d'une lame de roseau qu'on fait vibrer par le souffle. On fait varier le son en limitant plus ou moins, par la pression des lèvres, la longueur de la partie vibrante : les lèvres jouent alors le rôle de la rasette dans les tuyaux d'orgue. Dans le hautbois et le basson, le bec est formé de deux lames minces et élastiques entre lesquelles on souffle, et que les lèvres pressent en des points plus ou moins voisins de l'extrémité libre.

Parmi les instruments à bocal, nous citerons le *cor*, la *trompette*, le *clairon*, le *trombone*, l'*ophicléide*, le *cornet à pistons*, la *trompette à pistons*. Dans tous ces instruments, ce sont les lèvres de l'exécutant, qui jouent le rôle d'anche double, à tension variable au gré du musicien. Elles vibrent dans une cavité, qui se trouve à l'entrée de l'instrument et qu'on appelle l'*embouchure*. La colonne d'air vibre à l'unisson des lèvres. Le tube, ordinairement en laiton, s'élargit de plus en plus et se termine par une partie, qui s'évase brusquement et qu'on nomme le *pavillon*.

Dans le cor, qui donne les harmoniques d'un tuyau ouvert, 1, 2, 3, 4, 5, 6, 7, etc., on modifie les sons en obstruant plus ou moins avec la main l'ouverture du pavillon.

Dans le trombone à coulisse, on allonge et l'on raccourcit le tuyau au moyen d'un tirage, qui glisse dans l'instrument. Dans le cornet à pistons, dans la trompette à pistons, etc., le jeu des pistons a pour effet d'introduire dans la colonne d'air des longueurs supplémentaires, qui modifient la hauteur des sons.

417. Expériences simples. — Tendre une longue corde et donner un coup sec près de l'une des extrémités : l'ébranlement se propage dans toute la longueur et se réfléchit en sens inverse ; les vibrations sont dites transversales ; dans un tuyau, elles sont longitudinales.

A défaut de sonomètre, on peut vérifier la loi des longueurs au moyen d'un violon ; pour cela, on mesure exactement la partie vibrante de l'une des cordes ; en appuyant avec le doigt, on en réduit ensuite la longueur successivement aux $\frac{8}{9}$, aux $\frac{4}{5}$, aux $\frac{3}{4}$, etc., de la longueur primitive ; on entend alors les différents sons de la gamme.

Sans démontrer d'une façon précise la loi des tensions, on peut constater facilement qu'on obtient un son d'autant plus élevé que la tension est plus grande ; remarquer d'ailleurs que l'instrumentiste tend davantage une corde, si le son qu'elle rend à vide est trop bas, et inversement.

Faire observer que les cordes en boyau donnent des sons plus aigus que les cordes en métal, ce qui est conforme à la loi des densités. Remarquer encore que le *la* et le *ré* d'un violon, généralement en boyau, ne diffèrent que par leur diamètre, la plus petite correspondant au *la*, la plus grosse au *ré*.

Démontrer les lois des tuyaux ouverts et des tuyaux fermés ; à défaut de soufflerie, on obtiendra des sons en soufflant avec la bouche. On peut aussi se servir d'un tube de verre de 5 à 6 millimètres de diamètre, ouvert à ses deux extrémités : on soufflera sur le bord en laissant d'abord l'autre extrémité ouverte, puis en la fermant avec le doigt : le second son est l'octave grave du premier. Si l'on donne au tube de verre une longueur de 45 millimètres, on obtient un excellent diapason normal.

Avec un instrument de cuivre, par exemple un cornet à pistons, on peut montrer que les différents sons donnés par l'instrument, sans que la longueur du tuyau change, sont ceux dont les nombres de vibrations sont entre eux comme la suite naturelle des nombres. Il suffit, pour obtenir ces divers sons de pincer d'autant plus les lèvres que le son qu'on veut obtenir est plus élevé ; c'est ce que fait naturellement l'instrumentiste.

Faire remarquer que le clairon ne donne ni le son fondamental, ni le premier harmonique.

Le sifflet en bois que savent construire les enfants est un tuyau à embouchure de flûte. On construit facilement un sifflet (tuyau à anche battante, à l'aide d'une paille creuse dont on ferme une des extrémités par un nœud en entaillant une petite languette près de ce nœud.

OPTIQUE

CHAPITRE PREMIER

Sources lumineuses. — Ombre et pénombre. Photométrie.

418. Lumière. — *L'optique* est la partie de la physique qui s'occupe de l'étude des phénomènes lumineux.

La *lumière* ([1]) est l'agent qui, établissant une communication entre notre œil et les objets extérieurs, nous les rend visibles.

Nous ne savons rien sur la nature même de la lumière, et les physiciens en sont réduits à des hypothèses expliquant les faits observés. Newton admettait la *théorie de l'émission*, qui rend compte des phénomènes de l'optique, en supposant que les corps lumineux lancent à chaque instant dans l'espace des particules lumineuses, qui, douées d'une très grande rapidité, viennent frapper notre œil et lui font subir une impression que le nerf optique transmet au cerveau. Descartes admit une théorie, acceptée aujourd'hui par tous les physiciens. Elle consiste à supposer que l'agent lumineux est un fluide impondérable, appelé

([1]) La lumière se propage dans le vide, puisqu'elle nous arrive du soleil, de la lune et des astres, à travers les espaces vides interplanétaires. On admet qu'elle s'y propage, grâce à l'existence d'un milieu hypothétique, appelé *éther*.

éther, répandu partout dans l'espace, remplissant tous les corps, immobile, mais capable de transmettre les vibrations exécutées à la surface des corps lumineux, de même que l'air et les milieux pondérables transmettent les vibrations des corps sonores. Ce sont ces vibrations qui, en arrivant sur l'organe de la vision, y produisent la sensation de lumière. La théorie des ondulations permet d'expliquer tous les phénomènes lumineux et de prévoir des conséquences que l'expérience vérifie ; c'est ce qui l'a fait adopter par les physiciens, tandis qu'ils rejetaient celle de l'émission, incompatible en plusieurs points avec les résultats de l'observation.

419. **Classification des corps au point de vue lumineux.** — Parmi les corps de la nature, les uns sont lumineux par eux-mêmes (soleil, étoiles, flamme de bougie, etc.) : on les appelle sources lumineuses ; les autres ne le sont pas, mais deviennent visibles pour nous en nous renvoyant la lumière qu'ils reçoivent des premiers (la lune, les planètes).

Quand nous sommes dans un espace fermé de toutes parts, une cave par exemple, les objets qui s'y trouvent ne sont pas visibles pour nous : ils le deviennent, dès que nous allumons une bougie, parce qu'ils nous renvoient la lumière qu'ils ont reçue de la bougie.

La lune n'est pas par elle-même un corps lumineux : elle n'est visible pour nous que parce qu'elle nous renvoie la lumière qu'elle reçoit du soleil.

Les corps non lumineux par eux-mêmes se subdivisent en quatre groupes : 1° les corps *opaques*, imperméables à la lumière ; 2° les corps *diaphanes* ou *transparents incolores*, qui se laissent traverser par la lumière et au travers desquels on distingue nettement la couleur, la forme des objets (air, verre poli) ; 3° les corps *transparents colorés*, qui donnent une teinte particulière à la lumière (verres colorés, dissolutions colorées) : 4° enfin les corps *translucides*, qui, n'ayant qu'une demi-transparence, laissent passer la lumière, mais ne permettent pas de distinguer les formes (papier huilé, verre dépoli...).

420. La lumière se propage en ligne droite dans un milieu homogène. — Un rayon de soleil, qui entre dans une chambre obscure par un trou pratiqué dans un des volets, y trace une trainée lumineuse rectiligne. Cette expérience prouve que la lumière se propage en ligne droite, et nous percevons la direction rectiligne, parce que la lumière éclaire sur son passage les poussières qui sont en suspension dans l'air.

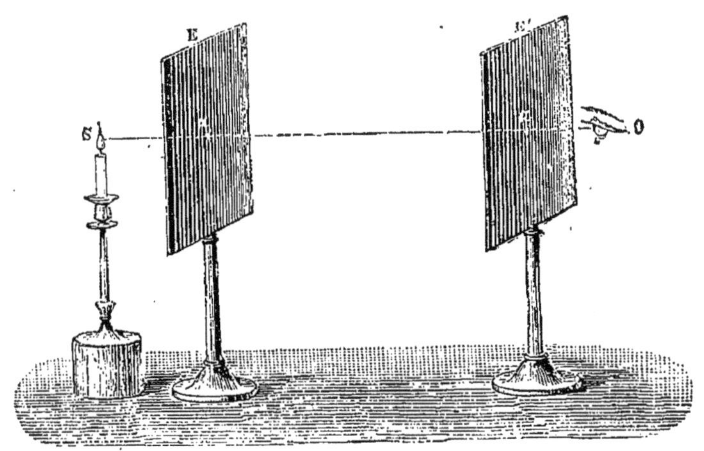

Fig. 213. — La lumière se propage en ligne droite.

On peut aussi démontrer le principe de la propagation rectiligne de la lumière en disposant une source lumineuse vis-à-vis d'un écran E (fig. 213), percé d'un petit trou a et placé de telle manière que Sa soit perpendiculaire au plan de l'écran. Puis on place un second écran E percé d'un trou a', et de telle sorte que les points S, a, a' soient en ligne droite ; si l'on applique l'œil en O derrière le trou a, on voit la source lumineuse, ce qui prouve que la lumière a suivi la ligne droite Saa' ; mais, si l'on dérange l'un des écrans de manière que les trois points ne soient plus en ligne droite, l'œil n'aperçoit plus la source lumineuse, ce qui prouve que la lumière ne suit pas dans sa propagation la ligne brisée ainsi formée. Le milieu homogène, dans lequel se propage ici la lumière, est l'air,

La ligne droite suivie par la lumière est appelée *rayon lumineux* (¹). L'ensemble de plusieurs rayons émanant d'un même corps se nomme *faisceau lumineux.*

Le mode de propagation de la lumière va nous permettre d'expliquer le phénomène des ombres et celui de la chambre obscure.

421. **Ombre et pénombre.** — Quand un corps opaque est placé sur le trajet des rayons lumineux, il les arrête dans leur marche et derrière lui se produit une

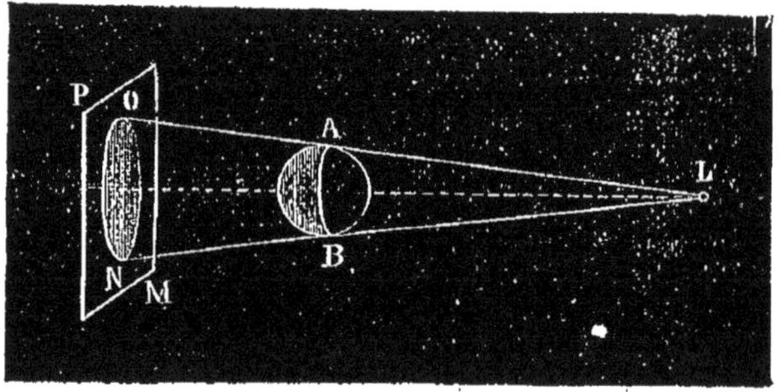

Fig. 214. — Ombre.

ombre, c'est-à-dire que les corps qui le suivent, et qui sans lui recevraient les rayons de la source lumineuse, en sont privés et restent dans l'obscurité. Suivant que la source lumineuse se réduit à un point ou possède des dimensions finies, les phénomènes sont différents.

Supposons d'abord le premier cas. Le point lumineux L

____

(¹) En réalité, la lumière résulte d'un mouvement vibratoire qui a lieu dans le sens perpendiculaire à celui de la propagation, comme le fait une corde de violon frottée par l'archet. Il n'existe donc pas de rayon lumineux proprement dit ; mais tous les phénomènes se passent comme si ce rayon existait réellement et se propageait en ligne droite. Pour la commodité du langage, nous emploierons donc toujours l'expression de rayon lumineux, bien qu'elle ne réponde pas à la réalité d'un fait.

(fig. 214) envoie des rayons dans tous les sens ; si l'on place un corps opaque AB entre lui et l'écran PM, ce dernier, qui auparavant était complètement éclairé, reste obscur dans la partie ON, qui est dite *l'ombre portée* par le corps F. On voit que, si l'on suppose le corps AB enveloppé par les rayons lumineux, on obtiendra un cône dont le sommet sera en L, qui sera lumineux dans toute la partie située à droite de AB, obscur dans la partie située à gauche.

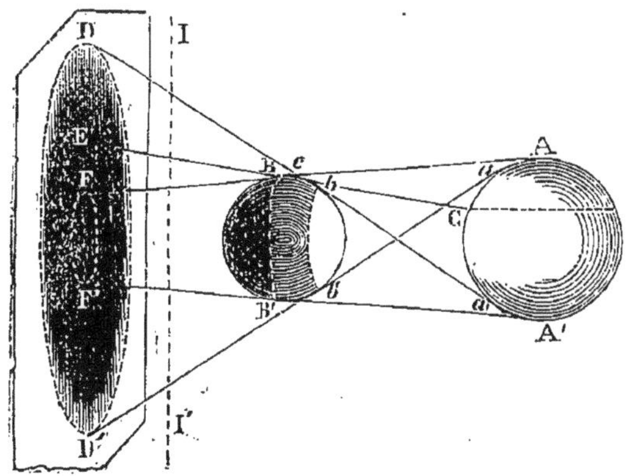

Fig. 215. — Pénombre.

La région de l'espace située dans la partie gauche du cône étant dans *l'ombre*, tous les points qui sont dans cette région seront privés de la lumière émise par le point L. L'intersection de ce cône avec l'écran PM détermine les limites de l'ombre portée par le corps AB sur l'écran. Ces limites sont parfaitement définies ; il y a obscurité complète dans la partie ON de l'écran, éclairement partout ailleurs. On voit aussi que toute la partie gauche de la sphère sera privée de lumière et toute la partie droite éclairée.

Nous avons supposé la source lumineuse réduite à un point mathématique. Supposons maintenant qu'elle ait des dimensions qui ne soient pas négligeables. Alors le phénomène change, et, au lieu d'avoir sur l'écran deux régions seulement, l'une éclairée, l'autre privée de lumière, on en a trois, la partie extérieure qui est éclairée, une partie centrale FF' (fig. 215), totalement privée de lumière, c'est l'*ombre ;* entre ces deux régions, une partie intermédiaire FDF'D', moins éclairée que la partie extérieure et plus éclairée que la partie centrale : cette région moyenne s'appelle la *pénombre ;* elle présente une teinte *grise.*

422. **Eclipses de lune et de soleil.** — L'explication des éclipses de lune et de soleil repose sur le phénomène que nous venons d'étudier.

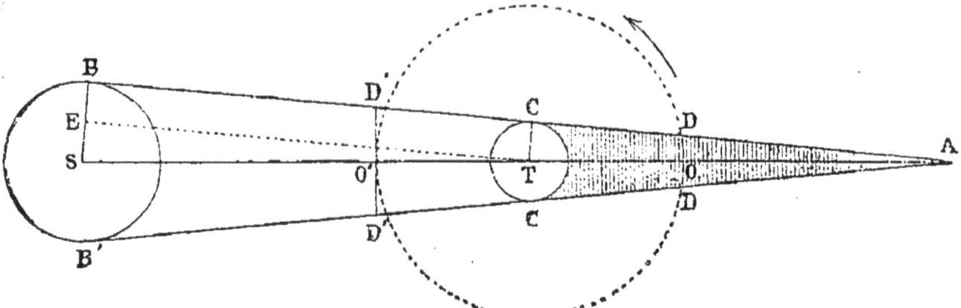

Fig. 216. — Éclipse de lune.

Il faut d'abord savoir : 1° que la terre tourne autour du soleil et met un an à effectuer cette révolution ; 2° que la lune tourne autour de la terre et effectue cette révolution en 29 jours environ.

Supposons que le soleil soit représenté (fig. 216) par un cercle de centre S et la terre par un cercle de centre T. La lune décrit autour de la terre un cercle dans le sens représenté par la flèche. La terre, comme on le voit sur la figure, projette derrière elle, par rapport au soleil, un cône d'ombre dont le sommet est en A. Quand la lune pénètre dans ce cône, elle ne reçoit plus les rayons du soleil et cesse d'être lumineuse : il y a *éclipse de lune.* L'éclipse est *totale* ou *partielle*, suivant que la lune entre *totalement* ou *partiellement* dans le cône d'ombre.

Lorsque la lune L (fig. 217) se place entre le soleil S et la terre T, elle projette derrière elle un cône d'ombre. Si ce cône rencontre la terre comme en *ab*, il y a éclipse de soleil pour tous les points de la terre situés en *ab*. L'éclipse est totale pour tous ces points.

Mais, si nous considérons les points situés comme *m*, sur les parties rencontrées par le cône de pénombre qui est le cône circonscrit intérieurement au soleil et à la lune et qui rencontre la terre suivant *cd*, il y a pour ces points éclipse *partielle* ; une personne placée en *m* ne verra pas la partie B′A dont aucun rayon ne pourra lui arriver, mais elle verra la partie BH.

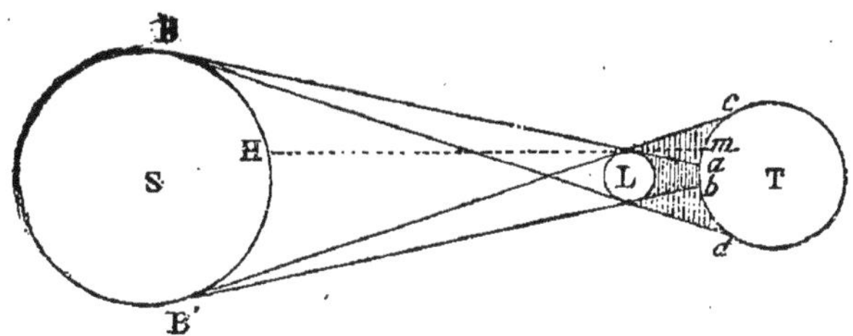

Fig. 217. — Éclipse de soleil.

En un point donné, les éclipses de lune sont plus fréquentes que les éclipses de soleil, parce que les premières sont vues à la fois par presque tous les habitants d'une moitié de la terre, tandis que les secondes le sont seulement dans les régions où s'étend la tache d'ombre projetée par la lune.

Ainsi, dans le dix-neuvième siècle, il n'y a eu que 39 éclipses de soleil visibles à Paris, tandis qu'il y en a eu 73 de lune. Mais il y a lieu de remarquer qu'en réalité les éclipses de soleil sont plus fréquentes que les éclipses de lune, parce que la section D′D′ (fig. 216) du cône circonscrit au soleil et à la terre est plus grande que la section DD.

423. **Images dans la chambre obscure.** — Le principe de la propagation rectiligne de la lumière conduit à l'explication des phénomènes observés dans une chambre obscure où la lumière pénètre par une ouverture étroite.

Si l'on reçoit sur un écran blanc les rayons venant d'une source de lumière, ou renvoyés par les objets qu'elle éclaire au dehors, on voit se peindre l'image de cette source ou de ces objets, image bien définie quand l'ouverture du volet est petite, devenant plus vague et disparaissant même quand les dimensions de cette ouverture augmentent. Ces images sont du reste renversées par rapport aux objets éclairés et conservent les couleurs des points représentés.

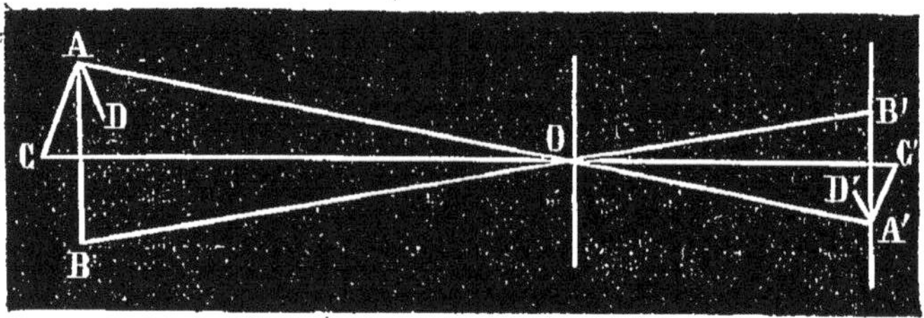

Fig. 218. — Images dans la chambre obscure.

La figure 218 permet d'expliquer ces phénomènes. Soient AB la source lumineuse, AC, AD des objets éclairés par elle, O l'ouverture du volet. Les rayons, qui partent

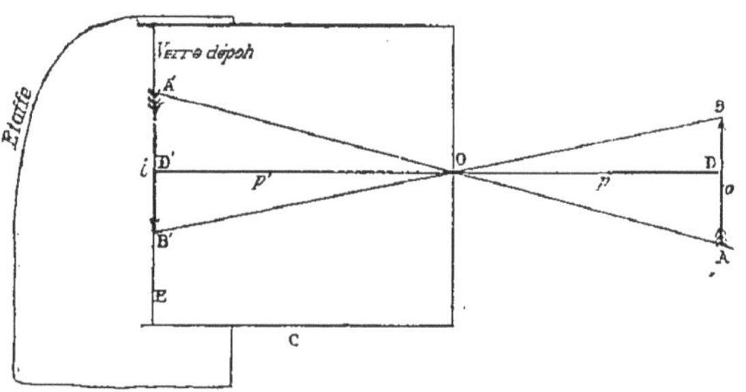

Fig. 219. — Images dans la chambre obscure.

des différents points A, B, C, D, viennent faire dans la chambre obscure, sur un écran, de petites taches lumineuses A', B', C', D', qui conservent la teinte des objets correspondants et la forme de l'ouverture. Si celle-ci est petite, toutes ces taches se réduisent à des points lumineux dont l'ensemble reproduit l'image des objets, et, comme on le voit, le point A, qui est au-dessus de la ligne horizontale CC′, donne son image en A′ au-dessous de cette ligne. Si l'ouverture devient plus grande, les taches lumineuses acquièrent des dimensions finies, se recouvrent l'une l'autre et la netteté disparaît.

La figure 219 montre ce qui se passe sur le fond d'une boîte obscure, dans la paroi de laquelle on a pratiqué une petite ouverture O : l'objet lumineux AB, placé en avant de cette ouverture, donne son image renversée ; la grandeur de l'image A′B′ est à celle de l'objet AB dans le rapport de leurs distances p' et p à l'ouverture O ; ce rapport est appelé le *grossissement* de l'appareil.

424. **Images du soleil.** — Le soleil peut donner son image dans la chambre obscure. Si l'écran est perpendiculaire à la direction des rayons lumineux, l'image sera ronde ; elliptique, quand il sera incliné sur eux.

On se rend compte de la même manière des images fournies par le soleil, quand sa lumière passe à travers les intervalles que laissent entre elles les feuilles des arbres.

Pendant les éclipses de soleil, quand la partie visible de cet astre a la forme d'un croissant, par exemple, les images, que donnent sur le sol les rayons lumineux qui traversent les interstices des feuilles, ont aussi la forme d'un croissant.

425. **Vitesse de la lumière.** — Différents physiciens se sont occupés de rechercher la vitesse de la lumière ; les résultats auxquels ils sont arrivés diffèrent peu entre eux et l'on peut dire que la lumière se propage, dans l'air et dans le vide, avec une vitesse de 3oo'ooo kilomètres par seconde. Cette vitesse est considérablement plus grande que celle des phénomènes usuels ; ainsi la vitesse maximum d'un obus est de 1 kilomètre par seconde ; malgré sa grande vitesse, la lumière du soleil met 8^m,18^s pour arriver à la

terre ; celle de l'étoile la plus rapprochée emploie plus de trois ans pour nous arriver.

Il faut remarquer que cette vitesse varie considérablement suivant les milieux traversés ; ainsi, à travers une couche d'eau, la vitesse de propagation de la lumière n'est que les $\frac{3}{4}$ de la précédente.

PHOTOMÉTRIE OU MESURÉ DE L'INTENSITÉ
DE DEUX SOURCES LUMINEUSES

426. — L'œil distingue deux éléments différents dans ses sensations, la *couleur* et *l'intensité* ; il n'apprécie avec exactitude que l'égalité d'intensité, et encore lorsque les deux intensités comparées sont produites par des sources de même couleur. On donne le nom de *photométrie* à la partie de la physique qui s'occupe de la mesure des intensités des sources lumineuses.

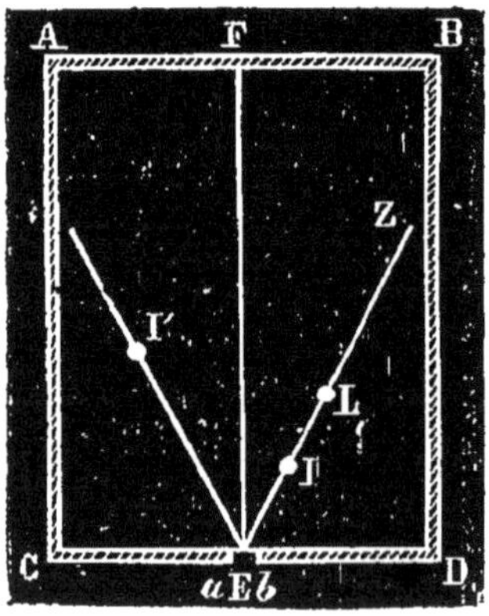

427. **Intensité de la lumière.** — On dit que deux sources lumineuses ont la même intensité, lorsque ces sources, placées dans les mêmes conditions de distance et d'inclinaison par rapport à deux surfaces de même nature, éclairent ces deux surfaces de manière que chacune d'elles produise

Fig. 220. — Photomètre.

sur l'œil la même sensation. Si la sensation produite par les deux surfaces n'est pas la même, on dit que les deux sources A et B n'ont pas la même intensité lumineuse. On admet de plus que lorsque deux, trois ou quatre sources identiques éclairent une surface, l'éclairement produit, ou la quantité de lumière reçue par cette surface est deux, trois, quatre fois plus grand que s'il n'y avait qu'une source.

L'intensité de lumière reçue par une surface est en raison inverse du carré de la distance de la source à la surface : cela veut dire que, si la source est placée successivement à des distances 1, 2 et 3 de la surface, celle-ci reçoit des quantités de lumière, qui sont entre elles comme les nombres $1, \frac{1}{4}, \frac{1}{9}$.

On peut démontrer cela par le raisonnement, mais l'expérience permet aussi d'établir cette loi directement. On prend une grande caisse ABCD (fig. 220), noircie en dedans et partagée en deux par une cloison opaque FE ; sur la surface CD est une fenêtre *ab.* bouchée avec un verre dépoli ou avec une feuille de papier huilé Cette fenêtre est divisée en deux parties par la cloison FE qui vient la toucher. On voit donc que, si l'on place une source lumineuse dans chaque compartiment, chacune des moitiés de la fenêtre sera éclairée par une source et ne recevra pas de lumière de la part de l'autre. En EZ, EI' sont deux règles divisées, également inclinées sur FE. Cela posé, si l'on place en I une bougie, cette bougie produira un certain éclairement sur la moitié ED ; si l'on place une bougie identique en I', point situé à une distance de E double de IE, on constate que CE n'est pas aussi éclairé que ED, ce qui prouve que l'intensité décroît quand la distance croît. De plus, on voit que, pour produire un éclairement égal sur EC et sur ED, il faut mettre en I' quatre bougies identiques à celle qui est en I. Donc l'intensité lumineuse produite par chacune des quatre bougies placées en I' est quatre fois plus petite que l'intensité produite par la bougie identique placée en I.

428. Mesure des intensités relatives de deux sources lumineuses. — On appelle *intensité i* et *i'* de deux sources lumineuses A et B les quantités de lumière qu'elles envoient sur deux surfaces *identiques et placées de la même manière* par rapport aux deux sources, c'est-à-dire à la même distance, l'unité par exemple, et sous la même inclinaison.

La photométrie repose sur le principe suivant :

Si deux sources lumineuses A et B, placées à des distances d et d' de deux surfaces identiques, produisent sur ces surfaces le même éclairement, les intensités i et i' de ces deux sources sont proportionnelles aux carrés des distances d et d', c'est-à-dire que :

$$\frac{i}{i'} = \frac{d^2}{d'^2}.$$

En effet, si i et i' représentent les intensités de ces deux sources, elles représentent la quantité de lumière que ces deux sources enverraient sur des surfaces identiques à la même distance, à l'unité de distance par exemple ; mais la source A, placée à la distance d de la surface éclairée, envoie sur elle une quantité de lumière égale à $\frac{i}{d^2}$; la source B, placée à la distance d' de la surface éclairée, envoie sur elle une quantité de lumière $\frac{i'}{d'^2}$: les deux éclairements produits étant égaux, on a $\frac{i}{d^2} = \frac{i'}{d'^2}$; d'où l'on tire $\frac{i}{i'} = \frac{d^2}{d'^2}.$

429. — La photométrie emploie des appareils appelés *photomètres* ; nous décrirons les plus simples.

1° *Photomètre de Bouguer.* — Le photomètre de Bouguer n'est autre que l'appareil que nous avons décrit (426). Les deux règles étant également inclinées sur les surfaces EC et ED, *identiques et égales*, on place les deux sources qu'il s'agit de comparer, une lampe et une bougie, par exemple, l'une sur la règle EZ l'autre sur l'autre règle, et l'une des sources restant fixe, on éloigne ou l'on rap-

proche l'autre de manière que les éclairements soient
égaux ; on mesure alors les distances d et d' des sources
aux surfaces éclairées, et le rapport des intensités est
donné par la relation :

$$\frac{i}{i'} = \frac{d^2}{d'^2}.$$

2° *Photomètre de Foucault.* — Foucault a construit, pour
la Compagnie parisienne d'éclairage par le gaz, un photomètre généralement adopté aujourd'hui et qui a l'avantage de présenter une identité absolue entre les deux surfaces dont on compare
l'éclairement. Les deux
sources lumineuses A et
B agissent séparément sur
une lame de porcelaine
verticale MN (fig. 221),
assez mince pour être translucide. Cette lame de porcelaine est souvent rem-
placée par une lame de
verre recouverte d'un dé-
pôt adhérent de grains
d'amidon. La porcelaine et

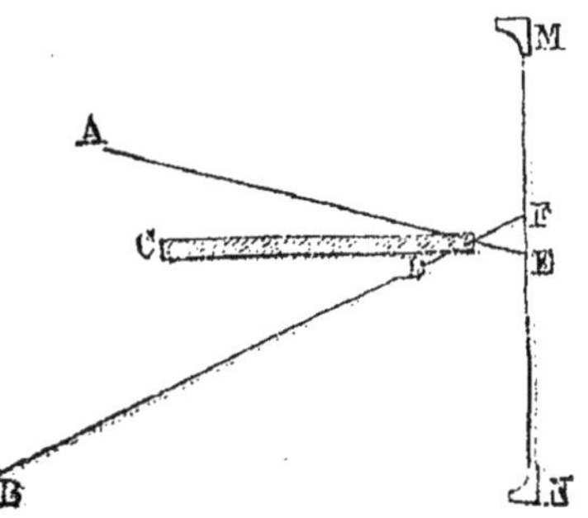

Fig. 221. — Photomètre de
Foucault.

le verre amidonné présentent l'un et l'autre sur toute leur
surface une homogénéité que ne possèdent jamais le verre
dépoli, ou le papier huilé, dont on s'est souvent servi. Un
écran vertical et opaque CD est situé derrière MN et sépare
les deux sources A et B. Le plan vertical AE, mené par A
et par le bord de l'écran, limite évidemment la partie ME
éclairée par A, et le plan vertical BF, mené par B et par
le bord de l'écran, limite la partie FN éclairée par B. En
FE, on obtient une bande plus éclairée que le reste de la
surface MN, puisque en FE arrivent les rayons des deux
sources. On rapproche l'écran CD de MN, de manière que
la bande lumineuse soit aussi étroite que possible, et l'on
fait varier les distances d et d' de A et de B à MN jusqu'à

ce que les deux parties MF et EN, séparées par la bande,
soient aussi éclairées l'une que l'autre. On mesure alors
les distances d et d', et l'on calcule le rapport des intensités lumineuses i et i' de A et B à l'aide de la relation :

$$\frac{i}{i'} = \frac{d^2}{d'^2}.$$

3° *Photomètre de Rumford*. — On a aussi employé le photomètre de Rumford, moins précis que celui de Foucault. Un
écran translucide MN (fig. 222) est placé verticalement sur une
table : derrière lui est disposée verticalement une tige A cylindrique et opaque. Sur des lignes également inclinées par rapport

Fig. 222. — Photomètre de Rumford.

à l'écran, on place les deux sources lumineuses à comparer L et L'.
La tige projette sur l'écran deux ombres correspondant chacune
à l'une des sources lumineuses : mais il est évident que l'ombre
de L est éclairée par L', et réciproquement. Si les deux sources
ne sont pas également intenses, elles ne produiront pas le même
éclairement sur les deux ombres quand elles seront à égale distance de MN : pour produire le même éclairement et, par conséquent, la même teinte des ombres, il faudra donc placer les

sources lumineuses à des distances d et d' de l'écran. Le rapport des intensités i et i' sera alors donné par la relation $\dfrac{i}{i'} = \dfrac{d^2}{d'^2}$.

Pour faciliter l'observation, on dispose les sources et la tige de manière que les deux ombres soient aussi rapprochées l'une de l'autre que possible.

430. Unité d'intensité lumineuse. — En 1861, Dumas et Regnault avaient fait adopter comme unité de lumière l'intensité d'une lampe Carcel brûlant à l'heure 42 grammes d'huile de colza épurée. En Angleterre et en Allemagne, l'unité de lumière consistait en bougies de dimensions et de compositions déterminées.

En 1884, le congrès international des électriciens, sur la proposition de M. Violle, a adopté pour unité l'intensité lumineuse, dans une direction normale, d'un centimètre carré de platine à sa température de fusion. La lampe Carcel réglementaire est les 0.481 de *l'unité Violle.*

L'unité Violle étant trop grande pour les applications industrielles, le Congrès des électriciens de 1889 lui a substitué une *unité pratique*, nommée *bougie décimale*, qui vaut $\frac{1}{20}$ de l'unité Violle. Par suite, le carcel vaut

$$20 \times 0,481,$$

soit environ 10 bougies décimales. La bougie de stéarine vaut environ $\frac{1}{16}$ de violle.

Application. — *Une surface est éclairée également par un brûleur à gaz placé à $0^m,80$ de cette surface et par une lampe Carcel placée à 2 mètres ; quelle est l'intensité lumineuse du brûleur ?*

Appelons 1 l'intensité de la lampe Carcel : on a

$$\frac{i}{1} = \frac{0,8^2}{2^2} = \frac{8^2}{20^2} = \frac{64}{400} = \frac{4}{25};$$

d'où

$$i = 1 \times \frac{4}{25} = 0,16 \text{ carcel}$$

$$i = 0,16 \times 0,481 = 0,077 \text{ violle},$$

$$i = 20 \quad \times 0,077 = 1,54 \text{ bougie décimale}$$

$$i = 16 \quad \times 0.077 = 1.232 \text{ bougie de stéarine.}$$

431. Éclairement. — Dans une source lumineuse, l'élément qui importe le plus, c'est l'éclairement qu'elle peut produire, bien plus que son intensité propre ; ainsi une source intense nous est de peu d'utilité, si sa distance est trop grande. On choisit pour unité d'éclairement celui que produit une bougie de stéarine à la distance d'un mètre ; on l'appelle *bougie-mètre* ; par suite, l'éclairement produit par une source lumineuse dont l'intensité est un violle serait égal à la bougie-mètre sur une surface placée à 4 mètres de la source.

Le soleil produit un éclairement qu'on évalue à 62 000 bougies-mètre ; celui de la pleine lune est 300 000 fois moindre : il équivaudrait donc à celui d'une bougie placée à $2^m,20$.

Pour qu'on puisse lire facilement, l'éclairement doit correspondre à 10 bougies-mètre environ ; dans une pièce bien éclairée par la lumière du jour, l'éclairement peut atteindre 50 bougies-mètre. Il est facile de remarquer, le soir, qu'une pièce est d'autant moins éclairée, par une même lampe, que cette pièce est plus grande. Pour un éclairage, on doit disposer les lumières en nombre suffisant pour assurer un éclairement de 0,5 bougie-mètre par mètre cube ; la répartition convenable de ces lumières, plus encore que leur nombre, permet d'obtenir l'éclairement voulu.

Dans cette question, il y a lieu d'ailleurs de tenir compte du fait physiologique suivant : l'œil est surtout sensible au bleu pour les faibles éclairements, au rouge, pour les éclairements intenses par suite, si l'on veut obtenir un éclairement intense, on devra choisir une source de lumière rouge ; on choisira une source de lumière bleue dans le cas contraire. Ces effets de lumière sont d'une application courante au théâtre.

432. Expériences simples. — L'expérience montre que la lumière se propage en ligne droite ; c'est un fait d'expérience bien connu aussi qu'elle se propage dans toutes les directions : une bougie, placée au milieu d'une pièce, en éclaire toutes les parties.

On peut montrer la formation de l'ombre et de la pénombre en interceptant les rayons d'une bougie ou d'une lampe, au moyen d'une soucoupe de tasse à café ; suivant la distance de celle-ci à la source lumineuse, on observera que l'ombre et la pénombre croissent et décroissent en sens inverse.

Si l'on peut faire l'obscurité complète dans un appartement, approcher d'un trou percé dans un volet, ou du trou d'une serrure, une feuille de papier blanc : on verra sur celle-ci l'image du paysage extérieur.

Si l'on dispose d'un appareil à photographie, dévisser l'objectif et coller à sa place une feuille de papier noir qu'on percera d'un trou ; l'image renversée des objets placés devant l'appareil se formera sur le verre dépoli.

Pour répéter la même expérience, on peut encore construire une boîte en carton rappelant l'appareil photographique ; l'objectif sera remplacé par un petit trou et le verre dépoli par une feuille de papier légèrement huilée pour devenir translucide.

Déterminer le rapport des intensités lumineuses d'une bougie ordinaire et d'une lampe par le procédé de Rumford ; on pourra remplacer l'écran MN par une feuille de papier blanc fixée verticalement et la tige A par un porteplume fixé sur la table au moyen de la plume qu'il porte.

Faire remarquer que, vus à distance par le brouillard, les lampes électriques et les becs de gaz qui éclairent nos rues s'entourent d'une auréole et prennent une teinte rougeâtre. Il en est de même du soleil, le matin et le soir, lorsqu'il est près de l'horizon : sa lumière traverse une atmosphère chargée de vapeur d'eau et de poussières ; il est rouge, et son diamètre apparent semble avoir augmenté.

CHAPITRE II

Réflexion de la lumière.
Propriétés des miroirs plans.

433. Réflexion et réfraction de la lumière. —
Si l'on fait pénétrer un faisceau de rayons solaires dans
une chambre obscure, par une ouverture très petite T
(fig. 223) pratiquée dans l'un des volets, le faisceau illu-
mine les poussières de
l'air sur tout son tra-
jet ; on peut d'ailleurs
le rendre plus apparent
en secouant le chiffon
du tableau au-dessus
du trajet suivi.

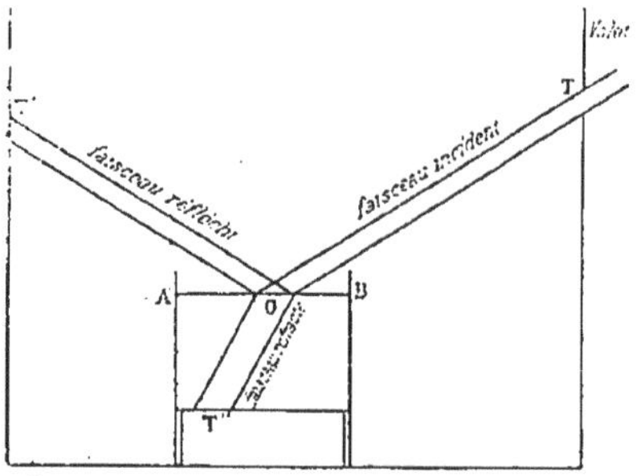

Par l'intermédiaire
d'un petit miroir, s'il
est nécessaire, recevons
ce faisceau sensible-
ment cylindrique sur
la surface O de l'eau
contenue dans une cuve en verre AB ; on remarque qu'en
O, il se divise en deux parties : l'une suit le trajet OT' et
va former une tache lumineuse sur un écran ou sur
le mur voisin ; l'autre pénètre dans le liquide suivant OT''
et dans une direction sensiblement différente de OT ; ce
second faisceau forme une tache lumineuse sur le fond de

Fig. 223. — Réflexion et réfraction
de la lumière.

la cuve, et l'on peut rendre son trajet plus apparent en versant dans l'eau quelques gouttes d'eau de chaux ou de lait,

Le faisceau de rayons OT est appelé *faisceau incident*; le faisceau OT', *faisceau réfléchi*; le faisceau OT'', *faisceau réfracté*. Cette expérience donne lieu à deux phénomènes : l'un, dit de *réflexion*, et l'autre de *réfraction*. On peut vérifier approximativement que les directions des trois faisceaux de rayons sont dans un même plan vertical et, par suite, perpendiculaire à la surface du liquide; on peut vérifier en outre, à l'aide du fil à plomb, que les directions OT et OT' forment des angles égaux avec la normale au point O.

Si l'on remplace l'eau du vase AB par du mercure ou de l'encre, le faisceau réfléchi subsiste, mais le faisceau réfracté disparaît; cela tient à ce que les milieux employés sont opaques.

Si l'on ne veut observer que le faisceau réfléchi, on peut remplacer le vase AB et son contenu par la surface d'une petite glace à main : les enfants savent ainsi renvoyer la lumière dans les yeux de leurs camarades à l'aide d'un petit miroir.

434. Lois de la réflexion de la lumière. — Le phénomène de la réflexion de la lumière est soumis aux deux lois suivantes :

1° *Le rayon réfléchi et le rayon incident sont dans le plan vertical formé par le rayon incident et la normale à la surface, au point d'incidence* ; ce plan est appelé *plan d'incidence.*

2° *Le rayon incident et le rayon réfléchi font des angles égaux avec cette normale* ; ces angles sont appelés *angle d'incidence et angle de réflexion.* Ces lois ne sont pas susceptibles d'une vérification expérimentale, puisqu'il est impossible d'isoler *un* rayon lumineux ; mais la vérification approximative faite dans l'expérience du numéro précédent montre que ces lois sont exactes en ce qui regarde les directions suivies par les faisceaux incident et réfléchi. Nous pourrons d'ailleurs constater que, dans toutes les expériences relatives à la lumière, les résultats concordent avec les conclusions auxquelles conduit l'application des deux lois de la réflexion. On doit donc les regarder commes vraies, même pour un seul rayon lumineux.

435. Diffusion ou réflexion irrégulière. — Les corps non polis, tels que les murs blancs, le papier, ont aussi la propriété de renvoyer les rayons lumineux, qui tombent sur leur surface, mais, au lieu de les renvoyer dans une direction unique, ils les renvoient dans tous les sens.

Ce phénomène n'est autre en réalité que celui de la réflexion : seulement, les corps non polis présentant des aspérités orientées dans toutes les directions, ces aspérités renvoient aussi la lumière dans toutes les directions.

C'est grâce à la diffusion des rayons lumineux produits à la surface des corps que nous pouvons voir ces corps. Supposons-nous au milieu d'une chambre parfaitement obscure : les objets qu'elle renferme ne sont pas vus par nous ; allumons une lampe, et les rayons lumineux qu'elle émet, allant frapper les corps situés dans la chambre, sont diffusés par eux dans tous les sens, et renvoyés à notre œil, qui peut alors voir des objets tout-à-l'heure invisibles pour lui.

MIROIRS PLANS

436. Miroirs. — On appelle *miroir* un corps dont la surface parfaitement polie peut réfléchir les rayons lumineux. Suivant que leur surface est plane ou courbe, les miroirs sont dits eux-mêmes plans ou courbes ; les effets produits sont différents dans les deux cas.

437. Miroirs plans. — L'expérience journalière nous apprend qu'un miroir plan nous fait voir les objets dans une position symétrique de celle qu'ils occupent par rapport à sa surface. Ainsi, si nous présentons devant un miroir MM′ (fig. 224) un objet Aa en l'inclinant par rapport à ce miroir, l'image A′a′, que nous apercevons derrière le miroir est aussi inclinée et située de telle sorte que A′, image de A, soit à une distance A′D, derrière le miroir, égale à la distance AD du point A à ce miroir. Il en est de même des images de tous les points du corps Aa.

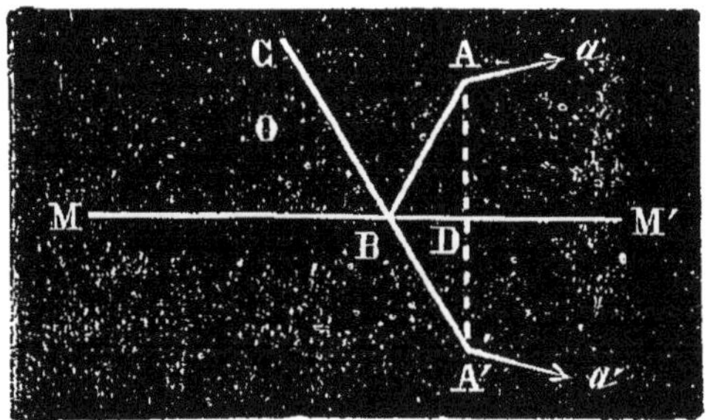

Fig. 224. — Miroirs plans.

On explique facilement ce fait expérimental en s'appuyant sur les lois de la réflexion de la lumière. Nous allons d'abord démontrer que tous les rayons lumineux émis par un point L (fig. 225) situé devant un miroir se réfléchissent de manière que les prolongements des rayons réfléchis aillent tous se couper en un point symétrique de L par rapport au plan du miroir.

Pour le prouver, considérons d'abord ce qui se passe dans un plan perpendiculaire au miroir, passant par le point L et que nous prendrons pour plan de la figure. Le miroir coupera ce plan suivant NP. Soit LE, un des rayons incidents situés dans le plan de la figure ; il se réfléchira suivant EA, et son prolongement ira rencontrer en un point L′ la perpendiculaire abaissée du point L sur le miroir. Je dis que LN = L′N. En effet, les deux triangles rectangles LNE et L′NE ont un côté égal adjacent à deux angles égaux : NE est commun ; les angles en N sont égaux, puisqu'ils sont droits ; les angles en E sont aussi égaux comme étant l'un, l'angle d'incidence, et l'autre, l'angle opposé à l'angle de réflexion. Donc LN = L'N.

Mais le raisonnement pouvant se répéter pour tout autre rayon LD émis par le point L dans le plan de la figure et réfléchi par le miroir, il en résulte que tous les rayons émis dans ce plan par le point L vont se couper en un point L' symétrique du point L. Le raisonnement que nous venons de faire n'est pas d'ailleurs particulier au

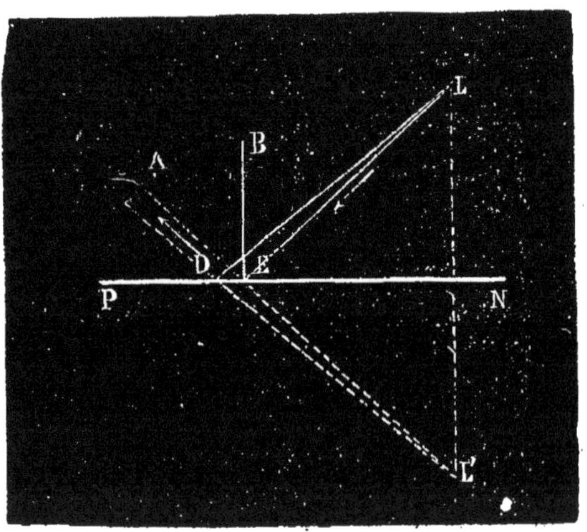

Fig. 225. — Miroirs plans (image d'un point).

plan que nous avons pris pour plan de la figure : il serait vrai pour tout autre plan passant par L et perpendiculaire au miroir. Donc tous les rayons, envoyés sur le miroir par le point L et qui constituent un faisceau conique, se réfléchissent de manière à former un second cône, dont le sommet est un point L' symétrique du point L par rapport au miroir.

Si nous supposons l'œil placé de manière qu'il reçoive ce faisceau réfléchi, il verra en L' un point lumineux qui sera dit l'*image* du point L. Ce dernier fait provient de ce

que notre œil a la propriété de percevoir non seulement
l'existence des rayons lumineux qu'il reçoit, mais aussi
leur direction. Il en résulte que notre œil, recevant un
faisceau conique, dont tous les rayons sont dirigés de telle
sorte que leurs prolongements aillent se couper au point
L′, est impressionné comme s'il y avait un point lumineux
en L′.

Pour expliquer comment se forme l'image d'un objet
LL₁ (fig. 226), il suffit de remarquer que cet objet est

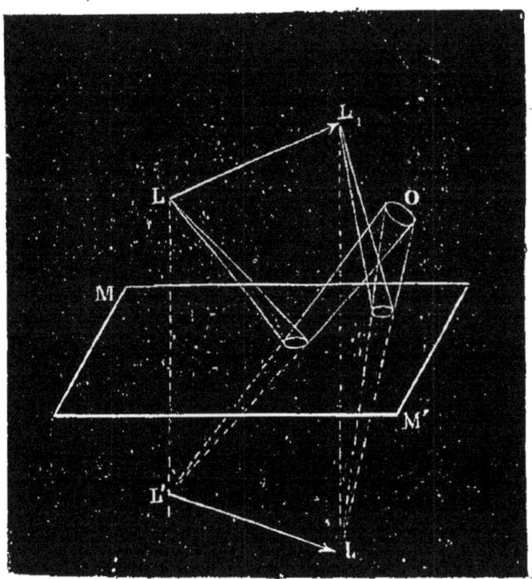

Fig. 226. — Miroirs plans (image d'un objet).

formé par une série de points lumineux, à chacun desquels
s'applique le raisonnement précédent. La figure montre,
en particulier pour L et L₁, que l'œil placé en O recevra
les cônes réfléchis provenant de ces points, et qu'il verra
en L′ et L′₁ les images des points L et L₁. Il en sera de
même pour les points intermédiaires.

438. **Images réelles et images virtuelles.** — Nous
ajouterons que l'image donnée par un miroir plan ne

constitue pas un véritable objet lumineux; elle n'existe
que pour l'œil placé sur le trajet des rayons réfléchis; elle
est dite *virtuelle*, par opposition avec les images *réelles*
fournies, dans d'autres circonstances, par l'intersection
des rayons lumineux eux-mêmes.

439. Miroirs angulaires. — Si deux miroirs plans
sont inclinés l'un sur l'autre et qu'un objet lumineux ou
éclairé se trouve placé entre eux, il se forme plusieurs
images dont le nombre varie avec la valeur de l'angle que
forment les miroirs.

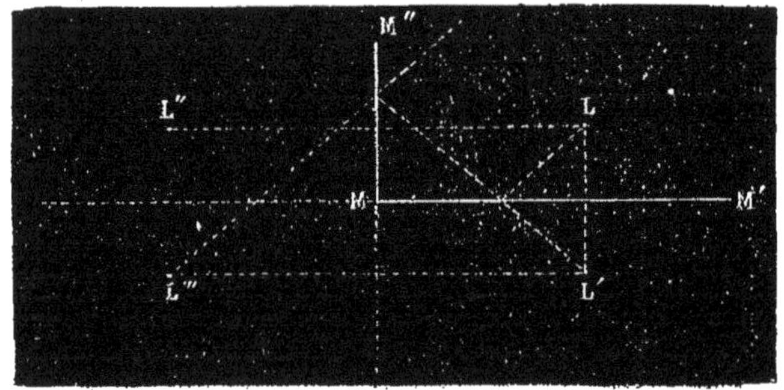

Fig. 227. — Miroirs rectangulaires.

Soient deux miroirs MM″ et MM″ (fig. 227) formant entre
eux un angle de 90° et un point lumineux L. Ce point
donne avec le miroir MM′ une image L′ symétrique de L,
et en L″ une seconde image symétrique de L par rapport
au miroir MM″. Ces deux images résultent d'une seule
réflexion des rayons lumineux émanés du point L.

Mais, si l'on considère des rayons arrivant à l'œil après
avoir été réfléchis successivement par chacun des miroirs,
comme on le voit sur la figure pour un rayon, on constate que les prolongements de ces rayons se coupent en
un point L‴, qui constitue une troisième image lumineuse
symétrique des deux images précédentes par rapport aux
prolongements des miroirs.

On voit que, pour deux miroirs rectangulaires, le nombre

d'images est égal à 3 ou $\dfrac{360}{90} - 1$. D'une façon générale,
le nombre N d'images est égal au quotient, diminué de 1,
de 360 par l'angle des deux miroirs évalué en degrés ; soit
n cet angle, le nombre d'images est donc donné par la
formule :

$$N = \frac{360}{n} - 1.$$

La valeur de N est d'autant plus grande que n est plus
petit ; ainsi deux miroirs formant un angle de 30° donne-
raient lieu à la production de $\dfrac{360}{30} - 1$ ou 11 images.

440. **Miroirs parallèles.** — Si l'un des miroirs de la
figure 227 tourne de
M″ vers M′, leur an-
gle diminue et le
nombre des images
s'accroît en même
temps ; si cet angle
décroît jusqu'à 0, au·
trement dit, si les
miroirs sont paral-
lèles, le nombre des
images devient infi-
niment grand. C'est
ce qu'on vérifie faci-
lement par l'expé-
rience dans une salle
où deux miroirs sont
placés parallèlement
sur deux murs op-
posés ; cependant,
comme l'intensité de
ces images va en dé-
croissant à mesure
qu'elles s'éloignent, ce qui est dû à un nombre de ré-

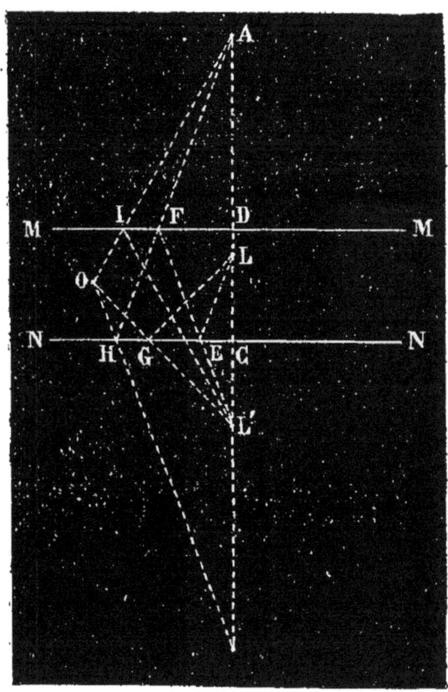

Fig. 228. — Miroirs plans parallèles.

flexions de plus en plus grand, l'œil n'en perçoit qu'un nombre limité.

La figure 228 qui représente deux miroirs parallèles et, entre eux, un point lumineux L, montre comment se forment ces images. Si l'œil placé en O peut les apercevoir, c'est qu'il reçoit des rayons ayant subi une, deux, trois réflexions. On voit, du reste, que l'image L′ formée par le miroir NN joue le rôle d'objet lumineux par rapport au miroir MM, puisque les rayons réfléchis par NN, dont les prolongements passent au point L′, vont rencontrer le miroir MM, s'y réfléchissent et donnent en A une image symétrique de L′ par rapport à MM. L'image A donnerait elle-même, par rapport à NN, une image qui lui serait symétrique, et ainsi de suite. Par rapport au miroir MM, le point lumineux donnerait une seconde série d'images se formant comme nous venons de l'expliquer.

441. Images multiples. — Les miroirs, dont on se sert ordinairement, donnent lieu à deux images. Ce sont des miroirs de glace formés d'une certaine épaisseur de verre et d'une couche métallique ou *tain*, située derrière le verre. Ce tain des miroirs est un amalgame d'étain, combinaison de mercure et d'étain, ou bien une couche d'argent déposée chimiquement. Les miroirs de glace, ayant ainsi deux surfaces réfléchissantes, donnent lieu à deux images, l'une assez faible, formée par la surface extérieure du verre, l'autre par l'amalgame. Cette dernière est celle qu'on voit ordinairement. Pour apercevoir bien distinctement la première, il faut se placer très obliquement par rapport au miroir.

On peut constater l'exactitude de ce qui précède en plaçant une bougie près d'un miroir de glace étamé. On observera ordinairement plus de deux images : elles sont dues à un phénomène de réfraction que nous ne pouvons étudier en ce moment.

442. Applications des miroirs plans. — Outre leur application comme glaces d'appartement, comme réflecteurs à l'entrée des magasins, les miroirs plans sont encore employés dans un grand nombre d'appareils, parmi lesquels nous citerons seulement le *sextant* employé par les marins, soit pour mesurer l'angle formé par deux astres avec la position du navire, soit pour déterminer la hauteur d'un astre au-dessus de l'horizon.

Le sextant (fig. 229) se compose principalement de deux miroirs plans C et I ; C peut tourner en même temps que la pièce CD ; I est fixe, mais une moitié seule de ce miroir est étamée ; pour déterminer l'angle de deux astres dont les directions sont E et E', on regarde par la lunette L, de manière à voir l'un des astres directement à travers la partie non étamée de I et l'on tourne le rayon CD, ce qui déplace le

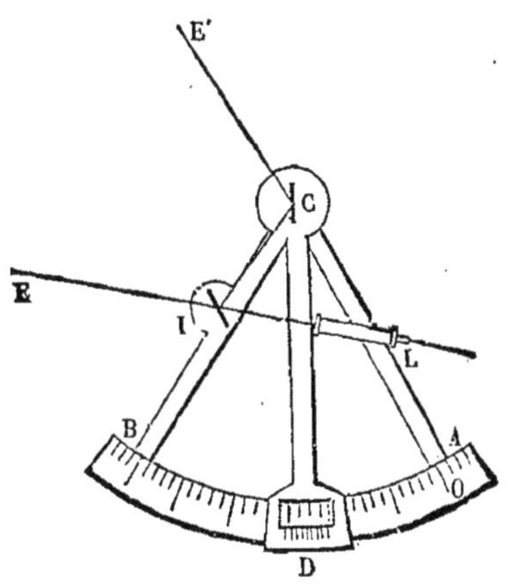

Fig. 229. — Sextant.

miroir C, jusqu'à ce qu'on aperçoive le second astre après une double réflexion sur les deux miroirs. Le calcul montre que l'angle cherché est double de l'angle ACD.

443. Expériences simples. — Constater les phénomènes de réflexion et de réfraction par les expériences indiquées au nº 432. Opérer autant que possible dans une pièce obscure ou, tout au moins, dans une pièce dont on aveuglera les ouvertures avec des couvertures ou des rideaux épais.

Vérifier approximativement les lois de la réflexion de la manière suivante : prendre une planchette AB (fig. 230), sur laquelle on trace une circonférence et deux diamètres HH' et DD' parallèles aux bords de la planchette. Fixer une épingle en O perpendiculairement à la surface et une seconde épingle plus grande, en un point quelconque C de la circonférence. Placer la planchette dans un vase en verre à large ouverture V et verser de l'eau jusqu'au niveau HH'. Placer l'œil dans la direction OX

telle que l'épingle O et l'image C' de l'épingle C se superposent;
à ce moment, planter une troisième épingle en C_1 sur la direction C'OX. Retirer ensuite la planchette et constater l'égalité des
angles COD et C_1OD. Recommencer l'expérience en variant la
position de l'épingle C.

Avec la boîte qui nous a servi (431) pour étudier la formation
des images dans la chambre noire,
et un miroir plan, on établira expérimentalement la différence entre
une image réelle et une image virtuelle.

Couper deux lames de verre en
forme de rectangles de mêmes dimensions, les introduire dans un
tube de papier fort ou de carton,
de façon qu'elles fassent entre elles
un certain angle; regarder avec le
tube, comme on regarderait avec
une lunette, un objet posé sur la
table. On voit non seulement l'objet, mais encore plusieurs images;
on peut d'ailleurs augmenter ou di-
minuer le nombre de celles-ci en faisant varier l'angle des deux
lames de verre. Le *kaléidoscope*, bien connu des enfants, est un
instrument de ce genre.

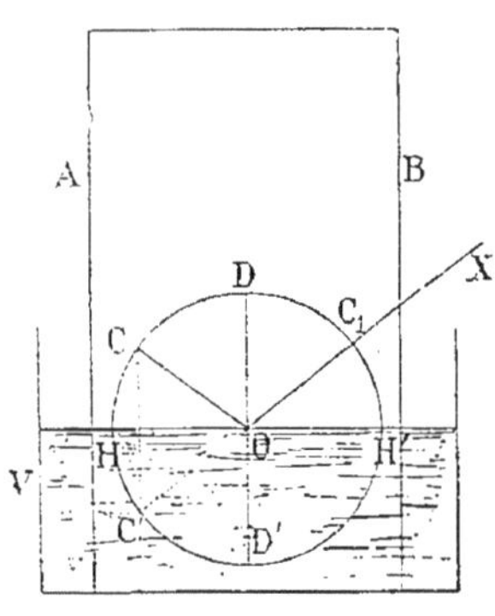

Fig. 230.

Il sera facile de faire remarquer que les miroirs plans produisent des images disposées en sens inverse de l'objet.

Disposer deux glaces parallèlement et observer la formation
d'images multiples, en plaçant entre elles une bougie allumée ou
non.

Pour constater la formation de plusieurs images dans les miroirs angulaires, employer un miroir articulé à trois faces, en
repliant l'une de celles-ci en arrière.

—

Propriétés des miroirs sphériques et des miroirs paraboliques.

444. Miroirs sphériques. — On appelle *miroir sphérique* une portion de surface de sphère, dont on a poli la concavité ou la convexité. Le miroir est *concave*, lorsque c'est la concavité de la surface sphérique qui est polie : il est *convexe*, quand c'est au contraire la convexité.

MIROIRS CONCAVES

445. Définitions. — La figure 231 représente un miroir sphérique concave. Le petit cercle BC, qui limite ce

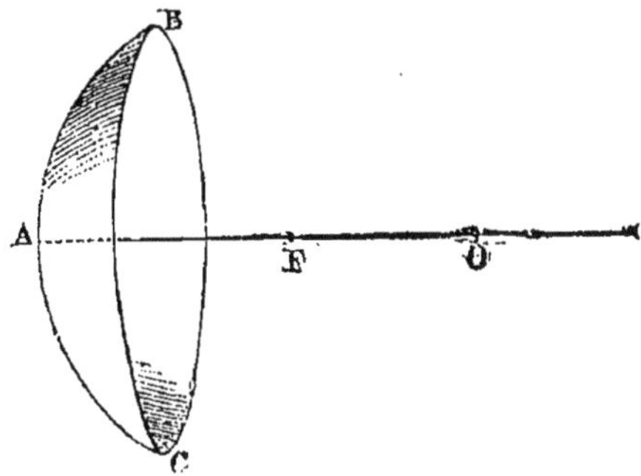

Fig. 231. — Miroir sphérique concave.

miroir, est appelé la *base* du miroir : la perpendiculaire OA abaissée du centre O de la surface sphérique sur ce cercle est appelée l'*axe principal* du miroir : elle coupe le miroir en un point A, qui est le pôle de la calotte sphérique et qu'on appelle le *sommet* du miroir. Nous supposerons de plus, dans ce qui va suivre, que le miroir n'est qu'une très faible partie de la sphère à laquelle il appartient, c'est-à-dire que le cône, ayant pour sommet le point O et pour base la base du miroir, a un angle au sommet fort petit ; cet angle du cône est appelé l'*amplitude* du miroir.

446. Foyer principal. — *Lorsque des rayons lumineux tombent sur un miroir concave parallèlement à l'axe principal, ils vont tous, après réflexion, couper l'axe en un point unique, appelé* foyer principal *et situé sur l'axe au milieu du rayon.*

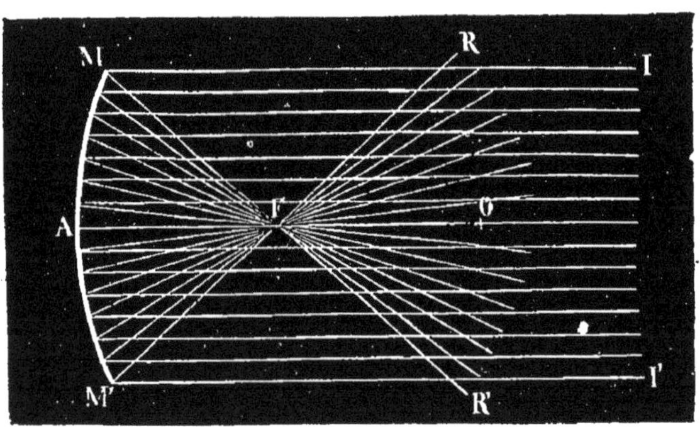

Fig. 232. — Miroir sphérique concave. — Marche des rayons parallèles à l'axe.

Ce fait peut être démontré expérimentalement. A cet effet, on fait arriver dans une chambre obscure un faisceaux de rayons solaires : ces rayons, vu l'éloignement de la source lumineuse, peuvent être considérés comme parallèles entre eux. On les reçoit sur un miroir sphérique concave, disposé de manière que son axe soit parallèle à la direction des rayons lumineux. Si l'on pro-

mène alors sur l'axe principal une petite lame de verre
dépoli, on constate que, lorsqu'on est arrivé au milieu du
rayon du miroir, les rayons lumineux forment sur la
plaque un point lumineux très brillant, qui est le point
d'intersection de tous ces rayons. La marche des rayons
lumineux, que représente la figure 232, peut être rendue
sensible par l'expérience en projetant de la poussière dans
l'air : les grains de poussière s'illuminent et permettent
à l'œil de suivre les rayons lumineux avant et après leur
réflexion.

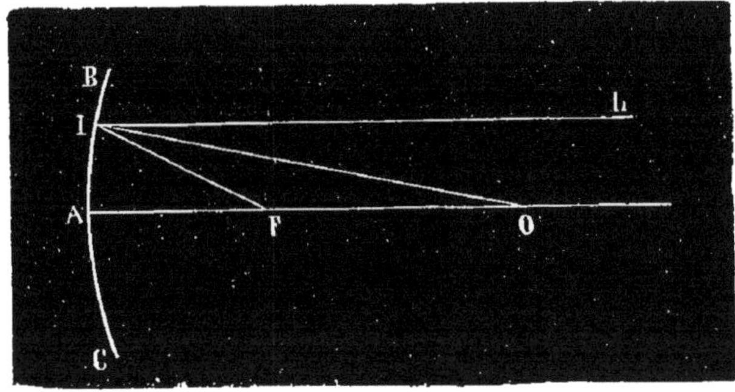

Fig. 233. — Miroir sphérique concave. — Rayons parallèles à l'axe.

Il est facile de voir que ce fait est une conséquence des
lois de la réflexion de la lumière. Pour cela, considérons
l'un des rayons lumineux LI parallèle à l'axe (fig. 233) :
par ce rayon et par l'axe principal faisons passer un plan
qui coupera le miroir suivant un arc BAC, prenons ce
plan pour plan de la figure et étudions ce qui se passera.
La normale au point d'incidence I est le rayon OI de la
sphère, puisque ce rayon est perpendiculaire au plan tan-
gent à la sphère, et qu'au point I la surface réfléchissante
peut être assimilée à un élément plan. Le rayon lumineux
LI est par construction dans le plan de la figure, qui est
lui-même le plan de l'angle d'incidence LIO. Or, d'après
la première des lois de la réflexion, le rayon réfléchi IF
est aussi dans ce plan : il viendra donc couper l'axe en

un point F. Il est facile de voir que le point F est le milieu de AO. En effet, l'angle LIO et l'angle FIO sont égaux comme angles d'incidence et de réflexion ; l'angle LIO et l'angle IOF sont égaux comme alternes internes ; donc les angles FIO et IOF sont égaux entre eux. Le triangle FIO est donc isocèle et FI = FO, mais, *si le miroir est d'une petite amplitude*, c'est-à-dire si l'arc BC n'a qu'un petit nombre de degrés, FI est sensiblement égal à FA ; donc le point F est le milieu de AO.

Le raisonnement que nous venons de faire ne s'applique pas spécialement au rayon LI ; il s'applique à tout rayon parallèle à l'axe et situé dans le plan de la figure. Il est exact aussi pour tout rayon tombant sur le miroir parallèlement à l'axe et situé en dehors du plan de la figure. Donc tous les rayons lumineux, qui tombent sur le miroir parallèlement à son axe, viennent se couper sur l'axe en un même point situé au milieu de la distance AO.

447. Foyers conjugués sur l'axe principal. — *Lorsqu'un point lumineux est situé sur l'axe principal d'un miroir, tous les rayons lumineux qu'il envoie sur le miroir viennent après réflexion se couper en un même point de l'axe, et ce point d'intersection est appelé le* foyer conjugué *du point lumineux.*

On peut démontrer ce fait par l'expérience. On place sur l'axe principal d'un miroir une petite source lumineuse. Cette source lumineuse envoie sur le miroir un cône de rayons lumineux, qui a pour sommet la source et pour base le miroir. On peut rendre visible ce cône en projetant de la poussière dans l'atmosphère. On verra alors les rayons se réfléchir, former un second cône et aller se couper tous en un point de l'axe qu'on appelle le *foyer conjugué* du point lumineux. Si en ce foyer on place un petit écran en papier, on verra sur l'écran un point lumineux.

La figure 234 montre la marche des rayons.

Ce fait peut être l'objet d'une démonstration théorique fondée sur les lois de la réflexion de la lumière.

Faisons passer par l'axe un plan quelconque qui coupera le miroir suivant un arc de cercle BC (fig. 235) et prenons ce plan pour plan de la figure. Supposons que le

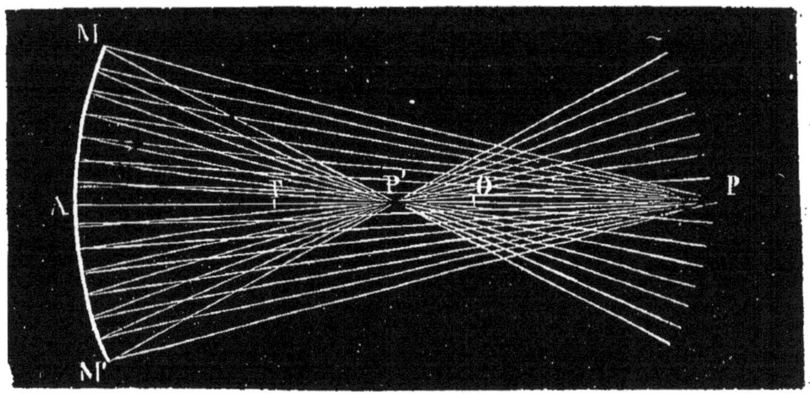

Fig. 234. — Miroir sphérique concave. — Marche des rayons émanés d'un point situé sur l'axe.

point lumineux soit en P et considérons un des rayons lumineux PI qu'il envoie sur le miroir, ce rayon étant

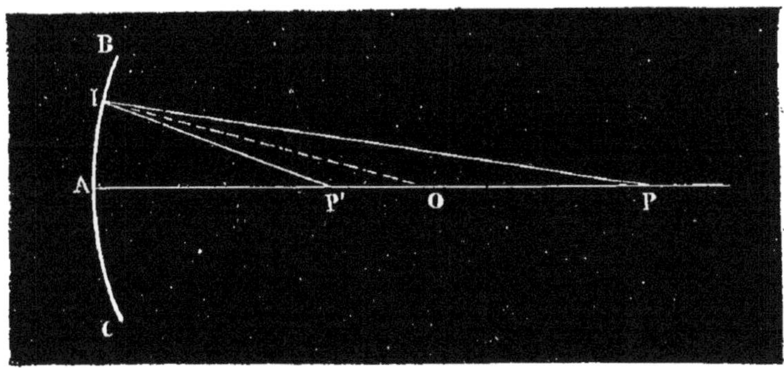

Fig. 235. — Miroir sphérique concave. Point lumineux situé sur l'axe.

dans le plan de la figure. Le rayon lumineux fait avec la normale IO un angle d'incidence OIP ; il se réfléchit en I, et le rayon réfléchi IP', qui fait avec la normale un angle

P'IO égal à l'angle d'incidence PIO, coupe l'axe en un point P'. Je dis que ce point d'intersection P' du rayon lumineux réfléchi avec l'axe est le même, quel que soit le rayon lumineux incident considéré.

En effet, dans le triangle PIP' la ligne OI est bissectrice de l'angle P'IP et, d'après un théorème connu de géométrie, on a :

$$\frac{PI}{P'I} = \frac{PO}{P'O},$$

ou

$$\frac{P'I}{P'O} = \frac{PI}{PO}.$$

Mais, si l'amplitude du miroir est petite, les angles IPA et IP'A sont petits et l'on peut regarder P'I comme égal à P'A et PI comme égal à PA. On a donc, en mettant P'A à la place de P'I et PA à la place de PI :

$$\frac{P'A}{P'O} = \frac{PA}{PO}.$$

Posons P'A $= p'$, PA $= p$ et OA $= R$; les longueurs P'O et PO sont respectivement égales R $- p'$ et $p - R$. L'égalité précédente peut donc s'écrire :

$$\frac{p'}{R - p'} = \frac{p}{p - R}, \text{ d'où } p'(p - R) = p(R - p'),$$

$$pp' - p'R = pR - pp'$$

et

$$2pp' = pR + p'R.$$

Divisons les deux membres de cette égalité par le produit $pp'R$; il vient :

$$(1) \qquad \frac{2}{R} = \frac{1}{p'} + \frac{1}{p}.$$

On tire de là :

$$\frac{1}{p'} = \frac{2}{R} - \frac{1}{p},$$

R a une valeur fixe pour un miroir donné, donc le rapport $\frac{2}{R}$ est constant ; il en est de même du rapport $\frac{1}{p}$ pour une position donnée du point lumineux ; par suite $\frac{1}{p'}$ a aussi une valeur constante, et il en est de même de p'. Autrement dit, tous les rayons lumineux menés du point P se couperont en un seul et même point P′ de l'axe, à la condition que *le miroir ait une très petite amplitude.* P′ est appelé le *foyer conjugué* du point P.

448. **Relation entre la position du point lumineux et celle du foyer conjugué.** — Il existe entre la position du point lumineux P et celle de son foyer con-

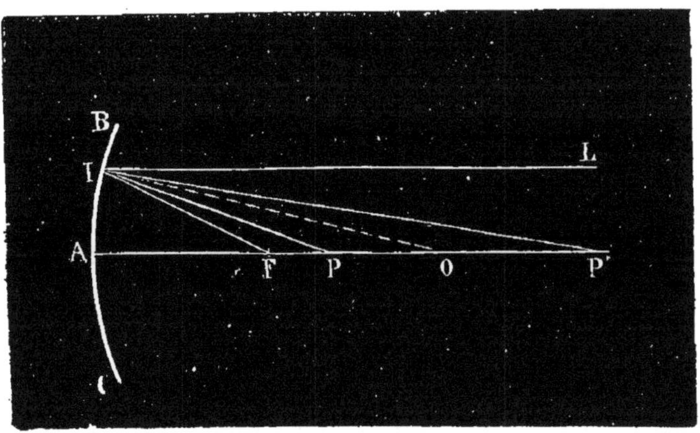

Fig. 236. — Relations entre la position du point lumineux et celle du foyer conjugué.

jugué P′ une relation étroite qui est exprimée par l'expression (1) et qu'il est facile de mettre en évidence.

Si le point lumineux P (fig. 236) était au foyer principal F, les rayons réfléchis seraient tous parallèles à l'axe.

En effet, l'angle d'incidence FIO est égal à l'angle de
réflexion OIL ; or, le triangle IFO est isocèle (445) ; par
suite, les angles OIF et IOF étant égaux, il en est de même
de IOF et OIL. Mais, ces deux angles étant dans la position d'alternes-internes, la ligne IL est parallèle à AO.
Dans ce cas, les rayons réfléchis ne se coupent plus, c'est-
à-dire qu'il n'y a point de foyer conjugué. On dit que ce
foyer est à l'infini.

Si le point lumineux P est entre le foyer principal F et
le centre O, le foyer conjugué P′ est de l'autre côté du
centre. En effet, l'angle PIO étant plus petit que FIO,
l'angle de réflexion est plus petit que LIO et, par suite, le
rayon réfléchi est dans l'angle LIO ; c'est-à-dire que le rayon
réfléchi coupe l'axe en un point P′ situé au delà du centre
par rapport au miroir.

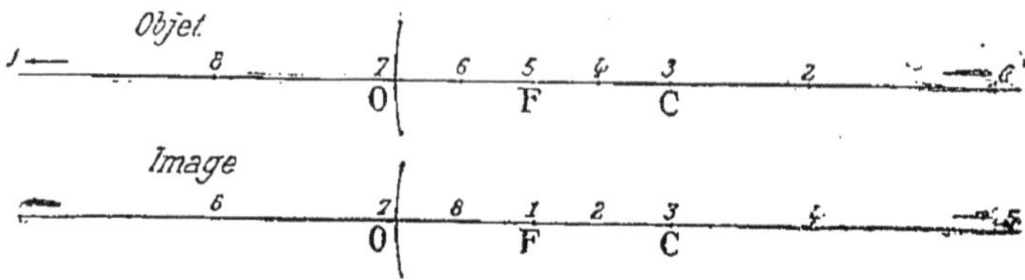

Fig. 237. — Positions relatives de l'image et de l'objet.

Si le point lumineux est au centre O, le rayon tombant
au point I voyage suivant la normale OI : l'angle d'incidence étant nul, l'angle de réflexion doit l'être aussi. Le
rayon revient donc sur lui-même et coupe l'axe en O.
Donc, quand le point lumineux est au centre, le foyer conjugué y est aussi.

Si le point lumineux est au-delà du centre, on voit de
même que le foyer conjugué est entre le centre et le foyer
principal.

La figure 237 représente schématiquement et par des
numéros correspondants les résultats que nous venons
d'indiquer et ceux qui seront étudiés plus loin (448).

449. Foyers réels. — Dans tout ce qui précède, ce

sont les rayons lumineux eux-mêmes qui vont se couper
au foyer : ce foyer est dit *réel*; si l'on y place un écran,
cet écran diffuse les rayons, et le foyer est visible de tous
les points situés autour de lui.

450. **Foyers virtuels.** — Il est des cas, au contraire,
où ce sont les prolongements des rayons lumineux qui
vont se couper au foyer, qui est alors purement géométrique; on ne peut le recevoir sur un écran, et il est dit
virtuel. Dans ce cas, l'image est de la même nature que
celle d'un point lumineux dans un miroir plan.

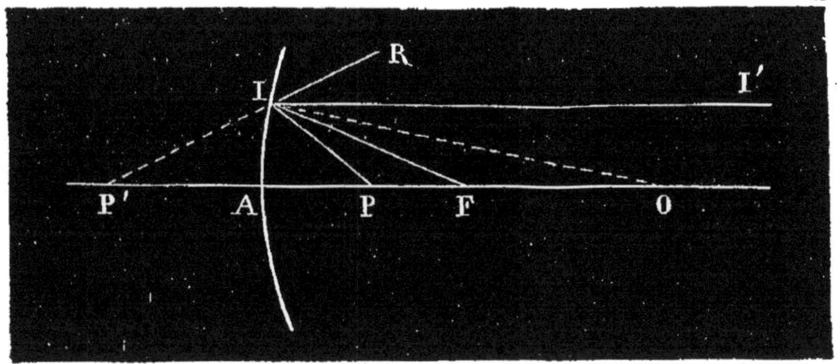

Fig. 238. — Miroir sphérique concave. — Foyer virtuel.

Ce cas se présente lorsque le point lumineux P (fig. 238)
est situé entre le foyer principal et le miroir. En effet, si
l'on considère un rayon quelconque PI, il fait avec la
normale IO un angle PIO plus grand que l'angle FIO que
ferait le rayon incident, si le point lumineux était au foyer
principal F. Mais, dans ce dernier cas, le rayon réfléchi
serait parallèle à l'axe; il faut donc que l'angle de réflexion du rayon P'I soit plus grand que OIL, c'est-à-dire
que le rayon réfléchi IR soit au-dessus de IL, et que, par
suite, ce soit son prolongement qui aille couper en P' le
prolongement de l'axe.

451. **Axes secondaires. Foyers conjugués sur
des axes secondaires.** — Si le point lumineux est en

dehors de l'axe principal, en P (fig. 239), par exemple, on
peut mener par le point P et le centre une ligne PO
qu'on appelle *axe secondaire* ; or, si l'on prolonge par la
pensée le miroir au-dessous de cette ligne, elle jouera
évidemment le rôle d'axe principal, et l'on pourra répéter
par rapport à cet axe les raisonnements qu'on a faits pour
l'axe principal. Les rayons, qui émanent du point P,
viennent donc se couper en un point P' de l'axe PO, et il
y aura entre la position du point lumineux et celle du
foyer conjugué la même relation que celle qui existe
lorsque le point lumineux est situé sur l'axe principal. Il
est d'ailleurs évident que la démonstration faite pour des

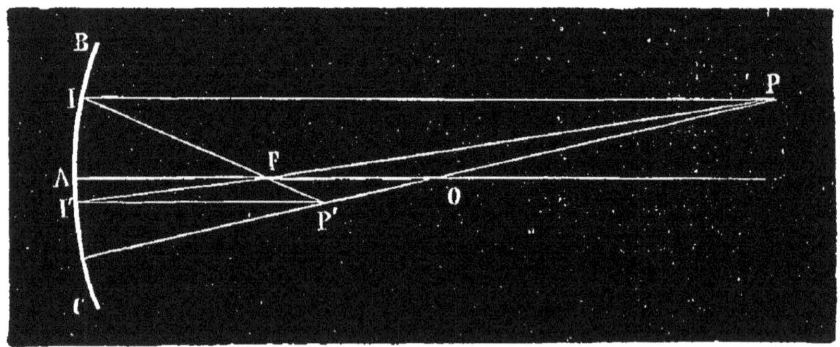

Fig. 239. — Miroir sphérique concave. — Point lumineux situé
en dehors de l'axe.

rayons parallèles à l'axe principal peut se répéter
pour des rayons parallèles à un axe secondaire quelconque
PC.

Par conséquent, tous les rayons parallèles à un axe secondaire vont tous se couper en un seul et même point de
cet axe. Le point d'intersection est au milieu de CO.

Une construction géométrique permet de déterminer
directement la position du foyer conjugué P'. En effet,
parmi tous les rayons qui partent du point P, il en est
un qui est parallèle à l'axe principal : menons ce rayon PI.
Après réflexion, il doit passer au foyer principal. Le

rayon réfléchi IF ira couper l'axe secondaire au point P',
qui est le même pour tous les rayons partis du point P.
Il suffit donc, pour déterminer le point conjugué, de
mener par P une parallèle à l'axe principal ; cette parallèle coupe le miroir en I ; on joint IF et l'on prolonge
jusqu'à l'axe secondaire : le point d'intersection de IF et
de PC donne le foyer conjugué P'.

On peut aussi trouver le point P' d'une autre manière. Parmi tous les rayons qui émanent du point P, il
en est un qui passe par le foyer principal F : il touche le
miroir en I' et se réfléchit parallèlement à l'axe : le point
d'intersection de ce rayon réfléchi avec l'axe secondaire
donne le foyer conjugué. Donc, si l'on trace PF et que par

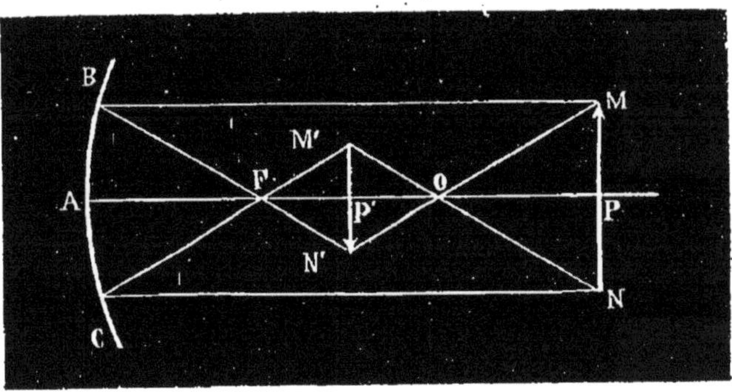

Fig. 240. — Miroir sphérique concave. — Image d'un objet lumineux.

I', point où cette ligne touche le miroir, on mène une parallèle à l'axe principal, l'intersection de cette ligne avec
l'axe secondaire du point P donnera le foyer conjugué P'.

On peut aussi vérifier par l'expérience toutes les relations de position du point lumineux et du foyer conjugué
sur un axe secondaire.

452. **Formation des images réelles dans les
miroirs sphériques concaves.** — Lorsqu'on place un
objet lumineux devant un miroir sphérique concave,
chacun des points lumineux, dont se compose l'objet,

donne un foyer conjugué, et l'ensemble de ces foyers constitue l'image de l'objet.

Soit MN l'objet lumineux (fig. 240). Pour trouver son image, il suffira de chercher d'abord les images des points extrêmes ; pour cela, nous appliquerons la première construction indiquée plus haut (449) et nous aurons en M' et N' l'image de ces points : les points intermédiaires entre M et N donneront leur image entre M' et N', et M'N' représentera l'image de MN.

La grandeur de l'image M'N' dépend de la position de l'objet lumineux MN. En effet, les triangles semblables M'N'O et MNO nous donnent :

$$\frac{M'N'}{MN} = \frac{OP'}{OP}$$

d'où

$$M'N' = MN \times \frac{OP'}{OP}.$$

Par conséquent, suivant que OP' sera plus petit que OP, égal à OP ou plus grand que OP, le rapport $\frac{OP'}{OP}$ sera plus petit que 1, égal à 1, ou plus grand que 1. Il en résulte que M'N' sera plus petit que MN, égal à MN, ou plus grand que MN. Or, nous savons que OP' est plus petit que OP, quand l'objet lumineux est au delà du centre, égal à OP, quand l'objet est au centre, plus grand que OP, lorsque l'objet est entre le centre et le foyer principal.

Remarquons de plus que, dans tous ces cas, l'image est renversée, ce qui veut dire que les points de l'objet, qui sont au-dessus de l'axe, font leur image en dessous, et réciproquement.

453. Images virtuelles dans les miroirs concaves. — Lorsque l'objet est placé entre le foyer principal et le miroir, l'image doit être virtuelle, puisque alors le foyer conjugué de chacun des points de l'objet est virtuel. La figure 241 représente ce cas. On obtient l'image M'N' de

l'objet MN par la construction ordinaire en menant les
axes secondaires OMM', ONN' des points M et N de l'objet
et des rayons parallèles à l'axe passant par ces points. On
voit qu'ici l'image est droite, puisque c'est au-dessus de
l'axe principal que les rayons partant de M vont, *par leurs
prolongements*, rencontrer l'axe secondaire du point M. On
voit aussi que l'image est plus grande que l'objet, puisqu'elle se trouve, dans l'angle des axes secondaires, plus
éloignée du sommet O que de l'objet lui-même.

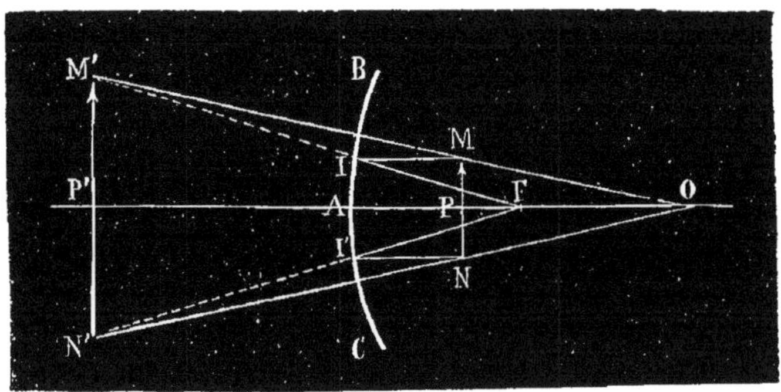

Fig. 241. — Miroir sphérique concave. — Image virtuelle d'un objet.

454. — En résumé : 1° si l'objet est infiniment éloigné
du miroir, l'image se forme au foyer et se *réduit à un
point*; 2° quand l'objet est au-delà du centre du miroir,
l'image *est réelle, renversée et plus petite que l'objet*;
3° quand l'objet est au centre, l'image *est réelle, renversée
et égale à l'objet*; 4° quand l'objet est entre le centre et le
foyer principal, l'image *est réelle, renversée et plus grande
que l'objet*; 5° quand l'objet est au foyer principal, l'image
est *infiniment grande* et ne peut plus être reçue sur un
écran; 6° quand l'objet est entre le foyer et le sommet du
miroir, l'image est *virtuelle, droite et plus grande que l'objet*;
7° si l'objet pouvait être placé au sommet du miroir, son
image serait *virtuelle, droite et égale à l'objet*.

On peut vérifier tous ces résultats par l'expérience. On
place devant un miroir concave, et à des distances décrois-

santes, une bougie, et, en promenant sur l'axe principal du miroir un écran, on obtient l'image réelle et renversée de la bougie, tant que celle-ci n'a pas dépassé le foyer ; à une distance plus faible, il est impossible de recevoir l'image, mais on peut apercevoir une image virtuelle se formant en arrière du miroir. On peut ainsi vérifier toutes les relations de position et de grandeur que nous venons d'exposer.

Nous remarquerons que, lorsqu'on place l'écran en une région autre que celle qui correspond au foyer conjugué, l'image n'est pas nette, parce qu'alors chacun des cônes de rayons réfléchis, correspondant à chacun des points de l'objet, au lieu d'avoir son sommet sur l'écran et d'y donner un point lumineux, y donne un petit cercle qui est l'intersection du cône par l'écran. Tous ces petits cercles empiétant l'un sur l'autre donnent une image confuse.

455. Applications des miroirs sphériques concaves. — Les miroirs concaves sont surtout employés comme *réflecteurs* : les lanternes des voitures, des automobiles, des locomotives, etc., sont munies de réflecteurs qui projettent au loin la lumière des lampes employées ; on s'en sert aussi pour éclairer vivement les cadrans des horloges publiques, celles des gares de chemins de fer.

Les miroirs concaves nous ont servi pour montrer la réflexion du son (383) ; nous les emploierons plus tard (567) pour montrer aussi la réflexion de la chaleur.

MIROIRS SPHÉRIQUES CONVEXES

456. — Les miroirs convexes donnent lieu à une étude analogue à celle que nous venons de faire, et les détails, dans lesquels nous sommes entrés à propos des miroirs concaves, nous permettront de traiter rapidement cette question. Ces miroirs ont d'ailleurs peu d'applications ; nous citerons seulement les globes qu'on voit dans

quelques jardins et qui donnent une image diminuée et déformée du paysage environnant.

457. Etude expérimentale des propriétés des miroirs sphériques convexes. — Si l'on place une petite source lumineuse sur l'axe d'un miroir sphérique convexe, situé dans une chambre obscure, et qu'on projette de la poussière dans l'atmosphère, on constate que la source lumineuse envoie sur le miroir un cône de rayons lumineux ; ces rayons se réfléchissent sur le miroir et donnent un cône divergent dont le sommet est derrière le miroir. Ce sommet est le foyer conjugué de la source : ce foyer est *virtuel*, puisque ce sont les *prolongements géo-*

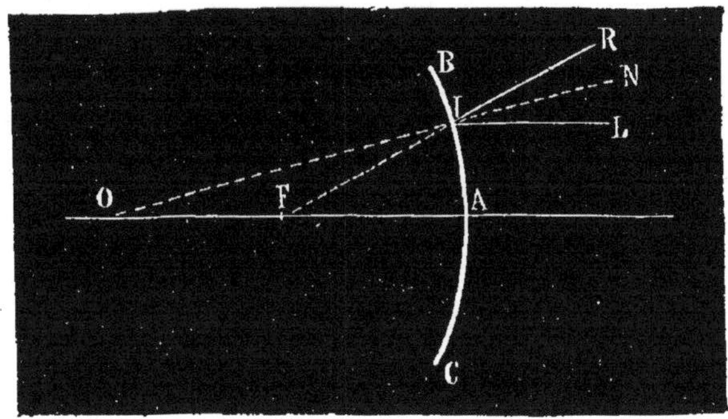

Fig. 242. — Miroir sphérique convexe. — Rayon parallèle à l'axe.

métriques des rayons qui vont s'y couper, et non ces rayons eux-mêmes. En plaçant l'œil dans le cône des rayons réfléchis, on voit un point lumineux en ce foyer. Ce foyer existe pour l'œil, mais on ne pourrait le recevoir sur un écran.

Le fait que nous venons de constater expérimentalement est le résultat des lois de la réflexion de la lumière comme nous allons le démontrer.

458. — Foyer principal. — Si des rayons lumineux tombent sur un miroir convexe parallèlement à son axe, ils se réfléchissent, et, après réflexion, *leurs prolongements* *géométriques* vont tous couper l'axe en un point F, situé au milieu du rayon du miroir et derrière le miroir. Ce point est appelé *foyer principal*, et il est virtuel. La figure 242 permet de se rendre compte de ce fait. Soit LI le rayon incident, IR le rayon réfléchi, ON la normale au point d'incidence. Le triangle OIF est isocèle, les angles en O et en I étant égaux, le premier à l'angle d'incidence comme correspondants, le second à l'angle de

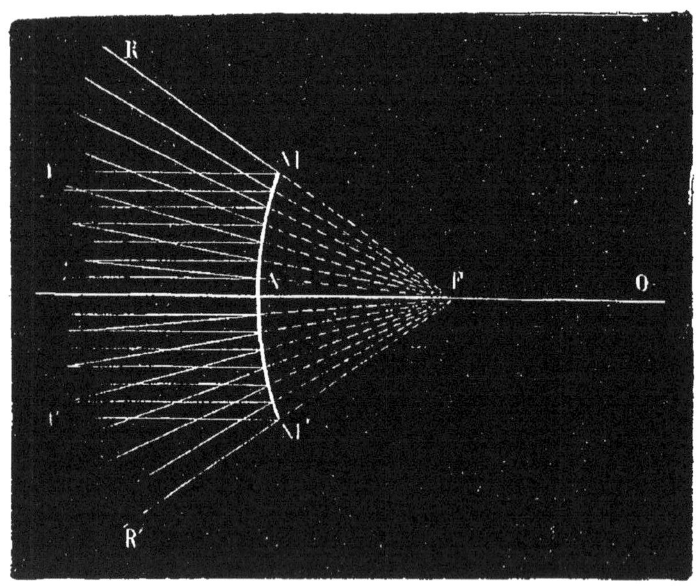

Fig. 243. — Marche des rayons lumineux parallèles à l'axe
d'un miroir convexe.

réflexion comme opposés par le sommet ; donc OF = FI et, si le miroir est d'une petite amplitude, FI = FA.

La figure 243 montre la marche des rayons.

459. Foyers conjugués. — Si le point lumineux P (fig. 244) est sur l'axe, un rayon quelconque PI envoyé sur le miroir se réfléchit suivant IR ; son prolongement coupe l'axe en P', point situé derrière le miroir. La normale IN étant bissectrice de l'angle extérieur du triangle

PIP', nous avons :

$$\frac{P'I}{PI} = \frac{P'O}{PO},$$

ou

$$\frac{P'I}{P'O} = \frac{PI}{PO}.$$

Si l'amplitude du miroir est petite, IP et IP' peuvent être considérés comme égaux à PA et à P'A, et l'on a :

$$\frac{P'A}{P'O} = \frac{PA}{PO}.$$

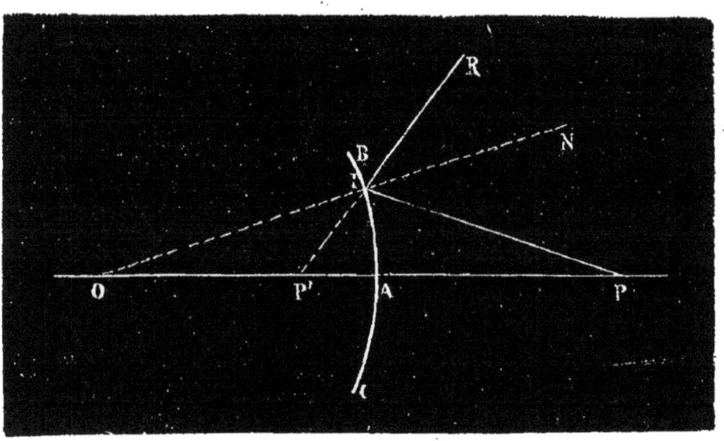

Fig. 244. — Miroir sphérique convexe. — Point lumineux situé sur l'axe.

Or le rapport $\dfrac{PA}{PO}$ est le même pour tous les rayons partis du point P : il en résulte que tous les rayons réfléchis vont par leurs prolongements se couper en un même point P', puisqu'il n'y a qu'un seul point P' qui divise la ligne OA dans un rapport donné. Ce point P' est le foyer conjugué du point P. Il est *virtuel*.

Il est facile de voir que ce foyer est situé entre le foyer
principal et le miroir, car tout rayon partant d'un point
de l'axe fait avec la normale un angle d'incidence plus
grand que le rayon parallèle à l'axe tombant au même
point du miroir. Il faut donc que l'angle de réflexion soit
plus grand que celui du rayon parallèle à l'axe et que,
par conséquent, le point P' soit entre le foyer principal et
le sommet du miroir.

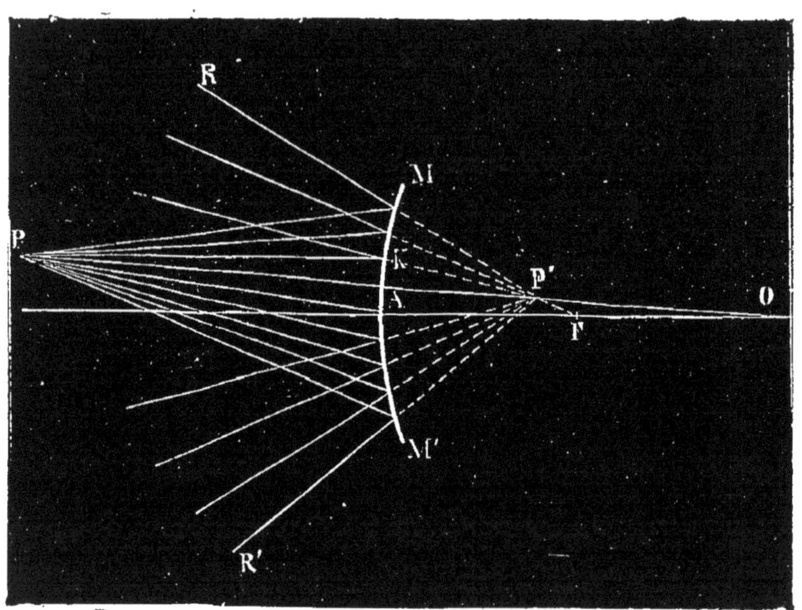

Fig. 245. — Miroir sphérique convexe. — Point lumineux situé
en dehors de l'axe. — Marche des rayons.

Ces résultats ne sont pas susceptibles d'une vérification
expérimentale, puisque les foyers, étant virtuels, ne peuvent être reçus sur un écran. Tout ce qu'on peut constater
par l'expérience, c'est que les rayons réfléchis forment un
cône dont le sommet est derrière le miroir, car la tache
lumineuse faite sur un écran placé devant le miroir
grandit, à mesure qu'on éloigne l'écran du miroir P'.

460. **Point lumineux situé en dehors de l'axe principal.** — Si le point lumineux, au lieu d'être situé sur l'axe, est situé en dehors, on pourra faire les raisonnements qui ont été exposés à propos des miroirs concaves et voir que le foyer conjugué est situé sur l'axe secondaire passant par le point lumineux. La figure 245 montre comment on obtient le foyer conjugué P′ et, en même temps, la marche des rayons.

461. **Images dans les miroirs convexes.** — On obtiendra les images dans les miroirs convexes par les mêmes constructions que pour les miroirs concaves. La figure 246 montre comment on obtient en M′N′ l'image

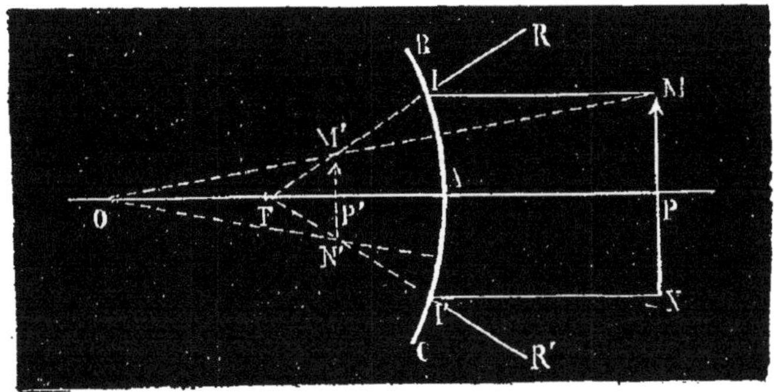

Fig. 246. — Images dans un miroir sphérique convexe.

de l'objet MN. Comme il n'y a ici que des foyers virtuels, on n'obtiendra que des images virtuelles. Ces images sont toujours droites. La grandeur de l'image s'obtient par la relation :

$$\frac{M'N'}{MN} = \frac{OP'}{OP};$$

d'où

$$M'N' = MN \times \frac{OP'}{OP};$$

mais OP′ est toujours plus petit que OP, $\dfrac{OP'}{OP}$ est donc toujours plus petit que 1 : il en résulte que l'image est toujours plus petite que l'objet. En résumé : les images formées par les miroirs convexes sont *virtuelles, droites et plus petites que l'objet.*

462. Détermination de la distance focale principale des miroirs. — La distance focale principale d'un miroir est la distance qui existe entre le foyer principal et le sommet de ce miroir. On peut la déterminer expérimentalement.

1° *Miroirs concaves.* — Il suffit, pour déterminer la distance focale principale d'un miroir concave, d'orienter ce

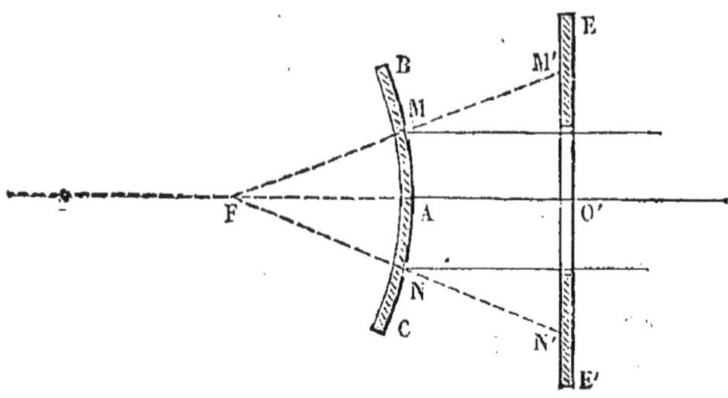

Fig. 247. — Détermination de la distance focale d'un miroir convexe.

miroir de manière qu'il reçoive un faisceau de rayons parallèles à son axe, de rayons solaires par exemple, et de déterminer la distance qui sépare du miroir le sommet du cône formé par les rayons réfléchis.

2° *Miroirs convexes.* — On reçoit sur le miroir convexe un faisceau de rayons solaires (fig. 247) parallèles à l'axe et passant à travers un écran EE' qui présente à son centre une ouverture : les rayons qui viennent tomber en M et N se réfléchissent et vont toucher l'écran en M' et N' : on l'éloigne ou on le rapproche jusqu'à ce que la distance M'N' = 2 MN, et alors on mesure la distance AO'. Il est facile de voir qu'elle est égale à la distance focale principale. En effet, la similitude des triangles donne :

$$\frac{M'N'}{MN} = \frac{O'F}{AF}:$$

mais $M'N' = 2MN$, donc $O'F = 2AF$ ou $O'A = AF$.

MIROIRS PARABOLIQUES

463. Miroirs paraboliques. — Nous avons démontré (445) que dans un miroir sphérique concave, les rayons parallèles à l'axe principal se coupaient au même point nommé foyer principal et nous avons fait remarquer que ce principe ne pouvait être admis comme vrai que pour des miroirs de très faible ouverture. Même dans ce cas, le foyer principal n'est pas un point géométrique, c'est-à-dire que les rayons réfléchis ne passent pas rigoureusement par le même point. On le vérifie aisément dans la recherche de la distance focale (461) : l'image de l'astre reçue sur l'écran placé au foyer principal du miroir a des dimensions appréciables; elle est d'autant plus grande que le miroir a une ouverture plus considérable.

Réciproquement, quand une source lumineuse est placée au foyer principal d'un miroir sphérique concave, tous les rayons qui frappent le miroir ne sont pas réfléchis parallèlement à l'axe principal, ce qui est une cause d'affaiblissement du faisceau lumineux émis par la source.

Les *miroirs paraboliques* remédient à l'inconvénient que nous venons de signaler.

On appelle *parabole* une courbe plane telle que chacun de ses points est également éloigné d'un point fixe, nommé *foyer*, et d'une droite fixe, appelée *directrice*.

La ligne HABC (fig. 248) est une parabole : PG est sa directrice, F son foyer, PX son axe. D'après la définition même de cette courbe, on peut donc écrire : PA = AF,

FB = BE, FT = TG. Les lignes FA, FB, FT qui joignent un point de la parabole au foyer sont appelées *rayons vecteurs*.

On démontre, en géométrie, que toute tangente à une parabole fait des angles égaux avec la parallèle à l'axe et le rayon vecteur menés au point de contact. Ainsi la tangente DD′ au point T fait avec FT, rayon vecteur, et TK, parallèle à l'axe, deux angles *a* et *b* égaux ; il en résulte

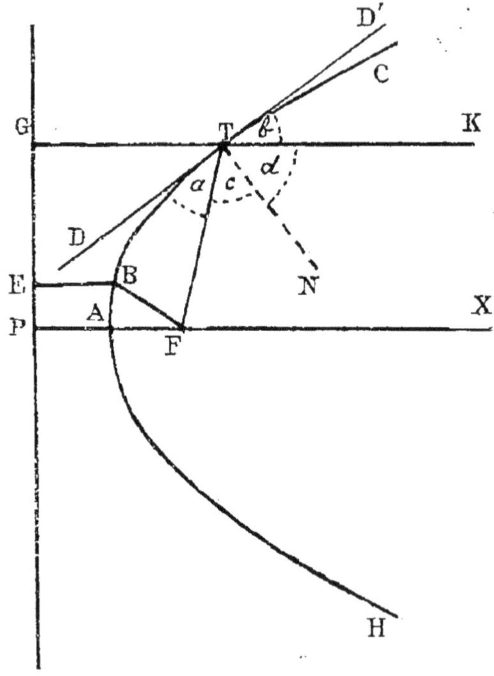

Fig. 248.

que les angles *c* et *d*, formés par TF et TK avec la normale TN au point T, sont aussi égaux, comme compléments d'angles égaux. Un rayon lumineux FT, qui viendrait frapper le point T, serait donc réfléchi suivant TK, c'est-à-dire parallèlement à l'axe ; réciproquement, un rayon KT parallèle à l'axe viendrait, après réflexion, passer au point F.

Un miroir parabolique est un miroir concave engendré par la révolution d'une parabole autour de son axe. On pourrait répéter pour chacun des points d'un pareil miroir le raisonnement que nous avons fait pour le point T. Donc, si l'on place une source lumineuse au foyer de ce miroir, les rayons ayant touché la surface seront réfléchis dans une direction *rigoureusement* parallèle à l'axe. Réciproquement, les rayons parallèles à l'axe viendront, après réflexion, se couper au foyer représenté par *un seul point* ; ici, il est inutile de faire aucune restriction sur l'ouverture du miroir.

Les miroirs paraboliques donnent des images plus nettes que les miroirs sphériques, aussi les emploie-t-on de préférence à ces derniers dans la construction des instruments d'optique. D'autre part, ils concentrent mieux dans une direction unique les rayons émanés du foyer ; aussi tendent-ils, comme réflecteurs, à remplacer les miroirs sphériques concaves dans l'éclairage.

Les miroirs paraboliques à grande ouverture sont en verre et argentés intérieurement.

464. Expériences simples. — *Miroirs concaves.* — Exposer aux rayons du soleil un miroir concave, de façon que les rayons soient parallèles à l'axe principal. En avançant ou en reculant un écran, qui peut être une feuille de papier, il arrive un moment où il se forme sur l'écran une image très petite du soleil. L'écran est alors au foyer du miroir et l'on pourra mesurer la distance focale.

Dans un appartement obscur, poser un miroir concave sur une table et placer une bougie allumée à l'extrémité opposée de la pièce. En avançant ou en reculant la feuille de papier formant écran, il arrive un moment où il se forme, sur l'écran, une image réelle, renversée et très petite de la flamme de la bougie elle-même. On peut constater que cette image se forme près du foyer à une distance plus grande que la distance focale, mais inférieure à deux fois cette distance.

Si l'on rapproche lentement la bougie du miroir, on constate que l'image s'éloigne de celui-ci et grandit, tout en restant renversée et plus petite que la bougie ; puis il arrive un moment où celle-ci et son image semblent superposées et sont égales ; il est facile de constater que la bougie se trouve alors au centre du miroir, c'est-à-dire à une distance du miroir égale à deux fois la distance focale.

En plaçant la bougie entre le centre et le foyer du miroir et en continuant à la rapprocher du foyer, on constate que l'image s'éloigne du centre et devient plus grande que la bougie, mais elle est toujours renversée. Bientôt la feuille de papier qui sert d'écran n'est plus assez grande pour recevoir l'image tout entière : mais on peut obtenir cette image sur le mur en plaçant la bougie à une distance convenable du miroir.

Quand la bougie arrive au foyer, on aperçoit, sur le mur, une lueur qui n'est plus une image, ce qui est conforme à la théorie, puisque les rayons réfléchis sont parallèles entre eux.

Enfin si la bougie se trouve entre le foyer et le miroir, il n'y a plus d'image réelle, mais une image virtuelle qu'on apercevra derrière le miroir ; cette image virtuelle est droite, plus grande que la bougie et elle décroît quand celle-ci se rapproche du miroir.

On peut encore, en plein jour, obtenir une image réelle avec un miroir concave : il suffit de placer le miroir près d'une fenêtre et de recevoir, sur un écran, l'image renversée du paysage.

Miroirs convexes. — On placera une bougie devant un miroir convexe et l'on constatera qu'il ne se forme aucune image réelle, mais toujours une image virtuelle, quelle que soit la distance de la bougie au miroir ; cette image est droite et d'autant plus petite que la bougie est plus éloignée du miroir.

Une cuiller en argent peut servir à montrer les principales propriétés des deux genres de miroirs.

On peut encore se servir, comme miroir convexe, d'un petit ballon argenté par les procédés que nous indiquons en chimie, ou de l'un de ces globes qu'on suspend dans les jardins.

—

CHAPITRE IV

Réfraction.

465. **Réfraction.** — Nous avons déjà constaté (432)
que, si un faisceau lumineux tombe à la surface de séparation de deux milieux tels que l'eau et l'air, il se divise
en deux faisceaux, l'un le *faisceau réfléchi*, l'autre le
faisceau réfracté. On appelle *surface réfringente* la surface
qui sépare les deux milieux. Nous avons défini (433) ce

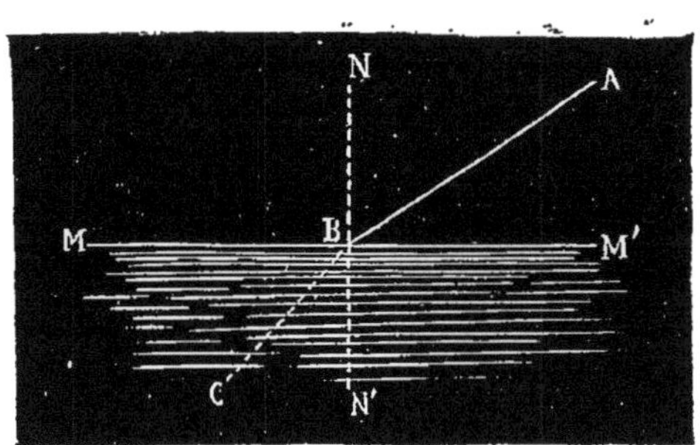

Fig. 249. — Réfraction de la lumière.

qu'il faut entendre par *plan d'incidence* et *angle d'incidence*.
Lorsque le faisceau est oblique à la surface de séparation
des deux milieux, sa direction primitive est déviée. La
valeur de cette déviation varie avec la nature des milieux.
Si le faisceau AB (fig. 249), en pénétrant dans le second

milieu, se rapproche de la normale NN′ élevée, au point d'incidence B, sur la surface MM′ de séparation des deux milieux, on dit que le second milieu est *plus réfringent* que le premier. C'est ce qui arrive quand le rayon lumineux passe de l'air dans l'eau, par exemple : l'eau est plus réfringente que l'air. Quand, au contraire, le faisceau s'éloigne de la normale, on dit que le second milieu est *moins réfringent* que le premier. C'est ce qui arrive lorsque le faisceau passe de l'eau dans l'air. Si nous supposons que le rayon lumineux, après avoir traversé l'eau suivant CB, sorte dans l'air, il s'éloignera de la normale et sortira suivant BA.

Si le faisceau tombait perpendiculairement à la surface de séparation, il continuerait sa route sans déviation.

466. **Lois de la réfraction**. — La réfraction de la lumière est soumise aux deux lois suivantes, qu'il faut entendre dans le sens déjà indiqué pour les lois de la réflexion (433) et regarder comme conformes aux résultats de l'expérience :

1° *Le rayon réfracté reste dans le plan d'incidence* ;

2° *Le sinus* (¹) *de l'angle d'incidence et le sinus de l'angle de réfraction sont dans un rapport constant pour deux mêmes milieux.*

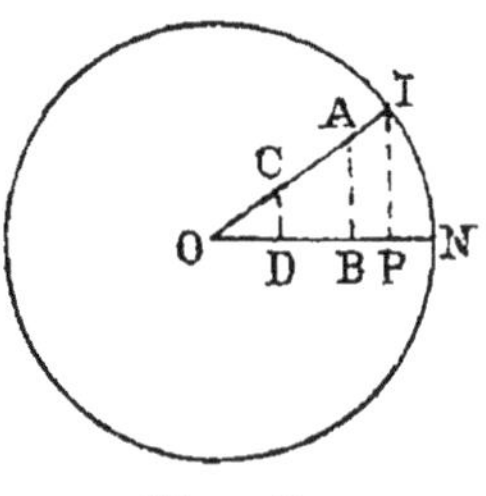

Fig. 250.

(¹) Considérons l'angle IOP (fig. 250) et décrivons une circonférence de centre O et de rayon OI ; si l'on projette plusieurs points du rayon OI sur le rayon ON, les triangles semblables obtenus permettent d'écrire :

$$\frac{IP}{OI} = \frac{AB}{OA} = \frac{CD}{OC}.$$

C'est ce rapport constant qu'on appelle *sinus* de l'angle IOP. On peut donc écrire :
$$\frac{IP}{OI} = \text{sinus IOP} : \text{si nous supposons OI} = 1,$$

il vient IP = sinus IOP ; c'est l'hypothèse admise dans tout le raisonnement du n° 465.

Voici comment on doit entendre le sens de la seconde loi. Considérons un rayon lumineux IO (fig. 251) tombant sur la surface MM' de séparation de l'air et de l'eau. Prenons le plan de la figure comme plan d'incidence. Le rayon lumineux va se réfracter suivant OR' et se rapprochera de la normale NN'. Du point O comme centre, décrivons un cercle; du point I abaissons sur NN' la perpendiculaire IP, et du point R la perpendiculaire R'Q' :

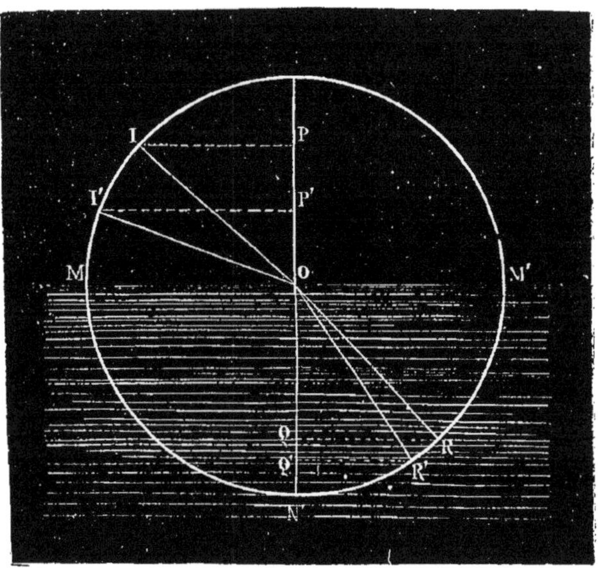

Fig. 251. — Lois de la réfraction de la lumière.

les lignes IP et R'Q' seront respectivement les sinus des angles d'incidence et de réfraction ION et R'ON'. La seconde loi dit que le rapport des sinus des angles d'incidence et de réfraction est constant pour deux mêmes milieux, c'est-à-dire que, si l'on considère un second rayon lumineux I'O, faisant avec la normale un angle différent de ION, le rayon se réfractera suivant OR, de telle sorte que :

$$\frac{IP}{R'Q'} = \frac{I'P'}{RQ}.$$

Le rapport constant, qui existe pour deux mêmes milieux, entre le sinus de l'angle d'incidence et le sinus de l'angle de réfraction, s'appelle *l'indice de réfraction du second milieu par rapport au premier*. Dire que l'indice de réfraction de l'eau par rapport à l'air est $\frac{4}{3}$, c'est dire que lorsqu'un rayon lumineux passe de l'air dans l'eau, le rapport du sinus de l'angle d'incidence au sinus de l'angle de réfraction est $\frac{4}{3}$.

Nous indiquerons ici les indices de réfraction de quelques substances par rapport à l'air :

Eau	1,336	Crown	1,53
Ether	1,36	Flint	1,66
Alcool	1,37	Diamant	2,75

467. Principe du retour inverse des rayons. — Soit un rayon AB (fig. 252) qui rencontre une surface

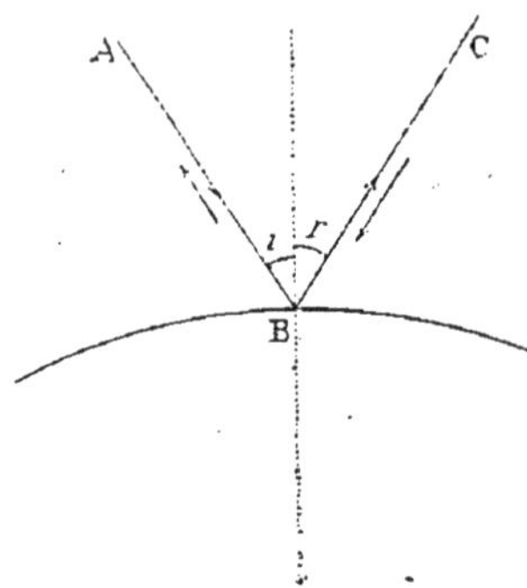
Fig. 252. — Principe du retour inverse des rayons.

réfléchissante ; il prend alors la direction BC en faisant avec la normale au point B un angle de réflexion *r* égal à l'angle d'incidence *i*. Réciproquement, un rayon CB se réfléchirait suivant BA, en vertu des lois de la réflexion. Ce fait porte le nom de *principe du retour inverse des rayons*.

L'expérience montre que ce principe s'applique aussi dans le cas de la réfraction ; si le rayon AB (fig. 249) pénètre dans le second milieu suivant BC, inversement, un rayon CB se propagera dans le second milieu suivant BA.

468. Déplacement des objets vus dans un milieu plus réfringent que l'air. — La réfraction explique certains faits qui sont d'observation courante.

Lorsqu'on est plongé sous une eau bien claire et bien tranquille, les objets placés sur les bords semblent relevés au-dessus de leur véritable place. Le point B (fig. 253) par exemple, envoyant un rayon BA, celui-ci se réfracte

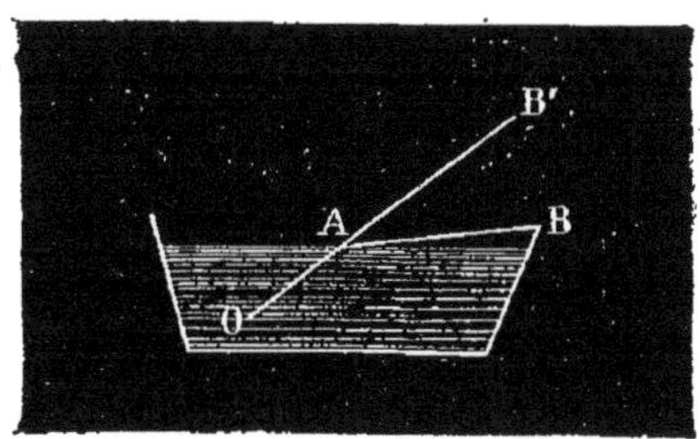

Fig. 253. — Effets de la réfraction.

suivant AO, et l'œil qui, placé en O, le reçoit voit le point B en B' sur le prolongement AB' de OA.

L'expérience suivante se fait souvent.

On place à terre un vase à parois non transparentes, et au fond une pièce de monnaie en A (fig. 254). On se

Fig. 254. — Effets de la réfraction.

place de manière que le rayon visuel BA rasant le bord du vase arrive juste à la pièce de monnaie : si l'on recule un peu à partir de cette position jusqu'en O, la pièce cesse d'être visible. Mais, si alors une autre personne remplit d'eau la terrine, la pièce devient visible quoiqu'elle n'ait pas changé de position. Voici comment on explique ce fait.

Dès qu'on a versé de l'eau dans le vase, un certain nombre de rayons lumineux qui, lorsque le vase était vide, passaient au-dessus de l'œil, peuvent maintenant y arriver, le rayon lumineux AC, par exemple. Quand le vase est plein d'eau, les rayons, en arrivant en C, se réfractent, s'écartent de la normale, vont frapper l'œil en O, et celui-ci voit la pièce de monnaie en A′, suivant la direction prolongée des rayons réfractés.

Cette expérience rend compte des faits suivants ; tous les corps plongés dans l'eau nous paraissent plus rapprochés

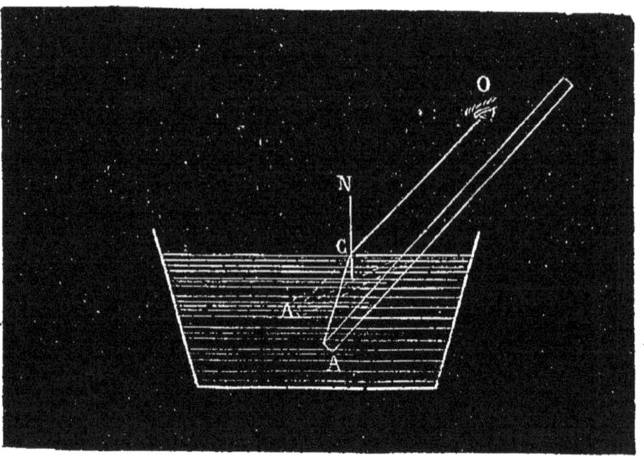

Fig. 255. — Effets de la réfraction.

de la surface qu'ils ne le sont en réalité ; un bassin semble moins profond lorsqu'il est rempli d'eau que lorsqu'il est vide. Le relèvement apparent pour l'eau est de $\frac{1}{4}$; par suite, un objet plongé à 40 centimètres sous l'eau, nous donne l'illusion de l'être à 30 centimètres seulement.

Un bâton plongé dans l'eau (fig. 255) paraît coudé au point d'immersion : l'œil placé en O voit la partie extérieure dans sa position réelle : quant à la partie plongée, il la voit dans une position angulaire par rapport à la partie extérieure. Pour expliquer cette apparence, remarquons que les rayons émanés de la partie extérieure ne subissent pas de réfraction avant d'arriver à l'œil O, qui voit les points d'où ils émanent dans leur position réelle ; mais les rayons émanés des points situés dans l'eau subissent une réfraction qui change leur direction ; le faisceau émané du point A, arrivé à la surface, se réfracte en s'éloignant de la normale, et l'œil, qui le reçoit, voit l'extrémité du bâton non pas en A, mais plus haut, en A′, sur la direction prolongée du rayon réfracté. Il en est de même pour tous les points situés dans l'eau, de sorte que, la partie immergée se trouvant relevée par l'œil, le bâton paraît coudé et raccourci.

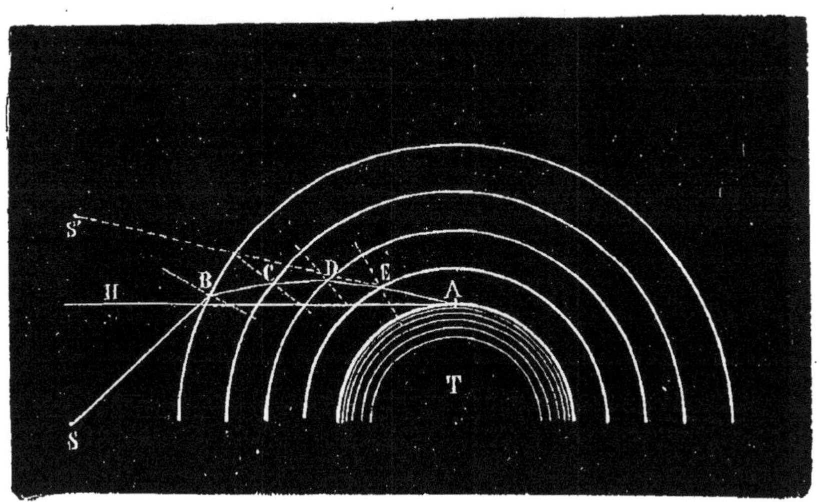

Fig. 256. — Réfraction atmosphérique.

469. Réfraction atmosphérique. — Le phénomène de la réfraction de la lumière a pour effet de nous faire voir les astres dans une position plus élevée que celle qu'ils occupent réellement, et même de nous permettre de les voir encore pendant quelque temps après qu'ils sont descendus au-dessous de l'horizon du point où nous nous trouvons. En effet, supposons qu'un astre S (fig. 256) soit déjà au-dessous de l'horizon AH du lieu A de l'observation ; soit SB, un rayon lumineux qu'il envoie sur la

première couche, de l'atmosphère qui enveloppe la terre T. En
entrant dans cette couche, il se réfractera suivant BC. Mais les
couches de l'atmosphère doivent être considérées comme augmentant de réfringence à mesure qu'on s'approche du sol : en
entrant dans la seconde couche, le rayon lumineux BC se réfractera de nouveau suivant CD en se rapprochant de la normale, et
ainsi de suite. L'observateur placé en A recevra le rayon lumineux EA et verra l'astre en S' sur le prolongement du rayon
EA. En réalité, comme les couches de l'atmosphère augmentent
de réfringence par degrés insensibles, la ligne suivie par le rayon

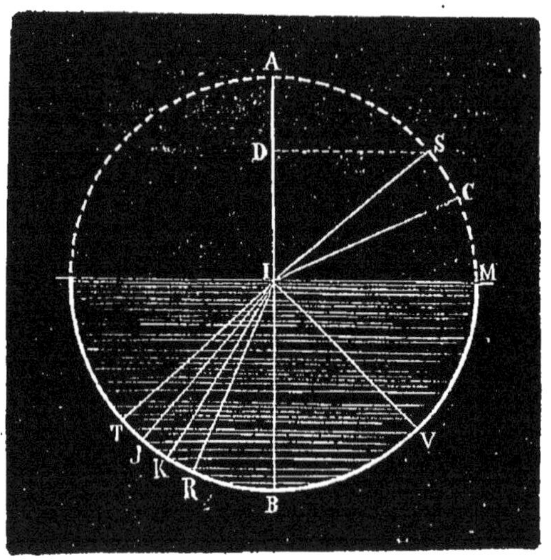

Fig. 257. — Réflexion totale.

lumineux n'est pas une ligne brisée comme celle que représente
la figure, mais une ligne courbe, et l'observateur voit l'astre
dans le prolongement du dernier des éléments rectilignes dont
cette courbe est composée.

470. **Angle limite : réflexion totale.** — La seconde
loi de la réfraction établit une relation étroite entre la
valeur de l'angle d'incidence et celle de l'angle de réfraction. Lorsque le premier augmente, le second augmente
aussi, et inversement.

Soit (fig. 257) un rayon lumineux RI cheminant dans l'eau et faisant avec la normale IB un angle d'incidence RIB ; il se présente en I pour émerger dans l'air et y prend la direction IS. Si l'on considère un rayon KI faisant avec la normale IB un angle d'incidence KIB, plus grand que RIB, l'angle de réfraction AIC sera plus grand que l'angle AIS. L'angle d'incidence, continuant à croître, atteint une valeur JIB, pour laquelle l'angle de réfraction AIM est droit et le rayon sort en rasant la surface de l'eau. Si, à partir de cette valeur, l'angle d'incidence croît encore, l'expérience apprend que le rayon sera réfléchi suivant IV,

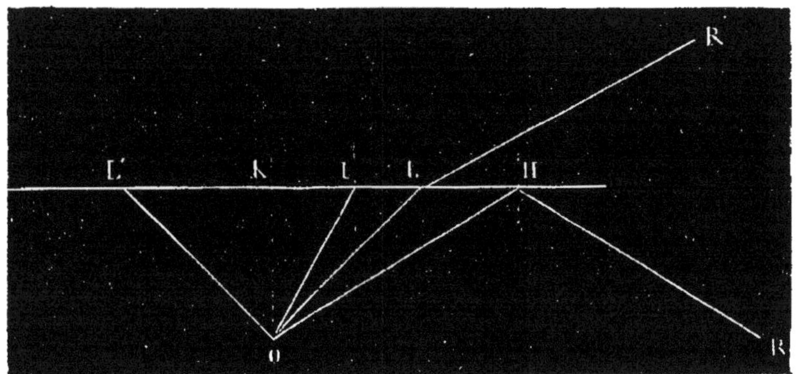

Fig. 258. — Angle limite.

en obéissant aux lois de la réflexion. L'angle d'incidence de valeur telle que l'angle de réfraction soit égal à 90° est appelé *angle limite.*

Si au point O situé dans l'eau, par exemple, nous construisons un cône circulaire droit LOL' (fig. 258) ayant pour axe une perpendiculaire à la surface de séparation et pour angle générateur l'angle limite, il est facile de voir que tout rayon OI situé dans l'intérieur du cône fait avec la normale en I un angle plus petit que l'angle limite, puisque son angle d'incidence est égal, comme alterne interne, à l'angle IOK, lui-même plus petit que l'angle limite KOL. Tout rayon, qui voyagera suivant les géné-

ratrices du cône, OL par exemple, fera un angle d'incidence égal à l'angle limite et sortira en rasant la surface
de séparation. Enfin, tout rayon OH situé en dehors du
cône fera un angle d'incidence plus grand que l'angle
limite, et sera réfléchi suivant HR′, en obéissant aux lois
de la réflexion.

L'expérience permet de vérifier les conséquences auxquelles nous venons d'arriver.

1° Prenons un vase contenant de l'eau et plaçons en O
(fig. 259) une source lumineuse; soit LOP l'angle limite
pour l'eau et l'air; plaçons à la surface de l'eau une
planche P qui recouvre la base du cône LOL′ : la source

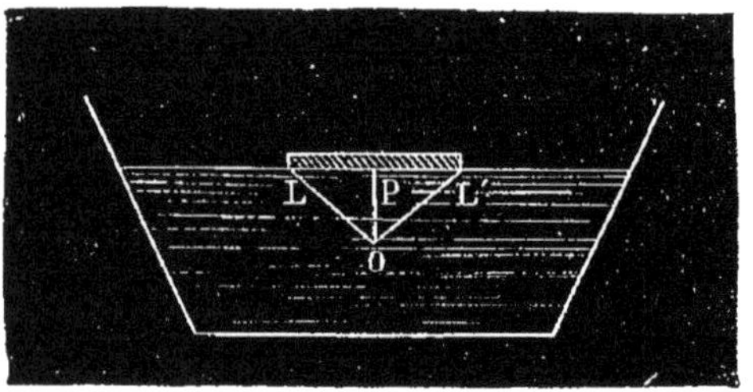

Fig. 259. — Réflexion totale.

lumineuse ne sera pas perçue par l'œil placé au-dessus de
l'eau. Si l'on enlève P et qu'on place l'œil dans l'espace
compris dans le prolongement du cône LOL′, on verra la
source lumineuse.

2° De même si la planche P portait à son centre une
petite tige implantée perpendiculairement à sa face inférieure, l'œil placé dans l'air ne verrait aucun des points de
la tige; mais, si l'œil est placé au-dessous de la surface du
liquide, il reçoit les rayons ayant subi la réflexion totale
et il aperçoit, au-dessus de la planche, une image virtuelle
de la tige.

3° Prenons un cylindre droit en verre (fig. 260) et coupé
par un plan oblique faisant avec l'axe un angle ADC égal

à l'angle limite du verre par rapport à l'air ou un angle plus petit. Cette valeur de l'angle limite est ici de $41°48'$. Dirigeons ce cylindre vers le soleil et plaçons l'œil derrière la face oblique ; nous ne recevrons pas les rayons lumineux qui traversent le cylindre parallèlement à son axe. En effet, soit SI un de ces rayons : il fait avec la normale un angle d'incidence SIK, qui est égal à IKD. Mais IKD est complémentaire de KDI, qui est égal à $41°48'$, ou plus petit ; donc il est plus grand que $41°48'$. Par suite, l'angle d'incidence étant plus grand que l'angle limite, le rayon lumineux n'émergera pas. Si l'on a recouvert la surface latérale du cylindre avec du papier noir, aucun rayon émis par le soleil n'arrivera à l'œil.

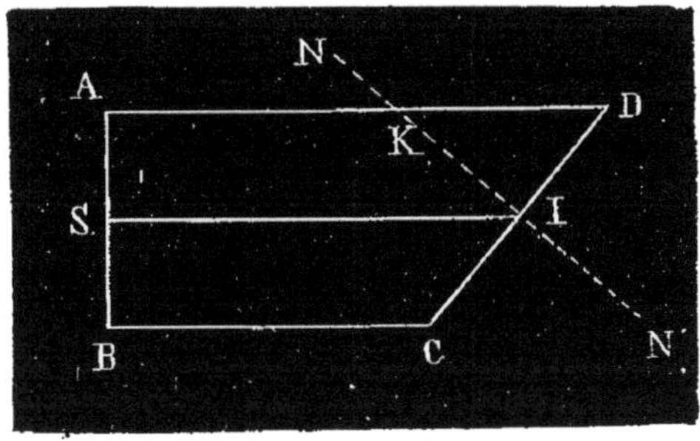

Fig. 260. — Réflexion totale.

471. Mirage. — Le phénomène de la réflexion totale sert à expliquer un phénomène très intéressant, qui se produit surtout dans les plaines arides, échauffées par un soleil brûlant, et qui est désigné sous le nom de *mirage*. Voici l'explication de ce phénomène.

Les couches d'air en contact avec le sol brûlant s'échauffent ; si l'atmosphère est très calme, elles ne s'élèvent que très lentement et il arrive un moment où les couches inférieures sont moins denses et, par suite, moins réfringentes que les couches supérieures, de telle sorte que la réfringence de l'air va en décroissant, à l'inverse de ce qui arrive ordinairement.

Ceci posé, supposons un point élevé a (fig. 261) et un observateur placé en o. Cet observateur verra le point a par le faisceau direct ao, mais il pourra recevoir des rayons, qui lui viendront de *a*, après avoir suivi une marche bien moins directe. Considérons, par exemple, le rayon *ac*, qui tombe obliquement sur la couche d'air, à partir de laquelle la réfringence va en diminuant à mesure qu'on s'approche du sol. Cette couche étant moins réfringente que la précédente, le rayon, en y pénétrant, s'écarte de la normale ; de même ce rayon réfracté doit encore s'éloigner de la normale en pénétrant dans la couche suivante. On voit que ces réfractions ont pour effet de donner aux rayons lumineux une direction plus voisine de l'horizontalité ; mais, comme il arrivera un moment où l'angle d'incidence atteindra la valeur de l'angle limite, le rayon ne pourra plus pénétrer dans la couche moins réfringente *mm'* qui suit celle où il se trouve ; il éprouvera le phénomène de la réflexion totale, et, à partir de là, se réfractera en sens inverse, puisqu'il

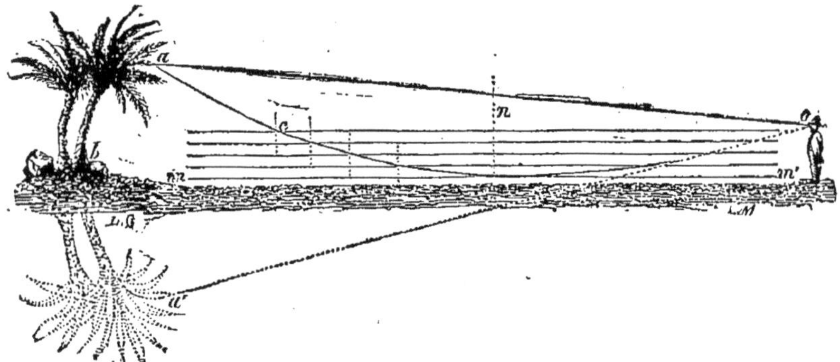

Fig. 261. — Mirage.

traversera des couches de plus en plus réfringentes. L'observateur recevant le rayon suivant *oa'* supposera le point lumineux en *a'*. Comme ce raisonnement peut être répété pour tous les points de l'objet lumineux, on apercevra une image renversée de cet objet et semblable à celle que donnerait une nappe d'eau.

Pour reproduire artificiellement le phénomène du mirage, il suffit de chauffer un peu fortement une grande plaque de tôle, et de la regarder dans une direction très inclinée ; on voit alors l'image des objets éloignés se former par réflexion sur la couche d'air qui la touche.

472. Passage d'un rayon lumineux à travers un milieu transparent à faces parallèles. — Lorsqu'un rayon lumineux I*a* (fig. 262) traverse un milieu transparent, une lame de verre, par exemple, à faces parallèles, l'expérience fait voir qu'il sort suivant *a'*R, parallèlement à sa direction primitive, mais en subissant un déplacement latéral, dont la valeur dépend et de l'épaisseur du milieu et de son indice de réfraction.

On peut observer facilement cet effet en regardant obliquement, à travers une lame épaisse de verre, les lignes parallèles d'un parquet. Quand nous regardons les objets extérieurs à travers les vitres de nos appartements, ces objets ne paraissent pas déplacés sensiblement, à la condition que le verre soit peu épais et bien homogène ; s'il

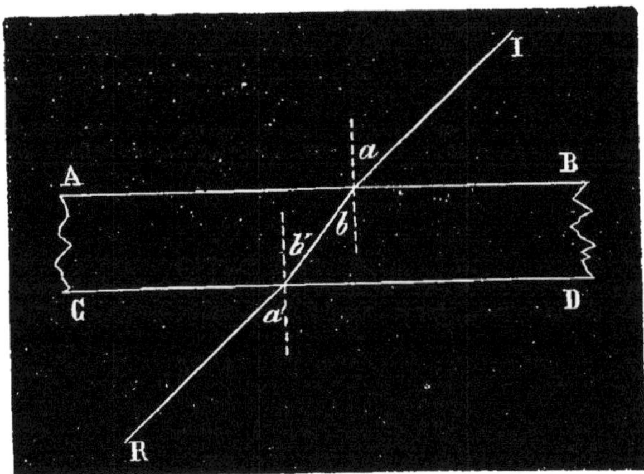

Fig. 262. — Milieu à faces parallèles.

présente quelques défauts, des déformations sont sensibles à travers ces points.

Il est encore très facile de se rendre compte de l'effet qu'on observe, lorsqu'une bougie étant placée devant une glace d'appartement un peu épaisse, on examine les images produites en regardant très obliquement (440) ; la surface de verre donne, par réflexion, une première image très pâle. Mais la plus grande partie de la lumière de la bougie pénètre dans le verre en se réfractant, puis se réfléchit sur

la surface métallique (surface étamée ou argentée) : on
obtient ainsi une seconde image très intense. La lumière
se réfléchit de nouveau dans le verre sur la surface antérieure, d'où une troisième image, et ainsi de suite. On
aperçoit ainsi une série d'images d'éclat pâle et décroissant
à partir de la deuxième qui est la plus intense.

473. Expériences simples. — Plonger un crayon dans
un verre d'eau ; il paraît brisé.

Renouveler l'expérience du n° 432.

Une expérience analogue à celle de la figure 230 permet de
vérifier approximativement la seconde loi de la réfraction :
l'épingle la plus longue C sera fixée sur la circonférence, au
voisinage de D' ; on déterminera la direction OX pour laquelle
les deux épingles paraissent se superposer et l'on placera encore
une épingle en C_1. Constater que les distances de C_1 et C au
diamètre vertical DD' sont dans le rapport de 4 à 3. Varier la
position de l'épingle C et constater que le rapport des distances
précédentes reste constant ; il en est de même du relèvement
apparent de C.

Eloigner C de D' et chercher la valeur de l'angle limite ;
pour une position de l'aiguille plus rapprochée de H, l'aiguille
reste invisible au-dessus de la surface du liquide ; mais elle est
visible au-dessous de cette surface par réflexion totale.

Outre les expériences indiquées sur la réflexion totale, on
peut encore réaliser la suivante : prendre un bouchon de liège
pour bocaux ; implanter sur sa surface inférieure un crayon
dont on aura divisé la hauteur en plusieurs parties en y collant
des bandes de papier de couleurs différentes. Si l'on met le bouchon sur l'eau, on constate que les parties supérieures du crayon
ne sont pas visibles, parce que les rayons qu'elles envoient sont
réfléchis totalement.

Remarquer que les objets placés dans l'eau paraissent relevés
vers la surface d'environ $\frac{1}{4}$ de leur distance réelle.

Regarder les images formées par une bougie sur une bouteille
de verre épais ; on en distingue deux principales, l'une très
vive et l'autre beaucoup plus pâle.

Regarder les lignes d'un parquet à travers une plaque de verre
épais ; elles restent parallèles, mais elles sont déplacées par rapport à leur direction primitive.

—

CHAPITRE V

Propriétés des lentilles.

474. Lentilles sphériques. — On appelle *lentilles sphériques* des masses transparentes, généralement en verre, terminées par deux surfaces sphériques, ou par une surface sphérique et une surface plane. On en distingue deux espèces :

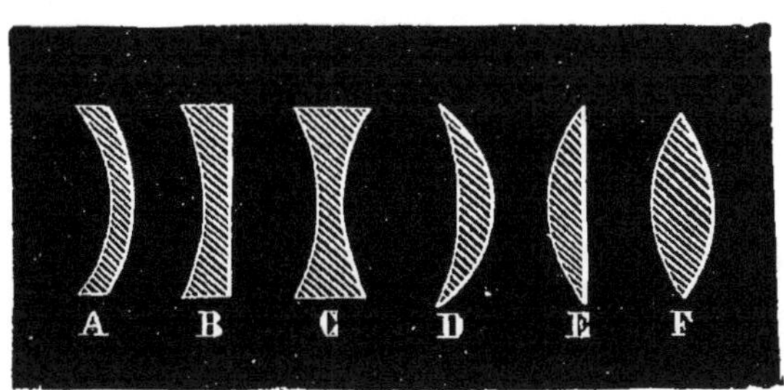

Fig. 263. — Lentilles sphériques.

1º Les lentilles *convergentes* ou lentilles à bords tranchants, dont l'épaisseur est croissante depuis les bords jusqu'au milieu : elles ont la propriété de déterminer la convergence des rayons qui les traversent. D, E, F (fig. 263) représentent des lentilles convergentes.

2º Les lentilles *divergentes* ou lentilles dont l'épaisseur diminue depuis les bords jusqu'au milieu ; elles ont la propriété de faire diverger les rayons qui les traversent. A, B, C représentent des lentilles divergentes.

Nous prendrons pour type des lentilles convergentes la lentille biconvexe F, et pour type des lentilles divergentes la lentille biconcave C.

On nomme *axe principal* d'une lentille biconvexe ou biconcave la ligne qui joint les centres des deux surfaces sphériques formant les faces de la lentille. Soient C, C' (fig. 264) les deux centres en question : la ligne CC' sera l'axe principal.

LENTILLES CONVERGENTES

475. Toute lentille convergente tend à ramener vers son axe les rayons lumineux qui la rencontrent. — Soit PI (fig. 264) un rayon lumineux rencon-

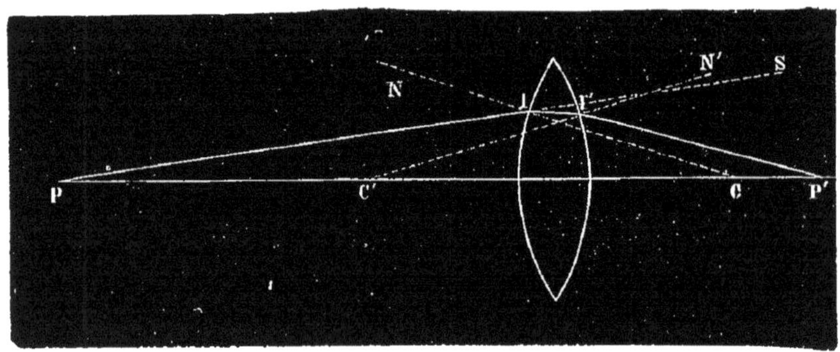

Fig. 264. — Une lentille biconvexe rapproche les rayons.

trant en I la première face de la lentille : en pénétrant dans la lentille au lieu de continuer suivant IS, il se rap·proche de la normale IC à la surface sphérique et prend la direction II'. Quand il arrive en I' à la seconde face, au lieu de continuer suivant le prolongement de II', il s'éloigne de la normale C'I' et, en prenant la direction I'P', se rapproche encore de l'axe.

476. Foyer principal. — Si les rayons sont parallèles à l'axe, comme ceux du faisceau SLS'L' (fig. 265), l'expérience prouve qu'ils vont tous se couper en un même point F de l'axe principal (¹). Ce point est appelé *foyer principal*; sa distance à la lentille s'appelle *distance focale principale*.

Pour démontrer ce fait, on reçoit les rayons du soleil, qui sont sensiblement parallèles entre eux, sur une lentille convergente qu'on oriente de manière que son axe principal soit lui-même parallèle aux rayons incidents.

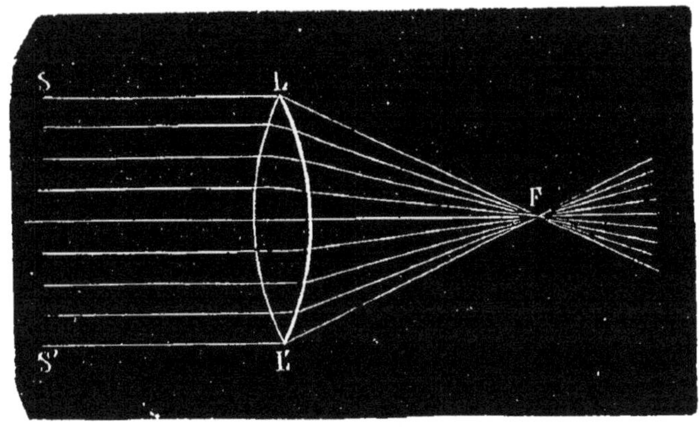

Fig. 265. — Foyer principal.

On constate que tous ces rayons, après avoir traversé la lentille, viennent se croiser sur l'axe en un même point.

Il est évident qu'il y a un foyer principal de chaque côté de la lentille et à la même distance de celle-ci.

Réciproquement, si l'on place un point lumineux au foyer principal d'une lentille biconvexe, les rayons qu'il envoie sur la lentille en sortent parallèles entre eux et parallèles à l'axe principal.

(¹) Cette conclusion n'est rigoureuse que *si la lentille est très mince et les rayons lumineux très peu écartés de l'axe principal.*

Enfin, lorsqu'un rayon lumineux tombe sur une lentille après avoir suivi l'axe principal, il en sort en suivant encore cet axe ; car, l'angle d'incidence étant nul à l'arrivée sur la première face, l'angle de réfraction doit l'être aussi, et, par suite, le rayon doit continuer sa route sans déviation. Il en est de même à la seconde face de la lentille.

Le pouvoir convergent d'une lentille est évidemment d'autant plus grand que sa distance focale est plus petite ; ces deux quantités varient donc en sens inverse ; aussi prend-on pour mesure de la *convergence* ou de la *puissance* d'une lentille l'inverse $\frac{1}{f}$ de sa distance focale f. On évalue la puissance en *dioptries* : une dioptrie est la convergence d'une lentille dont la distance focale est 1 mètre ; par suite, des lentilles dont les distances focales sont respectivement $0^m,5$, $0^m,2$, $0^m,01$ ont des puissances de $\frac{1}{0,5}$, $\frac{1}{0,2}$, $\frac{1}{0,01}$ ou 2,5, 100 dioptries.

Dans les lentilles, il n'existe pas, comme dans les miroirs, une relation simple entre la distance focale et les rayons de courbure de la lentille. On démontre que dans une lentille biconvexe en crown (indice de réfraction $\frac{3}{2}$ environ) à rayons de courbure égaux, la distance focale est égale au rayon de courbure de la lentille.

477. Foyers conjugués. — L'expérience montre aussi que des rayons, partis d'un même point P (fig. 266) situé sur l'axe principal, donnent des rayons émergents qui se rencontrent tous en un autre point P', situé sur cet axe et au-delà du foyer principal.

Pour démontrer ce fait, à l'aide d'un miroir concave on fait converger des rayons solaires vers un point P, et l'on oriente une lentille, de manière que son axe principal passe par ce point P. Celui-ci envoie sur elle des rayons lumineux qui vont, après réfraction, se couper au point P', qui est appelé le *foyer conjugué* du point P. Ces deux points P et P' sont liés l'un à l'autre de telle sorte que, si un point lumineux était placé en P', les rayons partis de ce point iraient, après leur réfraction, converger en P.

Il existe une relation étroite entre les distances qui séparent de la lentille le point lumineux et son foyer conjugué.

L'expérience mène aux résultats suivants :

1° Si le point lumineux est, par rapport à la lentille, à une distance plus grande que le double de la distance focale principale, le foyer conjugué est, de l'autre côté de la lentille, à une distance moindre que le double de la distance focale principale ; 2° si le point lumineux se rap-

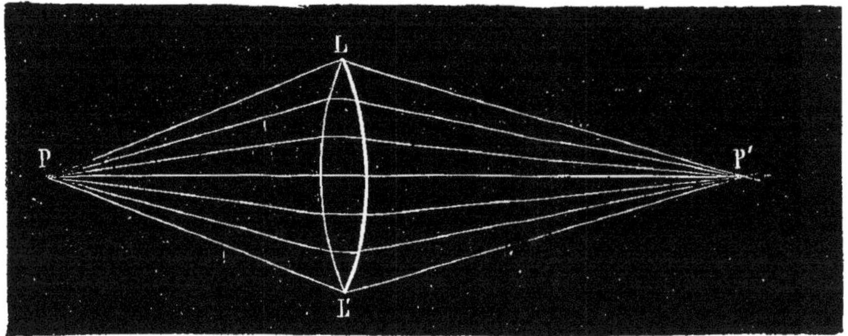

Fig. 266. — Foyer conjugué réel.

proche de la lentille tout en restant à une distance plus grande que le double de la distance focale principale, le foyer conjugué s'éloigne de la lentille ; 3° si le point lumineux est à une distance égale au double de la distance focale principale, le foyer conjugué est à la même distance de l'autre côté de la lentille ; 4° si le point lumineux est au foyer principal, le foyer conjugué se trouve à l'infini, c'est-à-dire que les rayons sortent parallèlement à l'axe.

478. Le point lumineux est situé en dehors de l'axe. — Lorsque le point lumineux est situé en dehors de l'axe, son foyer conjugué est situé en dehors de l'axe sur une ligne appelée *axe secondaire*. Pour la définir, il faut d'abord que nous indiquions ce qu'on appelle *centre optique* d'une lentille.

479. **Centre optique.** — *Il existe dans toute lentille convergente un point O (fig. 267) situé sur l'axe principal et tel que tout rayon lumineux II', que la réfraction y fait passer, sort de la lentille parallèlement à sa direction primitive.* Ce point se nomme le *centre optique*. Soit le point O situé sur l'axe principal de la lentille et tel que $\dfrac{CO}{C'O} = \dfrac{CI}{C'I'}$, C et C' étant les centres des deux surfaces sphériques et,

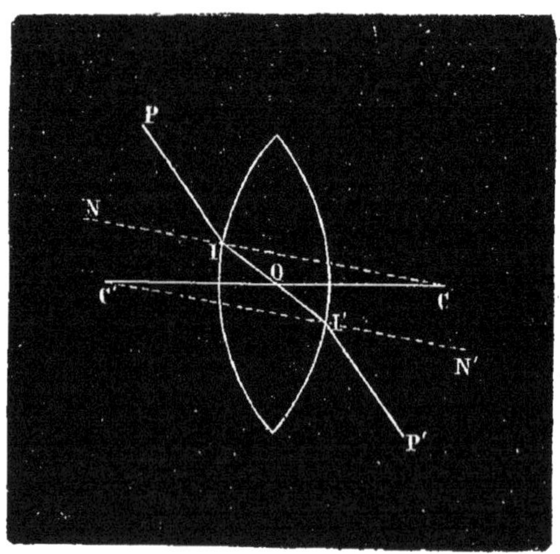

Fig. 267. — Centre optique.

par conséquent, CI et C'I' en étant les rayons. Soit un rayon incident PI tel qu'après réfraction il passe au point O : je dis que le rayon émergent I'P' est parallèle à PI. Pour le démontrer, menons par le point C' la parallèle C'I' à CI. Joignons OI'; si je démontre que OI' est dans le prolongement de IO, j'aurai démontré que IOI' est la marche du rayon lumineux dans la lentille, et alors, les normales en I et I' étant parallèles, la lentille pour le rayon PI pourra être considérée comme une lame à faces parallèles et ce rayon sortira suivant I′P′ parallèle à PI.

Or, les deux triangles COI, C′OI′ sont semblables comme ayant un angle égal (OCI = OC′I′ comme alternes-internes) compris entre côtés proportionnels $\left(\dfrac{CO}{C'O} = \dfrac{CI}{C'I'} \right.$, par hypothèse). Donc COI = C′OI′, donc OI′ est le prolongement de OI, et, *si la lentille est suffisamment mince*, ce qui est le cas ordinaire, *I′P′ est le prolongement de* PI.

480. **Axes secondaires.** — Considérons maintenant un point lumineux P (fig. 268), situé en dehors de l'axe

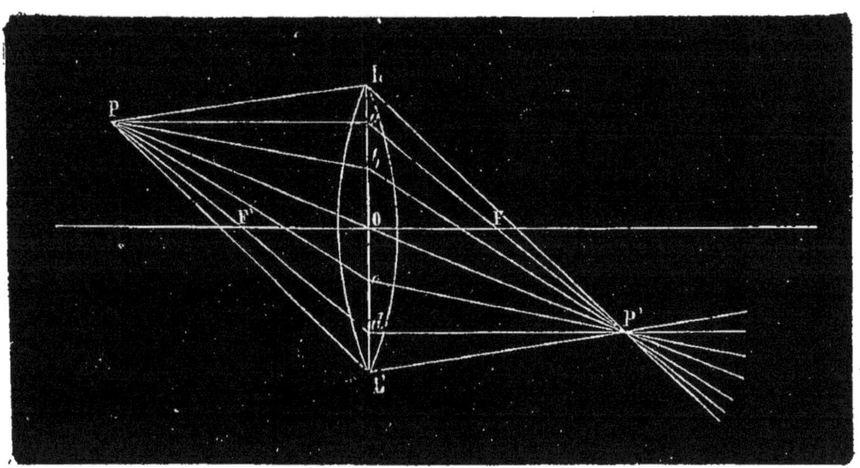

Fig. 268. — Foyer conjugué d'un point situé en dehors de l'axe.

et au-dessus de lui. L'expérience prouve que tous les rayons lumineux qu'il envoie sur la lentille vont, après leur réfraction, passer en un point P′ situé au-dessous de l'axe. Ce point se trouve évidemment situé sur la ligne qui joint le point P au centre optique de la lentille ; car, parmi tous les rayons émanés du point P et qui se coupent en un même point P′, il en est un qui va du point P au centre optique de la lentille ; celui-là, d'après ce que nous avons dit, continue son chemin sans déviation : c'est donc sur lui que se trouve l'intersection de tous les rayons. Le point d'intersection P' de tous les rayons réfractés est appelé le *foyer conjugué* du point P. Il se trouve sur la ligne qui joint le point lumineux au centre optique. Cette ligne s'appelle l'*axe secondaire* du point P.

Pour déterminer la position du foyer conjugué P' sur l'axe secondaire, il suffit de remarquer que, parmi tous les rayons émanés du point P, il en est un, Pa, qui est parallèle à l'axe principal et doit, après réfraction, passer par le foyer principal F avant d'aller couper l'axe secondaire. Il suffira donc de mener le rayon parallèle Pa, de réduire, comme on le fait ordinairement, la lentille au plan LL', en supposant que les deux réfractions se font sur ce plan, de joindre le point a au foyer principal et de prolonger jusqu'à la rencontre en P' avec l'axe secondaire POP'.

On peut aussi remarquer que, parmi tous les rayons partis du point P, il en est un qui passe au foyer principal F'. Quand il arrive sur la lentille, il peut être considéré comme émanant du point F' et, à ce titre, il doit après réfraction être parallèle à l'axe. Cette remarque fournit une seconde construction pour la détermination du foyer conjugué du point P. On joint PF', on prolonge jusqu'à la lentille en d ; par d on mène une parallèle à l'axe et l'intersection de cette parallèle avec l'axe secondaire de P donne le foyer conjugué P'.

481. Foyers réels. — Dans tout ce qui précède, ce sont les rayons lumineux eux-mêmes qui vont se couper au foyer ; ce foyer est *réel*. Si le point lumineux est situé *au-dessus* de l'axe principal, le foyer réel est situé *au-dessous*, et réciproquement.

La figure 268 montre la marche des rayons dans une lentille convergente pour le cas du foyer réel. Le point P envoie sur la lentille un cône de rayons : si nous supposons la lentille réduite à un plan, les différents rayons PL, Pa, Pb, PO, Pc, Pd, PL' donnent des rayons réfractés LP',

aP', bP', OP', cP', dP', L'P', qui se coupent tous au foyer conjugué P', qui est réel. L'œil placé dans la seconde nappe du cône émergent verra un point lumineux en P'. Si l'on place un écran en P', cet écran diffuse les rayons, et le foyer est visible en tous les points situés autour de lui.

482. Foyers virtuels. — Lorsque le point lumineux P (fig. 269) est situé entre la lentille et le foyer principal, l'expérience prouve que les rayons lumineux, en sortant de la lentille, au lieu d'aller en convergeant, vont en di-

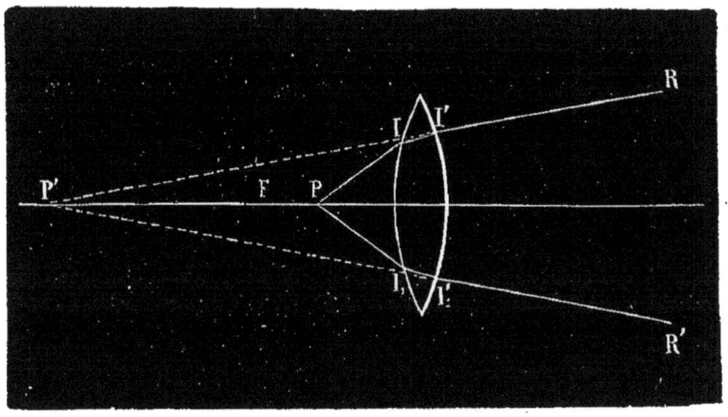

Fig. 269. — Foyer virtuel.

vergeant. Quand on déplace l'écran derrière la lentille, en l'éloignant d'elle, on constate que la tache lumineuse, que produisent sur lui les rayons, va en grandissant, ce qui prouve que ces rayons divergent. Ils forment un cône dont le sommet est, par rapport à la lentille, du même côté que le point lumineux. Ce sommet est un foyer *conjugué virtuel*. L'œil placé dans le cône voit ce point lumineux, mais on ne peut le recevoir sur un écran, car ce sont seulement les prolongements géométriques des rayons qui s'y coupent.

Quand le point lumineux est situé en dehors de l'axe

principal et à une distance moindre que la distance focale,
le foyer conjugué virtuel est situé sur l'axe secondaire :
on l'obtient en menant par le point lumineux P (fig. 270)
une parallèle à l'axe, en joignant le point d'intersection
avec la lentille, supposée réduite à un plan, au foyer principal F et en prolongeant la ligne ainsi obtenue jusqu'à la
rencontre avec l'axe secondaire.

La figure 270, tout en montrant la construction faite
pour avoir le foyer conjugué P′ du point P, permet de se
rendre compte de la marche que suivent les rayons lumineux dans ce cas particulier.

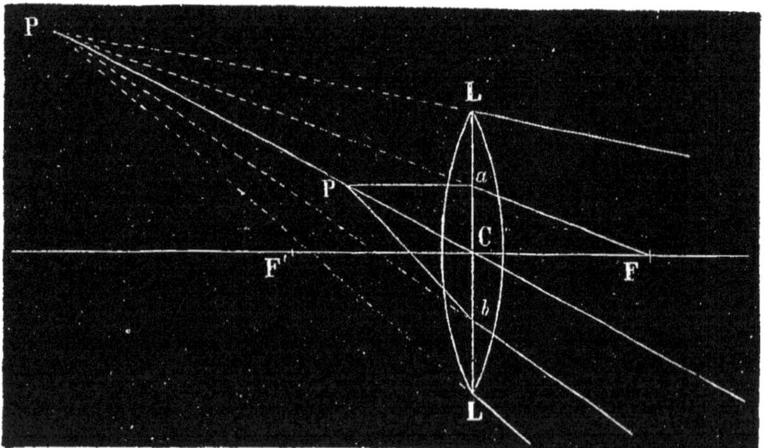

Fig. 270. — Foyer virtuel. Construction et marche des rayons.

**483. Images réelles des objets données par les
lentilles convergentes.** — Un objet lumineux pouvant
être considéré comme formé par l'ensemble d'un certain
nombre de points lumineux, il suffit, pour avoir l'image
d'un objet, de chercher les foyers conjugués de chacun de
ces points. Nous supposerons, pour rester dans les limites
des hypothèses qui ont conduit aux résultats précédents,
que l'objet lumineux est de dimensions telles que tous ses
points sont voisins de l'axe.

Nous rappellerons que tout point situé en dehors de
l'axe a son foyer sur l'axe secondaire passant par ce point
et de l'autre côté, si le point lumineux est au delà du
foyer principal par rapport à la lentille. Il en résulte que,
si le point lumineux est au-dessus de l'axe principal, le
foyer conjugué est au-dessous de cet axe.

Cela posé, proposons-nous de déterminer l'image d'une
petite droite MN (fig. 271) perpendiculaire à l'axe. On
peut démontrer que l'image M'N' est une petite droite,
aussi perpendiculaire à l'axe. Nous supposerons la lentille
réduite à un simple plan réfringent CD, produisant à lui

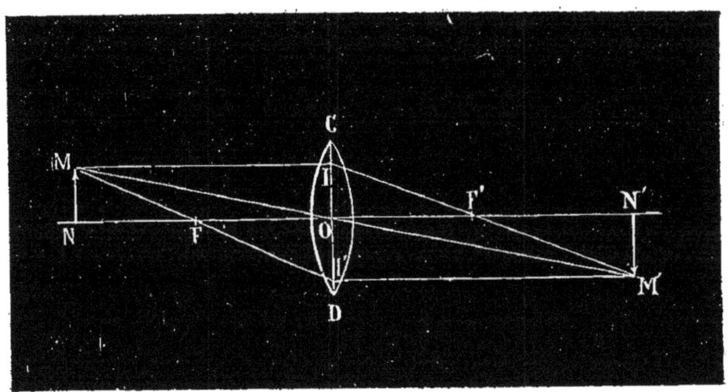

Fig. 271. — Image réelle, donnée par une lentille biconvexe.

seul le même effet que les deux réfractions subies à l'entrée
et à la sortie de la lentille : soit O le centre optique de la
lentille.

Pour déterminer le foyer conjugué du point M, menons
l'axe secondaire MOM'. Un rayon MI mené parallèlement
à l'axe doit, après réfraction, passer au foyer principal
F'; il suffit donc de joindre le point I au point F' et de
prolonger cette ligne jusqu'à sa rencontre en M' avec l'axe
secondaire : le point M' est le foyer conjugué, puisque,
tous les rayons lumineux allant se couper en un même

point de l'axe secondaire, il suffit d'avoir l'intersection de l'un de ces rayons avec l'axe.

On pourrait aussi remarquer que le rayon MFI', que le point M envoie à l'autre foyer principal F, pouvant être considéré comme émané du foyer principal F, doit sortir parallèlement à l'axe principal : par conséquent, on peut mener MF, et par le point I', où il tombe sur le plan réfringent, mener à l'axe principal une parallèle qui ira couper l'axe secondaire de M au point M'.

On voit que, lorsque l'objet est situé au delà du foyer principal, l'image est *réelle* et *renversée* par rapport à l'objet.

484. Grandeurs relatives de l'image et de l'objet. — Il est facile de trouver la relation entre la grandeur de l'image et celle de l'objet. Remarquons que les triangles semblables M'ON' et MON (fig. 271) nous donnent :

$$(1) \qquad \frac{M'N'}{MN} = \frac{ON'}{ON}.$$

Or, nous avons vu (476) qu'il existe une relation entre ON' et ON. Pour avoir la grandeur de l'image par rapport à celle de l'objet, nous allons appliquer les résultats obtenus.

Nous tirons de la formule (1) :

$$M'N' = MN \times \frac{ON'}{ON}.$$

1° *Si la distance* ON, *qui sépare l'objet de la lentille, est plus grande que le double de la distance focale principale,* ON' est plus petit que le double de cette distance : donc ON' est à *fortiori* plus petit que ON : il en résulte que $\frac{ON'}{ON}$ est plus petit que 1. Donc, l'image M'N', étant égale à MN multiplié par une quantité plus petite que 1, est elle-même plus *petite* que l'objet MN. Elle est *réelle* et *renversée*.

2° *Si la distance* ON *est égale au double de la distance focale,* ON′ = ON. Par suite, $\dfrac{ON'}{ON} = 1$ et M′N′ = MN.

L'image est *égale* à l'objet : elle est *réelle* et *renversée*.

3° *Si la distance* ON *est plus petite que le double [de la distance focale,* ON′ est plus grand que ON : donc $\dfrac{ON'}{ON}$ est plus grand que 1. L'image M′N′ est plus *grande* que l'objet MN ; elle est toujours *réelle* et *renversée*.

485. Images virtuelles. — Si l'objet est situé entre le foyer principal et la lentille, chacun des foyers conjugués des points de l'objet est virtuel ; l'image est donc virtuelle et droite. L'œil ne peut la voir que s'il est

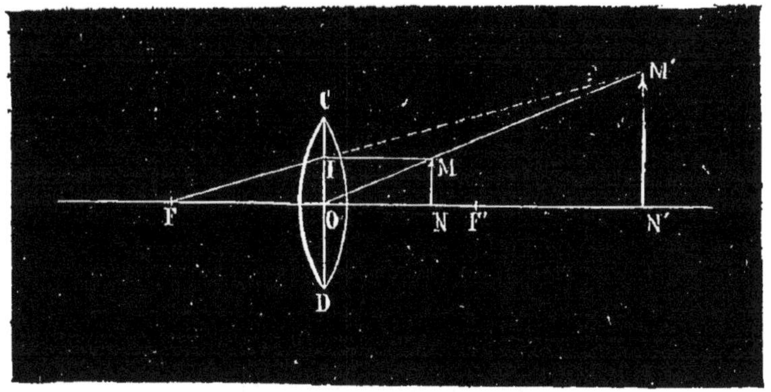

Fig. 272. — Image virtuelle d'un objet.

placé sur la direction des rayons réfractés. La figure 272 montre comment on obtient l'image dans ce cas. L'image M′N′ est droite, virtuelle et plus grande que l'objet, puisqu'elle est située, dans l'angle des axes, plus loin du sommet O que l'objet.

486. Vérification expérimentale des résultats précédents. — Tous les résultats auxquels nous venons d'arriver par le raisonnement peuvent être vérifiés par l'expérience. Si l'on reçoit sur une lentille biconvexe un faisceau de rayons parallèles, on constate que ces rayons, après avoir traversé la lentille, vont tous se couper en un point unique, qui est le foyer principal. Ce foyer est situé sur l'axe principal, si les rayons sont parallèles à l'axe principal ; s'ils ne sont pas parallèles à l'axe principal, le foyer principal est situé sur l'axe secondaire, parallèle à la direction commune des rayons du faisceau.

En plaçant un objet lumineux, la flamme d'une bougie, par exemple, en avant d'une lentille et au delà du foyer principal, on constate qu'on peut recevoir sur un écran *convenablement* placé de l'autre côté de la lentille l'image réelle et renversée de la flamme. On peut, d'ailleurs, vérifier toutes les relations de grandeur et de position que nous avons indiquées.

Nous avons dit qu'il fallait que l'écran fût *convenablement* placé, c'est-à-dire au foyer conjugué de l'objet. Lorsqu'on le met en avant ou en arrière de ce foyer,

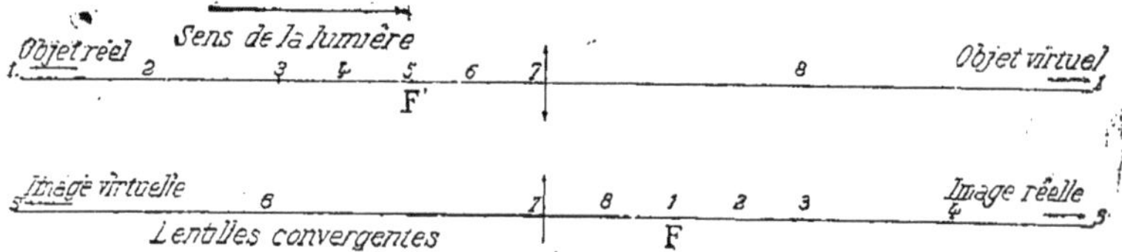

Fig. 273. — Positions relatives de l'image et de l'objet dans les lentilles convergentes.

l'image n'est pas nette. En effet, si nous considérons (fig. 268) le cône de rayons lumineux envoyés par le point P, le cône de rayons réfractés aura son sommet en P', foyer conjugué de P, et l'écran placé en P' présentera un point lumineux formé par l'intersection de tous les rayons qui viennent y converger. Il en sera de même pour chacun des points d'un objet MN (fig. 271), et l'image sera nette ; si, au contraire, on place l'écran soit en avant, soit en arrière de M'N', l'écran coupera le cône venant du point M suivant un petit cercle lumineux, qui se superposera en partie avec le petit cercle donné par un point voisin, et l'image n'aura plus de netteté.

Si la bougie est placée entre le foyer principal et la lentille, il n'y a plus d'image réelle, mais l'œil placé de l'autre côté de la lentille, de manière à recevoir les rayons réfractés, apercevra une image virtuelle, droite et plus grande que la bougie.

487. Résumé. — En résumé, on peut représenter schématiquement (fig. 273) les résultats précédents à l'aide de numéros correspondant aux positions relatives de l'objet et de son image.

Le n° 8 correspond au cas de rayons convergents qui formeraient, sans la présence de la lentille, une image réelle à la droite de la position qu'elle occupe. Cette image qui ne se forme pas, par suite de la présence de la lentille, fonctionne comme un objet virtuel et fournit une image réelle entre la lentille et son foyer (8, deuxième ligne).

488. Applications des lentilles convergentes. — Les lentilles convergentes forment la partie essentielle d'un grand nombre d'instruments d'optique : loupes, microscopes, lunettes, télescopes, appareils de projection et de photographie. On les utilise dans les phares, sous le nom de *lentilles à échelons*,

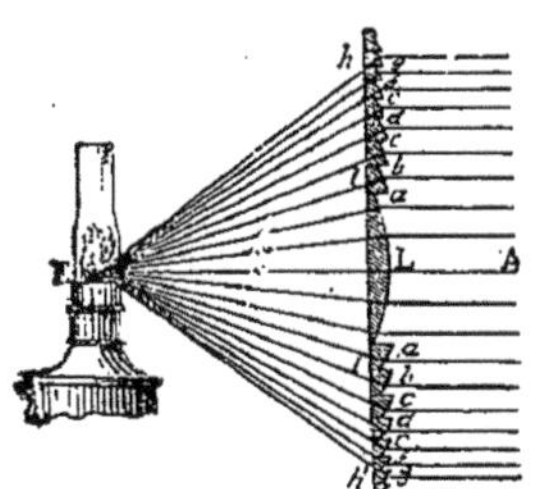

Fig. 274. — Marche des rayons lumineux dans les lentilles à échelons.

pour envoyer au loin des rayons parallèles (fig. 274) ; on leur associe aussi des prismes à réflexion totale (526) pour recueillir les rayons très écartés qui ne tomberaient pas sur les lentilles,

LENTILLES DIVERGENTES

489. Lentilles divergentes. — Les lentilles divergentes sont beaucoup moins employées que les lentilles convergentes ; on les associe généralement aux secondes pour obtenir des *systèmes achromatiques* avec lesquels la lumière blanche est réfractée, sans être décomposée (528). Ces systèmes sont nettement distincts dans les objectifs de l'appareil photographique ou de la lanterne de projection.

Nous prendrons pour type des lentilles divergentes la entille biconcave. Il est facile de voir qu'un rayon lumineux qui tombe sur une lentille de cette espèce, au lieu d'être rapproché de l'axe par la réfraction à travers la lentille, en est au contraire éloigné.

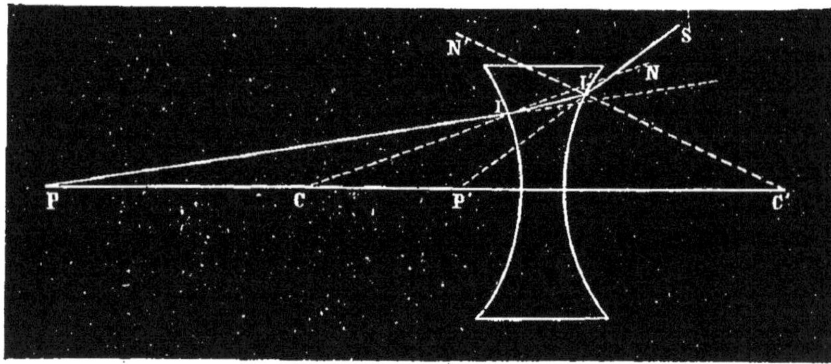

Fig. 275. — Une lentille biconcave éloigne les rayons de l'axe.

Soit P un point lumineux (fig. 275), PI un rayon envoyé par lui sur la lentille : après avoir traversé la première face, il se rapproche de la normale et se réfracte suivant II′ ; cette première réfraction l'écarte déjà de l'axe. En arrivant à la seconde face en I′, il se réfracte, s'éloigne de la normale et prend la direction I′S, qui l'éloigne encore davantage de l'axe. Aussi ce rayon n'ira couper l'axe que par son prolongement géométrique en P′.

490. **Foyer principal.** — Si des rayons lumineux tombent sur une lentille divergente parallèlement à son axe principal, après s'être réfractés, ils divergent et leurs

prolongements géométriques vont couper l'axe en un seul et même point, qui est le foyer principal de la lentille. Ce foyer est *virtuel*.

Pour constater expérimentalement cette divergence, il suffit de faire tomber sur une lentille divergente, parallèlement à son axe, un faisceau de rayons solaires. En plaçant un écran derrière la lentille, on constate que la tache lumineuse, qui s'y produit, est plus grande que la section du faisceau cylindrique, et qu'elle grandit à mesure que l'écran s'éloigne. Des raisonnements, qui ne peuven trouver place ici, prouveraient que les rayons en diver geant vont se couper en un seul et même point, par leur prolongements géométriques. C'est ce point que nous avons appelé *foyer principal*.

491. Foyers conjugués. — Si l'on place un point lumineux en face d'une lentille divergente, on constate

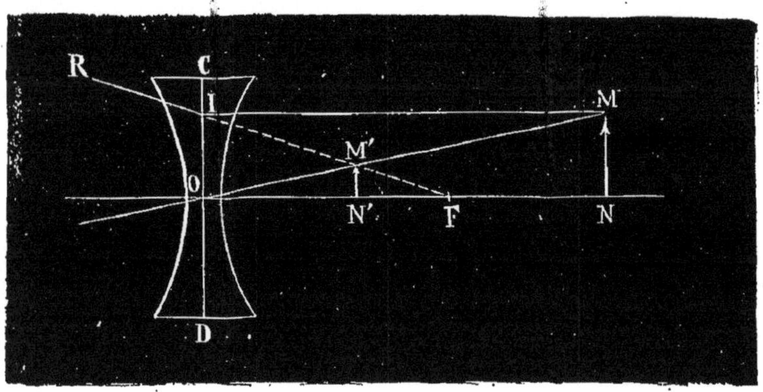

Fig. 276. — Foyer conjugué virtuel donné par une lentille biconcave

que le cône de rayons lumineux, qu'il envoie sur cette lentille, diverge davantage après l'avoir traversée. On peut le constater expérimentalement en plaçant un écran derrière la lentille : la tache lumineuse, qui se produit sur cet écran, est beaucoup plus grande que la lentille elle-même : elle augmente à mesure qu'on éloigne l'écran.

La théorie montre que tous ces rayons vont, par leurs

prolongements géométriques, se couper en un seul et
même point situé, par rapport à la lentille, du même côté
que le point lumineux. Ce point d'intersection est le
foyer conjugué virtuel du point lumineux ; il est placé entre
le foyer et la lentille, du même côté que l'objet.

Si le point lumineux est en dehors de l'axe, le foyer
conjugué est situé sur l'axe secondaire correspondant,
c'est-à-dire sur la ligne qui joint le point lumineux au

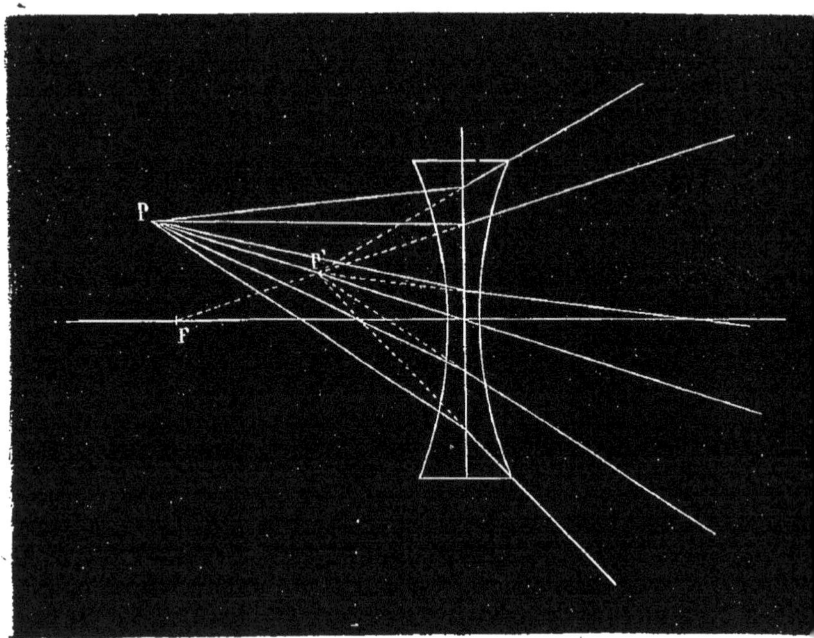

Fig. 277. — Marche des rayons réfractés par une lentille biconcave.

centre optique de la lentille. On l'obtient par une construction semblable à celle que nous avons indiquée (479)
à propos des lentilles convergentes.

Soit un point M (fig. 276) : pour avoir son foyer conjugué, on joint le point M au centre optique : on mène
par ce même point M une parallèle à l'axe, et l'on joint
au foyer principal F le point I d'intersection de la parallèle

avec la lentille, supposée réduite à un plan. Le point d'intersection de cette ligne avec l'axe secondaire donne le foyer conjugué M' du point M.

On voit que ce foyer est toujours plus près de la lentille que le point lumineux lui-même. La figure 277 montre la marche des rayons lumineux émanés du point P, tombant sur une lentille divergente et donnant après réfraction un foyer conjugué virtuel en P'.

492. Images données par les lentilles divergentes. — L'image d'un objet MN (fig. 276), donnée par une lentille divergente, est l'ensemble des foyers conjugués des différents points de l'objet. Cette image est *virtuelle*, quand la lumière qui tombe sur la lentille est divergente, et c'est le cas général. Elle est *droite* et *plus petite* que l'objet.

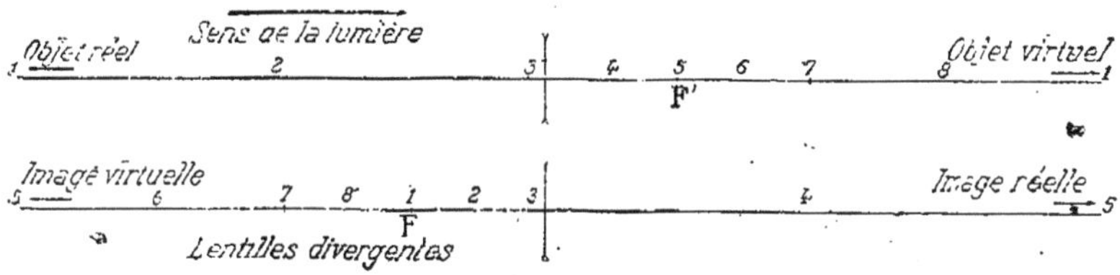

Fig. 278. — Positions relatives de l'image et de l'objet dans les lentilles divergentes.

La figure 278 résume schématiquement les relations qui lient la position de l'image à celle de l'objet, dans les lentilles divergentes.

Les numéros 4, 5, 6, 7 et 8 correspondent aux cas de rayons convergents qui formeraient, sans la présence de la lentille, une image réelle à la droite de la position qu'elle occupe. Cette image qui ne se forme pas, par suite de la présence de la lentille, fonctionne comme un objet virtuel et fournit soit une image réelle (4), soit une image virtuelle (6, 7 et 8).

493. Détermination de la distance focale principale des lentilles. — *Lentilles convergentes.* — On fait tomber sur la lentille un faisceau de rayons solaires, après avoir orienté celle-ci de manière que son axe soit parallèle à la direction du faisceau. On cherche à l'aide d'un écran la position du foyer principal, et l'on mesure sa distance à la lentille.

Lentilles divergentes. — Pour déterminer la distance focale principale des lentilles divergentes, on fait arriver en deux points différents N et O (fig. 279) deux faisceaux lumineux étroits MN, PO, parallèles à l'axe, et l'on cherche la distance à laquelle il faut placer un écran EE', pour que l'intervalle des points n et q, où les faisceaux réfractés le rencontrent, soit double de l'intervalle des points d'incidence N et O, sur la lentille : la figure montre que la distance HK, qu'on peut mesurer, est égale à la distance focale principale KF.

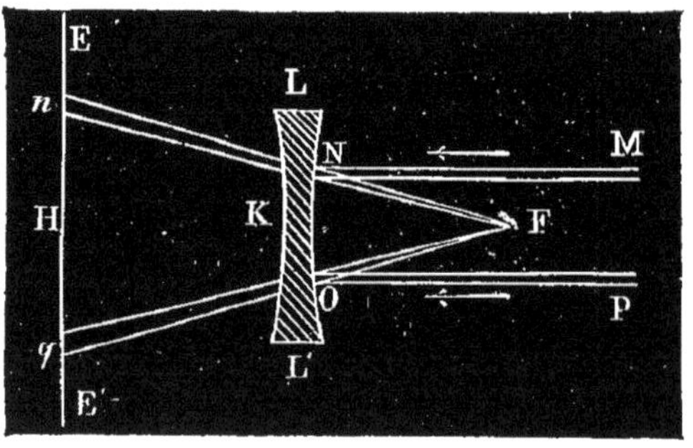

Fig. 279. — Détermination de la distance focale d'une lentille biconcave.

494. Expériences simples. — *Lentilles convergentes.* — Les expériences à faire avec les lentilles convergentes sont exactement les mêmes que celles que nous avons indiquées (463) pour les miroirs concaves et concordent avec elles.

Un ballon rempli d'eau peut servir à vérifier approximativement les propriétés des lentilles convergentes ; on se servira d'une bougie dont on fera varier la distance au ballon ; le même ballon permet d'enflammer de l'amadou sous l'action des rayons solaires.

Lentilles divergentes. — Constater que les lentilles divergentes ne donnent jamais d'images réelles avec un objet réel, mais toujours des images virtuelles, d'autant plus petites que l'objet est plus éloigné de la lentille ; on verra ces images en regardant l'objet à travers la lentille, qu'on éloignera plus ou moins de l'objet.

A défaut d'une lentille divergente, on se servira pour en montrer les principales propriétés, du verre de lorgnon d'un myope.

CHAPITRE VI

De la vision.

495. Organane de la vue. Œil. — L'œil est un véritable instrument d'optique : c'est une chambre noire où l'écran en verre dépoli est remplacé par l'épanouissement du nerf optique, sur lequel vient se peindre l'image des objets extérieurs. Il en résulte une sensation qui produit la vision.

Pris dans son ensemble, l'œil a la forme d'un globe contenu dans une cavité osseuse, appelée *orbite*. En allant du dehors au dedans, ces parois sont : 1° une membrane opaque S (fig. 280), appelée *sclérotique* ou *cornée opaque* ; c'est elle qui, en diffusant les rayons tombant sur l'œil, forme le *blanc de l'œil* ; 2° la *choroïde* C ; 3° la *rétine* R. Cette dernière, formée par l'épanouissement du nerf optique O, tapisse le fond de l'œil ; elle est douée d'une sensibilité extrême pour la lumière. A la partie antérieure du globe, la cornée opaque manque et se trouve remplacée par une membrane transparente A, qui fait saillie comme un verre de montre et qu'on appelle *cornée transparente*. Au point où la cornée transparente se fixe à la cornée opaque, se trouve tendue une membrane I, appelée *iris*, qui varie de couleur chez les différents individus : elle est percée en son centre d'un trou P, appelé *pupille*. Derrière l'iris est placée une lentille biconvexe B, nommée *cristallin*, dont la face postérieure a une convexité plus grande que la face antérieure. La partie de l'œil comprise entre la cornée transparente et l'iris est désignée sous le nom de *chambre antérieure* : elle est remplie d'un liquide, appelé *humeur aqueuse*, qui remplit aussi l'espace compris entre le cristallin et l'iris, espace désigné sous le nom de *chambre postérieure*. La partie de l'œil située derrière le cristallin est remplie d'un autre liquide, appelé *humeur vitrée* ; cette dernière est plus réfringente que l'humeur aqueuse.

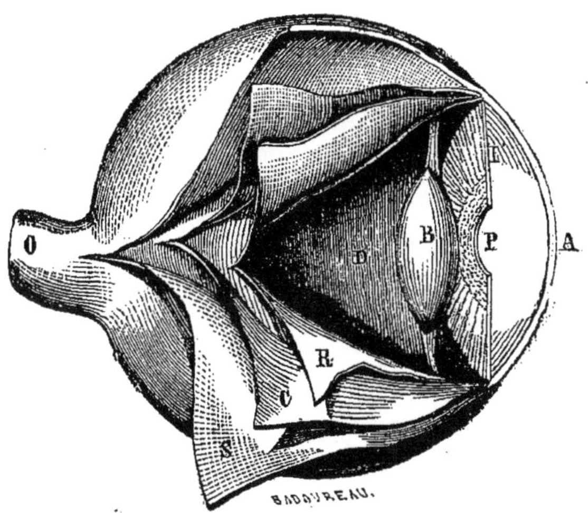

Fig. 280. — OEil.

496. Vision. — Cela posé, considérons un objet lumineux qui, placé en avant de l'œil, envoie sur celui-ci un faisceau de rayons. Parmi ces rayons, les uns se réfléchissent, se diffusent sur la cornée opaque et la rendent visible ; d'autres pénètrent à travers la cornée transparente, vont frapper l'iris qui les diffuse et les renvoie au dehors avec la couleur qui lui est propre et qui varie avec les individus. D'autres, après s'être réfractés dans l'humeur aqueuse, pénètrent à travers la pupille, s'engagent dans

le cristallin et dans l'humeur vitrée, et la série de réfractions qu'ils subissent les envoie former sur la rétine
l'image de l'objet. La rétine, impressionnée par eux,
transmet au cerveau une sensation qui consiste pour nous
dans la vision de l'objet extérieur.

Une expérience très connue confirme ce qui précède. Si
l'on extrait de son orbite un œil encore sain, un œil de
bœuf, par exemple, qu'on l'enchâsse dans un écran après
avoir aminci la sclérotique dans les portions en regard de
la cornée transparente et qu'on place vis-à-vis de lui une
bougie, on verra se former sur la rétine l'image renversée
de la bougie.

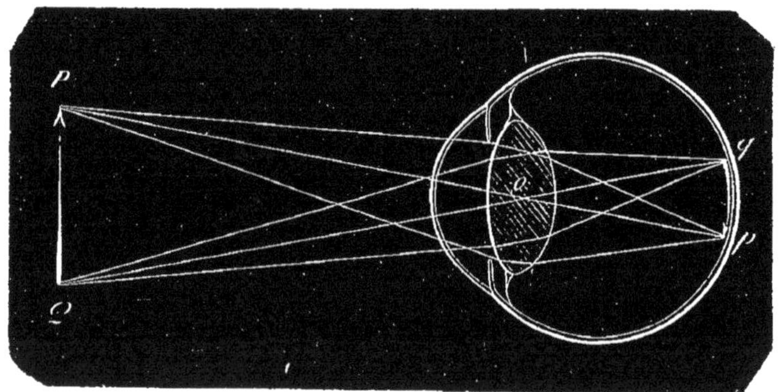

Fig. 281. — Construction des images sur la rétine.
o centre optique.

En résumé, l'œil équivaut à une lentille, et, pour qu'il
voie nettement, il faut que l'image réelle d'un objet, que
donne cette lentille, se fasse sur la rétine.

Dans les explications qui vont suivre, nous supposerons
que les divers milieux réfringents de l'œil sont réunis
dans le cristallin ; autrement dit, que le cristallin est la
seule partie de l'œil où s'effectue la réfraction des rayons
lumineux ; c'est aussi ce qu'on a supposé dans la figure

281 pour construire l'image *pq* d'un objet placé devant l'œil.

497. Accommodation. — Chacun de nous peut constater que, pour voir un objet avec le plus grand nombre de détails possible, il est nécessaire de l'approcher de l'œil à une certaine distance qu'on appelle *distance minimum de la vision distincte*; elle est d'environ 20 centimètres, mais elle varie légèrement avec les individus.

Pour un œil *normal*, la vision est nette pour toutes les distances supérieures à la distance minimum de la vision distincte; c'est ainsi qu'un œil normal voit nettement les contours d'un astre ou ceux d'un objet placé à quelques mètres; seuls les détails paraîtront plus ou moins distincts selon la distance.

Dans un œil normal, le foyer des milieux réfringents que nous supposons concentrés dans le cristallin est voisin de la rétine; or, pour que la vision soit nette, il faut que l'image des objets extérieurs se forme *exactement* sur la rétine; nous savons, d'autre part, que la

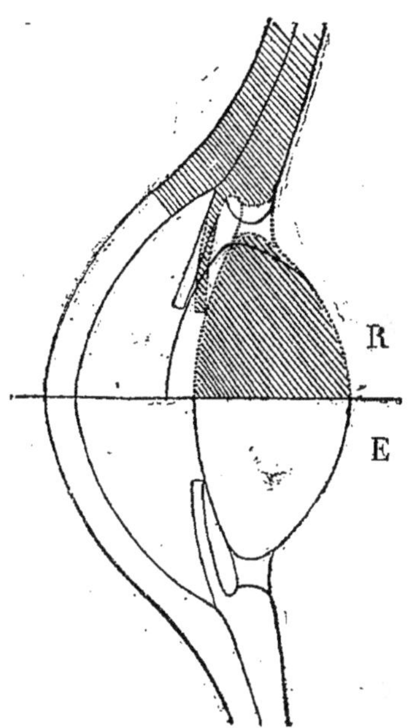

Fig. 282. — Modification de la courbure du cristallin dans l'accommodation. — E, disposition de l'œil pour la vision des objets éloignés, R, pour celle des objets rapprochés.

distance d'une image à la lentille qui la produit varie avec la distance de l'objet. Le cristallin restant toujours également éloigné de la rétine, il est donc nécessaire, afin que l'œil perçoive nettement des objets situés à des distances très variables, qu'une modification s'opère dans l'œil pour changer la convergence des milieux réfringents. C'est le cristallin qui subit cette modification, à laquelle on donne le nom *d'accommodation.*

Comme le montre la figure 282, le cristallin prend une forme plus convexe pour la vision à faible distance R et s'aplatit pour la vision des objets éloignés E. Il résulte de cette faculté que l'image des objets se forme toujours sur l'écran rétinien, quelle que soit d'ailleurs leur distance à l'œil.

On peut démontrer les changements de courbure du cristallin par l'expérience suivante. Une personne regardant un objet très éloigné, on approche une bougie de son

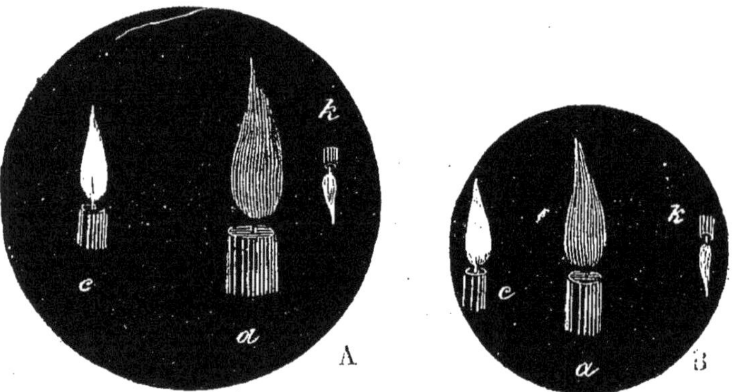

Fig. 283. — Images données par une bougie placée devant l'œil. (A) vision des objets éloignés; (B) vision des objets rapprochés.

œil. On aperçoit trois images (A) : l'une *c* (fig. 283), droite et très brillante, fournie par la face antérieure de la cornée; l'autre *a* très grande, droite et pâle, fournie par la face antérieure du cristallin ; la troisième *k*, petite et renversée, fournie par la face postérieure du cristallin. Si le sujet regarde ensuite, dans la même direction, un objet rapproché, la seconde image seule devient plus petite (B), les autres ne changent pas ; la face antérieure du cristallin s'est donc bombée.

Dans l'opération de la *cataracte*, on enlève le cristallin ;

la convergence des rayons ne peut plus se faire qu'à l'aide
de verres très convergents ; comme d'ailleurs il n'y a plus
aucune accommodation, il faut un verre spécial pour
chaque distance.

498. **Myopie. Hypermétropie. Presbytie.** — Certaines personnes voient distinctement les objets rapprochés
et confusément les objets éloignés ; on les dit *myopes* ou
atteintes de *myopie*. Chez elles, les milieux de l'œil étant
trop convergents, le foyer est trop rapproché du cristallin
et, malgré les efforts de l'accommodation, l'image des objets
éloignés se forme en avant de la rétine (fig. 284). Les
rayons réfractés émanés d'un même point n'impressionnent la rétine qu'après s'être rencontrés, de sorte qu'il
n'y a pas d'image nette sur celle-ci.

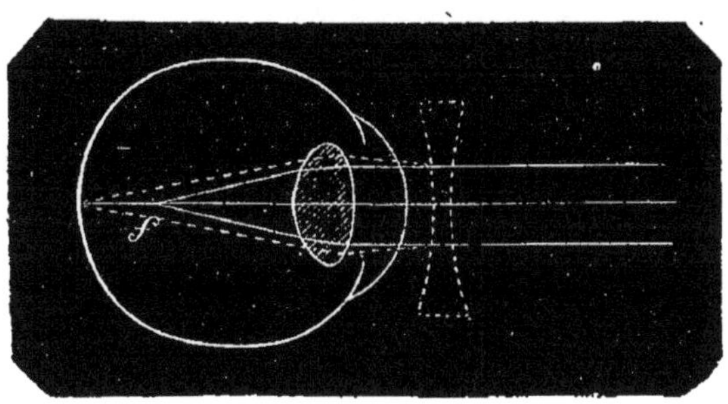

Fig. 284. — OEil myope.

On peut remarquer que, lorsqu'un myope enlève son
lorgnon, il cligne naturellement des yeux ; le clignement
a pour effet de rétrécir la pupille et de permettre la formation d'images à peu près nettes ; c'est un fait analogue
à ce qui se passe dans la chambre noire, où les images sont
d'autant plus nettes que l'ouverture est plus petite.

Dans l'œil *hypermétrope*, le cristallin est trop aplati ; le
foyer principal se trouve ainsi placé derrière la rétine
(fig. 285). Lorsque l'hypermétropie est peu prononcée,
l'œil aperçoit distinctement les objets éloignés, mais il ne
saurait en être de même pour les objets rapprochés, malgré

les efforts de l'accommodation. A un état plus avancé
d'hypermétropie. l'accommodation ne se fait que pour des
distances infiniment grandes.

L'œil *presbyte* ne peut voir distinctement que les objets
éloignés ; ce défaut résulte de la fatigue du muscle ciliaire
par lequel se fait l'accommodation, et il est surtout fréquent
chez les vieillards ; la faculté d'accommodation décroît
souvent peu à peu avec l'âge, de sorte que la distance
minimum de la vision distincte grandit en même temps.

On confond généralement la presbytie avec l'hypermétropie ; ce qui précède montre que leur cause est différente :
dans la première, l'accommodation est nulle, ou à peu près ;

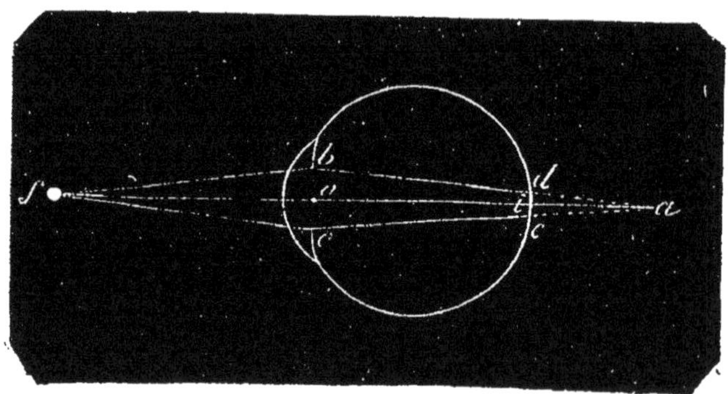

Fig. 285. — OEil hypermétrope.

dans la seconde, l'accommodation a lieu, mais elle est insuf-
fisante pour corriger le défaut de courbure du cristallin.
Il résulte de là qu'on peut être à la fois myope et presbyte.

499. Lentilles de correction. — On peut corriger
les défauts de la vision par l'emploi de lentilles, auxquelles
on donne le nom de *bésicles, lunettes, binocles.*

Dans le cas de myopie, l'œil étant trop convergent, on
emploie des lentilles divergentes (fig. 284). Dans le cas
d'hypermétropie ou de presbytie, la convergence des
milieux de l'œil n'étant pas suffisante, on l'augmente avec
des lentilles convergentes.

Les lentilles employées se distinguent généralement les unes des autres par des numéros qui indiquent la longueur, *en pouces*, du rayon (¹) des sphères dont la lentille est une portion. Ainsi, le numéro de la lentille étant 20, cela signifie qu'elle appartient à une sphère dont le rayon est de 20 pouces; une lentille du numéro 3o aurait un rayon de 3o pouces. La convergence et la divergence d'une lentille étant d'autant plus faibles que son rayon est plus grand, on voit que le pouvoir de la lentille diminue à mesure que le rayon augmente.

On adopte aujourd'hui un autre système de numérotage des lentilles, conforme au système décimal et ayant l'avantage d'indiquer un pouvoir d'autant plus grand que le numéro est plus élevé. Dans ce système, l'unité de mesure est la dioptrie, c'est-à-dire le pouvoir réfringent d'une lentille de 1 mètre de distance focale (475) ; une lentille dont la puissance est 2 dioptries a pour numéro 2 ; une lentille dont la puissance est $\dfrac{1}{f} = n$ dioptries a pour numéro n.

Il est facile de passer de l'ancien système de numérotage au nouveau, et réciproquement. Le mètre vaut 36 pouces (²) ; par suite, une lentille du numéro 18 a pour rayon ou pour distance focale $1^{m} \times \dfrac{18}{36}$ et vaut : $\dfrac{1}{1 \times \dfrac{18}{36}} = \dfrac{36}{18} = 2$ dioptries, et, d'une façon générale, une lentille do numéro n (ancien) a une distance focale égale à $1^{m} \times \dfrac{n}{36}$ et vaut : $\dfrac{1}{1 \times \dfrac{n}{36}} = \dfrac{36}{n} = d$ dioptries.

Cette égalité permet d'écrire : $n = \dfrac{36}{d}$.

On obtient la puissance d'une lentille, évaluée en dioptries, en divisant 36 par son numéro ancien ; inversement, on obtient le numéro ancien d'une lentille en divisant 36 par sa puissance évaluée en dioptries.

5oo. Persistance des impressions lumineuses. — L'impression produite par un objet, sur la rétine, n'est

(¹) Il faut remarquer qu'avec les verres employés, ce rayon correspond *presque exactement* à la distance focale.

(²) On emploie souvent le nombre 37 pour la longueur du mètre évaluée en pouces.

pas instantanée et, d'autre part, elle peut se prolonger après que sa cause a cessé d'agir ; la durée de cette prolongation varie de $\frac{1}{20}$ à $\frac{1}{5}$ de seconde. Cette propriété de la rétine nous permettra d'expliquer l'expérience du disque de Newton (532) ; elle rend compte aussi de la traînée lumineuse produite par les étoiles filantes ou par un morceau de bois en feu qu'on déplace vivement devant l'œil.

Sur la persistance des impressions lumineuses sont construits un certain nombre de jouets, ainsi que le *cinématographe* : des dessins ou des photographies représentent les diverses phases d'une action quelconque ; en les faisant passer assez rapidement devant les yeux, les impressions se succèdent très vite en donnant l'illusion du mouvement.

501. Vision unique avec les deux yeux. — Normalement les images d'un même objet, fournies par les deux yeux, se forment en deux points, dits *points correspondants* ; bien qu'il y ait deux images, nous éprouvons une impression unique. Ce fait est le résultat de l'habitude et d'une éducation inconsciente de l'œil.

En déplaçant légèrement l'un des yeux avec le doigt, les images ne se font plus en deux points correspondants ; il n'y a plus fusion de ces images et l'impression produite est double.

502. Redressement des images. — Nous savons (495) que l'image d'un objet qui se forme dans l'œil est une image renversée ; on peut se demander pourquoi l'objet lui-même ne nous apparaît pas dans cette position. Or l'œil reporte en dehors de lui-même la sensation visuelle et dans la direction même de l'objet qui la produit, ce qui revient à dire que ce n'est pas l'image d'un objet qui est vue par l'œil, mais l'objet lui-même.

503. Sensation du relief. — La sensation du relief est intimement liée à l'existence de la vision binoculaire. Les deux images rétiniennes d'un objet en relief ne sont pas identiques ; on s'en convainc facilement en regardant un dé à jouer d'abord avec l'œil droit, puis avec l'œil gauche.

Grâce à la superposition des deux images différentes et aussi à l'éducation, nous avons le sentiment du relief.

5o4. Stéréoscope. — Le *stéréoscope* est un appareil destiné à donner la sensation du relief par l'observation de deux images planes d'un même objet. Ces deux images sont deux photographies obtenues généralement à l'aide d'un appareil double dont les objectifs sont disposés comme le seraient nos deux yeux, c'est-à-dire à une distance de 6 à 7 centimètres.

Le stéréoscope se compose d'une boîte prismatique, divisée en deux moitiés par une cloison. Dans chaque moitié se trouve un *prisme* à face convexe, fonctionnant comme une lentille peu convergente. Les deux points des photographies qui représentent un même point de l'objet donnent deux images, qui se superposent : tout se passe donc comme dans la vision binoculaire.

Ajoutons qu'une vis à crémaillère permet de régler la distance des prismes aux photographies, afin que chaque observateur puisse disposer l'image unique à sa distance minimum de vision distincte. D'autre part, un miroir qu'on peut incliner à volonté permet d'éclairer vivement les photographies qu'on regarde.

5o5. Expériences simples. — Si l'on a une vue normale, essayer de lire en se servant du lorgnon d'un myope ou d'un presbyte ; les caractères paraissent indistincts et l'œil ne tarde pas à se fatiguer, parce qu'il fait de vains efforts d'accommodation.

Exécuter les expériences des n°s 495 et 496.

On peut réaliser artificiellement les différents cas que présente la vue. Prendre un ballon de 500 cm³ rempli d'eau et noircir une partie de la surface latérale en réservant une portion de 5 centimètres de diamètre sur laquelle on fait tomber un faisceau de rayons parallèles : ces rayons convergent au-delà de la surface du ballon (œil hypermétrope). Souffler sur deux ballons de même capacité un renflement (il suffit de ramollir la paroi latérale sur un diamètre de 5 centimètres et de souffler par un petit tube traversant le bouchon qui ferme le ballon) ; l'un des renflements présentera un relief d'environ 2 centimètres et le second un relief de 4 centimètres ; noircir la portion de la surface voisine des renflements. Le ballon qui présente le plus petit renflement, rempli d'eau, fait converger le faisceau incident en un point de la surface opposée (œil normal) ; le second ballon le fait converger en un point intérieur (œil myope).

Montrer la persistance des impressions lumineuses : charbon en ignition déplacé devant l'œil ; disque circulaire ayant un secteur peint en noir, qu'on fait tourner autour d'une pointe.

Faire examiner quelques images au stéréoscope.

CHAPITRE VII

—

Principaux instruments d'optique.

5o6. Lanterne de projection. — La lanterne de projection dérive de la *lanterne magique* ; celle-ci est une application de la formation des images réelles données par les lentilles convergentes. Voici en quoi elle consiste essentiellement : une lanterne MPN (fig. 286), à parois opaques, est soutenue par des colonnes K et K' ; elle renferme une source lumineuse, une lampe ou un régulateur de lumière électrique. Un miroir concave A réfléchit les rayons et les renvoie sur une lentille C, d'où ils sortent parallèles.

La source lumineuse employée dans les modèles scolaires est une lampe à pétrole à plusieurs mèches. La lumière directe et celle qui est réfléchie par le miroir A fixé, non sur la paroi postérieure de la lanterne, mais sur celle du porte-mèches, est pour ainsi dire condensée par l'ensemble de deux lentilles C et D (fig. 287) et renvoyée sur l'objet à éclairer ; quant au système optique, constituant l'objectif qu'une vis permet de déplacer pour obtenir une projection nette, il comprend les lentilles L et M, généralement remplacées par des systèmes achromatiques (²).

(¹) Bien que l'étude de la lanterne de projection ne soit pas inscrite au programme des écoles normales, comme cet instrument est de plus en plus répandu pour les cours et les conférences, nous croyons utile de le décrire sommairement.

(²) Nous ajouterons à cette description sommaire quelques conseils pratiques sur l'emploi de la lanterne de projection. Allumer la lampe

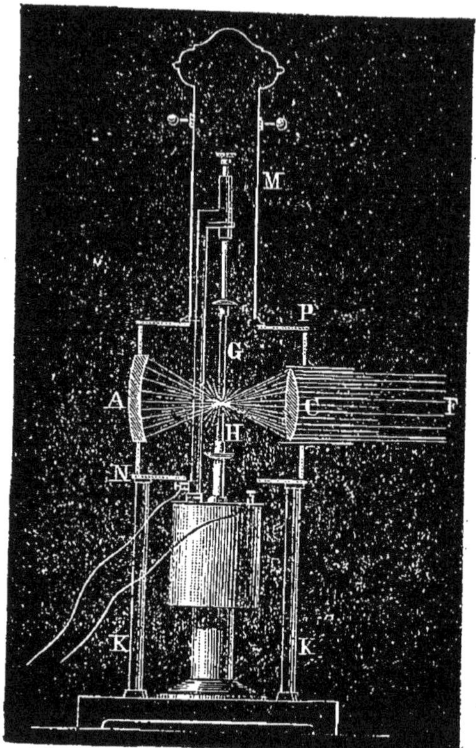

Fig. 286. — Lanterne de projection.

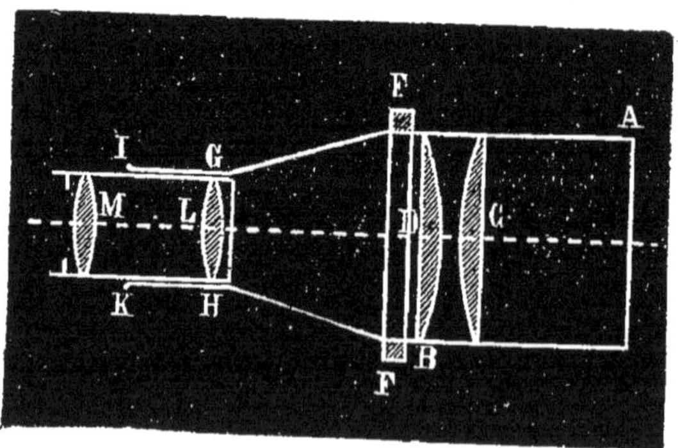

Fig. 287. — Lanterne de projection.

LOUPE

507. Loupe ou microscope simple. — On donne
le nom de *loupe* ou de *microscope simple* à une lentille
convergente destinée à observer des objets petits et à avoir

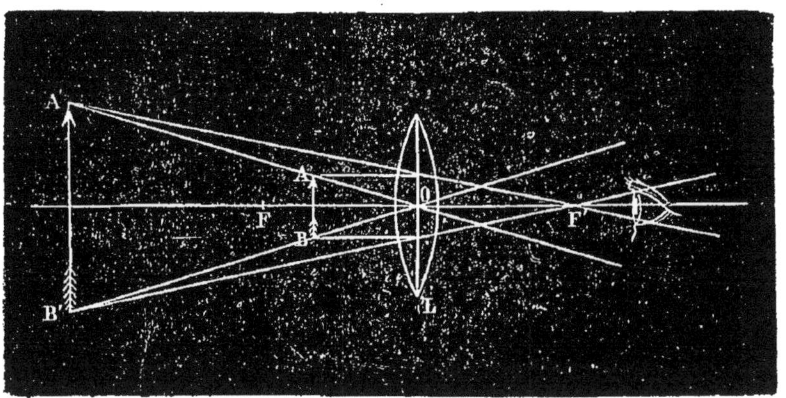

Fig. 288. — Loupe ou microscope simple.

d'eux une image agrandie. L'objet à observer AB (fig. 288)
est placé entre la lentille L et son foyer principal F. Les

quelque temps avant la séance, mais n'atteindre que progressivement
le maximum d'éclairage; au moment où la séance s'ouvre, la lampe
doit fonctionner régulièrement; avoir soin de la disposer exactement au
foyer du condensateur de lumière, ce qui sera indiqué par la formation,
sur l'écran, d'un cercle très uniformément éclairé lorsque le système
optique est au point. Essuyer les lentilles avec une peau de chamois;
éviter d'opérer dans une salle humide et, si l'on est obligé de démonter
les diverses lentilles de l'appareil, les replacer dans leur position exacte.
Disposer la lanterne horizontalement à une hauteur telle que la projection se fasse sur le milieu de l'écran. Avant la séance et même au milieu,
si elle doit être assez prolongée, mouiller assez abondamment la toile de
l'écran avec une éponge, pour lui donner une transparence convenable.
Ne pas oublier de disposer, dans le châssis, les vues qu'on veut projeter en sens inverse de celui qu'on doit obtenir sur l'écran.

rayons lumineux qu'il envoie sur la lentille se réfractent à travers elle et donnent, pour l'œil placé de l'autre côté, une image agrandie, droite et virtuelle de l'objet. Pour obtenir l'image A'B', on applique la construction indiquée au n° 481.

5o8. Définitions. — On appelle *diamètre apparent* d'une dimension linéaire l'angle formé par les droites menées du centre optique de l'œil aux extrémités de cette dimension ; si la dimension se rapproche de l'œil en gardant une direction constante, son diamètre apparent augmente, ainsi que la grandeur de l'image rétinienne ; en même temps, ses détails deviennent plus distincts. Pour une direction convenable, un objet acquiert son plus grand diamètre apparent et son maximum de visibilité, lorsqu'il est placé à la distance minimum de la vision distincte. C'est toujours à cette distance qu'il faut placer l'image, dans les instruments d'optique : c'est ce qu'on appelle *mettre au point*.

5o9. Puissance et grossissement d'une loupe. — Si l'œil était placé au centre optique O (fig. 288) de la loupe, que nous supposons mise au point, il verrait l'objet AB et son image A'B' sous le même diamètre apparent A'OB'. Or, sans la loupe, pour voir l'objet distinctement, il faudrait le placer à la même distance de O que l'est son image ; son diamètre apparent serait évidemment plus faible ; on comprend ainsi l'utilité de la loupe. Dans la pratique, l'œil ne peut être placé exactement en O ; mais on le rapproche le plus près possible de la loupe.

L'*effet utile* d'une loupe est d'autant plus grand qu'elle permet de voir avec le plus grand diamètre apparent une longueur donnée ; appliquée à l'unité de longueur, la mesure de cet effet utile porte le nom de *puissance : la puissance d'une loupe mise au point est le diamètre apparent de l'unité de longueur.* On démontre que, pour une loupe à court foyer, la puissance est représentée par l'inverse de la distance focale f, soit par $\dfrac{1}{f}$, c'est-à-dire qu'elle est égale à celle de la lentille (475) : une loupe dont la distance focale est 1 centimètre a une puissance de 1 : 0,01 ou 100 dioptries. On remarquera que la puissance est indépendante de l'observateur.

On appelle *grossissement* d'une loupe, mise au point pour un observateur déterminé, le *rapport du diamètre apparent de l'image donnée par l'instrument au diamètre apparent de l'objet vu directement par l'œil à la même distance que l'image.*

On démontre que le grossissement, dans le cas ordinaire (loupe à court foyer, œil très près de la loupe) est égal au quotient $\dfrac{D}{f}$ de la distance minimum de vision distincte par la distance focale évaluée en centimètres ; on peut dire aussi qu'il est égal au produit de la puissance $\dfrac{1}{f}$ par D. Une loupe dont la distance focale est 1 centimètre a un grossissement égal à 25, si $D = 25$ centimètres, à 20, si $D = 20$ centimètres.

Le grossissement varie donc avec l'observateur ; pour une loupe donnée, il varie avec D ; par suite, il est plus faible pour les myopes que pour les presbytes ; en revanche, ceux-ci voient moins bien les détails, puisque, l'image se formant plus loin de l'œil, son diamètre apparent est plus faible qu'il ne le serait pour les myopes.

Le grossissement *commercial* d'une loupe est toujours évalué en supposant $D = 25$ centimètres ; il est facile, connaissant le grossissement commercial d'une loupe, d'en déduire le grossissement *réel* correspondant à une vue pour laquelle D est différent de 25 centimètres.

510. **Second mode d'emploi de la loupe.** — On peut se servir de la loupe dans des conditions différentes de celles que nous avons supposées jusqu'ici. Si l'on déplace la loupe de manière que l'objet se trouve dans son plan focal, l'image se forme à une distance infiniment grande, et non plus à la distance minimum de la vision distincte ; il en résulte que, quelle que soit la position de l'œil par

rapport à la loupe, l'objet est vu toujours sous le même diamètre apparent. Ainsi les presbytes emploient, pour lire, une loupe à long foyer qu'ils déplacent au-dessus de la page, sans se préoccuper de régler la distance de l'œil à la loupe.

MICROSCOPE

511. Microscope. — Le microscope, qui sert à avoir des images agrandies d'objets très petits, se compose essentiellement : 1° d'un système convergent, appelé *objectif*, et formé d'une lentille O (fig. 289) ou de plusieurs

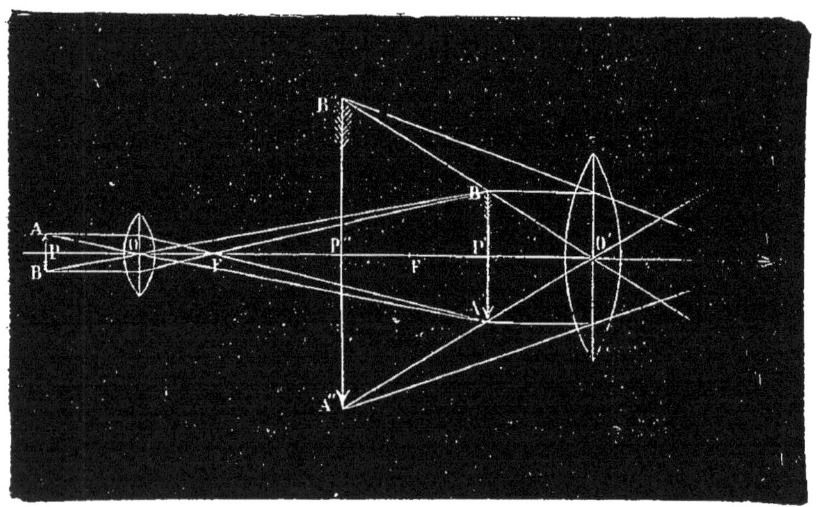

Fig. 289. — Microscope composé.

lentilles. L'objectif donne en A'B' une image réelle renversée et agrandie de l'objet AB ; 2° d'un système divergent, appelé *oculaire*, formé d'une lentille O' ou de plusieurs lentilles. Cet oculaire fonctionne comme une loupe par rapport à l'image A'B', c'est-à-dire qu'il est placé de manière que A'B' soit entre lui et son foyer principal.

L'œil placé de l'autre côté de l'oculaire aperçoit donc une image A″B″ agrandie, virtuelle et renversée par rapport à l'objet. Il faut que l'image A″B″ soit à la distance minimum de la vision distincte.

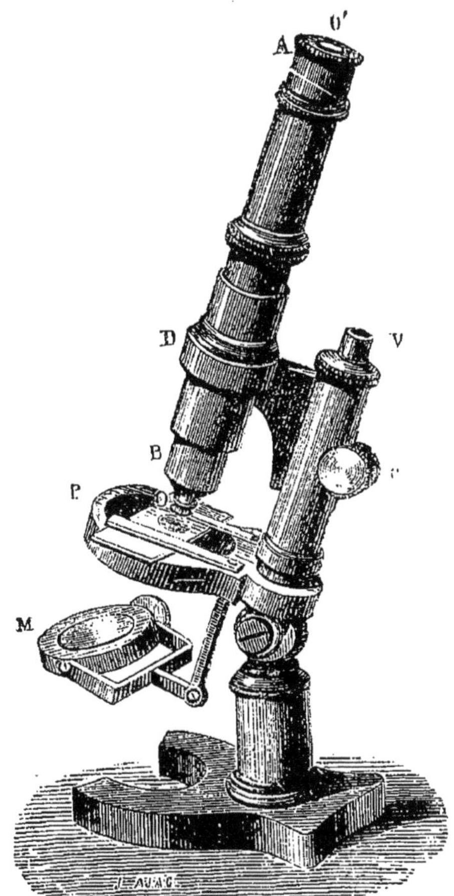

Fig. 290. — Microscope composé.

Diverses pièces du microscope. — Dans les microscopes que l'on construit aujourd'hui, l'objectif et l'oculaire sont invariablement liés entre eux ; ils sont placés dans un tube AB (fig. 290), qui passe à frottement dans un tube D fixé à un support très solide. L'objet est placé sur une espèce d'anneau, appelé *porte-objet*, et se trouve éclairé par les rayons que réfléchit un miroir sphérique M. Pour mettre l'instrument au point, on fait descendre le tube AB d'abord à l'aide du pignon C, qui engrène avec une crémaillère fixée au support de D ; puis, à l'aide de la vis V, qui communique à D un mouvement très lent, on achève la mise au point.

La figure 291 indique la marche des rayons dans le microscope pour les points extrêmes A et B de l'objet. Le point A envoie sur l'objectif un cône de rayons ayant pour sommet le point A et pour base l'objectif : à la sortie de l'objectif, ces rayons vont concourir en A′, foyer conjugué de A, et la seconde nappe du cône va toucher l'oculaire : en sortant de l'oculaire, ces rayons donnent un cône divergent ayant pour sommet le point A″, qui est le foyer virtuel de A′. Il en est de même pour le point B. Si l'on place l'œil dans la partie commune aux deux cônes, on verra à la fois A″ et B″, images des points A et B.

512. Grossissement dans le microscope. — Le grossissement dans un microscope peut se mesurer expérimentalement par le procédé suivant : sur le porte-objet du microscope, on place un *micromètre*, c'est-à-dire une règle de verre divisée en centièmes de millimètre : pendant que l'expérimentateur observe de l'œil droit, par exemple, ce micromètre à travers le microscope, de l'autre œil, il observe une règle, divisée en millimètres, placée à côté du microscope. Il voit alors les deux images se superposer. Supposons qu'une division du micromètre semble, dans l'image rétinienne, couvrir n divisions de la règle : cela signifie qu'une longueur égale à $\frac{1}{100}$ de millimètre paraît, à travers le microscope, aussi grande que n millimètres, c'est-à-dire que le grossissement est égal à 100 n. Le grossissement linéaire des microscopes d'étude varie de 100 à 800.

Fig. 291. — Marche des rayons dans le microscope.

LUNETTE ASTRONOMIQUE

513. Lunette astronomique. — La lunette astronomique est un instrument destiné à l'observation d'objets très éloignés.

Elle se compose d'un objectif convergent O (fig. 292) qui, vu l'éloignement des objets, donne en A′B′ et très près de son foyer principal f une image réelle et renversée de l'objet. Celui-ci, à cause de sa distance à l'instrument, ne peut être représenté ici que par l'angle AOB des axes

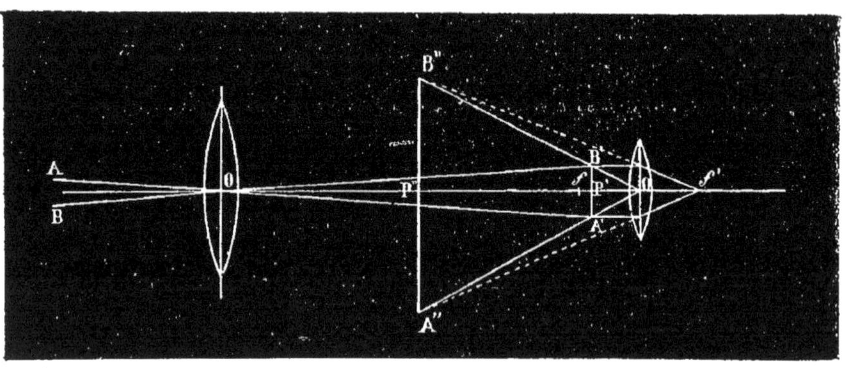

Fig. 292. — Formation de l'image dans la lunette astronomique.

secondaires de ses extrémités. On observe l'image A′B′ avec une lentille fonctionnant comme loupe, et l'on obtient une image virtuelle A″B″.

Pour que l'image A″B″ soit vue nettement, il faut qu'elle soit placée à la distance minimum de la vision distincte : on obtient ce résultat en déplaçant l'oculaire.

Pour cela, l'objectif (fig. 293) est fixé à l'extrémité d'un large tube cylindrique qui se termine à son autre extrémité par un tube plus étroit, dans lequel glisse à frottement un autre tube qui porte l'oculaire.

514. Marche des rayons dans la lunette astronomique. — Dans la lunette astronomique, la marche des rayons est analogue à celle des rayons dans le microscope (fig. 291); mais, à cause de la grande distance de l'objet, les rayons émanés d'un point quelconque et reçus par la lunette peuvent être regardés comme formant un faisceau parallèle, et non un faisceau divergent comme dans la figure 291.

Fig. 293. — Lunette astronomique.

515. Grossissement dans la lunette astronomique. — Le grossissement est le rapport des diamètres apparents de l'image et de l'objet. Quand notre œil regarde un objet à travers la lunette astronomique, il le voit sous un diamètre apparent plus grand que s'il le regardait directement : il en résulte que l'objet nous paraît plus près. C'est pour cela qu'on dit que la lunette *rapproche les objets de nous.*

On mesure expérimentalement le grossissement d'une lunette astronomique par un procédé analogue à celui que nous avons employé pour le microscope. On place à une grande distance une mire graduée et, tandis que d'un œil on observe la mire à travers la lunette, on la regarde directement de l'autre œil. Le grossissement est donné par le nombre de divisions vues directement, qui se trouvent recouvertes par une division vue à travers la lunette. En effet, si une division vue à travers la lunette recouvre huit divisions vues directement, c'est qu'une division vue à travers la lunette nous paraît aussi grande que huit divisions vues directement. Le grossissement est donc huit.

516. Mesure des distances angulaires. Axe optique. — La lunette astronomique est aussi employée à déterminer la direction dans laquelle sont les astres. On se sert, pour cela, d'une ligne passant dans la lunette par le centre optique de l'objectif et par le point de croisement de deux fils très fins tendus rectangulairement dans le plan où se forme l'image réelle donnée par l'objectif. L'ensemble de ces deux fils porte le nom de *réticule*, et la ligne que nous venons de définir celui *d'axe optique* de la lunette. On s'arrange en général pour que l'axe optique coïncide avec l'axe géométrique de l'instrument.

Quand on veut observer, par exemple, la direction dans laquelle se trouve une étoile à un moment donné, on dirige la lunette de manière que l'image réelle de cette étoile coïncide avec le point de croisement des fils du réticule. Or, à ce moment, l'étoile et son image sont, d'après ce que nous avons vu (n°s 480 et suivants) sur la ligne qui passe par l'étoile et par le centre optique de l'objectif, et, puisque cette image coïncide avec le point de croisement des fils, c'est que la ligne dont nous parlons coïncide avec l'axe optique, ce qui revient à dire que l'étoile est dans le prolongement de l'axe optique de la lunette.

Si l'on peut déterminer l'angle que fait l'axe optique avec l'horizon, on saura par suite la distance angulaire de l'étoile à l'horizon.

517. Lunette terrestre. — La lunette astronomique a l'inconvénient de donner des images renversées. La *lunette terrestre* ou *longue-vue* donne des images droites, grâce à l'emploi d'une troisième lentille convergente, placée entre l'objectif et l'oculaire et dont le rôle est de redresser l'image réelle donnée par l'objectif. Cette troisième lentille est placée derrière l'image réelle et à une distance de cette image double de la distance focale de la lentille. L'image qu'elle produit est réelle et renversée par rapport à la première image et, par conséquent, droite par rapport à l'objet. C'est cette image réelle qu'on regarde avec l'oculaire ; on aperçoit une image virtuelle et droite de l'objet.

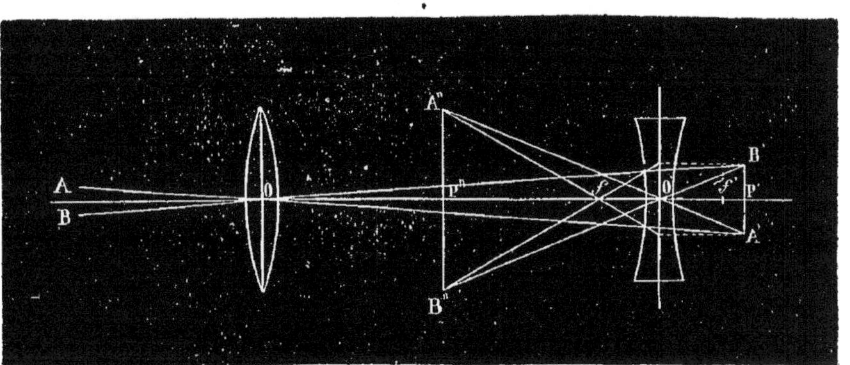

Fig. 294. — Lunette de Galilée.

518. Lunette de Galilée. — La lunette de Galilée, ou lorgnette de théâtre, produit le redressement de l'image avec une seule lentille divergente qui sert d'oculaire. Elle se compose d'un objectif convergent O (fig. 294) à longue distance focale et d'un oculaire divergent O', disposés de manière que leurs axes principaux coïncident. L'objectif donnerait une image renversée de l'objet en A'B', si les rayons qui viennent concourir en chacun des points de A'B' ne rencontraient sur leur passage la lentille divergente O', disposée de telle sorte que son foyer f' soit entre

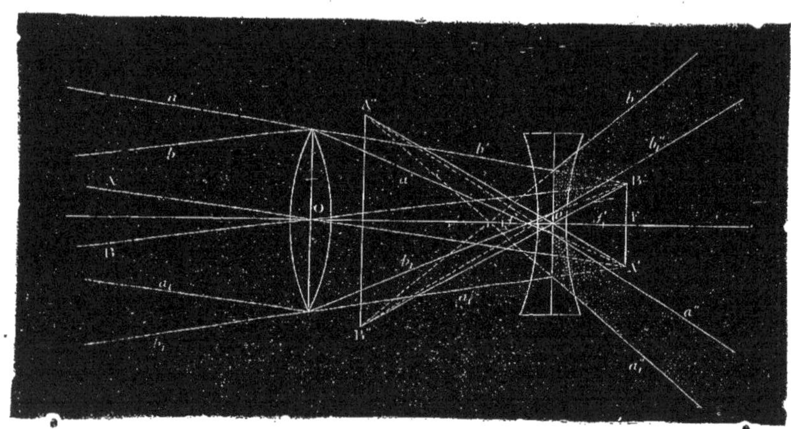

Fig. 295. — Marche des rayons dans la lunette de Galilée.

elle et A'B'. Pour déterminer l'image aperçue par l'œil situé derrière l'oculaire, il suffit de faire la construction habituelle : mener par les points A' et B' des parallèles à l'axe principal de la lentille et les faire passer après réfraction par le foyer principal f de la lentille O'. Leur intersection avec les axes secondaires des points A' et B' donne les images A″ et B″. La construction montre que l'image est redressée.

519. **Marche des rayons dans la lunette de Galilée.** — La figure 295 montre la marche des rayons dans la lunette de Galilée. Le bord supérieur A de l'objet envoie sur l'objectif un faisceau parallèle dont tous les rayons après réfraction iraient passer en A', si le cône réfracté ne rencontrait l'oculaire à partir duquel il se transforme en un cône divergent dont le sommet est en A'. Il en est de même pour le point B.

Dans la lorgnette de théâtre et les jumelles, on accouple ordinairement deux lunettes de Galilée, de manière à donner la vision binoculaire. Une crémaillère permet de déplacer l'oculaire de manière à effectuer la mise au point.

520. **Grossissement dans la lunette de Galilée.** — Le grossissement est toujours le rapport du diamètre apparent de l'image au diamètre apparent de l'objet. On le mesure par le procédé que nous avons indiqué pour la lunette astronomique.

521. **Télescope de Newton.** — Les télescopes diffèrent des lunettes en ce que la lentille objective est remplacée par un miroir concave. Dans le télescope inventé par Newton, un miroir sphérique concave TT' (fig. 296) est placé au fond d'un tube ouvert par l'autre extrémité. On dirige l'ouverture du tube vers l'objet à observer : celui-ci viendrait former, grâce au miroir concave, une image réelle et renversée A'B' de l'objet AB et très près du foyer principal F de TT'. Mais on a placé sur le trajet des rayons réfléchis un miroir plan MM', qui réfléchit ces rayons une seconde fois et les envoie former en A'₁B'₁ une

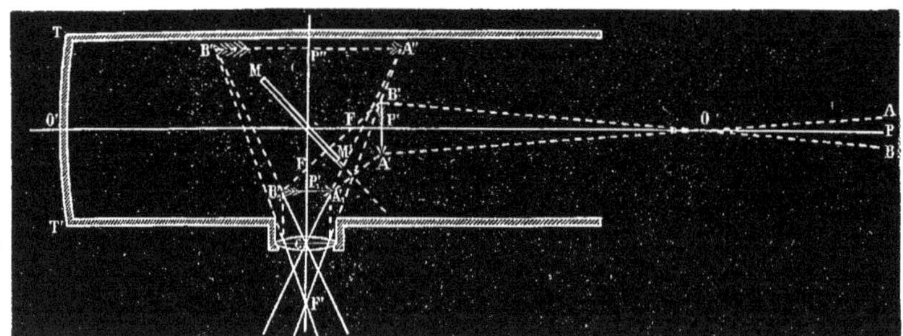

Fig. 296. — Télescope de Newton.

image égale à A′B′. Cette image s'observe avec une lentille convergente C qui sert d'oculaire et qui est placée de telle sorte que A′₁B′₁ soit entre elle et son foyer principal F (sur l'axe optique de la lentille C) ; elle donne alors une image A″B″ virtuelle et agrandie de l'objet.

522. **Applications des divers instruments d'optique.** — La lanterne de projection permet de rendre visibles à tout un auditoire des peintures ou des dessins reproduits sur verre, des préparations et réactions chimiques par substitution de cuves de verre au châssis de l'appareil.

La loupe est utilisée dans une foule de circonstances : lecture des cartes, dessin, gravure ; c'est le complément obligé du matériel emporté par l'herborisateur, l'entomologiste, le minéralogiste.

Le microscope est employé pour toutes les observations qui s'appliquent aux infiniment petits, pour les études anatomiques concernant les tissus et les organes végétaux et animaux, pour la recherche des falsifications de certaines substances : farine, lait, etc.

La lunette astronomique est employée dans les observatoires pour les mesures et les recherches astronomiques ; mais on l'adapte encore sous le nom de *viseur*, à une foule d'instruments, parmi lesquels nous citerons : le *sextant* (441), le *spectroscope* (543), la *boussole de déclinaison* (S, 142), la *boussole d'arpenteur* (S, 146), etc.

La lunette terrestre permet d'observer les objets situés à une distance de quelques kilomètres ; c'est ce qui explique son emploi constant par les touristes, les officiers de terre et de mer. La lunette de Galilée remplace souvent la lunette terrestre dans ses diverses applications, parce qu'elle est plus maniable ; on la transforme généralement en jumelle.

Le télescope, qui n'est qu'une sorte de lunette astronomique, est employé comme elle, dans les observatoires.

523. **Expériences simples.** — Dans les conférences faites par les élèves, on les habituera à se servir de la lanterne de pro-

jection. On leur mettra aussi entre les mains une loupe et un microscope pour leur faire observer soit des préparations anatomiques (animales et végétales), soit des réactions chimiques.

On peut construire une loupe, suffisante pour montrer le grossissement produit par cet instrument, en laissant tomber délicatement une goutte d'eau sur une plaque de verre mince, ou encore dans un trou étroit pratiqué dans un carton peu épais.

Mettre entre les mains des élèves les autres instruments étudiés dans ce chapitre que possède l'école ; leur en montrer l'usage et leur faire constater les divers effets auxquels ils donnent lieu.

Si l'on possède une jumelle, observer la différence entre les images obtenues lorsque l'œil est placé du côté de l'oculaire ou du côté de l'objectif.

Mesurer le grossissement approximatif d'une lunette par le procédé indiqué (514) ; on remplacera le micromètre par une simple règle divisée en millimètres.

—

Prismes. — Décomposition et recomposition de la lumière. — Météorologie optique.

PRISMES

524. **Prismes.** — On nomme *prisme* un milieu transparent limité par deux plans qui se coupent. L'intersection des deux faces planes est appelée l'*arête réfringente* du prisme, et l'angle qu'elles comprennent l'*angle réfringent* du prisme. Toute section déterminée par un plan perpendiculaire à l'arête réfringente est appelée *section principale.* Les prismes destinés aux expériences de physique sont ordinairement des morceaux de verre bien homogènes, taillés en prismes triangulaires droits. La section principale est alors un triangle, et celui de ses sommets qui se trouve sur l'arête réfringente est appelé *sommet* du prisme; le côté opposé s'appelle la *base*.

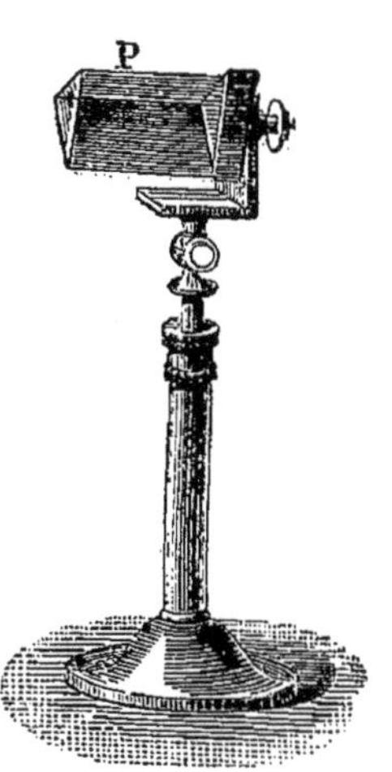

Fig. 297. — Prisme.

La figure 297 représente un prisme P monté sur un pied, de manière qu'on puisse lui faire prendre différentes positions.

525. Déviation de la lumière par les prismes. — Lorsque la lumière traverse un prisme, elle subit une déviation qu'il est facile d'expliquer.

Tout ce que nous allons dire s'applique à la lumière simple ou *monochromatique*, formée d'une seule couleur. Nous verrons plus loin que la lumière blanche est la synthèse de plusieurs rayons diversement colorés et qu'un prisme a, non seulement la propriété de dévier la lumière, mais encore de la décomposer en ses rayons simples ; c'est ce qui explique pourquoi un objet, vu à travers un prisme, paraît coloré en même temps qu'il semble déplacé.

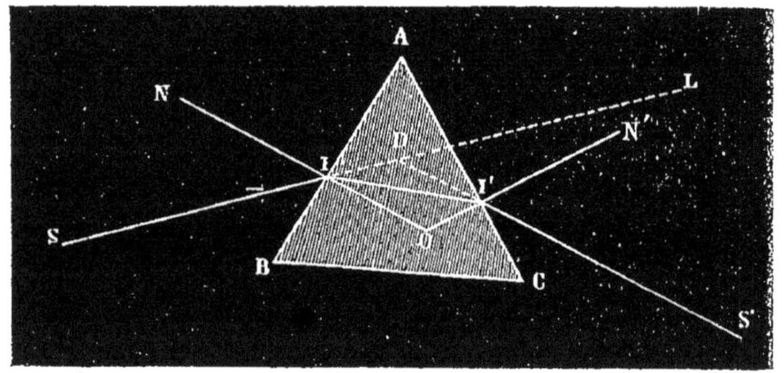

Fig. 298.

Supposons que ABC (fig. 298) représente la section principale d'un prisme, et considérons ce qui se passe dans son plan. Soit SI un rayon incident ; lorsqu'il pénètre dans le prisme, au lieu de continuer suivant IL, il se réfracte suivant II' en se rapprochant de la normale IO ; arrivé en I', il se réfracte suivant I'S', en s'éloignant de la normale I'N', puisqu'il passe d'un milieu plus réfringent dans un milieu moins réfringent. On voit que ces deux réfractions ont pour effet de rapporter les rayons vers la base BC du prisme (¹) et les objets vus à travers lui semblent

(¹) Il faut remarquer que tout rayon qui traverse un prisme n'émerge pas forcément à la seconde face ; si l'angle OI'I (fig. 298) est supérieur

reportés vers son sommet A, car l'effet que nous observons dans une seule section s'observe dans toutes les autres.

526. Causes qui font varier les déviations dans les prismes. — La déviation produite par un prisme varie avec plusieurs circonstances que nous allons établir expérimentalement.

1° *La déviation dépend de l'angle réfringent du prisme.* — Pour mettre ce fait en évidence, on se sert d'un prisme à angle variable, qui n'est autre qu'une espèce de cuvette $aba'b'$ (fig. 299). Entre les deux faces aa', bb', qui sont en cuivre, sont des lames de verre oc, $o'c'$, montées dans des

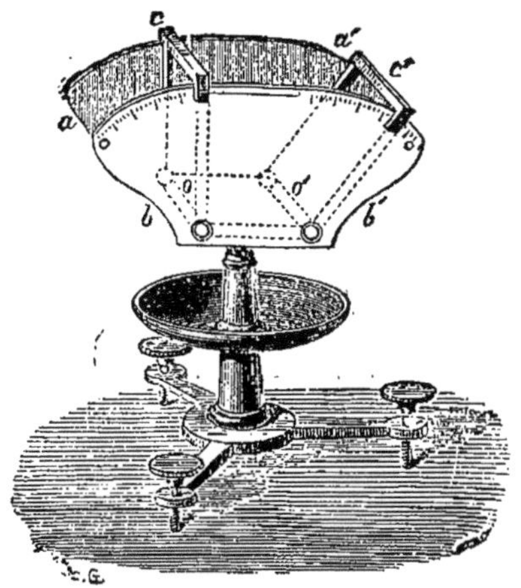

Fig. 299. — Prisme à angle variable.

cadres de métal : l'une d'elles oc est fixe, l'autre $o'c'$ est mobile et peut faire avec la première des angles variables. Après avoir versé dans l'intervalle des deux lames un liquide transparent, de l'eau par exemple, on fait arriver par la face oc un faisceau lumineux de direction constante, et l'on constate que la déviation produite dépend de la

à l'angle limite correspondant à la nature du prisme, le rayon ll' subir la réflexion totale sur la seconde face.

position de la lame $o'c'$, et, par suite, de la valeur de l'angle réfringent du prisme ainsi formé.

2° La déviation dépend de la nature du prisme. — On vérifie ce fait expérimentalement de deux manières. On peut mettre successivement dans l'appareil que nous venons de décrire des liquides différents, et constater que les déviations ne sont pas les mêmes dans chaque cas. On peut aussi se servir du *polyprisme*, appareil formé par l'assemblage de lames prismatiques superposées et de natures différentes. En recevant un faisceau lumineux sur ce prisme multiple, on constate que les déviations produites par les différentes lames ne sont pas les mêmes.

3° La déviation dépend de la valeur de l'angle d'incidence. — Pour le prouver, on reçoit un faisceau lumineux de direction cons-

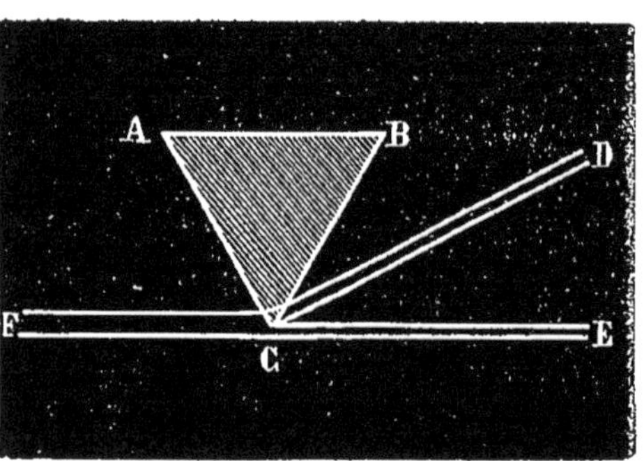

Fig. 3oo. — La déviation dépend de l'angle d'incidence.

tante sur un prisme qu'on fait tourner de manière à faire varier l'angle d'incidence : on constate alors que la déviation varie avec l'angle d'incidence. On peut adopter la disposition que présente la figure 3oo. Elle montre que le faisceau lumineux F est partagé en deux parties, l'une E, qui n'a pas subi de déviation et qui produit une tache lumineuse E sur un écran, l'autre D, qui a été déviée par le prisme. En faisant varier la position du prisme, on constate que la distance qui sépare D de E varie et qu'elle est susceptible d'un *minimum*. L'expérience montre que ce minimum correspond à la position du prisme pour laquelle les angles d'incidence et d'émergence sont égaux.

527. Prisme à réflexion totale. — Soit un prisme

dont la section principale BAC (fig. 301) est un triangle rectangle isocèle, tel que AB = AC.

Considérons un rayon XD dirigé vers le prisme perpendiculairement à la face AB ; ce rayon ne subit aucune réfraction en pénétrant dans le prisme et frappe en P la surface BC. Les angles XPB et ACB sont égaux comme correspondants ; or ACB = 45° ; donc l'angle a vaut aussi 45°. Si nous menons au point P la normale PN, nous déterminerons un angle b dont la valeur est aussi de 45°, puisqu'il est complémentaire de l'angle a.

L'angle d'incidence en P du rayon XP est donc de 45° ; or l'angle limite de réfraction dans le verre est de 41° environ ; par suite, le rayon XP ne sortira pas du prisme, mais subira, sur la face BC, la réflexion totale. Ce rayon formera donc avec la normale un angle c égal à l'angle b, ou un angle de 45° et, par suite, tombera normalement sur la face

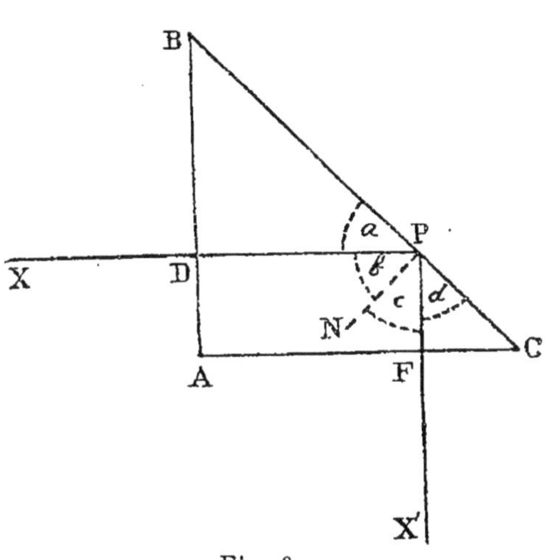

Fig. 301.

AC et émergera sans subir de réfraction.

On voit qu'un tel prisme joue le rôle d'un miroir plan pour tous les rayons frappant perpendiculairement l'une des faces isocèles. Il en serait de même pour tous les rayons provenant d'une source assez éloignée, car ces rayons s'écartant peu de la normale subiraient, en entrant dans le prisme, une faible réfraction et leurs angles d'incidence sur BC seraient encore supérieurs à l'angle limite.

Ce prisme est appelé *prisme à réflexion totale*.

528. Applications des prismes. — Les prismes

sont utilisés dans une foule d'instruments d'optique :
ils forment la partie essentielle du *spectroscope* (543),
des *goniomètres* destinés à mesurer les angles des
prismes et des cristaux. Les prismes à réflexion totale sont
employés dans certains télescopes et dans les phares ; ils
tendent à se substituer aux miroirs plans, dans les divers
usages de ceux-ci, car la surface métallique des miroirs se
ternit assez rapidement.

DÉCOMPOSITION ET RECOMPOSITION DE LA LUMIÈRE.

529. Spectre solaire. — Si on laisse pénétrer par le
trou circulaire du volet d'une chambre noire un faisceau
cylindrique de lumière solaire, et qu'on reçoive ce faisceau
sur un écran, on obtient une image ronde et blanche.
Mais, si l'on interpose un prisme sur le trajet du faisceau
lumineux, on aperçoit (fig. 302) sur l'écran une image
oblongue RV et présentant sept couleurs principales :
violet, indigo, bleu, vert, jaune, orangé, rouge. Cette image
est désignée sous le nom de *spectre solaire* : elle est représentée par la planche placée au début du chapitre ix.

Nous ferons remarquer que, dans la figure 302 la partie
inférieure V du spectre est violette, la partie supérieure R
est rouge.

530. Génération du spectre solaire. — Newton
expliqua le phénomène précédent, qu'on désigne sous le
nom de *dispersion* ou de *décomposition de la lumière,* en
admettant que la lumière est composée de rayons *diversement colorés* et *inégalement réfrangibles.* Lorsque ces rayons
se superposent, ils produisent sur l'œil la sensation de
lumière blanche ; mais, lorsqu'on les sépare, ils déterminent des sensations diverses, celles de la couleur qui est
propre à chacun d'eux ([1]). Nous démontrerons par plu-

([1]) Les lentilles, comme les prismes, donnent lieu au phénomène de la
dispersion ; les objets regardés à travers une loupe formée d'une seule

sieurs expériences que cette hypothèse est exacte; mais nous indiquerons d'abord comment il faut disposer l'expérience pour obtenir un spectre pur.

531. Moyen d'obtenir un spectre très pur. — On fait pénétrer dans la chambre obscure un faisceau lumineux qui passe par une fente verticale de 1 millimètre de largeur. On place une lentille convergente à une distance de l'ouverture égale au double de la distance focale principale, et en plaçant un écran à la même distance, on obtient sur lui une image lumineuse dont les dimensions

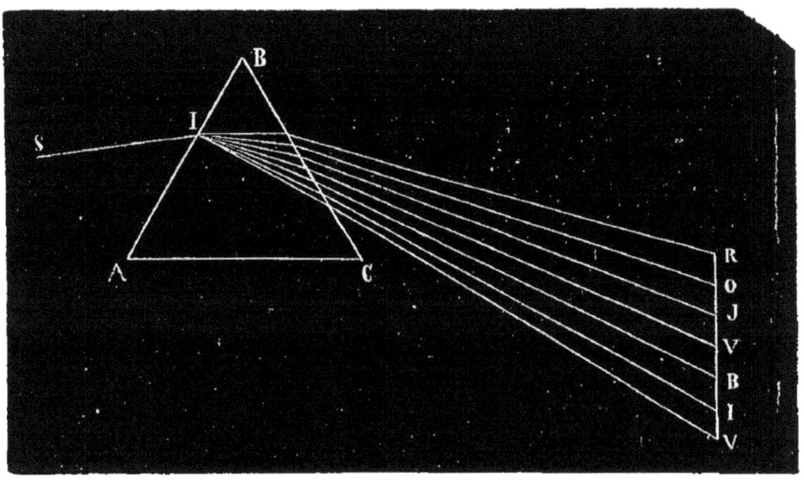

Fig. 302. — Décomposition de la lumière.

sont égales à celles de la fente. Enfin, on dispose un prisme à grand angle et en flint pur, tout près de la lentille, son arête parallèle à la fente et dans la position qui correspond au minimum de déviation. En déplaçant alors l'écran latéralement, tout en le laissant à la même dis-

lentille sont irisés sur leurs bords. Pour éviter les inconvénients qui pourraient résulter de cette coloration des images, les objectifs et les oculaires des divers instruments d'optique sont rarement constitués par une lentille unique; on associe généralement une lentille convergente et une lentille divergente, qui forment un système dit *achromatique*.

tance de la lentille et de manière que la direction moyenne du faisceau soit perpendiculaire à sa surface, on obtient un spectre très net et résultant de la succession de taches lumineuses diversement colorées. La pureté du spectre ainsi obtenu tient à ce que, la fente lumineuse ayant des dimensions très petites dans le sens où se fait la déviation, les diverses images empiètent fort peu l'une sur l'autre, tandis que la longueur de la fente et la concentration des rayons produite par la lentille conservent à l'image son intensité lumineuse.

532. Les sept couleurs du spectre sont inégale-ment réfrangibles.

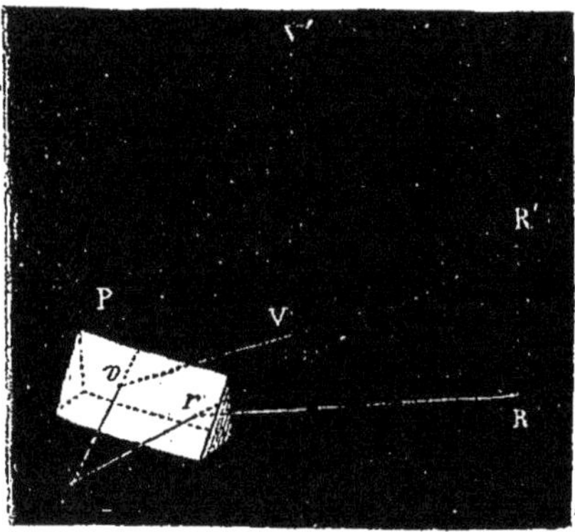

Fig. 3o3. — Les rayons du spectre sont inégalement réfrangibles.

— Newton a démontré par différentes expériences l'inégale réfrangibilité des rayons du spectre. Nous en citerons deux.

1° On reçoit sur un écran percé d'une petite ouverture le spectre formé par un premier prisme P, et l'on place derrière cet écran un second prisme P'. Puis on déplace l'écran de manière que l'ouverture qu'il présente se place successivement dans chacune des couleurs du spectre, et laisse, par conséquent, tomber successivement chacune d'elles sur le prisme P'. On constate alors que la déviation produite par le prisme P' augmente, en allant du rouge au violet. On peut aussi laisser l'écran fixe et faire tourner le prisme P, de manière à faire successivement passer par le trou chacune des couleurs du spectre.

2° On reçoit sur un premier écran un spectre solaire, et, aux points où arrivent les rayons rouges et les rayons violets, on perce un trou. Ces trous laissent passer les

rayons, qui vont faire en R et V (fig. 3o3), sur une feuille
de papier blanc, deux taches lumineuses, l'une violette V,
l'autre rouge R, aux deux extrémités d'une même ligne
horizontale. Puis, se plaçant à une certaine distance de
la feuille de papier, on regarde ces taches à travers un
prisme P, dont l'arête réfringente est horizontale et tournée
vers le haut. On aperçoit alors une tache violette en un
point V', plus élevé que le point R', où se voit l'image
rouge. Ce résultat est facile à expliquer par l'inégale
réfrangibilité des rayons, et il lui sert de preuve.

533. Recomposition de la lumière blanche. —
Pour achever de montrer l'exactitude de l'explication que
Newton donna de la formation du spectre, nous allons

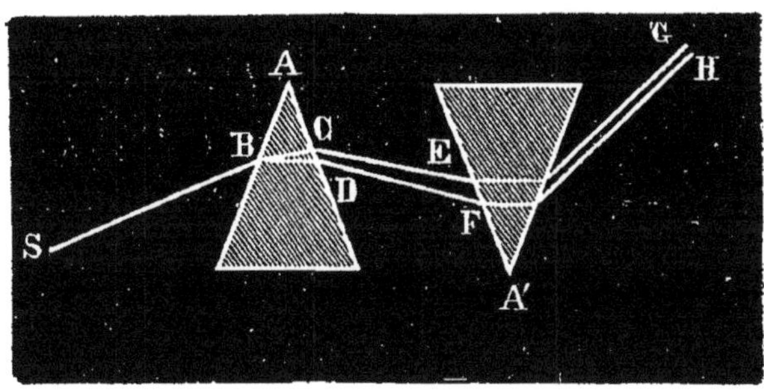

Fig. 3o4. — Recomposition de la lumière.

décrire quelques expériences inverses des précédentes et
qui sont à celles-ci ce que la synthèse est à l'analyse. Elles
prouvent que la superposition des sept couleurs du spectre
reproduit la lumière blanche.

1° Recevons sur un premier prisme A (fig. 3o4) un
faisceau solaire SB qui, en passant à travers A, se décompose et produit un spectre sur un écran. Plaçons sur le
trajet du faisceau coloré CDEF, et, à une petite distance
du premier prisme, un second prisme A' de même angle
réfringent, de même substance, et de manière que ses
faces soient parallèles à celles du premier et dirigées en
sens contraire. Le faisceau, qui émerge du second prisme,

est blanc et donne sur un écran une image blanche et seulement irisée sur ses bords. Chacun des faisceaux colorés subit en effet, en passant dans le second prisme, une déviation de bas en haut égale à la déviation de haut en bas qu'il avait subie par son passage à travers le premier prisme : tous les faisceaux vont donc se trouver superposés, et ils reproduisent la lumière blanche. Il n'y a que les deux faisceaux extrêmes qui ne se superposent pas dans toute leur largeur, et c'est pour cela que les bords de l'image sont irisés.

2° On peut encore montrer que la superposition des différentes couleurs produit de la lumière blanche, par une expérience qui est fondée sur la durée des impressions lumineuses sur la rétine. Traçons, comme l'a fait Newton, sur un écran circulaire un secteur, et peignons-le en violet : si l'on fait tourner lentement le disque, on verra le secteur se déplacer. Si le disque tourne avec une rapidité

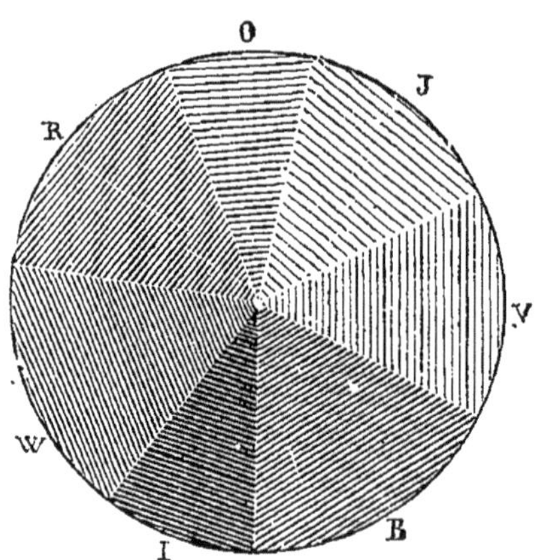

Fig. 305. — Disque de Newton.

suffisante, l'œil par suite de la persistance des impressions lumineuses, apercevant le secteur dans toutes ses positions, verra un cercle violet. Supposons maintenant que nous divisions le cercle en sept secteurs (fig. 305) que nous peindrons avec des couleurs représentant les sept couleurs du spectre et dans leur ordre. Si nous donnons au disque un mouvement rapide de rotation, le disque devra nous paraître blanc, car chacun des secteurs produira sur notre œil l'impression d'un cercle coloré, et toutes ces couleurs se superposant produiront la sensation de la lumière blanche. C'est ce que l'expérience vérifie.

Si, au lieu de sept secteurs, on en peint vingt-huit, par exemple, on obtiendra le même résultat avec une vitesse de rotation moindre.

534. Combinaison d'un nombre limité de couleurs du spectre. Couleurs complémentaires. — En dirigeant vers un même point deux ou plusieurs couleurs du spectre, on obtient des résultats différents.

C'est ainsi que *rouge* et *violet* donnent *pourpre*.

—	*vert* et *violet*	—	*bleu pâle.*
—	*jaune* et *rouge*	—	*orangé.*
—	*jaune* et *violet*	—	*rose.*
—	*bleu* et *violet*	—	*indigo.*
—	*jaune* et *bleu*	—	*blanc.*

Deux couleurs qui, par leur superposition, donnent du blanc, sont dites *complémentaires*. Le tableau précédent montre que le jaune et le bleu forment du blanc : c'est là un fait contraire à la pratique ordinaire des peintres qui, pour faire du vert, mélangent du bleu et du jaune. Cela tient à ce que les matières qu'ils mélangent ne présentent pas des couleurs homogènes, et que la lumière que diffuse le mélange prend la teinte qui résulte des absorptions exercées simultanément par l'une et par l'autre des matières mélangées.

535. Couleur des corps. — La coloration qu'ont les divers corps n'est pas une propriété propre à ces corps : elle provient des modifications qu'ils font subir à la lumière.

La coloration d'un corps transparent tient à ce que ce corps absorbe certains rayons et laisse passer les autres. Ce sont ces derniers qui donnent au corps transparent sa coloration. Lorsqu'en effet on analyse la lumière, qui a traversé un corps transparent, on observe que certaines couleurs du spectre ont éprouvé une diminution considérable dans leur éclat, ou même ont disparu complètement. Il en est de même, si l'on regarde un spectre solaire à travers une lame d'un corps coloré et transparent.

Quant aux corps non transparents, leur coloration

provient de ce qu'ils diffusent d'une manière inégale les différents rayons de la lumière blanche ; une partie des rayons est absorbée par les couches superficielles, l'autre est diffusée et donne au corps sa coloration. Un corps blanc est un corps qui diffuse tous les rayons ; un corps noir les absorbe tous.

Il est facile d'expliquer pourquoi certains corps n'ont pas la même couleur à la lumière blanche du jour, qui renferme toutes les couleurs, qu'à la lumière d'une lampe ou d'une bougie, qui ne les renferme pas toutes. Ainsi des corps verts à la lumière du jour paraissent bleus à la lumière d'une lampe, parce que la lumière de la lampe renferme moins de rayons jaunes que celle du soleil, et alors ce sont les rayons bleus qui dominent comme effet produit.

L'expérience suivante est d'un curieux effet. Dans une chambre bien obscure, allumons une lampe à alcool salé, ou suspendons un morceau de sel dans la flamme d'un bec de gáz. La flamme de la lampe ou du bec de gaz deviendra jaune, et tous les objets, qui ne seront pas jaunes, deviendront noirs, parce qu'ils absorberont les rayons jaunes qui sont les seuls qu'ils recevront. La figure des personnes présentes prendra un aspect étrange : leurs lèvres seront noires ; la peau perdra sa coloration rose.

MÉTÉOROLOGIE OPTIQUE

536. — On appelle *météorologie optique* la partie de la physique, qui s'occupe de l'étude d'un certain nombre de phénomènes lumineux se passant dans l'atmosphère et dus aux actions que subit la lumière, soit de la part de l'air, soit de la part de l'eau ou de la vapeur d'eau suspendue au milieu de lui.

537. **Absorption de la lumière par l'atmosphère. Couleur bleue de l'atmosphère.** — L'air atmosphé-

rique est une des substances les plus transparentes : cependant cette transparence n'est point parfaite ; cet air absorbe une partie de la lumière qui le traverse. C'est pour cela que les montagnes vues à une très grande distance paraissent enveloppées d'un brouillard.

L'atmosphère, grâce surtout à la présence de gouttelettes d'eau et de corpuscules de toute nature, absorbe presque tous les rayons colorés et ne se laisse traverser que par les rayons bleus qu'elle diffuse : de là la couleur bleue de l'atmosphère, quand on la voit sous une certaine épaisseur. Quand on s'élève de plus en plus dans l'atmosphère, la quantité de lumière diffusée et reçue par l'œil va en diminuant et le ciel devient de plus en plus foncé.

538. **Crépuscule et aurore.** — Nous avons vu (468) que, par suite du phénomène de la réfraction atmosphérique, les astres sont encore visibles pour nous pendant un certain temps après le moment où ils ont passé sous l'horizon. Quand le soleil cesse d'être visible, c'est qu'il cesse de nous envoyer des rayons ayant traversé l'atmosphère soit en ligne droite, soit en ligne brisée par les réfractions successives. Mais, après ce moment, vient un temps, pendant lequel le soleil, quoique non visible pour nous, éclaire encore le ciel et répand une certaine lumière à la surface du sol. Ce temps est celui du *crépuscule*. Avant le lever du soleil, le même phénomène se produit : c'est ce qu'on appelle l'*aurore*.

L'aurore et le crépuscule sont produits par la lumière que le soleil envoie dans les régions élevées de l'atmosphère ; les régions illuminées nous renvoient, par diffusion, une faible partie de la lumière qu'elles reçoivent.

Par un beau temps, l'aurore commence, ou le crépuscule finit, quand le soleil est à 18° au-dessous de l'horizon. A Paris, le jour du solstice d'été (21 juin), le soleil ne descend pas à 18° au-dessous de l'horizon : il n'y a donc pas ce jour-là de nuit complète, car l'aurore du 22 juin commence avant que le crépuscule du 21 soit fini.

539. **Arc-en-ciel.** — Tout le monde sait que l'arc-en-

ciel se montre à l'opposé du soleil à travers les nuages qui se résolvent en pluie. Quand on a le dos tourné au soleil, on peut observer sur le ciel un arc lumineux dont l'intérieur est violet, dont l'extérieur est rouge. Dans l'intervalle, on voit les autres couleurs du spectre. Cet arc est nommé *arc-en-ciel intérieur*. Souvent aussi on peut observer un autre arc de plus grand rayon que le premier et dans lequel les couleurs sont disposées en sens inverse, le rouge étant en dedans et le violet à l'extérieur. C'est l'*arc-en-ciel extérieur*.

L'arc-en-ciel est dû à la réfraction et à la décomposition des rayons solaires à l'intérieur des gouttes de pluie.

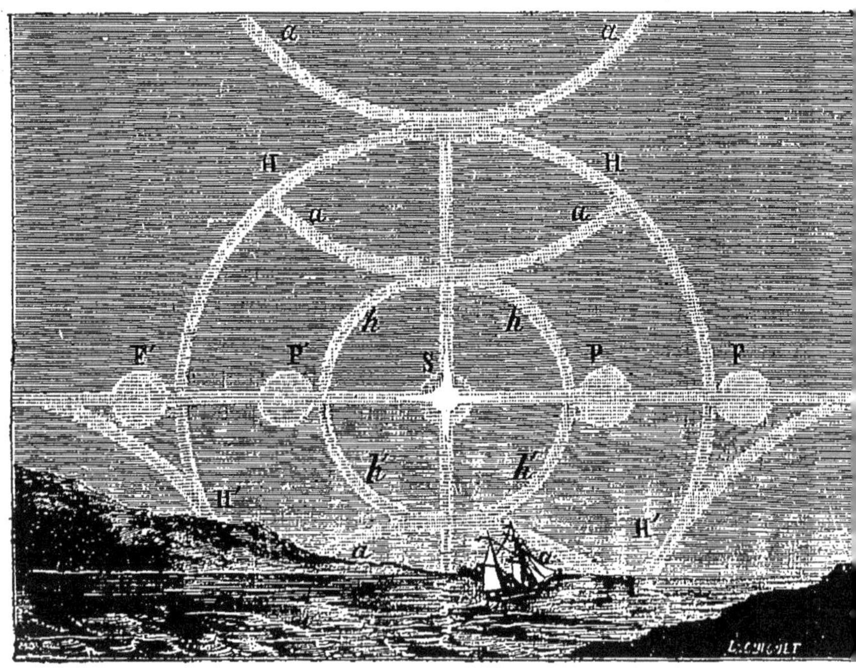

Fig. 3o6. — Halos.

La théorie de ce phénomène a été donnée par Newton ; comme elle est assez complexe, nous ne la reproduirons pas.

540. Couronnes. — Quand le ciel est couvert de nuages légers, on voit souvent un cercle coloré, où domine le rouge, entourer la lune ou le soleil : 'd'autres fois, on observe plusieurs anneaux concentriques du même genre séparés par des intervalles où domine le vert. Nous ne pouvons donner ici une explication détaillée de ce phénomène : nous dirons seulement qu'il est dû à la *diffraction*, produite par les interstices qui existent entre les gouttelettes de brouillard. Voici en quoi consiste essentiellement ce phénomène.

Traçons sur une lame de verre, avec un diamant, plusieurs traits très rapprochés, parallèles et équidistants ; puis regardons à travers cette lame la flamme d'une bougie : nous verrons autour de la lame des raies colorées dont la direction est perpendiculaire à celle des traits. Si l'on avait tracé deux systèmes de raies perpendiculaires, on aurait obtenu deux systèmes d'images croisées à angle droit. On peut voir ces effets, quoique imparfaitement, en regardant une bougie à travers une mousseline fine. Si les séries de traits, au lieu d'être parallèles, étaient disposées symétriquement autour d'un point, on verrait des couronnes colorées. C'est ce qui arrive lorsque la lumière du soleil, ou mieux celle que nous réfléchit la lune, passe à travers les interstices des gouttelettes liquides suspendues dans l'atmosphère.

On constate aussi ce phénomène lorsque le soir, pendant l'hiver, on traverse en voiture les rues d'une ville : les vitres de la voiture sont recouvertes de buée, et chaque bec de gaz paraît entouré d'une couronne lumineuse colorée en rouge orangé.

541. Halos. — On appelle *halos* des couronnes qu'on voit autour du soleil et qui sont produites par la décomposition que ses rayons subissent, lorsqu'ils traversent des aiguilles de glace prismatiques suspendues dans les régions élevées de l'atmosphère.

La figure 306 indique les différents aspects que peuvent présenter les halos.

542. Expériences simples. — Faire arriver sur un prisme un faisceau de rayons solaires et constater que le faisceau est dévié vers la base du prisme ; on vérifiera en même temps que la lumière est décomposée en plusieurs rayons diversement colorés. On pourra se servir, comme prisme, d'une des petites plaquettes de verre qui ornent un lustre.

Regarder un objet à travers un prisme ; il paraît relevé vers le sommet du prisme, et il est coloré.

Regarder des objets colorés différemment à travers des lames de couleurs variées : les objets blancs apparaissent de la couleur de la lame employée ; les objets colorés paraissent noirs, sauf ceux qui ont la même couleur que la lame employée.

Placer un prisme sur le trajet d'un faisceau de rayons solaires et recevoir sur un écran blanc le spectre obtenu. L'expérience peut se faire en plein jour dans la salle de classe ; cependant on obtient un spectre plus pur en opérant, s'il est possible, comme il a été expliqué au numéro 530.

Un bouchon de carafe, taillé à facettes, permet de décomposer facilement la lumière solaire. On peut encore se servir pour cette expérience d'une carafe pleine d'eau, qu'on interposera sur le trajet des rayons solaires ; l'image sera reçue sur une feuille de papier blanc.

Recomposer la lumière blanche en construisant un disque de Newton à l'aide d'un morceau de carton sur lequel on collera des secteurs colorés ; on le fait ensuite tourner autour d'un crayon. On peut encore peindre sur le dos d'une toupie des secteurs présentant les couleurs du spectre. Dans ces deux expériences, on peut se contenter d'employer les trois couleurs fondamentales : rouge, bleu, jaune.

Pour montrer que la couleur des corps varie avec la nature des rayons reçus, faire remarquer que les étoffes rouges paraissent noires à la lumière des lampes ou du gaz.

Profiter de la production de quelques-uns des phénomènes de météorologie optique pour les faire observer et les faire comprendre par la constatation des circonstances qui les accompagnent généralement.

I. — Spectre de solide incandescent.

II. — Spectre de la vapeur de sodium.

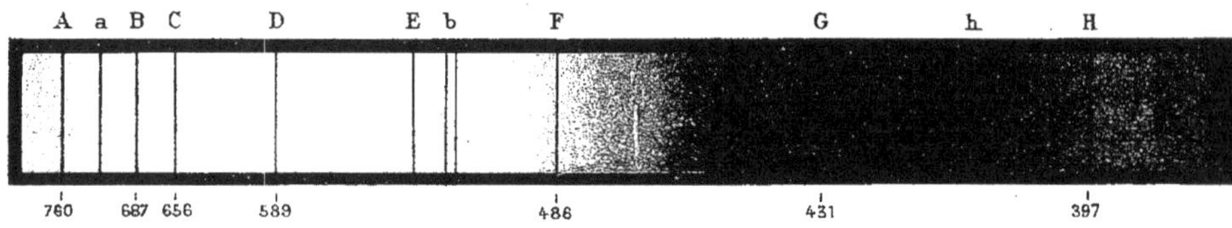

III. — Spectre solaire.

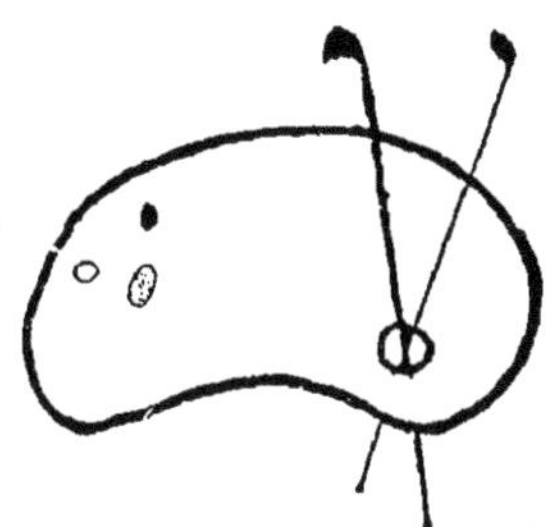

ORIGINAL EN COULEUR
Nº Z 43-170-3

CHAPITRE IX

—

Principe de l'analyse spectrale.

543. Description du spectroscope. — Les spectres
peuvent être obtenus à l'aide d'un prisme ; mais on se sert

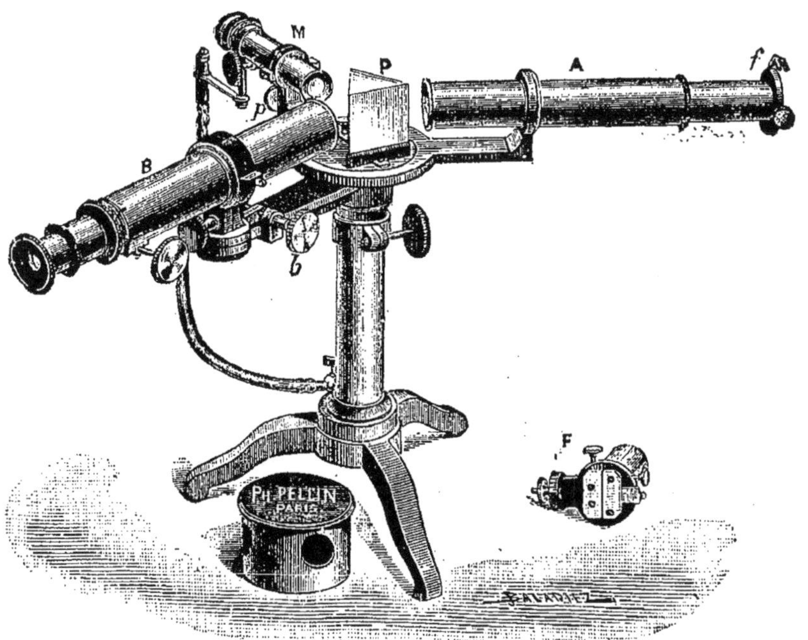

Fig. 307. — Spectroscope.

généralement d'instruments spéciaux appelés *spectroscopes*
(fig. 307).

Un spectroscope se compose de quatre parties principales :

1° Le *collimateur* A, formé d'un tube présentant en f
une fente (dont on voit le détail en F), devant laquelle on
dispose la source lumineuse à étudier ; cette fente coïncide
avec le foyer d'une lentille convergente placée à l'autre
extrémité du tube A. Cette lentille rend donc parallèle le
faisceau lumineux qu'elle reçoit.

2° Le faisceau tombe alors sur le *prisme* P, dont l'arête
est verticale ; il se réfracte en subissant le phénomène
de la dispersion.

3° On observe le spectre ainsi formé avec une *lunette* B
qui ne diffère guère de la lunette astronomique ; son objectif reçoit les faisceaux colorés, en fournit une image
réelle, agrandie, qu'on observe par l'oculaire de la
lunette.

4° Pour qu'on puisse repérer les différentes parties du
spectre obtenu, le spectroscope présente un autre *collimateur* M, qui comprend essentiellement une division tracée
sur verre et fortement éclairée ; cette division se réfléchit
sur l'une des faces du prisme et donne dans la lunette
une image qui se superpose à celle du spectre.

544. Raies du spectre solaire. — Lorsqu'on produit un spectre très pur au moyen de la lumière solaire,
on constate que ce spectre présente des espaces obscurs
très étroits et très nombreux, distribués sans aucune loi
régulière dans les diverses régions du spectre, et qui ont
reçu le nom de *raies de Frauenhofer*, du nom de l'opticien
de Munich, qui les a observées et classées en sept groupes
principaux désignés par les lettres B, C, D, E, F, G, H, et
en trois groupes accessoires A, a et b. La partie III de la
planche placée au début de ce chapitre donne une idée
de la position de ces groupes de raies.

Depuis Frauenhofer, les physiciens ont étudié les
spectres fournis par toutes les sources de lumière connues ;
on a pu reproduire et dessiner le spectre des vapeurs métalliques et des gaz simples en repérant les raies obtenues

d'après la position fixe des raies obscures du spectre solaire.

545. Spectres des diverses sources lumineuses. — Nous indiquerons sommairement ici les caractères du spectre de quelques sources lumineuses.

1° *Spectres des corps solides ou liquides incandescents.* — Le spectre lumineux des corps solides ou liquides incandescents est *continu* : la partie visible s'étend d'autant plus du rouge vers le violet que la température est plus élevée. Aux températures les plus hautes, ce spectre contient une partie ultra-violette invisible. On est conduit par l'expérience aux résultats suivants :

1° A de basses températures, le rayonnement des corps solides et liquides ne contient que des rayons de réfrangibilité minimum n'impressionnant pas notre vue, mais doués de pouvoir calorifique;

2° A mesure que la température s'élève, il s'ajoute à ces rayons d'autres rayons de plus en plus réfrangibles ;

3° La température du rouge est celle à laquelle le rayonnement commence à contenir une quantité de rayons assez réfrangibles pour être perçus par notre œil.

4° Au rouge blanc, les rayons émis sont assez réfrangibles pour atteindre la partie violette du spectre ;

5° Au-dessus du rouge blanc, le rayonnement contient des rayons ultra-violets, invisibles pour notre œil, mais doués d'action chimique.

Le gaz de l'éclairage, l'huile, la cire, etc., donnent un spectre continu, qui est celui du charbon en suspension. Voir le spectre d'un solide incandescent, partie I de la planche.

2° *Spectre des vapeurs métalliques.* — Si l'on introduit dans la flamme à peine visible que donne le gaz de l'éclairage, lorsque sa combustion est complète, de faibles quantités de divers sels métalliques, la flamme se colore diversement et donne naissance à un spectre discontinu formé de bandes brillantes et colorées, plus ou moins nombreuses, identiques pour les divers sels d'un même métal, mais *variables avec la nature de l'élément métallique*. On explique ce fait en admettant que toute vapeur, portée à une haute température, a une couleur propre et caractéristique, qui est la résultante de divers rayons colorés que le prisme sépare dans le spectre étalé. Cette explication a été pleinement confirmée par la découverte de plusieurs métaux nouveaux, découverte résultant de la production de spectres encore inconnus : cæsium, rubidium, thallium, gallium, etc.

La planche placée au commencement du chapitre montre la raie du sodium (partie II).

3° *Spectre de l'arc voltaïque*. — L'arc voltaïque donne un spectre continu, comme le spectre solaire. Dans ce spectre apparaissent des bandes brillantes, dont le nombre et la position dépendent de la nature des substances métalliques entre lesquelles on fait jaillir l'arc voltaïque.

4° *Spectre des gaz incandescents*. — Le spectre des gaz portés à l'incandescence est discontinu, comme celui des vapeurs métalliques.

546. Spectres d'absorption. — Un corps solide ou liquide incandescent fournit un spectre continu ; mais, si l'on interpose, sur le trajet des radiations, une vapeur ou un gaz, le spectre primitif présente des raies obscures dues à *l'absorption* de certaines radiations par le milieu interposé. On conclut de là que les raies noires des spectres discontinus doivent aussi être produits par l'absorption de certaines radiations. Les expériences suivantes indiquent la nature des radiations absorbées.

On place un fragment de sodium sur l'électrode positive de l'arc voltaïque : la chaleur dégagée par le courant détermine la formation d'une abondante atmosphère de vapeurs de sodium autour du charbon incandescent, et le pouvoir absorbant de ces vapeurs fait apparaître dans le spectre la double raie obscure D. Au bout de quelques instants, cette vapeur se dissipe ; il ne reste plus qu'une petite quantité de vapeur de sodium dans l'arc voltaïque, et la raie obscure se trouve remplacée par la bande brillante et jaune du sodium ([1]).

On démontre le même fait, en interposant sur le trajet d'un faisceau de lumière blanche très intense (lumière Drummond) une flamme de lampe à alcool salé. Cette flamme absorbe les rayons correspondant au sodium et fait apparaître une bande noire, là où apparaissent les rayons jaunes du sodium dans le spectre fourni par la source lumineuse.

On a désigné ce fait sous le nom de *renversement des raies* et, en règle générale, *les vapeurs ou les gaz absorbent les rayons de même réfrangibilité que ceux qu'ils émettent.*

L'existence des spectres présentant des raies obscures, appelés aussi *spectres d'absorption*, est très importante, parce qu'elle permet de déduire, de la présence de ces raies, la nature de la source lumineuse et celle des vapeurs que les rayons lumineux ont dû traverser ; on a pu reconnaître ainsi que les planètes ne font que réfléchir la lumière solaire et, par l'existence de bandes d'absorption, que certaines d'entre elles sont pourvues d'une atmosphère propre.

547. Conséquences et applications de l'analyse spectrale. — L'étude du spectre fournit à l'analyse qualitative la plus délicate méthode d'investigation ; grâce à l'observation des raies, on a pu découvrir plusieurs métaux nouveaux (543, 2°).

Les corps lumineux des espaces célestes ont été analysés de cette manière. C'est ainsi qu'on a reconnu dans le soleil la présence du potassium, du calcium, du baryum, du magnésium, du zinc, du fer, du chrome, du cobalt, du nickel et du cuivre. Au contraire, le lithium, le strontium, l'aluminium, le plomb, l'étain, le mercure, l'argent, l'or, etc., semblent y manquer. L'expérience du renver-

____

([1]) Il faut, pour que le renversement des raies ait lieu, que la température de la flamme absorbante soit suffisamment inférieure à celle du corps incandescent qui produit le spectre.

sement des raies permet maintenant d'expliquer l'origine des raies obscures du spectre solaire. On admet que le globe solaire est entouré d'une atmosphère dont la température est moins élevée que celle du globe lui-même, mais assez élevée pour contenir, à l'état de vapeurs, certaines substances qui se trouvent elles-mêmes dans le noyau. Ces substances en vapeur absorbent les rayons émis par les mêmes substances existant dans le globe solaire.

Des expériences ont montré que la vapeur d'eau donnait aussi des raies spectrales ; les ascensions aérostatiques ont démontré que les raies dues à la vapeur d'eau allaient en diminuant jusqu'à disparaître à mesure qu'on s'élevait dans l'atmosphère. On en conclut que le soleil n'est pas encore arrivé à cette période critique de refroidissement, où la vapeur aqueuse commencerait à se former dans ses enveloppes extérieures.

Les modifications que subit le spectre des étoiles, par suite de leur mouvement, a même permis de déterminer la vitesse de ce mouvement ; aussi peut-on dire que l'analyse spectrale des astres est, aujourd'hui, la partie de l'astronomie la plus féconde en résultats.

Citons encore comme applications immédiates de l'analyse spectrale : l'observation de la décarburation de la fonte dans le convertisseur Bessemer, par la transformation du spectre obtenu ; la recherche des taches de sang sur le linge, dans les cas de crime, et celle de l'oxyde de carbone dans les cas d'asphyxie.

548. Propriétés des différentes parties du spectre solaire. Radiations diverses. — En étudiant les différentes parties du spectre solaire, on constate que les propriétés varient d'une région du spectre à l'autre, non seulement au point de vue de la couleur qu'elles présentent, mais aussi au point de vue des phénomènes auxquels elles peuvent donner lieu ; en un mot, les différentes parties du spectre correspondent à des *radiations diverses*.

En étudiant le spectre, par exemple, avec un thermomètre très sensible ou avec une pile thermo-électrique, on a constaté que les diverses parties n'avaient pas la même intensité calorifique; que la position du maximum d'intensité dépendait de la nature du prisme. Le sel gemme est la seule substance qui donne des résultats comparables, parce que c'est la seule qui laisse passer à peu près également bien les rayons calorifiques qui tombent sur lui, quelle qu'en soit la nature. Le sel gemme permettra donc de déterminer en quelle proportion la chaleur se trouve accumulée dans chacune des couleurs du spectre. En déplaçant un thermomètre du violet vers le rouge, on constate que l'intensité calorifique va en croissant, à mesure qu'on s'éloigne du violet pour se diriger vers le rouge. Si l'on continue le déplacement du thermomètre au delà du rouge, l'intensité calorifique va en croissant jusqu'à une certaine distance, pour décroître ensuite. Il y a donc des radiations qui ne font pas d'impression sur l'œil, qui sont obscures et qui agissent sur le thermomètre. On les appelle radiations *infra-rouges*.

La lumière a, comme on le sait, la propriété de décomposer certaines substances, le chlorure d'argent, par exemple. On a constaté que l'action chimique n'existe pas dans toutes les parties du spectre : du côté des rayons les moins réfrangibles, elle n'atteint jamais le rouge et elle s'étend au-delà de la partie violette. On a donc conclu à l'existence de radiations obscures *ultra-violettes*, incapables d'agir sur le thermomètre, mais capables de produire des actions chimiques,

On a aussi constaté que l'intensité lumineuse n'est pas la même dans toutes les parties du spectre : elle est maximum entre la raie D et la raie E.

Ce qui précède montre qu'il existe plusieurs sortes de radiations : radiations calorifiques obscures (région infra-rouge du spectre), radiations à la fois calorifiques et lumineuses, radiations lumineuses et radiations chimiques (région ultra-violette du spectre).

Toutes ces radiations se distinguent par une activité

différente ; elles résultent d'un mouvement vibratoire et elles correspondent à des *longueurs d'onde*, successivement décroissantes dans l'ordre mentionné ; les nombres inscrits au-dessous du spectre solaire (pl. chap. ix) indiquent les longueurs d'onde en millionièmes de millimètre.

L'électricité paraît être aussi produite par un mouvement vibratoire (*radiations hertziennes*) ; par suite, au point de vue de leur cause première, les différences apparentes qui séparent la lumière, la chaleur et l'électricité, « ne sont dues qu'à la durée de la période, ou à ce qu'on appelle la *longueur d'onde*, c'est-à-dire le chemin parcouru par la lumière pendant une période. Si cette longueur est de quelques dix-millièmes de millimètre, on a les radiations visibles ; si elle est de quelques centimètres ou de quelques mètres, on a les radiations hertziennes ; de sorte qu'en passant des ondes les plus courtes aux ondes plus longues, on rencontre successivement les rayons chimiques ultra-violets invisibles, les rayons violets, bleus, verts, jaunes, rouges, les rayons calorifiques invisibles, et enfin les rayons hertziens, de sorte qu'il n'y a pas d'autre différence entre ceux-ci et la lumière visible qu'entre la lumière verte et la lumière rouge ». (Dastre, *Vie et mort*).

Nous ajouterons que les *rayons X* ou *radiations de Rœntgen* sont regardés comme des radiations ultra-violettes dont la longueur d'onde serait de l'ordre du cent-millième de millimètre.

549. **Phosphorescence. Fluorescence.** — On appelle *substances phosphorescentes* des corps qui, exposés aux rayons solaires, conservent pendant quelque temps la propriété de rester lumineux dans l'obscurité. Tels sont le *phosphore de Canton*, qui est du sulfure de calcium qu'on prépare en calcinant du soufre avec des écailles d'huître pulvérisées ; le *phosphore de Bologne*, qui est du sulfure de baryum qu'on obtient en calcinant avec une matière organique une variété de sulfate de baryum qu'on trouve aux environs de Bologne.

La phosphorescence est produite par les rayons de faible

longueur d'onde, comme les rayons bleus, violets et ultra-violets. Les corps phosphorescents transforment les radiations reçues en radiations de plus grande longueur d'onde.

Sur la phosphorescence repose l'emploi des boîtes *lumineuses* pour allumettes chimiques. L'une de leurs parois est recouverte d'une matière phosphorescente, qui, après avoir reçu la lumière du jour, reste lumineuse pendant la nuit et permet d'apercevoir la boîte, même dans l'obscurité la plus profonde.

On appelle *substances fluorescentes* des corps chez lesquels la phosphorescence ne dure que pendant un temps très court : tels sont le spath fluor, le verre d'urane, le sulfate de quinine, etc.

Si l'on fait tomber des rayons ultra-violets sur une substance fluorescente, il y a production de radiations lumineuses et le corps devient visible ; cette propriété est appliquée pour l'étude des radiations ultra-violettes.

550. **Expériences simples.** — Si l'école possède un spectroscope, s'en servir pour étudier le spectre solaire. Répéter l'expérience sur la flamme d'une lampe à alcool, en y projetant quelques fragments de sel marin.

Faire remarquer que la plupart des systèmes d'éclairage sont désavantageux, parce qu'ils fournissent surtout des radiations calorifiques ; au contraire, les lampes à incandescence et les manchons Auer fournissent principalement des radiations lumineuses.

Lorsqu'on veut examiner une éclipse de soleil, on emploie un verre noir de lorgnon ou une plaque de verre fumé qui absorbent les radiations lumineuses.

CHAPITRE X

—

Principe de la photographie.

551. **Principe de la photographie.** — Nous avons dit (548) que la lumière décompose certaines substances, comme le chlorure d'argent ; il en résulte que, si l'image réelle d'un paysage, par exemple, obtenue à l'aide d'une lentille, est reçue sur une surface enduite d'une de ces substances, la lumière agira sur les points directement touchés, et d'autant plus fortement que cette lumière est plus intense ; quant aux points non touchés, ils restent inaltérés. On dit alors que la surface est *impressionnée ;* mais l'image produite ne deviendra sensible que sous l'action d'un agent chimique ou *révélateur*.

Tel est le principe de la photographie. Nous allons étudier sommairement la *chambre noire*, employée pour l'obtention des images et les manipulations à l'aide desquelles on arrive à la reproduction du sujet.

552. **Chambre noire pour la photographie.** — La chambre noire, dont se servent les photographes, est une boîte ADS (fig. 308) à parois opaques. Elle porte sur sa paroi intérieure un tube O, qui renferme une ou plusieurs lentilles convergentes formant l'*objectif*. Dans la coulisse AB, peut se fixer un verre dépoli. Un objet éclairé, placé en avant de l'appareil, envoie des rayons sur la lentille, et une image réelle et renversée de cet objet vient se peindre

sur le verre dépoli. A l'aide d'un soufflet S ou d'un tirage, on avance ou l'on recule AB, de manière à placer le verre dépoli exactement à l'endroit où se forme l'image de l'objet qu'on veut photographier, c'est-à-dire au foyer conjugué de l'objet. Cette opération s'appelle la *mise au point*.

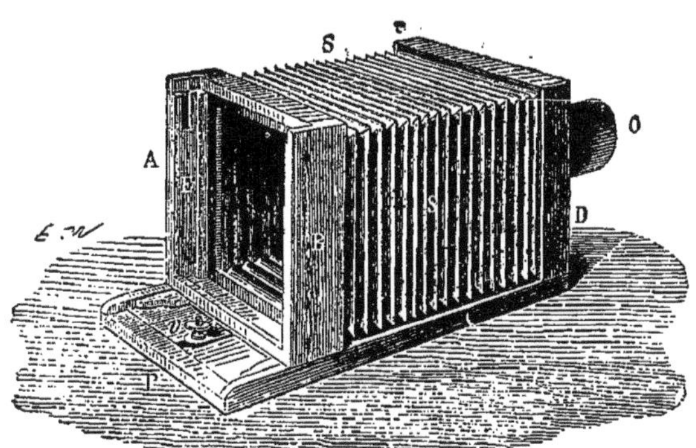

Fig. 308. — Chambre noire pour la photographie.

A la place du verre dépoli, dans la coulisse AB, on place une plaque photographique renfermée dans un châssis EDFG (fig. 309), dont la portelette H est fermée et se trouve en dehors. Lorsque le châssis est en place, l'objectif étant fermé par un obturateur, on soulève un rideau A qui met la plaque à nu dans l'intérieur de la chambre. Cela fait, on découvre l'objectif, et l'image se forme sur la plaque sensible qui, par la construction du châssis, se trouve exactement à l'endroit où était le verre dépoli lors de la mise au point.

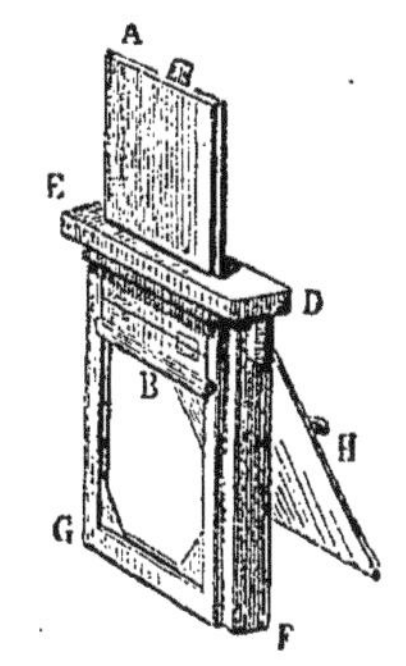

Fig. 309. — Châssis.

Le temps pendant lequel on découvre l'objectif, ou *temps de pose*, est variable avec plusieurs circonstances : sensibilité de la plaque, intensité de la lumière, valeur de l'objectif, nature du sujet, etc. On adapte généralement à l'objectif un appareil spécial, appelé *obturateur*, qui commande automatiquement l'ouverture et la fermeture de la chambre noire : pour la photographie dite *instantanée*, le temps de pose a pu être réduit à une fraction très faible de seconde.

On construit aussi des chambres noires avec un *magasin* pouvant contenir un certain nombre de plaques ; cette disposition donne un appareil toujours prêt à fonctionner, ce qui est avantageux dans les longues excursions.

Les plaques ordinairement employées sont des plaques de verre sur lesquelles est étendue une couche de gélatine contenant du bromure d'argent, substance sensible à l'action de la lumière. On les trouve dans le commerce prêtes à servir.

553. Développement du négatif. — Supposons que nous voulions reproduire l'image d'une feuille de papier noir au centre de laquelle se trouve un cercle blanc. Nous mettrons le cercle au point et nous substituerons au verre dépoli le châssis qui renferme la plaque sensible.

La partie blanche de la feuille de papier envoie des rayons lumineux sur la plaque sensible et agit sur le bromure d'argent suivant un cercle qui est la reproduction du cercle blanc. Quant à la partie noire, elle n'envoie pas de rayons et le bromure d'argent, dans toute la partie qui lui correspond, reste intact.

Lorsque le temps de pose est jugé suffisant, on recouvre l'objectif avec l'obturateur ; on ferme la fenêtre A (fig. 309) et la plaque enfermée dans le châssis est emportée dans un appartement qui ne doit être éclairé que par de la lumière rouge. Quand on sort la plaque du châssis, il n'y a encore rien d'apparent à sa surface, quoique le bromure ait été décomposé sur toute la partie centrale de la plaque. Si l'on plonge alors celle-ci dans une liqueur réductrice, appelée *bain révélateur* ou *bain de développement* (par exemple une dissolution de 25 grammes de sulfite de sodium et $1^g,5$ à 2 grammes d'acide pyrogallique dans 100 centimètres cubes d'eau), on voit peu à peu apparaître l'image. Si l'on regarde la plaque par transparence, on constate qu'elle présente au centre un cercle noir et que toute la partie périphérique est restée blanche et un peu transparente. Cette épreuve est donc l'inverse de la feuille de papier qui nous a servi d'objet, puisqu'ici le cercle blanc de cette feuille est noir et que la partie périphérique, qui est noire sur la feuille de papier, est ici blanche. Cela tient à ce que la lumière envoyée par le cercle blanc a agi sur le bromure d'argent qui se trouvait au centre de la plaque, et que, la partie périphérique n'ayant pas reçu de lumière de la partie correspondante de la feuille de papier, le bromure d'argent est resté intact. La lumière n'a fait que préparer le bromure d'argent à recevoir l'action des agents réducteurs, qui ont achevé la décomposition commencée par la lumière et ont produit de l'argent métallique et opaque partout où la lumière avait touché le bromure. Au sortir du bain, on lave la plaque.

Si la plaque était transportée au grand jour et abandonnée dans l'état actuel à l'action prolongée de la lumière, le bromure d'argent s'attaquerait profondément ; toute la partie restée intacte noircirait et la plaque prendrait un aspect à peu près uniforme, au milieu duquel disparaîtrait l'image du cercle central. Il faut donc arrêter la sensibilité de la plaque, en un mot *fixer l'image*. Pour cela, avant de sortir de la chambre obscure, on la plonge dans une dissolution d'hyposulfite de sodium à 25 $^0/_0$, qui dissout le bromure d'argent partout où la lumière n'a pas agi. Lorsque tout le bromure est dissous, ce qu'on voit en regardant la face postérieure qui doit avoir perdu sa couleur blanche, on met la plaque pendant plusieurs heures dans une eau qu'on renouvelle, afin de dissoudre l'hyposulfite qui peut rester dans la gélatine. Puis on laisse sécher ; on a alors l'*épreuve négative* de l'objet à reproduire.

Quand on regarde cette épreuve par transparence, les parties de la plaque correspondant aux régions noires de la feuille de papier sont devenues transparentes, parce que le bromure d'argent qui les recouvrait a été dissous par l'hyposulfite de sodium ; les parties correspondant au blanc de l'objet sont opaques et noires, parce que le bromure qui s'y trouvait a été transformé en un produit noir, insoluble dans l'hyposulfite de sodium.

554. Tirage du positif. — Cette épreuve, devenue un véritable cliché, va nous servir à reproduire autant d'épreuves directes, ou *positives*, que nous voudrons. Il suffit de placer derrière elle une feuille de papier imprégnée de chlorure d'argent et d'exposer le tout aux rayons solaires. La lumière, pouvant traverser la plaque dans la région transparente qui entoure l'image centrale, ira attaquer le chlorure d'argent et noircir la feuille de papier

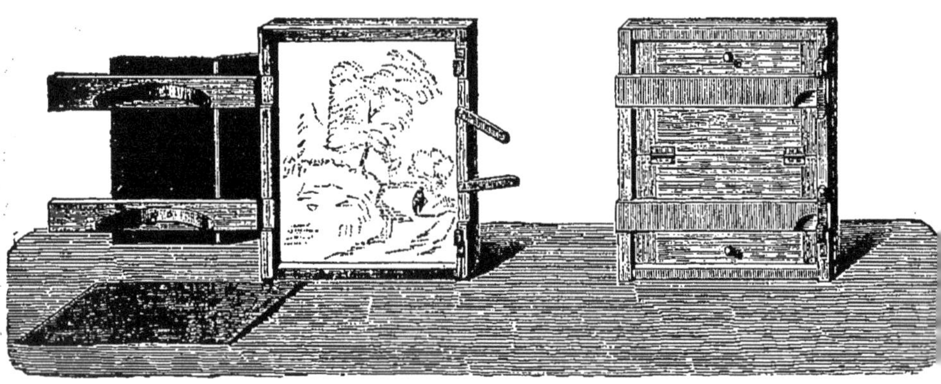

Fig. 310. — Châssis pour le tirage de l'épreuve positive.

dans la partie correspondante ; mais, arrêtée par le cercle opaque qui se trouve au centre de la plaque, elle respectera le chlorure d'argent que contient la partie correspondante de la feuille de papier et, au bout de peu de temps, celle-ci sera la reproduction fidèle de la feuille qui a servi d'objet.

Le tirage de l'épreuve positive se fait à l'aide du *châssis-presse*, que représente la figure 310. On place le négatif dans ce châssis, dont le fond est en verre. La face où se trouve l'épreuve doit être mise en dessus, et l'on applique sur elle le côté préparé d'une feuille de papier sensible. On place sur le tout une planchette, qu'on applique par la pression de ressorts fixés à des traverses montées à charnières sur les bords du châssis ; puis on expose le tout à la lumière du jour, généralement à l'ombre, jusqu'à ce que *le positif soit bien venu*. Il faut attendre que les parties noires commencent à se métalliser : cette opération délicate demande une grande habitude. On doit juger, d'après la nature du cliché, le point jusqu'où l'on croit devoir *pousser* le tirage de l'épreuve. Du reste, on peut suivre le développement de l'image en ouvrant de temps en temps un des côtés de la planchette, qui est formée de deux parties réunies par des charnières, et en examinant la partie de l'épreuve qui y correspond. Comme le second ressort presse toujours sur la feuille de papier, il n'y a pas à craindre que celle-ci se dérange, et, lorsqu'on referme le châssis, les mêmes parties de la feuille viennent s'appliquer sur les mêmes parties du négatif.

Mais il faut encore, bien entendu, arrêter la sensibilité du papier comme on arrête celle du cliché négatif. Pour fixer l'image, il suffit de plonger la feuille dans un bain d'hyposulfite de sodium qui dissout le chlorure d'argent non impressionné par la lumière. On juge du moment où l'on doit la retirer du bain, en l'examinant par transparence. Au début, elle semble piquetée, *poivrée*, comme disent les photographes ; dès que cet aspect disparaît, on retire l'épreuve.

Par ce moyen, on obtient des épreuves d'un ton assez médiocre ; aussi doit-on ordinairement faire ce qu'on appelle le *virage de l'épreuve*. Il y a bien des méthodes employées à cet effet ; nous n'en citerons qu'une seule qui réussit parfaitement.

Au sortir du châssis, *avant de fixer l'épreuve*, on lave la feuille de papier sous un filet d'eau jusqu'à ce que l'eau coule limpide ; on la plonge ensuite dans un bain composé de :

Eau . . . . 1 000 grammes.
Acétate de sodium 30   —
Chlorure d'or 1   —

On procède ensuite au fixage.

Pour assurer la conservation de l'épreuve, il est nécessaire, quand toutes les manipulations sont terminées, de la faire tremper, pendant au moins vingt-quatre heures, dans de l'eau qu'on renouvelle de temps en temps, puis on la laisse sécher.

555. Papiers pour positifs. — Les papiers ordinairement employés sont rendus sensibles à l'aide de sels d'argent, qui peuvent donner soit des épreuves *mates*, soit des épreuves *brillantes*; ils sont d'une manipulation très facile. Dans l'industrie, pour reproduire les dessins de machines ou d'architecture, on emploie généralement des papiers aux sels de fer, ou *papiers au ferro-prussiate*, qui donnent des images blanches sur fond bleu.

Les photographies artistiques, qui s'obtiennent avec des papiers aux sels de platine, ou par le procédé dit *au charbon*, sont inaltérables, ce qui est un très grand avantage ; mais ces procédés exigent des manipulations qui ne sont guère à la portée des photographes amateurs.

556. Positifs sur verre. — On obtient de très belles reproductions en se servant d'une plaque sensible, au lieu de papier. Pour obtenir un positif sur verre, on applique la plaque sensible sur le cliché, la face sensible contre l'image, dans le cabinet noir du photographe, et l'on impressionne la plaque à l'aide d'une bougie : on la traite ensuite comme un cliché ordinaire. On peut préparer, par cette méthode, des vues pour projections.

557. Expériences simples. — Apprendre aux élèves à se servir de l'appareil photographique et leur faire comprendre le but de chacune des manipulations auxquelles on soumet le cliché et l'épreuve positive, afin qu'ils évitent, dans leurs essais personnels, les insuccès résultant de l'ignorance des principes physiques et chimiques appliqués dans la photographie.

On pourra préparer quelques épreuves pour la lanterne à projections.

CHAPITRE XI

—

Notions expérimentales
sur le rayonnement de la chaleur.

558. Transmission de la chaleur par rayonnement. — Nous avons vu que la chaleur peut se transmettre par trois procédés différents ; nous étudierons ici le mode de propagation de la chaleur par *rayonnement*.

559. Preuve de la transmission de la chaleur par rayonnement. — Rumford (¹) a démontré d'une manière péremptoire que la chaleur peut se transmettre directement d'un corps à l'autre sans l'intermédiaire de corps interposés. Il prenait un ballon de verre V (fig. 311), dont le centre était occupé par le réservoir d'un thermomètre, et y soudait un tube AB de 8o centimètres environ ; il remplissait l'appareil de mercure comme pour en faire un baromètre, et le renversait sur une cuvette à mercure. Le liquide s'abaissait, laissant le vide au dessus de lui : puis, à l'aide du dard du chalumeau, Rumford séparait le ballon du tube au-dessus du niveau du mercure. Plongeant alors le ballon dans l'eau chaude (fig. 312), il voyait le thermomètre indiquer instantanément une élévation de température ; ce qui prouve que

---

(¹) Comte de Rumford, physicien célèbre, né dans l'Amérique anglaise, à Rumford, en 1753, mort à Auteuil, près Paris, en 1814.

la chaleur de l'eau chaude (chaleur qui n'est accompagnée d'aucun dégagement de lumière et qu'on nomme, pour cela, *chaleur obscure*) traverse le vide barométrique.

La chaleur lumineuse du soleil jouit, du reste, évidemment de la même propriété, puisque, avant d'arriver dans les limites de l'atmosphère qui enveloppe la terre, elle a traversé les espaces interplanétaires où il n'existe aucune matière pondérable.

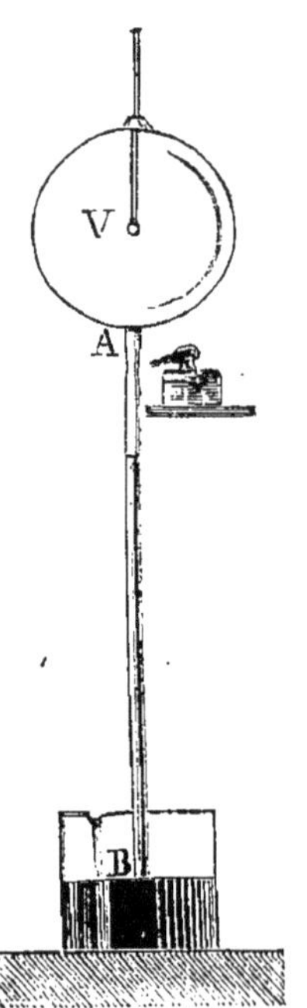

Il n'est pas possible d'admettre que la chaleur se propage par le ballon et le verre du thermomètre, car l'expérience réussit

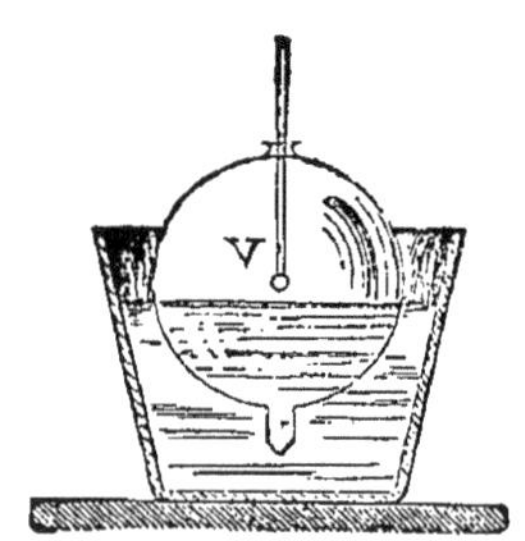

Fig. 311 et 312. — Expériences de Rumford.

même lorsqu'on refroidit la région où le thermomètre traverse le ballon.

560. **Dans un milieu homogène, la chaleur rayonnante se transmet d'un point à un autre, en suivant une ligne droite.** — Soit en S une source de chaleur (fig. 313), en T la boule d'un thermomètre : toutes deux sont supposées très petites. Le thermomètre, recevant la chaleur que lui envoie la source, indique une élévation de température ; mais, si l'on interpose entre S et T plusieurs écrans percés d'un trou, le thermomètre montera si les ouvertures de ces écrans sont en ligne droite ; mais il

ne sera plus influencé, dès qu'elles seront rangées sur une ligne courbe ou brisée, quelle qu'elle soit : ce qui démontre que la chaleur suit la ligne droite ST pour aller de S en T, et pas d'autre. La ligne droite suivie par la chaleur dans sa propagation est appelée *rayon calorifique* [1].

Un ensemble de rayons constitue un faisceau calorifique.

Fig. 313. — La chaleur se propage en ligne droite.

561. Appareils employés dans l'étude de la chaleur rayonnante. Appareil de Melloni. — Les physiciens ont employé différents appareils pour l'étude des phénomènes de chaleur rayonnante : nous ne citerons que celui de Melloni, qui est le plus exact et le plus fécond.

Les pièces principales sont : 1° une pile thermo-électrique ; 2° un galvanomètre.

La pile thermo-électrique est destinée à produire un courant électrique sous l'influence d'une élévation de température. L'expérience suivante en fera comprendre le principe.

Si l'on soude à un barreau de bismuth BB' (fig. 314) une lame de cuivre CC', deux fois recourbée à angle droit, qu'on élève, au moyen d'une lampe à alcool, la température de l'une des soudures, les lames métalliques sont

---

(1) La chaleur, comme la lumière, étant le résultat d'un mouvement vibratoire, il y a lieu de faire ici la même restriction que celle qui a été faite à propos de la lumière (419, renvoi).

parcourues par un courant électrique dont l'existence est décelée par la déviation d'une aiguille aimantée. Les courants électriques ont, en effet, la propriété de tendre à mettre en croix avec eux une aiguille aimantée mobile placée dans le voisinage.

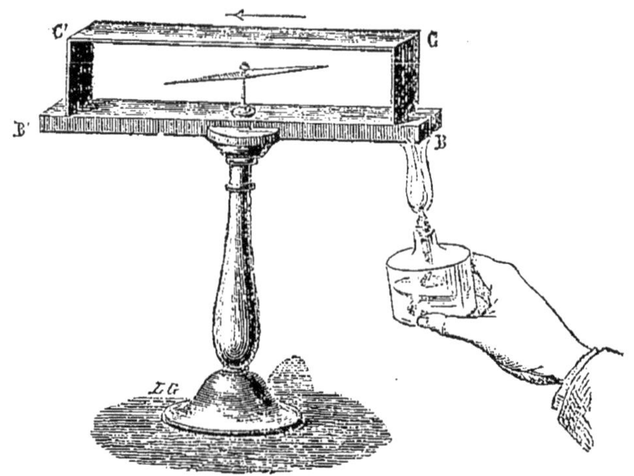

Fig. 314. — Principe de la pile thermo-électrique.

La pile thermo-électrique se compose d'une série de barreaux de bismuth et d'antimoine soudés bout à bout et repliés en zigzags rectangulaires (fig. 315), de manière que

Fig. 315. — Pile thermo-électrique.

l'ensemble forme un prisme à base carrée. Si, partant du premier barreau, on numérote les soudures en suivant la série, toutes celles de rang pair seront sur une même base du prisme et toutes celles de rang impair sur l'autre. La pile est enveloppée par une gaine de cuivre isolée du prisme au point de vue électrique. Le premier barreau de bismuth communique avec une poupée p (fig. 316) et le dernier barreau d'antimoine avec une poupée p'.

En employant ainsi plusieurs barreaux de bismuth et d'antimoine, on augmente le nombre des soudures et, par suite, l'intensité du courant produit.

Le galvanomètre, que représente la figure 317, se compose essentiellement d'un cadre A, sur lequel est enroulé un fil de cuivre recouvert de soie : il est surmonté d'un cercle divisé S, sur lequel peut se mouvoir une aiguille aimantée, suspendue à un fil vertical et reliée à une autre

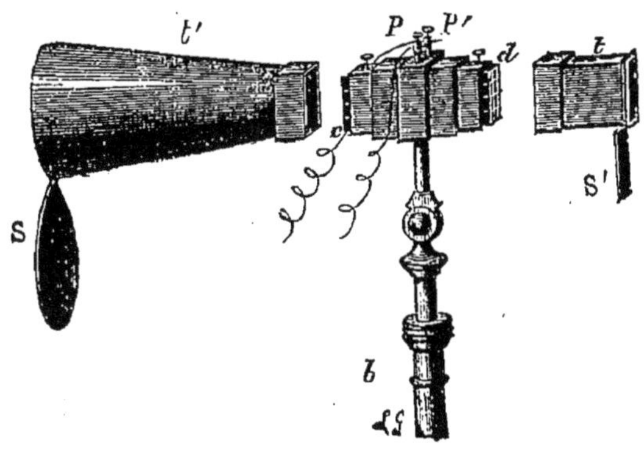

Fig. 316. — Pile thermo-électrique.

aiguille qui se trouve dans l'intérieur du cadre. La poupée p (fig. 316) de la pile est reliée à l'une des extrémités du fil du galvanomètre, la poupée p' à l'autre extrémité.

Cela posé, si l'on vient à faire tomber un faisceau calorifique sur une des bases du prisme, l'autre étant à l'abri, un courant électrique se produit dans la pile et l'aiguille aimantée du galvanomètre dévie immédiatement. La déviation est d'autant plus grande que le courant est plus intense et, par conséquent, que la quantité de chaleur reçue par la pile est plus grande.

Il n'y a pas toutefois proportionnalité entre la quantité de chaleur incidente et la déviation, si celle-ci dépasse 20 degrés. Aussi est-on obligé de graduer le galvanomètre, c'est-à-dire de construire des tables indiquant la quantité de chaleur correspondant aux déviations de l'aiguille ; quand on a observé une déviation de n degrés, il suffit de lire dans la table la quantité de chaleur correspondant au nombre n.

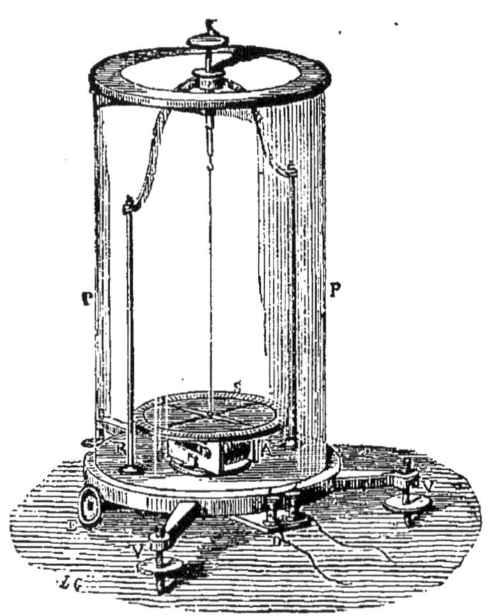

Fig. 317. — Galvanomètre.

Cet appareil peut être rendu très sensible : il en est qui sont d'une sensibilité telle que l'aiguille dévie de 15°, si l'on place la main à 1 mètre d'une des bases de la pile.

562. **Loi du décroissement calorifique avec la distance.** — *L'intensité d'un faisceau calorifique divergent est inversement proportionnelle aux carrés des distances.* Cela signifie que, si deux corps sont placés à des distances d et d' d'une source calorifique, les quantités de chaleur i et i' que recevra l'unité de surface de ces corps seront

telles que :

$$\frac{i}{i'} = \frac{d'^2}{d^2}.$$

Melloni établit cette proposition à l'aide de son appareil. Il plaça une lampe Locatelli, telle que celle qu'on voit sur la figure 318, à différentes distances de l'une des bases de la pile ; il nota les déviations correspondant à chaque distance et, en consultant la table dont nous avons parlé, en déduisit les quantités de chaleur reçues par la pile : il vérifia ainsi que ces quantités étaient inversement proportionnelles aux carrés des distances de la lampe à la pile.

563. Réfraction et décomposition de la chaleur. — Si nous recevons sur un prisme dans une chambre obscure un faisceau de lumière solaire, nous avons vu qu'il donne, par suite de la réfraction qu'il subit à l'entrée et à la sortie, un spectre coloré de diverses couleurs. Prenons une pile de Melloni, assez mince pour qu'elle ne reçoive à la fois que des rayons d'une réfrangibilité sensiblement égale, et transportons-la successivement dans les différentes régions du spectre. Nous constaterons que, dans le violet, elle n'accuse presque rien, mais que, si nous la déplaçons vers les rayons bleus, verts, etc., la déviation de l'aiguille du galvanomètre relié à la pile augmente. Les radiations lumineuses sont donc accompagnées de radiations calorifiques de réfrangibilités différentes. Il y a plus : la pile étant transportée au delà du rouge, dans des régions de l'écran où n'arrive pas de lumière, on voit l'aiguille du galvanomètre se dévier de plus en plus, jusqu'en une région pour laquelle la déviation est maximum. À partir de là, elle décroît jusqu'à devenir nulle. Il y a donc un spectre calorifique obscur, et l'on peut constater que son étendue est à peu près égale à celle du spectre calorifique lumineux.

La lumière solaire ayant traversé un prisme se divise d'ailleurs, comme nous l'avons dit (548), en plusieurs radiations douées de propriétés diverses.

De même qu'il y a des rayons lumineux de *couleurs* différentes, on dit qu'il y a des rayons calorifiques de *thermochroses* diverses et l'on appelle *chaleurs rouges* et *chaleurs jaunes*, etc., celles qui accompagnent les rayons lumineux rouges, jaunes, etc. Les faits qui précèdent établissent une première analogie entre la chaleur et la lumière.

564. Effets produits par un faisceau calorifique qui frappe un corps. — Lorsqu'un faisceau calorifique arrive sur un corps, plusieurs effets peuvent se produire : 1° la chaleur traverse le corps sans l'échauffer ; et alors on dit que le corps est *diathermane*, ou transparent pour la chaleur ; 2° elle peut être réfléchie suivant des lois déterminées, qui sont les mêmes, comme nous le verrons, que les lois de la réflexion de la lumière ; 3° elle peut être diffusée ; 4° elle peut être absorbée par le corps et élever sa température. D'une manière générale, on peut dire que si I représente la quantité de chaleur qui tombe sur un corps, p la chaleur qui le traverse sans l'échauffer, r la chaleur réfléchie, d la chaleur diffusée, et a la chaleur absorbée, on a :

$$I = p + r + d + a \,;$$

d'où

$$(1) \qquad I = \frac{p}{I} + \frac{r}{I} + \frac{d}{I} + \frac{a}{I}\,.$$

565. Diathermanéité. — Le fait de la diathermanéité de certains corps ou, si l'on veut, de leur transparence pour la chaleur, a été démontré d'abord de la façon suivante. On plaçait à une certaine distance l'un de l'autre un boulet porté au rouge et un thermomètre : une nappe d'eau coulait entre les deux. L'élévation du mercure dans le thermomètre montrait bientôt que l'eau est diathermane ; car, vu le renouvellement continuel de la couche d'eau, il n'y avait pas moyen d'admettre qu'échauffée d'abord elle-même, elle eût rayonné vers le thermomètre.

La diathermanéité peut se démontrer et se mesurer au
moyen de l'appareil de Melloni : une lame de glace L
(fig. 318) est placée sur le support entre la source de chaleur S et la pile : si l'on abaisse l'écran D, on constate que
l'aiguille du galvanomètre est déviée ; donc la chaleur a
traversé la lame.

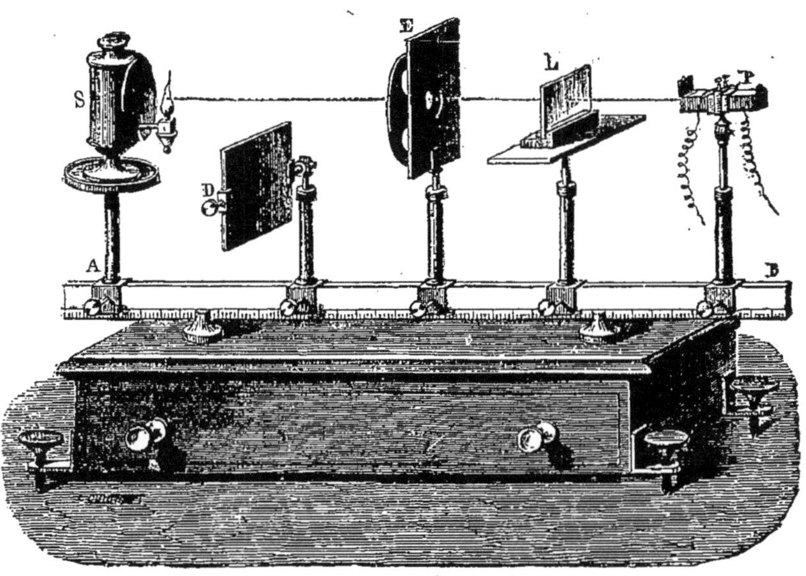

Fig. 318. — Diathermanéité.

566. Pouvoir diathermane. — On appelle *pouvoir diathermane* d'un corps le rapport qui existe entre la
quantité de chaleur transmise p et la quantité de chaleur
incidente I. L'appareil de Melloni sert à le déterminer. On
interpose entre la pile et la source de chaleur une lame L
du corps qu'on veut étudier : la déviation observée au
galvanomètre mesure p. Puis on enlève la lame et l'on
reçoit directement la chaleur sur la pile : la nouvelle déviation donne la valeur de I.

La quantité de chaleur transmise par un corps ne dépend
pas seulement de la nature du corps, mais aussi de la

nature de la chaleur qui arrive sur lui. Cette chaleur peut être *lumineuse* ou *obscure* : elle est lumineuse, quand elle provient d'une source incandescente, comme une lampe, un bec de gaz, un fil métallique porté au rouge ; elle est obscure, quand elle provient d'une source non lumineuse, comme de l'eau chauffée, un fil métallique chauffé, mais non incandescent. Si l'on reçoit successivement sur des plaques de sel gemme, de verre et d'alun des radiations calorifiques *vertes* et *jaunes*, elles laissent passer chacune environ les 0,92 de la chaleur incidente ; s'il s'agit des rayons *rouges*, le sel gemme laisse encore passer les 0,92 de la chaleur incidente, ce qui veut dire qu'il laisse passer en égale proportion les rayons lumineux de couleurs différentes ; mais l'alun et le verre n'en laissent plus passer que les 0,85.

Malgré cette petite différence, on voit que le sel gemme, le verre et l'alun, substances transparentes pour la lumière, le sont aussi pour la chaleur : elles sont diathermanes.

On peut étendre cette identité d'effets entre la chaleur et la lumière en opérant avec des substances transparentes, mais *noircies* ou *colorées*. Des lames de sel gemme ou de verre, qu'on avait recouvertes de noir de fumée et qui étaient par là devenues opaques pour la lumière, le furent aussi pour la chaleur et éteignirent les radiations calorifiques de la partie visible du spectre. Des lames de verre rouge, qui ne laissaient passer que les rayons rouges lumineux, éteignirent ainsi les rayons calorifiques d'une réfrangibilité autre que les rayons rouges. La pile ne donnait de déviation que dans la région correspondant aux rayons rouges.

Nous pouvons conclure des faits qui précèdent que *la propriété lumineuse et la propriété calorifique sont transmises en proportion égale.*

Si nous étudions maintenant les radiations obscures, nous constatons que le sel gemme reste pour elles diathermane ; mais il n'en est plus de même pour le verre et pour l'alun, qui se comportent différemment pour les différents rayons obscurs ; ils les absorbent en proportions d'autant plus considérables que ces rayons sont d'une réfrangibilité moindre. Nous savons du reste que cette absorption commençait à se produire pour les rayons lumineux rouges.

En général, les substances transparentes sont, comme le verre et l'alun, athermanes pour les rayons obscurs.

Tous ces faits établissent l'identité probable entre la chaleur et la lumière ; nous allons voir, en continuant l'étude de la chaleur rayonnante, que ces analogies s'accuseront de plus en plus.

Le tableau suivant indique les pouvoirs diathermanes de différentes substances, prises sous une épaisseur uniforme de $2^{mm},6$, sous l'action de diverses sources calorifiques.

Substances	Sources calorifiques			
	Lampe S (fig. 325)	Platine incandescent	Cuivre à 400°	Cuivre à 100°
Sel gemme	0,92	0,92	0,92	0,92
Spath d'Islande. . .	0,39	0,28	0,06	0,00
Verre ordinaire . .	0,39	0,24	0,06	0,00
Alun	0,09	0,02	0,00	0,00
Glace pure	0,06	0,005	0,00	0,00

Il ressort de ce tableau que le sel gemme est également diathermane pour la chaleur lumineuse et la chaleur obscure ; le verre laisse passer une assez forte proportion de chaleur lumineuse, mais il est athermane pour la cha—

leur obscure ; l'alun et la glace sont presque athermanes pour la chaleur obscure.

Ajoutons qu'à ce point de vue, la vapeur d'eau jouit des mêmes propriétés que le verre.

567. Applications et conséquences. — Les serres les châssis, les cloches utilisés par les jardiniers sont des applications du pouvoir athermane du verre pour la chaleur obscure.

Dans les appareils à projection où le foyer lumineux est très intense, on interpose entre l'objet et le réflecteur une petite cuve contenant une dissolution d'alun ; celle-ci, arrêtant les radiations obscures, empêche une trop grande concentration de chaleur sur l'objet à projeter.

L'humidité atmosphérique se laisse traverser par les rayons solaires qui échauffent le sol ; mais celui-ci, qui ne rayonne que de la chaleur obscure, ne peut subir un grand refroidissement, puisque les radiations émises sont arrêtées par la vapeur d'eau.

Les nuages agissent de la même façon lors du rayonnement nocturne, et c'est pour la même raison qu'au printemps, pour éviter l'action nuisible des gelées tardives, on produit des nuages artificiels qui constituent une sorte d'écran.

568. Réflexion de la chaleur rayonnante. — Lorsque la chaleur rayonnante tombe sur un corps dont la surface est polie, elle éprouve un changement de direction ; on dit alors qu'elle s'est *réfléchie*.

La réflexion de la chaleur obéit aux mêmes lois que la réflexion de la lumière, et c'est surtout par la vérification de leurs conséquences qu'on vérifie ces lois elles-mêmes.

Les lois de la réflexion de la lumière conduisent aux conséquences suivantes. Si au foyer F (fig. 319) d'un miroir concave AA' on place un point lumineux, les rayons réfléchis sur ce miroir vont tous, après réflexion sur un second miroir BB', dont l'axe est parallèle à celui du premier, passer par le foyer F' du second miroir. Il en résulte que, si la chaleur suit les mêmes lois de réflexion que la lumière, on arrivera au même résultat en plaçant au foyer F une source calorifique.

Pour vérifier ces conséquences, on dispose en face l'un de l'autre, et de manière que leurs axes coïncident (fig. 320), deux miroirs sphériques concaves, puis on place au foyer

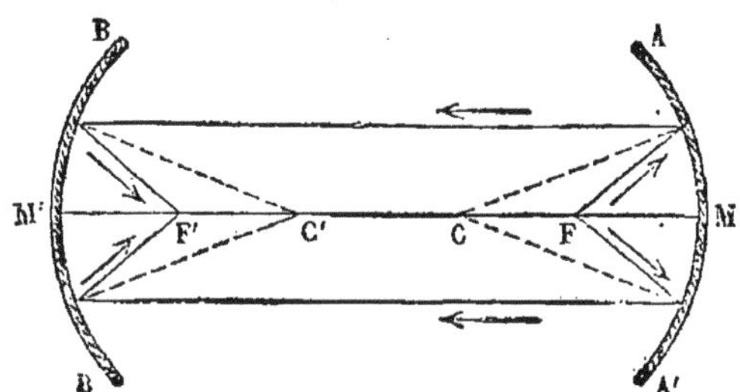

Fig. 319. — Réflexion de la chaleur.

de l'un d'eux une grille contenant des charbons incandescents ; on peut alors enflammer de l'amadou à l'autre foyer, et, comme le morceau d'amadou commence à noir-

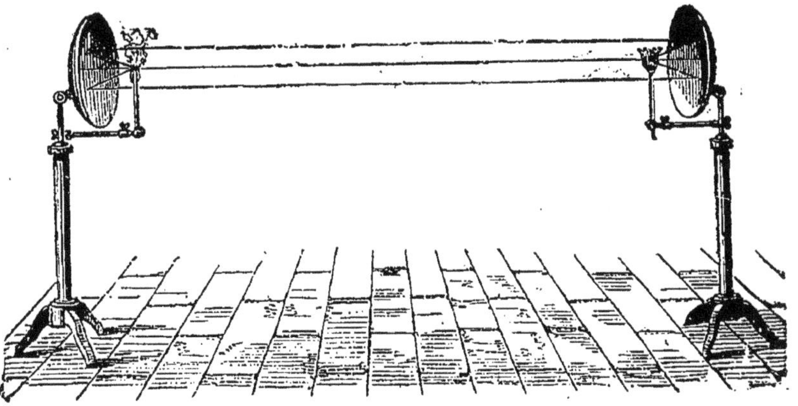

Fig. 320. — Réflexion de la chaleur.

cir du côté du second miroir, on en conclut que c'est bien la chaleur réfléchie qui est cause de son inflammation.

L'appareil de Melloni permet du reste d'arriver à une vérification approchée de ces lois. On dispose la pile de l'appareil de Melloni, comme l'indique la figure 321, sur une règle supplémentaire H. La substance réfléchissante P est placée sur une plaque horizontale et graduée, que porte le support K autour duquel cette règle est mobile. On constate alors que la pile ne reçoit de chaleur que si l'on place la règle dans la direction indiquée par la seconde loi de la réflexion.

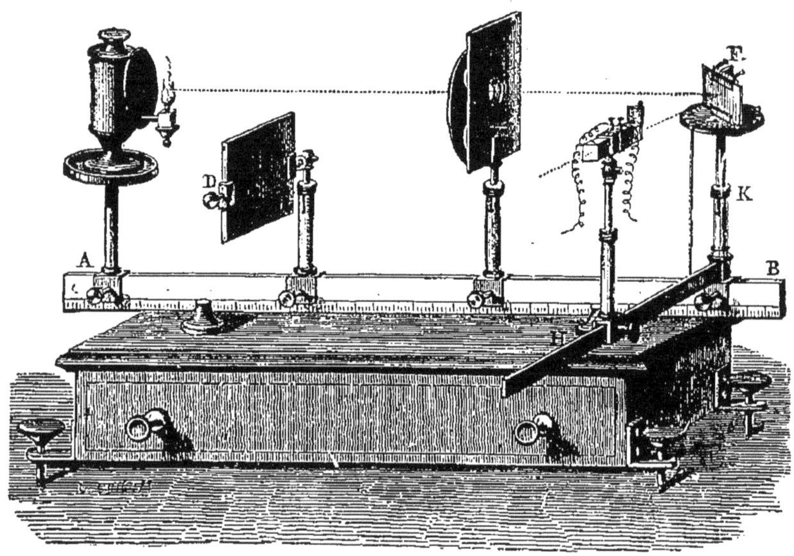

Fig. 321. — Réflexion de la chaleur.

569. **Pouvoir réflecteur**. — Tous les corps ne réfléchissent pas la même fraction de la chaleur incidente, même lorsqu'ils sont placés dans les mêmes conditions, et l'on appelle *pouvoir réflecteur d'un corps le rapport qui existe entre la quantité de chaleur qu'il réfléchit et celle qu'il reçoit.*

Les pouvoirs réflecteurs peuvent se déterminer par l'appareil de Melloni à l'aide de la disposition que nous venons d'indiquer. On place sur l'appareil la substance polie sur laquelle on veut opérer et l'on détermine la déviation subie par l'aiguille du galvanomètre ; on en déduit, à l'aide des tables, la quantité de chaleur r reçue par la pile après réflexion. Puis on enlève le corps et l'on fait tourner la règle supplémentaire de manière à la mettre dans le prolongement de la règle principale. Le rayonnement est alors direct; on mesure la déviation et, par suite, la quantité I de chaleur tombée sur le miroir : $\frac{r}{I}$ représente le pouvoir réflecteur de la substance employée.

On a trouvé les nombres suivants, pour une incidence de 50°, avec la lampe de Locatelli comme source calorifique :

Argent poli . . .	0,97	Acier poli . . .	0,83
Or — . . .	0,96	Platine — . . .	0,83
Cuivre — . . .	0,93	Zinc — . . .	0,81
Etain — . . .	0,85	Fer — . . .	0,77
Métal des miroirs .	0,84	Noir de fumée . .	0,00

On a du reste vérifié que le pouvoir réflecteur variait avec la valeur de l'angle d'incidence et *avec la réfrangibilité du rayon calorifique*. Le pouvoir réflecteur d'une substance pour la lumière varie aussi avec la réfrangibilité du rayon lumineux.

570. Utilisation de la chaleur solaire. — On a appliqué les faits précédents à l'utilisation de la chaleur solaire, à l'aide de l'appareil que représente la figure 322. Il se compose d'un réflecteur métallique R, qui a la forme d'un tronc de cône. Il porte en son milieu un vase C, sur lequel viennent se concentrer les rayons lumineux; dans la figure 322, C est une petite chaudière de fer destinée à actionner une pompe rotative P. Un mécanisme spécial M permet de déplacer l'appareil et de l'orienter suivant la latitude du lieu et l'heure de l'expérience.

Nous remarquerons que les vases, où doit être concentrée la chaleur, sont entourés d'une enveloppe en verre C qui laisse passer les rayons du soleil, mais qui, en les transformant en rayons de chaleur obscure, les empêche de sortir de cette enveloppe.

571. Diffusion de la chaleur. Pouvoir diffusif.
— Les substances non polies ne réfléchissent pas les
rayons calorifiques dans une direction unique et déterminée ; elles les rejettent dans toutes les directions : on
dit alors qu'elles *diffusent* la chaleur.

Le *pouvoir diffusif* se définit et se mesure comme le
pouvoir réflecteur : il varie avec la nature de la substance,

Fig. 322. — Appareil pour l'utilisation de la chaleur solaire.

avec l'incidence, avec la direction des rayons diffusés. Le
pouvoir diffusif du noir de fumée est nul. Ajoutons que
la mesure des pouvoirs diffusifs comporte un élément
d'erreur qui vient de ce qu'on peut prendre pour chaleur diffusée de la chaleur rayonnée par le corps, en
vertu de l'échauffement qui résulte pour lui de l'absorption
d'une partie de la chaleur incidente : on cherche à

échapper à cette cause d'erreur, en ne laissant pas au corps le temps de s'échauffer et en observant la chaleur diffusée *immédiatement* après l'incidence.

572. Emission de la chaleur rayonnante. Pouvoir émissif. — *Des corps de nature différente portés à la même température n'émettent pas la même quantité de chaleur,* et l'on exprime ce fait en disant *qu'ils ont des pouvoirs émissifs différents.*

On peut démontrer cette proposition à l'aide de l'appareil de Melloni. On prend pour source de chaleur un cube (fig. 323) rempli d'eau qu'on maintient à l'ébullition. Ses

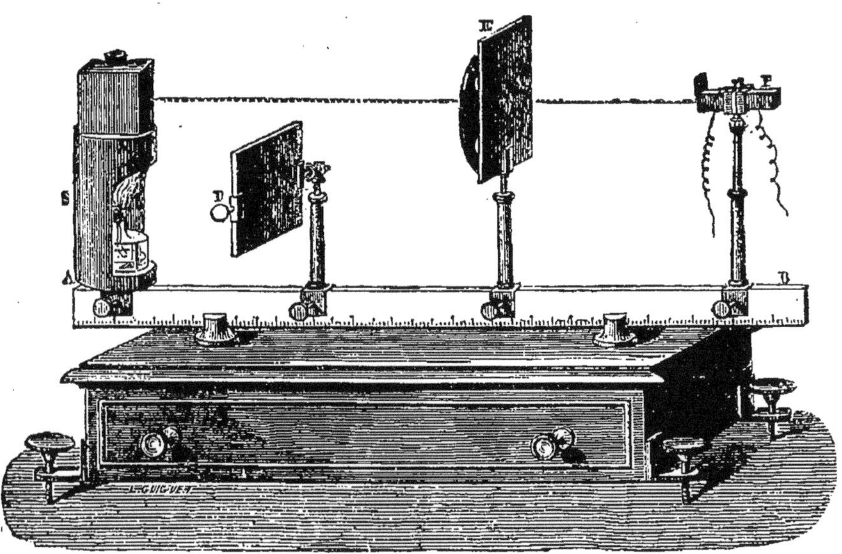

Fig. 323. — Émission de la chaleur.

quatre faces verticales sont recouvertes de substances différentes. Le cube est placé sur la règle qui court le long de l'appareil et supporte également la pile et différents écrans D, E ; il peut pivoter sur son support. On tourne successivement chacune de ses faces vers la pile, en ayant soin d'abaisser chaque fois l'écran D. Le faisceau calorifique limité par l'ouverture circulaire de l'écran E tombe à chaque expérience sur la pile, et l'on constate que les déviations observées varient d'une substance à l'autre.

On a comparé les pouvoirs émissifs des différents corps à celui du noir de fumée à 100° pris pour unité. Le tableau suivant indique quelques-uns des nombres déterminés :

Noir de fumée. . .	1		Fer.	0,23
Céruse.	1		Platine	0,11
Verre	0,9		Laiton poli . . .	0,05

Influence de l'inclinaison. — Les nombres précédents ont été déterminés pour des rayons émis normalement à la surface rayonnante : on a trouvé de plus que, lorsqu'on s'écarte de la direction normale, la quantité de chaleur rayonnée par une surface d'étendue constante diminue à mesure que l'inclinaison augmente.

Influence de la température. — Les nombres du tableau précédent ont été déterminés à 100°. En modifiant la source de chaleur, on a pu opérer jusqu'à 600° environ, et l'on trouve que jusque vers 200° le pouvoir émissif reste le même, mais qu'au-dessus de cette limite, il ne conserve plus la même valeur.

573. Absorption de la chaleur rayonnante. Pouvoir absorbant. — Quand un faisceau calorifique tombe sur un corps, une partie s'y réfléchit, une autre s'y diffuse, une troisième le traverse s'il est diathermane. Or, en faisant la somme des quantités de chaleur réfléchie, diffusée et transmise, on trouve qu'elle est moindre que la chaleur incidente : par conséquent, une portion de cette chaleur a été absorbée : cette absorption est d'ailleurs accompagnée d'une élévation de température.

On appelle *pouvoir absorbant* d'un corps le rapport qui existe entre la quantité de chaleur absorbée par lui a et la quantité de chaleur incidente I.

Si la substance est *diathermane*, le pouvoir absorbant dépend de la nature de la substance et de celle de la source de chaleur : il varie avec l'épaisseur et décroît quand elle augmente, mais seulement jusqu'à une certaine valeur.

Si la substance est *athermane*, le pouvoir absorbant représente l'excès sur 1 de la somme des pouvoirs réflecteur et diffusif. En effet, dans l'égalité (1) (562), les rapports $\frac{p}{I}$, $\frac{r}{I}$, $\frac{d}{I}$, $\frac{a}{I}$ représentent respectivement les pouvoirs diathermane, réflecteur, diffusif et absorbant. Si le corps est athermane, p est nul, ainsi que le rapport $\frac{p}{I}$; dans ce cas, on a :

$$1 = \frac{r}{I} + \frac{d}{I} + \frac{a}{I}$$

et

$$\frac{a}{I} = 1 - \left(\frac{r}{I} + \frac{d}{I} \right).$$

Pour les corps qui, comme les métaux polis, ont un pouvoir diffusif nul, $\frac{a}{I} = 1 - \frac{r}{I}$, par conséquent on pourra déterminer leur pouvoir absorbant en retranchant de l'unité leur pouvoir réflecteur. Remarquons, de plus, que le noir de fumée ayant un pouvoir réflecteur et un pouvoir diffusif nuls, on aura pour lui $\frac{a}{I} = 1$. Par conséquent, en déterminant par cette méthode les pouvoirs absorbants, on aura une série de nombres dans lesquels le pouvoir absorbant du noir de fumée sera pris pour unité. Si l'on compare ces nombres à ceux qui ont été trouvés pour les pouvoirs émissifs des différents corps, en prenant pour unité le pouvoir émissif du noir de fumée chauffé à 100°, on constate que le *pouvoir émissif d'un corps est égal à son pouvoir absorbant*. Mais il ne faut pas oublier que l'exactitude de cette proposition n'est démontrée que lorsque ces pouvoirs se rapportent à la même espèce de chaleur, c'est-à-dire à des rayons calorifiques provenant de sources portées à la même température.

Quant aux corps qui ont un pouvoir diffusif, la détermination de leur pouvoir absorbant est enveloppée de la même incertitude que celle des pouvoirs diffusifs (571) : mais, comme on a remarqué que, pour ces substances, toutes les circonstances qui font varier leur pouvoir émissif font varier dans le même sens leur pouvoir absorbant, on leur a étendu le principe de l'égalité des pouvoirs absorbant et émissif.

574. Applications du pouvoir absorbant et du pouvoir émissif. — Nous avons dit que le noir de fumée avait un pouvoir absorbant égal à l'unité, c'est-à-dire qu'il absorbait toute la chaleur qu'il recevait ; c'est en raison de cette propriété que, dans les expériences faites avec l'appareil de Melloni, on recouvre avec cette substance la face de la pile soumise aux radiations calorifiques.

Lorsqu'on veut qu'un corps s'échauffe rapidement, il faut le recouvrir d'une substance dont le pouvoir absorbant soit considérable, de noir de fumée, par exemple ; si l'on veut au contraire qu'il ne s'échauffe pas, on le recouvrira d'un métal poli.

On peut faire l'expérience suivante, qui est une application de ce que nous venons de dire. Sur une planche peinte, appliquons deux bandes de feuilles d'or ou de cuivre que nous mettrons en croix : puis exposons la surface de la planche au rayonnement d'un foyer ardent. La peinture va se boursoufler ; le bois se carbonise, excepté dans les parties recouvertes par les minces feuilles d'or, qui ont suffi pour empêcher l'absorption à laquelle est due la destruction de la surface environnante.

Les substances blanches absorbent moins la chaleur que les substances de couleur foncée : c'est pour cela que dans les pays chauds il y a intérêt à porter des vêtements blancs qui absorbent moins la chaleur.

Si, à l'aide de deux lentilles, on concentre les rayons

solaires sur deux morceaux de papier, l'un noir, l'autre
blanc, le morceau noir s'enflammera plus tôt que le blanc,
parce qu'il absorbe plus de chaleur.

575. Équilibre mobile de température. — Lorsque
deux corps A et B, de températures différentes, sont en présence l'un de l'autre, ils rayonnent de la chaleur l'un vers
l'autre jusqu'à ce qu'il y ait égalité de température. Le
corps le plus chaud A se refroidit, non parce que l'autre B
lui envoie du froid, mais parce qu'il reçoit de B moins de
chaleur qu'il ne lui en envoie. On admet que, lorsque A
et B ont atteint la même température, ils continuent à
rayonner l'un vers l'autre ; mais, chacun recevant autant
de chaleur qu'il en émet, sa température reste fixe. Cette
hypothèse est désignée sous le nom d'*hypothèse de l'équilibre mobile de température.*

576. Réflexion apparente du froid. — Si, dans
l'expérience des miroirs concaves (568), nous remplaçons
la source de chaleur par un morceau de glace, le morceau
d'amadou par le réservoir d'un thermomètre, nous constaterons bientôt un abaissement de température. Cette
expérience semblerait prouver que la glace a envoyé des
rayons frigorifiques qui, après deux réflexions, sont venus
tomber sur le thermomètre ; mais le principe précédent
nous permet d'expliquer le phénomène en admettant que,
par l'intermédiaire des miroirs, le thermomètre et la
glace ont rayonné l'un vers l'autre, et que, la quantité de
chaleur cédée par le thermomètre étant plus grande que
celle qu'il a reçue de la glace, il en est résulté pour lui
un abaissement de température.

577. Expériences simples. — Pour expliquer le fonctionnement du galvanomètre, faire passer un courant au-dessus
d'une aiguille aimantée.

La propagation de la chaleur se fait en tous les sens : élèves
qui se chauffent autour d'un poêle.

Pour montrer que la chaleur se réfracte comme la lumière,
recevoir les rayons solaires sur un ballon de verre rempli d'eau
et placer derrière une matière inflammable, fulmi-coton ou

autre, à l'endroit où se formerait, sur une feuille blanche, une tache lumineuse.

Faire l'expérience de la figure 320 ; on peut employer, au lieu d'amadou, un peu de fulmi-coton.

On peut encore, pour montrer la réflexion de la chaleur, se servir d'un miroir métallique qui reçoit la chaleur d'une source calorifique et la renvoie sur un thermomètre placé dans des conditions telles qu'il ne puisse être influencé directement par la source.

Interposer, entre la flamme du foyer et la figure, une plaque de verre assez large ; la chaleur traverse la plaque. Renouveler l'expérience près d'un récipient rempli d'eau bouillante. Le verre est diathermane pour la chaleur lumineuse ; il est athermane pour la chaleur obscure.

Prendre deux boîtes à conserves et recouvrir les parois de l'une d'elles de noir de fumée, puis verser dans ces boîtes de l'eau bouillante. Une demi-heure après, prendre la température· de l'eau ; on observera que l'eau de la boîte enduite de noir de fumée a une température inférieure à l'autre.

On peut faire l'expérience inverse avec deux boîtes à conserves assez profondes et contenant de l'eau ; recouvrir encore l'une d'elles de noir de fumée et les exposer aux rayons du soleil par une chaude journée d'été ; au bout d'une heure comparer les températures de l'eau dans les deux boîtes.

Concentrer, à l'aide d'une lentille, la chaleur et la lumière d'une source aussi intense que possible (arc électrique, flamme d'un chalumeau oxhydrique, d'un bec Auer ou, à défaut, d'une forte lampe) ; on obtient une image lumineuse et calorifique en un point A ; un petit thermomètre, placé en A et préservé de tout rayonnement direct par un écran convenablement disposé, indique une élévation notable de température.

Interposer entre la source et le thermomètre une cuve en verre remplie d'eau ou d'une dissolution d'alun ; on obtient encore une image lumineuse ; mais les radiations calorifiques sont à peu près totalement absorbées.

Remplacer cette cuve par une autre contenant une dissolution d'iode dans le sulfure de carbone ; l'effet inverse se produit : les radiations lumineuses sont absorbées, mais les radiations calorifiques impressionnent vivement le thermomètre.

Pour démontrer encore l'inégalité des pouvoirs absorbants, fixer sur une planchette verticale, à l'aide d'un peu de suif, deux pièces d'argent de même valeur dont l'une est recouverte de noir de fumée. Disposer à la hauteur des pièces une source calorifique assez intense : la pièce noircie se détache plus vite que l'autre.

Disposer les deux pièces noircies, pour augmenter leur pouvoir absorbant, à la même distance des deux faces opposées d'une boîte métallique dans laquelle on chauffe de l'eau. L'une des faces de la boîte est recouverte de noir de fumée, pour augmenter son pouvoir émissif, et l'on dispose, de chaque côté, un écran en carton, pour éviter l'échauffement par rayonnement direct. La pièce placée en regard de la face noircie se détache plus vite que l'autre.

TABLE DES MATIÈRES

PESANTEUR

CHAPITRE PREMIER

La matière. — Ses divers états.

CHAPITRE II

Premières notions sur les forces et la pesanteur. — Centre de gravité.

CHAPITRE III

Comparaison des poids par la balance.

CHAPITRE IV

Poids spécifique des solides et des liquides.

ÉQUILIBRE DES LIQUIDES ET DES GAZ

—

CHAPITRE V

Pressions dans les liquides. — Transmission des pressions.

CHAPITRE VI

Surface libre des liquides. — Vases communicants.

CHAPITRE VII

Principe d'Archimède. — Aréomètres usuels à poids constant.

CHAPITRE VIII

Pression atmosphérique. — Baromètre. — Aérostats.

CHAPITRE IX

Loi de Mariotte. — Manomètres. — Dissolution des gaz dans les liquides.

CHAPITRE X

Machines à raréfier et à comprimer les gaz. — Pompes. — Siphon.

CHALEUR

CHAPITRE PREMIER

Température. — Thermomètres.

CHAPITRE II

Dilatation des solides et des liquides.

CHAPITRE III

Dilatation des gaz.

CHAPITRE VI

Étude des vapeurs.

CHAPITRE VII

Évaporation. — Ébullition. — Chaleur de vaporisation.

CHAPITRE VIII

Chaudières industrielles. — Principe des machines à vapeur.

CHAPITRE IX

Principaux modes de chauffage et de ventilation.

CHAPITRE X

Notions sur la conductibilité calorifique.

MÉTÉOROLOGIE

—

CHAPITRE PREMIER

Phénomènes dus à l'humidité atmosphérique.

CHAPITRE II

*Observations météorologiques. — Prévision du temps
à courte échéance.*

CHAPITRE III

Vibrations des cordes. — Tuyaux sonores.

OPTIQUE

—

CHAPITRE PREMIER

Sources lumineuses. — Ombre et pénombre. — Photométrie.

CHAPITRE II

Réflexion de la lumière. — Propriétés des miroirs plans.

CHAPITRE III

Propriétés des miroirs sphériques et des miroirs paraboliques.

CHAPITRE IV

Réfraction.

CHAPITRE V

Propriétés des lentilles.

CHAPITRE VI

De la vision.

CHAPITRE VII

Principaux instruments d'optique.

CHAPITRE VIII

Prismes. — Décomposition et recomposition de la lumière.
Météorologie optique.

CHAPITRE IX

Principe de l'analyse spectrale.

CHAPITRE X

Principe de la photographie.

CHAPITRE XI

Notions expérimentales sur le rayonnement de la chaleur.

SAINT-AMAND, CHER. — IMPRIMERIE BUSSIÈRE

IN·LABORE
ROBUR

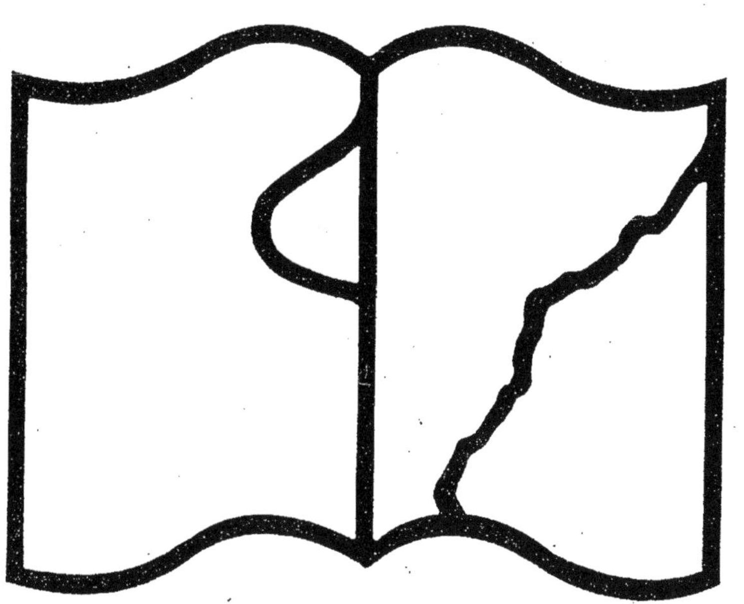

Texte détérioré — reliure défectueuse

NF Z 43-120-11

9 782016 153802